国家出版基金项目
NATIONAL PUBLICATION FOUNDATION

生态气象系列丛书

丛书主编：丁一汇

丛书副主编：周广胜 钱 拴

湖北生态气象

主编：夏智宏

副主编：张丽文 刘 敏

气象出版社
China Meteorological Press

内容简介

本书既是湖北省气象部门近十年来生态文明建设气象保障服务能力建设的系统总结，也是生态气象服务助推湖北气象事业高质量发展的生动实践。本书介绍了湖北省生态气候概况和生态气象观测体系，从河湖湿地、湿地农业、森林、滨水城市等重点领域，以及气候资源开发利用、生态气候效应评估、生态修复气象服务方面切入，系统阐述了生态气象监测评估技术方法和业务流程。特别是通过典型应用案例，对河湖生态质量气象评价、森林生态服务功能气象评估、滨水城市热环境气象影响分析、大型水库局地气候效应评估等关键技术进行了详细介绍，具有较好的指导性和借鉴性。

本书可供从事气象、生态环境、农业、林业、水利、规划、自然资源等领域的科研业务人员和行政管理人员参考使用。

图书在版编目（CIP）数据

湖北生态气象 / 夏智宏主编 ; 张丽文, 刘敏副主编. 北京 : 气象出版社, 2024. 7. -- (生态气象系列丛书 / 丁一汇主编). -- ISBN 978-7-5029-8265-2

Ⅰ. P41

中国国家版本馆 CIP 数据核字第 2024XF5355 号

湖北生态气象

Hubei Shengtai Qixiang

出版发行： 气象出版社

地　　址： 北京市海淀区中关村南大街 46 号　　**邮政编码：** 100081

电　　话： 010-68407112(总编室)　010-68408042(发行部)

网　　址： http://www.qxcbs.com　　**E-mail：** qxcbs@cma.gov.cn

责任编辑： 黄红丽　胡育峰　　**终　　审：** 张　斌

责任校对： 张硕杰　　**责任技编：** 赵相宁

封面设计： 博雅锦

印　　刷： 北京地大彩印有限公司

开　　本： 787 mm×1092 mm　1/16　　**印　　张：** 22

字　　数： 563 千字

版　　次： 2024 年 7 月第 1 版　　**印　　次：** 2024 年 7 月第 1 次印刷

定　　价： 220.00 元

编委会

主　编：夏智宏

副主编：张丽文　刘　敏

编写人员（按姓氏笔画排序）：

万　君	马德栗	王　苗	王　凯	王　海
王　静	史瑞琴	皮　婷	成　驰	成　勤
吕桅桅	刘　敏	刘志雄	刘凯文	孙　晨
孙朋杰	阳　威	杜　蓉	吴栋桥	张丽文
陈　晨	陈　鑫	陈滢伊	易柯欣	岳岩裕
赵小芳	柳晶辉	秦鹏程	袁正腾	夏智宏
徐向明	高　媛	唐子珺	黄　靖	梁益同
谢家旭	靳艳秋	谭　静	薛海涵	魏华兵

前言

气候是影响自然生态系统的活跃因素，是自然生态系统状况的综合反映，是人类社会赖以生存和发展的基础，气候影响生态，生态改变气候。气象工作承担着气象观测预报、气象防灾减灾、应对气候变化、开发利用气候资源等职能，在生态文明建设总体布局中发挥着基础性科技保障作用。

湖北生态地位特殊而重要，作为长江流经最长省份之一，对长江中下游生态有着重要影响，三峡大坝事关全局水利和生态安全；作为南水北调中线源头，肩负着一库清水送北方的重任；作为全国重要的粮棉油渔生产基地，事关全国人民“舌尖上的安全”。同时，湖北位于南北气候过渡带，也是气候变化敏感区，气候变化和经济社会的快速发展对自然生态系统和大气环境造成了极大压力，干旱、洪涝等气象灾害会影响生态环境保护和修复，如 2020 年特大暴雨洪涝、2022 年历史罕见高温干旱对湖北生态都造成了不利影响。推进湖北生态文明建设必须重视和解决气候、气候变化问题，发挥气象趋利避害作用。

近年来，湖北省气象局深入学习领会习近平生态文明思想，认真贯彻中国气象局、省委、省政府关于生态文明建设的决策部署，聚焦美丽湖北建设的突出问题和服务需求，利用气象部门广覆盖长序列的生态气象观测网、实时全天候的卫星遥感监测、精细的天气气候数值模式、提前的预报预测预见性等技术优势，在努力推进生态气象空天地一体化监测、客观化定量化评估、精细化个性化服务，以及发展湖泊湿地特色生态气象业务等方面取得了良好的进展。

《湖北生态气象》在湖北省气象局生态气象相关科技人员的共同努力下，历时两年完成，是近十年来湖北省气象局开展的生态气象监测、预报、预测、评估和服务方面科研和业务能力建设的全面系统总结。全书共 9 章，介绍了湖北省生态环境与气候概况，生态气象观测系统和业务平台建设，河湖湿地、湿地农业、森林、滨水城市生态气象，生态气候资源开发与利用，重大水利工程局地生态气候效应评估，以及生态修复和人工影响天气等方面的业务技术、流程和应用案例。

中国气象局应急减灾与公共服务司、国家气象中心、国家气候中心、国家卫星气象中心、中国气象科学研究院、气象出版社在本书的编写过程中给予了精心指导和大力支持。谨在此表示衷心感谢。编写过程中，参考了他人许多研究成果，参考论著和文献中所列成果难免存在遗漏，请相关作者谅解，在此表示衷心感谢。

由于生态气象涉及面广、探索性强，鉴于编写人员认知水平有限，书中不足或错误在所难免，恳请读者批评指正。

夏智宏

2023 年 12 月

目录

第 1 章 湖北省生态环境与气候概况

湖北省位于中国中部，地处长江中游，地势上位于二、三级阶梯的过渡地带，境内河流纵横、湖泊众多，主要包括湿地、森林、农田和城市等生态系统，构建了“三江四屏千湖一平原”的生态保护空间格局。湖北省地处中亚热带，属亚热带季风气候，处于中国南北气候的过渡地带，除西部高山地区外，大部分地区为亚热带季风气候，具有冬冷夏热、四季分明、降水充沛、雨热同季的特点。由于季风气候的年际变异，气候灾害呈现种类多、发生频率高、影响范围广、危害程度重的特征，暴雨洪涝、干旱是对湖北省影响最大的气象灾害。本章介绍了湖北地理环境、生态功能区划、气候和气候变化特征、主要气象灾害，以期科学认识湖北生态环境和气候特征。

1.1 湖北省地理环境

湖北省位于中国中部，地处长江中游，地理位置介于 108°21′42″—116°07′50″E、29°01′53″—33°16′47″N 之间，北靠河南，东连安徽，南邻湖南、江西，西部与重庆接壤，西北与陕西毗邻，东西长约 740 km，南北宽约 470 km，土地总面积 18.59 万 km^2，占全国总面积的 1.94%。湖北省地跨中国地势第二级阶梯和第三级阶梯的过渡地带，地貌类型多样，山地占 56%，丘陵占 24%，平原占 20%，分为鄂西山区、鄂东北低山丘陵区、鄂东南低山丘陵区、鄂北岗地丘陵区和江汉平原区五大地貌单元。全省地势为西、北、东三面高起，中部低下向南敞开，具有马蹄形层状分布的特点，省内最高处为神农顶（海拔 3105.4 m），最低处位于监利谭家渊附近，接近海平面高度。

湖北省境内河流纵横、湖泊众多，长江自西向东贯穿全省，境内流程 1061 km，汉水从陕西白河进入湖北，省内流程 878 km，在武汉汇入长江，中、小河流（长度 5 km 以上）有 4232 条，多呈枝状，汇入长江、汉江，境内河流全长约 5.9 万 km，总流域面积 13.116 万 km^2，占全省自然面积的 70%。水能资源较为丰富，水能资源技术开发量 3981 万 kW，居全国第 4 位。湖面 1 km^2 以上湖泊 275 个，总面积 2762 km^2，其中接近或超过 100 km^2 的重点防汛湖泊有：洪湖、长湖、斧头湖、梁子湖、汈汊湖等。湿地面积 1.45 万 km^2，创建国家湿地公园 66 处，数量居全国第三。

1.2 湖北省生态功能区划

1.2.1 生态系统分布

全省国土空间总体呈现“五分林地三分田，一分城乡一分水”的格局，东部城镇水域密布，中部耕地资源丰沃，西部山区林地富集。

1.2.1.1　湿地生态系统分布

湖北江河渠网密布、湖泊库塘众多，素有“千湖之省”的美誉，湿地资源较为丰富。湿地生态系统主要分布在长江、汉江、清江沿岸，湖泊星罗棋布，生态区位非常重要，大型水利工程三峡工程和南水北调中线工程都坐落于此。湿地集中的江汉平原既是中国内陆的“米仓”和“鱼仓”，又是候鸟迁徙的主要通道和栖息越冬的密集区。第三次全国湿地资源调查数据表明，湖北省有 5 km 以上的河流 4232 条，天然湖泊 755 个，大中型水库 356 座。湖北湿地面积大、类型多、分布广、区域差异显著。全省湿地面积为 174.69 万 hm^2，占全省总面积的 9.4%，湿地资源十分丰富。截至 2021 年底，已有国际重要湿地 4 个（洪湖、沉湖、网湖、大九湖）、国家重要湿地 8 个、省级重要湿地 54 个；已建立国家湿地公园 66 个、省级湿地公园 38 个、湿地保护区（小区）72 个。国家重要湿地、国际重要湿地、国家湿地公园数量分别位居全国第 1、第 2、第 3 位。湿地类型多样，除近海与海岸湿地以外的河流、湖泊、沼泽及人工湿地 4 个湿地类型外，可划分为 12 个主要湿地类型，不仅有平原湖区常见的河流、淡水湖泊、洪泛平原湿地、库塘、运河、输水河、水产养殖场等湿地类型，还有多分布在西部山区的草本沼泽、藓类沼泽、灌丛沼泽、森林沼泽、沼泽化草甸等湿地类型，湿地类型的丰富程度也位居全国各省前列。

1.2.1.2　森林生态系统分布

湖北森林生态系统主要分布在鄂东北大别山、鄂西北秦巴山、鄂西南武陵山、鄂东南幕阜山 4 处山区，有效发挥了水源涵养、水土保持、生物多样性维护等生态功能。森林植被具有由北亚热带落叶阔叶混交林逐渐过渡到中亚热带常绿阔叶林的特征，现有林地 932.24 万 hm^2，占全省面积的 50.15%；全省森林覆盖率 42%，森林蓄积量 4.2 亿 m^3，均居全国第 15 位、中部地区第 3 位。草地 8.94 万 hm^2，占全省面积的 0.48%。省级以上自然保护地 322 个，其中，国家公园试点 1 个（神农架国家公园），自然保护区 43 个，各类自然公园 278 个，总面积 188.8 万 hm^2，占全省面积的 10.16%。神农架是北半球保存最完好的“天然物种基因库”，恩施被誉为“鄂西林海”。

1.2.1.3　农田生态系统分布

湖北农田生态系统主要分布在江汉平原，以维护农业生态安全为重点，着力防治农业面源污染和工业“三废”污染，提高农业生产能力，打造国家级绿色粮仓。基于资源环境承载能力和国土空间开发适宜性评价，全省适宜农业生产面积 6.1 万 km^2。耕地质量平均等别为 5.4 等，居全国第 1。粮食总产量连续 8 a 稳定在 500 亿斤①以上，居全国第 11 位。特色农产品产量高，油菜籽、茶叶、棉花产量分别位居全国第 2、第 3 和第 4 位。水网湖库交织，适宜渔业生产的水域面积超过 0.5 万 km^2，淡水产品产量长期位居全国首位。

1.2.1.4　城市生态系统分布

湖北城市生态系统主要依托长江、汉江及福银高速、沪渝高速、京广线、焦柳线等重要交通轴线带状发展，城镇化水平较高。常住人口城镇化率长期位居中部地区首位，2020 年城镇化率达到 62.89%。武汉、襄阳和宜昌集聚了大量人口和产业，武汉城市圈作为科技创新、先进

①1 斤＝500 g，余同。

制造、交通枢纽等国家核心职能的承载地区，已筑牢一体化发展基础。基于资源环境承载力和土地空间开发适宜性评价，全省适宜城镇建设面积 4.6 万 km^2，是目前建设用地的 2.8 倍，土地开发潜力较大。

1.2.2 生态功能区划

生态保护空间格局严守主体功能定位和发展要求，在严格划定生态、水资源、湿地、耕地、林地、草地保护等红线基础上，重点提升“千湖之省”水活力，做大、做深、做实“水文章”，构建“三江四屏千湖一平原”的生态保护空间格局。

三江：把保护修复长江、汉江、清江等重要流域的生态环境放在首位，建立流域水土保持带，保护好三峡库区、丹江口库区等重点区域生态环境。

四屏：以鄂东北大别山区、鄂西北秦巴山区、鄂西南武陵山区、鄂东南幕阜山区等为重点，加强水土保持、生物多样性维护、水源涵养生态功能区建设，构筑四大生态屏障。

千湖：加强湖库、湿地的生态保护和建设，着力改善水环境，修复水生态，节约水资源，建设一批人水和谐、经济发展与生态保护双赢的“两型”湖区，做强“千湖之省”生态品牌，成为全国乃至世界淡水湖泊生态环境保护的典范。

一平原：统筹考虑江汉平原的生态保护与绿色发展，实施永久性湖泊湿地保护，构建山水林田湖有机系统，着力解决湖北人口最密集地区的生态保护、污染治理、洪水调蓄等突出问题，增强生态系统对经济可持续发展的支撑作用，充分发挥“鱼米之乡”的农业生产优势，建设“气蒸云梦泽”的美丽家园。

1.3 湖北省气候和气候变化特征

1.3.1 基本气候特征

湖北省地处中亚热带，属亚热带季风气候，处于中国南北气候的过渡地带，且地貌类型复杂多样，因而形成具有地区差异且变化多端的天气气候。其具有四季分明、雨热同季、光能资源较充足、热量资源丰富、降水充沛等特点。除鄂西中、高山地区外，年平均气温为 15～17.5 ℃，年降水量为 800～1600 mm。

1.3.1.1 盛行风随季节更替

冬季，大陆冷源和海洋热源作用最强，大陆上的蒙古高压和海洋上的阿留申低压都发展到鼎盛时期，盛行强劲的偏北风。湖北省正处于冷高压中心的东南方，受南伸的高压脊控制，吹东北风。冬季风来自高纬度大陆内部的蒙古国和俄罗斯的西伯利亚，寒冷、干燥，这是造成湖北省冬季气温低、降水少的主要原因。夏季，大陆热源作用和海洋冷源作用达到最强，盛行从海洋吹向大陆的偏南风。湖北省处于印度低压的东北部，吹西南风。由于夏季风来自南方的海洋，故温暖、湿润。这是造成湖北省夏季高温、多雨的主要原因。冬季（1 月）偏北风占主导地位，夏季（7 月）盛行偏南风。冬、夏盛行相反的风向，反映了季风的季节变化（图 1.1）。

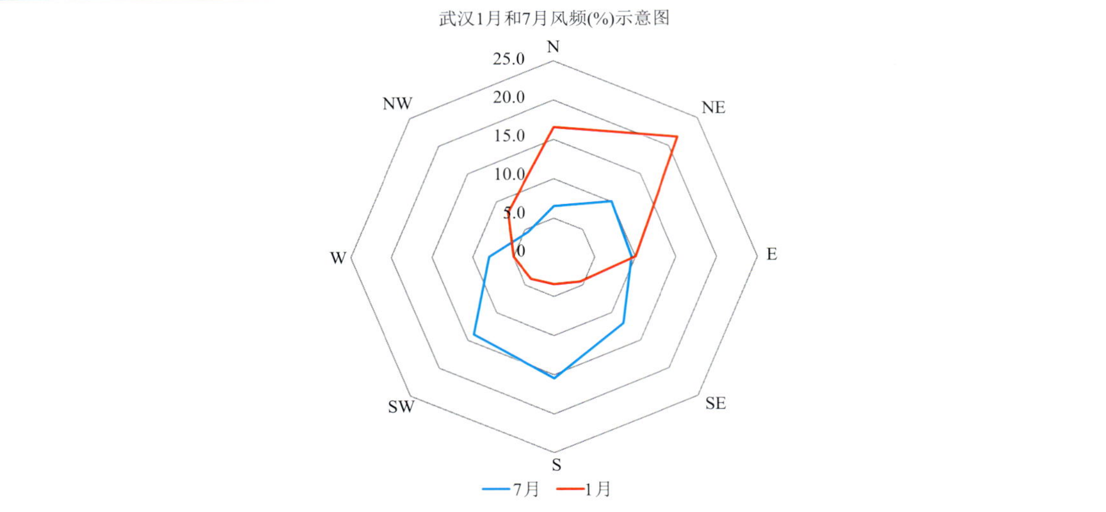

武汉	1 月		7 月	
	主导风向/风频	静风风频	主导风向/风频	静风风频
	NE/21.5%	28.0%	S/15.5%	20.0%

图 1.1　武汉站地面风向的季节变化

1.3.1.2　冬冷夏热

冬季，影响湖北省的冷空气主要来源于亚洲大陆腹地的西伯利亚和蒙古国，那里气温经常在－20 ℃以下，有时可降到－50 ℃且近地面层空气中的水汽含量极低，比湿常低于 1 g/kg。冷空气在源地堆积到一定程度，在高空引导气流的引导下，向南爆发。虽然冷空气在南下途中经沿途的增温、增湿作用而发生了变性，但控制湖北省的变性极地大陆气团，基本属性仍是干而冷的。

由于亚欧大陆是最大的大陆，加上青藏高原的存在，迫使冷高压沿着青藏高原东侧南下，使得包括湖北省在内的中国东部地区的冬季气温明显低于同纬度的平均值。湖北省各地 1 月平均气温比同纬度平均气温低 8～10 ℃，显出冬冷的特点。武汉 1 月平均气温比纬度相近的阿加迪尔和新奥尔良分别低 10.6 ℃和 9.1 ℃(摩洛哥的阿加迪尔位于非洲大陆西岸，属地中海气候，冬季来自大西洋的暖湿气流使得阿加迪尔的冬季温暖多雨；美国的新奥尔良位于北美大陆东岸，因北美大陆比亚欧大陆小，冬季风没有东亚季风明显，加上受墨西哥暖流的影响，冬季温度也高)。

冬冷对作物、果树越冬不利，容易造成冻害。在欧洲，柑橘的经济栽培区可以到 40°N。但在湖北省 30°N 附近的江汉平原就不适宜种植柑橘，这与湖北省冬冷是密切相关的。

与冬季相反，湖北省夏季气温高于同纬度平均值。7 月平均气温比同纬度地区平均气温高 2 ℃左右。武汉 7 月比摩洛哥的阿加迪尔高 6.7 ℃，比美国的新奥尔良高 1.5 ℃，显示夏热的特点(表 1.1)。众所周知，湖北省的夏热与盛夏季节受副热带高压控制有关。夏热对水稻、棉花等喜温作物的生长十分有利。

表 1.1　武汉与纬度相近的两个地点的气温比较

地名	纬度	海拔高度/m	1 月平均气温/℃	7 月平均气温/℃	气温年较差/℃
武汉(中国)	30°38′N	22.8	3.2	28.8	25.6
阿加迪尔(摩洛哥)	30°23′N	25.0	13.8	22.1	8.3
新奥尔良(美国)	约 30°N	16.0	12.3	27.3	15.0

1.3.1.3　冬干夏雨

湖北省冬季在变性极地大陆气团控制之下,空气中的水汽含量很低。如武汉地面 1 月平均比湿为 3.4 g/kg,只有 7 月平均比湿的 18%,空气相当干燥。冬季南下冷空气前沿冷锋过境时所造成的雨雪天气,降水量一般不大。冷锋过境后,受冷空气的控制,天气又晴朗无雨,因此冬季是湖北省全年降水最少的季节,各地 12 月—次年 2 月降水量为 30~200 mm,仅占年平均降水量的 4%~13%。如武汉冬季平均降水量约为 146 mm,约占年总量的 11%。

6 月中下旬,夏季风到达长江中下游,随后继续北上,7 月下旬—8 月上旬是夏季风势力最强、到达的位置也最北的时期。9 月中下旬,夏季风又南撤到长江以南。由于湖北省地处中国中部地区的东南部,夏季风最为盛行,受夏季风影响的时间约有 3 个月。来自孟加拉湾、印度洋和中国南海的夏季风,空气中水汽含量丰富,武汉 7 月的地面比湿 19.2 g/kg,是 1 月比湿的 5.6 倍。湖北省各地夏季(6—8 月)降水量为 350~500 mm,占年平均降水量的 35%~50%,与世界上同纬度地区相比,降水量较大。6 月中下旬—7 月上中旬,夏季风活跃于长江中下游的沿江两岸。此时,中纬度西风带的环流形势有利于引导地面冷空气不断南下,到长江中下游与暖湿的西南气流相遇,形成了包括湖北省在内的江淮梅雨期。各地梅雨期平均降水量一般为 200~300 mm,占年平均降水量的 18%~23%,显示出梅雨期降水量在年降水量中的重要地位。7 月中旬—8 月下旬为盛夏期,它虽然是湖北省夏季的一个相对少雨期,但平均降水量仍有 130~170 mm(图 1.2)。

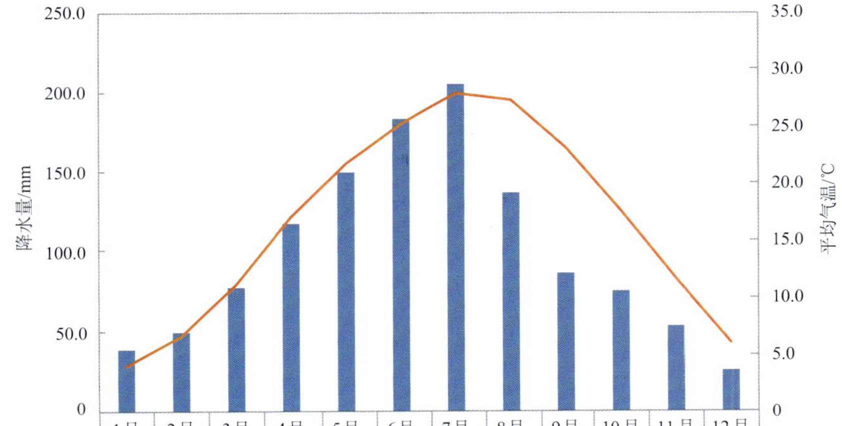

	1月	2月	3月	4月	5月	6月	7月	8月	9月	10月	11月	12月
降水量/mm	39.3	50.0	77.7	117.5	149.7	183.3	204.9	136.8	86.5	75.4	53.6	26.0
平均气温/℃	4.0	6.7	11.1	17.0	21.7	25.2	27.9	27.3	23.1	17.6	11.6	6.1

图 1.2　湖北省逐月平均气温、降水量变化

1.3.1.4　雨热同季

夏季，大陆为热低压区，中国大部分地区处于高温期，此时正值夏季风盛行期，由东南季风和西南季风带来丰富的水汽导致降水集中，形成高温期与多雨期同步，即“雨热同季”。夏季高温、多雨是一种十分有利的气候资源，对农业、林业的发展非常有利，适宜栽培喜温喜湿的水稻、棉花等作物。在湖北省，不论是平地或山坡，单靠自然降水林木就能生长良好。

与武汉同纬度的大陆西岸摩洛哥的阿加迪尔，是非季风区，雨热不同季。夏季高温期的降水量极少，6—8 月平均降水量仅有 1 mm。由于降水量的巨大差别，湖北省发达的农业和郁郁葱葱的森林景观，与阿拉伯半岛和北非的荒漠情景形成了强烈的对比，更显示出东亚季风气候的优越性。

1.3.2　地面气象要素空间分布

1.3.2.1　气温

(1)年平均气温

受东亚季风和地形的影响，湖北省年平均气温呈现北低南高、西低东高的空间分布特征。除鄂西中、高山地区外，年平均气温一般为 15.5～17.9 ℃，鄂东南和三峡河谷为 17.1～17.9 ℃，江汉平原和鄂东北为 16.7～17.4 ℃，其他地区为 15.5～16.7 ℃。在鄂西地区，气温受地形影响较大，河谷高、高山低。三峡河谷是湖北省年平均气温最高的地区之一，在 17 ℃以上。神农架、利川等鄂西高山地区是湖北省年平均气温最低的地区，在 13.5 ℃以下(图 1.3)。

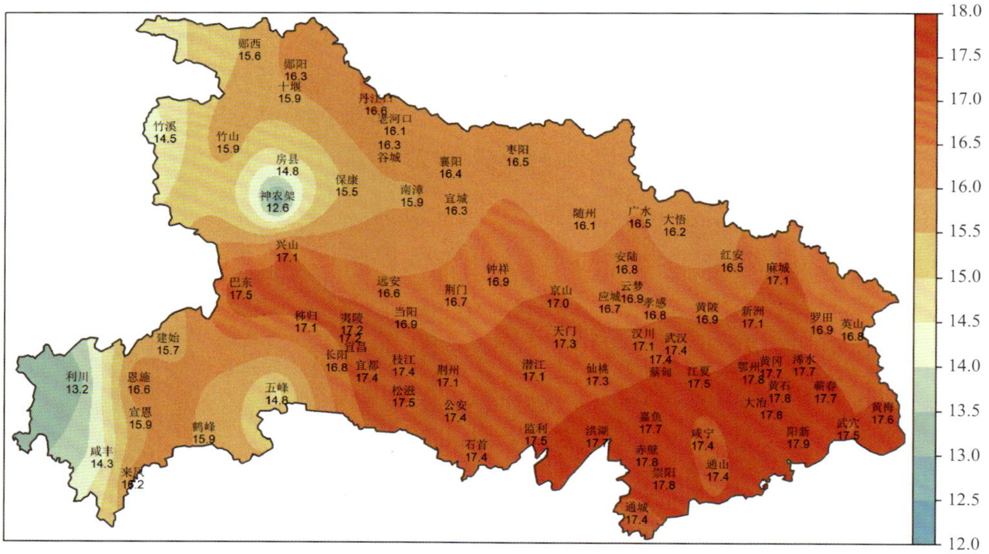

图 1.3　1991—2020 年湖北省年平均气温空间分布(单位:℃)

(2)年平均最高气温

湖北省年平均最高气温空间分布特征与年平均气温类似，高值中心位于鄂东南、鄂东北、三峡河谷地区，上述地区年平均最高气温可超过 22 ℃；神农架及鄂西中高山地区不到 19 ℃(图 1.4)。

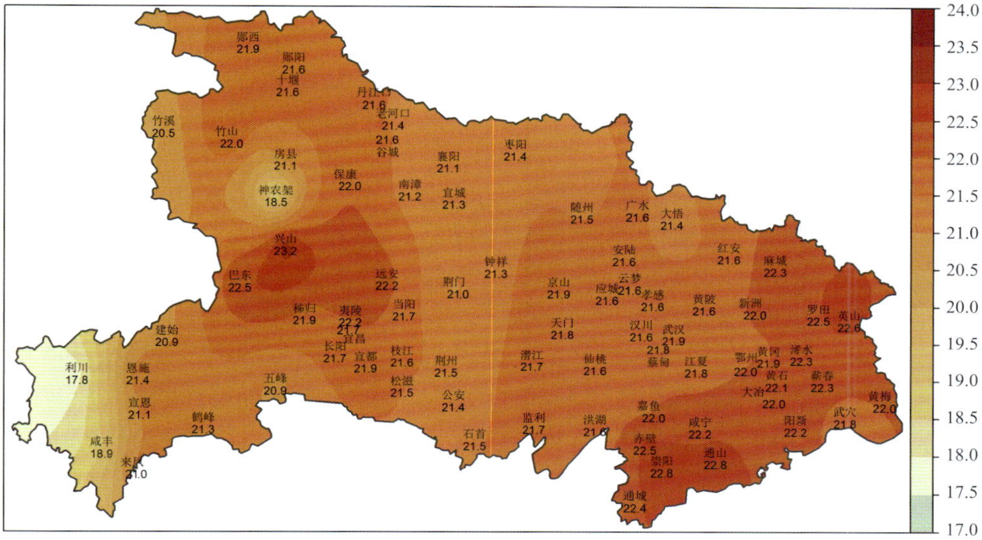

图 1.4　1991—2020 年湖北省年平均最高气温空间分布(单位:℃)

(3)年平均最低气温

湖北省年平均最低气温空间分布特征与年平均气温类似,高值中心位于鄂东南,低值中心位于神农架及鄂西中高山地区(图 1.5)。

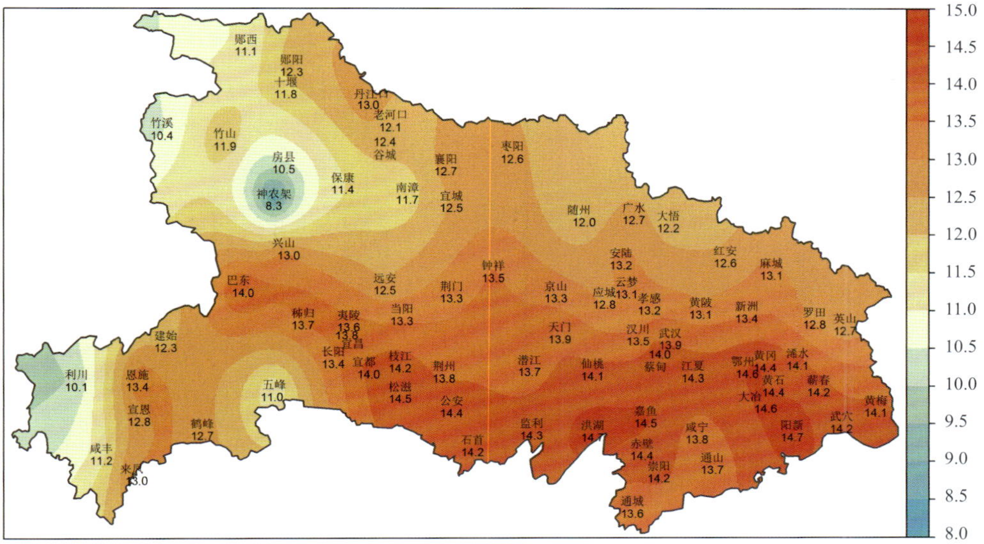

图 1.5　1991—2020 年湖北省年平均最低气温空间分布(单位:℃)

1.3.2.2　降水

(1)年降水量

受东亚季风的影响,湖北省降水呈现两多一少的分布特征,即鄂西南、鄂东南两个多雨区,其年降水量达 1500 mm;鄂西北为少雨区,年降水量不足 1000 mm;其他地区年降水量为

1000～1500 mm(图 1.6)。江汉平原和鄂西南、鄂东南地处同一纬度，其年降水量少于鄂西南和鄂东南，这主要是由鄂东南及鄂西南山区地形抬升使辐合上升运动加强所致。

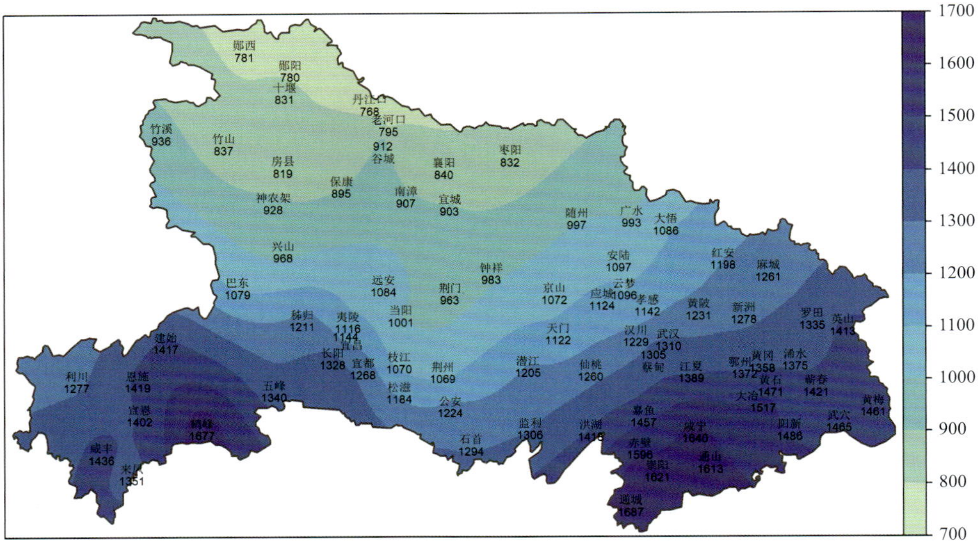

图 1.6　1991—2020 年湖北省年降水量空间分布(单位:mm)

(2)年降水日数

湖北省年降水日数为 107 d(枣阳)～180 d(鹤峰)，空间分布不均，降水日数较多的地区主要分布在鄂西南及鄂东南南部，较少地区分布在鄂北地区(图 1.7)。

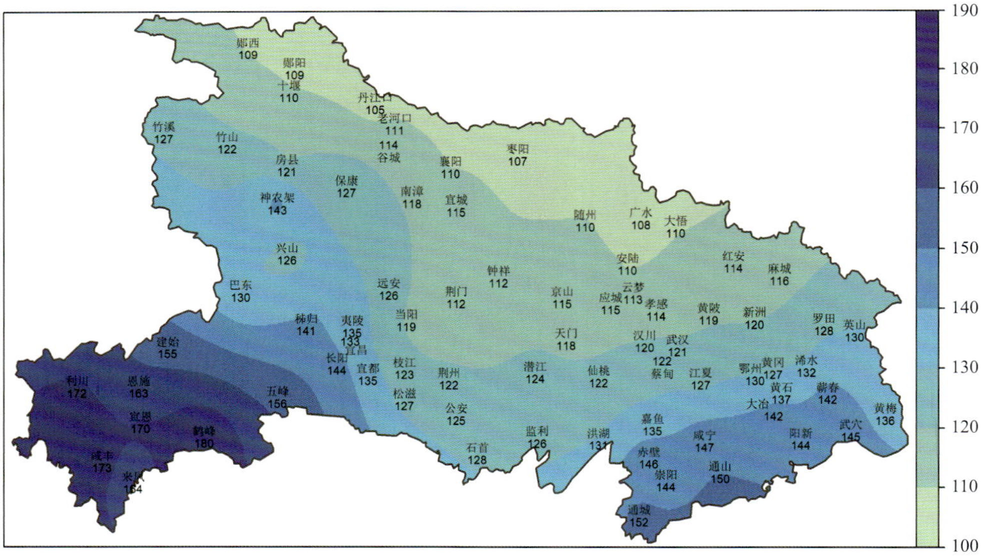

图 1.7　1991—2020 年湖北省年降水日数空间分布(单位:d)

(3)年平均暴雨日数

湖北省年平均暴雨日数空间分布见图 1.8。鄂东南南部、鄂西南中部、鄂东北东部为湖北省的暴雨中心，暴雨日数为 4.5～7.4 d，鄂西北大部分地区暴雨日数在 2.0 d 以下，是湖北省暴雨最少的区域。

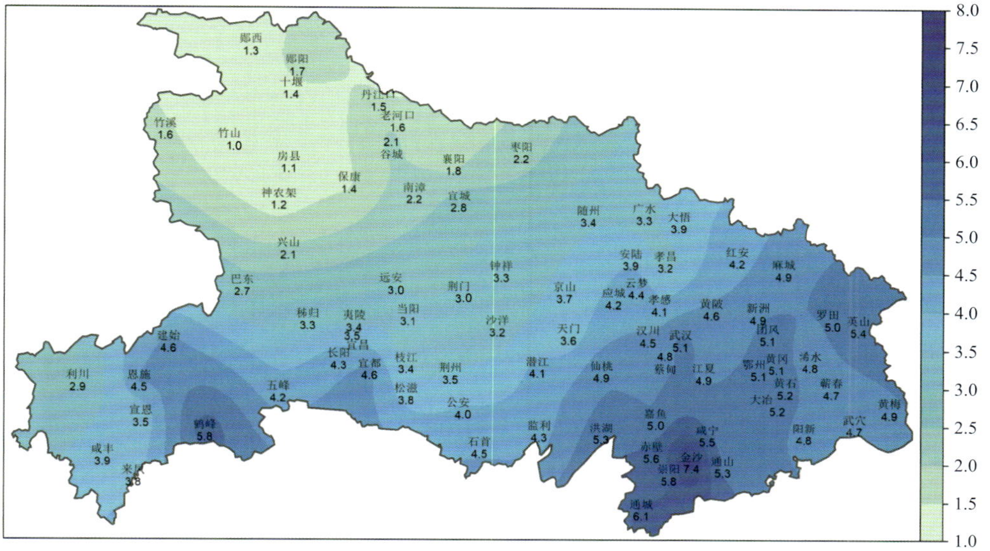

图 1.8 1991—2020 年湖北省年平均暴雨日数空间分布(单位:d)

1.3.2.3 相对湿度

湖北省年平均相对湿度为 71.0%(郧阳)～83.5%(咸丰)，鄂西北大部分地区、鄂西南北部较低，大部分地区为 72.0%～76.0%；鄂西南最高，大部分地区为 78.0%～83.5%(图 1.9)。

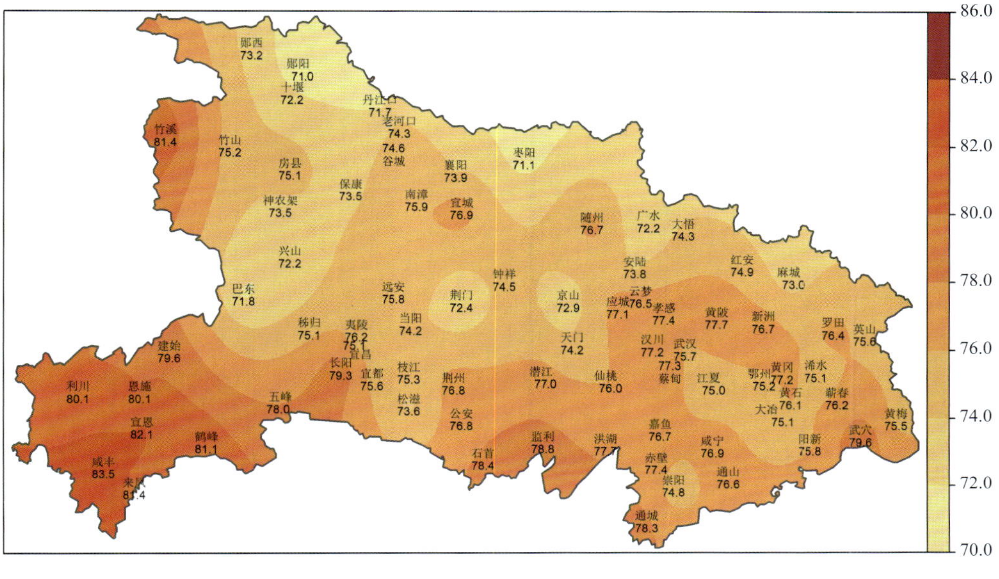

图 1.9 1991—2020 年湖北省年平均相对湿度空间分布(%)

1.3.2.4 平均风速

湖北省年平均风速大于 2.00 m/s 的区域主要集中在两个南北向的冷空气通道和开阔平原区(图 1.10)。一是鄂北岗地和鄂东北北部，该区域虽然有呈西北—东南走向大别山和桐柏山对北来气流的阻挡，但两山海拔多在 1000 m 以下，且山体较为破碎，形成了许多与主导风向一致的南北向通道，因此风速相对较大；二是位于汉江中游河谷的南北向通道，冷空气自南阳盆地进入湖北省襄阳、宜城，随后通过“宜钟狭道”的地形狭管效应加速，使得钟祥、荆门成为湖北省除高山测站外年平均风速最大的区域(在 2.50 m/s 以上)；三是江汉平原南部，由于地势开阔，湖泊众多，下垫面摩擦力小，因此该地区的风速相对也较大，年平均风速均在 2.00 m/s 以上。湖北省的小风区主要出现在鄂西地区。鄂西山区由于山脉海拔较高，且多呈东西走向，对南北向的气流形成明显的阻挡作用，因此河谷盆地的风速明显减小，年平均风速大多在 1.50 m/s 以下。但海拔较高的山地风速比较大，湖北省其他大部分地区年平均风速为 1.50～2.00 m/s。

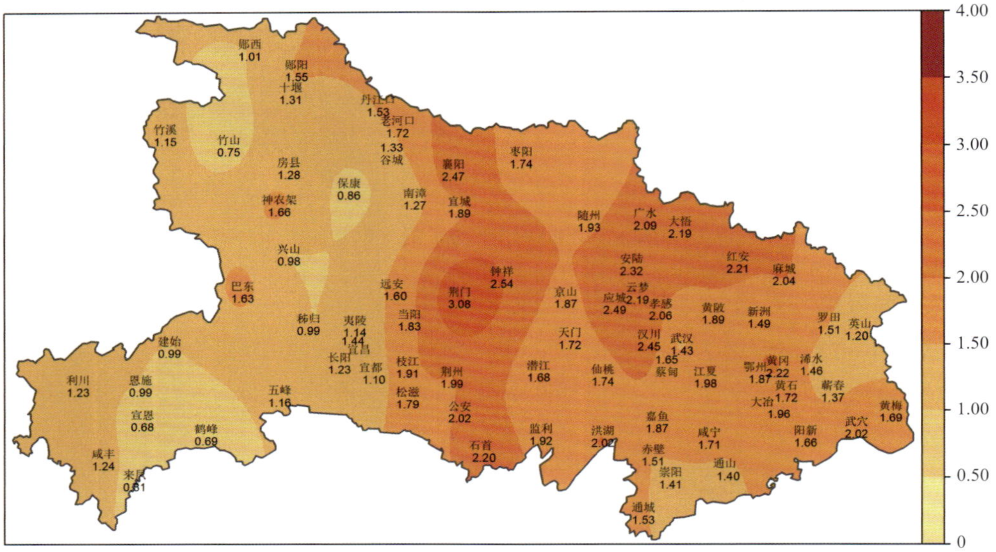

图 1.10 1991—2020 年湖北省年平均风速空间分布(单位:m/s)

1.3.3 地面气象要素时间变化特征

1.3.3.1 气温

1961—2020 年，湖北省年平均气温呈显著上升趋势，升温速率为 0.18 ℃/(10 a)，年代际变化特征较明显。1993 年以前大多年份较常年偏低，之后出现明显的上升趋势，大多年份较常年偏高(图 1.11a)。

1961—2020 年，湖北省年平均最高气温呈上升趋势，升温速率为 0.19 ℃/(10 a)，20 世纪 90 年代以前较常年大多偏低，进入 20 世纪 90 年代后期呈明显上升趋势，自 1997 年以来，大多年份较常年偏高(图 1.11b)。1961—2020 年，湖北省年平均最低气温呈显著上升趋势，升温速率为 0.25 ℃/(10 a)，高于年平均气温和年平均最高气温的上升速率。20 世纪 90 年代以前变化趋势不明显，20 世纪 90 年代以后呈快速上升趋势(图 1.11c)。

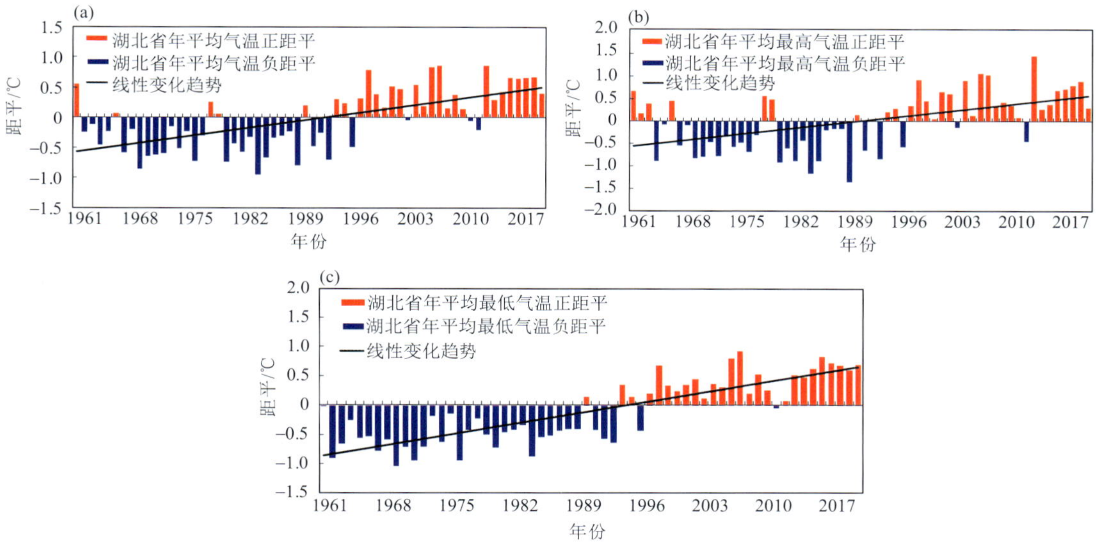

图 1.11　1961—2020 年湖北省年平均气温(a)、年平均最高气温(b)、年平均最低气温(c)距平逐年变化

湖北省年平均气温分区监测结果显示，1961—2020 年，江汉平原年平均气温上升速率最大，达 0.26 ℃/(10 a)；鄂东南、鄂东北和鄂西北升温速率分别为 0.22 ℃/(10 a)、0.20 ℃/(10 a)和 0.11 ℃/(10 a)；鄂西南升温速率为 0.10 ℃/(10 a)，是湖北省升温速率最小的区域。

1907—2020 年，武汉年平均气温呈显著的上升趋势，升温速率为 0.07 ℃/(10 a)。20 世纪 40 年代之前武汉气温整体偏低，20 世纪 50—80 年代明显偏低，为偏冷期。20 世纪 90 年代以来，升温趋势尤其显著，至今为偏暖期。1951—2020 年，武汉站年平均气温升温速率为 0.29 ℃/(10 a)，高于同期中国年平均气温的升温速率，2008 年以来升温速率有所减缓(图 1.12)。

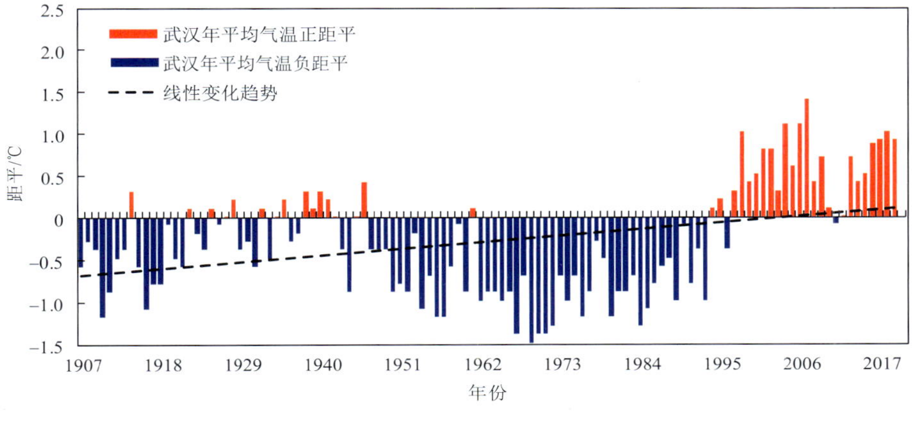

图 1.12　1907—2020 年武汉市年平均气温距平逐年变化

1.3.3.2　降水

1961—2020 年，湖北省年平均降水量无明显线性变化趋势，但年代际变化特征显著(图 1.13)。20 世纪 60 年代和 70 年代偏少，20 世纪 80 年代和 90 年代偏多，21 世纪初降水

偏少，其中，2020 年最多，为 1707.5 mm；1966 年最少，为 816.0 mm。2020 年平均降水量(507 mm)较常年偏多 42%，居历史第一位。分区监测结果显示，1961—2020 年，各区域年平均降水量没有明显的线性变化趋势，但均表现出和全省降水较一致的年代际变化特征。

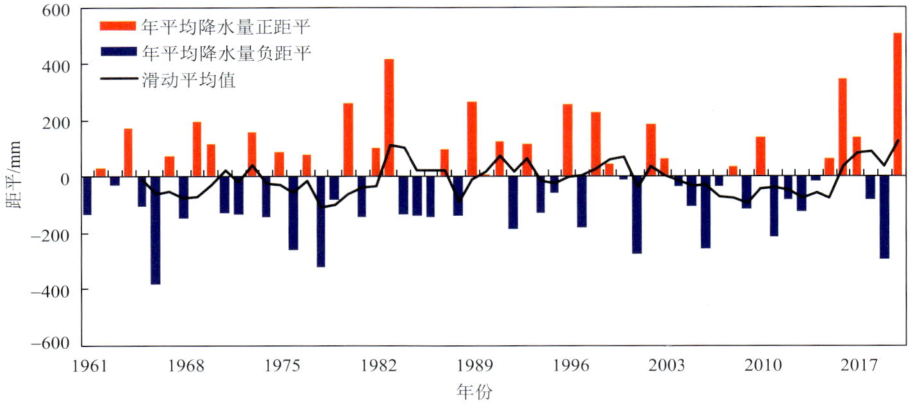

图 1.13　1961—2020 年湖北省年平均降水量距平逐年变化

1885—2020 年，武汉年平均降水量无明显的线性变化趋势，但年代际变化特征明显，其中 20 世纪 20 年代、60—70 年代以及 21 世纪初降水偏少，19 世纪 80 年代中后期、20 世纪初至 10 年代、50 年代、80—90 年代降水偏多(图 1.14)。2020 年武汉年平均降水量较常年偏多 53.0%。

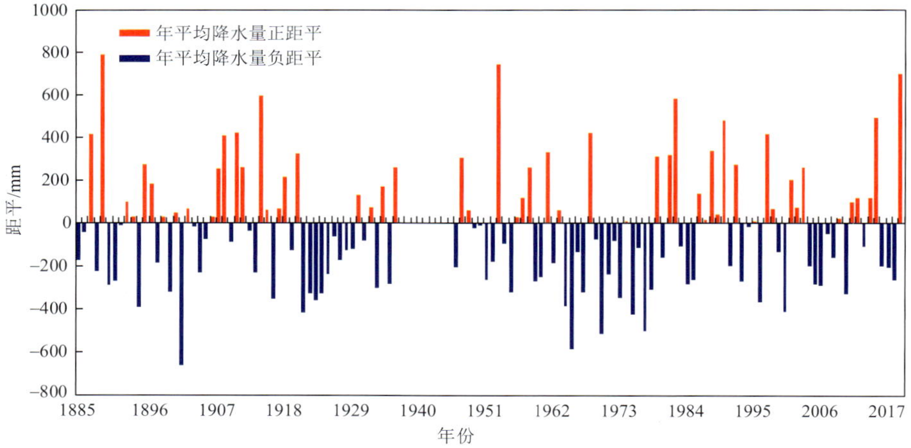

图 1.14　1885—2020 年武汉站年平均降水量距平逐年变化

1961—2020 年，湖北省年平均雨日数呈微弱减少趋势，减少速率为 3.3 d/(10 a)(图 1.15)。2020 年，湖北省年平均雨日数为 148 d，较常年偏多 18 d。

1.3.3.3　相对湿度

1961—2020 年，湖北省年平均相对湿度总体呈减小趋势，减小速率为 0.13%/(10 a)(图 1.16)。1961—1994 年偏高年份较多，1994 年以后偏低年份较多且偏低幅度较大。2020 年湖北省平均相对湿度为 78.9%，较常年偏高 2.2%，居历史第六位。

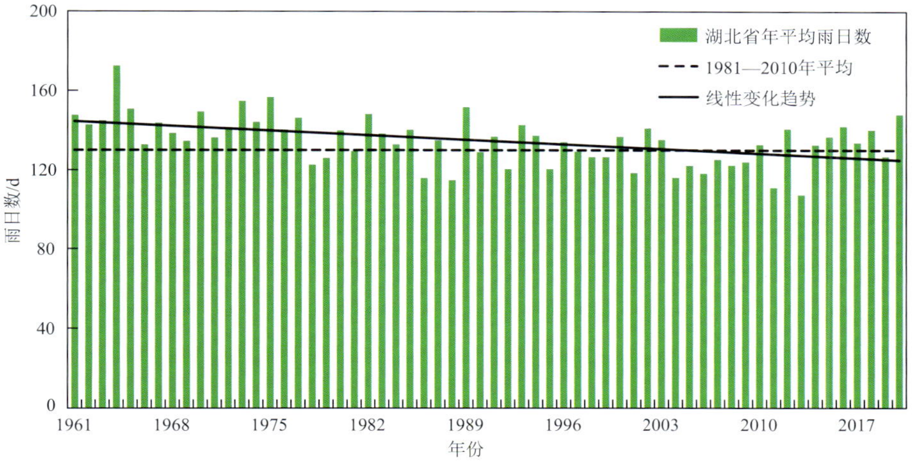

图 1.15　1961—2020 年湖北省年平均雨日数变化

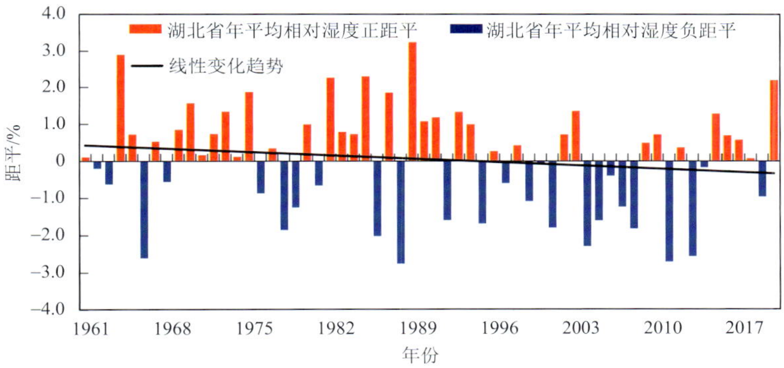

图 1.16　1961—2020 年湖北省年平均相对湿度距平逐年变化

1.3.3.4　平均风速

1961—2020 年，湖北省年平均风速总体上呈减小趋势，减小速率为 0.11 m/(s·(10 a))(图 1.17)。20 世纪 80 年代后期减小速率较快，20 世纪 90 年代后变化趋势趋于平缓，2016—2020 年呈现增大的趋势。

1.3.3.5　日照

1961—2020 年，湖北省年平均日照时数呈明显减少趋势，减少速率为 52.7 h/(10 a)(图 1.18)。

1.3.3.6　云量

1961—2020 年，湖北省平均总云量年代际变化特征明显，20 世纪 80 年代以前以偏多为主，20 世纪 80 年代以后以偏少为主，从 2014 年开始，云量呈现增多的趋势。2020 年湖北省平均总云量较常年偏少 1.3 成(图 1.19)。

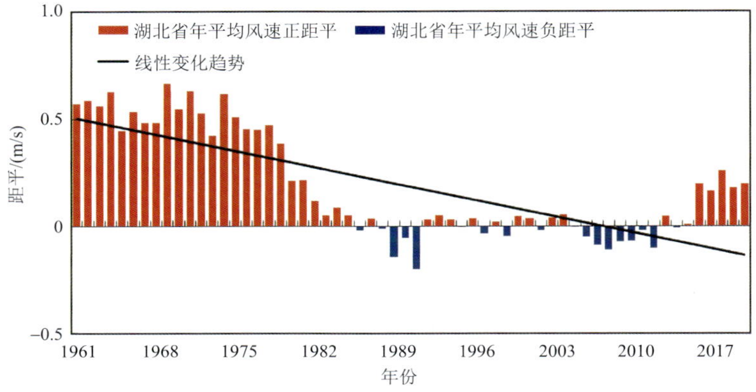

图 1.17　1961—2020 年湖北省年平均风速距平逐年变化

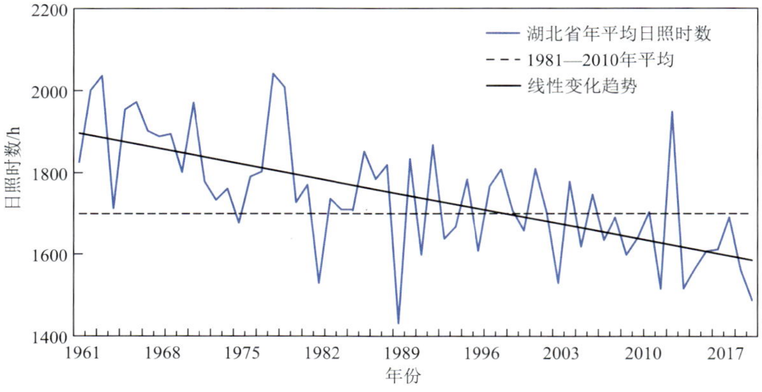

图 1.18　1961—2020 年湖北省年平均日照时数逐年变化

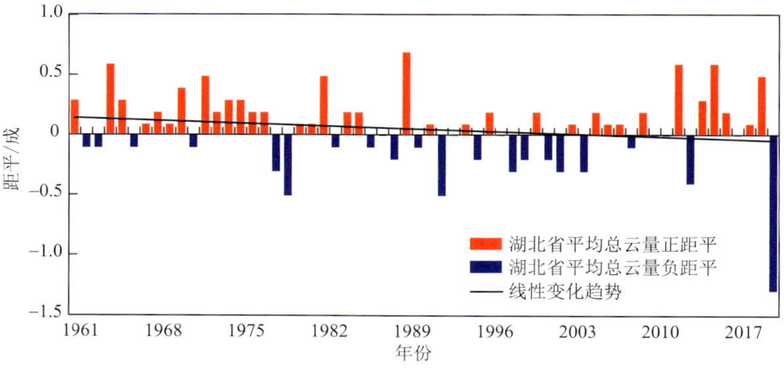

图 1.19　1961—2020 年湖北省平均总云量距平逐年变化

1.3.4 其他指标变化特征

1.3.4.1 降雪初、终日

湖北省常年平均初雪日为 12 月 15 日，最早出现在 2009 年 11 月 16 日，最晚出现在 2014 年 1 月 31 日。1961/1962 年—2019/2020 年的初雪日呈推迟趋势，推迟速率为 3 d/(10 a)；2019/2020 年的初雪日为 12 月 28 日，较常年偏晚 13 d。湖北省常年平均终雪日为 2 月 27 日，最早出现在 2003/2004 年的 1 月 17 日，最晚出现在 1962/1963 年的 3 月 29 日。1961/1962 年—2019/2020 年的终雪日呈提前趋势，提前速率为 4.3 d/(10 a)；2019/2020 年的终雪日为 2 月 23 日，较常年提前 4 d。

1.3.4.2 雪日

1961—2020 年，湖北省平均年雪日数呈减少趋势，减少速率为 1.2 d/(10 a)。20 世纪 80 年代以前，平均年雪日数总体较常年偏多，20 世纪 80 年代以后总体较常年偏少。2020 年湖北省平均年雪日数为 7.8 d，较常年偏少 4.8 d。

1.3.4.3 取暖度日和降温度日

1961—2020 年湖北省平均取暖度日（HDD）总体呈显著的减少趋势，减少速率为 11.2 ℃·d/(10 a)。20 世纪 90 年代以来，HDD 大多偏少。2020 年湖北省 HDD 为 66.1 ℃·d，较常年偏少 48.0 ℃·d。

1961—2020 年湖北省平均降温度日（CDD）总体呈增大趋势，但并不显著。

1.3.4.4 梅雨

1961—2020 年，梅雨期长度呈缩短趋势，缩短速率为 −0.12 d/(10 a)。20 世纪 60 年代前期梅雨长度短，20 世纪 60—70 年代初增长，20 世纪 70 年代及 80 年代梅雨长度总体偏短，20 世纪 90 年代梅雨长度长，进入 21 世纪以来，梅雨长度又有前短后长趋势。长度最短的梅雨期出现在 2005 年和 2009 年，仅为 3 d，为空梅年，而最长的梅雨期则出现在 1996 年，为 56 d。2020 年梅雨期长度为 54 d，较常年均值(24 d)偏多 30 d，仅次于 1996 年，位居 1961 年以来第二位。

1961—2020 年，梅雨强度呈增强趋势，增强速率为每 10 a 0.11。20 世纪 60—80 年代梅雨强度年际变化幅度大；20 世纪 90 年代强度普遍偏强；进入 21 世纪以后，强度转为以偏弱为主。最弱年则出现在 1965 年，梅雨强度指数为 −1.7。而 2020 年梅雨强度指数为 3.5，为 1961 年以来最强。

1.3.4.5 四季长度

1961—2020 年，湖北省春季长度总体呈延长趋势，延长速率为 0.8 d/(10 a)。进入 21 世纪以后，春季长度变化较大，变化特征呈长—短—长—短—长的波动型。

湖北省夏季长度呈明显延长趋势，延长速率为 2.5 d/(10 a)。20 世纪 90 年代中期以前，大部分年份的夏季长度偏短，20 世纪 90 年代中期至今，夏季长度偏长年份较多。

湖北省秋季长度总体呈缩短趋势，缩短速率为 0.8 d/(10 a)。20 世纪 90 年代中期以后，秋季长度缩短趋势较为明显。

湖北省冬季长度总体呈缩短趋势，缩短速率为 2.8 d/(10 a)。20 世纪 90 年代以来，冬季长度缩短趋势尤为明显。

1.3.5 高空要素

1.3.5.1 气温

1961—2020年，湖北省对流层下层(850 hPa，约1500 m高度)、对流层上层300 hPa(约9600 m高度)和平流层下层100 hPa(约16600 m高度)多年平均气温分别为10.3 ℃、−34.3 ℃和−70.1 ℃。2020年850 hPa、300 hPa和100 hPa处平均气温分别为9.9 ℃、−34.1 ℃和−70.9 ℃。气温的变化趋势随高度增加由上升趋势向下降趋势转变，其中850 hPa呈上升趋势、300 hPa无明显变化、100 hPa呈下降趋势，变率分别为0.11 ℃/(10 a)、−0.05 ℃/(10 a)、−0.46 ℃/(10 a)，其中850 hPa和100 hPa处年平均气温变化趋势显著，分别通过了0.01、0.001的显著性检验。850 hPa和300 hPa处年平均气温自20世纪90年代末至今整体偏暖，850 hPa处尤为明显；100 hPa处21世纪以来以偏冷为主。

湖北省对流层气温随高度的增加而降低。1961—2020年，对流层(地面至300 hPa)年平均高度为9529 m，300 hPa处平均气温为−34.3 ℃，对流层气温递减率为0.50 ℃/(100 m)。2011—2020年，对流层(地面至300 hPa)年平均高度为9532 m，300 hPa处平均气温为−34.0 ℃，对流层气温递减率为0.46 ℃/(100 m)。2010—2020年对流层气温递减率较多年平均略有减小。

湖北省平流层气温随高度的增加整体呈上升趋势。1961—2020年平流层底以上(100 hPa以上)气温递增率为0.16 ℃/(100 m)，2010—2020年略有增加，气温递增率为0.19 ℃/(100 m)。

1.3.5.2 相对湿度

1961—2020年，湖北省850 hPa年平均相对湿度为70.3%，变率为−0.29%/(10 a)。20世纪60年代—21世纪初湖北省850 hPa处相对湿度呈波动变化，自2004年起，相对湿度持续偏低，2015年出现转折，呈偏高趋势，2020年为73.6%。

1.3.5.3 风速

1961—2020年，湖北省850 hPa、300 hPa和100 hPa处年平均风速分别为5.0 m/s、32.5 m/s和25.9 m/s。2020年850 hPa、300 hPa和100 hPa处年平均风速分别为5.0 m/s、32.6 m/s和26.7 m/s，与常年平均相比，850 hPa处偏大0.1 m/s，300 hPa、100 hPa处分别偏小1.3 m/s、1.5 m/s；与2019年相比，850 hPa和300 hPa分别偏大0.4 m/s、1.6 m/s，100 hPa处则持平。风速的变化趋势随高度增加由下降趋势向上升趋势转变，850 hPa和300 hPa处呈下降趋势，100 hPa处呈上升趋势，变率分别为−0.04 m/(s·(10 a))、−0.17 m/(s·(10 a))、0.09 m/(s·(10 a))，其中850 hPa处年平均风速变化趋势显著，通过了0.01的显著性检验。

湖北省对流层年平均风速随高度增加逐渐增大，平流层年平均风速随高度上升逐渐减小。1961—2020年对流层年平均风速从1000 hPa的3.1 m/s向上增大到对流层上层(300 hPa)的32.5 m/s；2011—2020年对流层年平均风速从1000 hPa的3.0 m/s向上增大到对流层上层(300 hPa)的32.3 m/s。2011—2020年对流层顶至平流层年平均风速较多年平均风速整体偏大，增幅在0～3.4 m/s。

1.4 湖北省主要气象灾害

湖北省位于长江中游，西、北、东三面环山，中间是低平的江汉平原，构成了南部向洞庭湖敞开的不完整盆地，境内河流纵横，湖泊星罗棋布，同时湖北地处东西南北气候过渡地带，多种气象系统在此交汇。特殊的地理位置、地形地貌，加上复杂多变的气象条件，导致气象灾害易发、多发、频发，给全省经济社会发展和人民生产生活造成了很大影响。湖北省主要气象灾害有以下七种。

1.4.1 暴雨洪涝

暴雨洪涝是湖北省主要的气象灾害之一，发生频率高，影响范围广，危害强度大，灾害损失重。1998 年夏天，长江流域发生连续性、大范围、高强度暴雨天气，全流域遭受了百年不遇的严重洪涝灾害，其中湖北出现 13 次区域性暴雨过程。

湖北省年均暴雨日数约 5 d，但分布不均，表现为南部多于北部，东部多于西部，高山多于平原，迎风坡多于背风坡。武陵山地的东南侧、幕阜山地的西北侧及大别山的西南侧是湖北省三个暴雨多发区。

每年 5—10 月是暴雨洪涝灾害的易发时段，尤其是 6—7 月的梅雨期，因降水集中、强度大，易造成山区山洪暴发，又常遭遇长江客水过境，容易形成暴雨洪涝灾害，平原地区外洪内涝。1969 年、1980 年、1983 年、1991 年、1998 年、1999 年、2016 年、2020 年大范围的洪涝都是出现在梅雨期间。

暴雨洪涝成因主要有三点：一是大气环流异常。湖北处在东亚季风气候区，若夏季风在长江中下游长时间停留，冷、暖气团在湖北上空稳定对峙，便会造成长时间集中降水，引起暴雨洪涝灾害。二是特殊的地形地貌。湖北省地处长江中游，承接长江、汉水和湖南“四水”流域下泄水量，而境内西、北、东三面环山，一遇暴雨，三面来水全部汇流到江汉平原，造成外洪内涝。三是山地抬升。由于山区迎风坡对东移的暴雨天气系统有阻滞和强迫上升作用，造成武陵山地的东南侧、幕阜山地的西北侧以及大别山地的西南侧成为暴雨多发区。

1.4.2 干旱

湖北省干旱分布范围广、种类多、危害重。按空间划分，北部年平均干旱日数在 50 d 以上，南部大部分地区为 30～50 d；按季节划分，湖北省有春旱、初夏旱、春夏连旱、伏旱、秋旱、伏秋连旱等，其中以伏秋连旱影响最大。鄂中丘陵及鄂东北西部为重旱区，大旱或中旱几乎每年均有发生；鄂西北以春旱为主，中等以上春旱约 2 a 一遇；鄂东南以伏秋干旱为主，中等以上伏秋干旱 2～3 a 一遇。1961 年以来典型干旱年份有 1966 年、1972 年、1978 年、1981 年、1988 年、1991 年、1992 年、1999 年、2000 年、2001 年、2011 年、2019 年等。其中 1999 年、2011 年为冬春连旱，1981 年、1988 年、2000 年为春夏连旱，1966 年、1972 年、1978 年、2001 年、2019 年为伏秋连旱，1991 年、1992 年为秋冬连旱。

干旱成因主要有三点：一是大气环流异常。当夏季风在长江中下游停留时间过短时，就会出现空梅或梅雨不明显，夏季高温少雨，造成干旱发生。二是气温高、蒸发大，降水和蒸发不平衡造成水分短缺。三是地形地貌影响。由于武当山、大洪山等山脉的阻挡，冷、暖气团在鄂北地区不易交汇产生降水，同时鄂北岗地和鄂西北地区土层薄、森林覆盖率低，也不利于蓄水保水，“旱包子”由此而成。

1.4.3 大风

大风主要分为冬、春季的寒潮大风、春季气旋波大风和春、夏强对流大风，在湖北省各地均有发生。寒潮大风出现最多的区域为汉江中游河谷地区和孝感地区，年平均致灾性大风日数为 3～6 d；强对流天气造成的大风在鄂西山区发生频率最高。蒙古气旋和江淮气旋南下东移会造成湖北省春季大风，所以春季大风日数比其他季节多 1 倍以上，是大风灾害较为集中的季节。由于湖北地形具有马蹄形层状分布特征，使得湖北省平原大风明显多于山区，鄂西山区的风速最小。1961—2020 年致灾性大风日数呈显著减少趋势。

寒潮大风主要由冷空气南下造成的。强对流是不稳定大气层中冷、暖气团强烈碰撞的天气现象，常伴有雷雨大风、冰雹、龙卷、局部强降雨等。强对流引发的大风具有空间尺度小、生命期短、破坏力强等特点。强对流大风一般水平范围为十几千米至二三百千米，有的水平范围只有几十米至十几千米。强对流大风生命期为 1 h 至十几小时，短的仅有几分钟至 1 h。2015 年发生在监利的“东方之星”客轮翻沉事件就是由强对流引发的强风所致。

1.4.4 高温热害

湖北高温热害主要发生在 6—8 月，三峡河谷和鄂东南出现频率较高，年高温日数超过 30 d，鄂西南西部出现频率较低，为 0～15 d。1961—2020 年高温日数呈增加趋势。

高温热害的成因有三点：一是夏季西太平洋副热带高压、大陆高压持续稳定、偏强控制湖北，不容易产生云雨，太阳直射，导致光照足、气温高。二是湖北江河湖库多，高温导致蒸发加剧，容易形成闷热难当的酷热天气。三是城市热岛效应导致城区气温比郊区高 2 ℃甚至更多。

1.4.5 连阴雨

连续降雨 5～7 d 或以上的天气称为连阴雨。湖北省连阴雨主要发生在春、秋两季。全省性的连阴雨天气过程以 10 月最多，4 月次之，3 月最少。鄂西南最多，年平均 7～10 次，鄂东南其次，鄂北地区最少。春季连阴雨主要出现在湖北省南部，秋季连阴雨主要出现在湖北省西部。总体来看，1961—2020 年连阴雨日数有明显减少趋势，但 2010—2020 年又出现反弹迹象。

连阴雨的成因主要是春、秋两季处于冬、夏季风转换的过渡时期，冷、暖空气在湖北省交汇，形成持续日久的阴雨天气过程。

1.4.6 冻害

冻害是指越冬作物和果树、林木、蔬菜等在越冬期间(包括晚秋和早春)，遇到 0 ℃以下低温或剧烈变温，造成植株体死亡或部分死亡的现象。冻害主要发生在 11 月—次年 3 月，具有自南向北、自东向西增加的特点，其中鄂北岗地、鄂西北和湖北省中高山地区为冰冻灾害高发区，三峡河谷、江汉平原南部和鄂西南的清江河谷地区为冰冻灾害低发区。20 世纪 80 年代中后期以来，冻害有减少趋势，但 2010—2020 年冬季气温波动大，冻害时有发生。例如，2008 年初湖北省出现的低温雨雪冰冻灾害，对农林业、电力供应、交通安全以及社会生产、公众生活等造成了极大影响。

冻害主要由强冷空气南下引发的寒潮天气造成。当强冷空气从华北平原南下越过低缓、破碎的桐柏山脉，直冲江汉平原，因阻挡少、强度大、移速快，在此区域大风和降温都最明显，从而容易产生冻害。而鄂西山区的河谷地区由于高大山脉的屏障作用，比同纬度其他地区气温高 3 ℃以上，冻害天气少。

1.4.7 低温冷害

低温冷害主要包括春季倒春寒、五月寒和秋季寒露风。湖北倒春寒多出现在 3—4 月，其中鄂西北和鄂西南西部发生最多。五月寒和寒露风以江汉平原西北部发生频率最高，沿东南方向逐渐降低。1961—2020 年倒春寒明显减少、寒露风减少、五月寒却有加重趋势。

低温冷害多出现在强冷空气南下引起的降温后，发生持续 3 d 及以上低于作物适宜发育所需的下限气温，造成作物发育迟缓或减产。

1.5 本章小结

湖北省位于中国中部，地处长江中游，地势上位于二、三级阶梯的过渡地带，分为鄂西山区、鄂东北低山丘陵区、鄂东南低山丘陵区、鄂北岗地丘陵区和江汉平原区五大地貌单元。境内河流纵横，湖泊众多，长江自西向东贯穿全省，水资源丰富。东部城镇水域密布、中部耕地资源丰沃、西部山区林地富集，主要包括湿地、森林、农田和城市等生态系统，构建了“三江四屏千湖一平原”的生态保护空间格局。

湖北省地处中亚热带，属亚热带季风气候，处于中国南北气候的过渡地带，且地貌类型复杂多样，因而形成具有地区差异且变化多端的天气气候。具有盛行风随季节更替，四季分明、冬冷夏热、冬干夏雨、雨热同季，光能资源较充足，热量资源丰富，降水充沛的特点。

1961—2020 年湖北省年平均气温呈明显上升趋势，年平均降水量呈现年代际变化特征，高温日数呈上升趋势，年暴雨日数呈增加趋势，平均年雨日呈微弱减少趋势。主要气象灾害有暴雨洪涝、干旱、大风、高温热害、连阴雨、冻害和低温冷害，其中暴雨洪涝、干旱是对湖北省影响最大的气象灾害。21 世纪以来，极端天气气候事件引发的气象灾害频发，如 2011 年冬春连旱、2016 年和 2020 年严重夏涝、2019 年伏秋连旱、2022 年夏秋极端高温干旱等均为历史少见，给湖北自然生态系统带来了较大影响。

第2章 生态气象观测系统和业务平台建设

湖北省气象局面向国家战略需求和生态文明建设气象保障服务需求，目前已具备较完善的星—地—空立体生态系统气象观测站网和林火灾害监测预警、植被生态气象贡献率、湖泊湿地生态系统监测评估业务平台以及生态遥感综合处理业务平台。通过完善现有的生态系统气象观测站网布局，持续推进区域生态系统气象观测站网建设，增强生态系统综合观测能力，为湖北省生态文明建设气象保障服务提供有力支撑。

2.1 地基生态气象观测网

2.1.1 大气成分站网

2.1.1.1 金沙国家大气本底站

金沙国家大气本底站位于湖北省咸宁市崇阳县路口镇内，海拔高度 751.6 m。2005 年建站，2006 年 4 月开始地面气象观测，同时开展气溶胶、温室气体和酸雨观测。2015 年起，依托中国气象局统筹安排的温室气体观测站网能力建设、金沙区域大气本底站配套基础设施建设、金沙区域大气本底站基础设施综合改善、山洪地质灾害防治气象保障工程、核心设备更新等项目，先后完成了基础设施建设和大气本底观测业务系统建设，台站面貌和工作条件得到改善，新增项目于 2020 年 2 月起正式投入业务运行。

目前，金沙国家大气本底站承担的观测业务包括温室气体、气溶胶、反应性气体、降水化学和地面气象五大类，温室气体浓度观测包括在线连续观测及人工采样观测、梯度观测（15 m、30 m 两层）。观测项目包括 CO_2、CH_4、N_2O、SF_6 等，详见表 2.1。

表 2.1 金沙国家大气本底站观测类别、观测项目、观测方法和观测仪器

观测类别	观测项目	观测方法/观测仪器
气溶胶	颗粒物质量浓度	激光散射法/Grimm180 型颗粒物监测仪、微振荡天平法/TEOM1405DF
	黑碳气溶胶质量浓度	滤膜收集—光学衰减法/AE31、AE33 黑碳仪
	水溶性离子、元素碳和有机碳	小流量滤膜采样法/Mini-Vol 便携式采样器
	散射系数	光学测量法/Arurora3000 型浊度计
	光学厚度	光学测量法/CE318NP9 太阳光度计

续表

观测类别	观测项目	观测方法/观测仪器
温室气体	Flask 温室气体(5 m 高度)	硬质玻璃瓶采样法/气体采样器、硬质玻璃瓶
	CO_2、CH_4(15 m、30 m)	波长扫描光腔衰荡光谱(CRDS)法/Picarro G2401
	卤代式温室气体(15 m、30 m)	不锈钢钢瓶/气体采样器
	CO、N_2O、SF_6	气相色谱法/Agilent 7890B
反应性气体	SO_2 浓度	脉冲荧光法/AQMS500 型 SO_2 分析仪
	NO_x 浓度	化学发光法/AQMS600 型 NO_x 分析仪
	CO 浓度	气体过滤红外法/AQMS400 型 CO 分析仪
	地面 O_3 浓度	紫外光度法/AQMS300 型 O_3 分析仪
降水化学	降水 pH 值	人工采样—电位法分析/pH-3C 型 pH 计
	降水电导率	人工采样—电导率测量法/DDS307 型电导率仪
地面气象	温度、湿度、风向、风速、气压、地面温度、浅层地温、雨量、蒸发、日照	观测方法略/DZZ5 型、DZZ4 型自动气象站
	辐射(总辐射、直接辐射、散射辐射、反射辐射、地球长波辐射、大气长波辐射,UVB)	观测方法略/国产无锡 FS 型

2.1.1.2 颗粒物观测网

湖北省大气成分观测站有 18 个,除金沙本底站外,还有襄阳、宜昌、荆门、荆州、武汉、黄石、十堰、神农架、恩施、随州、天门、潜江、仙桃、孝感、黄冈、鄂州和咸宁观测站(图 2.1)。其中襄阳、宜昌、荆门、武汉建站时间为 2012 年,其他站自 2017 年底开始观测。观测设备为湖北省气象局统一采购的安徽蓝盾光电子股份有限公司生产的 LGH-01B 型 PM_{10} 监测仪和 LGH-01E 型 $PM_{2.5}$ 监测仪。监测仪主要部件包括:监测仪主机、切割器、采样系统和动态加热系统。

2.1.2 温室气体监测站网

湖北省初步建立了地基温室气体监测网络,面向大气本底、重点城市、不同生态系统开展了温室气体浓度、通量高精度监测。其中,通量在线监测站包括大别山森林生态监测站、荆州农田生态系统监测站和武汉湖泊生态系统监测站,浓度在线监测站包括金沙国家大气本底站、武汉和宜昌温室气体监测站(图 2.2)。

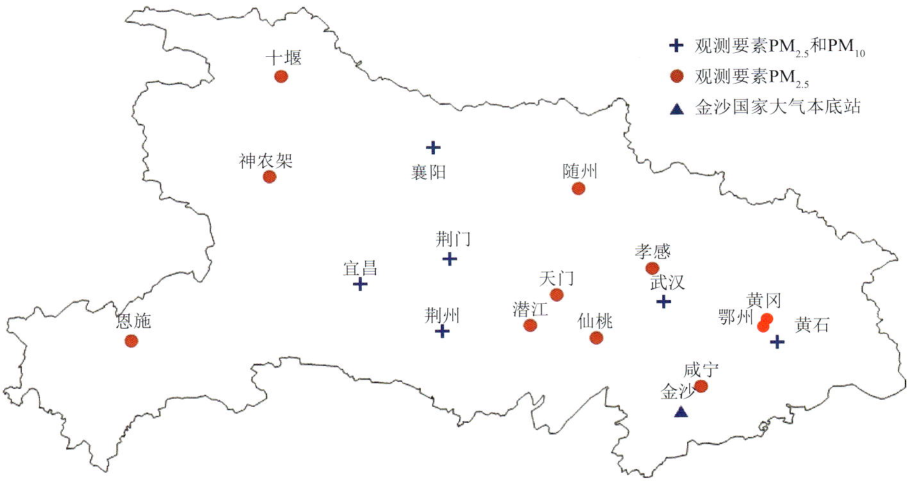

图 2.1　湖北省大气成分观测站分布

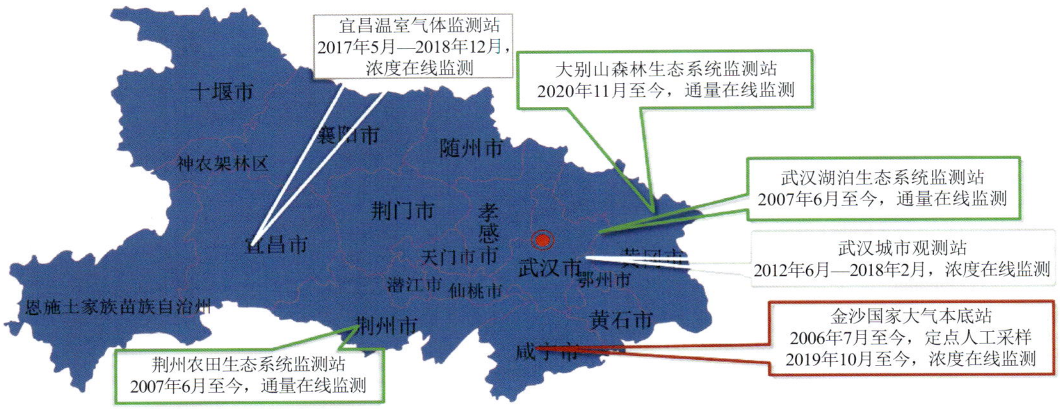

图 2.2　湖北地基生态系统监测站网分布

2.1.2.1　武汉和宜昌温室气体监测站

湖北省在重点城市武汉和宜昌建有温室气体监测站。武汉市监测站位于湖北省气象局院内，2012 年 6 月开始观测，海拔 32 m，观测高度 55 m。设备型号 Picarro2301，观测项目为 CO_2 和 CH_4。该仪器应用光腔衰荡技术（CRDS），CO_2 观测精度可达 0.2 ppm①。该技术通过使用长达数千米的有效吸收光程来突破灵敏度限制，能在几秒钟或更短的时间内对气体进行监测，灵敏度可以达到 ppb② 级别，甚至有些气体可以达到 ppt③ 级别。

宜昌市监测站位于宜昌市气象局院内，2017 年 5 月开始观测，海拔 121 m，梯度观测（35 m、45 m 两层）。设备型号 LGR GLA31-GGA（EP 型），观测项目为 CO_2 和 CH_4。该设备能对水汽稀释效应和吸收谱线增宽效应进行准确的校正，可以直接处理得到 CH_4 和 CO_2 的干摩尔分数。

①1 ppm 表示 10^{-6}；②1 ppb 表示 10^{-9}；③1 ppt 表示 10^{-12}。

2.1.2.2 CO_2通量监测站

(1)大别山森林生态系统监测站

大别山森林生态系统监测站位于大别山脉薄刀峰景区天堂水库附近，海拔 320 m。2020 年 11 月开始观测，海拔 300 m。在 20 m 高度处开展了 CO_2 通量观测(图 2.3)。设备有 CSAT3(超声风速仪)、Li-7500(红外气体分析仪)、雨量筒、日照计等。通量观测系统采用地面 20 m 5 层通量塔、地下 8 层传感器配置，可开展近地层大气温度、风、湿度、气压、降水量、蒸发量、土壤温度、土壤湿度、土壤热通量、辐射、物质通量(水汽、碳通量)观测及热量、动量通量等要素观测，以此来获取大别山下垫面区域上大气边界层的动力、热力结构，多圈层相互作用过程中各种能量、物质交换的相关信息。CO_2通量观测采用 Irgason 一体式涡动传感器，观测要素包括三维超声风、水汽和二氧化碳脉动值。

图 2.3　大别山森林生态系统监测站

(2)荆州农田生态系统监测站

荆州农田生态系统监测站(图 2.4)位于湖北省荆州农业气象试验站内，2007 年与中国农业科学研究院合作建设，主要开展 CO_2 通量监测，采用开顶式气室进行大田原位模拟试验，设备有 CSAT3、Li-7500 等。该站位于湖北省荆州市，属于亚热带湿润季风型气候、长江中下游农业生态区。农田小气候观测塔位于稻—油连作田中央偏北部位，离地面 2 m 高度处安装一套开路涡度相关系统(EC)，仪器探头距离塔身约 50 cm 并朝向盛行风向(偏北风)，用三维超声风速仪(CSAT3，Campbell，USA)测量三维风速和大气温度，Li-7500CO_2/H_2O 红外气体分析仪(Li-cor，USA)测量大气 CO_2 浓度和水汽密度，采样频率均为 10 Hz。数据采集器(CR3000，Campbell，USA)记录实时观测数据。

图 2.4 荆州农田生态系统监测站

(3)武汉湖泊生态系统监测站

武汉湖泊生态系统监测站(图 2.5)位于武汉金银湖国家城市湿地公园，属于武汉陆地水域生态气象监测站、湖泊湿地通量监测站。通量塔可代表武汉城市湖泊湿度通量。采用涡度

图 2.5 武汉湖泊生态系统监测站

相关技术，开展了水面上水汽、CO_2通量观测。通量观测系统是由超声风速仪 CSAT3(Campbell,USA)、红外气体分析仪 Li-7500 CO_2/H_2O(Li-cor,USA)、四分量辐射 CNR4(Campbell,USA)、空气温湿度传感器 HMP155A、风向风速传感器 05106 和水温传感器 109SS 组成。观测开始时间为 2006 年 3 月 28 日。

2.1.3 生态系统观测站网

2.1.3.1 农业生态观测站

农业生态观测站包含农业气象、物候和土壤湿度观测，具体包含以下任务(表 2.2)。

表 2.2 农业气象观测站观测任务表

序号	站点	台站级别	中国气象局管理观测项目	省气象局管理观测项目						土壤湿度探测深度/cm
				作物观测	特色观测	物候观测				
						草本	木本	动物	气象水文	
1	武汉	一级	单季稻、油菜		蔬菜、渔业	车前草、芦苇、蒲公英	悬铃木、梧桐、旱柳			固定:10、20、30、40、50(1985 年、1987 年、2002—2013 年) 自动:5、10、20、30、40、50、100
2	江夏	一级	单季稻、油菜			绊根草、蒲公英、车前草	悬铃木、旱柳、泡桐			
3	利川	一级	单季稻、油菜		烟草		李、梨、银杏、水杉			
4	建始	一级	冬小麦、春玉米				李、山桃、今村秋梨、泡桐			作物:10、20、30、40、50
5	来凤	二级	单季稻、油菜							作物:10、20、30、40、50
6	郧西	一级	冬小麦、夏玉米、单季稻				旱柳、榆树、刺槐、加拿大杨、悬铃木			固定:10、20、30、40、50(1991—2013 年)
7	房县	一级	冬小麦、春玉米、单季稻				水杉、小叶杨、垂柳、悬铃木			固定:10、20、30、40、50 作物:10、20、30、40、50
8	竹溪	二级	单季稻							固定:10、20、30、40、50(2008—2013 年)
9	秭归	二级			柑橘					固定:10、20、30、40、50 作物:10、20、30、40、50
10	夷陵	二级	春玉米(已取消观测)		柑橘、茶树					固定:10、20、30、40、50 作物:10、20、30、40、50

续表

序号	站点	台站级别	中国气象局管理观测项目	省气象局管理观测项目						土壤湿度探测深度/cm
				作物观测	特色观测	物候观测				
						草本	木本	动物	气象水文	
11	当阳	二级	单季稻							
12	襄阳	一级	冬小麦、棉花			蒲公英、车前草、芦苇	加拿大杨、榆树、楝树、枣树、悬铃木、葡萄			固定：10、20、30、40、50、60、70、80、90、100（1983—2012 年） 作物：10、20、30、40、50
13	谷城	二级	冬小麦、单季稻							固定：10、20、30、40、50
14	宜城	二级	冬小麦、棉花、油菜							作物：10、20、30、40、50
15	钟祥	一级	冬小麦、单季稻					青蛙、蚱蝉、家燕		固定：5、10、20、30、40、50、100 作物：10、20、30、40、50 自动：5、10、20、30、40、50、100、180
16	荆州	一级	冬小麦、春玉米、单季稻、棉花、油菜		渔业	蒲公英、车前草	旱柳			固定：10、20、30、40、50（2002—2013 年） 作物：10、20、30、40、50
17	洪湖	一级	单季稻、油菜			莲	旱柳、意大利杨			
18	随州	一级	冬小麦、单季稻			莲	垂柳、加拿大杨、刺槐、梧桐、葡萄			固定：10、20、30、40、50（1991—2013 年）
19	孝感	一级	双季早稻、双季晚稻			莲				
20	大悟	二级		花生						固定：10、20、30、40、50 作物：10、20、30、40、50
21	应城	二级	棉花							固定：10、20、30、40、50 作物：10、20、30、40、50
22	咸宁	二级	单季稻		茶树					固定：10、20、30、40、50（2003—2011 年）

续表

序号	站点	台站级别	中国气象局管理观测项目	省气象局管理观测项目						土壤湿度探测深度/cm
				作物观测	特色观测	物候观测				
						草本	木本	动物	气象水文	
23	赤壁	二级	油菜							
24	麻城	一级	冬小麦、单季稻、棉花				悬铃木、加拿大杨、葡萄、刺槐、泡桐			固定：10、20、30、40、50（1990—2013 年） 作物：10、20、30、40、50
25	英山	一级	单季稻		茶树		桃、泡桐、刺槐、枣			作物：10、20、30、40、50
26	蕲春	二级	双季早稻、双季晚稻、油菜							
27	阳新	一级	双季早稻、双季晚稻、油菜				垂柳、梧桐			固定：10、20、30、40、50（1982 年、1983 年、1985 年、2002—2013 年）
28	天门	一级	冬小麦、单季稻、棉花			蒲公英、车前草、莲	旱柳、小叶杨			作物：10、20、30、40、50
29	仙桃	二级	单季稻、棉花							

注：“空白”表示无此项，下同。

2.1.3.2 湖泊生态气象观测站

武汉陆地水域生态气象监测站（湖泊湿地通量监测站），隶属于中国气象局武汉农业气象试验站，位于武汉金银湖国家城市公园。

（1）基本属性

通量塔地理位置为 114°07′E，30°37′N，通量塔海拔高度：18 m。通量塔下垫面植被类型：亚热带人工常绿针叶林；湖泊水体：湖面 900 亩①。

（2）植被与土壤特征

①依托台站所在地区的植被类型与群落组成

武汉市属中亚热带常绿阔叶林向北亚热带落叶阔叶林过渡地带，兼有南方植被区和北方植被区系成分。常绿阔叶林和落叶阔叶林组成的混交林是武汉市典型的植物类型。

②通量塔下垫面植被类型与群落组成

通量塔下垫面是水体，水生植物主体是荷花、千屈菜，水生野生动物。

①1 亩 = 1/15 hm^2。

③通量塔下垫面植被冠层高度

植被为浮游植物或水生植物，高度随水位及季节变化而变化。

④土壤类型

土壤以沙壤土为主。

(3)观测系统

①通量观测系统的设备组成

超声风速仪 CSAT3(Campbell,USA)；

红外气体分析仪 Li-7500 CO_2/H_2O(Li-cor,USA)；

四分量辐射仪 CNR4(Campbell,USA)；

空气温湿度传感器 HMP155A；

风向风速传感器 05106；

水温传感器 109SS。

②观测设备的安装高度

包括通量塔高度、超声风速仪和红外分析仪安装高度、常规气象(空气温湿度、辐射和土壤温湿度)安装高度/深度。

通量塔高度 16 m，塔基通常高于水面 0.5～1 m；

超声风速仪和红外气体分析仪安装高度：塔基上方 1.5 m 处；

四分量辐射仪安装高度：塔基上方 1.8 m 处；

空气温湿度、风向风速传感器安装高度：分为塔上 4 层分别为：塔基上方 1 m、3 m、7 m、15 m；

水温：分为水面下 4 层(20 cm、40 cm、60 cm、80 cm)。

③观测频率

数据采样频率为 10 Hz，通量平均时间为 30 min；

空气温湿度、风向风速、水温观测时间为 10 min。

④通量开始观测时间

观测开始时间为：2006 年 3 月 28 日；

观测终止时间为：2012 年 12 月 31 日；

恢复观测开始时间：2018 年 10 月 18 日。

2.1.4 三峡国家气候观象台

三峡国家气候观象台位于湖北省宜昌市，地跨 110°15′—112°04′E，29°56′—31°34′N，东西最大横距 174.08 km，南北最大纵距 180.6 km。三峡国家气候观象台以三峡工程大坝为中心的库区，现有三峡国家气候观象台、宜昌国家天气雷达站、秭归国家基准气候站、夷陵三峡国家基本气象站共 4 个国家级气象观测站。

地面气候观测主要包括以下几项。

(1)地面基准气候观测。按照 GCOS 基本气候变量观测要求，对现有地面气象观测场改造，开展地面基准气候观测，包括：气温、降水、气压、风向、风速、地表温度、湿度、土壤温度、土壤水分、生态参数等。

(2)辐射基准气候观测。按照国际地面辐射观测网(BSRN)的标准要求，在三峡国家气候观象台开展辐射基准气候要素建设，包括：总辐射、大气向下长波辐射、地表向上长波辐射、紫外(A+B)辐射、直接辐射、散射辐射、反射辐射等。

高空气候观测包括以下几项。

(1)基准探空。宜昌 GCOS 探空站 L 波段探空系统已升级为北斗自动探空系统,高空探测精度和自动化水平有提高。

(2)大气垂直廓线探测。在三峡国家气候观象台建设对流层风廓线雷达温湿场、毫米波测云仪、微波辐射计、气溶胶激光探测仪等,探测近地层至高空 12～16 km 的大气风场等气象要素分布。

梯度气象监测平台包括以下几项。

(1)剖面站点观测网。①对目前库区宜昌剖面南北坡已建的王家垭、古村坪、韩家湾、太平溪、金缸城、曾家店、青林口、芝兰 8 个剖面站基础上,更新和备份观测设备;②针对库区大型水体水面特殊情况,在坝区及周边增加了 11 个气象要素观测站,分析水体热量传播扩散效应。

(2)坝区高密度地面气象观测网包括以下几项。

①坝区高密度地面气象观测网。加强三峡库区独特的局地气候特征监测,在坝区两岸及周边更远的区域(如:秦巴山脉等)按水平尺度 3 km×3 km 格点,在迎风坡、背风坡等分别布设六要素地面气象观测站点,以构建更高密度的地面气象观测网。

②气象观测参证平台。针对库区复杂地形对微气候的影响,在库区周边坝区、峡谷区和丘陵区不同下垫面(植被、水体、消落带)等建立了气象观测参证平台,为区域气候模式参数优化、卫星反演参数校准提供依据。

(3)高精度雷达探测网。2024 年 7 月三峡国家气候观象台在三峡近坝区以及周边的兴山、远安、长阳、夷陵、秭归共建成 6 部 X 波段双偏振相控阵天气雷达,与宜昌现有的 1 部 S 波段雷达和 2 部 X 波段雷达完成协同组网,天气雷达 1 km 高度监测覆盖率由现有的 56.75%提升至 90%以上,实现对天气系统 1 min、30 m 级的精细化扫描,有效监测坝区周边 6 个强降水中心,并且兼顾覆盖南部冰雹地区、西部山区大风及冰雹区域,进一步提升监测精密能力,为筑牢气象防灾减灾第一道防线提供支撑。

三峡国家气候观象台具备地面基准气候观测、高空观测、基准辐射观测、地基遥感廓线观测、生态系统监测、大气成分观测等基本观测任务能力以及生物圈、水文、风能资源等拓展观测能力,开展三峡库区长期、连续的陆—气、水—气通量观测,同时具备承接地基、空基、天基等观测仪器性能测试评估和试验能力,逐步建设成为集综合观测、科学研究、开放合作和人才培养为一体的业务科研平台。

2.2 空基生态气象观测网建设

湖北省现有 S 波段新一代天气雷达 9 部,分别设在武汉、恩施、十堰、宜昌、襄阳、荆州、随州、黄冈(麻城)、神农架;X 波段双偏振多普勒天气雷达 2 部,分别设在监利、五峰;高空气象观测站 3 个,分别设在武汉、恩施、宜昌;风廓线雷达 1 部,设在秭归;地基水汽监测站 73 个。各类业务观测要素见表 2.3。

表 2.3　天气雷达观测网一览表

观测站	数量	观测要素
天气雷达(S 波段)	9	云、降水回波强度,三维风场
天气雷达(X 波段)	2	云、降水回波强度、相态,三维风场
高空气象观测站	3	地面至 40 km 左右高度大气各层气温、气压、风向、风速
风廓线雷达	1	地面至 3 km 高度各层风向、风速
地基水汽监测	73	大气水汽含量

2.3　卫星遥感监测能力建设

2.3.1　风云四号系列静止卫星观测平台

风云四号 A 星(简称 FY-4A)是中国第二代地球静止轨道定量遥感气象卫星的首发星,2017 年 9 月 25 日正式交付使用,其装载了 4 种先进的有效载荷:多通道扫描成像辐射计(简称成像仪)、干涉式大气垂直探测仪(简称探测仪)、闪电成像仪(简称闪电仪)和空间天气监测仪器包(简称空间天气仪)。

FY-4A 的成像仪相比风云二号卫星更为强大,通道由风云二号的 5 个增加到 14 个,覆盖了可见光、短波红外、中波红外和长波红外等波段。成像仪可实现 15 min 全球观测和 5 min 中国区域观测,并具备 1 min 观测 1000 km×1000 km 范围区域的能力。

FY-4A 定点于 104.7°E,为主业务星,卫星和载荷的主要技术指标(表 2.4)与国外主流静止卫星参数对比(表 2.5)也有一定优势。

表 2.4　FY-4A 卫星和载荷主要技术指标

项目名称		主要技术指标
轨道类型		地球同步轨道,位保精度:东西、南北±0.2°,轨道偏心率:$e<1\times10^{-4}$
定点位置		104.7°E
姿态稳定方式		三轴稳定,姿态测量精度:3″,三轴姿态指向精度:0.01° 姿态短期(1 s),稳定度:优于 5×10^{-4}
有效载荷	成像仪	双扫描镜离轴三反光学系统,14 个观测波段 星下点空间分辨率:可见及近红外 0.5~1.0 km,其余红外 2.0~4.0 km 时间分辨率:全圆盘图 15 min,1000 km×1000 km 观测时间不大于 1 min 中国区域观测时间不大于 5 min
	探测仪	干涉式分光,谱段:长波 700~1130 cm^{-1},短/中波 1650~2250 cm^{-1} 空间分辨率:16 km 光谱分辨率:长波 0.8 cm^{-1},短/中波 1.6 cm^{-1} 灵敏度(mW·cm/(m^2·sr)):中小尺度:长波 0.50~1.10,中波:0.10~0.14 区域(大步):长波 0.50~1.10 μm,中波 0.10~0.14 μm
	闪电仪	中心波长 777.4 nm,带宽 1 nm,星下点空间分辨率 6~8 km,CCD 面阵 400×400×2,帧时 2 ms
	空间天气仪	高能粒子探测器、磁通门磁强计、卫星辐照剂量仪与充电电位测量仪
卫星寿命		设计寿命 7 a(按 5 a 进行考核)

表 2.5 新一代静止卫星仪器对比

		FY-4A	美国 GOES-R	欧盟 MTG	日本 Himwari-8
多光谱成像	空间分辨率	可见光/近红外：0.5～1.0 km	可见光/近红外：0.5～1.0 km	可见光/近红外：0.5～1.0 km	可见光/近红外：0.5～1.0 km
		中波/长波红外：2.0～4.0 km	中波/长波红外：2.0 km	中波/长波红外：2.0 km	中波/长波红外：2.0 km
	时间分辨率	15 min/全圆盘图	5 min/全圆盘图	10 min/全圆盘图	10 min/全圆盘图
	通道数量	14	16	16	16
	探测精度	0.2 K	0.1 K	0.1 K	0.1 K
垂直探测	光谱范围	700～2250 cm^{-1}			
	通道数量	1648			
	光谱分辨率	0.625 cm^{-1}			
	空间分辨率	16 km			
闪电探测	光谱范围	777.4 m	777.4 m	777.4 m	777.4 m
	观测间隔	2 ms	2 ms	2 ms	
发射时间		2016 年 12 月	2016 年 11 月	2016 年 12 月	2014 年 10 月

2.3.2 风云三号系列极轨卫星观测平台

风云三号(FY-3)气象卫星是中国的第二代极轨气象卫星，可进行三维大气探测，大幅度提高全球资料获取能力，进一步提高云区和地表特征遥感能力，能获取全球、全天候、三维、定量、多光谱的大气、地表和海表特性参数，FY-3 分为多个批次，01 批共两颗卫星，最早的 FY-3A 于 2008 年 5 月 27 日成功发射，02 批星 FY-3C/D 目前在轨运行，最新的 03 批星 FY-3E(晨昏卫星)于 2021 年 9 月 2 日发射，FY-3 系列卫星将应用 15 a 左右。应用领域主要包括以下三个方面。

(1)为中期数值天气预报提供全球均匀分辨率的气象初始场参数。

(2)研究全球变化包括气候变化规律，为气候预测提供各种气象及地球物理参数。

(3)监测大范围自然灾害和地表生态环境。

当前业务星 FY-3D 上搭载了 10 台先进的遥感仪器，包括：中分辨率光谱成像仪Ⅱ、微波成像仪、微波温度计Ⅱ、微波湿度计Ⅱ、红外高光谱大气探测仪、近红外高光谱温室气体监测仪、广角极光成像仪、电离层光度计、空间环境监测器和全球导航卫星掩星探测仪。FY-3D 气象卫星的轨道高度为 830 km，每天绕地球南北两极运转 14 圈次，每天可以获取 14 轨探测数据，完成全球的探测全覆盖。部分仪器主要性能指标和探测目的见表 2.6。

表 2.6 FY-3D(02 批)部分遥感仪器主要性能指标和探测目的

仪器名称	性能参数	探测目的
中分辨率光谱成像仪Ⅱ(MERSI)	频段范围：0.47～12.50 μm 通道数：25 地面分辨率 0.25～1.00 km	海洋水色、气溶胶、水汽总量、云特性、植被、地面特征、表面温度、冰雪等

续表

名称	性能参数	探测目的
红外高光谱大气探测仪(Ⅰ型)(HIRAS-Ⅰ)	光谱范围:0.69～15.00 μm 通道数:1370 地面分辨率:16 km	大气温湿度廓线、O_3总含量、CO_2浓度、气溶胶、云参数、极地冰雪、降水等
微波温度计Ⅱ(MWTS-Ⅱ)	频段范围:50～57 GHz 通道数:4 地面分辨率:50～75 km	
微波湿度计(MWHS)	频段范围:89～183 GHz 通道数:15 地面分辨率:15 km	背景微波辐射、降水、大气温度和降水参数垂直结构,大气湿度垂直结构
微波成像仪(MWRI)	频段范围:10～89 GHz 通道数:10 地面分辨率:15～85 km	雨率、云含水量、水汽总量、土壤湿度、海冰、海温、冰雪覆盖等
近红外高光谱温室气体监测仪(GAS)	光谱范围:0.2～50.0 μm,0.2～3.8 μm 通道数:窄视场 2 个,宽视场 2 个 灵敏度:0.4 mW·cm/(m^2·sr)	地球辐射
空间环境监测器(SEM)	测量空间重离子、高能质子、中高能电子、辐射剂量;监测卫星表面电位与单粒子翻转事件等	卫星故障分析所需空间环境参数

卫星数据传输采用3个信道。第一个是L波段实时数据(HRPT)传输信道,1698～1710 MHz,码速率为4.2 Mbps(RS编码后),进行除中分辨率光谱成像仪以外的所有探测数据的实时传输,全球范围内发送。第二个是X波段实时数据(MPT)传输信道,7750～7850 MHz,码速率为18.7 Mbps(RS编码后),进行中分辨率光谱成像仪数据的实时传输。第三个是X波段延时数据(DPT)传输信道,8025～8400 MHz,码速率为93 Mbps(RS编码后),进行星上存储延时回放数据的传输。在数据传输中,格式标准为CCSDS推荐的AOS标准,与美国和欧洲的下一代气象卫星的数传数据格式一致。

2.3.3 高分系列卫星观测平台

中国高分系列卫星是“高分专项”所规划的高分辨率对地观测的系列卫星。它是《国家中长期科学和技术发展规划纲要(2006—2020年)》所确定的16个重大专项之一。从2010年项目实施到2021年,已累计发射数十颗相关卫星。

高分系列卫星覆盖了从全色、多光谱到高光谱,从光学到雷达,从太阳同步轨道到地球同步轨道等多种类型,构成了一个具有高空间分辨率、高时间分辨率和高光谱分辨率能力的对地观测系统(表2.7)。

表 2.7 高分系列卫星信息统计

卫星	发射时间	载荷类别	轨道类别	分辨率	幅宽/km	波段
高分1号	2013年4月—2018年3月(4星组网)	光学	太阳同步	全色2 m,多光谱8 m,宽幅16 m	60	4个波段,可见光/近红外
高分2号	2014年8月—2021年	光学	太阳同步	全色0.8 m,多光谱3.2 m	45	4个波段,可见光/近红外
高分3号	2016年8月—2022年4月(3星组网)	雷达	太阳同步	1～500 m	10～650	C频段12种成像模式
高分4号	2015年12月	光学	地球同步	50 m	400	7个波段
高分5号	2018年5月—2021年9月(2星组网)	高光谱	太阳同步	多光谱和近红外20 m,中红外30 m	60	20个波段(紫外/可见光/近红外/中红外)
高分6号	2018年6月	光学	太阳同步	全色2 m,多光谱8 m	90	7个波段(可见光/近红外)
高分7号	2019年11月	光学	太阳同步	后视0.65 m,前视0.8 m,多光谱2.6 m	20	4个波段(可见光/近红外)

目前高分系列部分卫星遥感数据通过中国气象局天擎系统传输,此外也可以通过湖北高分卫星中心(http://www.hbeos.org.cn/)和中国资源卫星应用中心(http://www.cresda.com/)订购下载部分高分卫星遥感数据。

2.3.4 NOAA、MODIS、NPP系列卫星观测平台

2.3.4.1 NOAA卫星

NOAA卫星是美国国家海洋大气管理局(NOAA)的第三代实用气象观测卫星,第一代称为“泰罗斯”(TIROS)系列(1960—1965年),第二代称为“艾托斯”(ITOS)/NOAA系列(1970—1976年),其后运行的第三代称为TIROS-N/NOAA系列。NOAA系列卫星主要分为美国第四代(NOAA-9～NOAA-14)和第五代(NOAA-15～NOAA-20)极轨气象卫星。NOAA系列传感器包括5个波段:可见光红色波段、近红外波段、中红外波段和两个热红外波段,如表2.8所示,其中3a白天工作,3b夜间工作。

表 2.8 NOAA系列卫星载荷参数

有效载荷	波段	光谱范围/μm	空间分辨率/m	幅宽/km	侧摆能力	重访时间/d	数传数据率/(Mbit/s)
CCD相机及热红外光谱仪	1	0.580～0.680	1100	2800	—	0.5	100
	2	0.725～1.000					
	3a	1.580～1.640					
	3b	3.550～3.930					
	5	10.300～11.300					
	8	11.500～12.500					

注:“—”表示未测得值,下同。

NOAA 系列卫星(NOAA-18、NOAA-19、NOAA-20)观测数据通过省级卫星接收站接收处理。

2.3.4.2 EOS-MODIS 卫星

EOS(Earth Observation System)卫星是美国地球观测系统计划中一系列卫星的简称。上午轨道卫星 TERRA,下午轨道卫星 AQUA,两个卫星组成一个观测星座。MODIS 改进了 AVHRR 遥感数据的较低空间分辨率,提高了其最高分辨率,最高达 250 m,三个空间分辨率尺度分别为 250 m、500 m 和 1000 m,幅宽均能达到 2330 km。适合对地球大气、海洋和陆地进行表面特性、云、辐射等综合信息研究。其主要参数如表 2.9。

表 2.9 MODIS 卫星载荷及 MODIS 传感器参数

参数	TERRA	AQUA
发射时间	1999 年 12 月 18 日	2002 年 5 月 4 日
轨道高度	太阳同步,705 km	太阳同步,705 km
轨道周期	98.8 min	98.8 min
过境时间	10:30	13:30
地面重复周期	16 d	16 d
星载传感器数据量	5 个	6 个
星载传感器名称	MODIS/MISR/CERES MOPITT/ASTER	AIRS/AMSU-A/CERES MODIS/HSB/AMSR-E

MODIS 卫星在轨时间长、数据量大、光谱范围宽广、波段多,全球研究应用范围广,目前已有 44 个 MODIS 数据产品可以用来进行全球变化研究,即 MOD01～MOD44。这些产品可分为 4 部分:辐射率和定位产品、大气产品、海洋产品、陆地产品。可以通过 http://daac.gsfc.nasa.gov 访问获取。

目前 MODIS 系列卫星观测数据通过省级卫星接收站接收处理,MODIS 历史数据(2001—2022 年)及植被、水体、林火等遥感监测产品数据均有存档。

2.3.4.3 NPP 卫星

2011 年美国国家航空航天局(NASA)、NOAA 共同研发新的卫星系统 Suomi-NPP(NPOESS Preparatory Project),作为新型环境监测卫星,NPP 数据在中国生态环境监测领域的应用处于起步状态,特别是在湖北省业务运行中刚刚开始。

Suomi-NPP 卫星搭载了最新的对地观测仪器——可见光红外成像辐射仪(VIIRS),VIIRS 具有更高的空间分辨率和数据质量,它收集陆地、大气、冰和海洋的可见光和红外波段的辐射图像。可调查大片的陆地、海洋和空气,能监测从海洋中的浮游植物和其他生物、植被和森林覆盖到两极海冰量的定量信息。VIIRS 共有 22 个光谱波段,波长范围 0.3～14 μm,如表 2.10 所示。VIIRS 波段数不如 MODIS 丰富,但 VIIRS 有 5 个 375 m 分辨率波段,16 个 750 m 波段,分辨率总体比 MODIS 有所提高(表 2.10)。VIIRS 各波段的信噪比和噪声等效温差值大部分都比 MODIS 有改进。在观测范围上,VIIRS 的扫描幅宽有所增加,达到了 3000 km。由于 MODIS 扫描幅宽仅为 2330 km,导致它的观测范围在赤道附近存在空白,而 VIIRS 则能完全覆盖赤道区域,保证了观测数据的完整性。

表 2.10　VIIRS 相关波段介绍

波段	中心波长/μm	波长范围/μm	分辨率/m	对应 MODIS 波段	波段说明	主要用途
M1	0.412	0.402～0.422	750	8	可见光反射	海洋水汽、气溶胶
M2	0.445	0.436～0.454	750	9		
M3	0.488	0.478～0.488	750	3、10		
M4	0.555	0.545～0.565	750	4、12		
M5	0.672	0.662～0.682	750	13、14		
M6	0.746	0.739～0.754	750	15	近红外	大气
M7	0.865	0.846～0.885	750	2、16		海洋水汽、气溶胶
M8	1.240	1.230～1.250	750	5	短波红外	云粒子大小
M9	1.378	1.371～1.386	750	26	卷云、云覆盖	
M10	1.610	1.580～1.640	750	6	雪	
M11	2.250	2.230～2.280	750	7	云	
M12	3.700	3.610～3.790	750	20	中红外	洋面温度
M13	4.050	3.970～4.130	750	21、22		洋面温度、火灾
M14	8.550	8.400～8.700	750	29	热红外(长波红外)	云顶性质
M15	10.763	10.260～11.260	750	31	洋面温度	
M16	12.013	11.540～12.490	750	32		
DNB	0.700	0.500～0.900	750	750	可见光反射	对地成像
I1	0.640	0.600～0.680	375	375	可见光反射	对地成像
I2	0.865	0.850～0.880	375	2	近红外	对地成像、植被指数
I3	1.610	1.580～1.640	375	6	短波红外	云图
I4	3.740	3.550～3.930	375	20	中红外	对地成像
I5	11.450	10.500～12.400	375	31、32	热红外(长波红外)	云成像

目前 NPP 系列卫星观测数据通过省级卫星接收站接收处理，NPP 历史产品数据植被、水体、林火等遥感监测产品数据均有存档。

2.4　湖北生态气象和卫星遥感业务系统建设

2.4.1　SMART 生态遥感平台

SMART 生态遥感平台(图 2.6)是风云三号等气象卫星监测、分析、服务为一体的综合应用平台，主要为国家级和省级气象局卫星遥感应用专业技术人员提供遥感监测分析和处理的工作平台。在此平台上可以自动或以人机交互方式生成各类遥感监测产品，实现各类数据的读取、显示、投影、校正、分幅、图像增强、统计等各种处理功能，为业务人员提供一个公共的图像综合处理平台。并以该平台为基础，结合大雾、沙尘、海冰、积雪、火情、水情等业务专业产品监测分析的科学算法，提供监测产品信息提取和分析工具，提取二值图、多通道合成图等产品信息及其他中间信息产品，同时提供新建专题图模板和对现有专题图模板修改的工具，使业务人员能够灵活方便地将生成的产品信息制作成各种专题图。

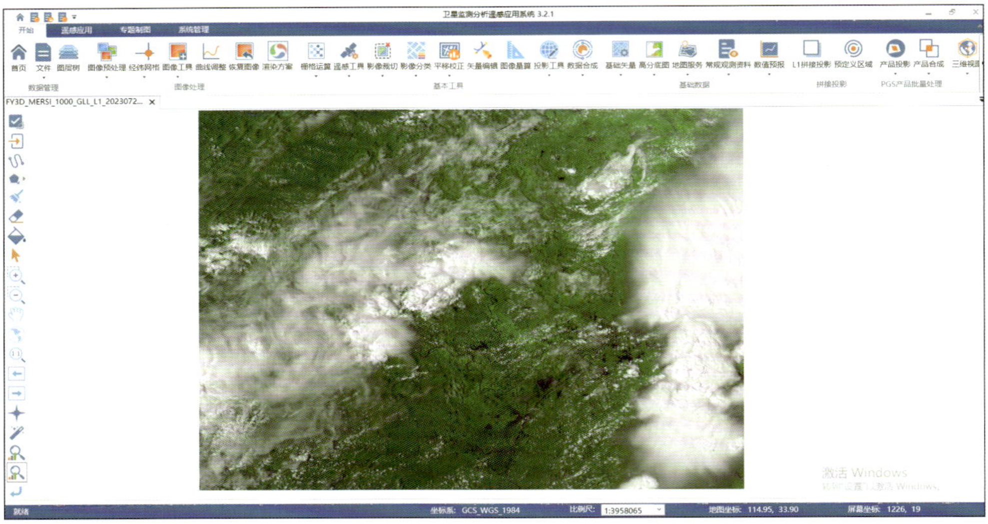

图 2.6　SMART 生态遥感平台

2.4.2　SWAP2.0 遥感平台

风云四号气象卫星天气应用平台(SWAP2.0)是面向各类卫星遥感应用的系统平台，目前以风云四号 A 星的数据为主，采用“云＋端”的集合多源异构遥感数据处理、管理、遥感产品生成以及多种可视化手段为一体的“智慧遥感”平台，兼具数据动态迁移、跨平台应用以及大数据应用。主要包括三个部分。

(1)以风云静止气象卫星为主要数据源，包括风云四号 A 星和风云二号 H 星(FY-2H)。实现对日常典型大尺度天气系统的综合监测和解译，包括对流云团、台风、雾/霾、海雾、沙尘天气、热源点、蓝藻、湖泊和海洋环境的监测和跟踪，同时可以实现基于多源卫星遥感产品的数据叠加(包括常规气象数据、高空资料、雷达资料等)。

(2)实现插件化天气应用调度和建立遥感应用插件管理，规范遥感应用算法和小程序的插件标准，实现已有各种遥感应用算法的插件化，为专业用户提供在线的遥感应用插件的云开发平台和插件集、算法集的交易平台。

(3)提供基于 B/S、移动平台、客户端等多种客户端的遥感应用分析平台，采用“云＋端”架构，实现卫星天气交互应用，利用公有云和私有云，构建风云四号气象卫星应用产品混合云架构，支撑卫星直收站、中国气象局卫星数据广播系统(CMACast)、网站下载等多源气象卫星数据应用，实现面向 PC(个人计算机)、平板电脑、移动终端、微信等多种客户端的卫星应用产品发布和交互应用。

目前风云四号气象卫星天气应用平台(SWAP2.0)已经实现了 2 个主要版本，即单机版和网络版。网络版风云四号气象卫星天气应用平台主要面向广大科研用户和公众用户，可通过国家卫星气象中心网站(http://rsapp.nsmc.org.cn/geofy)访问。

单机版 SWAP2.0 面向已安装卫星直收站和 CMACast 数据接收站的用户，以及配备气象卫星数据资源池的用户，可以实现直收数据自动配置和处理，按照用户需求定制化生成卫星图像，支持较强大的卫星天气分析功能，实现对日常大尺度天气系统的综合监测和解译。

2.4.3 湖北典型湖泊湿地生态遥感监测平台

湖北典型湖泊湿地生态遥感监测平台是在中国气象局山洪地质灾害防治气象保障工程支持下建设完成的一个湿地生态遥感预警监测评估平台，实现湖北典型湖泊生态环境管理信息和监测数据的统一收集、存储、分析和管理，及时跟踪监测、评估生态环境的影响，提升湖北省典型湖泊水体生态环境管理及服务能力。主要包括三个部分。

(1)业务支撑模块

业务支撑模块通过对卫星遥感数据进行统一读取、格式转换、辐射定标、定位、正射投影、大气校正等处理，实现卫星数据的自动读取功能、数据标准化处理功能、数据深加工处理功能、栅格数据空间化处理功能、空间数据栅格化处理功能，并新增元数据管理系统对元数据进行维护和存储。极大地提高卫星影像数据、卫星产品数据、地理信息数据、常规资料数据、专题分析产品等数据的自动化处理工作。对海量遥感数据进行存储、归档、查询、显示以及历史数据的归档和网络遥感实时数据的下载。具体包括实现 MODIS、FY、Landsat、GF 数据的湖库水体面积、森林火险、农田火情、植被长势批量自动识别及统计、结果入库用于数据可视化显示及发布；实现 MODIS、FY 系列遥感 L1 级和植被指数、水体面积、气溶胶及林火等 L2 级别、月季年 L3 级别设定规则下数据存储和分类管理、查询功能。

(2)应用服务模块

应用服务模块由生态气象监测子模块、生态质量气象影响评估预警子模块、生态系统服务功能评估子模块组成。其中生态气象监测模块包含湿地生态、植被(森林农田)生态监测、城市生态监测、大气环境监测、其他陆表生态气候参数监测和生态质量监测评价。生态质量气象影响评估预警模块，主要实现生态气象灾害监测及影响分析，高效规范形成对生态系统造成影响的气象灾害评价指标数据集；借助 SWAT 模型实现湖泊湿地水资源、水质旱涝影响(面源污染)评估，实现对石首麋鹿自然保护区等典型生态区洪涝风险影响评估；实现汉江和城市湖泊蓝藻水华遥感监测及风险预警。结合国、省生态保护与修复目标规划，生态服务功能评估将重点集中在幕阜山区、丹江口库区、三峡库区水源涵养功能评估，大别山等地水土保持，武汉城市湿地气候调节，以及鄂西南武陵山、鄂西北秦巴山等山区生物多样性维护功能评估。

(3)产品发布模块

实现主要湖泊水库水面积、水质等监测产品空间变化时间轴动态显示；实现对利用外网收集、本地监测形成的水文水质数据集(流量、水位、水质、水面积)的历史检索查询下载、数据曲线变化图、空间变化图集显示；实现历史水华位置等信息展示；生态气象观测站网位置空间显示。产品发布系统提供湖北生态气象遥感产品与各类专题报告的浏览、查询、检索和下载功能。实现各类气象生态服务监测产品与气象生态服务专题报告的自动化对外发布。产品包括产品数据、专题图、统计数据、监测报告等。系统界面如图 2.7—图 2.9 所示。

2.4.4 湖北森林火情发布和火险气象等级预报系统

湖北森林火情监测和火险气象等级预报系统采用 C/S 架构，面向湖北省的省—市—县三级提供每日 08:00(北京时，下同)及 20:00 的 24 h、48 h、72 h、240 h 森林火险气象等级预报，

图 2.7 湖北湿地生态遥感监测登录页面

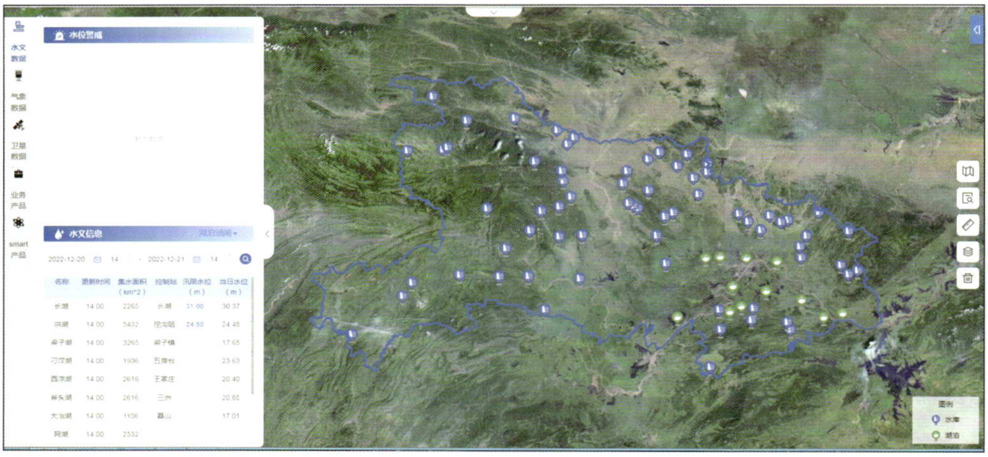

图 2.8 水文数据实时显示

同时能快速提供火情监测信息的专题报告制作和发布。截至 2022 年底已服务 150 多期，为湖北林业、应急等政府部门提供了及时服务。系统页面如图 2.10 所示。

2.4.5 湖北生态文明绩效考核气象条件贡献率评价系统

湖北生态文明绩效考核气象条件贡献率评价系统包括六大功能模块及相应数据库，可实现数据自动化下载、质量控制和检验功能，用户可根据需求选择评估区域和时段，自动完成生态指标计算、专题图制作、空间叠加分析、单点数据对应环境信息提取等，可完成易灾地区的主要植被类型生态系统遥感分类、主要植被类型（森林、湿地）生态质量变化的气象条件和人为贡献率评估以及生态环境敏感性变化评估，实现气象要素贡献与人为活动影响要素的分离和评价。该系统能有效提升湖北生态质量气象监测评估能力，进一步厘清气象条件和人类社会活

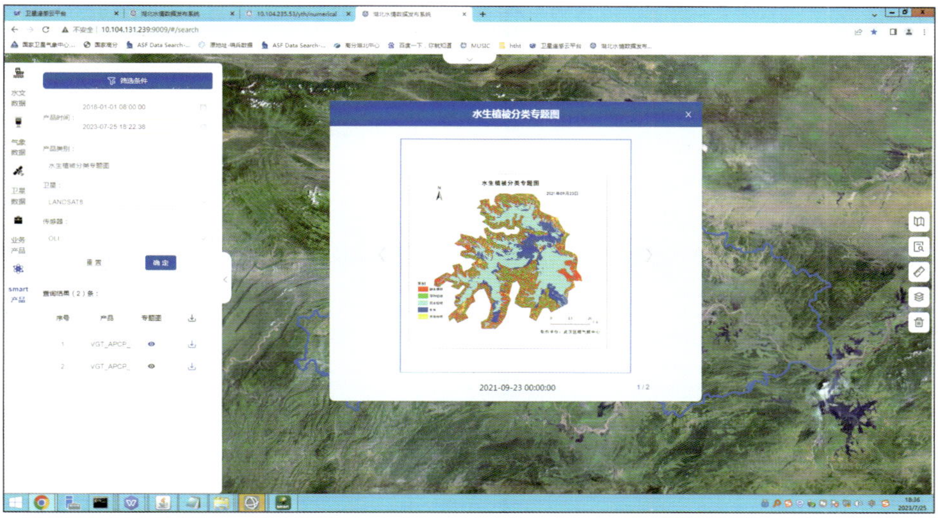

图 2.9　专题图制作

(a)

(b)

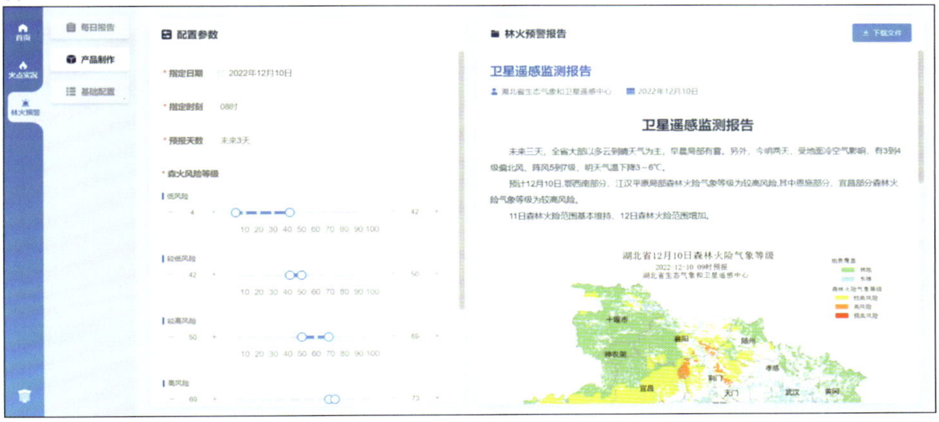

图 2.10　湖北森林火情发布(a)和火险气象等级预报系统(b)界面

动在生态质量变化方面的贡献率，为全省生态文明建设成果评价提供科学依据。系统页面如图 2.11 所示。

图 2.11　湖北生态文明绩效考核气象条件贡献率评价系统界面

2.5 本章小结

本章介绍了湖北地基生态气象观测网、空基生态气象观测网、卫星遥感监测能力建设及湖北生态气象和卫星遥感业务系统建设四个部分。总体上反映了湖北气象系统在区域生态观测网络和系统建设上的基础状况。

第 1 节介绍了地基生态气象观测网，主要包括大气成分观测网、温室气体监测网、生态系统观测站网以及三峡国家气候观象台，其中大气成分观测网主要由金沙国家大气本底站等湖北省 18 个大气成分观测站构成，其中金沙国家大气本底站可观测温室气体、气溶胶、反应性气体、降水化学和地面气象五大类生态气象要素，大气成分观测站主要监测 PM_{10} 和 $PM_{2.5}$；温室气体监测网主要是面向大气本底、重点城市以及不同生态系统观测高精度温室气体浓度和通量；生态系统观测站网主要包含农业生态观测站、湖泊生态观测站，其中农业生态观测站主要观测农业气象、物候和土壤湿度生态要素，湖泊生态观测站观测植被、土壤以及气象要素。三峡国家气候观象台主要包括地面气候观测站、高空气候观测、梯度气象监测站以及坝区高密度地面气象观测网。

第 2 节介绍了空基生态气象观测网，主要包括 9 部 S 波段新一代天气雷达、2 部 X 波段双偏振多普勒天气雷达、3 个高空气象观测站、1 部风廓线雷达以及 73 个地基水汽监测站。

第 3 节介绍了湖北星基观测网，展现了湖北卫星遥感监测服务能力，其中星基观测网由接收 FY-3 系列、MODIS 系列、NPP、NOAA 系列组成的中空间分辨率极轨卫星数据集，FY-4 系列的高时间分辨率静止卫星数据集以及高空间分辨率的光学和雷达高分系列卫星数据集构成，实现了多时空分辨率、多观测模式对地观测。

最后一节详细介绍了湖北气象系统在生态气象和卫星遥感监测评估系统方面的建设情况。

第3章 河湖湿地生态气象

湖北省湿地资源丰富，在维系流域或区域水量平衡、蓄洪防旱、改善生态环境质量和维护生物多样性、支撑湖北乃至长江经济带的可持续发展上具有重要地位。天气气候作为影响湿地生态系统的重要因子，其变化对湿地生态健康、物质及能量循环、生产及调节等湿地功能均会产生重大影响。为了充分发挥气象部门在湖北省湿地资源保护和修复中趋利避害作用，加强湖北省湿地生态气象业务服务技术创新和能力建设势在必行。本章结合湖北省湿地生态气象服务实际需求，重点探讨总结了湿地生态气象监测与评价等关键技术内容及研究进展，并对湖北省湿地生态气象服务未来的发展重点进行了展望，以期为提升湖北省生态气象服务能力提供参考。

3.1 湖北省湿地现状

3.1.1 湖北省湿地概况

3.1.1.1 湖北省湿地资源

湖北省作为长江经济带建设的重要省份之一，湿地是长江经济带的生态命脉，维系着长江流域生态安全和经济社会的可持续发展（周文昌 等，2020）。湖北省的湿地生态系统位于长江中游，承接东西，生态区位非常重要。境内江河纵横交错，湖泊星罗棋布，拥有长江、汉江、清江等交汇形成的全国最大江河湖泊湿地复合生态系统，享有“千湖之省”“鱼米之乡”的美誉。

第三次全国湿地资源调查结果显示，湖北全省有河长 5 km 以上的河流 4232 条，天然湖泊 755 个，大中型水库 356 座。湖北湿地面积大、类型多、分布广、区域差异显著。全省湿地面积 174.69 万 hm^2，占全省面积的 9.4%，其中森林沼泽 6.34 hm^2、灌丛沼泽 0.47 hm^2、沼泽草地 9.53 hm^2、内陆滩涂 5.81 万 hm^2、沼泽地 0.31 万 hm^2、河流水面 36.11 万 hm^2、湖泊水面 26.29 万 hm^2、水库水面 24.25 万 hm^2、坑塘水面（不含养殖水面，下同）62.63 万 hm^2、沟渠 19.29 万 hm^2，湿地类型的丰富程度位居全国各省前列。

截至 2021 年底，湖北省已建立国际重要湿地 4 个、国家重要湿地 8 个、省级重要湿地 54 个；建成国家湿地公园 66 个、省级湿地公园 38 个、湿地保护区（小区）72 个。国家重要湿地、国际重要湿地、国家湿地公园数量分别位居全国第 1、第 2、第 3 位。国家重要湿地是指符合国家重要湿地确定指标，湿地生态功能和效益具有国家重要意义，按规定进行保护管理的特定区域。国际重要湿地是指符合《湿地公约》评估标准，由缔约国提出加入申请，由《湿地公约》秘书处批准后列入《国际重要湿地名录》，重点关注作为水禽栖息地的湿地。省级重要湿地是指在典型性、生物多样性、生态功能等方面具有省级重要意义的湿地。

3.1.1.2 湖北省湿地生态系统服务功能

湖北湿地在涵养水源、净化水质、维护生物多样性、蓄洪防旱、调节气候和固碳等方面发挥着重要作用，在助推长江大保护、维护长江流域生态安全，确保"一库清水永续北送""一江清水永续东流"等方面发挥着基础性、战略性作用。2019 年度湖北省湿地生态系统服务价值总量达 1.89×10^{12}元，占 2019 年度全省国民生产总值的 40%。其中以气候调节、调蓄洪水和淡水产品为主导服务(占服务价值总量的 80%)，体现了湖北省湿地生态系统的重要性及其生态特征(周文昌 等，2021)。同时，湖北省湿地维护生物多样性功能地位突出，是全球重要的生物多样性热点地区和候鸟栖息地、越冬地和停歇地，湿地动植物资源富集，分布有白头鹤、东方白鹳、江豚、麋鹿、野菱等 73 种国家级珍稀濒危湿地物种。

3.1.2 湖北省湿地生态系统健康与面临的威胁

湿地生态系统健康的内涵指系统内的物质循环和能量流动未受到损害，关键生态组分和有机组织保存完整且没有疾病，对长期或突发的自然或人为扰动能保持弹性和稳定性，整体功能表现出弹性力、多样性、复杂性和活力（崔保山 等，2006）。在自然状态下，湿地生物群落通过与环境因子长期的相互作用，建立起相应的适应策略，整个生态系统表现出结构稳定、物种多样、生产力旺盛、具有较强抗干扰能力的特征。

受气候变化和人类活动的双重影响，长江中游江湖格局发生了显著改变，江、河、湖等湿地水文过程及区域水资源时空分布发生了变化。湖北省河湖湿地系统生态脆弱性加剧，生态系统稳定性遭受破坏，湿地生态系统有恶化趋势，进而影响了其生物群落、生态系统结构，整体的综合生态功能有显著下降趋势(王学雷 等，2022)。湖北省湿地生态系统主要威胁包括气候变化、水文情势及水文连通性的改变、土地利用类型的改变、水质恶化及外来物种入侵等。

3.1.2.1 气候变化影响

天气气候作为影响湿地生态系统最直接的因子之一，气候变化对湿地规模及分布、湿地生态系统的物质及能量循环、生产及调节等湿地功能均会产生重大影响。1961 年以来，湖北省江汉湖群湿地区降水年际和年代际变幅大，季节分配呈夏季增多、秋季减少的趋势。气温升高导致的蒸发量和降水不均衡性增大，使得江汉湖群湿地水热分配发生变化，旱涝强度与频次增加。近 10 多年来江汉湖群先后出现 2010、2016 和 2020 年暴雨洪涝以及 2011 冬春连旱和 2022 年夏秋连旱等多次极端旱涝事件，导致洪湖、梁子湖、长湖、斧头湖等湖泊水位波幅增大，引起物种结构和生物群落改变，物种丰度降低，栖息地退化，生物多样性受到威胁(郑治斌 等，2021)。受全球气候变化和极端高温热浪事件增加的影响，湖北省汉江下游、鄂东南湖泊水华危害还有增强的趋势(夏瑞 等，2020；Chen ，2020)。

3.1.2.2 水文情势及水文连通性的改变

水文情势包括幅度、频率和持续时间等指标，是湿地生态系统演替的主要驱动力。湿地的水文情势改变主要由自然条件变化和人为活动两方面原因造成，其中自然变化包含区域气候异常引发的降雨显著减少或增多、气候变暖导致的水位下降等；人为活动包含重大水利工程的叠加、干支流水库群建设和运行。湖北处于三峡工程及南水北调中线工程两大水利工程共同作用的地区，区域生态与湿地环境演变所受影响广泛而深远。三峡工程运行后，长江中游干流水文情势及江湖连通格局发生变化，水文节律的改变使得生态水文指标和环境流指标随之变化，进而影响到工程下游湿地的生境条件，中华鲟、江豚等珍稀物种的栖息环境堪忧（王学雷 等，2022）。南水北调中线工程和梯级水利枢纽工程建设也显著改变了汉江中下游流域的水文情势，鱼类资源量急剧下降，水华灾害发生频率增加（李建 等，2022）。同时，湖北省东湖、洪湖、西凉湖、梁子湖等原来与长江相通的沿江湖泊，通过建闸等人为建设已阻隔与长江的天然通道，影响长江泄洪和降低了湖泊调蓄功能，降低了江湖的生物多样性，破坏了鱼类等水生动物的栖息地。

3.1.2.3 水质恶化

水是湿地生态系统物质和能量输送的载体，水环境的恶化对湿地动植物的生长繁殖、水资源及湿地生态服务功能和价值都会产生不利影响。湖北长江、汉江沿岸人口数量大、工农业发达、排污量大，湖区农业面源污染负荷重，使得长江、汉江及周边湖泊存在富营养化问题，并伴有水华事件时有发生。《2021 年湖北省环境质量状况》报告表明，湖北省河流水质整体好于湖泊水质，主要湖泊总体水质为轻度污染。24 个省控湖泊的 29 个水域中，水质为Ⅳ类、Ⅴ类的水域占 69%，仅梁子湖武汉水域和神农架大九湖 2 个水域营养状态级别为中营养，其余 27 个水域为轻度富营养，总体形势不容乐观。在工农业外源营养盐输入和饵料的投放、鱼类排泄物和残留物沉淀等内源营养盐释放的共同作用下，湖泊水体氮、磷有机污染物和重金属浓度升高，浮游植物生产力迅速提升，透明度下降、良性草型生态系统崩溃、动植物生物多样性下降、高等水生维管束植物与底栖生物分布范围减小。在此基础上，依附于长江中游自然湿地生境的豚类、鱼类、鸟类、两栖爬行类等濒危物种生存环境堪忧（王学雷 等，2022）。

3.1.2.4 土地利用类型的改变

开垦和改造是中国湿地面积萎缩的主要原因，特别是在沿海地区、长江中下游湖区以及东北沼泽湿地区（Mao et al.，2018）。湖北省的湿地大都属于浅水型湿地，地处亚热带季风区，水文和气候条件非常适宜水产养殖和水生作物种植。受气候变化、围湖垦殖及区域湿地农业结构调整等因素共同影响，湖北省河湖湿地生态系统与农田湿地生态系统相互影响，形成了复杂的自然—人工复合湿地生态系统（王学雷 等，2022）。从 20 世纪 60、70 年代大规模的“围湖造田”到近 30 a（1981—2010 年）来大规模的“围湖造塘”，虽然近些年实施“退耕还湖”等修复战略，但自然湿地面积已经大幅度缩减，人工湿地面积比例相应大幅度提升，高强度的利用可能超过湿地生态系统的自然承载能力，导致湿地生态系统遭受破坏、湖泊调蓄洪涝能力的下降，极易在低洼地貌的叠加影响下引起外洪内涝（胡洁明，2022）。原有湖泊湿地被人工围网养殖水面取代，增加了湖泊水体中氮、磷等营养元素的含量，加剧了湖泊水质的整体恶化，加快了湖泊水体的富营养化进程。例如洪湖属于浅水型湖泊，其湖水较浅，又是上游四湖流域总干渠的排水口，也是荆州地区主要的纳污水体，长期以来各种污染物大量排人洪湖，使其湖水严重富营养化，各种水利工程的兴建又阻隔了江湖的联系，其水体的置换频率降低，再加上历史上的一些不合理的土地开发，使湖区的生态系统遭到了严重破坏，生态功能严重下降，洪湖地区的湿地生态环境问题从根本上看是由如围湖垦殖、不合理的水利建设等盲目、过度的开发利用方式引起（李兆亮 等，2012）

3.1.2.5 外来物种入侵频率增加

湿地由于其特殊性、脆弱性以及人为干扰，易于受到凤眼莲（俗称水葫芦）、喜旱莲子草等外来物种入侵,并对入侵区造成明显的环境和经济后果。湖北因其特殊的地理位置和气候,适合众多生物的繁衍,成为外来生物入侵的"乐土"。据不完全统计,目前在世界自然保护联盟公布的全球 100 种最具威胁的外来生物中,湖北省就发现了 50 多种,外来生物的入侵对本地湿地生态系统造成了极大的威胁。东湖、斧头湖的凤眼莲,洪湖的凤眼莲、空心莲子草等入侵植物尤为严重,导致水生动植物饿死或者缺氧窒息,同时堵塞河道,影响通航,生物多样性遭受挑战(胡洁明,2022)

3.2 湖北省湿地生态气象

3.2.1 湿地生态气象服务理论基础

3.2.1.1 湿地生态系统与天气、气候的相互关系

气候是物种个体生存与发育以及生物种群、群落、生态系统的形成、演变的重要条件,气候变化对物种个体的生长、发育、生物量积累、适应性与竞争力以及种群、群落、生态系统的结构、功能、种间关系、地理空间分布和生物多样性等方面产生直接或间接的影响。近年来,极端天气频率和强度的增大,使自然生态系统的脆弱性增大,对生态系统物质分布和结构有着重大影响。

湿地能有效地减缓全球气候的不利影响。湿地在抵御极端天气,缓冲、减轻洪涝灾害,缓解干旱,以及吸收、储存碳,缓和极端天气对海岸线的影响等方面发挥着重要作用。与此同时,湿地又是对气候变化最敏感的生态系统。气候变化常伴随着区域气温及降雨条件等发生变化,对湿地水文节律、生物地球化学过程、水质与水循环、湿地能量平衡与湿地生态功能等产生较大的影响。气候变化通过光照、降水、气温、低温、风速等因子影响区域范围内湿地生境生态系统组分、结构及碳、氮循环等过程,进而对湿地水资源、水环境质量、湿地动植物群落组成及分布等产生显著影响,甚至导致湿地生态系统的演替。研究表明,与温度上升带来的变化相比,气候变化引起河湖水文情势变化对湿地群落的结构、功能和生物多样性的影响更大。

气温通过大气与水接触面的热量交换、辐射等方式传递热量,从而影响水温,水温影响微生物活性,温度和日照通过水生植物影响水质。温度对水质影响表现在,水温升高将提高水体中污染物离子活跃程度,提高离子浓度、加快水体中化学反应速率,水温升高也会增强微生物的活性,从而促进底泥中内源性氮和磷的释放,增加高锰酸钾盐指数(CODMn)、氨氮(NH_3-N)、总氮(TN)和 总磷(TP)浓度。随着温度上升,日照时数延长、光照增强,水生植物生长旺盛,吸收、降解水体中的氮就增多,使得水体中氮浓度下降;水生植物光合作用能产生氧气,增加水体中的溶解氧,从而改善水质。

3.2.1.2 气象灾害对湿地生态的影响

湿地是显著受水分驱动的生态系统,水是湿地生态系统中最重要的非生物因子之一,水分条件的改变会严重影响湿地生物,综合表现在湿地生态系统结构、功能和布局的改变上。湖泊水位过高或过低分别产生淹水胁迫和干旱胁迫。长期高水位对湿地生态系统产生深刻影响,以多年平均最高水位或结合最低生态水位和主要水生植被高度为阈值,超过该阈值一定时长则为高水位湿地洪涝灾害,会导致洪水冲击性污染物和植物淹水死亡而降低湿地水体透明度、

水生生物物种丰富度和多样性指数显著降低、抑制沉水植物生长进而影响湿地鱼类、水鸟栖息繁衍。而干旱对湿地生态退化影响更为深远。干旱作为一种极端的气象水文事件，破坏水文连通性、减少水量和破坏生物栖息地，从而改变了湿地水文过程、水质状况、湿地植被群落演替和生产力等生态特征，最终危及湿地生态系统的健康和稳定，导致湿地退化更为严重（黄彬彬 等，2019；田蓉 等，2014；刘蒙，2012）。

（1）干旱对湿地生态质量的影响

湿地生态系统对干旱具有一定适应性，耐受限度范围内的干旱损伤可恢复，超出耐受范围则最终危及湿地生态系统的健康和稳定，导致湿地退化更为严重。干旱是一种"渐变性"灾害，干旱持续时间越长，造成的损失越严重。水生态系统比较脆弱，对干旱的响应非常敏感，抗干旱能力较差，长时间的干旱会给流域水生态系统带来极为严重甚至是毁灭性的后果。湿地的干旱特性不仅受到湿地范围内降水的影响，还受到流域水循环的整体制约。

以洪湖为例，2011 年 5 月洪湖湿地遭 70 a 一遇大旱（图 3.1）：洪湖 2011 年春季降雨持续偏少，1—4 月累计降雨量比 2010 年同期少 7 成。境内长江、东荆河、洪湖水位低于常年同期水位。受降雨偏少、上游来水减少、气温回升快和蒸发量大的影响，洪湖湿地遭 70 a 一遇大旱，核心区最高水深仅 30 cm，湖底大面积干涸开裂。湖滨带干涸数月，湖滨带植物种类减少，多样性降低。据中国科学院武汉测量与地球物理所调查显示，2011 年干旱使洪湖洲滩增大面积达 108 km^2，约占整个洪湖保护区面积的 1/4，导致露出区的沉水植被部分干枯死亡，湖滨带茭草有一定发展，但莲受损严重，敞水区中南片的大面积的水花生变得稀少。但露出的滩涂促进了种子库中繁殖体的发育，利于部分植被如菹草、苦草、红线草、黑藻被的生长，成为优势物种，提高了植物多样性，香农—威纳多样性指数（Shannon-Winer Diversity Index）从旱前（2010 年）的 0.7903 提高到旱后（2011 年 11 月）的 1.9136。

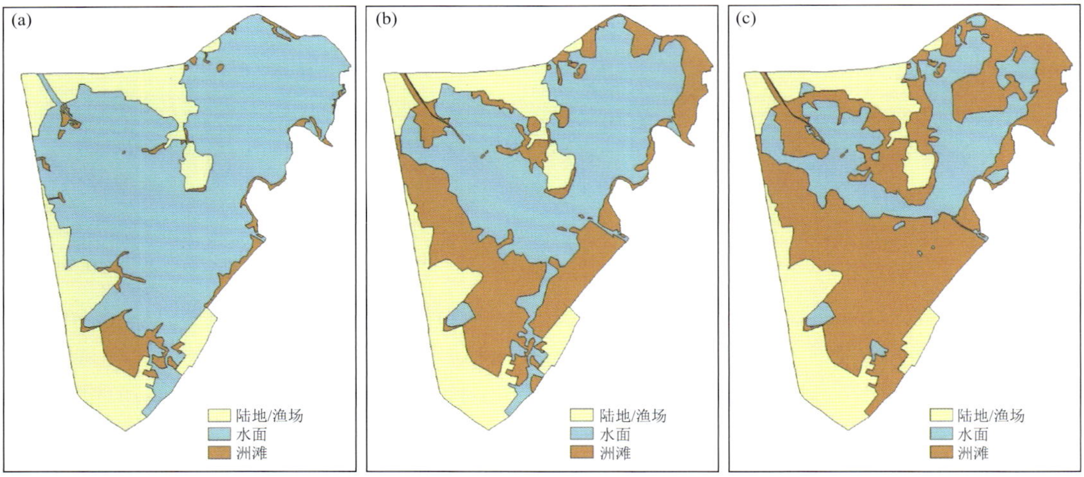

图 3.1　2010—2011 年冬、春连旱对洪湖自然保护区洲滩出露的影响

(a)2010 年 4 月 23 日；(b)2011 年 5 月 9 日；(c)2011 年 5 月 27 日

（2）洪涝对湿地生态质量的影响

除干旱以外，在全球气候变化背景下，强降雨及暴雨等极端降雨事件频次和强度都将增大，由此导致的径流量增加可携带流域及周边城市大量悬浮物、营养盐、重金属和有机污染物

等进入湖库水体，必将对湖库物理化学过程及生态系统结构和功能产生显著影响。降雨对湖泊湿地生态质量的影响存在利、弊两面。有利的影响包括：适当的降水能提高水容量，水量输入和排出缩短湖泊的换水周期，加快污染物的去除；集中性强降水可能抑制蓝藻水华对水体的污染；雨季强降水使湖泊上、下水层发生混合，有利于溶解氧向底层输送，促使好氧细菌的生长繁殖，加快水中有机污染物的分解。不利的影响包括：强降水暴雨改变的湖泊水位直接、间接威胁动植物的生存；强降雨引发的暴雨洪涝会携带大量的泥沙、有机质及营养盐，前者将导致湖泊水体浑浊，降低湖水透明度，进而影响湖泊水生植被的光合作用，降低湖泊生产力；后者将直接导致湖泊污染物质的增加，恶化水体环境。流经农用地的洪水所携带的农业面源污染可能引起湖泊的快速富营养化（李昆 等，2015）。暴雨发生时，湖泊波浪增强，水位升高，会加快湖岸侵蚀，影响湖泊的生态安全。

汛期降水量大、持续时间长，湖泊湿地面临的蓄水压力越来越大，水量大到超过其自身最大容积时，将给其生态系统带来巨大影响，威胁其生态系统的动态平衡，进而直接影响其生态系统安全。对于湖泊而言，由于极端降雨的水量补给和降雨径流污染，导致入湖河流径流量急速猛增，并携带大量污染物进入河流和湖库，从而使整个湖泊水位上升并改变水体环流和换水周期，也使湖泊水质污染程度上升，尤其是浊度、氮、磷等指标显著升高。

强降水导致湿地高水位胁迫，水位变化影响湿地生态系统质量。湿地生态系统对水位变化的响应和湿地植物分布对水位变化的响应：以水为生存空间，受水分梯度、水流状况、透明度、生物竞争以及营养物质等环境因子的影响。洪水的水淹深度、持续时间和频率影响植物群落组成；半干旱和干旱地区浅水湖泊、湖岸带植物群落对于水位波动尤其敏感。湿地水禽分布对水位变化的响应：通过生物栖息地质量的改变，水文过程对动物的种类与数量、动物的周期性繁殖等产生不同类型的影响。鱼类必须保证其生存的河流或湖泊内有适宜的水量，才能维持鱼类的产卵、繁殖、洄游等正常的生理或生态活动；湿地鸟类对水面面积、水深、水质等都有较严格的要求。湿地水位通过影响植物种群分布，改变着湿地水禽栖息地（食物、隐蔽物和水）质量及相应湿地水禽的分布。

2016年极端洪涝灾害对洪湖湿地造成严重影响。2016年入梅以来，洪湖持续高水位，7月3日就超过警戒水位（26.20 m），达到26.90 m。洪湖多年平均最高水位为25.74 m，多年平均水位为24.31 m，长期高水位将对湿地生态系统产生深远影响。洪水冲击性污染物、植物死亡等导致2016年与历史同期相比，洪湖水体透明度显著降低；极端洪涝灾害后，2016年水生植物物种丰富度和多样性指数较历史同期显著降低。徐轩（2017）分析了2007—2016年梁子湖5种水质参数的时空变化格局及主要影响因素，表明洪水是影响梁子湖水质年际变化的主要原因，2010年和2016年洪水发生后，梁子湖水体表现出透明度降低、总悬浮物、总氮和总磷浓度升高，叶绿素a浓度在洪涝第2年春季达到最大。郑晓燕等（2016）采用面源污染—水动力水质模型，模拟得出在暴雨条件下流域面源径流污染对梁子湖水动力水质的影响较大，一场大暴雨过程可使湖水水质下降1个类别。

3.2.2 湖北省湿地生态气象服务

3.2.2.1 服务需求

湖北省气象局针对湖北省湿地生态安全面临的气候风险，积极探索开展湿地生态系统与天气气候相互影响研究和业务服务工作，在湿地生态保护和修复、湿地气候资源合理开发中发挥气象趋利避害作用。针对湖北省湿地承担的不同生态系统服务功能、面临的主要问题,分区分重点开展湿地生态气象技术研发及服务。其中洪湖及鄂东南湖泊以修复水质和水生植被覆盖问题为首要任务,极端干旱和强降水均会对其生态系统和水质修复产生不利影响,因此可以强化极端降水等湿地生态敏感气象条件的预报预测能力,提升旱涝灾害对湖泊水环境、水生态影响评估技术。在洪湖湿地、沉湖湿地、网湖湿地及安山湿地等国际、国家重点湿地保护区,以保护候鸟栖息地、服务湿地生态旅游业发展为主,可开展观鸟天气适宜度预报、候鸟栖息地生态质量变化评估等研究及业务服务。围绕石首麋鹿、天鹅洲白鱀豚自然保护区,开展保护区生态质量综合监测和繁育风险气象评估,为生物多样性保护提供专题服务。丹江口、三峡水库是南水北调重要水源地,加强对湿地流域森林水源涵养、水土流失等生态服务功能的评估和对库湾及支流水华监测及预警,发展生态保护和修复气象贡献率评价能力。在大九湖、洪湖湿地开展湿地碳源/汇特征及气象、水文因子影响机理分析。针对湖北省城中湖众多的城市生态特点,开展城市湖泊水质变化气象影响监测评估、湿地气候调节效应监测评估。

3.2.2.2 业务服务产品设计

(1)影响湿地生态质量的灾害性天气和气象灾害监测评估

主要影响湖泊湿地生态质量的灾害性天气和气象灾害详见表 3.1。

表 3.1 主要影响湖泊湿地生态质量的灾害性天气和气象灾害

气象条件/灾害类型	发生季节	湿地区发生频率	潜在危险程度	潜在危险主要表现
高温	夏	低	较大	动植物暑病害,引发水华,生物入侵及水质下降
干旱	春、夏、秋、冬	高	大	水位下降、水面积减小、生物量减少、植物病虫害增多,生物多样性降低和湿地萎缩、湿地类型改变等
低温冰冻	秋、冬	低	较大	动植物病害或死亡,生物多样性降低
暴雨	春、夏、秋	极高	较大	引发径流污染,湖泊水质下降
洪涝	夏	高	较大	引发面源污染,水质下降,生物量及景观、生物栖息地减少
酸雨	春、夏、秋、冬	较低	较小	污染物湿沉降,水质下降

根据灾害类型、程度不同,可设计制作湿地生态灾害影响评估报告,内容包含如下几项。

①气象水文条件分析:湖泊周边气象站降雨、气温、风速时序、日照时数、蒸发量分析、高影响天气过程强度及持续时间、水位、径流量。

②气象灾害分析:如干旱分别用气象干旱指数(SPI/SPEI)、水文干旱指数(标准径流指数SDI、标准水资源指数 SWRI、最小生态水位)、农业干旱指标(MCI)或综合干旱指数分析湿地流域及湿地局地干旱灾害时段、强度、持续时间及分布面积。

③湿地气象灾害影响评估:基于遥感监测湿地水体面积变化、湿地植被长势及范围(NDVI/NPP)变化、湿地植被类型面积占比变化;基于水文监测湿地水位与生态水位差;基于调查和信息搜集水质。

(2)湿地生态气象预警

预警预报服务产品设计包含湿地区月、季气候预测产品和专项气象灾害预警产品。

月气候预测产品包括未来 1 个月湖泊湿地区主要高温过程、冷空气过程和降水过程趋势预测。月总降水量、偏多(少)成数,月平均气温、偏高(低)度数,月极端高温(夏半年),月极端低温(冬半年)预测。湿地区季气候预测产品包括湖泊湿地区春季、汛期(迎峰度夏期)、梅雨期、盛夏期、秋汛期(枯水期)、冬季(迎峰度冬期)等各季降水、气温趋势预测。主要高温过程、降水过程、冷空气过程,季总降水量、历年平均、偏多(少)成数,入梅、出梅时间,梅雨雨量预报,秋汛雨量预报,秋汛最后一场降水时间和量级预报,极端高温(极端低温)。

专项气象灾害预警产品:①结合当前湿地湖泊日实际水位、生态水位、水体及水生植物遥感监测结论、历史湿地干旱气象条件、未来湿地湖泊流域月/季降水、气温、高温日数预测结论,发布湖泊湿地干旱灾害气象预警。②结合湿地周边农耕关键期、湿地流域水质等级、历史湿地洪涝淹没气象条件、未来月降水、降水过程、暴雨日数及逐日面雨量预报结论,发布湖泊湿地洪涝灾害气象预警。③结合前期流域干旱(洪涝)事实(程度及范围)、湿地流域水质等级、未来降雨量强度及降水过程预报结论,发布湖泊湿地径流污染气象预警。④结合当前湿地流域水质等级及月、季气温预测结论,发布湖泊湿地蓝藻水华气象预警。

3.3 湖北省湿地生态气象监测与评估技术

3.3.1 湿地生态定位监测

湖泊湿地生态系统定位观测的作用是能够揭示湿地生态系统结构和功能的长期变化规律,集合遥感、地理信息系统和数学模型等方法,全面深入研究湖泊湿地生态系统的结构、过程和功能的变化动态。不同行业选择的定位监测指标不同,监测方法及监测频率有所不同。

中国气象局(2006)为了保证全国气象部门生态气象监测工作的深入开展并进一步实现业务化、规范化和制度化,组织编制了《生态气象监测指标体系(试行)》(表3.2、表3.3)。除武汉陆地水域生态气象监测站(湖泊湿地通量监测站)、三峡国家气候观象台等生态气象、气候综合观测站外,近几年湖北省气象局参与建设完成的湿地生态气象监测站以六要素(气温、降水、气压、相对湿度、风速、风向)、四要素(气温、降水、风向 、风速)常规气象要素为主要观测指标,部分国家重要湿地保护区、湿地公园里设有湖泊小气候梯度观测(2 m、4 m、8 m、16 m高度的温度、湿度、风向和风速)、涡度站观测(水面上水汽、CO_2、热量和动量观测;水面下多层次水温和水下辐射观测)、S波段天气雷达观测和生态气象综合观测(CO_2、光合有效辐射、总辐射、土壤温湿度)。

表3.2 生态气象监测指标体系——湿地生态系统

序号	气象	大气成分	生物	土壤	水	灾害
1	≥10 ℃活动积温	降水pH值	物候期	土壤pH值	地下水位	干旱
2	(日、月、年)平均最高、最低气温	降尘总量	多度	土壤养分含量	地表径流量	霜冻
3	气温(年)日较差		密度	土壤持水性	湿地积水面积	冰雹
4	降水距平百分率		高度	湿地土壤容重	积水深度	火灾
5	降水总量		盖度			
6	蒸发量		频度			

续表

序号	气象	大气成分	生物	土壤	水	灾害
7	日照时数		总优势度			
8	光合有效辐射		群落物种多样性指数			
9	积雪		叶面积指数			
10			植物生物量			
11			湿地面积			

表 3.3　生态气象监测指标体系——湖泊生态系统

序号	气象	大气成分	生物	水体	灾害
1	≥10 ℃活动积温	酸雨和酸雨率	自然物候	水位和水深	干旱
2	（日、月、年）平均最高、最低气温	降尘总量	浮游植物现存量	水域面积	水华
3	气温（年）日较差		湖泊鱼总量	水质五要素	泛塘
4	降水量		湖泊生态环境需水量	富营养化指数	涝灾
5	降水距平百分率			总有机碳（TOC）	低温害
6	蒸发量			化学需氧量（COD）	大风
7	干燥度			生物需氧量（BOD）	雾
8	日照时数			湖泊排放量	
9				地表径流量	
10				湖泊附近土壤水分含量	
11				湖泊附近地下水位	
12				水下温度和辐射	
13				湖泊结冰	

林业行业标准《湖泊湿地生态系统定位观测技术规范》（LY/T 2901—2017）观测指标包含自然地理要素观测、水文水质观测、土壤观测、气象和大气环境观测、湿地植物、水生生物观测等。生态环境行业标准《全国生态状况调查评估技术规范——湿地生态系统野外观测》（HJ 1169—2021）设定的观测项目包含湿地及湿地植被类型指标、生物指标、水文指标和土壤指标。吉林、云南和安徽省也发布了湿地生态定位监测技术相关地方标准，观测内容和林业、环境行标大体接近。以鄱阳湖生态系统指标监测为例，景观变化等湿地属性信息采用遥感监测为主，气象、水文、水环境指标采用仪器实时连续自动监测，湿地植物指标在群落尺度为逐月监测，而在种群尺度为每半月监测；土壤环境指标在春草期、秋草期和枯水期至少各监测一次；水生生物指标每季度至少各监测一次，水鸟为越冬期内每半月调查一次。指标监测频度的确定主要考虑了监测指标对时间的敏感性、鄱阳湖自身的水文节律和鄱阳湖水利枢纽工程的调度方案。

3.3.2　湿地生态遥感监测技术

湖泊湿地通达性差，遥感技术在湖泊湿地研究中具有客观、准确、经济、高效等优势，成为补充湿地生态定位观测不足的有效手段。湖泊湿地生态气象多源遥感监测技术体系如图 3.2 所示。

3.3.2.1　湖泊湿地水域面积遥感监测

水体是湿地的主要载体，是各种水生动植物的栖息地，对区域生态系统稳定、生物多样性

图 3.2 湖泊湿地生态气象多源遥感监测技术体系示意图

保护、气候调节等方面有着至关重要的作用。

(1)监测原理

早在20世纪70年代,Bartolucci(1977)通过Landsat MSS遥感数据发现水体在0.7～0.9 μm波长范围有强吸收特点。Jensen(2004)通过进一步研究发现,水体相对于其他地物,几乎在所有的波长范围内都表现出较低的反射率,尤其是在近红外和短波红外波段范围内,反射率极低。根据纯水体在不同波段的反射率实验,可近似总结为:$\rho_{蓝光}>\rho_{绿光}>\rho_{红光}>\rho_{近红外}>\rho_{短波红外}$。据此,在各个波段水体与其他地物不同的光谱特征与水体的光谱递减规律成为水体提取的理论基础。

(2)监测方法

总体来说,水体监测所用的遥感数据源主要有微波雷达与光学遥感。微波雷达的长波辐射可以穿透云层和植被的覆盖,具备不易受气象条件的限制且具有全天候工作的能力。光学遥感则有较高的时空分辨率与数据可获得性,在水体动态监测中得到了广泛的应用。目前,光学水体提取的算法主要有三大类,即基于波段组合的水体提取算法(单波段、多波段谱间关系及水体指数阈值法)、监督分类(面向对象等)和机器学习分类算法(随机森林等),不同的算法有不同的水体信息提取精度(周岩 等,2019)。与其他方法相比,基于水体指数阈值提取水体具有快速、方便的特点,应用最为广泛。常用水体指数如表3.4所示。

表 3.4 常用水体遥感监测指数

水体指数	计算公式
归一化水体指数 NDWI(McFeeters,1996)	$NDWI=(B_{green}-B_{nir})/(B_{green}+B_{nir})$
改进的归一化水体指数 mNDWI(徐涵秋,2005)	$mNDWI=(B_{green}-B_{SWIR\text{-}1})/(B_{green}+B_{SWIR\text{-}1})$
植被水分含量指数 LSWI(Menarguez,2015)	$LSWI=(B_{nir}-B_{SWIR\text{-}1})/(B_{nir}+B_{SWIR\text{-}1})$
自动水体提取指数 AWEI(Feyisa et al.,2014)	$AWEInsh=4\times(B_{green}-B_{SWIR\text{-}1})-(0.25\times B_{nir}+2.75\times B_{SWIR\text{-}1})$ $AWEIsh=B_{blue}+2.5\times B_{green}-1.5\times(B_{nir}+B_{SWIR\text{-}1})-0.25\times B_{SWIR\text{-}2}$

注:B_{blue}、B_{green}、B_{nir}、$B_{SWIR\text{-}1}$、$B_{SWIR\text{-}2}$分别对应蓝(0.45～0.51 μm)、绿(0.53～0.59 μm)、近红外(0.85～0.88 μm)、短波红外1(1.57～1.65 μm)、短波红外2(2.11～2.29 μm)波段反射率值。

湿地水体指数阈值可以采用感兴趣区的经验方法获取，也可以利用阈值自动确定方法。许多研究证明，基于OTSU进行自适应水体阈值确定可提高水体提取的准确性。OTSU算法是Otus(1979)提出的一种对图像进行二值化的高效算法，是一种自适应的阈值确定方法。OTSU算法利用阈值将图像分为前景和背景两部分，使前景与背景之间的方差最大。

(3)业务应用

湿地水域面积遥感监测也与日常水体遥感监测业务同步开展，在全省范围尺度下，可基于SMART等平台建立FY/MODIS数据建立湖泊湿地水域面积月、季尺度长时间序列集。针对具体的湿地保护区，可利用Landsat、GF及哨兵2号系列中高分辨率光学遥感卫星观测数据开展更为精准的水域面积提取与分析。

在云雾遮挡时，合成孔径雷达卫星可实现全天时全天候监测，可成为光学卫星遥感水体监测的有力补充，已经越来越多地应用到汛期水体监测业务中。目前可业务用于湿地水域面积监测的合成孔径雷达卫星包括高分3号(GF-3)和哨兵1号(Sentinal-1)，两者空间分辨率均为10 m，重返周期在5～12 d，可实现水域面积变化动态监测。雷达影像的水体业务化提取主要是基于微波范围内水体较低的后向散射特性来识别，一般采取波段阈值法和指数阈值法。合成孔径雷达影像湿地水体提取应注意水生植物遮挡导致的提取结果偏小和受地形阴影影响导致的提取结果偏大这两个问题。经2020年汛期洪涝验证，阈值法对于如湖泊、河流等永久水面和大面积深水洪涝淹没区提取效果较理想；对存在水生植物(荷花、浮萍、睡莲、水杉)的自然湿地水域和混有农田的人工湿地养殖水面面积提取结果偏小。同时，阈值法提取水体结果会受到山区阴影的影响，可以通过设置高程和坡度(小于5°)掩膜来去除影响。

3.3.2.2 河湖湿地水质参数监测

(1)湖北省河湖湿地水质概述

根据《2021年湖北省生态环境状态公报》统计数据，湖北省长江干流支流、汉江干流支流、三峡库区及入库支流、丹江口库区及入库支流水质总体为优。全省主要湖泊总体水质为轻度污染，主要污染指标为总磷和化学需氧量。29个湖北省湖泊水域中，梁子湖武汉水域和神农架大九湖2个水域为中营养，其余27个湖泊水域为轻度富营养。22个主要水库中，黄石王英水库、宜昌隔河岩水库和荆门漳河水库水体营养状态级别为贫营养，其余19个水库为中营养。

(2)监测原理

由于水体中具有光学特性的不同组分对光的吸收和散射作用不同，导致不同组分的水体所拥有的光谱特征不同，遥感技术应用于水质监测主要是基于卫星传感器在400～900 nm波段范围内接收的辐亮度值来反演水体各组分浓度。卫星传感器上接收的辐亮度包括以下三个部分：①经大气散射后被传感器接收的太阳辐射；②经水表面反射后被传感器接收的太阳辐射；③经水体后向散射和水底反射后被传感器接收的太阳辐射，称为离水辐亮度。其中离水辐亮度包含水体各组分的光谱信息，利用离水辐亮度可对水质参数浓度进行反演，实现水质参数浓度的遥感监测。叶绿素a浓度、总悬浮物浓度、浊度和黄色物质(CDOM)会对太阳辐射在水体中的传播产生直接影响。利用卫星传感器接收的离水辐亮度和水质参数浓度建立一定形式的函数关系，可实现水质参数浓度的遥感监测(曹引，2016)。

(3)监测内容

水质监测主要包括叶绿素a(Chla)浓度、总悬浮物浓度、水体透明度(SD)、浊度、CDOM、总氮(TN)、总磷(TP)和水体富营养化程度(综合营养状态指数TLI)等。氮、磷是影响湖泊水质的关键污染指标。湖泊透明度与总悬浮颗粒物呈负相关，可反映水质的综合状况。水体叶绿素 a(Chla)反映浮游植物的丰度水平。综合营养状态指数(TLI)可反映保护区水域的富营养化状况。

(4)监测方法

目前，反演水质使用较多的是星载中高空间分辨率多光谱遥感、机载和地面高光谱遥感资料。多光谱数据有 Landsat MSS、TM、ETM、Landsat 8、SPOT、MODIS、HJ1A/1B CCD 等遥感数据。高光谱影像主要有 Hyperion、CASI、AISA 和 HJ1A HSI 等数据以及机载高光谱数据；野外试验时进行光谱采集的光谱仪常用的有 ASD 公司生产的 FieldSpec 便携地物波谱仪等。

基于多光谱、高光谱数据源的水质遥感反演模型多为经验、半经验统计模型及深度学习模型。表 3.5 汇总了湖北省重要湖泊湿地主要水质参数反演算法、算法精度及适用传感器和适用条件，可供监测与评价业务服务参考应用。其中，经验、半经验反演模型具有一定的时空适用性，可移植性较差。如浅层湖泊水体透明度受浮游生物生长、风浪扰动及汛期入湖河流携带泥沙的影响存在短期或季节性变化，因此，开展湿地生态水质监测及气候影响评价业务研究和服务时，应尽量做到利用实测数据对反演模型的外推应用精度进行验证。

表 3.5　湖北省重要湖泊湿地主要水质参数反演算法

名称	参数	卫星	模型公式	反演精度	适用条件	参考文献
洪湖	叶绿素a	Landsat8 OLI	$\mathrm{Chla}=51.596-41.911\dfrac{B_4}{B_1+B_2}-0.107\times B_1+0.076\times B_4$	$R^2=0.594$ RMSE=3.781	2013 年 4 月	周志立 等，2017
	SD	Landsat8 OLI	$\ln\mathrm{SD}=21.543-3.247\ln B_4+0.006\times B_2$	$R^2=0.828$ RMSE=9.75		张莹莹 等，2018
梁子湖	叶绿素a	Landsat 7-8 ETM/OLI	$\ln\mathrm{Chla}=1.435\times\dfrac{R_{\mathrm{nir}}}{R_{\mathrm{red}}}+1.532$	$R^2=0.731$ RMSE=1.277	武汉市周边 75 个湖泊多季节	徐轩，2017
	SD		$\ln\mathrm{SD}=23.42\times R_{\mathrm{blue}}-62.54\times R_{\mathrm{nir}}-0.448$	$R^2=0.677$		
	总氮		$\ln\mathrm{TN}=5.563\times R_{\mathrm{blue}}-2.056\times R_{\mathrm{green}}-5.505\times R_{\mathrm{red}}-0.296$	$R^2=0.630$ RMSE=0.074		
	总磷		$\ln\mathrm{TP}=-0.109\times\dfrac{R_{\mathrm{nir}}}{R_{\mathrm{red}}}+2.087\times\dfrac{R_{\mathrm{nir}}}{R_{\mathrm{blue}}}+11.914\times R_{\mathrm{nir}}-4.083$	$R^2=0.828$ RMSE=0.0088		
东湖	叶绿素a	Landsat8 OLI	$\mathrm{Chla}=331.725-80.213\times\dfrac{B_4}{B_5+B_6}-17.296\ln(B_3\times B_4)+0.714\times(B_2-B_1)/(B_1-B_3)$	$R^2=0.793$ RMSE=1.721	2015—2016 年多季节	李根，2017
		Landsat7 ETM+	$\mathrm{Chla}=71.804+0.226\times B_1-0.081\times B_3-25.376\ln B_1+6.755\ln B_3-0.209\ln B_4+0.076\ln B_5$	$R^2=0.856$	2008 年 5 月	何报寅 等，2011
	SD		$\mathrm{SD}=9.558\times B_1-6.239\times B_3-478.416$	$R^2=0.753$		

续表

名称	参数	卫星	模型公式	反演精度	适用条件	参考文献
东湖	总氮	Landsat7 ETM+	$TN = -0.069 \times B_1 + 0.240 \times B_5 - 6.058\ln B_5 + 21.237$	$R^2 = 0.732$	2008 年 5 月	何报寅 等，2011
	总磷		$\ln TP = -81.528\ln B_2 - 5.299\ln B_4 + 19.728\ln B_5 + 0.876 \times B_2 - 0.461 \times B_5 + 249.270$	$R^2 = 0.710$		
武汉湖泊	TLI	GF-1	$y = 0.233 \times B_1 - 0.293 \times B_2 + 0.072 \times B_3 + 0.079 \times B_4 + 44.039$	$R^2 = 0.432$	仅反映冬季枯水期	周亚东 等，2018

3.3.2.3 河湖水库水华监测

(1)湖北省河湖水库水华概述

水华是藻类细胞在适宜条件下快速繁殖，聚集在水体表层，引起水体感观变化的一种自然现象。暴发水华会破坏水体景观，影响水生生态系统多样性，丧失或减弱诸多生态功能，引发水生态灾害，并对人类健康带来潜在威胁。湖北省水华易发生于夏季晴热天气的富营养湖泊、早春乍暖还寒的河流和水文情势转变下的库湾三大类水体，并整体上呈现出水华高发水体类型多、发生季节相对集中、水华种类丰富这三个特征(熊晶 等，2015)。湖泊水华常发生于相对静止的湖泊水体中。湖泊富营养化程度较高，在适合的天气条件影响下，容易诱发湖泊蓝藻水华的发生。20 世纪 70 年代至 1984 年，武汉东湖的主要湖区每年均暴发大面积的蓝藻水华，1985 年后，全湖性的蓝藻水华在东湖突然消失。2005 年以后，东湖仅在部分封闭湖区(官桥湖、水果湖等)零星出现水华(熊晶 等，2015)。汉江中下游 1992—2021 年冬、春季共计暴发了十余次大规模水华事件，水生态安全和饮用水安全频繁受到威胁。其中 2018 年的汉江水华影响范围大、持续时间长、范围广，较为严重(李昱燃 等，2020)。2003 年三峡水库二期蓄水后，三峡库区(湖北段)部分支流相继暴发了多次不同程度的水华。据三峡库区水华巡查结果显示：水华高发地区主要为三峡库区(湖北段)中部支流，童庄河、香溪河、吒溪河和青干河水华较为频繁；库区水华类型多样，藻类优势种群也较多，总体上呈现出由河流型(硅藻、甲藻等)向湖泊型(绿藻、蓝藻等)演变的趋势(熊晶 等，2015)。丹江口大坝加高工程完成之后，原有库湾水深增加、规模变大，受回水顶托作用，部分库湾水体流速减缓。根据长江流域生态环境监督管理局生态环境监测与科学研究中心 2018 年 12 月—2021 年 7 月监测结果显示，神定河、剑河及官山河、浪河在夏季和秋季均有水华发生，夏季是水华暴发最主要的季节；泗河在春季、夏季和秋季均有水华发生。7—9 月是丹江口库区支流回水区蓝藻水华重点防控时间，应加强预警监测。

(2)监测原理

蓝藻水华暴发时，水体中叶绿素含量升高，导致水华区域和非水华区域光谱特征出现明显差异，从而可利用遥感手段监测蓝藻水华。

(3)监测方法

基于遥感的蓝藻水华识别方法主要有目视解疑、叶绿素 a 浓度定量反演和光谱指数阈值提取法。基于光谱特征的指数方法简单有效，且易于流程化、业务化，其中归一化植被指数(NDVI)、增强型植被指数(EVI)、比值植被指数(RVI)和浮游藻类指数(FAI)等指数在湖泊水华遥感监测中广为应用。对于太湖、巢湖等水华易发湖泊，水华遥感监测多采用EOS/MODIS、FY-3/MERSI传感器影像作为数据源，这些极轨卫星重访周期短，在捕捉大面积水华快速动态变化上具有明显优势。但是对于湖北省内小型湖泊发生的局部小范围水华来说，250 m及更低的空间分辨率无法满足监测需求。Landsat 系列、HJ、GF 星等具有较高空间分辨率的卫星则在水华识别敏感性和精度上表现更优。柳晶辉等(2018)以2009年8月武汉东湖局部暴发蓝藻为案例，对基于HJ-1卫星遥感资料计算的RVI、NDVI以及EVI三种植被指数识别蓝藻信息的结果进行比较分析，结果表明，EVI方法精度较高，可剔去水质中泥沙等悬浮物的干扰，可作为城市湖泊蓝藻变化检测经验模型。晁明灿等(2021)基于Landsat8计算的归一化植被指数(NDVI)和浮游藻类指数(FAI)分别对蓝藻水华进行提取，对比结果表明：NDVI和FAI两种提取方法确定的阈值及分级阈值可以有效地提取巢湖的蓝藻水华，但相对于NDVI方法，FAI方法可以降低云对提取精度的影响。李旭文等(2011)基于太湖地区1999—2010年的多景Landsat TM/ETM遥感影像，设计了湖泊蓝藻水华遥感强度CBI指数。

3.3.2.4 湖泊湿地植被遥感监测

(1)湖北省湿地植被概述

湿地区植物可分为陆生植物和水生植物，水生植物又可根据其生长特性分为挺水植被、漂叶植被和沉水植被三类。在湖北重点湖泊湿地中，沉湖的植物资源较丰富、人为干扰情况较小，植被多为陆生草本及水生植物(张辛阳 等，2020)，《湖北省湖泊志》编纂委员会(2015)记录湿地保护区植物不仅包括沼泽草甸，还包括实验区防护林所构成的森林植被，属于典型的湖泊—沼泽—森林相连的复合生态系统。梁子湖水生植被空间分布差异大，东梁子湖为草型湖且水生植被覆盖率高、前江大湖植被较少，而中湖基本上无水生植被(王苏民 等，1998)；种类上梁子湖中沉水植物群落占绝对优势(张清慧，2014)。洪湖湖区植物群落多样，随着湖泊和湖岸积水状况的变化，植物从湖岸向湖心呈有规律的带状分布，湖岸与湖堤和沙滩地势较高，分布水杉沼泽地、旱柳、意杨等组成的落叶阔叶林，在湖滨潜水和季节性积水地段，分布着芦苇群落，深水区湖面分布有浮叶植物群落，水面还分布有浮萍植物，湖底和深水区分布沉水植被群落。《湖北省湖泊志》编纂委员会(2015)记录龙感湖植物资源丰富，形成挺水植物带、浮水植物带、漂浮植物带和沉水植物带。

(2)监测目的

作为湿地生态系统的重要组成部分，湿地植物发挥着固碳释氧、净化水质等作用。一方面水生植被以水为生存空间，受水分梯度、水流状况、透明度、生物竞争以及营养物质等环境因子的影响；另一方面，水生植被的覆盖度以及生长频率也会引起水质参数的变化，例如沉水植物的大量死亡会导致以植被为主的清水状态转变为以藻类为主的浑浊状态(谢娅 等，2019)。水生植物类型及分布与湿地水位、水质相互影响，因此对水生植物类型、生物量及分布结构变化进行多时相遥感监测，对评价湿地生态质量、评估极端干旱及洪涝灾害影响、解析气候—水文条件改变对其及水质变化的影响等方面具有重要意义。

(3)监测方法

湿地植被遥感监测对象主要包含植被生态质量、覆盖范围、植被类型等。湿地植被的遥感监测与分类主要通过航空摄影、多光谱、高光谱、微波传感器等影像来分析。大范围的湿地植物长势、覆盖度及生物量的监测，可利用低空间高时间分辨率的 MODIS、FY 系列业务卫星的长时间序列数据反映湿地植被生态变化；而 Landsat、HJ、Sentinal-2 及 GF 等中高空间分辨率和珠海一号 OHS 高光谱卫星影像更适合用于湿地植物精度识别和制图。遥感识别方法主要包括非监督分类、监督分类、决策树分类、面向对象分类及线性光谱混合分析等（谢娅 等，2019）。研究表明，湿地植被中陆生植被及挺水植被分类精度较高，漂浮叶植被虽然会受到一定程度水体混合光谱的干扰，但分类时常与挺水植被混合归为一类。沉水植被位于水面以下，光谱信号受水体光学特性的影响最大，容易受到水体浑浊度、透明度、温度、溶解氧、植被覆盖度、植被冠层与水面的距离等因素的影响，识别精度相对较低（谢娅 等，2019）。湿地植被的识别区分可参考不同水生植被特性季节差异，例如沉水植被一般在 4 月、5 月生物量达到最大后开始衰亡，年内 NDVI 值表现为先上升后平稳下降，而芦苇类的多年生挺水植被，NDVI 值则保持一个高值状态。除此以外，春、夏季适宜蓝藻水华生长，其遥感监测可以利用短波红外波段、蓝藻和大型植被指数（CMI）、植被存在频率（VPF）与 FAI 相结合来区分水华和水生植被（谢娅 等，2019）。

3.3.2.5 湖泊湿地景观类型遥感监测

（1）监测目的

景观分类是把握景观基本属性和功能的重要手段。根据湖泊湿地区域或流域实际土地覆盖类型确定湿地景观分类体系，通过湿地景观分类，以了解湿地结构组成及景观格局变化情况（李玉凤 等，2014）。

（2）监测方法

结合湿地区域的具体特征，运用遥感影像对湿地类型做进一步的细化，可得到湿地景观分类体系。湿地景观一般可划分为河流、湖泊、沼泽、水田、水库和坑塘等。目前常用的湿地景观分类方法包括目视解译、监督分类、非监督分类、神经网络等人工智能分类，支持向量机分类、决策树分类、面向对象分类方法等。业务上简单易行且可靠性较高的方式为运用多尺度影像分割与目视解译相结合的方法提取湿地景观信息。根据众多文献，本研究整理了湖北省主要湖泊湿地景观分类体系（表 3.6）。

表 3.6 湖北省主要湿地景观分类体系汇总

保护区	湿地景观类型	参考文献
洪湖湿地	湖泊、植被、坑塘、农田、居民点和其他地类	张莹莹 等，2019
梁子湖湿地	滩涂、林地、农田、开阔水域、居民区	
沉湖湿地	湖泊、河流、鱼塘、耕地、沼泽、草甸、裸地、滩地（冬季）	陈钰，2020；张辛阳 等，2020
龙感湖湿地	湖泊、滩涂、草甸、养殖水面、稻田	潘胜东，2010
斧头湖湿地	湖泊、养殖水面、稻田、草地、林地、居民点和未利用地	袁莉蓉 等，2014
丹江口水库湿地	水域、草地、林地、耕地、建设用地	李想 等，2020

在湿地景观分类的数据基础上，利用专业景观分析软件，可开展多个时期湿地景观格局动态变化分析，通常选择的景观格局指标有多样性指数、斑块形状指数、斑块密度指数、连通性指数。只有在湿地景观分类及湿地景观指数分析计算的基础上，才能进一步分析气候、水文等自然驱动因子对湿地景观变化带来的影响。相对于城镇化、填湖围垦等人为驱动因子，自然驱动影响较难剥离并快速显现。

3.3.3 湿地生态气候影响评估技术

3.3.3.1 湖泊湿地生态质量气象评价

(1)湖泊湿地生态质量气象评价模型

湿地生态环境是一个具备了土壤、地质、水文、气象、植被、野生动物等众多生物因素和非生物因素的复杂生态系统。根据湿地生态环境质量评价的主要内容不同可以分为风险评价、脆弱性评价、健康评价、服务功能评价等。参照湿地生态系统健康评价模型(汪朝辉,2003),建立湖泊湿地生态质量气象评价模型,如式(3.1)所示:

$$p = \sum_{i}^{n} W_i Y_i \tag{3.1}$$

式中:p 为湿地生态质量气象综合评价指数;W_i 为第 i 项指标权重值;Y_i 为第 i 项指标值。

(2)评价内容和指标的选择

淡水湖泊生态要素中,最基本的要素是水。水量的合适程度是湖泊生态健康的基础,所以选择湖泊旱涝来评价水量的合适程度,湖泊旱涝会导致湖泊湿地生态环境恶化、生物多样性降低、生态服务功能下降等一系列问题;湖泊富营养化也是湖泊湿地生态的重要要素,是反映水质好坏的主要指标;湖滨带是湖泊水陆生态系统之间的过渡地带,分布着大量的湿地植被,既有净化空气和水质、调蓄水源、改良土壤、固土护坡等生态功能,又是野生动物特别是珍稀濒危野生动物的栖息地,对维持生物多样性具有重要意义,因此选择湖滨带植被净初级生产力作为评价淡水湖泊生态质量的一个重要指标;气象因子是湿地生态系统最活跃、最直接的因子,而湖泊旱涝、湖泊富营养化、植被净初级生产力等要素明显受气象条件制约。降水条件是造成湖泊旱涝的重要因子,降水过多产生的径流可引发湖泊周边营养盐输入,降水过少减弱湖泊水循环过程,引起湖泊藻类聚集,均可改变湖泊富营养化状况;湖滨带植被生长受温度、降水制约,湖泊旱涝均可影响植被生长,温度过低(冰冻天气)导致植被停止生长甚至死亡,因此,选择降水和温度条件构建淡水湖泊生态质量气象条件。

综上所述,淡水湖泊生态质量气象评价的评价内容包括气象条件、湖泊旱涝、富营养化、植被净初级生产力和综合生态质量共五个部分,各部分内容分别以生态气象指数、旱涝指数、营养状态指数、湖滨带植被净初级生产力指数和生态质量综合指数表示。其中湖滨带是湖泊水陆生态的交错地带,其范围为:以湖泊历史最大水位所形成的水域边界线为基准,分别向内、外扩展一定距离所形成的区域,扩展距离为历史平均水位和最大水位所形成的水域边界线之间的距离。

(3)评价指标的计算和湖泊湿地生态质量等级划分

①生态气象指数计算

湖泊湿地生态气象指数分别由降水距平百分率、降水相对影响效率、冰冻日数距平百分率和冰冻相对影响效率等因子计算得出。降水距平百分率按式(3.2)计算:

$$\Delta P = (P - \overline{P}) / \overline{P} \times 100 \tag{3.2}$$

式中:ΔP 为降水距平百分率(%);P 为月降水量(mm);$\overline{P}$ 为月降水量的气候平均值(mm)。

降水相对影响效率按式(3.3)计算:

$$E_{\Delta P} = \frac{\overline{P}}{\max\{\overline{P_1}, \overline{P_2}, \cdots, \overline{P_n}, \cdots, \overline{P_{12}}\}} \tag{3.3}$$

式中：$E_{\Delta P}$ 为降水相对影响效率；$\overline{P}$ 为月降水量的气候平均值(mm)；$\overline{P_n}$ 为全年第 n 月降水量的气候平均值(mm)。

冰冻日数距平百分率按式(3.4)计算：

$$\Delta D_{\mathrm{f}} = \begin{cases} 0, & D_{\mathrm{f}} = 0 \\ 1, & D_{\mathrm{f}} \neq 0 \text{ 且 } \overline{D_{\mathrm{f}}} = 0 \\ \dfrac{D_{\mathrm{f}} - \overline{D_{\mathrm{f}}}}{\overline{D_{\mathrm{f}}}} \times 100\%, & D_{\mathrm{f}} \neq 0 \text{ 且 } \overline{D_{\mathrm{f}}} \neq 0 \end{cases} \tag{3.4}$$

式中：ΔD_{f} 为冰冻日数距平百分率(%)；D_{f} 为月平均气温小于等于 0 ℃的日数(d)；$\overline{D_{\mathrm{f}}}$ 为月平均气温小于等于 0 ℃的日数的气候平均值(d)。

冰冻相对影响效率按式(3.5)计算：

$$E_{\Delta D} = \frac{\overline{D_{\mathrm{f}}}}{\max\{\overline{D_{\mathrm{f}_1}}, \overline{D_{\mathrm{f}_2}}, \cdots, \overline{D_{\mathrm{f}_n}}, \cdots, \overline{D_{\mathrm{f}_{12}}}\}} \tag{3.5}$$

式中，$E_{\Delta D}$ 为冰冻相对影响效率；$\overline{D_{\mathrm{f}}}$ 为月平均气温小于等于 0 ℃的日数的气候平均值(d)；$\overline{D_{f_n}}$ 为全年第 n 月平均气温小于等于 0 ℃的日数的气候平均值(d)。

生态气象指数按式(3.6)计算：

$$I_{\mathrm{m}} = \begin{cases} 1, & |\Delta P \times E_{\Delta P}| > 1 \text{ 或 } \Delta D_{\mathrm{f}} \times E_{\Delta D} > 1 \\ \max\{|\Delta P \times E_{\Delta P}|(\Delta D_{\mathrm{f}} \times E_{\Delta D})\}/100, & |\Delta P \times E_{\Delta P}| \leqslant 1 \text{ 且 } \Delta D_{\mathrm{f}} \times E_{\Delta D} \leqslant 1 \end{cases} \tag{3.6}$$

式中：I_{m} 为生态气象指数；ΔP 为降水距平百分率(%)；$E_{\Delta P}$ 为降水相对影响效率；ΔD_{f} 为冰冻日数距平百分率(%)；$E_{\Delta D}$ 为冰冻相对影响效率。

②旱涝指数的计算

湖泊生态水位的阈值包括高水位阈值和低水位阈值(淦峰 等，2015)，水位过高或过低均会对湖泊湿地生态产生不利影响。因此，本研究认为湖泊月水位高于高水位阈值或低于低水位阈值，湖泊开始出现洪涝或干旱，于是设计了基于水位观测资料的旱涝指数计算方法(式(3.7))：

$$I_{\mathrm{d\_f}} = \begin{cases} -1, & \overline{H} < H_{\min} \\ \dfrac{H_{25\%} - \overline{H}}{H_{25\%} - H_{\min}}, & H_{\min} \leqslant \overline{H} < H_{25\%} \\ 0, & H_{25\%} \leqslant \overline{H} \leqslant H_{75\%} \\ \dfrac{\overline{H} - H_{75\%}}{H_{\max} - H_{75\%}}, & H_{75\%} < \overline{H} \leqslant H_{\max} \\ 1, & \overline{H} > H_{\max} \end{cases} \tag{3.7}$$

式中：$I_{\mathrm{d\_f}}$ 为旱涝指数；$\overline{H}$ 为月平均水位(m)；$H_{\min}$ 为大于等于 10 a 日水位数据序列中的最小值(m)；$H_{25\%}$ 为大于等于 10 a 日水位数据序列中 25%保证率所对应的水位(m)；$H_{75\%}$ 为大于等于 10 a 日水位数据序列中 75%保证率所对应的水位(m)；$H_{\max}$ 为大于等于 10 a 日水位数据序列中的最大值(m)。

③营养状态指数的计算

金相灿等(1995)介绍了多个湖泊营养状态指数的计算公式，本研究选取可通过卫星遥感估算的、基于叶绿素 a 含量的一个公式，营养状态指数按式(3.8)计算：

$$I_{tl}=\begin{cases}0, & C_{chla}<0.1\\ 10\times(2.5+1.086\ln C_{chla}), & 0.1\leqslant C_{chla}\leqslant 900\\ 100, & C_{chla}>900\end{cases}\tag{3.8}$$

式中：I_{tl} 为营养状态指数(无量纲)；C_{chla} 为叶绿素 a 含量(mg/m^3)。

④湖滨带植被净初级生产力指数的计算

本研究设计湖滨带植被净初级生产力指数为湖滨带植被净初级生产力与多年同期最大值的比值指数，按式(3.9)计算：

$$I_{npp}=\begin{cases}1, & N_{npp}>N_{npp\_max}\\ \dfrac{N_{npp}}{N_{npp\_max}}, & N_{npp}\leqslant N_{npp\_max}\end{cases}\tag{3.9}$$

式中：I_{npp} 为湖滨带植被净初级生产力指数(无量纲)；N_{npp} 为湖滨带植被净初级生产力(gC/(m^2·月))，按式(3.10)计算；N_{npp_max} 为湖滨带植被净初级生产力多年(大于等于 10 a)同期最大值(gC/(m^2·月))。

$$N_{npp}=\sum_{i=0}^{k}N_{npp\_i}\tag{3.10}$$

式中：N_{npp} 为湖滨带植被净初级生产力(gC/(m^2·月))；k 为湖滨带像元总数；i 为位置空间；N_{npp_i} 为湖滨带像元 i 的植被净初级生产力。

⑤生态质量综合指数的计算

根据湖泊湿地生态质量气象评价模型，湖泊湿地生态质量综合指数按式(3.11)计算：

$$I_{eq}=0.25\times(1-I_m)+0.4\times(1-|I_{d\_f}|)+0.2\times\left(1-\frac{I_{tl}}{100}\right)+0.15\times I_{npp}\tag{3.11}$$

式中：I_{eq} 为生态质量综合指数；I_m 为生态气象指数；I_{d_f} 为旱涝指数；I_{tl} 为营养状态指数；I_{npp} 为湖滨带植被净初级生产力指数。

生态气象指数、旱涝指数、营养状态指数、湖滨带植被净初级生产力指数的取值范围均为 0～1.00，各指数项权重值采取专家打分法确定(表 3.7)。

表 3.7 湖泊湿地生态质量气象评价指标权重值

专家及专业领域	生态气象指数	旱涝指数	营养状态指数	湖滨带植被净初级生产力指数	合计
专家 1(气象)	0.30	0.30	0.20	0.20	1.00
专家 2(生态)	0.20	0.40	0.25	0.15	1.00
专家 3(林业)	0.20	0.40	0.20	0.20	1.00
专家 4(气象)	0.30	0.35	0.20	0.15	1.00
专家 5(水文)	0.20	0.45	0.25	0.10	1.00
专家 6(水文)	0.25	0.40	0.20	0.15	1.00
专家 7(林业)	0.20	0.40	0.20	0.20	1.00
专家 8(气象)	0.30	0.35	0.20	0.15	1.00
专家 9(生态)	0.20	0.45	0.20	0.15	1.00
专家 10(气象)	0.25	0.40	0.20	0.15	1.00
平均	0.24	0.39	0.21	0.16	1.00
实际取值	0.25	0.40	0.20	0.15	1.00

⑥湖泊湿地综合生态质量等级划分

依据生态质量综合指数取值范围，将湖泊湿地综合生态质量等级划分为：优、良、一般、较差和差 5 个等级（表 3.8）。

表 3.8　湖泊湿地综合生态质量等级

序号	等级	生态质量综合指数（I_{eq}）取值范围
1	优	$I_{eq} \geqslant 0.79$
2	良	$0.68 \leqslant I_{eq} < 0.79$
3	一般	$0.57 \leqslant I_{eq} < 0.68$
4	较差	$0.46 \leqslant I_{eq} < 0.57$
5	差	$I_{eq} < 0.46$

3.3.3.2　湖泊湿地旱涝气象灾害影响调查技术

21 世纪以来，湖北省重大气象灾害、极端天气气候事件不断增多，对维持湿地生态质量及生态服务功能造成严重威胁，给湿地生态保护带来巨大压力。开展湖泊湿地生态系统气象灾害影响调查非常必要。湖泊湿地生态系统气象灾害影响调查是全面掌握湿地生态气候影响的直接手段，也是建立区域及流域湿地生态质量定量评估模型、湿地生态气象灾害指标等级划分的重要数据来源和验证方式。通过制定影响调查规范，使调查方法和结论更具权威性、科学性、准确性、完整性和可比性，对生态评价指标选取、建模和验证都具重要支撑作用，可为湖北省开展湖泊湿地生态脆弱性评价、湖泊湿地生态系统气候风险评估与预警服务和建立干旱、暴雨洪涝、旱涝急转等高影响天气事件对主要湖泊湿地生态系统的风险评估与预警业务系统奠定基础（DB42/T 1925—2022，湖北省气象局，2022）。

（1）调查要求与方法

湖泊湿地干旱与洪涝气象灾害影响调查应遵循及时、科学、完整、实事求是的原则；调查应围绕湖泊湿地生态环境变化及其与气象条件的关联性展开；查找气象灾害影响客观发生与否的证据。考虑到气象灾害对生态系统影响具有空间异质性和时间累积递进性，调查应视气象灾害种类、程度及持续时间不同，在启动调查后分批次开展。调查流程按规范执行（图 3.3）。对湖泊湿地生态环境变化及其他灾害影响的调查方法包含但不限于：①现场目视观察、拍摄影像；②使用专业仪器实地测量；③使用地面、无人机及卫星等遥感监测；④咨询、访谈、座谈；⑤资料检索、共享。

（2）调查前期准备

当气象、水文实时监测指标达到相应标准（表 3.9），或者获知已经发生湖泊湿地干旱与洪涝气象灾害事实时，即可启动调查。调查组成员包含调查人、复核人、审查人，且上述三人不可兼任，成员宜具备生态学、气象学、遥感科学、地理信息科学等专业技术及实地调查经验，制定包含调查目的及要求、调查对象及内容、调查时间地点及路线规划、调查参与单位和人员分工调查方案、调查设备与保障措施等内容的调查方案。调查组成员应明确责任分工，负责收集灾害影响区域的气象、水文、灾情及湖泊环境属性等实况与历史背景数据，开展现场勘查、实地测量和咨询记录表填写，整理气象条件与湖泊湿地生态要素变化信息并进行关联分析，评估湖泊湿地干旱与洪涝气象灾害影响程度；最终编写形成湖泊湿地干旱与洪涝气象灾害影响调查报告。

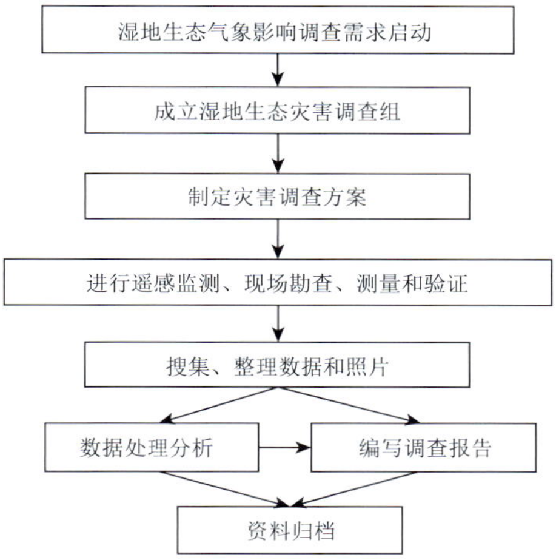

图 3.3　湖泊湿地干旱与洪涝气象灾害影响调查流程

表 3.9　湖泊湿地干旱与与洪涝气象灾害调查启动标准

灾害类型	参考指标	调查启动判识条件
干旱	1. 气象指标 ①标准化降水蒸散指数(SPEI) ②标准化降水指数(SPI) ③气象干旱综合指数(MCI) 2. 水位指标	满足下列条件之一： 1. 湖泊湿地周边距离最近的国家气象观测站单站出现 $SPEI_{90}$/SPI_{90}/MCI 达到特旱等级 2. 湖泊湿地所在流域所有国家气象观测站平均 $SPEI_{90}$/SPI_{90}/MCI 达到重旱等级 3. 湖泊实际水位低于湖泊最低生态水位，湖北省部分湖泊最低生态水位见表 3.10
洪涝	1. 气象指标 标准化降水指数(SPI) 2. 水位指标	满足下列条件之一： 1. 湖泊湿地周边距离最近的国家气象观测站出现 SPI_{90} 达到特涝等级 2. 湖泊湿地所在流域所有国家气象观测站平均 SPI_{90} 达到重涝等级 3. 湖泊实际水位连续 20 d 高于湖泊警戒水位，湖北省部分湖泊警戒水位见表 3.11

注：①标准化降水指数(SPI)、标准化降水蒸散指数(SPEI)、气象干旱综合指数(MCI)计算公式依据 GB/T 20481—2017。
②“/”代表任取其一。
③湖泊湿地干旱与洪涝气象灾害影响调查的参考指标 SPI/SPEI 时间尺度建议选择 90 d 及以上，不同地区可根据流域大小和汇流时间特点确定最佳时间尺度。SPI/SPEI 的计算可通过对时间窗口进行滑动逐日计算。
④判识条件中气象指标与干旱、洪涝等级的对应关系参见表 3.13。

表 3.10　湖北省部分湖泊最低生态水位　　单位：m

湖泊名称	最低生态水位											
	1 月	2 月	3 月	4 月	5 月	6 月	7 月	8 月	9 月	10 月	11 月	12 月
洪湖	23.69	23.64	23.69	23.63	23.69	23.89	24.57	24.89	25.00	24.63	24.16	23.86
梁子湖	16.90	16.52	16.42	16.68	17.17	17.83	18.67	18.86	18.83	18.83	18.47	17.63
长湖	29.95	29.70	29.82	29.55	29.12	29.28	29.46	29.83	30.18	30.36	30.19	30.06
汈汊湖	23.28	23.23	23.35	23.29	23.28	23.30	23.57	23.76	23.70	23.54	23.28	23.14

续表

湖泊名称	最低生态水位											
	1月	2月	3月	4月	5月	6月	7月	8月	9月	10月	11月	12月
斧头湖	19.20											
武湖	17.00											
汤逊湖	18.00											
涨渡湖	17.10											
东湖	18.90											
鲁湖	19.00											
后官湖	18.40											
保安湖	15.50											

注:最低生态水位数值随研究的深入开展会有细化和更新,本研究中所列数值仅为现有资料参考值。

表 3.11　湖北省部分湖泊警戒水位　　单位:m

湖泊名称	警戒水位
洪湖	26.2
梁子湖	20.5
长湖	32.5
汈汊湖	25.7
斧头湖	22.8
东湖	19.9
鲁湖	21.8
西凉湖	23.0
龙感湖	16.3
大冶湖	19.5

(3)调查内容

湖泊湿地干旱与洪涝气象灾害影响调查指标应包括气象指标、景观指标、水环境指标、水文指标、土壤指标及生物多样性指标。根据灾害影响不同,各指标调查项目可分为必做项目和选做项目,具体内容见表 3.12。

表 3.12　湖泊湿地干旱与洪涝气象灾害影响调查指标

调查内容	必做项目		选做项目	
	干旱	洪涝	干旱	洪涝
气象灾害指标	灾害范围、灾害等级及持续时间			
景观指标	水体面积、湖区土地覆盖类型		湖滨带面积	
水环境指标	水深、水温、透明度、浊度、pH 值、溶解氧、悬浮物、总氮、总磷、氨氮、高锰酸盐指数、叶绿素 a		水华	湖泊流域点源、面源污染
水文指标	通湖河渠径流量与水位、湖泊水位、湖泊进出口水量		水源补给状况	积水状况、排涝方式、水量调蓄状况

续表

调查内容		必做项目		选做项目	
		干旱	洪涝	干旱	洪涝
土壤指标		湖滨带土壤湿度			底泥 pH 值、有机质、总氮、总磷
生物多样性指标	水生植物	生物量、分布		种类组成	
	浮游植物			种类组成、生物量、分布	
	浮游动物			种类组成、数量、分布	
	底栖动物			种类组成、数量、分布	
	鸟类			种类组成、数量、分布	
	鱼类			种类组成	
	外来物种			种类组成、数量、分布、危害	

利用气象长时间序列观测数据，按照表 3.13 的干旱与洪涝气象灾害分级标准，确定干旱与洪涝气象灾害的等级、持续时间及空间分布。

表 3.13　干旱与洪涝气象灾害分级标准

气象灾害类别	气象灾害判识指标	分级标准
干旱	标准化降水蒸散指数(SPEI) 标准化降水指数(SPI) 气象干旱综合指数(MCI)	无旱：SPEI/SPI/MCI＞－0.5 轻旱：－1.0＜SPEI/SPI/MCI≤－0.5 中旱：－1.5＜SPEI/SPI/MCI≤－1.0 重旱：－2.0＜SPEI/SPI/MCI≤－1.5 特旱：SPEI/SPI/MCI≤－2.0
洪涝	标准化降水指数(SPI)	特涝：SPI≥2.0 重涝：1.5≤SPI＜2.0 中涝：1.0≤SPI＜1.5 轻涝：0.5≤SPI＜1.0

注：①标准化降水指数(SPI)、标准化降水蒸散指数(SPEI)、气象干旱综合指数(MCI)计算公式及干旱影响程度评估依据 GB/T 20481—2017 进行。
②"/"代表任取其一。

湖泊湿地景观调查指标及其执行标准依据表 3.14 进行。

表 3.14　湖泊湿地景观调查指标及其执行标准

调查指标	执行标准
湖泊湿地水体面积	QX/T 540—2020
湖区土地覆盖类型	LY/T 2021—2012

湖泊湿地水环境调查指标及其执行标准依据表 3.15 进行。指标采样点布设、水样采集与保存规范按照 SL 219—2013 的要求执行。

表 3.15 湖泊湿地水环境调查指标及其执行标准

调查指标	执行标准
水温	GB 13195—1991
透明度	SL 87—1994
浊度	GB 13200—1991
pH 值	GB 6920—1986
悬浮物	GB 11901—1989
溶解氧	GB 7489—1987
总磷	GB 11893—1989
总氮	GB 11894—1989
氨氮	HJ 535—2009
高锰酸盐指数	GB 11892—1989
叶绿素 a	SL 88—2012
水华	HJ 1098—2020

调查湖泊湿地所在流域洪水与枯水状况、通湖河渠径流量与水位、入(出)湖口流量、湖泊水位、水量调蓄、水源补给或排涝情况等水文条件指标,相关执行标准依据表 3.16 进行。

表 3.16 湖泊湿地水文条件调查指标及其执行标准

调查指标	执行标准
径流量	GB 50179—2015
入(出)湖口流量	GB 50179—2015
水位	GB/T 50138—2010
洪水、枯水	SL 196—2015

调查湖泊湿地湖滨带不同深度土壤湿度及湖泊底泥 pH 值、有机质、总氮、总磷等理化性质,执行标准依据表 3.17 进行。

表 3.17 湖泊湿地土壤调查指标及其执行标准

调查指标	执行标准
土壤湿度	HJ 1169—2021
底泥理化性质	LY/T 2901—2017

调查湖泊湿地水生植被、陆生植被、底栖动物、鱼类、鸟类及外来入侵物种的种类、种群数量、分布、生物量等内容,执行标准依据表 3.18 进行。调查记录表参照 LY/T 2901—2017 附录执行。

表 3.18 湖泊湿地生物多样性调查指标及其执行标准

调查指标	执行标准
水生植被	HJ 710.12—2016
陆生植被	HJ 710.1—2014
底栖动物	HJ 710.8—2014
鱼类	HJ 710.7—2014
鸟类	HJ 710.4—2014
外来入侵物种	LY/T 2243—2014

（4）调查资料分析与报告编写

调查完成后，应对各类调查资料及时导出、归纳、整理，判断资料的一致性、可靠性和代表性，对存在问题或无法相互印证的资料应加以甄别和剔除。根据相关气象资料、实地调查资料，分析气象灾害发生时段、范围、程度与调查得到的湖泊湿地生态要素变化的关联性，评估气象灾害影响，判断湖泊湿地生态气象灾害有无发生和受灾程度。湖泊湿地干旱与洪涝气象灾害影响调查报告编写内容应包含前言（调查目的、组织实施等）、主体（调查地点、内容、方法、结果、影响评估）、结论（总结、建议）、署名成文时间及单位印章、附表（各类调查指标定量统计结果）、附图（干旱、洪涝动态变化监测图、湖泊湿地景观监测图）、附录（调查路线、采样布局等实际调查方案）以及其他相关图表。调查报告应内容真实、信息全面、数据准确、用词规范、文字简练、通俗易懂。

3.3.4 蓝藻水华气象条件预警技术

水华的发生机理非常复杂。一般认为汉江中下游发生水华是由下面三个因素共同作用的结果：①水质因素，汉江中下游地区排污量日益增多，藻类生长所需的氮、磷等营养物质严重过量，这也是汉江水华暴发的主要因素；②气象因素，冬、春季气温偏高致使水表温度升高；③水文因素，受长江较高水位顶托和汉江来水流量减少的共同作用，导致汉江水流速度变小，流速减小使汉江水体表现出湖泊特性，为水华的发生提供了必要的环境场所。

水体中藻类的繁殖需要适宜的气温、光照等气象条件。水华主要发生在 1—4 月，如果日照比较强、水温比较高，就有可能发生水华。20 世纪 90 年代以来，汉江多次发生水华，历次水华发生的时间及水文气象条件见表 3.19。

表 3.19 20 世纪 90 年代以来汉江水华发生时间及水文气象条件

开始日期（年-月-日）	持续时间/d	水华区域	影响范围/m	次数/次	平均气温/℃	最高气温/℃	降水/mm	平均日照/h	平均风速/(m/s)	氮/(mg/L)	磷/(mg/L)	流速/(m/s)	仙桃流量/(m^3/s)	汉口水位/m	仙桃水温/℃
1992-02-18	10	潜江以下	240	1	8.8	14.3	44.1	5.1	1.58	1.216	0.081	0.213			8.9
1998-02-22	20	宜城以下	400	2	9.1	13.7	26.2	3.9	2.35	1.653	0.196	0.130	330	16.85	10.0
2000-02-23	18	潜江以下	240	1	9.9	13.9	18.5	3.6	1.46	1.354	0.132	0.168	761	18.89	9.4
2003-02-01	46	钟祥以下	379	4	12.4	17.5	14.9	6.9	1.80	2.320	0.127	0.168	307	16.72	14.5
2005-03-09	24	天门以下	200	1	10.6	15.5	43.3	4.6	1.86	1.537	0.103	0.278	435	16.52	9.8
2008-02-25	12	东荆河	270	1	8.3	15.5	12.0	5.7	1.57	2.398	0.170	0.230	531	14.12	8.9
2009-01-29	28	东荆河	410	1	6.2	10.8	5.6	1.2	1.62	1.735	0.193	0.118	426	15.53	7.3
2010-02-24	10	东荆河	460	1	9.4	14.8	26.9	1.3	2.18	2.360	0.174	0.123	411	14.56	10.6

从表 3.19 可以看出，汉江水华发生时段均为汉江中下游流量较小（仙桃流量一般小于 450 m^3/s）、汉口水位较高（一般在 16.00 m 以上）、流速较缓慢的时段，此时汉江中下游类似湖泊水体。由于目前汉江中下游水体已处于富营养化状态，所以只要水文气象因素达到一定值，汉江中下游河段就会出现“水华”。因为水华暴发是外界条件达到成熟时突然暴发的，因此引入突变理论进行水华预警分析。

3.3.4.1 突变理论与尖点突变模型

突变理论(Catastrophe Theory)是由法国数学家 Rene Thom 于 1972 年创立的，是一门研究由渐变引起突变的系统理论。突变理论是通过研究对象的势函数来研究突变现象的。势是系统具有采取某种趋向的能力，由系统各个组成部分的相对关系、相互作用以及系统与环境的相对关系决定的。系统势函数可以通过系统状态变量 $X=\{x_1,x_2,\cdots,x_m\}$(它表示系统的行为状态)和外部控制参量 $U=\{u_1,u_2,\cdots,u_n\}$(影响行为状态的诸因素)来描述系统的行为，即 $V=f(U,X)$。这样在各种可能变化的外部控制参量和内部行为变量的集合条件下，可构成状态空间和控制空间。通过联立求解 $V'(x)$ 和 $V''(x)$，得到系统平衡状态的临界点，突变理论正是通过研究临界点之间的相互转换来研究系统的突变特征的。已证明，当控制变量不大于 4 个时，最多有 7 种突变形式(表 3.20)

表 3.20　突变理论突变形式

突变模型	控制变量	状态变量	势函数
折叠突变	1	1	$V(x)=x^3+ux$
尖点突变	2	1	$V(x)=x^4+ux^2+vx$
燕尾突变	3	1	$V(x)=x^5+ux^3+vx^2+wx$
蝴蝶突变	4	1	$V(x)=x^6+tx^4+ux^3+vx^2+wx$
双曲脐点突变	3	2	$V(x)=x^3+y^3+wxy-uy-vy$
椭圆脐点突变	3	2	$V(x,y)=1/3x^3-xy^2+w(x^2+y^2)-ux+vy$
抛物脐点突变	4	2	$V(x,y)=x^2y+y^4+ax^2+by^2+cx+dy$

注：x、y 为状态变量，u、w、t、v 为外部参量，a、b、c、d 为系数。

而当有 2 个控制变量和 1 个状态变量时，则称为尖点突变，其势函数如式(3.12)所示：

$$V(x)=x^4+ux^2+vx \tag{3.12}$$

其平衡曲面由 $V'(x)=4x^3+2ux+v=0$ 决定，称为突变流形 M，把它与 $V''(x)=12x^2+2u=0$ 联立消去 x，即可得到分叉集 B，即式(3.13)：

$$B=8u^3+27v^2=0 \tag{3.13}$$

尖点突变的突变流形 M 和分叉集 B 形态见图 3.4，分叉集 B 就是突变流形 M 在 u^2v 平面上的投影。由图可见，突变流形的上、中、下 3 叶分别代表了系统可能的 3 个平衡位置：上、下两叶是稳定的，中叶是不稳定的。在从上叶到下叶或从下叶到上叶的转换中，如果跨越了折叠线(即临界值 $\Delta=0$)，系统的状态将发生突跳。

因此，根据尖点模型的分叉集计算公式如式(3.14)所示：

$$B=8P^3+27Q^2<0 \tag{3.14}$$

即可进行突变判别，如果不等式成立，则说明该系统发生了突变。从水生态系统角度，对汉江流域中下游水温气象指标平均气温、流量指标在 1990—2010 年的逐观测数据进行数据拟合，构建汉江中下游水华的突变模型，通过模型来对水华情势进行数值模拟。

3.3.4.2 汉江流域水华突变模型结构

突变模型是由势函数、状态因子和控制因子构成。根据突变理论，在满足突变条件下，控制变量的连续变化将引起状态变量的突跳，只要找到模型的状态变量和控制变量，就可以用于构造水华暴发突变模型。水华暴发的最主要因素就是水质的恶化，因此将水质作为模型的状态变量(x)，总磷(TP)指标在考察时段内发生了突变，故采用它作为系统的状态变量，表征水

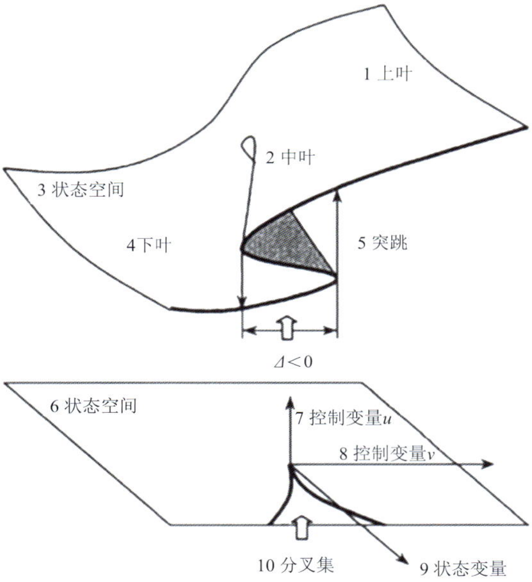

图 3.4　尖点突变的一般形态

体的富营养状态。将影响水华暴发最显著的因子水文因素和气象因素作为模型的控制变量 u 和 v，可以使用这两个因素来判别水华是否暴发，用势函数 V 来表征水体藻类的生长状态和暴发水华的趋势。

流速缓慢是导致水华暴发的最主要水文因素，但是汉江中下游河段流速不仅与上游来水有关，而且受长江水位顶托影响较大，目前还难以用数学模型准确表达，因此采用较易获得的流量资料作为水文因素输入。本研究采用水华易发河段的仙桃流量作为模型的控制变量。

气象因素包括日照、气温（水温）、晴雨等，其中水温应当是影响水华的直接条件。

一般来说，水温资料少且难以预测，不过水温受气温影响较大，因此可以采用气温资料作为天气因素输入。本研究把仙桃的 2 月平均气温和水温做了线性相关回归分析，图 3.5 就是拟合的关系式，其中 $R^2=0.856$，可见其相关性相当大，而且斜率接近 1，说明用气温代替水温是完全可行的。

本研究选用资料序列较长、资料完整性较好的日平均气温作为模型的控制变量。

如此，由 2 个控制变量和 1 个状态变量，可以构建形如 $V(x)=x^4+2ux+vx$ 的尖点突变模型对数据进行拟合。

3.3.4.3　气象水文数据预处理

由于公式中的 u 和 v 是无量纲量，因此需要对实际的流量、气温数据进行无量纲归一化处理。

(1)平均流量

经统计分析，水华发生时，仙桃站的流量一般在 450 m^3/s 以下，因此以发生水华的临界流量(450 m^3/s)为标准，对流量(F)数据进行无量纲处理，如式(3.15)所示：

$$\underline{F}=(F-450)/450 \tag{3.15}$$

同理，气温的无量纲处理采用式(3.16)：

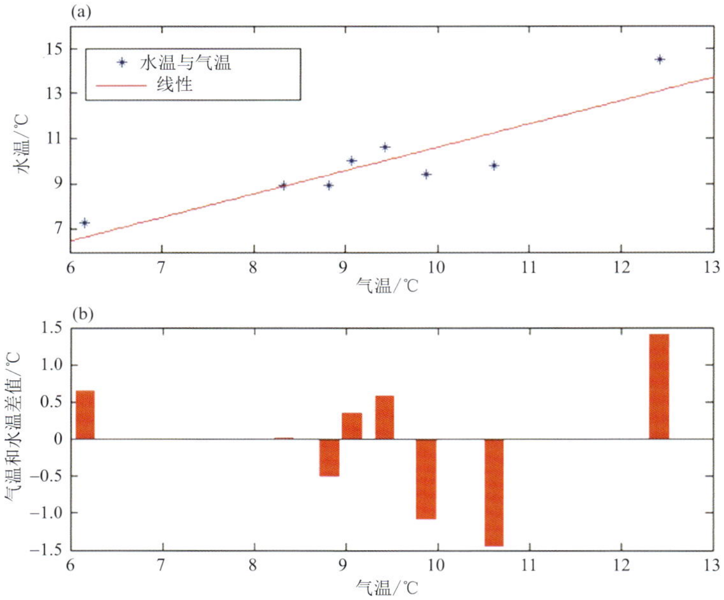

图 3.5 仙桃站点水华期间的气温与水温关系(a)及气温与气温和水温差值关系(b)分析

$$\underline{T} = (T-9)/9 \tag{3.16}$$

式中：$\underline{T}$=9 ℃为水华发生的临界温度。

(2)总磷含量(TP)

根据常年的监测数据，TP=0.10 作为的总磷参照值，总磷的无量纲处理采用式(3.17)：

$$\underline{\mathrm{TP}} = \mathrm{TP}/0.1 \tag{3.17}$$

根据尖点模型的分叉集计算公式，进行突变判别的判别式如式(3.18)所示：

$$V(x) = x^4 + ux^2 + vx \tag{3.18}$$

如果不等式 $V(x)>0$ 成立，说明该考察指标已在考察的时间序列内发生了突变。

3.3.4.4 对汉江水华进行预警

根据历史资料，分析历史上几次水华暴发时段的温度、流量等环境参数，其模型 B 值参见表 3.21。

表 3.21 模型参数

年份	平均流量/(m^3/s)	平均温度/℃	u	v	B
1992		8.8		−0.467	
1998	761	9.9	0.691	−0.902	−19.31
2000	307	12.8	−0.318	−0.311	−2.88
2003	408	7.2	−0.093	0.148	0.58
2003	448	10.3	−0.004	−0.107	−0.31
2003	471	9.9	0.047	−0.074	−0.15
2003	518	19.9	0.151	−0.893	−21.52
2005	435	10.6	0.836	−0.492	−1.86
2008	426	8.3	0.175	−0.254	0.13
2009	391	6.2	−0.082	0.165	−0.06

当水华模型的 $B>0$，且继续增大时，说明汉江流域生态是好的。如果 $B>0$ 但逐渐变小，当 B 低于一定值接近 0 时，须采取措施防止水华暴发。

进一步研究发现，当 $B<2$ 时，流量或者温度已经出现了急剧变化，如果不能将其中一个因素尽快改善，B 值就会快速减小。当 $B=1$ 时，流量或者温度的一项指标就处在比较危险的边缘，就有可能出现水华，应当发出紧急预警信号，采取措施保护水生态。

可见历次水华发生时，B 值基本都是小于 0 的，仅有 2003 和 2008 年 B 值为小于紧急预警值 1，处于比较危险状态。

3.4 湖北省湿地生态气象服务技术应用案例

3.4.1 2020 年特大洪涝灾害对湖泊湿地生态影响

3.4.1.1 气象条件分析

2020 年入汛以来，湖北省降水异常偏多。6 月 1 日—7 月 31 日湖北省平均降水量 768.1 mm，较常年同期偏多 1 倍，居 1961 年以来历史同期首位。各地累计降水量 257.7(郧阳)～1525.4(鹤峰)mm，除鄂西北西部 267.7～500 mm 以外，其他大部分地区 500～1525.4 mm，其中恩施地区大部分地区、鄂东大部分地区 800～1525.4 mm。与常年同期相比，除鄂西北局部偏少接近常年外，全省大部分地区降水偏多，其中江汉平原、鄂东、鄂西南、鄂西北东部大部分地区偏多 1 倍以上。全省平均雨日 37.3 d，较常年同期偏多 11.5 d，居历史同期首位。

汛期湖北省强降水过程频繁。6 月 1 日—7 月 31 日全省平均暴雨日(日降水≥50 mm)4.4 d，较常年同期偏多 2.5 d，居历史同期首位。主要出现了 10 场区域性强降水，其中 5 次区域性暴雨(6 月 12—14 日、6 月 16—19 日、7 月 1—2 日、7 月 11 日、7 月 26—28 日)、4 次区域性大暴雨(6 月 21—23 日、6 月 27—29 日、7 月 4—8 日、7 月 16—19 日)，雨区基本稳定在鄂西南、江汉平原至鄂东一线，雨循旧路，暴雨落区高度重叠；其余 1 次(6 月 8—10 日)强降水较分散。最强过程出现在 7 月 4—8 日，鄂西南南部、宜昌局地、江汉平原中南部、鄂东大部分地区共出现暴雨到特大暴雨 42 站共 103 站次，其中鄂东中东部地区持续出现区域性暴雨(包括2 d 区域性大暴雨)。

3.4.1.2 水文条件分析

受本地持续强降水和上游来水共同影响，多处湖泊湿地水域范围迅速扩张、水位涨幅明显。洪湖水位从 7 月 12 日开始连续 12 d 超过保证水位，从 7 月 25 日开始下降，8 月 4 日降至警戒水位以下；梁子湖从 7 月 8 日超警戒水位，在 7 月 12 日、13 日达到水位最高值后开始缓慢回落，至 8 月 4 日降至警戒水位以下；斧头湖从 7 月 9 日开始连续 33 d 超过保证水位，至 8 月 11 日降至保证水位以下；长湖 6 月 14 日 08:00 水位为 30.64 m，到 7 月 12 日 10:00 增至 33.57 m，比 2016 年历史最高水位(33.46 m)高出 0.11 m，由于引江济汉工程为长湖撇洪，7 月 15 日 08:00 长湖水位降至 33.46 m，7 月 17 日 17:00 长湖水位为 32.99 m，降至保证水位(33.00 m)以下，7 月 27 日和 8 月 6 日 08:00，长湖水位分别降至 32.67 m 和 31.89 m。

3.4.1.3 湖泊湿地水域面积遥感动态监测

利用 2020 年 6 月 7 日、7 月 1 日、7 月 13 日、7 月 25 日和 8 月 6 日共 5 期哨兵卫星合成孔径雷达(SAR)遥感影像(10 m 空间分辨率)，对湖北省中东部主要湖泊湿地保护区水域范围进行提取，并分析水域动态变化情况。卫星监测结果显示(图 3.6)：7 月 13 日 18:00，湖北中东部的洪湖、梁子湖、斧头湖、五湖、沉湖等主要湖泊主体及附近水域面积显著增大，较 6 月 7 日入梅前分别增加了约 90.4 km^2、82.7 km^2、49.2 km^2、86.3 km^2 和 74.3 km^2。7 月 25 日以后，不同湖泊湿地水域呈局部退水缩小、局部扩张的变化情况。至 8 月 6 日，洪湖湿地保护区水体缩小面积主要集中在保护区内养殖水面区；梁子湖、斧头湖、沉湖湿地水体变化范围及幅度不显著；五湖湿地水体在 8 月 6 日有较明显缩小。

3.4.1.4　湖泊湿地水域面积历史对比

风云三号气象卫星监测显示，受持续强降水和上游来水共同影响，2020 年洪湖、梁子湖和长湖三大湖泊主体及附近水域面积增长较快，均为近 11 a(2010—2020 年)最大(图 3.7)。7 月 14 日，洪湖水域面积达 438.24 km^2，较 6 月 25 日扩大 119.34 km^2；梁子湖水域面积达 376.23 km^2，扩大了 86.88 km^2；长湖水域面积达 157.38 km^2，扩大 37.75 km^2。

3.4.2　2022 年夏、秋连旱对湖北湿地生态影响

3.4.2.1　干旱气候背景特征

湖北省 2022 年 7 月 7 日出梅以来，副热带高压加强并逐步控制全省大部分地区，湖北省出现历史少见的高温少雨天气，高温过程具有强度大、范围广、持续时间长等特点，平均气温、高温日数、夏季高温综合强度为 1961 年以来之最；高温范围创历史新高，全省各县(市)均出现日最高气温≥35 ℃，7 月 30 日—8 月 24 日的高温过程全省 98.7%的范围出现日最高气温≥37 ℃，全省 60.5%的范围出现日最高气温≥40 ℃。平均降水量 259.0 mm，较历史同期偏少 48.6%，位居历史同期倒数第 3；无雨日数 94.3 d，较常年同期偏多 15.1 d，为历史同期最多。降水量创历史新低，干旱范围为 1961 年以来同期最广。高温干旱叠加，蒸发量大，气象、水文干旱发展急剧。根据区域性干旱过程标准统计，湖北省 1961 年以来夏、秋季干旱过程显示，2022 年入夏以来干旱过程综合强度仅次于 1966 年和 2019 年，为历史同期第 3 强，但干旱过程内最大发生范围达 98.7%，为历史同期最广，干旱过程期间降水和蒸发的差额高达 82.0%，为历史最高。根据 2022 年 10 月 2 日 MCI 指数监测显示，江汉湖群所在的荆州、武汉、鄂州、咸宁和黄石等地均已达到特旱程度。

3.4.2.2　长江部分洲滩裸露、支流变窄，典型湖泊和大型水库面积减小

长江中游部分洲滩裸露，支流变窄、干涸。7 月以来长江干流水位持续退落，其中长江汉口站 8 月 8 日 08:00 水位 18.13 m，较历年同期明显偏低 5.62 m，为历史同期第 2 低水位；GF-1/WFV 卫星监测显示，8 月 9 日长江干流多处洲滩裸露，府澴河、滠水等支流较 7 月 11 日明显变窄，部分河段干涸(图 3.8)。

典型湖泊水体面积持续偏小。7—10 月，高温干旱导致梁子湖、长湖、斧头湖和洪湖等湖北省典型湖泊水域面积持续偏小。其中梁子湖、长湖和洪湖面积 7 月分别较 2007—2021 年多年同期偏小 5.5%、6.7%和 10.1%，斧头湖 8 月较多年同期偏小 14.1%(表 3.22)。

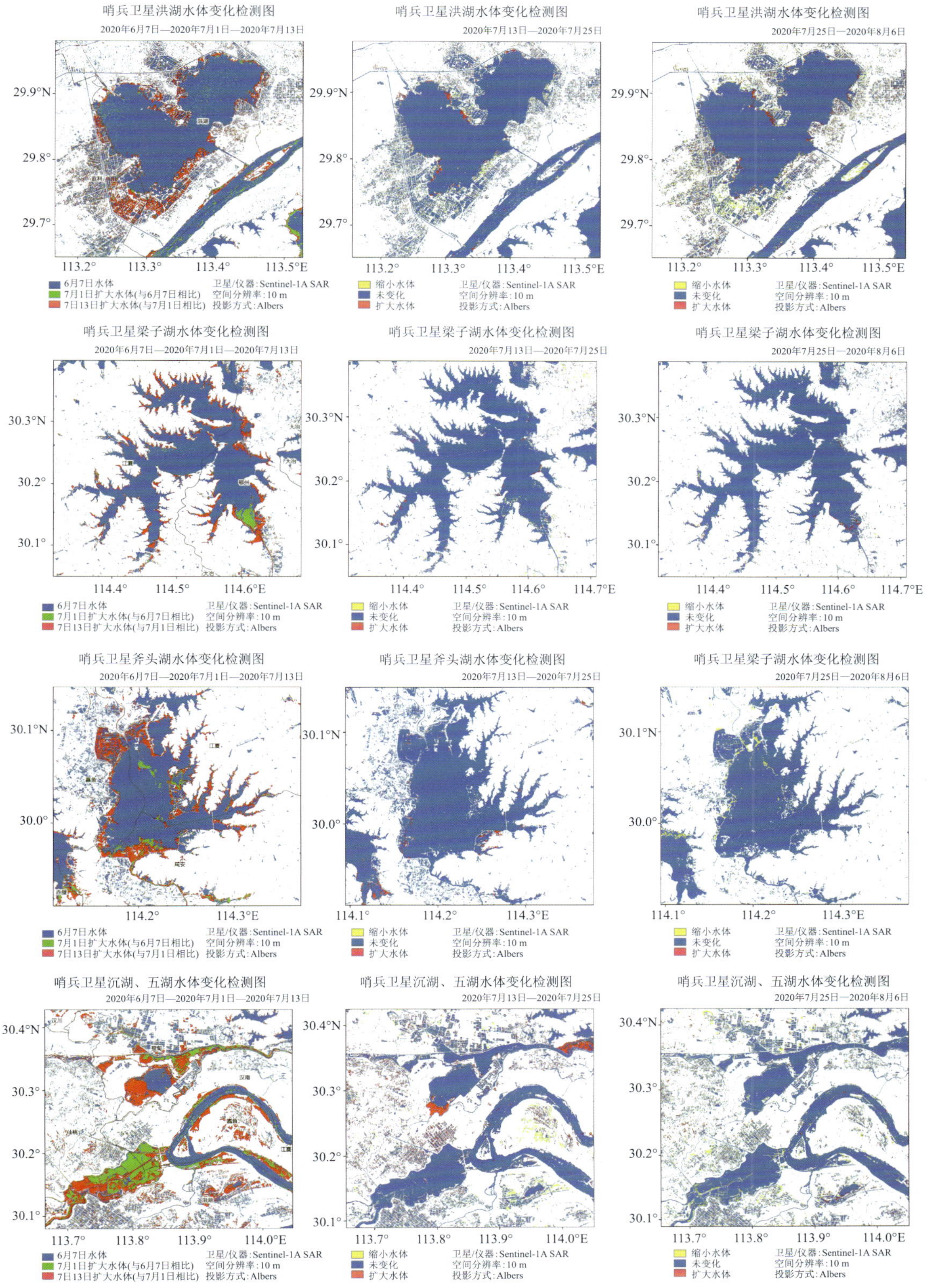

图 3.6　2020 年 6—8 月洪湖、梁子湖、斧头湖、沉湖和五湖水体动态变化哨兵卫星监测

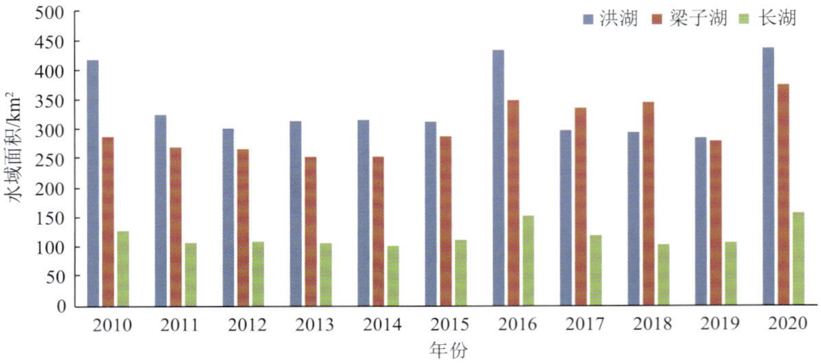

图 3.7　7 月湖北省三大湖泊主体及附近水域面积历史同期对比

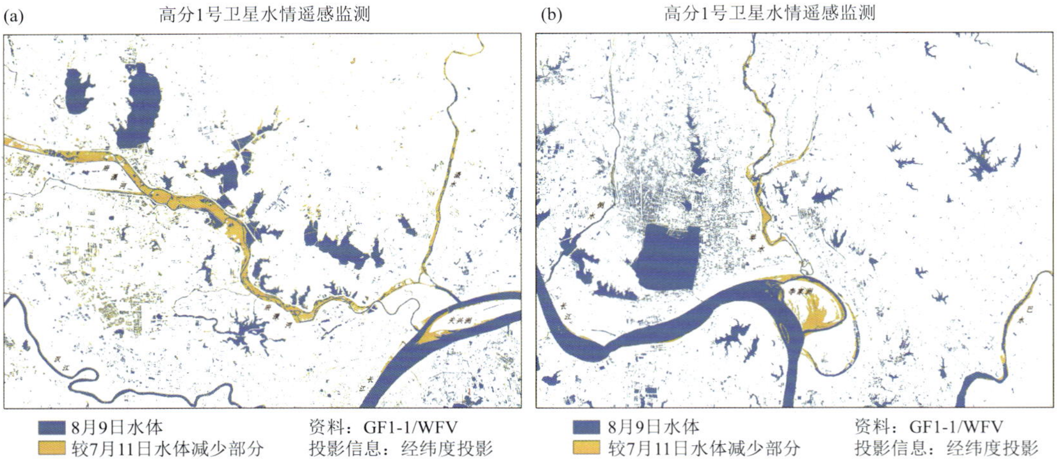

图 3.8　8 月 9 日高分 1 号卫星水情遥感监测

(a)汉江、滠水；(b)举水

表 3.22　2022 年 7—10 月典型湖泊水体面积及与 2007—2021 年多年同期比较

湖泊名称	2022 年水体面积及相对于多年同期的变化							
	7 月		8 月		9 月		10 月	
	面积/km²	变化/%	面积/km²	变化/%	面积/km²	变化/%	面积/km²	变化/%
梁子湖	277.1	−5.5	274.3	−5.8	274.9	−2.1	278.1	−1.4
长湖	109.7	−6.7	108.8	−2.2	109.0	−1.6	106.5	−5.5
斧头湖	111.3	−9.2	100.6	−14.1	93.8	−18.0	109.1	−5.6
洪湖	339.9	−10.1	322.0	−4.9	302.4	−7.2	309.8	−5.7

丹江口水库水体面积减小。气象卫星监测显示：2022 年 8 月，丹江口水库平均水域面积为 595.9 km²，比 2015—2021 年多年(大坝加高后)同期平均偏小 26.2 km²，比近 5 a(2017—2021 年)同期平均偏小 15.0 km²，为 2017 年以来同期最小，比 2021 年偏小 176.5 km²。其面积与 2022 年 7 月平均相比减小 4.0 km²。

3.4.2.3　江汉湖群富营养水平上升、生物入侵现象加重

梁子湖叶绿素 a、总磷浓度先升后降。2022 年 7 月 31 日—8 月 25 日持续高温、日照充足

的天气条件有利于梁子湖底泥营养物质的内源释放和藻类生长繁殖，导致 8 月底—9 月初江汉湖群湖泊局部水域叶绿素 a、总磷浓度快速上升。Landsat8 卫星监测显示(图 3.9)，7 月 25 日，梁子湖叶绿素 a、总磷浓度分别为 4～22 μg/L 和 0.04～0.40 mg/L，其中沿岸区明显高于湖区，8 月叶绿素 a、总磷浓度分别为 14～22 μg/L 和 0.10～0.60 mg/L，均较 7 月有较大上升。9 月平均气温较 8 月下降了 6 ℃，明显缓解了湖区大面积富营养化，9 月 26 日梁子湖叶绿素 a 浓度总体为 4～14 μg/L，总磷浓度为 0.04～0.30 mg/L，均较 8 月有所下降。10 月 3 日晚强冷空气自北向南过境湖北，上旬有多日连续出现小到中雨，有利于湖泊近岸处水质的改善，10 月 12 日叶绿素 a 和总磷浓度空间分布较 9 月 26 日有所降低，叶绿素 a 浓度大部分地区降至4～8 μg/L，总磷浓度大部分地区降至 0.02～0.10 mg/L。

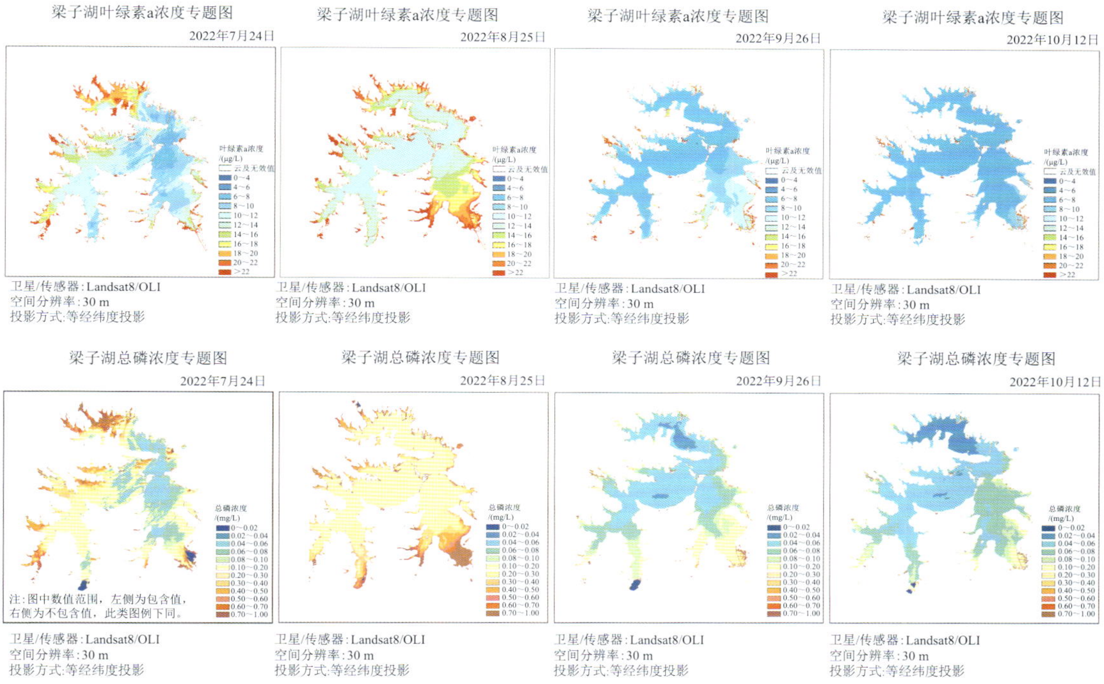

图 3.9　2022 年 7—10 月中旬梁子湖湖区叶绿素 a 和总磷浓度空间分布卫星监测

江汉湖群富营养水平上升。7—9 月 GF-1 卫星动态监测结果(图 3.10)显示，洪湖、黄盖湖水体营养水平变化明显。7 月 2 日—9 月 5 日，洪湖、黄盖湖湖心至湖岸区域的归一化营养状态指数均呈增大趋势，且湖岸区域与湖心区域的营养状态指数差距逐渐拉大。其中洪湖北部及南部湖岸营养水平的相对增加速率更为显著，而黄盖湖则是全湖域营养水平均提升。相对于湖心，湖岸区水位较低，易在干旱条件时水量减少，裸露的底泥在高温下易释放出更多营养物质，进一步提升了水体营养水平。

利用 GF-1 卫星开展鄂东南梁子湖、网湖和斧头湖综合营养状态指数(TLI)监测。结果显示，梁子湖西部局地湖湾和东南部入湖口处、网湖西北部及北部湖湾、斧头湖南部 TLI 值超 50，为轻度及以上富营养水平，有极高的促进藻类生长、聚集的营养条件(图 3.11)。

水葫芦等生物入侵现象加重。Landsat8 卫星监测显示，8—10 月斧头湖南部湖岸区域高覆盖度水生植被显著增多(图 3.12)。技术人员赴鄂东南多个湖泊开展实地调查，利用无人

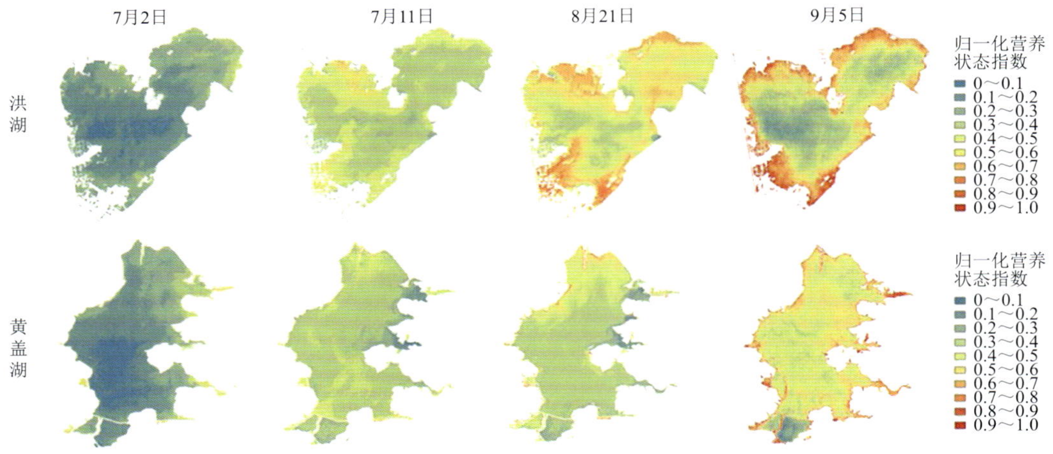

图 3.10　2022 年 7—9 月洪湖(上)、黄盖湖(下)归一化营养状态指数动态监测

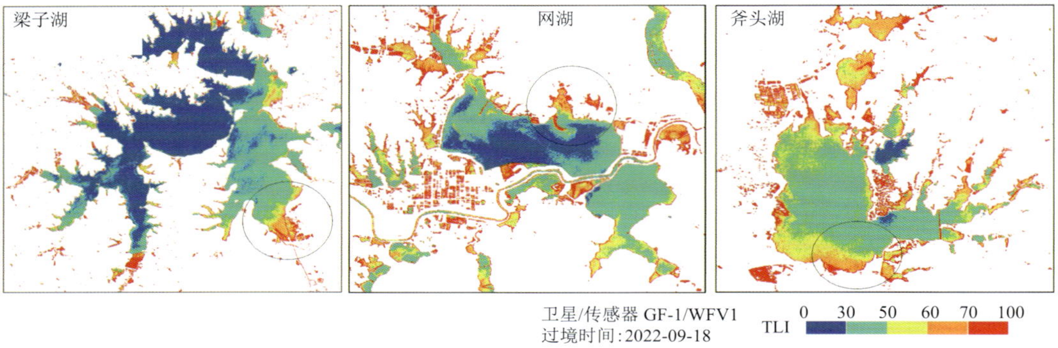

图 3.11　梁子湖、网湖和斧头湖综合营养状态指数动态监测

机、GPS(全球定位系统)等设备进行数据采集,证实遥感监测到的高覆盖度水生植被为凤眼莲(俗称水葫芦)。实地调查发现,梁子湖、斧头湖、西凉湖、网湖等鄂东南湖泊多处沿岸、湖汊处均存在水葫芦聚集的情况。湖岸水域的进一步富营养化,为水葫芦的泛滥提供了物质条件;营养物质、高温和日照充足共同促进水葫芦入侵现象的加重。水葫芦的泛滥增大了水质恶化、湿地水生植被物种丰富度降低的风险,危及生态平衡。

3.4.3　河湖湿地水华、水草监测预警

3.4.3.1　2021 年东湖蓝藻水华

2021 年 7 月 15 日以来,东湖多处水域发生蓝藻水华,对城市水生态环境造成了一定影响。城市内湖蓝藻水华发生受到营养盐、水动力、气象等多重因素影响。东湖水动力条件较弱,在营养盐充足的情况下,晴暖的气象条件对蓝藻复苏、生长、增殖和形成水华有重要驱动作用。结合东湖蓝藻水华发生发展过程和东湖水质实时监测资料,8 月 22—23 日运用无人机对蓝藻水华发生情况进行了监测调查(图 3.13),分析了影响水华发生发展的气象因素。

东湖基本属于静水环境,水体自净能力弱,水质恶化为水华暴发提供了充足的营养盐条

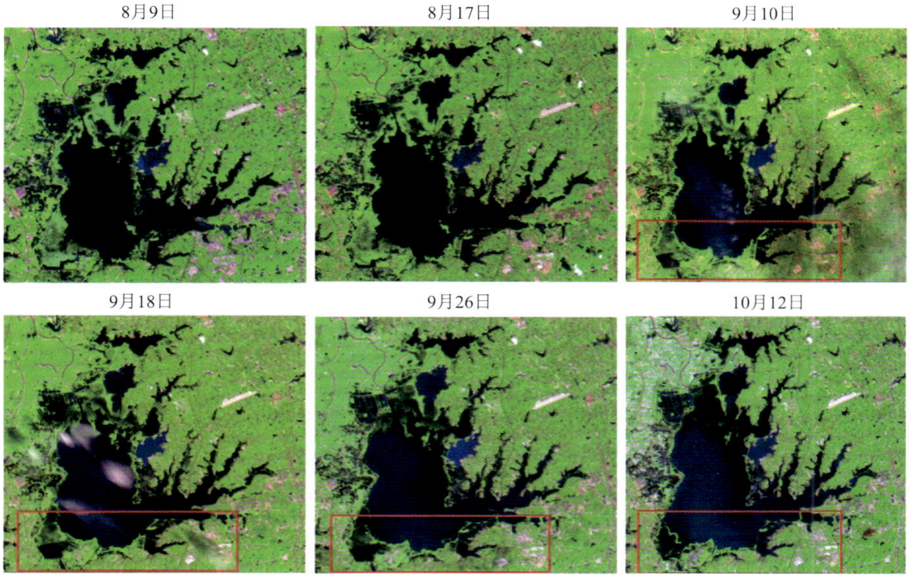

图 3.12　2022 年 8—10 月斧头湖水生植被覆盖动态监测

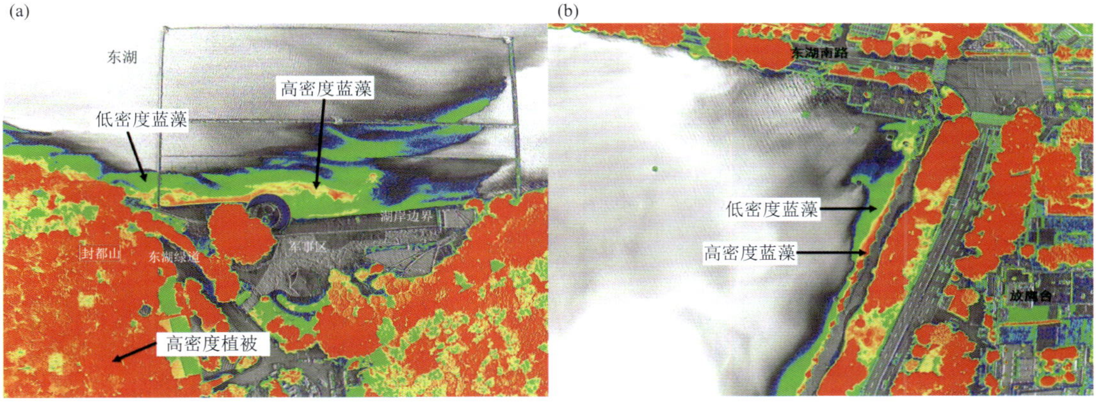

图 3.13　2021 年 8 月 22—23 日无人机监测的东湖绿道封都山段(a)、东湖南路放鹰台段(b)沿岸植被指数

件。武汉市生态环境监控中心在东湖设置的 18 个自动监测点位水质监测结果显示，2021 年以来，水体中总磷等营养盐含量逐渐升高，富营养化程度逐渐加重，8 月底东湖整体水质由Ⅲ类降为Ⅳ类，其中郭郑湖附近水域水质已降为Ⅴ类，富营养化程度达到了轻度富营养级别。东湖 2—3 月气温异常偏高及 6 月以来气温偏高、降水和日照充足等气象条件也对东湖蓝藻水华的发生起到了关键促进作用。

春季以来气温总体偏高，为水华暴发提供了适宜的气象条件。2—3 月气温异常偏高，加速了蓝藻复苏。武汉市 2021 年 2—3 月平均气温 11.8 ℃，较历史同期高约 3.2 ℃，居历史同期第一。此时正处于蓝藻复苏期，气温偏高有利于蓝藻的生理生化活性群体形成，为 4—5 月东湖出现蓝藻局部聚集提供了适宜的温热条件。监测数据显示，5 月中下旬郭郑湖东侧水域的蓝绿藻平均密度为 0.7 万个 cells/mL(cells：细胞)，5 月 19 日高达 0.97 万个 cells/mL，接

近水华暴发临界值 1×10^7 cells/L。

6—7 月中旬雨量偏少、气温偏高、日照充足，为蓝藻生物量快速增加提供了有利条件。6—7 月中旬武汉平均气温 27.8 ℃，较历史同期偏高 1.2 ℃；降水偏少近 5 成，日照 211.5 h，平均相对湿度为 79.2%。雨量偏少、气温偏高、日照充足的气候条件非常适宜蓝藻快速生长，6 月下旬—7 月 15 日东湖郭郑湖东的蓝藻平均密度为 1.13 万 cells/mL，较 5 月中、下旬增加近 60%，其中 7 月 14 日高达 1.71 万个 cells/mL，同时东湖水体氮磷比和溶解氧持续下降、酸度持续减弱，7 月 15 日东湖局部水域出现蓝藻水华。

前期蓝藻不断积累，夏季高温到来时水华集中暴发。7 月下旬—8 月虽然晴雨交替、气温变幅大，微风日少，但是正值夏季高温时期，蓝藻极易上浮聚集。7 月下旬—8 月东湖郭郑湖东蓝藻平均密度为 1.64 万个 cells/mL，且有 10 d 超 2 万个 cells/mL，其中 8 月 26 日高达 3.09 万个 cells/mL。

3.4.3.2 2022 年夏、秋季鄂东南湖泊蓝藻水华

利用 2022 年 9 月多期 Landsat8/9 OLI 卫星遥感影像数据，采用浮游藻类指数（FAI）方法识别、提取鄂东南湖泊湿地水域蓝藻水华信息；并利用 9 月 27—29 日实地调查及无人机航拍对卫星监测结果进行检验（图 3.14）。结果显示，网湖北部、梁子湖东南部局部湖湾及沿岸浮游藻类指数值达到水华风险阈值，9 月上旬到下旬蓝藻水华强度逐步减弱（图 3.15）。

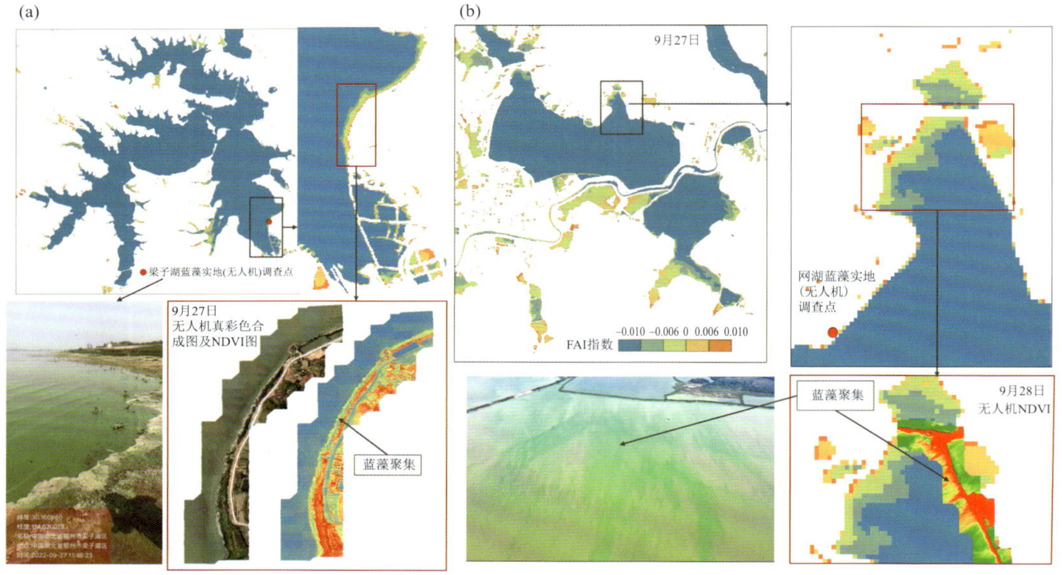

图 3.14 梁子湖（a）、网湖（b）蓝藻水华信息监测真实性检验

3.4.3.3 汉江水华气象预警

2010 年 2 月 24 日，汉江支流东荆河水体出现了硅藻水华。经实测资料分析，该段时间流域平均气温为 9.4 ℃，仙桃平均流量为 411 m^3/s。无论是温度还是流量都处于汉江水华气象预警模型临界值附近，经计算 $B=-1.28$，已经超过水华暴发的临界值，暴发水华已成大概率事件。

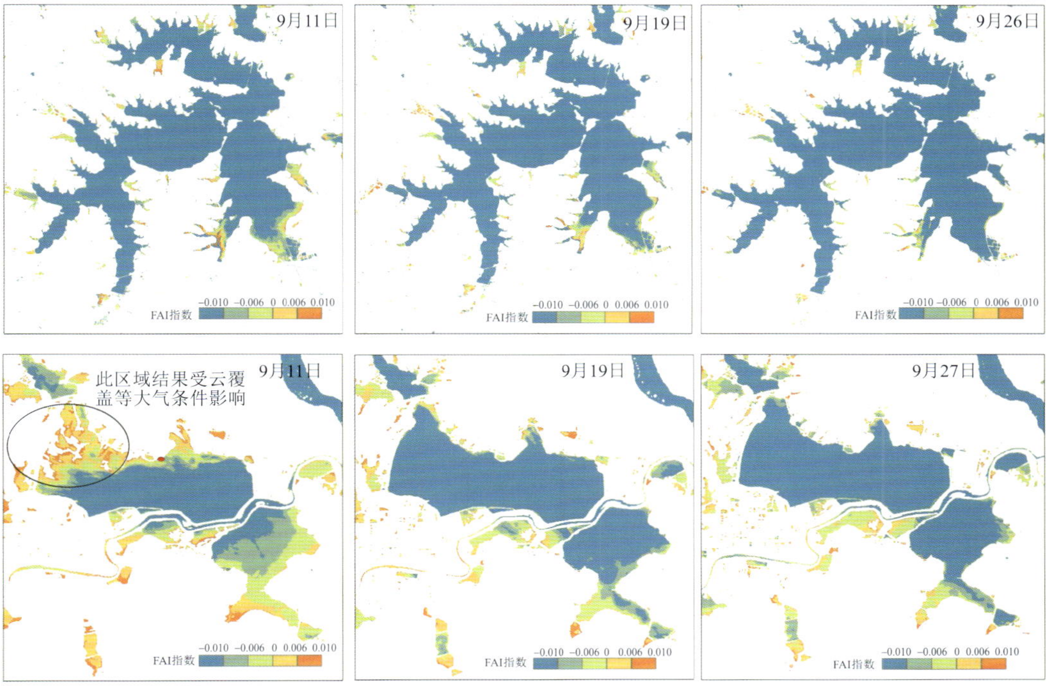

图 3.15　2022 年 9 月梁子湖(上)、网湖(下)浮游藻类指数动态监测

3.4.3.4　2021 年春季斧头湖水草过早过量生长

(1)卫星监测实况

2021 年 3 月初,卫星遥感监测到斧头湖水面上出现大范围植被光谱特征,3 月 28 日 FY-3D/MERSI 卫星监测结果显示水面上植被面积达 74.25 km^2,约覆盖全湖的三分之二。根据实地调查证实(图 3.16),大面积覆盖的植被为沉水植物菹草。

图 3.16　2021 年 3 月 29 日斧头湖(咸宁市嘉鱼县三洲渔场附近)实况

对比近 10 a(2012—2021 年)同期斧头湖菹草遥感监测发现，斧头湖往年菹草面积不超过 50 km²，且一般在 4 月才出现最旺盛的情况，而 2021 年 3 月 8 日覆盖面积已达 74.25 km²，为历年最大，存在过早过量的特点(图 3.17)。此外，2019 年、2020 年斧头湖菹草面积超过 40 km²，比以往明显偏大。高空间分辨率卫星监测(图 3.18a—d)显示，斧头湖菹草覆盖范围在 2018 年之后显著扩大，由湖心北部逐渐扩展至西南及东南区域。

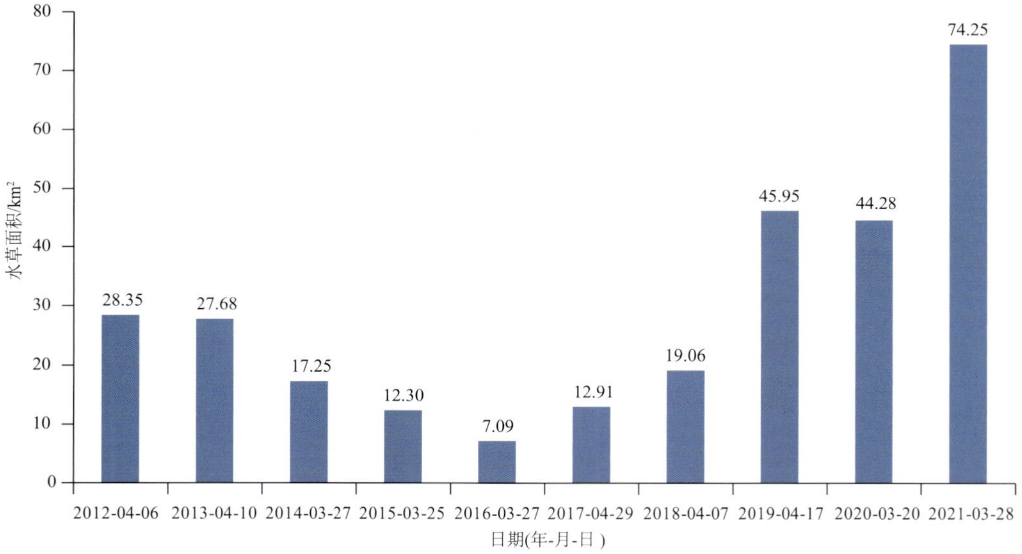

图 3.17　近 10 a 同期斧头湖水草面积遥感监测

(2)成因分析

距离斧头湖最近的嘉鱼国家气象站气象数据显示，2021 年 1—3 月平均气温较历史同期偏高 2.6 ℃，为近 10 a(2012—2021 年)来最高；1—3 月累计降水量较历史同期偏少 2.3 成。研究表明，菹草分布受水深、水温等自然因素影响，水温高、湖水浅菹草石芽的萌发率就高。2021 年 1—3 月气温偏高、降雨偏少的气象条件整体有利于菹草过早过量生长。此外，菹草面积与湖水营养化水平显著正相关。2020 年汛期强降水导致斧头湖面源污染加剧，水体营养化程度有所提升，根据武汉市生态环境局地表水环境质量状况监测月报统计，2020 年 7 月—2021 年 2 月斧头湖总磷超标倍数持续超过 0.5 倍，为 2021 年菹草过量生长提供了营养条件。

与此同时，斧头湖实施退垸还湖、退渔还湿等生态保护与修复措施之后，菹草嫩芽的食用量随着鱼类资源的减少而减少，从而为水草在适宜气象条件下暴发式生长提供了更大的可能。应加强鄂东南浅水湖泊菹草的控制和管理要求，在 4—5 月菹草衰亡前适度打捞；同时需进一步加强斧头湖水质及夏季藻类跟踪监测，关注春季和夏季水、温、光等气象条件变化，做好湖泊生态气象监测预警服务。

3.4.4　湿地自然保护区生态质量监测及气象灾害影响评估

3.4.4.1　2020 年汛期石首麋鹿自然保护区洪涝影响遥感监测评估

2020 年入汛以来，受上游来水和本地持续强降水影响，长江水位持续抬高。梅雨期(6 月 8 日—7 月 20 日)石首国家气象站累计平均降雨量(20:00—次日 20:00)较历史同期偏多 1.2

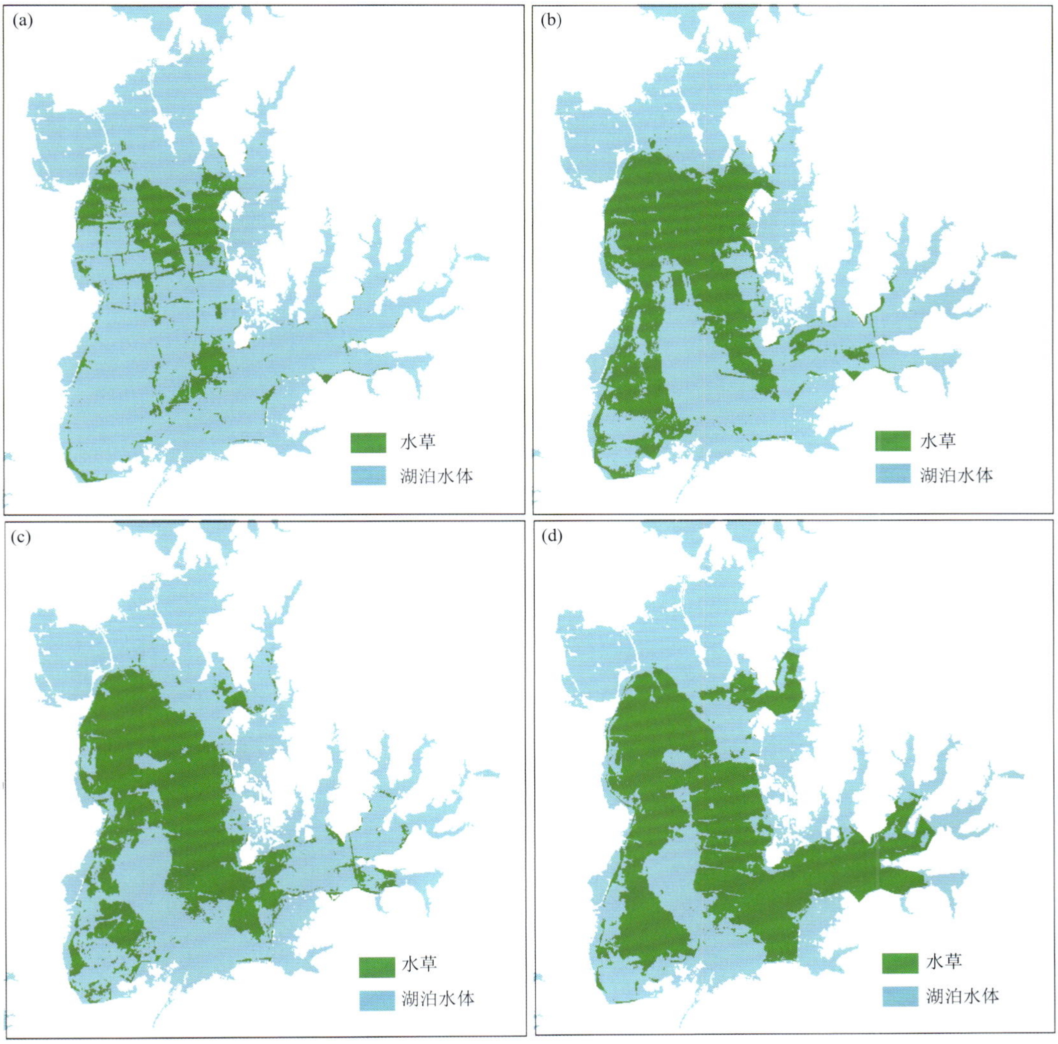

图 3.18　2018—2021 年 3—4 月斧头湖水草覆盖范围遥感监测
(a)2018 年 4 月 8 日 Landsat8/OLI;(b)2019 年 4 月 17 日 GF-1/WFV;
(c)2020 年 4 月 13 日 Landsat8/OLI;(d)2021 年 3 月 22 日 GF-1/WFV

倍,7 月 19 日长江水位高出长江故道两米多,故道的水无法向长江排放,导致保护区内涝,大量草场被淹没。

为做好麋鹿保护及其赖以生息的湿地生态气象保障服务,利用高分 1 号、高分 3 号 6—7 月共 4 期数据和无人机航拍资料及实地勘察结合,开展石首麋鹿自然保护区水体及草场覆盖范围变化遥感监测,并分析了麋鹿保护区暴雨洪涝灾害影响。

监测结果显示,7 月 15 日比 6 月 11 日保护区内水体覆盖新增 4.0 km^2。受湖北省 18—19 日强降水共同影响,保护区水体覆盖范围在 7 月 20 日进一步扩大,比 7 月 15 日新增 0.59 km^2,使得麋鹿适宜的生存空间进一步减小(图 3.19 a、b)。6 月 25 日草场面积为 11.5 km^2,7 月 20 日草场面积仅 5.7 km^2,草场受淹范围接近 50%(图 3.20 a、b)。此外,保护区内有旱柳林地,

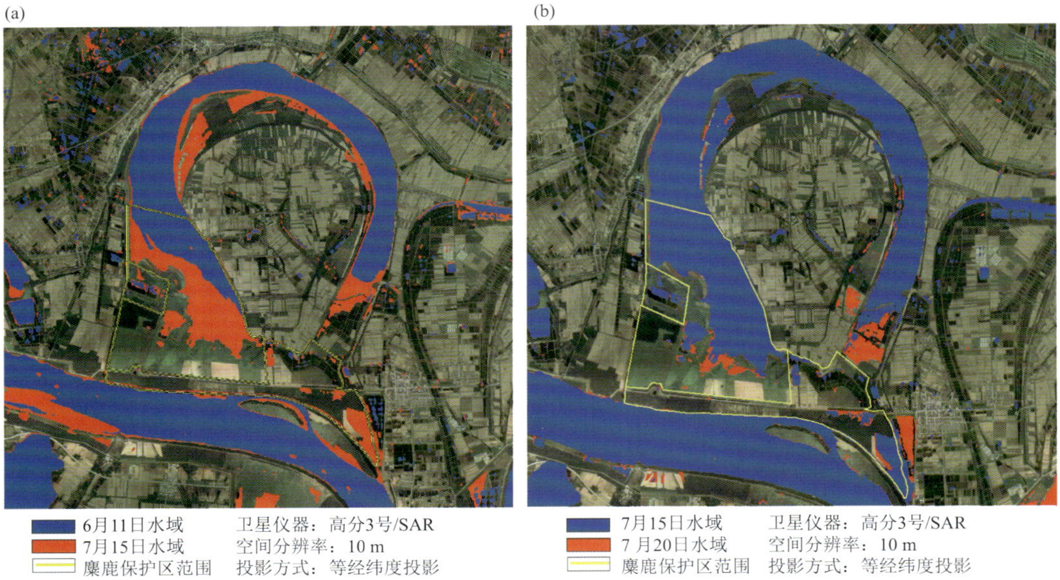

图 3.19　石首麋鹿自然保护区水域变化遥感监测

(a)2020 年 7 月 15 日与 6 月 11 日对比；(b)2020 年 7 月 20 日与 7 月 15 日对比

图 3.20　石首麋鹿自然保护区草场分布遥感监测

(a)2020 年 6 月 25 日；(b)2020 年 7 月 20 日

树冠较高，雷达和光学遥感卫星难以获取林地根部层受淹信息，通过无人机航拍和实地勘探，结合高分 1 号遥感卫星数据分析，旱柳林地受淹面积为 0.41 km^2(图 3.21)。

基于暴雨洪涝淹没模型，对石首麋鹿自然保护区 2020 年 7 月 18—19 日强降水过程造成的淹没进行模拟。结果表明，麋鹿自然保护区暴雨淹没区域空间分布较分散，淹没水深大部分在0.2 m以下，局部区域达到1～2 m，主要位于地势低洼地区。

总体来看，暴雨洪涝导致保护区浅层水体分布范围不断扩大，且草场局部淹水时间较长，对麋鹿栖息活动影响较小，但对麋鹿食物来源（草量和草质）及其饮用水安全影响较大。提出了自然保护区继续加强对麋鹿食物来源的补充和对栖息地的排涝及腐烂草料清理、确保麋鹿安全度汛，后期进一步关注洪涝及高温天气对麋鹿保护区生态环境影响监测评估的建议。

图3.21　石首麋鹿自然保护区旱柳林地受淹无人机遥感监测

3.4.4.2　2022年夏季石首麋鹿自然保护区高温干旱影响监测评估

2020年7月7日出梅后，江汉平原温高雨少，出现两段持续性高温过程，气象干旱持续发展，长江水位持续下降。2022年7月7日—9月18日石首国家气象站累计平均降雨量(20:00—次日20:00)仅45.20 mm，较历史同期偏少86.1%，已达特重气象干旱。长江水位石首站从7月7日的34.58 m降至9月18日26.75 m。持续干旱导致保护区内河道收窄，河床裸露，泥泞区干涸，给麋鹿栖息生活造成一定影响。

利用2022年6—9月的多期高分1号卫星资料，开展了自然保护区水体覆盖范围及草场质量变化遥感监测评估。监测结果显示，6月16日保护区内水域覆盖面积为5.10 km^2；8月9日水域覆盖面积已降至2.83 km^2，较6月16日减小44.50%；9月19日，水域覆盖面积进一步压缩至1.80 km^2，较6月16日减小64.71%(图3.22)，水域边界最远后退距离超1500 m。

与此同时，卫星监测发现保护区内草场植被覆盖面积有一定程度减小、植被质量有所降低。6月16日，保护区内大部分区域NDVI指数值在0.4以上，西部及沿河区NDVI值为0.6～0.8；9月19日保护区内草场NDVI值较6月16日普遍降低0.2～0.3，0.4以上的草场面积明显减小(图3.23)。

3.4.5　丹江口库区湿地生态气象监测评估

丹江口库区及上游是南水北调中线工程水源地。利用气象卫星遥感数据，对库区及上游生态环境进行监测评估，对严守库区生态安全底线、确保一库碧水永续北送有重要意义。

2000—2021年丹江口库区及上游降水呈增多趋势，利于植被生长和区域生态建设，植被

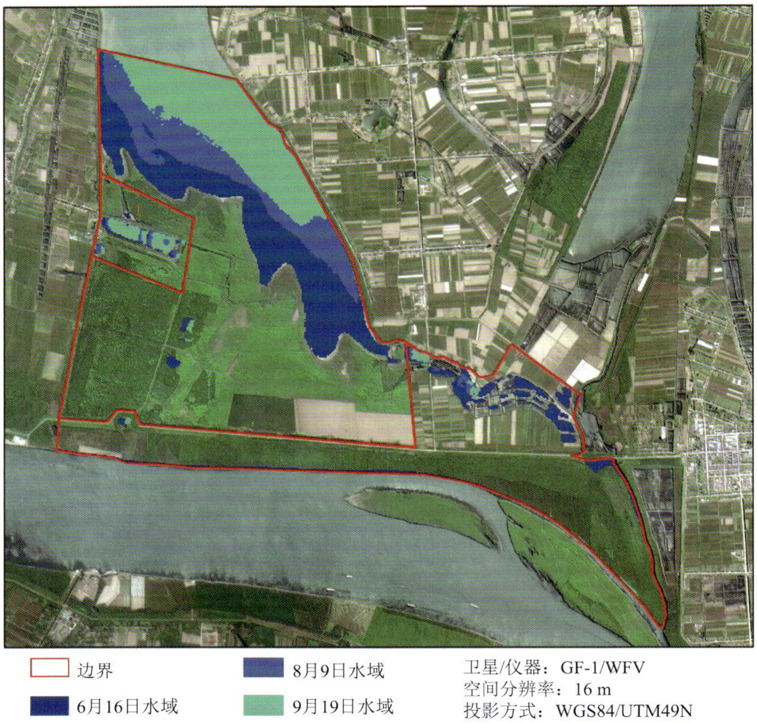

图 3.22　石首麋鹿自然保护区 6—9 月水域变化遥感监测

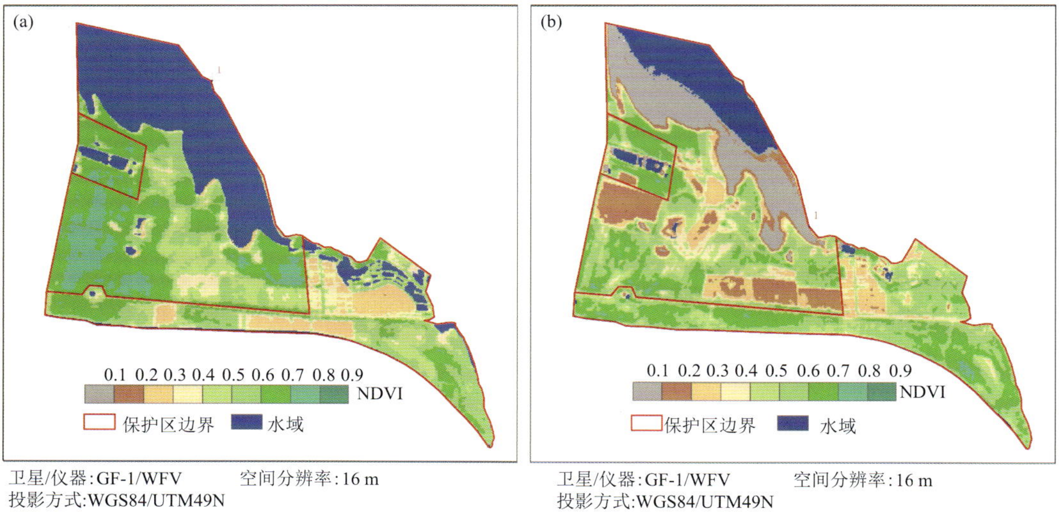

图 3.23　石首麋鹿自然保护区草场植被指数遥感监测

(a)6 月 16 日;(b)9 月 19 日

生态质量整体呈明显提升趋势,促进了库区及上游大部分区域水源涵养量的提高。

2004—2021 年,丹江口库区及上游区域降水量呈现增加趋势,利于丹江口水库蓄水,水库水体面积总体呈上升趋势,特别是 2013 年水库大坝加高工程完成后,水库蓄水能力明显增强,水体面积有较大幅度扩大(图 3.24)。2021 年库区及上游降水量为 2000 年以来最多，加快了丹江口水库蓄水，10 月水体面积达到 868.87 km²，为历史最大。

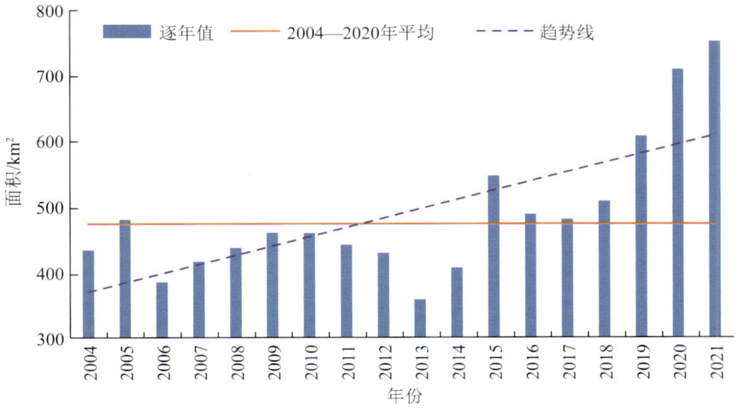

图 3.24　2004—2021 年丹江口水库水体面积逐年变化

Landsat 卫星遥感监测显示：2013—2021 年丹江口水库丰水期(8—9 月)降水多、水体流动性强，不利于藻类聚集，加之库区保护得力，水体平均叶绿素 a 浓度为 0.35～1.26 mg/m³，处于贫营养状态(图 3.25)；枯水期(3—5 月)平均叶绿素 a 浓度为 1.37～5.49 mg/m³，处于贫到中营养状态，部分水域存在富营养化隐患(图 3.26)。

总体来看，2000 年以来丹江口库区及上游水源地生态环境总体较好，植被生态质量提升，

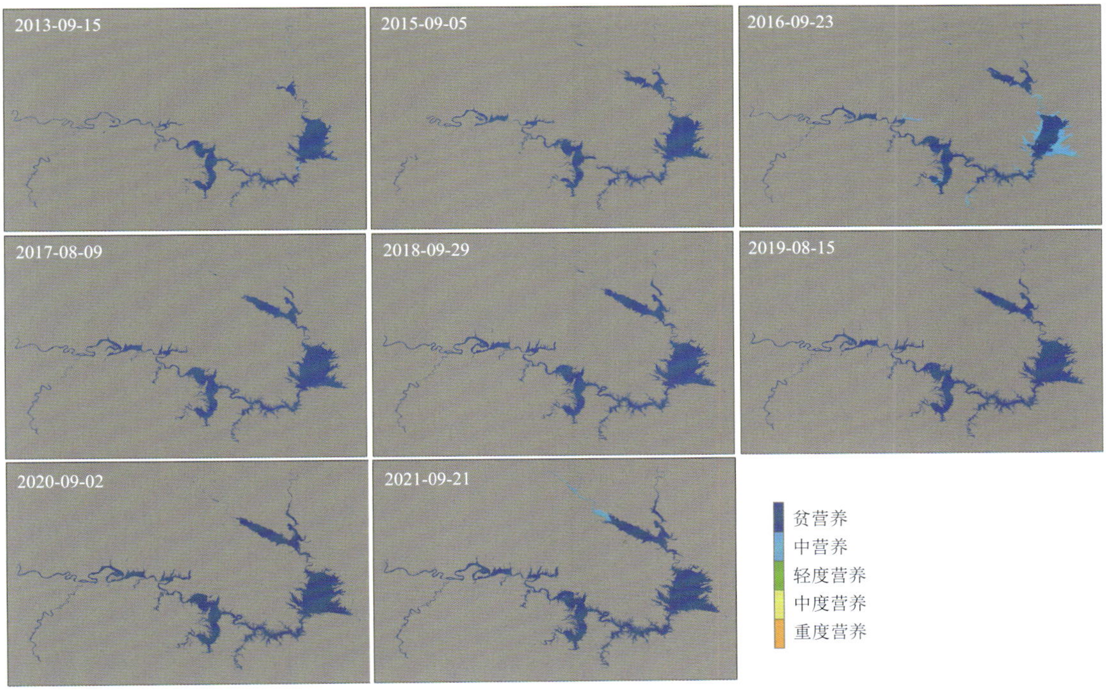

图 3.25　丹江口水库 2013—2021 年丰水期基于叶绿素 a 的营养状态等级空间分布

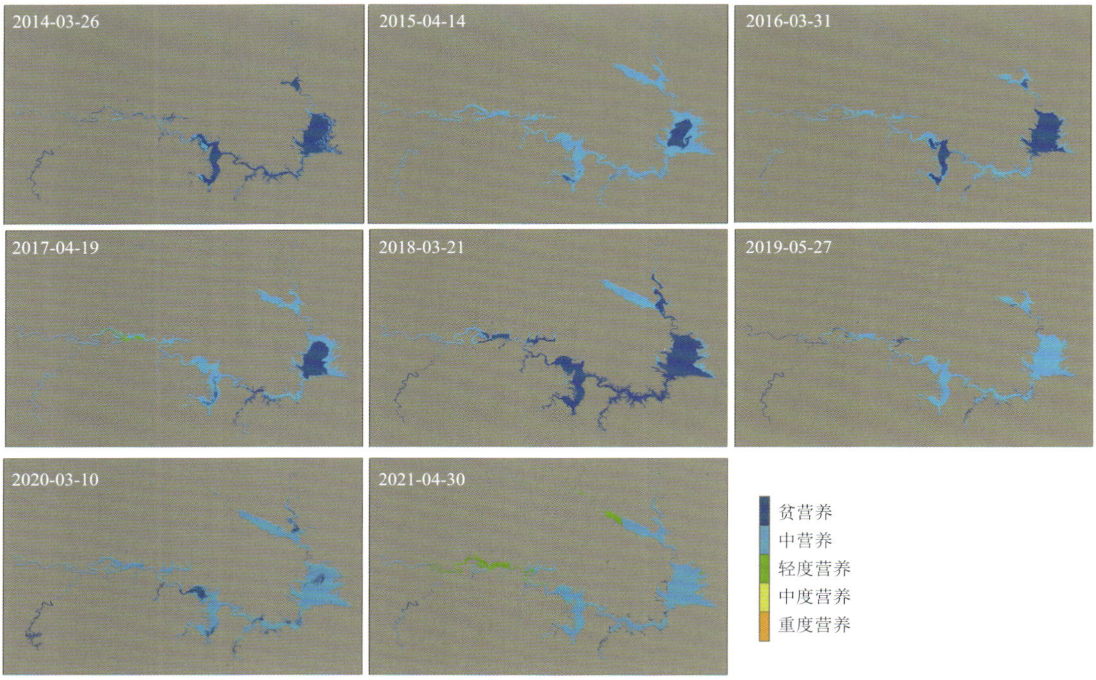

图 3.26　丹江口水库 2013—2021 年枯水期基于叶绿素 a 的营养状态等级空间分布

水源涵养功能增强，丹江口水库水体面积增大、水体富营养化程度较轻，这主要得益于党和政府采取的有力保护措施和 2000 年以来有利的气象条件。

但库区及上游仍有 10%以下的区域植被生态质量和水源涵养能力在降低，枯水期和汛期部分水域存在富营养化隐患，因此未来仍要继续加大库区及上游污染防控，保障水质安全；加大库区及上游植被保护和修复，提高水源涵养功能；加强水资源调度管理，减轻降水年际和季节波动带来的不利影响。

3.4.6　洪湖湿地生态质量气象评价

洪湖湿地位于江汉平原四湖流域下游，是国际重要湿地、国家级自然保护区。洪湖是长江中下游大型浅水湖泊水湖之一，具有调蓄、供水、灌溉、湿地生物栖息地、养殖、航运和旅游等多种功能。洪湖年最高水位为 24.58～27.18 m，年最低水位为 22.87～23.92 m，多年平均水位为 24.43 m，年水位变幅 1～4 m。据估算洪湖最低生态水位为 23.63 m。

利用湖泊湿地生态质量气象评价模型，对 2007—2018 年逐月洪湖综合生态质量开展评价，结果表明，洪湖综合生态质量总体以优和良为主(图 3.27)，总共 144 月次评价结果中，优出现 83 月次，约占 57.6%，良出现 48 月次，约占 33.3%，一般出现 6 月次，约占 4.2%，较差为 3 月次，约占 2.1%，差为 4 月次，约占 2.8%。

洪湖综合生态质量等级的评价结果从以下两方面进行验证：一是文献验证，据《中国国际重要湿地生态状况》(国家林业局，2021)评估，2005—2008 年洪湖生态状况评价为优，而本模型计算的 2007—2008 年逐月洪湖生态质量为优和良等级占比达 91.7%，也就是说，本模型计算的 2007—2008 年洪湖生态质量气象评价的结论总体符合文献报告；二是调查验证，4 月次

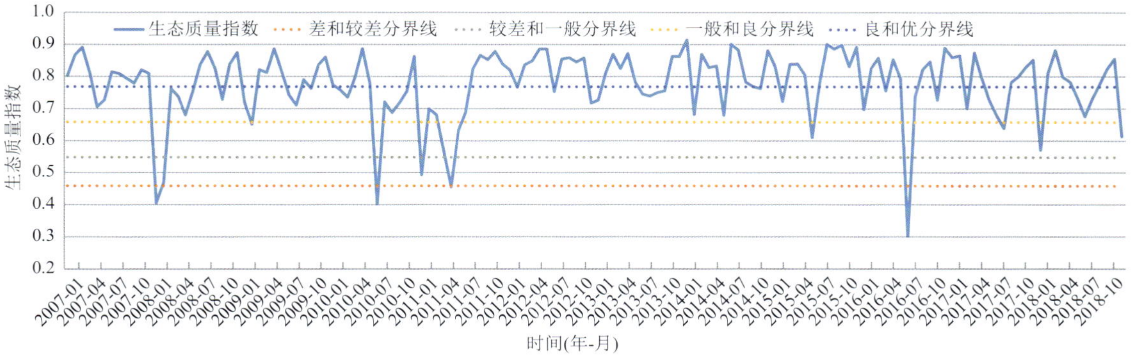

图 3.27　2007—2018 年逐月洪湖生态质量气象评价

(2008 年 1 月、2010 年 7 月、2011 年 5 月和 2016 年 7 月)差和 3 月次(2008 年 2 月、2011 年 1 月和 2011 年 4 月)较差的生态质量等级中,除 2011 年 1 月外,均有实况资料佐证洪湖生态状况受到明显影响。

2010 年 7 月洪湖湿地降水偏多 212.2%,综合生态质量为较差。调查发现,2010 年 7 月,洪湖由于连续暴雨发生特大洪涝,水位长时间居高不下,使现存植被类型不适应,水体浊度增大,水生植被的生产力降低甚至死亡,最明显的是莲群落,考察发现有大面积的莲死亡,这将通过食物链和食物网结构引起洪湖地区其他生物数量的变化。同时,大水还把生活污水和病原体带入水体,使水生生物受害,导致整个湿地生态系统结构发生变化。此外,据荆州市农业局提供的数据,洪湖、监利两县(市)农作物受灾 323.0 万亩,成灾 207.7 万亩,绝收 76.9 万亩,洪湖洪水调蓄功能几乎瘫痪。

2016 年 7 月,洪湖湿地降水偏多 94.22%,综合生态质量为差。由于极端强降水的影响,从 7 月 6—31 日洪湖连续 26 d 超过警戒水位,期间平均水深 3.8 m(洪湖多年平均水深 1.45 m),据中国科学院武汉测量与地球物理研究所调查,洪水带来的冲击导致沉水植被腐烂死亡,而菰、莲等挺水植被大部分死亡、腐烂,挺水植被减少约 70%。洪涝后的植物多样性急剧下降,2016 年 11 月洪湖湿地的 Shannon-Weiner 多样性指数仅为 0.1582,直至 2017 年 11 月才恢复到 1.4550。同时洪湖湿地生物量骤减,全湖平均仅为 245 g/m^2(鲜重),西北仅为 26 g/m^2,东北为 3 g/m^2,平均生物量仅为 2014 年同期生物量的 3%。

2011 年 4—5 月遭遇 70 a 一遇严重干旱,其中 4 月由于降水明显偏少 6 成,综合生态质量为一般,5 月降水偏少 4 成,生态质量发展为差。据中国科学院武汉测量与地球物理研究所调查显示,干旱使洪湖洲滩增加面积达 108 km^2,约占整个洪湖保护区面积的 1/4。干旱导致 46.5 万亩水域干涸裸露,该区域的水生植物、水生动物损失很大,据测算,洪湖 8 万多亩野生荷花已经没有成片分布,零星面积总和不到 1000 亩,野菱面积损失 90%;干旱造成水草以及其他水生生物枯死,大量水生生物腐烂且无法清除,最终造成洪湖水质下降;干旱期间,正值鱼类产卵期,鱼类天然产卵场一般分布在浅水区,由于浅水区全部干涸,洪湖天然产卵场遭到毁灭性破坏,导致洪湖天然鱼类的损失超过 95%;干旱致使洪湖渔业养殖户 70%绝收,洪湖市螺山镇 60 亩养殖水面全部变成陆地,持续时间达 20 余天,所养殖的鱼、蟹全部死亡,经济损失超过 12 万元;春播、春管生产严重受阻。此外,洪湖周边早稻无水栽插,中稻育秧、棉花移栽困难,玉米、花生缺苗严重,部分死苗,可见洪湖抗旱功能已完全瘫痪。

2008 年 1 月，洪湖冰冻日数为 18 d，远大于历史距平的 2 d，综合生态质量为差。实况调查显示，洪湖保护区长时间被冰覆盖，湿地植被受冻压死亡，大量候鸟被冻死，且连续多年出现的 300 多只紫水鸡从此不见踪影。

3.5 湿地生态气象技术展望

目前，湖北省气象局层面开展的湿地生态气象研究及服务，运用气候—生态机理模型较少，亦缺乏对生态遥感反演结果和生态要素变化气象影响评价模型的精度验证，服务精度受到一定影响，需完成从定性分析到定量评估的高质量技术发展转换。

高精度监测湿地生态相关要素是开展湿地生态气象服务的基础，利用多源卫星观测资料对湿地生态系统精密监测必不可少。应通过项目支撑、对外合作等手段，加强湿地生态参数实地测量、采样环节及地面定位监测对卫星遥感监测的定期校准和验证，切实提高不同时空尺度下湿地植被、水环境等生态要素及自然属性的遥感监测精度和基于星—空—地融合观测的生态要素长时间序列数据重构技术，细化湿地生态系统水环境和植被遥感监测的定量评判指标体系，推进湿地生态要素与天气、气候条件的响应和相互作用关系的研究分析，为后续深入开展湿地生态质量与功能气候影响评价研究打牢基础。

对于湿地生态气候影响研究来说，建立用于描述和模拟湿地生态—水文—气候相互作用关系、过程机理及互馈机制的湿地生态—水文—气候模型非常重要(杨志峰，2012)。后期可以借鉴陆地植被生态系统模型在气候影响研究中的应用思路，扩展基于气候数据和气候驱动生态水文模型开展的气候变化对湿地水文形势、植被覆盖及湿地水质等影响的模拟研究，基于气候变量—水文过程—湿地生态响应耦合模型，模拟不同干湿情境下或不同时段湿地水文情势和面积、植被覆盖的响应程度和栖息地的变化等，揭示不同气候情境下的水文情势变化以及生态过程和生态格局演变趋势(吕宪国，2018)。提升湖泊湿地极端气候事件的预警监测评估能力，加强湖泊湿地应对极端旱涝事件的调控适应能力建设，分析不同气候变化场景下不同湿地潜在的弹性、脆弱性和适应性，提出应对气候变化的湿地水资源调控和湿地恢复与保护管理方案。利用多源资料开展湿地生态系统调节气候功能和工程措施前后生态恢复能力的定量评估。融合地面实测、遥感监测与 GIS 空间分析和数值模拟等多种观测模拟技术，开展城市河湖湿地气候调节效应(缓解城市热岛)的时空特征分析及其影响因子的定量评估。这类研究成果可应用于湿地保护与修复效益气象评价，进一步拓展湿地生态及城市生态气象服务内涵(图 3.28)。

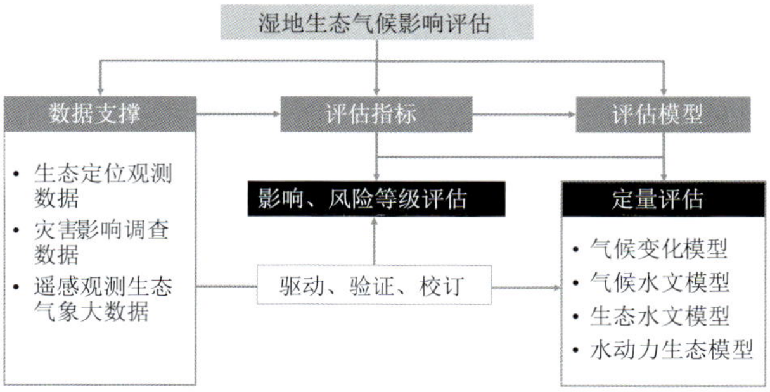

图 3.28　湿地生态气候影响评估关键技术路线

湿地生态气象服务局地性特征强，深入开展生态气象监测与评价服务，需要打通国、省、区域、行业之间的数据和技术脉络，形成分尺度研究、跨学科研究合力。加强与长江流域生态监督局、生态环境厅、省林业局及湿地管理局等部门单位合作，进一步明确需求，建设完善合作机制，推进湿地生态保护，尤其是水生态水环境保护方面的信息共享、技术交流和服务联动，促进融入式发展。

3.6 本章小结

本章结合湖北省湿地生态气象服务实际需求，在介绍了全省湿地资源概况及其所面临的自然及人为威胁的基础上，重点梳理了湿地生态气象监测、评价及预警的理论基础、技术方法及其在湖北省湿地生态气象保障服务中的应用，详细总结了湿地生态气象服务关键技术内容及研究进展。

（1）湖北省湿地资源丰富，在涵养水源、净化水质、维护生物多样性、蓄洪防旱、调节气候和固碳等方面发挥着重要作用，在助推长江大保护、维护长江流域生态安全等方面具有重要的生态地位。受人为活动及气候变化共同影响，湖北省湿地生态系统正面临极端灾害频发、水文情势及水文连通性的改变、土地利用类型的改变、水质恶化及外来物种入侵等威胁。发展湿地生态气象服务技术势在必行。

（2）湖北省湿地生态气象监测由重点湿地区气象要素观测和湿地生态要素遥感观测组成。利用遥感监测技术主要开展湿地水域面积、水质参数、水华、湿地植被及湿地景观类型监测。湖北省湿地生态气象评估技术主要包含建立了湖泊湿地生态质量气象评价模型、制定了湖泊湿地旱涝气象灾害影响调查技术规范等。湿地生态气象预警技术主要体现在汉江流域水华的气象条件预警。

（3）2020 年入汛以来，大范围持续性强降水及 2022 年 7 月出梅以来的持续干旱灾害对江汉湖群湿地水域面积、水环境质量、生物入侵及自然保护区的麋鹿生境质量造成一定的不利影响。2021 年春季的阶段性高温也是促发斧头湖水草过早过量生长、东湖夏季暴发蓝藻水华的重要气候原因。

（4）2000 年以来，丹江口库区及上游水源地生态环境总体较好，植被生态质量提升，水源涵养功能增强，丹江口水库水体面积增加、水体富营养化程度较轻。基于气象、植被、水位（或水体面积）、水体叶绿素 a 浓度等数据和湖泊湿地生态质量气象评价模型，得出 2007—2018 年洪湖湿地综合生态质量总体以优和良为主，湿地生态质量年度变化总体呈现小幅度上升趋势。

（5）现有湿地生态气象服务以定量监测、定性分析的模式为主，描述和模拟湿地生态—水文—气候相互作用关系、过程机理程度不足。后期应加强湿地生态—水文—气候耦合模型的应用，提升湖泊湿地极端气候事件的预警监测评估能力，为分析不同气候变化场景下不同湿地潜在的弹性、脆弱性和适应性，提出应对气候变化的湿地水资源调控及湿地恢复和保护的管理方案。

第4章 湿地农业生态气象

湖北湿地农田生态系统以种植水稻为主，本章首先从气候适宜性角度分析了湖北省水稻种植的适宜性区划布局，然后介绍基于遥感技术的水稻种植分布提取、长势和生育期监测识别方法，并针对水稻生长季出现的干旱、洪涝、高温和低温等主要气象灾害，系统介绍了基于遥感和水动力模型等监测手段的灾害损失评估方法，最后，以高温和暴雨洪涝灾害天气指数保险为例，展示了水稻气象灾害风险转移技术及其应用。

4.1　湖北省水稻种植气候区划

4.1.1　区划方法

湖北省地处中纬度亚热带季风气候区，气候温和，光照充足，雨量充沛，水资源丰富，水稻生产条件得天独厚，是中国水稻生产大省。湖北省湿地农田生态系统以种植水稻为主，近年来水稻播种面积保持在3500万亩左右。湖北省属华中单、双季稻作带，以一季稻种植为主，分布于全省绝大部分地区，而双季稻受生长季热量条件制约，主要分布在鄂东北局部、鄂东南及江汉平原南部。

生产实践和研究表明，热量条件是制约湖北省水稻品种布局和稻作制度的关键因子，结合对水稻气候区划指标的研究成果（秦鹏程 等，2016），选择稳定通过10 ℃活动积温、水稻生长期长度（稳定通过10～15 ℃）、安全生育期天数（籼稻稳定通过10～22 ℃、粳稻稳定通过10～20 ℃）3个影响水稻种植布局的关键气候因子作为水稻种植布局气候区划指标，通过对区划指标因子进行分级打分（表4.1），然后对各项区划分级指标分数值进行累加，根据总分数的大小，并结合考虑必须同时满足的各项区划等级指标，综合确定如下气候适宜性等级：不适宜种植区（综合得分＜3）、早熟中稻适宜区（3≤综合得分＜6）、中熟中稻适宜区（6≤综合得分＜9）、迟熟中稻适宜区（9≤综合得分＜12）、再生稻适宜区（12≤综合得分＜15）、早熟早籼＋早熟晚籼（粳）稻适宜区（15≤综合得分＜18）、早熟早籼＋中熟晚籼（粳）稻适宜区（18≤综合得分＜21）、早熟早籼＋迟熟晚籼（粳）稻适宜区（综合得分≥21）。

利用湖北省76个气象观测站1981—2010年逐日平均气温观测资料，计算各站点80%保证率下稳定通过10 ℃活动积温和持续日数、稳定通过10～15 ℃积温、稳定通过10～20 ℃积温和日数等区划指标因子，结合湖北省1∶100万高程（DEM）数据推算到1000 m×1000 m精细网格。依据上述区划指标分级及打分标准，计算细网格的气候适宜性等级，通过叠加县级行政边界、裁剪、添加图例、比例尺等，制作出水稻种植布局精细化气候区划图。

表 4.1　水稻气候适宜性区划指标因子等级划分及打分

活动积温/(℃·d)	生长期长度/d	安全生育期天数/d	得分赋值
＜3200	＜130	＜90	0
3200～3600	130～150	90～110	1
3600～4000	150～170	110～130	2
4000～4400	170～190	130～150	3
4400～4800	190～210	150～170	4
4800～5200	210～230	170～190	5
5200～5600	230～250	190～210	6
≥5600	≥250	≥210	7

4.1.2　区划结果

由于湖北省目前仍以籼稻种植为主，以籼稻气候适宜区划指标为依据制作湖北省水稻种植布局区划结果如图 4.1。从图中可以看出，除鄂西高山地区外，湖北省大部分地区热量条件均可满足水稻种植。其中，鄂西中低山区热量条件仅能满足种植早中熟一季中稻品种，鄂北岗地、鄂中丘陵北部及鄂东北低山丘陵区可种植迟熟一季中稻或再生稻，三峡河谷、鄂西南东部低山丘陵区、江汉平原及鄂东沿江平原可种植双季稻，但大部分双季稻适宜区域热量条件仅适合种植两季早熟籼稻品种，仅三峡河谷及鄂东沿江平原的洪湖、嘉鱼、赤壁、咸宁、鄂州、大冶、黄石、阳新、浠水、黄梅等部分地区可种植中熟品种，由于湖北省早稻生育后期易遭遇高温逼熟，同时晚稻生育后期易遭受寒露风危害，因此，早、中熟双季稻产区的品种搭配应以早熟早稻和早、中熟晚稻搭配为宜。

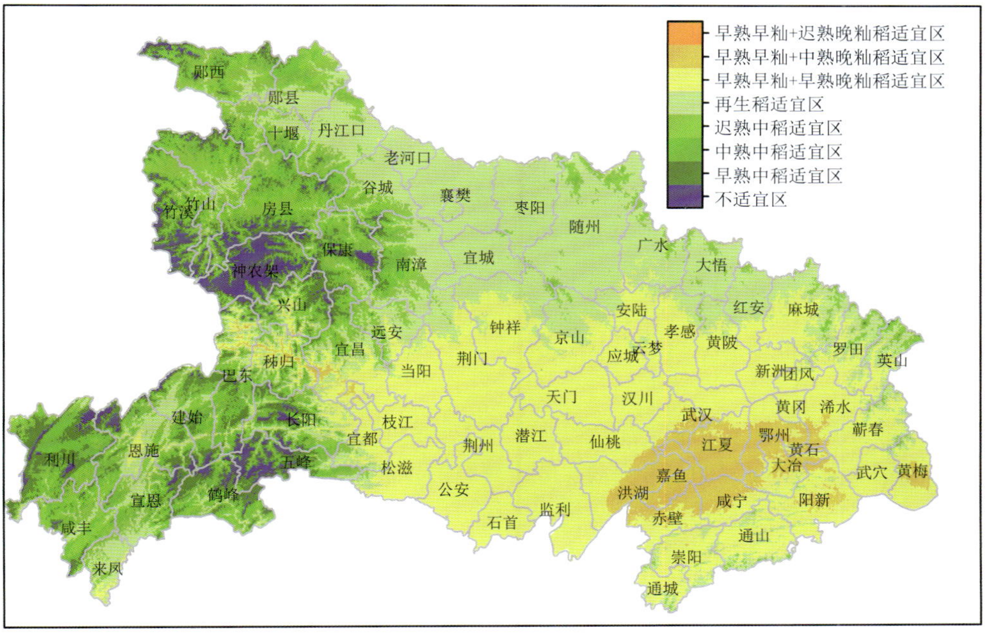

图 4.1　湖北省籼稻种植布局区划结果

4.2 水稻种植分布和长势遥感监测

4.2.1 水稻种植分布遥感监测

农作物种植面积资料的来源主要有两个途径：一是来自农业部每年出版的《中国农业统计资料》；二是来自国家统计局从 2001 年开始出版的《中国农村统计年鉴》。获取大范围农作物面积的方法主要有抽样调查法和农业统计报表法，这些常规方法在时效性、经济成本和准确性上难以满足农业生产管理对农情监测信息的需求。如何及时、客观、准确地获取区域的农情信息成为中国农业信息科学工作者多年来研究的课题。

与传统方法相比，现代遥感对地观测技术具有时效性好、宏观性强、信息量丰富等特点，可以较大程度排除人为因素的干扰，并且可以极大地节省人力、物力、财力和时间，具有很高的经济效益和社会效益，目前已成为世界各国关注的焦点。

湖北省的水稻监测和产量预报测算的传统方法是利用抽样统计分析以及各地区上报，这种方法容易产生错报、漏报问题，不适应现代农业的发展。随着遥感技术的不断发展，利用卫星监测水稻生长具有快速、宏观、准确、成本低的极大优势，但由于湖北省季节性的多云多雨气候，给基于光学遥感卫星的监测带来困难。因此，水稻面积提取技术也从光学遥感到利用具有全天候、全天时观测能力的合成孔径雷达(SAR)遥感方向不断探索发展。本节利用 3S 技术((遥感(RS)、地理信息系统(GIS)、全球定位系统(GPS))及时、准确地获取水稻种植分布信息，推进气象灾害评估的定量化、精细化，为农业生产提供高质量的服务，对辅助政府有关部门制定科学合理的粮食政策有重要意义。

4.2.1.1 基于光学遥感的水稻种植分布遥感监测

(1)数据

①卫星资料

HJ 影像数据：分辨率均为 30 m，根据中稻生育期作物长势和云覆盖影响综合考虑选择卫星过境时间，数据来源于中国资源卫星中心网站(http://www.cresda.com/n16/index.html)。

EOS-MODIS 数据：由武汉区域气候中心 DVBS(卫星数据数字视频广播系统)接收。根据当年中稻生育期作物长势和云覆盖影响综合考虑选择卫星过境时间，分辨率为 250 m。

②地理信息资料

湖北省 1：25 万及以上比例尺矢量及栅格数据，主要包括省界、县界、河流、DEM，这些数据来源于国家气象信息中心。

③水稻观测数据

选择观测地点固定的水稻田，选定当地有代表性品种，并按照水稻不同生育期观测指标确定观测指标，进行早稻、中稻的连续观测，得到完整的水稻观测数据。

④其他资料

2010—2013 年连续多年的野外调查获取的 GPS 测量数据和作物光谱特征数据。来自《湖北农村统计年鉴》的水稻种植面积统计数据。

武汉区域气候中心依托相关项目提取的多期 30 m 分辨率土地利用分类数据，地类主要分为耕地、林地、草地、水域、城乡工矿居民用地及未利用地 6 大类，又在此基础上细分了 25 小类。作物面积提取选择最新的土地利用分类数据。

(2)方法

①地物光谱特征分析

光谱特征是遥感方法探测各种物质性质和形状的重要依据，植物的光谱特性是由其组织结构、生物化学成分和形态学特征决定的，主要包括叶子的颜色、叶子的细胞构造和植物的水分含量等，除此以外，植物的生长发育、植物的不同种类以及灌溉、施肥、病虫害等因素都会对植物的光谱特征产生影响，使其光谱曲线形态发生变化。作物面积遥感监测的难点是如何区分所监测的农作物与其他地物及不同的农作物之间的信息。

图 4.2 为绿色植物有效光谱响应特征，在 0.4～2.6 μm 范围内，不同作物的反射光谱波形都是近似的，区别主要在反射率的大小上。叶片在可见光波段(400～700 nm)的反射率较低，透射率也很低，这是因为大部分入射光被叶绿素、叶黄素、胡萝卜素、花青素等色素吸收，其中 65%的入射光被叶绿素 a、b 吸收，吸收的波段主要集中于蓝、红光波段，大约在 550 nm 黄绿波段处有个反射峰。叶片色素和纤维素对近红外光(700～1300 nm)的吸收很弱，一般低于入射光的 10%，反射率却高达 50%。反射率的高低受叶片结构的影响，构成叶片的细胞层数越多，反射率越高；反射率也受到细胞大小、细胞壁排列方向和细胞质异质性的影响。叶片在中红外波段(1300～2500 nm)的光谱特性主要受叶片水分的影响。波长大于 1300 nm 的水分强烈吸收的波段主要在 1450 nm、1950 nm 和 2500 nm 处。中红外波段的反射峰值随叶片水分含量不同而有所不同。

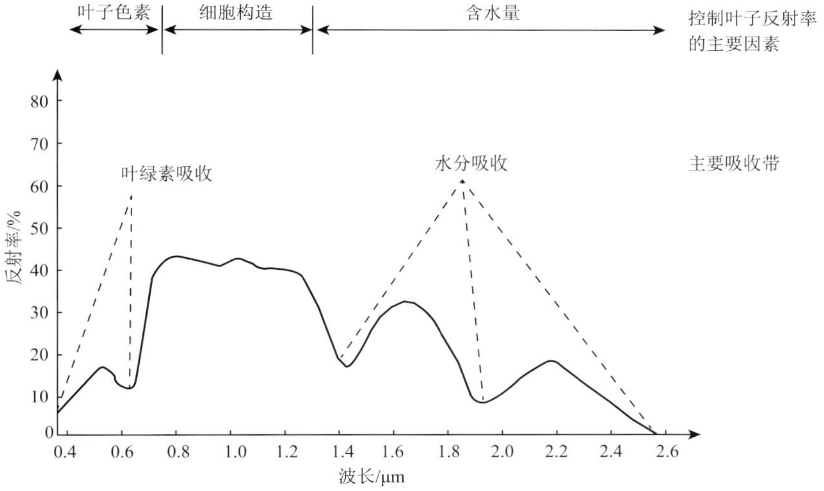

图 4.2　绿色植物有效光谱响应特征(梅安新 等，2001)

由此可见，作物的识别主要是利用绿色植物独特的波段反射特征，将作物与其他地物区分开；而不同作物类型的识别，主要依据两点：一是作物在近红外波段的反射主要受叶片内部构造的控制，不同类型作物的叶片内部构造存在差别；二是不同区域、不同作物类型间物候历的差异，可利用遥感影像信息的时相变化规律进行不同作物类型的识别。因此，作物种植面积的遥感监测是在收集分析不同作物光谱特征的基础上，通过遥感影像记录地表信息，识别作物类型，统计作物的种植面积。

②水稻光谱特征采集

选择天空基本无云的晴好天气，携带地物光谱仪、GPS、照相机等设备，赴荆州、仙桃、孝感等典型区域，采集早稻、中稻、棉花、玉米、西瓜、黄豆、水体、裸土及各类蔬菜等主要地物的数据。

在水稻生长发育过程中，不同的生长阶段，其生物量、叶面积指数及对地的覆盖程度等都不相同，因而其反射光谱特性也发生变化。因此，利用植被光谱的这一特征，使用野外光谱仪在一定条件下测定它们对各个波段的反射光谱，来研究植物的生长状况。通过采用 ASD 公司的 FieldSpecPro 光谱仪采集不同生育期中稻的地物光谱特性，获得光谱曲线(图 4.3)。

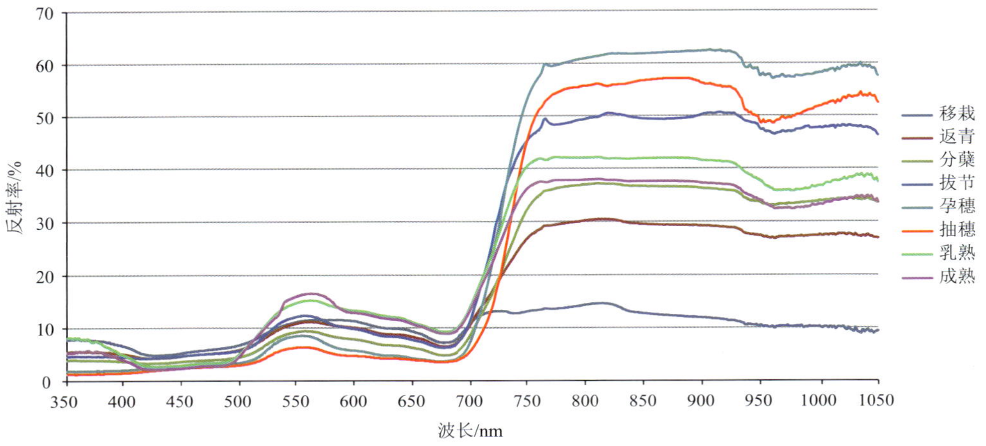

图 4.3　中稻 8 个不同生育期光谱曲线

③水稻光谱特征分析

对水稻不同生育期光谱差异分析发现，在可见光波段第一个反射峰区，反射率在抽穗期、孕穗期、分蘖期、返青期、移栽期、拔节期、乳熟期、成熟期逐渐增大；其中孕穗和抽穗期的光谱特征较为相似，反射率较低；乳熟期和成熟期的光谱特征较为相似，都较高；在反射谷区，反射率与反射峰区相似。主要原因是在孕穗期，水稻剑叶全部露出叶鞘；抽穗期，20%穗子顶端从剑叶叶鞘中露出，这两个时期水稻茎叶发育最茂盛，故对太阳辐射吸收最多，反射得较少；而乳熟期，穗子项部的籽粒达到正常谷粒的大小，颖壳充满乳浆状内物。茎叶由盛转衰，对太阳辐射的吸收开始减少；成熟期，穗上有 80%以上的谷粒呈现该品种固有的颜色，叶片开始变黄，对太阳辐射的反射更多，反射率更高。在近红外波段，孕穗期、抽穗期、乳熟期及成熟期的反射率依次降低，反射率均在 30%以上。这是因为叶片色素和纤维素对近红外光的吸收很弱。因此，结合实地调查，可以选择中稻的孕穗期与乳熟期、成熟期进行区分，或抽穗期与乳熟期、成熟期进行区分。

④水稻面积遥感提取

以 3S 技术为支撑，利用多时相光学卫星数据(MODIS、HJ-1A/B 等)，采用决策树模型、阈值法和混合像元分解模型三种方法开展水稻种植面积提取。

(a)多时相 MODIS 卫星资料决策树方法提取中稻面积

决策树是一种常用的数学分类方法，由于其具有较高的分类精度和计算效率，被广泛用于地物识别提取，主要流程包括特征指数的选取、样本信息提取、决策树模型的建立（彭乐文 等，2020）。

基于遥感的水稻信息提取主要是依据水稻与其他地物的光谱特征或物候差别来识别水稻信息。在水稻移栽期之前，水稻田表面长期有水覆盖，而在水稻长出水面之后，则会覆盖水面。这一特点可以区分水稻、永久水体和其他植被作物（汤斌 等，2017）。因此，可根据水稻生长发育特性，选取陆表水分指数（LSWI）和归一化植被指数（NDVI）作为特征指数，综合考虑卫星过境晴空资料和物候特征，建立决策树模型。

根据水稻生长特征，可通过 4 个时相影像分析来识别水稻田信息，这 4 个时相分别是收割休耕期、秧苗移栽期、水稻生长期和成熟期。根据湖北省中稻种植情况，选取中稻相对应的生育期时间分别是 5 月中旬（备耕期）、5 月下旬（移栽期）、7 月中旬（生长期）、9 月中旬（成熟期）。

首先，利用中稻田备耕期植被指数偏低的特征，确定阈值，提取低植被覆盖区，为了尽可能准确地提取中稻种植信息，需要将云、林地、旱地、水体和城镇用地等其他地类做识别剔除。

其次，林地与中稻田植被指数随时间变化的规律不同，据此可从影像中剔除林地像元。林地的 NDVI 值长时间保持较高且稳定，而中稻田的 NDVI 值则变化相对较大，在移栽期和水稻收割后的 NDVI 值偏低，在孕穗期 NDVI 值较高。

再次，依据旱地作物和水稻的生理习性，通过设定陆表水指数（LSWI）阈值可剔除旱地。水体和水稻田的特征也有差别，由于水稻田的蓄水时间较短，某地类在 4 个时相影像中有 3 个时相被判识为水体，则该地类就可确定为水体类型。

决策树分类法提取水稻种植面积流程图见图 4.4。决策树作为数据挖掘的一种方法，具有灵活、直观、运算效率高等特点。事实上，决策树算法中阈值的准确界定成为提高作物提取精度的关键（苏荣瑞 等，2013），阈值的确定需要足够的野外调查样方点和试验基地样本点，同时考虑作物不同播期（移栽期）、不同长势的样方点，以及成片种植的田块调查样本。由此可见，样本数据是建立决策树模型的基础数据，通过对样本数据的数学统计和归纳分析可以获得决策树模型的分类规则（彭乐文 等，2020）。

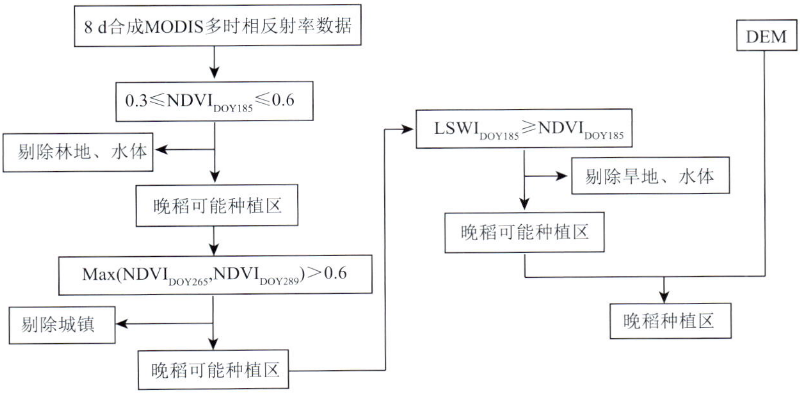

图 4.4　决策树分类法提取水稻面积流程

湖北省农作物品种丰富，如在 6 月除中稻外，还有早稻、棉花、玉米、西瓜、豆类、鱼草及各类蔬菜等，而农作物插花种植现象明显，间作套种普遍，如早稻/中稻连作、中稻/棉花/芝麻等间作等，所以对于常规获取的业务卫星资料，最高分辨率仅为 250 m，即使是 30 m 分辨率的环境（HJ）卫星数据，像元大部分都是几种地物的混合体，混合像元的存在会对农作物面积提取的精度产生很大影响。同时，水稻主产区河网密集，湿地较多，在提取种植面积过程中，如何更有效的剔除同期在田作物的干扰，更加准确地提取水稻信息，也有待进一步探讨。

（b）多时相 MODIS 植被指数阈值法提取水稻面积

利用 8 d 合成 MODIS 反射率数据，水稻在移栽期、抽穗期特殊的生理特性和环境背景地物及其在 MODIS 各个波段所表现出的植被指数及地表水分指数差异，选取覆盖整个水稻生育期的多时相植被指数或敏感波段进行水稻种植区识别。基本原理是移栽期稻田的反射光谱是水、土壤、秧苗以及稻田背景的混合光谱，该时期稻田高的土壤含水量和植被覆盖可以利用地表水体指数（LSWI）和植被指数（EVI）检测出来。调节 LSWI 和 EVI 的阈值以及 LSWI 和 EVI 的关系排除其他物质像元的干扰，提取水稻像元。

参照孙华生（2009）基于多时相 MODIS 影像提取水稻种植区的方法，以湖北省典型早、中、晚稻种植区光谱特征为参照，确定湖北省早、中、晚稻提取阈值和关系法则（表 4.2），具体操作流程如下。

（ⅰ）利用 MOD09A1 产品计算水稻生长期内植被指数（LSWI、EVI）时间序列，并利用 S-G 滤波（Savitzky-Golay 滤波）对受云覆盖或大气效应等不利天气条件的影响造成的植被指数突降值和缺失值进行去噪平滑。

（ⅱ）根据农试站观测资料确定全省范围内水稻实际移栽期时间范围（移栽期 1，移栽期 2 ……）。

（ⅲ）按照表 4.2 的规则利用 IDL 编程提取不同移栽期的水稻可能种植区。

（ⅳ）参照全球 30 m 地表覆盖（GlobeLand30）产品各土地利用类型分布，剔除提取结果中非农田像元，得到最终湖北省早、中和晚稻面积提取结果。

表 4.2　基于多时相植被指数提取湖北省水稻种植面积的阈值和提取规则

<table>
<tr><th>水稻类型</th><th colspan="2">提取规则</th></tr>
<tr><td>早稻</td><td>移栽期：LSWI > 0.12，EVI < 0.26，(LSWI + 0.05) > EVI
移栽期后第 6～11 个 8 d 合成图像的平均 EVI > 0.35</td><td rowspan="3">平原坡度 <5° 且海拔 < 1500 m 或山区坡度 <5° 且海拔 >2400 m</td></tr>
<tr><td>中稻</td><td>移栽期：LSWI > 0.12，EVI < 0.30，(LSWI + 0.05) > EVI
移栽期后第 6～11 个 8 d 合成图像的平均 EVI > 0.35</td></tr>
<tr><td>晚稻</td><td>移栽期：LSWI > 0.12，EVI < 0.30，(LSWI + 0.10) > EVI
移栽期后第 6～11 个 8 d 合成图像的平均 EVI > 0.35</td></tr>
</table>

根据上述方法，以 2005 年、2009 年、2013 年 DOY121 至 DOY273（DOY 为儒略日）的 MODIS 8 d 反射率产品为基础数据，提取湖北省早、中、晚稻种植区分布如图 4.5—图 4.7 所示。提取结果显示，湖北省早稻主要分布在监利县、武穴市、黄梅县、蕲春县、阳新县、新洲区、公安县等，中稻种植区几乎涉及全省各地，主要分布在监利市、沙洋县、枣阳市、仙桃市、襄州区、枣阳市、钟祥市、洪湖市、汉川市、荆州市、宜城市、武穴市、黄梅县等，晚稻种植区主要分布在监利市、浠水县、麻城市、黄陂区、通城县、阳新县、江夏区、黄梅县、鄂州市、潜江市、蕲春县、公安县等，与实际种植情况吻合。

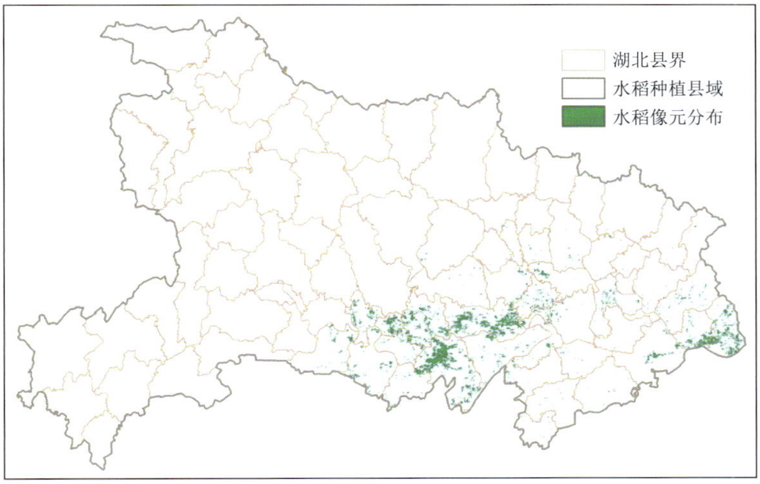

图 4.5　湖北省早稻种植区分布(2005 年、2009 年、2013 年结果并集)

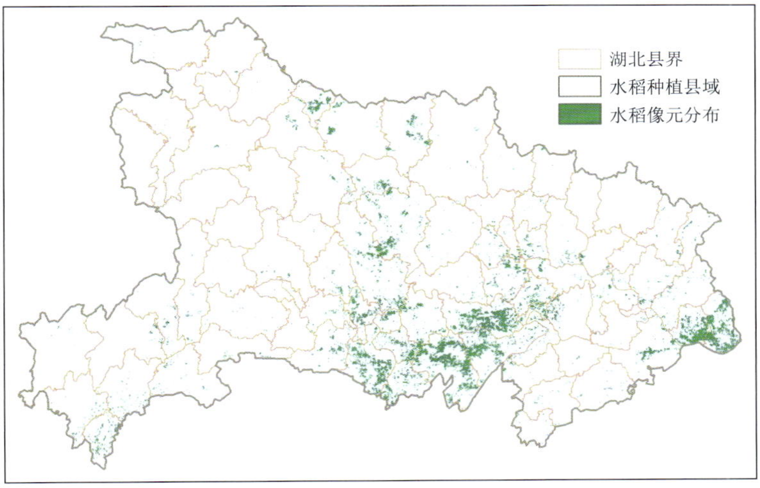

图 4.6　湖北省中稻种植区分布(2005 年、2009 年、2013 年结果并集)

(c)基于 HJ 卫星数据的混合像元分解模型法提取水稻面积

混合像元分解模型法较好地解决了遥感影像中的像元大部分都是混合像元的问题,提高了遥感监测精度。混合像元分解模型主要可分为线性和非线性两种,其中线性混合模型简单易于处理,利用一个线性关系表达图像一个像元内各地物的类型、比例与光谱响应(万君 等,2014)。其模型原理是:图像中每个像元在某一光谱波段的反射率(亮度值)是由构成该像元的端元组分的反射率(光谱亮度值)以及其所占像元面积比例为权重系数的线形组合,其中每种地物类型在该像元内所占的面积比(即丰度)作为线性方程的权重系数(公式略)。

监利市位于湖北省中南部、江汉平原南端、洞庭湖北面,是湖北省重要的水稻种植区。利用环境卫星数据,结合野外实测地物光谱,在 GIS 支持下,采用线性光谱混合像元分解模型提取了监利市各像元的中稻面积百分比,估算了监利市中稻种植面积。主要流程如下。

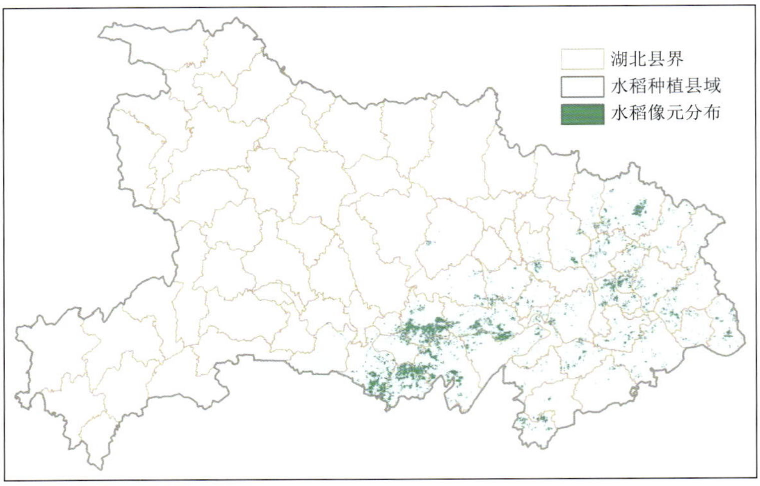

图 4.7　湖北省晚稻种植区分布(2005 年、2009 年、2013 年结果并集)

利用 ENVI 软件对 HJ 卫星数据进行投影变换、几何校正、大气校正等前期处理;根据其头文件中的日期信息、太阳高度角与方位角信息以及卫星绝对定标系数,将卫星数据的灰度值转换成反射率。为提高中稻作为端元的提取精度,利用湖北省土地利用分类数据提取研究区内农田地物覆盖分类。根据上述光谱线性混合像元分解模型求解中稻在各像元的丰度,得到研究区中稻丰度分布栅格图像;根据中稻丰度分布,统计中稻面积;最后根据统计的当年年鉴进行精度验证。该方法数据处理流程见图 4.8,提取结果见图 4.9。

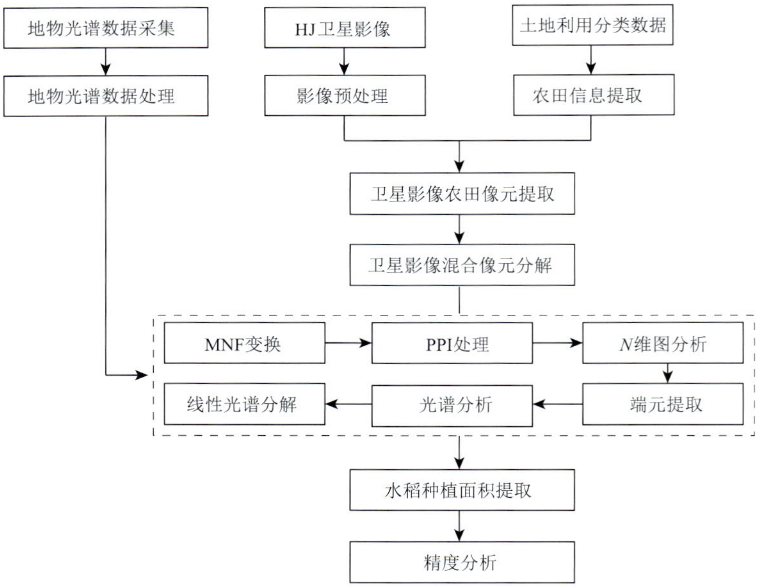

图 4.8　基于混合像元分解模型的水稻面积提取技术流程

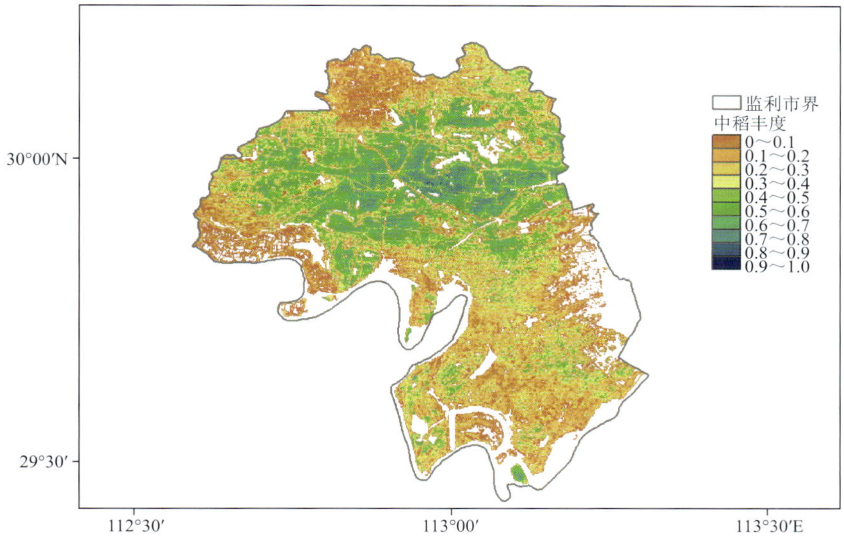

图 4.9　湖北省监利市 2012 年中稻丰度分布

4.2.1.2　基于 SAR 雷达遥感的水稻种植分布遥感监测

(1)数据

雷达资料：采用 RadarSat-2 雷达卫星 2 景数据作为研究数据，时间为 2012 年 5 月 17 日及 2012 年 6 月 24 日。RadarSat-2 雷达卫星工作模式如表 4.3。

表 4.3　RadarSat-2 雷达卫星工作模式

波束模式	极化	入射角/°	标称分辨率		测绘带宽/km
			距离向/m	方位向/m	
超精细	可选单极化(HH/VV/HV/VH)	30～40	3	3	20×20
多视精细		30～50	8	8	50×50
精细	可选单 & 双极化(HH/VV/HV/VH)(HH+HV/VV+VH)	30～50	8	8	50×50
标准		20～49	25	26	100×100
宽		20～45	30	26	150×150
四极化精细	四极化(HH+VV+HV+VH)	20～41	12	8	25×25
四极化标准		20～41	25	8	25×25
高入射角	单极化(HH)	49～60	18	26	75×75
窄幅扫描	可选单 & 双极化(HH/VV/HV/VH)(HH+HV/VV+VH)	20～46	50	50	300×300
宽幅扫描		20～49	100	100	500×500

(2)方法

①SAR 雷达图像统计特性

SAR 图像内地物的表现离不开斑点噪声的干扰，而对 SAR 图像统计特性的研究也都是从斑点噪声的统计分析着手，因此将结合斑点噪声的统计分布来阐述 SAR 图像的统计特性。

②基于 SAR 图像的变化检测技术

变化检测技术是通过对不同时间、不同获取方式的同一区域的图像进行相互比较，根据感兴趣地物在图像间的变化和差异来提取地物的特征信息，以达到识别地物和了解地物时空变化特征的目的。

利用 SAR 图像做变化检测有两种情况，相应地对图像质量的要求也不同。第一种情况是检测目标形态的变化，如监测目标物的运行轨迹、尺寸变化等。这种变化检测要求不同时相的图像要精确配准，但并不需要绝对定标数据。第二种情况是需检测目标后向散射特征变化，如监测植被变化、土壤水分。目前，常用的变化检测方法有差值检测法和比值检测法。研究中主要采用比值检测法。比值检测法在实际应用中，通常需要根据不同目标在多时相图像中的比值变化确定最优的分类阈值，这时在某些情形下，给定先验概率是必要的。

在水稻面积提取时，比值检测法并不直接用于水稻的分类，而是用于从理论角度结合先验的水稻后向散射特征，提出水稻分类的最佳时相参数，同时从理论上证明该时相参数下的水稻分类拥有最佳的分类精度。

利用获取的样方数据，从多时相极化雷达数据中提取城镇、稻田、植被和水体的 HH 极化、HV 极化后向散射强度（m^2/m^2）及两者的比值，即 HH/HV，求取它们的平均值，以代表研究区各地物的平均后向散射变化。可以看出，各地物在不同时相和不同极化方式下的后向散射特征具有明显差别。城镇作为固定不变的雷达探测目标，其后向散射强度的时域变化理应是不变的。水体 HH 和 HV 极化的后向散射强度都很低，为 0.02～0.06。这是由于水体对雷达波多呈镜面反射、回波信号弱所致。其时相间的差别主要是由不同风力作用下的水面波浪引起。植被 HH 极化后向散射强度相近，变化趋势也很接近，其后向散射变化在 0.2～0.3。

水稻后向散射特征与上述地物有着明显的差别。5 月 17 日，水稻处在秧苗期，稻田含有水层，秧苗矮小，雷达波主要与稻田的水层发生镜面反射和水面与秧苗间的一次后向散射，因此拥有与水体相近的后向散射强度。尽管有降水发生但对稻田的影响微弱，而植被则由于土壤含水量的增大产生了较强的后向散射回波。6 月 24 日后，水稻处在幼穗分化期，水稻冠层壮大，稻田已封行。因此，该时期雷达波主要与水稻冠层发生体散射，其从各地物 HH/HV 的时相变化看，水稻独特的后向散射特征更加明显。随着水稻生物量的不断积累，HH/HV 逐渐增大，显示出 HH/HV 与水稻生物量具有较好的相关性。

在分析和比较了各地物 HH 极化、HV 极化时相变化特征后，可以清晰地发现，利用 HH/HV 可以更好地对水稻进行识别，这与在某种程度上通过比值运算减少各参变量系统误差而突出各地物后向散射特征有关，为获取水稻面积提取的最佳时相参数提供重要的支持。

③基于 SAR 图像和水稻地面观测结合的种植面积提取流程

对基于 SAR 图像的水稻制图，其采用的图像分类方法与基于光学遥感数据的图像分类方法相同，主要有监督分类、非监督分类和决策树分类等。本节将通过建立对比试验方案，对常用的监督分类方法——最大似然判别法和决策树分类方法进行比较，同时从实际应用角度验证水稻制图的最佳时相参数。

(a)最大似然判别法

最大似然判别法，也称贝叶斯(Bayes)分类，是基于图像统计的监督分类法，也是典型的和应用最广的监督分类法。它建立在 Bayes 准则的基础上，偏重于集群分布的统计特性，分类原理是假定训练样本数据在光谱空间的分布是服从高斯正态分布的，做出样本的概率密度等值线，确定分类参数，然后通过计算标本(像元)属于各组(类)的概率，将标本归属于概率最大的一组。

(b)决策树分类法

决策树分类法原理是模拟人工分类过程由整个数据集从上往下逐级细分，而在其算法描述中却是由终极到原级的逆过程，即在预先已知终极类别样本数据的情况下，根据各类别的相似程度逐级往上聚类，每一级聚类形成一个树节点。在此基础上，再根据已选出的特征，从原级到终极对整个影像实行全面的逐级往下分类，对每一级处的特征选择，依据散步矩阵准则来进行，其形式与二叉树相近。决策树分类方法具有灵活、直观、清晰、强健、运算效率高等特点，为了比较两种图像分类方法，并从实际应用的角度验证水稻面积提取的最佳时相参数，利用监督分类方法对该图像进行水稻面积提取作为试验方案 1：选择同样的三波段图像；利用决策树分类法对图像进行水稻面积提取作为试验方案 2：创建由 5 月 17 日和 6 月 24 日 HH、HV、HH/HV 图像组成的三波段图像，利用监督分类方法进行水稻面积提取作为试验时，创建统一的训练区样本，包括城镇、水稻、植被和水体，并分别用于监督分类和决策树分类。分类前，需要对最大似然判别法的参数进行调整。设置各类别的分类概率阈值均为 0.85，其他参数选用系统默认值。对于决策树分类方法，同样需要设定分类条件和分类阈值。阈值的选择主要通过对训练区样本进行统计获取，为经验值分类后对监督分类和决策树分类的结果进行同样的分类后处理，包括聚类(Clump)、筛滤(Sieve)、结合(Combine)操作，使最终的分类图只保留水稻和其他两类。以监利市为研究区，综合雷达和光学遥感卫星监测的融合结果提取出水稻分类结果，如图 4.10 所示。

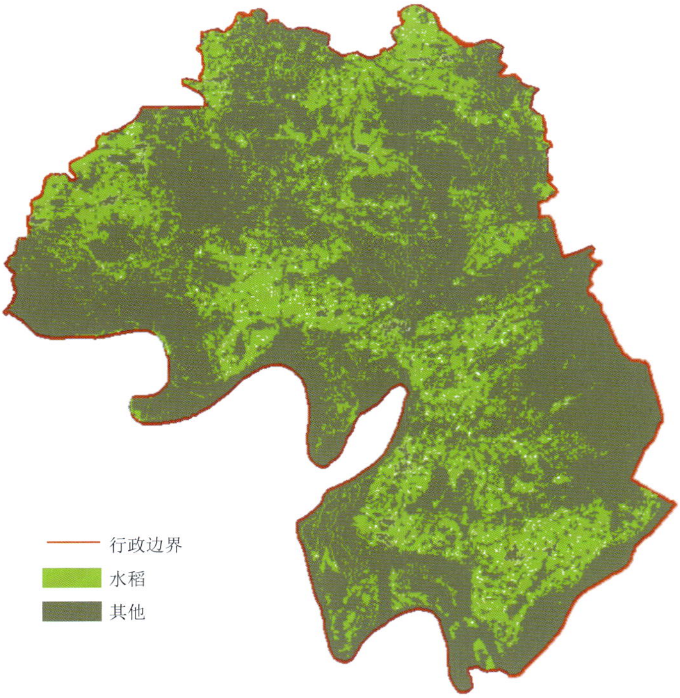

图 4.10　监利市 RadarSat-2 雷达遥感水稻提取面积分布

④结果与评价

试验方案 2 中的决策树分类算法选择了 3 种阈值组合，从结果看（表 4.4），在阈值选择为（0.30，1.5）时具有好的分类结果，由此可以看出，阈值的选择是至关重要的。采用最大似然判别法也具有很高的分类精度，其综合分类性能较好，尽管水稻识别精度没有超过 90%，但总分类精度达到了 77%。因此，综合来说，基于最大似然判别法分类和决策树分类的水稻制图方法都能够产生较高的水稻提取精度。然而，值得指出的是，决策树分类算法在分类时是将图像中的每个像元的值和阈值做比较，然后根据比较的结果判断该像元的类别，而监督分类方法是基于图像统计的分类方法，因此决策树分类算法是获取最佳时相参数进行水稻面积提取具有更高的精度的方法。

表 4.4　两种分类方法精度检验结果比较

分类方法	检验样地包含的像元数				P_1	P_2
	RR	RO	OR	OO	/%	/%
决策树算法 1	4643	479	1491	1111	78.60	91.90
决策树算法 2	4654	473	1491	1111	81.45	91.27
决策树算法 3	4598	461	1490	1109	82.89	90.17
最大似然判别法	4621	1213	4816	1509	77.61	79.21

注：RR、RO、OR、OO 为统计学里的样本统计术语，P_1 为总分类精度，P_2 为水稻识别精度。

4.2.2　水稻生育期遥感识别

作物生育期可以通过田间观测法、积温法和遥感法等多种途径获得。田间观测法是获得植物物候期信息最直接的方法，但需大量人力和物力。积温法需要知道播种期、品种资料以及该品种达到某一生育期时所需要的热量，因而限制了它的应用。而基于多时相遥感数据生成的植被指数序列能反映植被代谢强度及其季节性和年际间变化，很适合大范围、快速监测作物的关键生育期。

一些学者提出可通过水稻在移栽期、分蘖初期、抽穗期和成熟期的 EVI 时序变化特征来实现对各个生长发育期的识别（Xiao et al.，2006；孙华生，2009；徐岩岩 等，2012）。根据水稻移栽后 EVI 变化规律，即稻田秧苗在短时间内返青、分蘖，水稻根系和叶系的生长导致 EVI 快速增大，一直到抽穗期时水稻的营养生长达到了顶峰，EVI 达到最大值，随后开始进入生殖生长阶段，水稻植株内的养分逐渐转入到籽粒中，在成熟期水稻叶片逐渐衰老枯黄导致植被指数下降速度最快，直到水稻收获，稻田植被指数几乎降到最低。湖北省双季稻 EVI 曲线特征与生育期识别点如图 4.11 所示。

将 EVI 曲线峰值对应的时相作为水稻抽穗开花期。查找晚稻生长期内 8 d EVI 时序内最大值，将其对应的 8 d 时相作为抽穗开花期赋予像元值，结合水稻像元提取结果，可得到像元级晚稻抽穗开花期。

利用上述监测识别方法制图显示（图 4.12），2013 年晚稻主要分布在江汉平原南部、鄂东南、鄂东北南部，大部分 8 月底至 9 月上、中旬处于抽穗开花期。

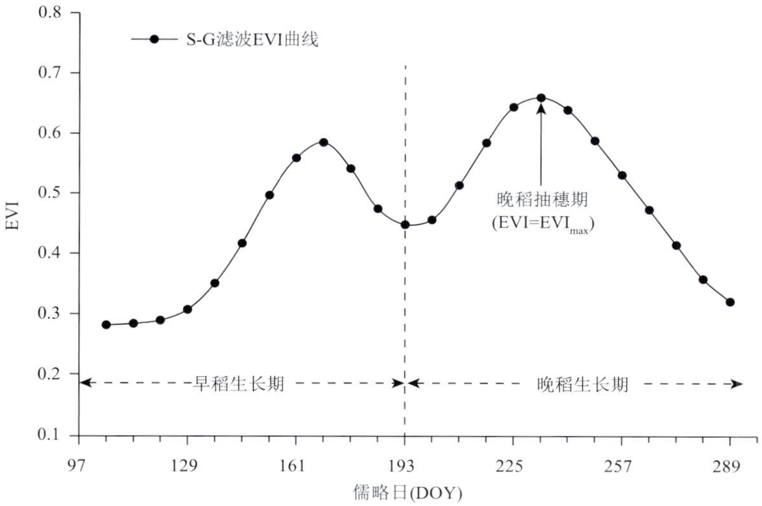

图 4.11　湖北省双季稻 EVI 曲线特征与生育期识别点示意图

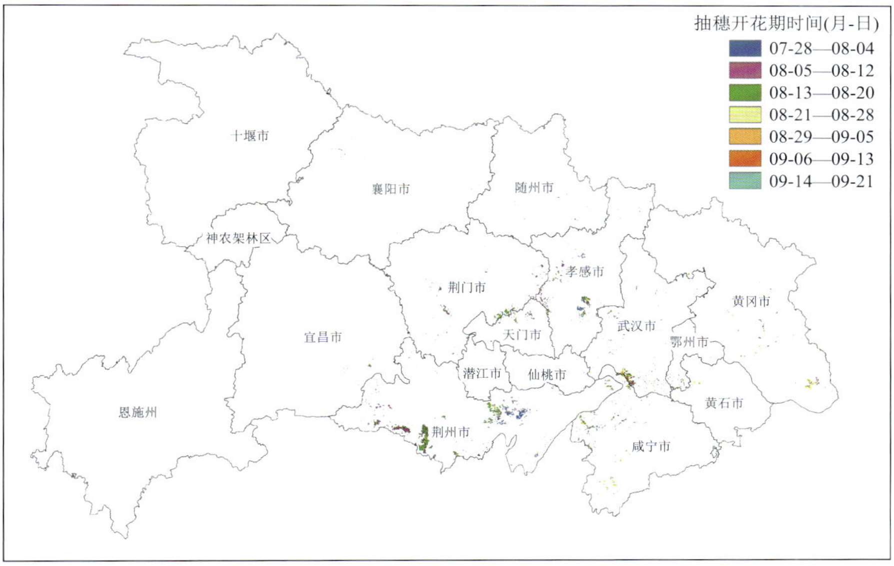

图 4.12　2013 年晚稻抽穗开花期监测

4.2.3　水稻长势遥感监测与评估

水稻长势监测是指对水稻的苗情、生长状况及其变化的宏观监测。对水稻长势进行动态的监测可以了解水稻的生长情况、肥力、病虫害及营养状况，以便采取管理措施以保证水稻的正常生长，从而为早期估产提供依据。作物长势遥感监测是建立在绿色植物光谱理论基础上的，绿色植物对不同波长光谱的吸收、散射、反射均有不同的特征，水稻的光谱特性也是如此。

4.2.3.1　水稻遥感监测的光谱反射原理

遥感影像上的水稻生长状况信息，主要是通过水稻对太阳辐射的反射和吸收差异反映出来，这是因为遥感信息中包含叶子及其生长状况的信息，指示水稻干物质的积累情况。水稻的反射率取决于其体内叶绿素含量和水的吸收，叶绿素在 0.45 μm（蓝光区）、0.65 μm（红光区）附近有强烈吸收，在 0.55 μm（绿光区）有一弱反射峰。可见光波段是叶子健康状况最灵敏的标志，指示着植物光合作用能否正常进行，可见光波段被植物叶绿素强烈吸收，进行光合作用制造干物质。在近红外区则有一高反射峰。植物长势的好坏反映在光谱反射上，长势好，反射率增大，陡坡效应明显。另外，水稻的光谱特征也很容易与岩石、水体等其他地物区分开。这两个波段数值的不同组合方式是植被指数的核心。运用植被指数在一定程度上能够减少外界因素带来的数据误差，更利于植物专题信息的提取。目前作物的长势监测主要以基于植被指数的监测为主。

4.2.3.2　水稻长势遥感监测方法

水稻长势监测是指对水稻的苗情、生长状况及其变化的宏观监测（吴炳方，2004；祝必琴等，2014）。对水稻长势进行遥感监测可以了解水稻的生长情况、营养状况、病虫害以及肥力情况等，为田间管理措施的制定提供支持，以保证水稻的正常生长。利用多时相遥感植被指数开展水稻长势监测的流程如图 4.13 所示。

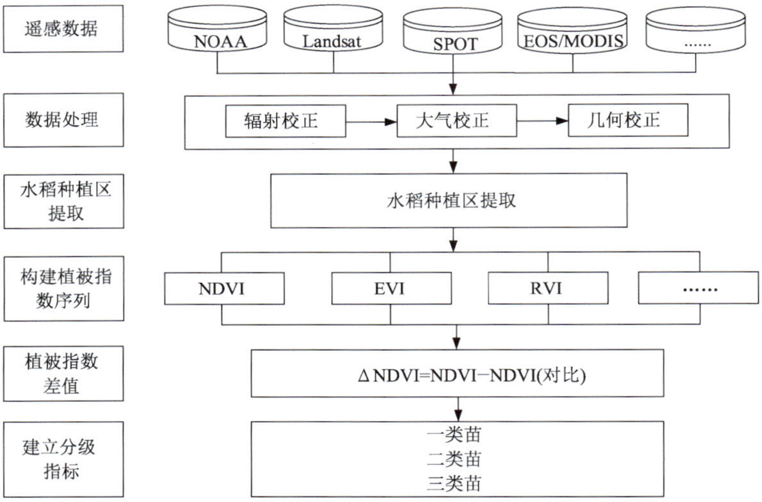

图 4.13　水稻长势遥感监测流程

（1）遥感数据

常用的遥感数据有 Landsat/TM、EOS/MODIS 等。主要以 EOS/MODIS 遥感资料为主，高分辨率的 MODIS 遥感数据为大面积植被物候研究提供了有利条件。

（2）水稻种植区提取

获得水稻空间分布是水稻长势遥感监测的基础。利用 4.2.1.1 节的方法获取水稻种植区的空间分布。

（3）构建植被指数序列

在水稻长势遥感监测中，最常用的是利用植被光谱响应敏感波段构建能反映水稻生长状况的遥感指数进行监测，包括植被指数、叶面积指数等(孙丽 等，2020)。常见的植被指数有归一化植被指数(NDVI)、比值植被指数(RVI)、差值植被指数(DVI)、增强植被指数(EVI)等。NDVI 是反映农作物长势和营养信息的重要参数之一(付晓晨 等，2021)，能够相当精确地反映植被的绿度、光合作用强度、代谢强度及季节变化，可用于植被生长状况的监测、分类和物候分析。

利用 MODIS-NDVI 建立的植被指数序列时序植被指数包括单日植被指数以及在单日植被指数基础上的合成植被指数。常用的 NDVI 合成周期有 MODIS 卫星轨道回归周期即 16 d、旬和月。植被指数合成的目的是在一定时间间隔内提供不受云层影响的植被指数图像，使合成的数据保持一致并以最佳的时空分辨率使遥感数据陆面覆盖率最大化，以便更好地反映植被指数物候变化规律和年际变化特征。

(4)长势监测

水稻长势监测主要包括实时监测和过程监测(吴炳方，2004)。实时监测是利用实时遥感图像判断具体时段(旬、月、年)作物长势优劣及其空间分布，评价该时段内作物长势的空间分布，主要是将实时植被指数与上一年、多年同期平均以及指定年份同期对比，通过对差值进行分级、统计来反映区域作物实时生长状况(于堃 等，2013)。过程监测主要是通过时序植被指数来构建作物生长过程，通过生长过程的年际间(如高产年、平产年、低产年和上一年)对比来反映作物生长的状况，寻找当年与典型年份曲线间的相似和差异，统计生长过程曲线的上升速率、下降速率、累计值等特征参数来反映当年作物生长趋势(于堃 等，2013)。

(5)建立分级指标

分析植被指数建立分级指标，以对水稻的长势进行评价，一般将水稻的长势划分为三种类型：一类苗、二类苗和三类苗。一类苗是指水稻植株生长状况好，密度均匀，产量预计可达正常甚至丰产年景的水平。二类苗是指水稻植株生长状况中等，植株密度不太均匀，产量预计可以达到或接近平均产量的水平。三类苗是指水稻植株生长状况不好或较差，植株密度不均匀，是减产年景的产量水平(陈建军，2012)。

4.3 水稻农业气象灾害定量评估研究

4.3.1 水稻暴雨洪涝灾害影响评估

水稻虽是一种喜水耐淹作物，但其正常生长的水层深度也有一定的范围，长期水层过高或没顶淹水下，水稻的光合作用和呼吸作用会受到抑制，从而造成减产甚至绝收(夏石头 等，2000)。湖北省地处中纬度亚热带季风气候区，雨季降水集中，加之河网水系密布，洪涝灾害一直是威胁粮食生产的重要不稳定因素，其中水稻通常种植在沿江平原或滨湖地区，受洪涝灾害的影响尤为突出。

4.3.1.1 水稻洪涝灾害评估方法

采用数值模拟方法进行洪涝致灾因子反演，结合作物淹涝损失脆弱性函数进行损失评估，总体技术路线如图 4.14 所示，首先利用分布式水文模型和水动力模型获得洪涝淹没水深动态，然后利用遥感影像获得的水稻种植分布图和水稻洪涝损失脆弱性函数，逐格点计算水稻因涝损失。

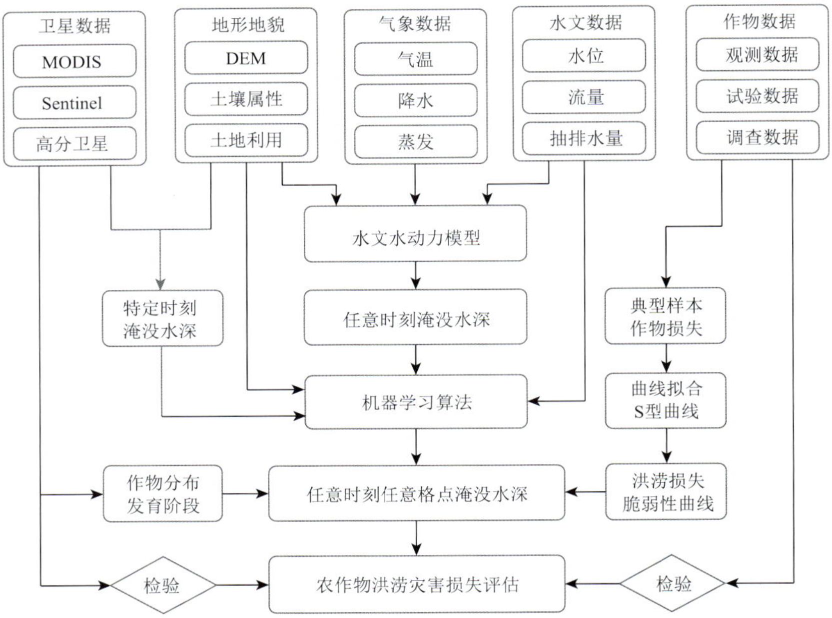

图 4.14　水稻洪涝灾害损失评估技术路线

(1)洪涝致灾因子数值模拟

以高精度的地形、地理、土壤、植被、降水等空间数据为基础,利用分布式水文模型和水动力模型,通过数值模拟刻画暴雨洪涝地表物理过程,获取淹没范围、水深、历时、流速等致灾因子的时空动态特征,为洪涝损失评估模型提供关键参数。

(2)水稻洪涝损失函数构建

通过控制试验研究获取水稻不同淹涝胁迫情景下产量损失,选择 S 型曲线函数和韦伯(Weibull)分布函数,以减产率为因变量,淹涝持续时间为自变量,分生育期和不同淹没深度(相对于株高)对样本进行分组拟合,选择拟合效果最好的函数类型和相应参数作为水稻淹涝损失函数。

(3)格点和区域尺度水稻洪涝损失评估

将水动力模型和遥感影像获得的淹没水深与水稻种植分布图叠加,提取水稻格点淹没水深动态,利用水稻发育期信息估算株高,将水深转换为相对淹没深度,选择相应生育期的淹涝损失函数,逐格点计算水稻洪涝损失减产率。针对受灾面积统计,依据中国农业灾情统计口径,分别以减产 10%、30%和 80%以上为指标,统计受灾、成灾和绝收面积。

4.3.1.2　水稻洪涝灾害评估个例

2020 年主汛期,湖北省连续遭遇 10 轮强降雨袭击,全省平均雨量 811.4 mm,为 1951 年以来同期之最,梅雨期雨量和强度超过 1954 年、1998 年、2016 年等典型洪涝年,发生严重外洪内涝灾害(秦鹏程 等,2023)。综合利用卫星遥感、暴雨洪涝淹没模拟和农业灾情评估技术,结合实地调查和应急、农业部门灾情上报数据,客观评估了主汛期洪涝灾害对全省农业造成的损失。

(1)评估数据

哨兵 1 号、高分 3 号、Landsat 等卫星遥感影像先进星载热发射和反射辐射仪全球数字高程模型(ASTER GDEM)地形高程和土地利用分类数据,降水、蒸发等气象监测和江河水位监测数据,应急管理厅和农业农村厅灾情上报数据。

(2)评估方法

利用历史长序列气象、水文监测数据对比分析水、雨情致灾强度,基于卫星遥感和暴雨洪涝淹没模拟技术反演洪涝致灾因子(淹没范围、水深、持续时间等),结合种养殖对象空间分布图和洪涝脆弱性模型构建灾情评估模型,通过仿真模拟、相似年比较及与抽样调查数据和部门上报数据比较,综合评估灾害损失。

(3)评估结果

①雨情和水情

2020 年 6 月 1 日—8 月 11 日,湖北省鄂西南和江汉平原及其以东地区累计出现 10 场区域性暴雨或大暴雨天气过程,累计雨量鄂西北地区 300～600 mm,江汉平原及其以东大部分地区 800～1000 mm,鄂东北东部和鄂西南中部 1000 mm 以上。据统计,全省平均雨量 811.4 mm,较常年同期偏多 1 倍,梅雨期雨量和强度超过 1954 年、1998 年、2016 年等典型洪涝年(表 4.5),是中华人民共和国成立以来同期之最。期间长江干流监利以下全线超警戒水位,武汉关最高水位达 28.77 m,水情和雨情强度均超过 2016 年。

表 4.5 湖北省典型洪涝年降水量统计　　单位:mm

时间	常年平均		1954 年		1998 年		2016 年		2020 年	
	梅雨期	6—7 月	梅雨期	6—7 月	梅雨期	6—7 月	梅雨期	6—7 月	梅雨期	6—7 月
降水量	264.0	382.0	682.4	702.7	465.8	509.0	567.1	660.2	757.1	768.1

注:每年入梅、出梅时间不同,梅雨期长度变化较大。

②洪涝淹没面积

卫星遥感监测显示,2020 年汛期江汉平原、鄂东沿江平原和鄂西南部分地区因江河湖泊长时间维持高水位,农田大面积积水,发生明显洪涝灾害(图 4.15),经统计,洪涝累计淹没全省土地面积 2089.4 万亩,其中,城镇受淹面积 181.8 万亩,农田受淹面积 1495.7 万亩,林地受淹面积 121.1 万亩(表 4.6)。

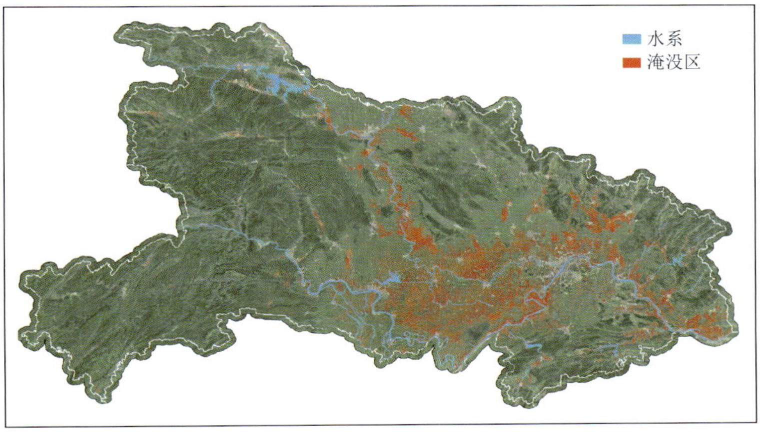

图 4.15　2020 年主汛期以来湖北省洪涝受淹范围卫星遥感监测

表 4.6　2020 年主汛期湖北省洪涝地表淹没面积估算　　单位：万亩

行政区域	受淹土地面积	受淹城镇面积	受淹农田面积	受淹林地面积
荆州市	452.7	30.6	351.2	6.6
黄冈市	303.2	30.2	213.0	34.2
荆门市	209.4	15.0	164.6	9.9
武汉市	207.5	16.1	134.3	5.3
孝感市	163.8	13.2	126.5	2.6
仙桃市	142.2	12.9	101.9	0.3
天门市	127.7	17.0	100.4	0.8
潜江市	111.8	15.3	84.9	1.5
咸宁市	91.7	4.4	54.2	11.6
襄阳市	91.2	10.4	61.5	6.9
黄石市	62.4	4.5	41.7	4.8
宜昌市	54.3	6.5	32.4	12.0
十堰市	35.6	4.2	15.3	13.7
鄂州市	15.0	0.9	6.5	0.8
恩施市	10.5	0.3	3.2	6.3
随州市	9.8	0.3	3.9	3.3
神农架林区	0.6	0	0.2	0.5
合计	2089.4	181.8	1495.7	121.1

③农业损失评估

通过洪涝淹没数值模拟结合农业气象灾情评估模型估算，2020 年全省农业受洪涝灾害直接影响面积 1822.4 万亩，其中水田 1164.0 万亩，旱田 351.6 万亩，水产养殖 306.8 万亩；成灾面积 825.3 万亩，绝收面积 345.2 万亩，受灾较重的地区主要位于荆州、黄冈、孝感、仙桃、咸宁、武汉、潜江等地市（图 4.16）。综合考虑农作物病虫害等次生灾害影响，结合抽样调查和农业、应急部门灾情统计数据，估算 2020 年主汛期以来洪涝灾害农业实际受灾面积约 2357.6 万亩，成灾面积 1209.3 万亩，绝收面积 364.6 万亩，直接经济损失约 145 亿元（表 4.7）。

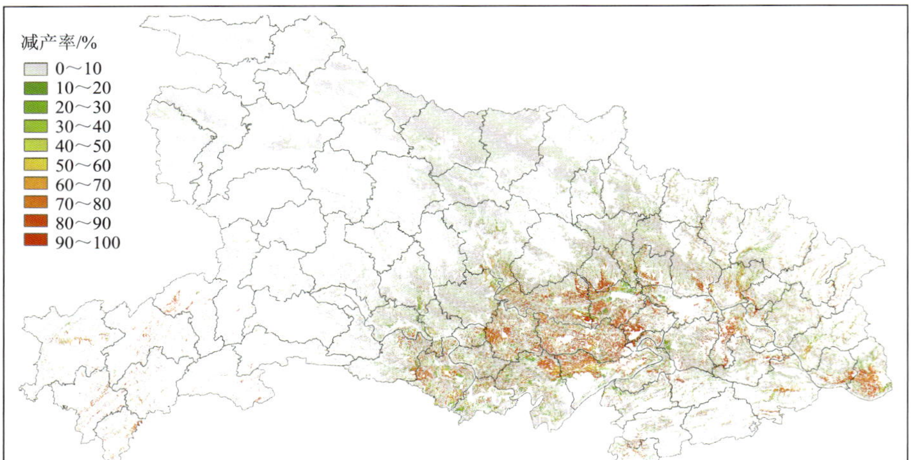

图 4.16　2020 年主汛期湖北省农作物洪涝损失减产率估算

表 4.7　2020 年主汛期湖北省洪涝灾害农业受灾面积估算　单位：万亩

行政区域	水田			旱田			水产养殖			合计		
	受灾	成灾	绝收	受灾	成灾	绝收	受灾	成灾	绝收	受灾	成灾	绝收
荆州	325.7	169.4	50.1	144.5	83.6	20.3	118.2	54.6	17.4	588.4	307.6	87.8
黄冈	261.9	152.4	36.9	143.7	72.3	15.6	91.2	44.9	12.3	496.8	269.6	64.8
咸宁	87.8	42.9	9.8	56.9	35.3	9.2	40.7	12.9	2.6	185.4	91.1	21.6
仙桃	86.9	51.8	15.9	36.2	18.9	7.1	29.6	14.4	8.1	152.7	85.1	31.1
荆门	58.1	24.0	5.4	51.2	15.2	4.5	5.1	2.1	0.6	114.4	41.3	10.5
恩施	56.0	32.4	13.2	54.9	26.9	15.2	2.1	1.2	0.5	113.0	60.5	28.9
天门	64.7	31.4	5.7	26.6	15.0	5.4	20.7	10.8	5.3	112.0	57.2	16.4
潜江	66.2	33.5	9.3	13.2	7.1	2.9	33.5	18.6	9.8	112.9	59.2	22.0
黄石	85.5	46.8	19.2	16.4	8.4	2.9	5.7	3.5	1.4	107.6	58.7	23.5
孝感	39.0	19.1	2.6	42.6	21.6	10.1	25.5	11.6	4.7	107.1	52.3	17.4
武汉	44.0	23.1	8.6	22.4	12.5	4.2	8.6	5.0	2.1	75.0	40.6	14.9
宜昌	18.0	7.1	1.2	38.9	17.1	5.4	0.5	0.3	0	57.4	24.5	6.6
鄂州	33.2	18.9	7.8	8.4	4.8	2.0	7.4	4.5	1.8	49.0	28.2	11.6
随州	27.3	9.5	1.1	20.4	10.4	1.8	1.2	0.8	0.2	48.9	20.7	3.1
襄阳	12.5	1.8	0	21.3	10.1	3.9	0	0	0	33.8	11.9	3.9
十堰	0.9	0.3	0	1.8	0.5	0.5	0	0	0	2.7	0.8	0.5
神农架	0	0	0	0.5	0	0	0	0	0	0.5	0	0
合计	1267.7	664.4	186.8	699.9	359.7	111.0	390.0	185.2	66.8	2357.6	1209.3	364.6

注：减产率 10%以上统计为受灾，30%以上为成灾，80%以上为绝收。

（4）评估结果分析

①与调查数据的比较

根据灾情评估结果，洪湖、仙桃、黄梅 3 县（市）均受到洪涝灾害影响，卫星遥感监测的典型淹没农田与现场调查吻合率达 100.0%，但对于植被茂盛和退水较快的田块，遥感监测结果存在遗漏和低估的现象，与实地调查统计数据相比，遥感监测的 3 县（市）农田受淹面积较实际分别偏小 9.8%、16.4%、3.4%，这主要是由于卫星过境时间与灾害发生时间存在偏差以及地表植被信息过强影响遥感水体提取效果。气象灾情评估模型估算的 3 县（市）农业绝收面积与调查数据基本一致，但受灾面积和成灾面积估算结果较实际分别偏小 11.7%～15.9%和 10.6%～18.4%，这主要是由于气象灾情评估模型仅考虑洪涝灾害的直接影响，对病虫害等次生灾害影响考虑不足，据实地调查，由于梅雨期雨日多、雨量大，农田长期淹水，农作物病虫害严重且因天气原因不利于防治，导致全省水稻“两迁”害虫发生面积达 1800 万亩，其他病虫害的发生和危害程度也较常年偏重。

②与部门灾情上报数据的比较

综合比较气象灾情评估模型估算结果和应急与农业部门灾情上报数据，对洪涝灾害导致的农作物绝收面积估计比较接近，但对受灾和成灾面积的估计存在一定偏差（表 4.8）。其中，气象灾情评估模型估算结果由于未考虑洪涝次生灾害影响，对实际灾情存在低估，应急和农业部门灾情上报数据较为接近，但仍存在6.4%～16.2%的偏差，这是由于农作物等承灾体受洪涝灾害的影响具有一定的滞后性、隐蔽性和恢复能力，在灾情报送和核定过程中，由于时间紧、任务重，对减产10.0%～30.0%的损失鉴定存在较大的难度和误差。利用实地调查和部门上报数据修正气象灾情评估模型，综合多源数据对农业灾情的评估结果，进一步缩小了不同途径评估结果之间的差异。

表4.8 不同数据来源和方法估算的洪涝灾害农业受灾面积 单位：万亩

数据来源	受灾面积	成灾面积	绝收面积
应急部门灾情上报	2221.8	1309.8	372.5
农业部门灾情上报	2079.8	1097.6	337.4
气象灾情评估(洪涝直接影响)	1822.4	825.3	345.2
联合调查评估(实际灾害损失)	2356.2	1208.3	363.5

③与典型洪涝年灾情的比较

2016年，自6月18日入梅后，湖北省出现6轮区域性强降水，发生了1998年以来最为严重的洪涝灾害，据统计，全省农业因洪涝灾害累计受灾面积达2625万亩，绝收645万亩。2020年6月8日入梅以来，湖北省再次遭受严重外洪内涝灾害，水、雨情强度超过2016年。利用气象灾情评估模型，在假定水利设施和防洪减灾措施保持不变的情景下，对2016年和2020年气象条件造成的洪涝灾害损失进行仿真模拟显示，2020年洪涝灾害的潜在损失重于2016年，其中农作物受灾面积是2016年的1.2倍，水产养殖受灾面积约是2016年的2倍。根据实地调查和综合评估显示，2020年洪涝灾害农业实际受灾面积仅为2016年的90%，绝收面积为2016年的50%。经调查分析，自2016年发生严重洪涝灾害以来，各地通过水利补短板工程建设和种养殖产业结构调整，有效提高了洪涝灾害的防御和承受能力，一定程度减轻了灾害损失。此外，2020年汛前大部分地区降水偏少，江河湖库处于较低水位，加之气象预报、预警及时，为汛前预留防洪库容和汛期抗洪排涝调度提供了准确的决策依据，灾害发生后，各部门及时开展抗灾救灾技术服务指导，有效减轻了洪涝灾害影响。

(5)分析结论

洪涝灾害的发生具有随机、迅猛、破坏性强等特点，对防灾救灾工作提出了较高要求。卫星遥感技术可以在第一时间提供洪水淹没范围监测，结合气象、水情监测和仿真模拟，快速对灾情进行预估，及时为抗灾救灾提供决策依据。但遥感和气象灾情评估模型存在监测盲区及对次生灾害考虑不足等问题，评估结果存在一定偏差，与实地调查和灾情统计相结合，综合利用多源数据、多种手段是提高灾害损失评估准确性的重要途径。

4.3.2 水稻高温干旱灾害影响评估

4.3.2.1 水稻高温热害影响评估方法

(1)评估指标

一般把日平均气温≥30 ℃和日最高气温≥35 ℃作为水稻高温热害临界温度，持续3 d及以上作为一次高温过程。按照高温持续天数来划分高温热害的等级，持续3～5 d、6～8 d和8 d以上分别为轻度、中度和重度高温热害的划分依据。由于高温热害主要影响水稻结实率和单产，因此，也有根据水稻产量性状指标判定水稻高温热害等级的。

根据各产量结构要素以及中稻单产与高温热害强度的回归方程，以不减产、减产 15%、减产 30%、减产 60%为节点，将中稻高温热害减产划分为 5 个等级，见表 4.9。其中，减产率以湖北省正常年份中稻平均单产 650 kg/亩为基准计算。水稻抽穗扬花期遭遇高温热害，会影响开花授粉，导致空壳率增大，影响中稻结实率；灌浆期遭遇高温热害，会降低灌浆速度，影响干物质积累，导致千粒重下降。一般认为水稻结实率在 85%以上为基本正常，亦即水稻结实率在 85%以上时，表明高温对抽穗开花影响较小。

表 4.9　中稻开花—灌浆期高温热害减产等级(全省平均)

减产等级	减产率/%	35 ℃热害累积值	结实率/%	空壳率/%	秕谷率/%	千粒重/g	单产/(kg/亩)
1 级	$R_L=0$	$0<H\leqslant12.5$	≥82.2	≤13.3	≤4.5	≥29.9	≥650.1
2 级	$0<R_L\leqslant15$	$12.5<H\leqslant20.2$	77.2～82.2	13.3～17.7	4.5～5.1	29.1～29.9	553.0～650.1
3 级	$15<R_L\leqslant30$	$20.2<H\leqslant29.5$	71.1～77.2	17.7～23.0	5.1～5.9	28.2～29.1	454.9～553.0
4 级	$30<R_L\leqslant60$	$29.5<H\leqslant56.0$	53.9～71.1	23.0～38.2	5.9～7.9	25.7～28.2	260.8～454.9
5 级	$R_L>60$	$H>56.0$	<53.9	>38.2	>7.9	<25.7	<260.8

(2)评估案例

2016 年 7 月 21 日梅雨期结束后，湖北省进入盛夏期。受副热带高压控制，7 月 22 日—8 月 2 日、8 月 10—25 日湖北省先后出现两段晴热高温天气，其中 7 月 22 日—8 月 2 日鄂东大部分地区、江汉平原南部高温日数达 10～12 d，鄂西北北部、江汉平原北部达到 5～9 d，日平均气温大部分地区偏高 2.0～4.2 ℃；8 月 10—25 日鄂东大部分地区、江汉平原南部、鄂西局部再度出现一段 10～15 d 的高温，日平均气温较常年偏高 3.0～4.9 ℃(图 4.17)。

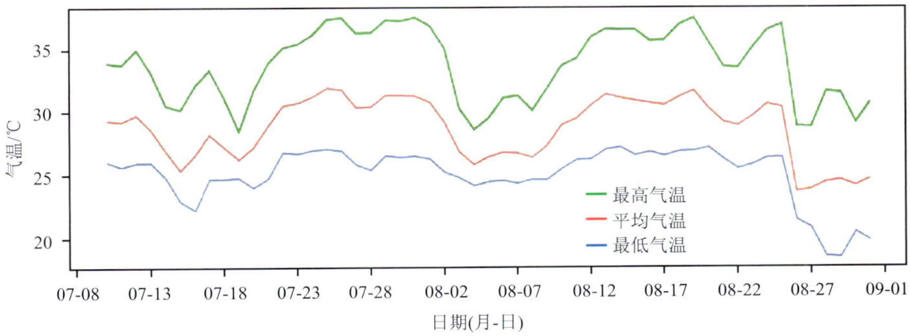

图 4.17　2016 年 7 月 10 日—8 月 31 日全省平均最高、最低和平均气温逐日变化

9 月上旬开始，在全省 18 个市(县)开展中稻产量调查，共取得 95 个调查样本，统计样本抽穗扬花期时间、水稻品种、结实率、单产等资料，调查要素包括调查地点、经纬度、中稻品种、栽培方式、灌溉条件、主要生育期(包括播种期、移栽期、返青期、孕穗期、抽穗期、收割期)、产量因素(包括穗粒数、实粒数、空粒数、秕粒数、有效茎数、千粒重)等。

根据各地中稻调查结果和高温发生时间(图 4.18)，中稻抽穗期主要是 7 月 21 日—8 月 28 日，其中在 7 月下旬第一段高温时抽穗的样本占 8.5%，在 8 月上旬抽穗的样本占 23.7%，在 8 月第 3～5 候第二段高温抽穗的样本占 66.1%，在 8 月第 6 候抽穗的样本占 1.7%。由此，大部分中稻抽穗扬花期都遭遇了不同程度的高温热害，少数抽穗期未遇高温，但灌浆期遭遇了程度不等的高温热害。

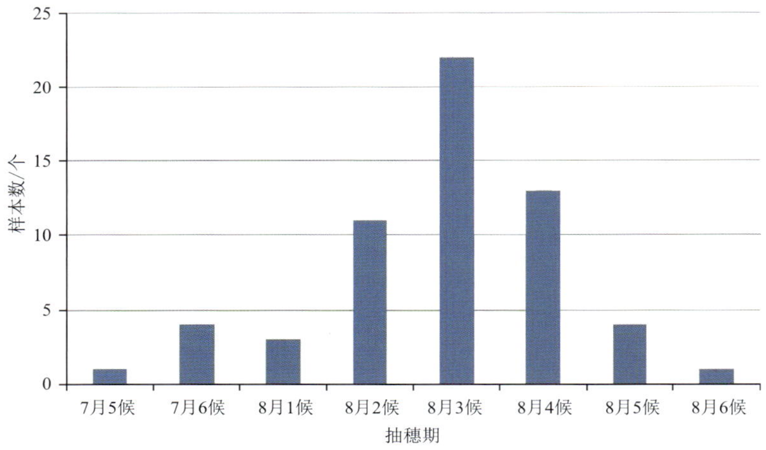

图 4.18　调查的中稻样本抽穗期分布

调查结果（图 4.19）显示，中稻在 8 月上旬或 8 月下旬后期抽穗扬花、未遇高温热害或高温热害影响时间较短，其结实率均在 85.0%以上，平均结实率 88.2%。7 月下旬抽穗的中稻结实率为 73.0%～78.0%，平均结实率 75.6%；8 月中旬—下旬前期抽穗的中稻结实率多为 49.0%～85.0%，平均结实率 76.3%；与未遭遇高温的中稻相比，平均结实率分别偏低 12.6%和 11.9%。

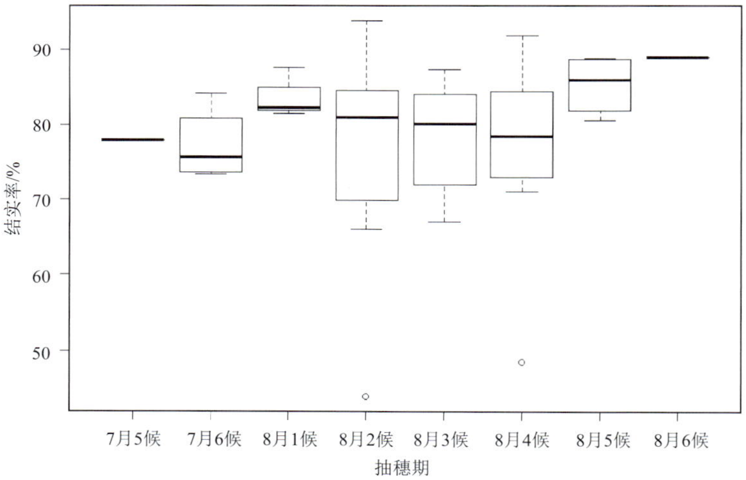

图 4.19　不同抽穗期的中稻结实率情况箱线图

调查显示，高温对不同品种中稻的影响存在差异，受调查的中稻样本品种多达 43 个，主要系列有：两优、新两优、广两优、丰两优、黄花占、T 优、皖稻、泸优、籼优、岗优、Y 两优、汕优等。其中，受调查的品种中广两优香 66、Y 两优系列、皖稻和黄花占、丰两优香等抽穗多遇第二段高温，其结实率在 70%以下。而品种为广两优系列、丰两优系列、扬两优系列、新两优系列、华优等品种抽穗开花期也大多遇第二段高温，但结实率为 70%～85%，其结实率高于上述其他品种。以黄花占、两优 3905 两品种为例，两者均在 8 月中旬抽穗开花，前者在江夏种植，后者在钟祥种植，高温指数前者略高于后者，调查结果显示两者的结实率相差 12%。由此可见，不同中稻品种对高温的反应不同。

高温热害不仅影响中稻抽穗扬花，导致结实率下降，还会影响中稻灌浆速率和干物质累积量，从而导致千粒重下降。一般而言，同一田块从抽穗开始到抽穗结束需要 5～7 d，因此可以认为，在 7 月下旬前期抽穗的中稻灌浆时部分可能遭遇了高温热害；在 7 月下旬后期—8 月上旬前期抽穗的中稻基本在 8 月上旬灌浆，未遇灌浆期高温；在 8 月上旬后期抽穗的中稻基本在 8 月中旬进入灌浆期，恰巧遇到了第二段高温热害；8 月中旬前期抽穗的中稻在 8 月中旬末—8 月下旬前期灌浆，也遇到了高温热害；8 月中旬末—下旬前期抽穗的中稻抽穗期遇到高温，但灌浆时基本在 8 月下旬中期或旬末，基本未遇到高温热害；8 月下旬后期抽穗的中稻抽穗和灌浆期均未遇到高温。根据调查考种资料，在 8 月中旬末之后抽穗的中稻灌浆期未遇高温，平均千粒重 26.6 g，最低千粒重 22.9 g；在 8 月 10 日之前抽穗的中稻平均千粒重 26.2 g 左右，最低千粒重 20.3 g；在 8 月 10—20 日抽穗的中稻平均千粒重 26.6 g，最低千粒重 19.2 g。与灌浆期未遭遇高温热害的中稻相比，平均千粒重分别偏小 0.4 g 和 0.02 g，最低千粒重分别偏小 2.6 g 和 3.7 g。

根据 2016 年高温热害发生特点，采用 25 d 滑动累加的方法，统计不同抽穗开花始期下（图 4.20）各地中稻高温热害特点。

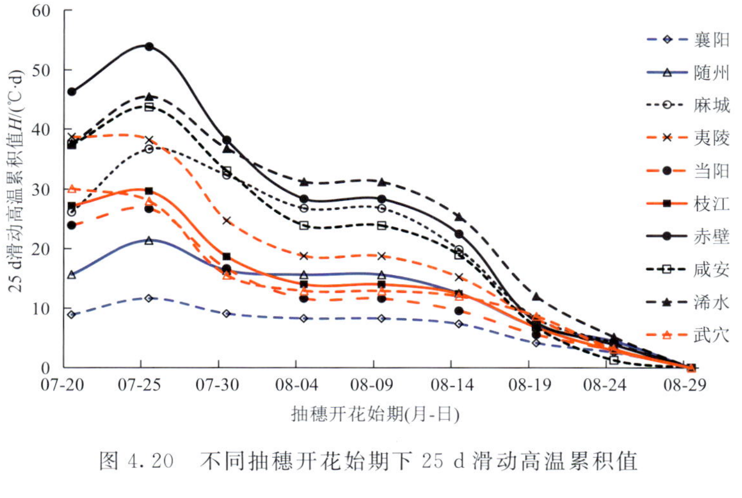

图 4.20　不同抽穗开花始期下 25 d 滑动高温累积值

由于 2016 年高温热害呈现出阶段性特点，中稻抽穗开花期的早晚对应着阶段性的高温热害波动。其中，7 月下旬开花的中稻，其高温热害累积值最大，随着抽穗开花期的推迟，高温累积值逐渐下降。其中，8 月上、中旬开花的，25 d 高温累积值稳定在 10～35 ℃·d，8 月下旬抽穗开花的，受高温影响较小，高温累积值多处于 10 ℃·d 以下。此外，高温热害表现出区域差异，同一抽穗开花始期下，北部襄阳、随州高温累积值较小，鄂东南大别山区和幕埠山区部分县（市）高温累积值相对较高，其他县（市）中稻高温热害处于中等水平。

4.3.2.2　水稻干旱影响评估方法

(1)评估使用的数据

①气象数据:湖北省76个国家气象站1961年以来逐日降水量、最高气温、最低气温、相对湿度、风速、日照时数等,以及中国气象局1 km分辨率地面、卫星、雷达三源融合降水数据。

②地形数据:湖北省范围内海拔高程数据,空间分辨率1 km,从USGS网站获取。

③水文资料:湖北省江河湖泊水位及流量资料,来自湖北水情网。

④作物数据:遥感作物分类、农业气象观测作物发育期和干旱试验相关数据。

⑤调查数据:干旱受灾面积统计、灾情调查以及遥感植被指数和蒸散发产品等用于模型检验。

(2)评估方法

综合利用气象监测、遥感和农田水利灌溉信息,结合抽样调查结果,建立农业灾情评估模型,开展干旱对水稻的影响评估,总体技术路线和流程如图4.21。

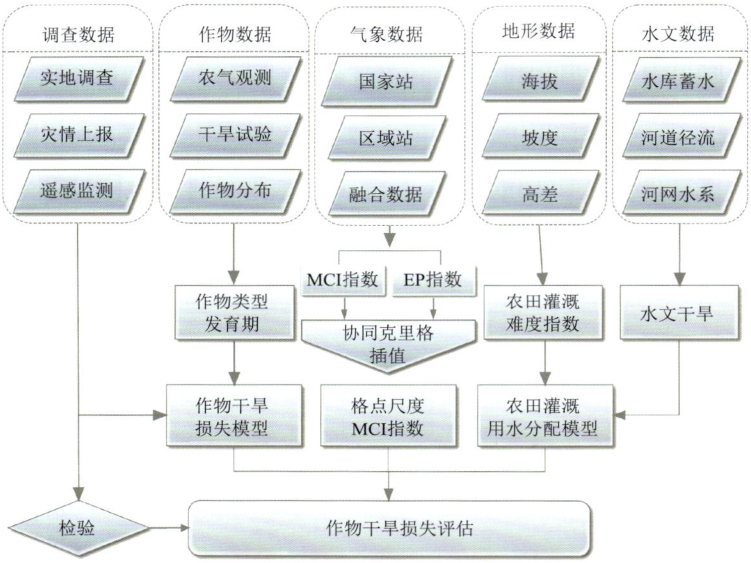

图4.21　农作物干旱影响评估技术路线

①首先利用湖北省76个国家气象站历史观测资料建立逐日气象干旱指数(MCI)序列,以中国气象局CMPAS多源融合格点降水产品近3个月降雨量构建有效降水指数(EP)为协变量,通过协同克里格插值建立1000 m网格逐日干旱监测指数。

②综合利用地形、水库、河网分布和农田水利基础设施数据建立农田灌溉难度指数模型,结合江河、湖泊、水库实时水情和农作物不同发育阶段水分需求,建立农作物灌溉满足率指数模型。

③根据农作物实际发育阶段及其受旱生理机制,结合抽样调查结果,基于水分生产函数(Jensen模型)建立农作物干旱损失定量评估模型。

④利用农作物种植分布图,逐格点对湖北省农作物因旱损失进行评估。按减产10%以上为受灾,减产30%以上为成灾,减产80%以上为绝收,统计不同程度灾害面积。通过对无灌溉情景下潜在的灾害损失进行模拟,与实际灌溉条件下的损失结果比较,对抗旱减灾效益进行评估。

(3)应用案例

2022 年夏季,湖北省出现两段持续时间长、影响范围广、极端性强的高温天气,期间降水显著偏少、蒸发量大,大部分地区出现不同程度气象干旱,并持续到秋季。期间,综合利用气象干旱监测指标,结合抽样调查结果,基于上述灾情评估模型,动态开展了 2022 年夏、秋季干旱对湖北省主要农作物产量的影响评估,并与 2018 年、2019 年、2022 年典型年夏、秋季干旱过程的影响做对比分析。

①评估结果

据干旱灾情评估模型估算,在实际灌溉条件下,2022 年夏季湖北省农作物因旱受灾 1463.7 万亩,成灾 1284.6 万亩,绝收 0.2 万亩(表 4.10)。灾情主要分布在十堰、恩施、宜昌、荆州、荆门、仙桃、孝感、黄冈、咸宁等地(市)(图 4.22)。与应急部门相关灾情统计数据相比,农作物受灾面积评估结果与灾情上报数据接近,但绝收面积明显偏小,这可能是由于绝收农作物主要是蔬菜和设施农作物,未在本次评估的范围之内。与近 5 a(2017—2021 年)典型干旱年灾情相比(表 4.10),2022 年夏季干旱农作物受灾面积评估结果低于 2018 年和 2019 年,但实际灾情统计损失超过 2018 年,接近 2019 年,直接经济损失均超过 2018 年和 2019 年,这可能是由于高温灾害导致的直接经济损失与干旱灾情统计在一起所致。

对无灌溉情景下的灾害损失模拟分析显示,农作物因旱受灾 3930 万亩,成灾 2130 万亩,绝收 1480 万亩。与实际灌溉条件下的灾害损失(图 4.23)对比,灌溉条件下农业损失较无灌溉情景下明显下降(图 4.24),其中鄂西山区通过灌溉挽回的损失占潜在损失的 10%~30%,中东部大部分地区通过灌溉挽回损失 30%~60%,说明抗旱救灾具有显著成效,且平原优于山区,这主要是由于山区水利基础设施建设落后且耕地坡度大,导致抗旱成本高,应对干旱灾害的能力较平原地区差。

②存在问题及不足

2022 年干旱与高温热害叠加,与普通干旱年相比灾情更重,干旱灾情评估模型未充分反映高温胁迫影响,对旱情评估结果偏轻。同时,由于缺少精细化的灌区分布矢量图,灌溉模型不能充分反映实际灌溉情况,造成评估结果存在一定偏差。

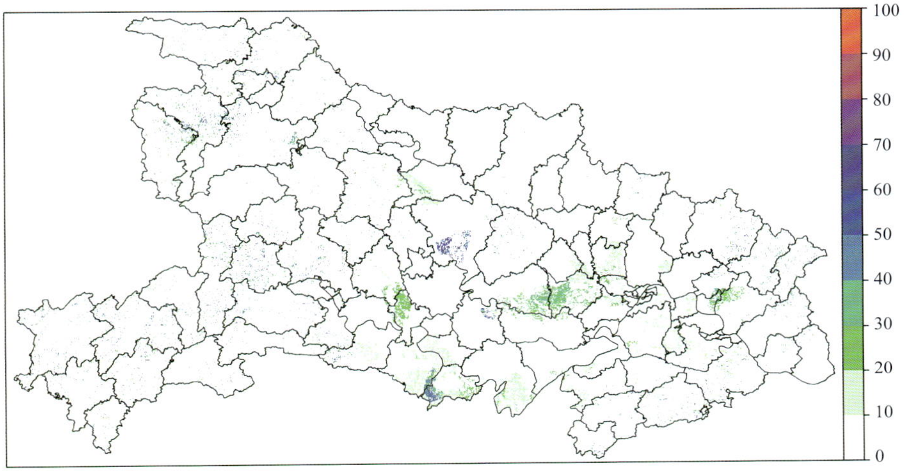

图 4.22 2022 年 6 月 1 日—9 月 20 日实际灌溉条件下农作物干旱灾害减产率(%)

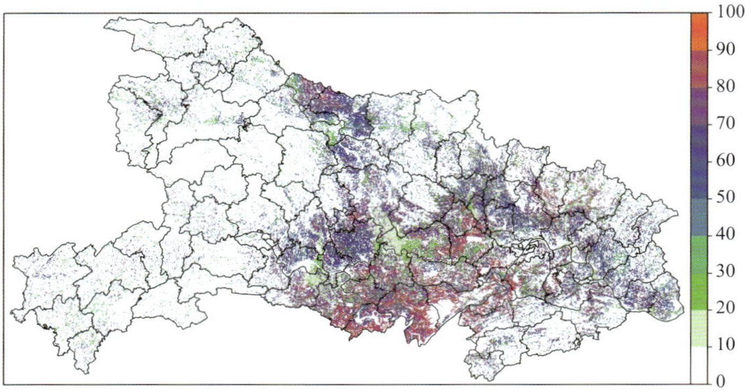

图 4.23　2022 年 6 月 1 日—9 月 20 日无灌溉条件下农作物干旱灾害减产率(%)

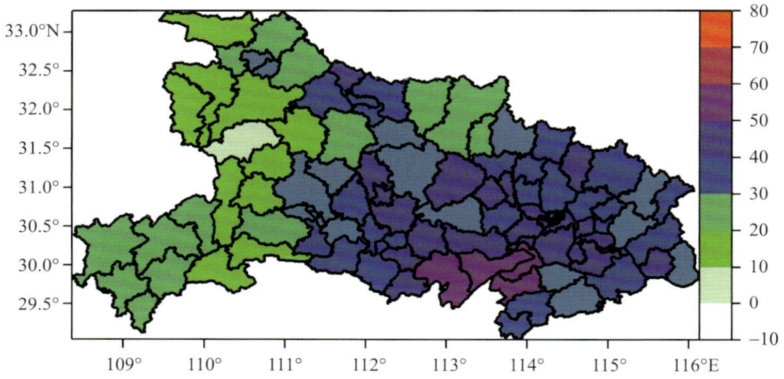

图 4.24　通过灌溉措施挽回损失占潜在损失的比例(%)

表 4.10　2022 年夏、秋季湖北省农作物受旱面积评估结果及与典型干旱年的比较　单位:万亩

地市	2018 年			2019 年			2022 年		
	受灾	成灾	绝收	受灾	成灾	绝收	受灾	成灾	绝收
武汉市	45.0	37.9	0	85.4	70.9	8.0	10.5	10.5	0
黄石市	36.8	32.3	0.9	63.7	49.8	1.6	61.2	58.8	0
十堰市	127.6	69.9	24.0	111.2	78.8	2.4	67.2	51.6	0
宜昌市	173.6	104.2	13.2	188.0	143.2	7.8	111.7	93.7	0
襄阳市	319.4	247.8	6.9	448.3	334.8	75.5	84.8	78.8	0
荆门市	221.4	192.2	1.4	339.7	240.7	18.2	66.3	46.5	0.1
孝感市	268.6	241.7	0.5	322.9	248.7	23.1	148.0	126.1	0
荆州市	332.9	269.5	23.3	394.2	278.6	0.2	411.9	389.9	0
黄冈市	264.8	191.6	10.1	325.6	182.2	16.6	106.0	88.5	0
咸宁市	89.0	73.1	2.1	113.3	88.8	6.0	75.4	69.5	0.1
随州市	141.0	123.7	0.7	217.1	121.6	0.5	7.9	7.5	0
恩施州	134.2	86.3	16.0	156.1	91.7	6.7	157.5	124.3	0

续表

地市	2018 年			2019 年			2022 年		
	受灾	成灾	绝收	受灾	成灾	绝收	受灾	成灾	绝收
鄂州市	7.8	7.7	0	18.8	15.5	0.1	28.8	28.7	0
仙桃市	22.1	21.5	0	75.0	66.1	0	46.7	46.5	0
潜江市	31.3	27.4	0	46.0	37.5	0	31.1	26.8	0
天门市	62.6	60.7	0	64.1	56.1	0	47.5	35.7	0
神农架林区	3.0	1.6	0.4	2.5	1.9	0	1.2	1.2	0
合计	2281.1	1789.1	99.5	2971.9	2106.9	166.7	1463.7	1284.6	0.2

4.3.3 水稻冷害风险区划与灾害影响评估

每年的 5—6 月和 9—10 月，常有强冷空气南下影响长江中下游地区，这种由低温阴雨寡照天气造成的双季早稻和晚稻分蘖减缓，空壳、瘪粒增加而减产的低温灾害就是常说的“五月寒”和“寒露风”(殷剑敏 等，2006)，此外，近年来湖北省 7—8 月(正值中稻孕穗—抽穗期)的盛夏低温冷害态势明显增强，已经成为影响湖北省水稻生产的重要农业气象灾害(杨爱萍，2009)(周守华 等，2008)。

4.3.3.1 冷害风险区划与灾害评估所用数据

气象数据包括湖北省 76 个国家气象站 1961—2013 年和部分加密自动气象站 2013 年逐日平均气温及 1981—2013 年早、中、晚稻生长发育期观测数据。其中 1961—2013 年气象数据用于冷害致灾因子风险分析，2005—2013 年气象数据同时用于气温遥感估算建模。以上数据均来源于湖北省气象局信息保障中心。

遥感数据包含 2005—2013 年 5—9 月 Terra 卫星中分辨率成像光谱仪(Terra/MODIS)8 d 合成地表反射率产品(MOD09A1，空间分辨率为 500 m)和 Terra/Aqua MODIS 日地表温度产品(MOD/MYD11A1，空间分辨率为 1000 m)。

高精度土地利用分类数据由国家基础地理信息中心制作的全球 30 m 地表覆盖数据(GlobeLand30)产品提供，其原始空间分辨率为 30 m。需重采样成与水稻像元相同大小以叠加空间分析，剔除遥感提取水稻可能种植区中的非水田像元。

数字高程模型(ASTER GDEM)和县级、省级行政区划数据分别来源于中国科学院计算机网络信息中心科学数据中心和国家基础地理信息系统矢量数据集。

其他资料还包含 1961—2013 年早、中、晚稻总产量及面积时序数据，来源于《湖北农村统计年鉴》；气象行业指标为《寒露风等级》(QX/T 94—2008)。

4.3.3.2 湖北省水稻冷害风险区划方法

综合现有相关行业标准(QX/T 94—2008)和文献中水稻冷害指标(中国气象局，2008；杨爱萍，2009；帅细强 等，2010)，根据农试站观测的 1981—2012 年湖北省早、中、晚稻孕穗初始期至抽穗结束期时间范围的统计结果，确定了本研究中不同类型水稻冷害致灾阈值指标(表 4.11)。考虑到湖北地区粳稻、籼稻都有种植且粳稻比籼稻更耐低温，为简化统计，该水稻冷害指标以粳稻致灾指标为基准。

表 4.11　湖北省水稻低温冷害指标　　单位：d

类型	指标	轻度	中度	重度
五月寒	早稻孕穗至抽穗期（5 月 21 日—6 月 30 日）T_{mean}≤20 ℃的连续日数	3～4	5～6	≥7
盛夏低温	中稻孕穗至抽穗期（7 月 21 日—8 月 30 日）T_{mean}≤23 ℃的连续日数	3～4	5～6	≥7
寒露风	晚稻孕穗至抽穗期（8 月 21 日—9 月 20 日）T_{mean}≤20 ℃的连续日数	3～4	5～6	≥7

依据自然灾害风险分析理论，以日平均气温，早、中、晚稻生长发育期数据及产量和面积资料为基础数据，在分析湖北省水稻冷害致灾因子危险性、承灾体脆弱性和承灾体损失度等风险要素的基础上，分别构建了水稻“五月寒”“盛夏低温”及“寒露风”风险综合评估模型，并根据模型计算的综合风险指数将湖北省早、中、晚稻冷害风险分为高、较高、中等、较低及低五个风险等级。

式(4.1)即为采用加权综合分析法构建的湖北省水稻冷害综合风险评估指数(Risk)模型，

$$Risk = w_1 \times Hazard + w_2 \times Vulnerability + w_3 \times Losses \tag{4.1}$$

式中：Hazard、Vulnerability 和 Losses 分别代表归一化处理后的致灾因子危险性、承灾体脆弱性和承灾体损失度；w 为各风险要素指标的权重。

4.3.3.3　湖北省水稻冷害遥感监测方法

以气温遥感估算、站点气温空间化、水稻种植区遥感提取、冷害受灾程度及范围监测为水稻冷害研究的核心内容，系统建立起水稻冷害遥感监测技术框架（图 4.25）。

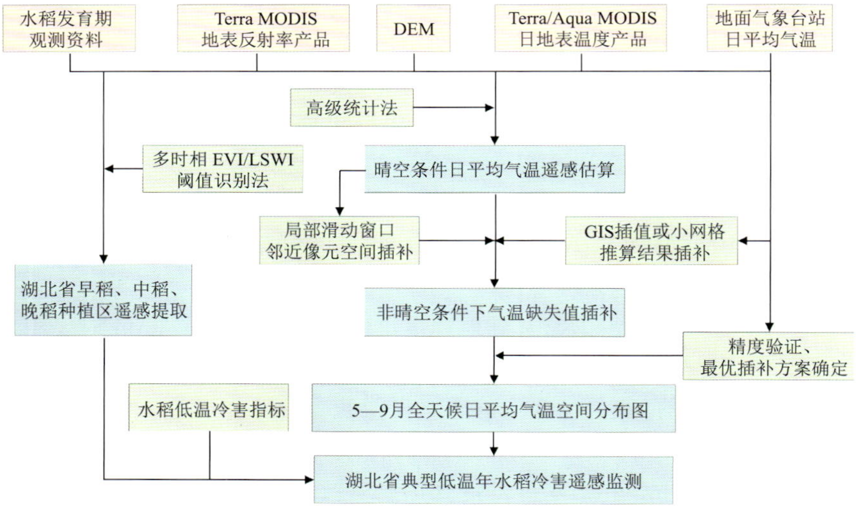

图 4.25　水稻冷害遥感监测技术路线

（1）近地表气温遥感估算方法

复杂的大气辐射及其微小的信号比增加了直接从热红外遥感数据反演气温的难度，但热红外遥感数据却可以通过波段亮度温度或其反演的地表温度两种形式间接估算气温。从目前气温遥感估算的研究进展来看，多元回归模型是遥感估算最高、最低及平均气温应用最广且精度较高的方法。

建立以近地表气温为因变量，地表温度（LST）及植被指数、高程、儒略日等影响因子为自变量的气温遥感估算模型（Zhang et al.，2013）。代表植被生长状态的 NDVI 与气温呈负相关，部分研究证明高程在气温估算中与地表温度（LST）有同等重要的地位。为解释季节性差异，采用分季节统计建模或直接将可解释季节变化的时间或角度因子代入模型。有学者指出，儒略日在气温估算中的重要性要高于纬度和太阳天顶角（SZA）这些辅助数据。基于以上研究成果，本研究采用多元回归模型（式（4.2））拟合基于地表温度等遥感和地理数据的日平均气温。

$$T_a = a_0 + a_1 \cdot X_1 + a_2 \cdot X_2 + a_3 \cdot X_3 + \cdots + a_n \cdot X_n + \varepsilon \tag{4.2}$$

式中：T_a为台站观测的某站点日平均气温；$a_0, a_1, \cdots, a_n$为模型回归系数；$X_1, X_2, \cdots, X_n$代表影响T_a的该台站所在像元的变量因子值，如地表温度（LST）、地理变量（经纬度、高程）、下垫面类型（EVI）、儒略日（Julian Day，JD）等；ε为误差项。

分不同平台（Terra 卫星或 Aqua 卫星）和过境时间（白天或夜间）的 MODIS LST 数据源，分别建立近地表日平均气温的逐步回归拟合模型。从最优逐步回归模型参数和建模因子权重分析结果（表 4.12）来看，由于白天与夜间的地—气关系受到热辐射的影响不同，无论是 Terra 星还是 Aqua 星数据，夜间地表温度在平均气温估算的贡献明显大于白天地表温度。模型调整后 R^2（Adjust R^2）均大于 0.5，说明拟合模型很适合预测。从估算精度来看，夜间地表温度估算平均气温的准确度高于白天地表温度。

表 4.12　不同过境时间 MODIS LST 估算平均气温的逐步回归最优模型参数

参数	DT	NT	DA	NA
C	6.168	1.025	−4.117	19.686
LST	0.698	0.840	0.610	0.940
EVI	4.843	2.626	7.999	3.141
JD	0.001	0	0.007	−0.009
ALT	0	−0.003	−0.001	0.001
LON	0.040	0.052	0.099	−0.069
LAT	−0.274	0.031	−0.210	−0.161
Adjust R^2	0.535	0.783	0.518	0.851
RMSE	2.182	1.904	2.119	1.494

注：C 为逐步回归模型中的常数项，LST 为 MODIS 地表温度数据，EVI 为增强型植被指数，JD 为 LST 对应的儒略日，ALT 为高程，LAT 为纬度，LON 为经度，Adjust R^2 为预测模型的调整后 R^2，RMSE 为训练样本均方根误差，DT 为 Terra 星白天 LST，NT 为 Terra 星夜间 LST，DA 为 Aqua 星白天 LST，NA 为 Aqua 星夜间 LST。

（2）全天候气温分布的重构

已有学者建立了包括地表能量平衡法、结合 DEM 的温度垂直梯度重建法、结合台站数据插补法、多源卫星融合插补法、基于植被指数的空间插值法和地统计插值法等多种云覆盖条件下地表温度插补方法。考虑到实际业务的可操作性，本研究结合多源卫星时间融合插值法和台站数据空间插补法完成全天候气温分布的重构。

搭载于 Terra 星和 Aqua 星平台上的 MODIS 一天可有 4 次对地观测数据，具有极强的时间互补性。在某些天气条件下，云覆盖位置在一天内变化较大，那些由于云覆盖所丢失的地表光谱信息在高频率多次观测条件下有所弥补。平均气温是一天多次瞬时气温观测的平均值，而气温的日变化又可用正弦函数表示，所以理论上日平均气温与任意过境时间观测的地表温度也应存在一定的相关性。

对 2005—2013 年高质量 LST 像元（即 MODIS LST 产品标记反演质量 good 的像元）与

其对应的台站观测气温的相关性进行分析得出，MODIS 每天 4 次过境对地观测的 LST 与平均气温的相关系数均达到 0.01 显著水平，说明利用 4 次过境的 MODIS LST 数据作为近地表气温的独立估算因子具有可行性。

针对 Terra 星和 Aqua 星不同过境时间的 MODIS LST 数据源，分别建立以台站观测平均气温为因变量，高质量地表温度(LST)、归一化植被指数、太阳天顶角、平均儒略日及经纬度和高程作为自变量的逐步回归模型，选择调整后 R^2 最大的模型作为最优估算模型，对近地表气温进行统计拟合。由于参与建模的 LST 是高质量 LST 数据集，因此通过回归拟合得到的仅为晴空及高 LST 反演精度条件下(以下简称为“晴空像元”)的气温。

拟合计算完成后，按式(4.3)对晴空像元平均气温估算值进行时间尺度上的融合。

$$T_{merge}=\begin{cases}\dfrac{1}{n}\sum_{i=1}^{n}T(T_{Terra\_day},T_{Terra\_night},T_{Aqua\_day},T_{Aqua\_night}), & 1\leqslant n\leqslant 4\\ -100, & n=0\end{cases} \tag{4.3}$$

式中：T_{merge}为时间融合后的遥感估算的平均气温；n 为有效融合个数；T 为任意 4 种晴空像元平均气温数据源(T_{Terra_day}、T_{Terra_night}、T_{Aqua_day} 和 T_{Aqua_night}，T_{Terra_day} 为 Terra 星上午 LST 产品估算的平均气温，T_{Aqua_day} 为 Aqua 星下午 LST 产品估算的平均气温，T_{Terra_night} 为 Terra 星夜间 LST 产品估算的平均气温，T_{Aqua_night} 为 Aqua 星凌晨 LST 产品估算的平均气温，T_{merge} 为同日四幅 Terra/Aqua LST 产品时空融合估算的平均气温)。当 $1\leqslant n\leqslant 4$ 时，T_{merge} 等于晴空像元平均气温遥感估算值的平均值，若 $n=0$，即 4 种数据源均无晴空气温估算时，则赋值无效值待后续空间插补。

定义晴空像元占整个研究区像元百分比为晴空像元覆盖率，定义晴空像元增长率为 T_{merge} 影像晴空像元覆盖率和任意参与融合的单一气温影像晴空像元覆盖率之差，用以上两个指标来评价时间融合效果。统计湖北省 2005 年、2009 年、2013 年水稻冷害时段平均晴空像元覆盖率可以看出，经时间融合后的有效像元覆盖率有明显的提高：“五月寒”阶段有效像元覆盖率可由单数据源的 25%～38%提升至 55%；“盛夏低温”阶段有效像元覆盖率可由单数据源的 17%～44%提升至 70%；“寒露风”阶段有效像元覆盖率可由单数据源的 27%～38%提升至 59%。

(3)地面台站气温空间插补

非晴空及反演精度低的像元在遥感估算气温时以掩膜去除，其平均气温由基于台站观测值的平均气温空间插值补充，以此构建全天候平均气温时间序列。其中基于台站观测的平均气温空间化，采用考虑高程订正的气温空间插值方法，具体步骤是先将各气象台站的平均气温值订正到 0 海拔高度上，然后分别利用反距离权重法、普通克里格法和薄板样条函数法对网格点进行空间插值。最后结合数字高程模型数据再按气温垂直递减率将气温空间插值反订正回真实海拔高度对应值。经对比，经地形校正后的空间插值能更精准客观地体现出不同高程造成的气温差异，更适合作为遥感估算气温缺失值的补充。经时间融合—台站气温空间插补算法得到的全天候日平均气温(T_{mean})空间分布均匀连贯，比直接考虑地形影响的台站空间插值结果更精细地保留了地势高程影响的气温变化细节。

(4)气温遥感估算精度验证

利用 2013 年 5—9 月的加密站日平均气温作为检验样本，对 2013 年 5—9 月日平均气温的遥感估算值及 GIS 空间插值拟合值进行定量的精度验证(表 4.13)。从统计结果看，4 个不同过境时间的 LST 为主要数据估算的平均气温精度由高到低依次为 T_{Terra_night}、T_{Aqua_night}、

T_{Terra_day}、T_{Aqua_day}，即夜间高于白天，Terra 星观测高于 Aqua 星，此结论跟其他文献结论一致。三种地形影响订正后的空间插值精度以 KRGE（普通克里格法高程订正后的平均气温空间插值）精度最高，用于插补经时间融合后仍缺失的气温拟合值，得到全天候气温估算。最终，全天候气温遥感估算与加密台站气温的相关系数为 0.9080，MBE（平均偏差误差）为－0.1180，显示无明显的系统性偏差，MAE（平均绝对误差）和 RMSE 分别为 1.4750 ℃和 2.0740 ℃，有 52.4%和 87%的样本绝对误差分别控制在 1 ℃以内和 3 ℃以内。

表 4.13　2013 年 5—9 月日平均气温遥感估算及 GIS 插值结果精度验证　　单位：℃

参数	R	MBE	MAE	RMSE	MAE≤1	MAE≤3
T_{Terra_day}	0.6980	－1.0070	2.8910	3.5403	0.2255	0.5780
T_{Aqua_day}	0.7330	－2.5140	3.3320	4.1320	0.1919	0.5390
T_{Terra_night}	0.9220	0.4080	1.5240	1.8840	0.4110	0.9000
T_{Aqua_night}	0.9140	2.1660	2.4560	2.9530	0.2345	0.6880
T_{merge}	0.8390	－0.3580	2.0500	2.6070	0.3111	0.7900
IDWE	0.9830	0.4300	0.7690	1.0190	0.7189	0.9180
KRGE	0.9830	0.4370	0.7580	1.0050	0.7432	0.9270
SFE	0.9750	0.3660	0.8860	1.1610	0.7434	0.9280
T_{mean}	0.9080	－0.1180	1.4750	2.0740	0.5240	0.8700

注：IDWE 为反距离权重法高程订正后的平均气温空间插值，KRGE 为普通克里格法高程订正后的平均气温空间插值，SFE 为薄板样条函数法高程订正后的平均气温空间插值，T_{mean} 为 T_{merge} 与 KRGE 插补而成的全天候日平均气温。

4.3.3.4　湖北省水稻冷害风险区划和冷害遥感监测评估

（1）湖北省水稻冷害风险区划

图 4.26 是湖北省早、中、晚稻低温冷害综合风险区划图。早稻“五月寒”和晚稻“寒露风”风险区划结果相近，高风险区分布于江汉平原局部和鄂东北地区中、东部；中稻“盛夏低温”冷害风险由鄂北岗地向鄂东、鄂西逐渐降低。

（2）湖北省典型水稻冷害遥感监测评估

从致灾因子危险性统计分析来看，在有 MODIS 卫星数据以来的近十几年里，湖北发生大范围典型早稻“五月寒”、中稻“盛夏低温”、晚稻“寒露风”的年份分别为 2009 年、2005 年和 2013 年。对比灾情上报和农业气象灾害大典中的记录可知，在 2009 年 5 月 23—29 日，两湖平原地区遭遇了连续 7 d 日平均气温低于 20.0 ℃的阴雨低温（分别为 18.1 ℃、19.3 ℃、19.9 ℃、18.0 ℃、17.2 ℃、17.0 ℃、18.7 ℃），最低气温只有 15.6 ℃，从而引起花粉严重不育；2005 年湖北省盛夏低温冷害灾害指数最强（杨爱萍，2009）；湖北省荆州市在 2013 年 9 月 2—7 日的连续阴雨天气中，有 5 d 日平均气温降至 22.0 ℃或以下，其中 4 d 在 21.0 ℃或以下，最低气温在17.0 ℃以下，两湖平原大部分地区已经达到了双季杂交晚稻抽穗杨花期中度“寒露风”风险的标准。

根据湖北省水稻低温冷害指标表，利用 IDL 编程实现“五月寒”“盛夏低温”“寒露风”阶段内达到冷害指标的连续天数的空间统计，每个像元在各冷害阶段内出现多次连续达标的情况，以天数最多者（即冷害程度最重）来赋值，先得到满足冷害气候条件的冷害分布监测结果。然后与 MODIS 早、中、晚稻分布结果进行叠加，只保留水稻像元的冷害天数，形成最终的水稻冷害遥感监测图。叠加之前，需对水稻分布结果重采样成 1 km×1 km，即与气温分布图空间分辨率一致。

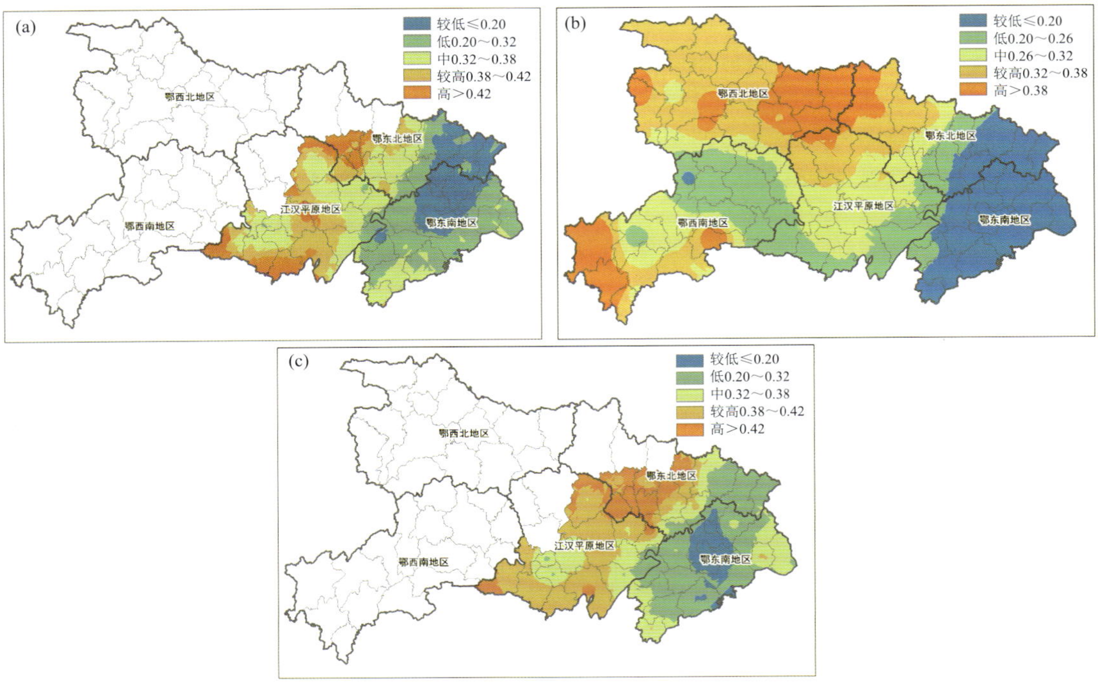

图 4.26　早稻“五月寒”(a)、中稻“盛夏低温”(b)、晚稻“寒露风”(c)综合风险分布
(a 图中空白代表没有早稻种植的区域,c 图中空白代表没有晚稻种植的区域)

①2005 年湖北省中稻“盛夏低温”遥感监测

2005 年盛夏期(7 月 21 日—8 月 31 日)湖北全省范围出现了连续 7 d 日平均气温≤23 ℃的低温(8 月 18—24 日),是近 10 a(2005—2014 年)来湖北省盛夏低温冷害致灾程度最强的一年。此阶段正值中稻抽穗末期,对水稻生殖生长造成不可逆转的负面影响。结合全天候日平均气温时序数据、水稻种植区分布及冷害致灾指标,监测结果(图 4.27)显示,全省范围均出现

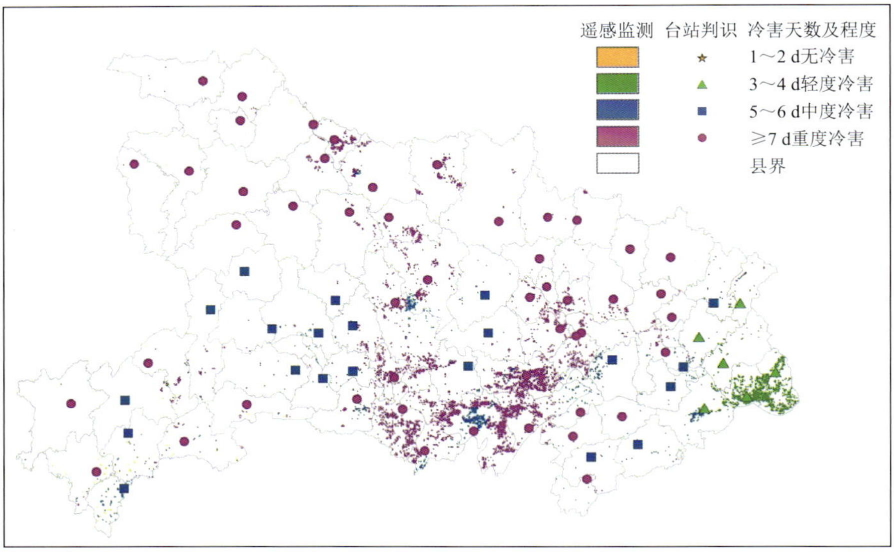

图 4.27　2005 年湖北省中稻“盛夏低温”遥感监测及验证

较重的盛夏低温冷害，鄂北、江汉平原大部分地区中稻均遭受大于等于 7 d 的低温天气，受到重度冷害影响，鄂西南局部（恩施来凤县、宜昌市）、江汉平原中部及鄂西南局部为 5～6 d 的中度冷害，鄂东局地包括阳新县、武穴市、黄梅县、蕲春县、浠水县和英山县遭受 3～4 d 的轻度冷害。

②2009 年早稻“五月寒”遥感监测

2009 年 5 月 23—29 日、5 月 26—27 日全省出现大范围连续 3 d 日平均气温≤20 ℃的低温天气，此时正值早稻分蘖拔节期，出现“五月寒”灾害，鄂东南早稻种植地区除黄梅县、蕲春县、浠水县及英山县等地未受到冷害影响以外，其他各地均受到不同程度的冷害，严重程度从东至西逐渐加重，赤壁、咸宁、江夏、安陆、云梦、应城、京山、仙桃、荆州等地达到中度冷害级别，石首和潜江两地甚至达到了重度冷害级别（图 4.28）。

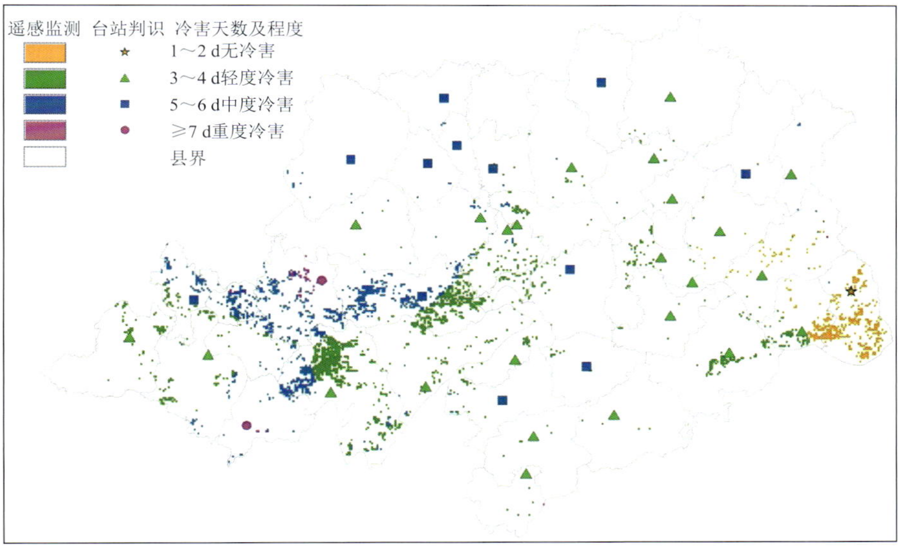

图 4.28　2009 年湖北省早稻“五月寒”遥感监测及验证

③2013 年晚稻“寒露风”遥感监测

2013 年 9 月 4—7 日晚稻产区出现日平均气温≤20 ℃的低温，此时正值双季杂交晚稻抽穗扬花期。由于此次低温天气维持时间较短（1～2 d），未出现大面积晚稻冷害，仅在江汉平原南部局部出现轻度冷害（图 4.29）。

④遥感监测精度评价

图 4.27—图 4.29 中以橙色五星、绿色三角、蓝色方块及紫红圆点代表台站观测数据，根据冷害致灾指标判识出的气候意义上的无冷害、轻度冷害、中度冷害及重度冷害。从空间分布来看，不同程度冷害的台站判识分布与基于遥感的监测结果在多年验证中均有较好的一致性。以准确率为指标衡量遥感监测精度，统计结果显示（表 4.14），当水稻冷害发生范围较广时（站点数多于 20），遥感监测不同程度冷害的准确率均在 80%以上。

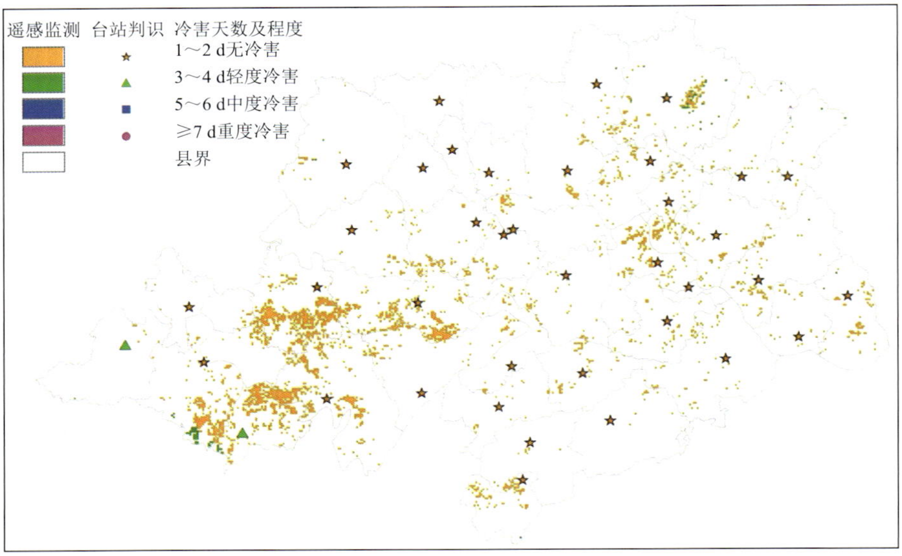

图 4.29 2013 年湖北省晚稻“寒露风”遥感监测及验证

表 4.14 冷害遥感监测结果准确率统计

时间	参数	无冷害	轻度冷害	中度冷害	重度冷害
2009 年“五月寒”	台站数	0	6	21	49
	遥感	0	6	17	49
	准确率	100.00%	100.00%	80.95%	100.00%
2005 年“盛夏低温”	台站数	1	24	12	2
	遥感	1	22	9	3
	准确率	100.00%	91.67%	75.00%	100.00%
2013 年“寒露风”	台站数	37	2	0	0
	遥感	38	1	0	0
	准确率	100.00%	50.00%	100.00%	100.00%

⑤应用小结

无论是大范围受灾程度重，还是小范围受灾程度轻的水稻冷害灾情分布，利用遥感估算的全天候日平均气温时间序列数据集都可以较好地监测到。不仅如此，监测结果精细到像元尺度(同反演的地表温度同空间分辨率，1 km)，方便对不同程度冷害的受灾面积进行定量统计，对灾情定量统计更精准，改进了以往以站点代面或县域尺度灾情评价的农业气象业务服务的不足。本研究发挥遥感资料时效性强、范围大的优势，将致灾因子(地温)和承灾体状况(水稻种植区、水稻关键发育期)同时反演，可针对具体的受灾作物定量统计受灾面积，为今后开发精细化气象灾害遥感监测系统奠定基础。同时，建立的全天候气温时序构建方法和冷害监测思路具有普适性，对其他作物大范围与温度相关的灾害监测也同样适用，例如作物高温热害。

4.4 湖北省水稻气象保险指数研究与应用

4.4.1 水稻高温天气指数保险

高温热害是湖北省中稻种植面临的主要农业气象灾害之一。随着盛夏极端高温事件的频繁发生，因高温热害导致中稻减产在该地区已成为普遍现象。其中，开花灌浆期是中稻对高温胁迫最敏感的时期之一，也是该地区盛夏高温热害的集中发生时期。高温胁迫可造成小花退化或花粉不育，形成空秕粒，导致结实率和千粒重降低而使产量严重下降。近年来，部分省份积极推广政策性农业保险，将气象灾害造成的水稻产量损失通过保险的方式为农民提供补偿，转移灾害风险，弥补农民的损失，提高种植积极性。但政策性农业保险以实际灾害损失为赔付依据，要经过查险、定损、理赔、估价等环节后，才能获得赔付。赔付过程存在滞后性和主观性，存在逆向选择和道德风险问题，实施难度大。天气指数保险基于气象观测实况资料，客观评价气象灾害的强度，预估灾害损失，具有客观公正、快速理赔等优点，适用于针对单一农业气象灾害的保险产品设计。

4.4.1.1 水稻高温热害气象保险指数设计

湖北省一季中稻播种时间跨度大，品种熟性多样，导致各县(市)间中稻抽穗开花期的时间参差不齐，各地的开花始期最早为 7 月下旬，最迟的为 8 月底，因而高温热害的减产幅度差异较大。在保险设计中，有必要根据中稻抽穗开花期的时段差异，提出分时段的保险方案。此外，受地域差异影响，湖北省盛夏高温热害强度南北差异较大，本研究选择鄂北襄阳、随州、麻城，鄂东南地区的赤壁、咸安、浠水、武穴，以及中西部地区的枝江、当阳、夷陵 10 个县(市)作为保险设计试点县(市)，分别提出各县(市)的中稻高温热害保险纯费率。保险纯费率主要由高温热害发生概率和相应高温热害指数下的减产率来确定。其中，通过大田分期播种试验，统计抽穗灌浆期高温胁迫对水稻产量结构的影响和产量损失，并结合田间实际调查资料，确定最优的高温热害保险时段和减产率模型；采用基于 Weibull 分布模型的单产风险分布模型法，确定各县(市)保险时段内的高温热害发生概率。

(1)水稻高温热害减产模型

通过田间分期播种试验和大田调查，收集了大量中稻孕穗到抽穗扬花期高温热害观测样本，建立高温热害与水稻结实率、单产的回归模型(刘凯文 等，2017)。

中稻抽穗开花后的高温热害指数计算公式为：

$$H = \sum_{i=1}^{n} (T_i - T_0) \tag{4.4}$$

式中：H 为高温热害指数；T_0 为临界日最高气温；T_i 为第 i 天临界日最高气温；本研究取 $T_0 =$ 35 ℃；n 为开花后高温热害持续日数。

结实率计算公式为：

$$结实率=结实粒数/总粒数\times 100\%$$

根据试验和调查样本资料建立的水稻高温热害结实率和单产线性回归模型(图 4.30)，模型通过显著性检验($p<0.01$)。其中，结实率与高温热害指数的回归关系用一次方程模拟，决定系数(R^2)为 0.9521；单产与高温热害指数的回归关系用指数方程模拟，$R^2=0.9412$。

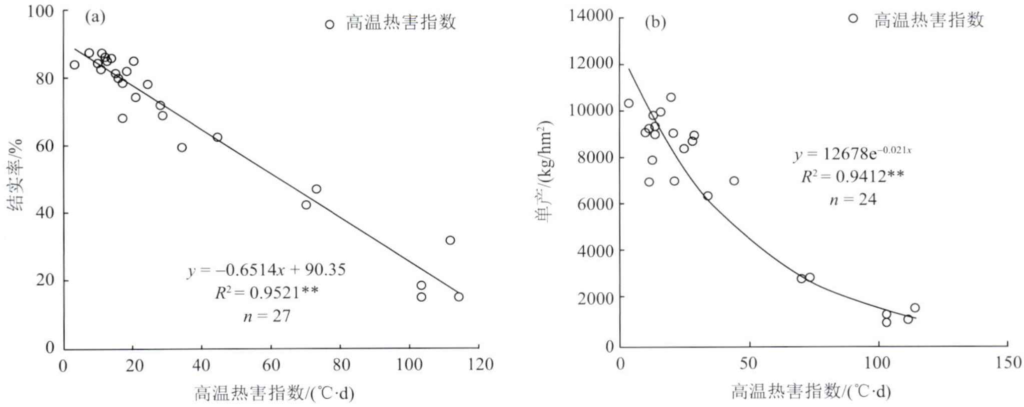

图 4.30　高温热害指数与中稻结实率(a)、单产(b)的线性回归模型

(** 代表通过显著性检验,下同)

结果表明,该模型符合高温热害的减产规律,可较好地模拟高温热害下中稻的单产水平,作为高温热害减产率模型(L_r)的计算依据,即:

$$L_r = \left(1 - \frac{12678e^{-0.021H}}{\overline{Y}}\right) \times 100\% \tag{4.5}$$

式中:H 为投保期的高温热害指数;$\overline{Y}$ 为试点县(市)近 5 a 中稻平均单产。

根据大田调查收集的样本资料,对高温试验产量损失模型进行验证。主要采用决定系数(R^2)、均方根误差(RMSE)对模型的模拟效果做定量评价。其中,分别统计自抽穗开花始期后 15 d、20 d、25 d、30 d 的高温热害指数对应的结实率模拟值与大田调查结实率数据对比,以筛选出对中稻结实率影响最集中的开花后高温热害时段。

由于大田调查样本数据主要为中稻结实率观测资料,因此,需要对结实率的观测值和模拟值进行验证。根据各样本的抽穗开花始期日期以及自开花始期后该县(市)的高温热害指数,依据高温热害减产模型分别计算各样本的结实率。根据抽穗开花始期后 15 d、20 d、25 d、30 d 的 4 种高温热害指数统计各时段下的各样本结实率模拟值与实际观测值,分别做模拟精度验证,如图 4.31 所示。

根据抽穗开花始期后 15～30 d 的高温热害指数计算的中稻结实率模拟值与大田观测值均具有极显著的相关性,R^2 为 0.69～0.78,模型的模拟效果较好,能够反映抽穗灌浆前期高温热害对中稻结实率的影响。其中,图 4.31a、图 4.31b 的 R^2 较接近,均大于图 4.31c 和图 4.31d。表明抽穗开花始期后的 15～20 d 内的高温热害对中稻结实率的影响最为集中。4 种拟合方式中,以开花后 20 d 的高温热害指数模拟的结实率与观测值的拟合效果最好,RMSE 最小。从各样本模拟值和观测值在 1∶1 线附近的分布特点也能直观得出同样结论。其中,图 4.31a 中大部分样本的值向 1∶1 线左上侧偏离,说明模拟值偏大;图 4.31c、图 4.31d 则大部分样本的值向 1∶1 线右下侧偏离,说明模拟值偏小;图 4.31b 的各样本值相对均匀分布于 1∶1 线两侧。

根据模型验证结果,在高温热害天气指数保险设计中,将投保责任期确定为抽穗开花始期后 20 d。

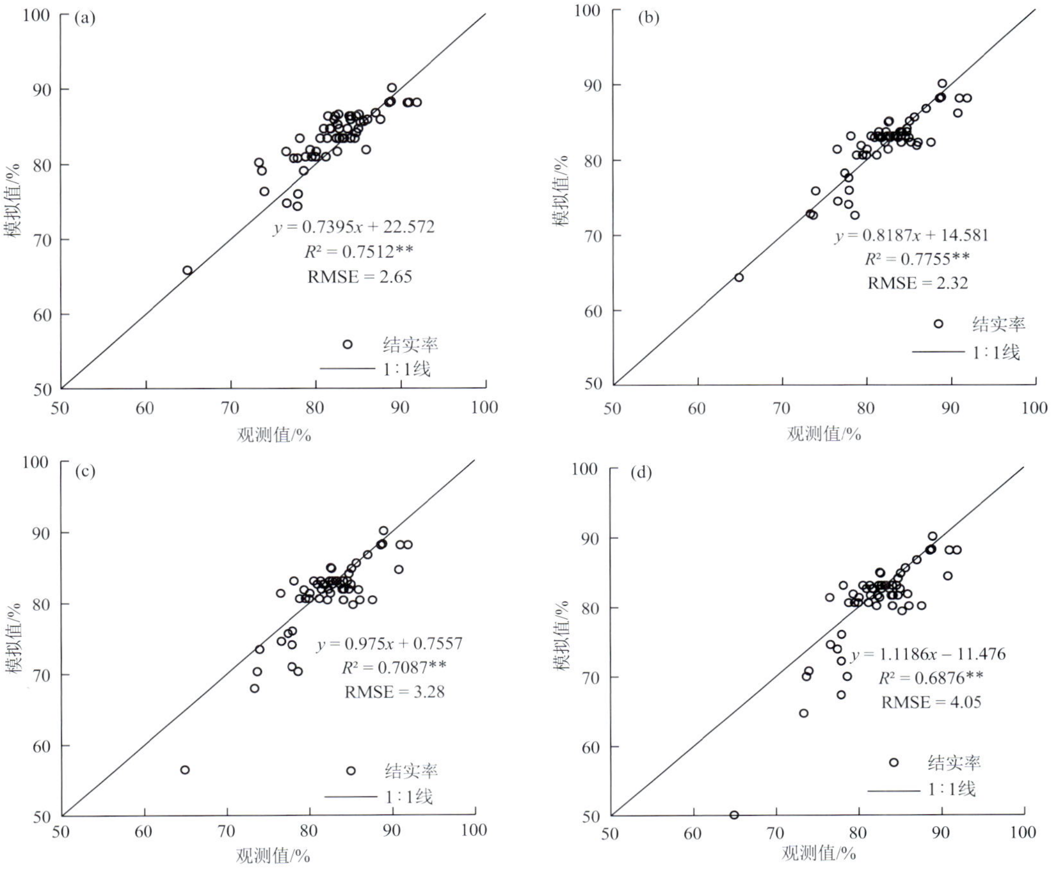

图 4.31　高温热害结实率模型验证（a—d 分别为开花始期后 15 d、20 d、25 d、30 d 下的模拟值）

（2）水稻高温热害概率分布

高温热害属极端天气事件，主要研究气温高于某一阈值的 Weibull 分布，Weibull 分布可较好地模拟高温热害风险的 Weibull 分布特点。本研究根据湖北省中稻高温热害发生特点，采用 Weibull 分布模型，分别统计 10 个试点县（市）1981—2016 年的 7 月 16 日—8 月 31 日日最高气温观测资料，分析其高温热害概率分布。

由于湖北省中稻抽穗开花期分布因气候条件、品种熟性、种植习惯等原因各地差异很大，但主要集中在 7 月下旬—8 月下旬，而此时也是中稻高温热害发生的主要时段。因此，在天气指数保险设计中，分别计算以 7 月 16 日、7 月 21 日、7 月 26 日、7 月 31 日、8 月 5 日、8 月 10 日、8 月 15 日、8 月 20 日为抽穗开花始期，各试点县（市）开花后 20 d 内高温热害的概率密度序列。此外，还计算了以 7 月 16 日—8 月 30 日为投保时段的高温热害 Weibull 概率分布参数（表 4.15）。

表 4.15　各投保时段下试点县(市)高温热害 Weibull 概率分布参数

投保时段	参数	咸安	赤壁	浠水	夷陵	武穴	麻城	当阳	枝江	随州	襄阳
7月16日—8月4日	α	1.48	1.45	1.43	1.36	1.34	1.00	0.96	0.99	0.82	0.77
	β	23.68	22.85	17.27	10.97	12.82	12.34	6.81	7.02	5.99	4.38
7月21日—8月9日	α	1.40	1.36	1.39	1.31	1.23	1.05	0.95	0.92	0.77	0.75
	β	23.13	22.33	17.61	10.88	12.04	13.12	6.89	6.37	6.24	4.37
7月26日—8月14日	α	1.19	1.17	1.18	1.05	0.92	0.96	0.89	0.82	0.81	0.75
	β	20.08	20.13	16.02	9.88	8.95	12.16	6.13	5.30	6.11	4.43
7月31日—8月19日	α	1.10	1.10	1.07	0.91	0.84	0.92	0.79	0.75	0.74	0.65
	β	14.97	15.96	12.65	7.50	6.57	9.79	4.71	4.05	4.74	3.16
8月5日—8月24日	α	0.99	0.97	1.04	0.76	0.76	0.92	0.72	0.73	0.71	0.66
	β	10.95	11.99	9.80	5.21	5.21	7.53	3.15	2.86	3.30	2.18
8月10日—8月29日	α	0.78	0.76	0.79	0.62	0.63	0.73	0.60	0.61	0.58	0.59
	β	7.21	8.01	6.39	3.05	2.89	4.68	1.88	1.79	1.82	1.05
8月15日—8月31日	α	0.66	0.64	0.71	0.59	0.55	0.66	0.57	0.58	0.58	0.60
	β	3.84	4.20	3.57	1.73	1.42	2.63	1.15	1.07	1.00	0.65
8月20日—8月31日	α	0.61	0.60	0.62	0.55	0.54	0.58	0.56	0.59	0.63	0.63
	β	2.46	2.35	2.08	1.00	0.90	1.29	0.72	0.70	0.57	0.34
7月16日—8月31日	α	1.76	1.66	1.70	1.60	1.53	1.24	1.26	1.25	1.03	1.12
	β	43.72	43.44	33.65	21.76	23.36	24.43	14.00	13.68	12.51	9.64

高温热害概率分布具有时段性和地域性。Weibull 分布的参数 α、β 决定了其概率分布曲线的特点,从表中随时间的变化规律和各县(市)间的差异性可得到验证。一般地,当 $\alpha>1$ 时,Weibull 分布曲线有一个峰值,随着 α 的增大,峰值增大,概率分布越集中;β 越大,则峰值下降,概率分布越分散。随着投保时间的向后推移,α、β 都在逐渐减小,表明高温热害发生在 7 月中下旬—8 月上旬的概率高于 8 月上中旬,且概率分布向强度高的一侧偏移;随着时间的推移,高温发生概率越来越集中于强度低的一侧。

图 4.32 是以 7 月 16 日—8 月 31 日作为投保时段的各试点县(市)高温热害概率分布,从图中可明显看出高温热害概率分布的区域差异。根据概率分布曲线特点,可将 10 个保险试点县(市)划分为高温热害高影响区、高温热害中影响区、高温热害低影响区三类,其中,咸安、赤壁、浠水的概率分布向热害指数高的一侧偏移较多,发生高强度热害的概率明显高于其他县(市),属于高温热害高影响区,主要位于湖北省东南部幕阜山区,是全省的高温中心;随州、襄阳的概率分布则明显向热害指数低的一侧集中,属于高温热害低影响区,位于鄂北岗地,是全省中稻单产水平较高的地区;麻城、夷陵、武穴、枝江、当阳则介于两者之间,属高温热害中影响区。

(3)水稻高温热害保险费率

根据各县(市)高温热害概率密度和减产率序列,采用精算定价法,即模拟损失的分布和期望损失得出保险纯费率,即纯保费占保险金额的比例。

$$R = E[\mathrm{LOSS}] = \sum (L_r \times P_i) \tag{4.6}$$

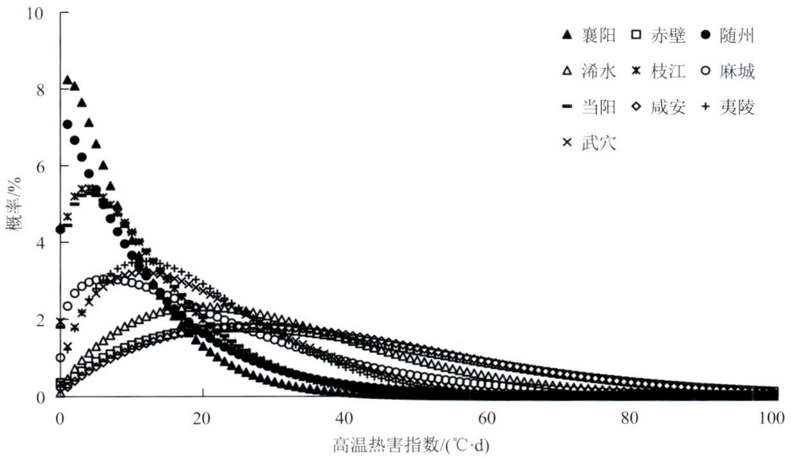

图 4.32 7 月 16 日—8 月 31 日作为投保时段的各试点县(市)高温热害概率分布

式中：R 为保险纯费率(%)；LOSS 为作物损失；$E[\text{LOSS}]$ 为作物损失的期望值即保险损失的期望值；L_r 为高温热害减产率序列；P_i 为高温热害概率密度序列。各试点县(市)中稻单产水平资料来源于历年《湖北农村统计年鉴》。

当保险期内高温热害指数达到赔付触发值时，启动赔付，赔付额计算公式如下：

$$I = \begin{cases} L_r \times Q, & L_r \geqslant F \\ 0, & L_r < F \end{cases} \tag{4.7}$$

式中：I 是投保农户可获得的保险赔偿金额；Q 是农户投保的单位面积保险金额；F 是免赔率。

按照免赔率 0 和 10%两种标准计算得到的保险纯费率、赔付触发值和相应的赔付金额见表 4.16。

表 4.16 各投保时段下保险纯费率和赔付触发值

免赔率		投保时段	咸安	赤壁	浠水	夷陵	武穴	麻城	当阳	枝江	随州	襄阳
0	保险纯费率/%	7 月 16 日—8 月 4 日	3.45	4.89	6.16	0.63	2.32	6.80	1.06	1.11	1.41	1.30
		7 月 21 日—8 月 9 日	3.63	5.12	6.67	0.72	2.37	7.22	1.14	1.13	2.01	1.41
		7 月 26 日—8 月 14 日	3.41	5.11	6.61	1.27	2.30	7.01	1.04	1.07	1.60	1.44
		7 月 31 日—8 月 19 日	1.65	3.07	4.48	0.94	1.39	4.94	0.86	0.77	1.20	1.20
		8 月 5 日—8 月 24 日	0.83	1.91	2.44	0.77	1.13	2.82	0.43	0.31	0.53	0.41
		8 月 10 日—8 月 29 日	0.75	1.68	1.91	0.56	0.65	1.86	0.31	0.26	0.37	0.11
		8 月 15 日—8 月 31 日	0.30	0.69	0.65	0.16	0.23	0.72	0.12	0.08	0.06	0.01
		8 月 20 日—8 月 31 日	0.13	0.22	0.33	0.05	0.08	0.24	0.03	0.01	0	0
		7 月 16 日—8 月 31 日	16.64	20.65	21.93	5.92	10.34	17.86	4.20	4.31	4.72	3.18
	赔付触发值/(℃·d)		34	29	17	23	19	13	17	17	17	13
10%	保险纯费率/%	7 月 16 日—8 月 4 日	3.11	4.40	5.54	0.57	2.09	6.12	0.96	1.00	1.27	1.17
		7 月 21 日—8 月 9 日	3.27	4.60	6.00	0.65	2.13	6.50	1.03	1.02	1.81	1.27
		7 月 26 日—8 月 14 日	3.07	4.60	5.95	1.15	2.07	6.31	0.93	0.96	1.44	1.30
		7 月 31 日—8 月 19 日	1.48	2.76	4.03	0.84	1.25	4.45	0.77	0.69	1.08	1.08

续表

免赔率		投保时段	咸安	赤壁	浠水	夷陵	武穴	麻城	当阳	枝江	随州	襄阳
10%	保险纯费率/%	8月5日—8月24日	0.75	1.72	2.20	0.69	1.02	2.54	0.39	0.28	0.48	0.37
		8月10日—8月29日	0.68	1.51	1.72	0.50	0.59	1.68	0.28	0.23	0.34	0.10
		8月15日—8月31日	0.27	0.62	0.58	0.15	0.21	0.65	0.11	0.07	0.05	0.01
		8月20日—8月31日	0.12	0.20	0.29	0.05	0.07	0.22	0.02	0.01	0	0
		7月16日—8月31日	14.98	18.59	19.74	5.33	9.31	16.07	3.78	3.88	4.25	2.86
	赔付触发值/(℃·d)		39	34	22	28	24	18	23	22	22	18

从各投保时段的纯费率差异来看,7月21日—8月9日投保期的纯费率最高,其次为7月16日—8月4日、7月26日—8月14日两个时段,此后费率快速下降。夷陵、当阳、枝江、随州、襄阳等高温热害中风险区和低风险区的费率相对较低,选择7月16日—8月31日为投保期时,其费率为3.18%~5.92%,基本处于农户承受范围内,这些县(市)可以选择关键时段投保,也可投保全部高温热害发生时段。

4.4.1.2　投保应用案例

2016年与中国人民财产保险有限公司湖北分公司合作,在夷陵、枝江、襄州、嘉鱼、咸安、浠水、麻城投入应用,共524367户农户投保,承保面积92.44万亩,收取保费695.45万元,当年赔付826.46万元,有效分担了水稻高温热害的经济损失风险。

4.4.2　水稻暴雨洪涝天气指数保险

以仙桃市中稻暴雨洪涝灾害农业保险指数设计和应用为例,在历史典型暴雨洪涝灾情调查和不同发育期淹没损失试验基础上,建立中稻关键发育期暴雨洪涝淹没水深、历时与中稻减产率的关系模型,利用暴雨洪涝淹没模型反演各级减产率致灾雨量,设计中稻暴雨洪涝灾害保险产品。

4.4.2.1　水稻暴雨洪涝天气指数保险设计

(1)暴雨洪涝灾害定义

中稻暴雨洪涝灾害是指在中稻生长期内,仙桃市境内出现1 d或多日连续降水过程(期间允许有1 d降水量为0,且至少有1 d达到暴雨),并对中稻产生不利影响的灾害。不包括本地无强降水,由于上游强降水或溃坝造成的洪涝灾害。

(2)保险时段

中稻大田生长期,从大田移栽到成熟,即6月1日—9月20日,详见表4.17。

表4.17　中稻暴雨洪涝灾害保险指数保险设计时段

发育期	时段	天数/d
分蘖—拔节	6月1日—6月30日	30
拔节—孕穗	7月1日—7月31日	31
孕穗—抽穗	8月1日—8月20日	20
抽穗—乳熟	8月21日—9月20日	31

(3)中稻暴雨洪涝天气指数

中稻暴雨洪涝灾害指数定义为：仙桃市某一强降水过程乡镇雨量站逐日平均雨量之和。期间允许有 1 d 平均雨量为 0 ，至少 1 d 平均雨量≥30 mm。暴雨洪涝灾害指数(RZ)定义为：

$$RZ = \frac{\sum_{i=1}^{n} R_i}{n} = \frac{\sum_{i=1}^{n}\sum_{j=1}^{m} R_{ij}}{n} \tag{4.8}$$

式中：$j=1,2,\cdots,m$ 为仙桃市境内乡镇雨量站数；$i=1,2,\cdots,n$ 为某一次降水过程持续日数；R_i 为仙桃市某一次降水过程中第 i 日的平均雨量；R_{ij} 为第 j 个乡镇某一次降水过程中第 i 日的雨量。

(4)中稻不同发育期减产率与淹没水深、淹水历时曲线

通过文献调研和灾情调查，确定中稻秧苗期(未纳入保险时段)、分蘖期(6 月 1—30 日)、拔节孕穗期(7 月 1—31 日)、抽穗开花期(8 月 1—20 日)、乳熟期(8 月 21 日—9 月 20 日)五个时段内，不同淹没水深、淹没持续时间与减产率的关系曲线(图 4.33)，得到三种发育期不同减产率下对应的暴雨洪涝灾害淹没指标(秦鹏程 等，2023)。

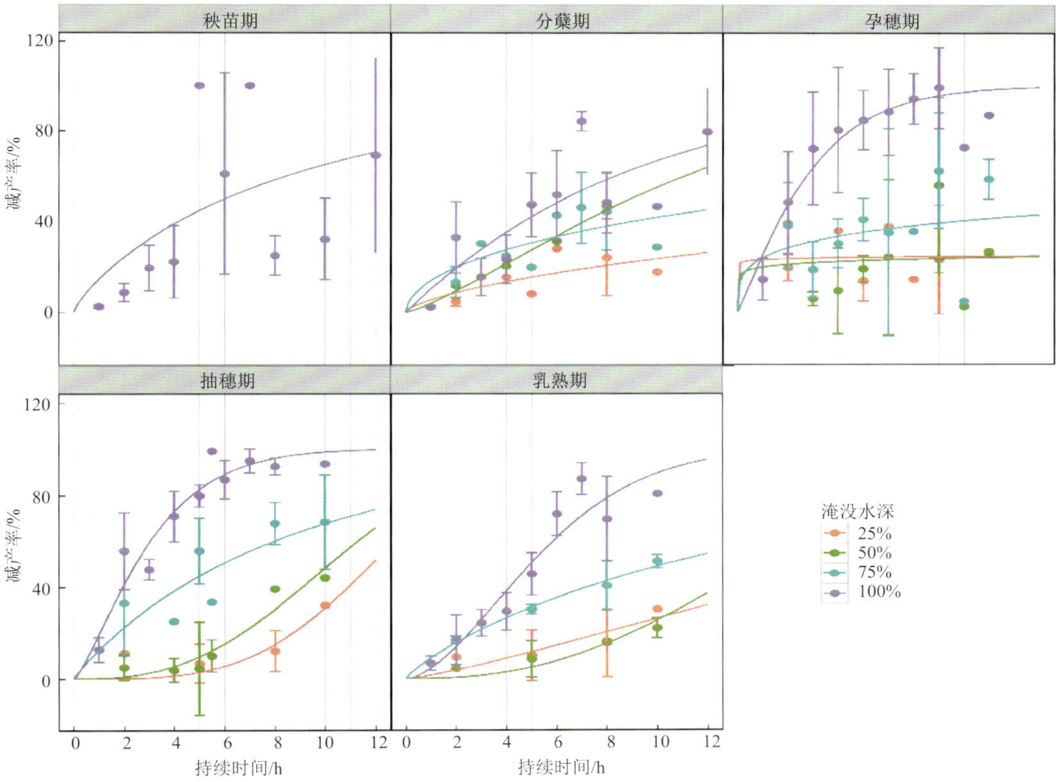

图 4.33　中稻不同发育期减产率与淹没水深、淹没持续时间的响应曲线

(5)仙桃市不同重现期降水水稻淹涝损失推算

计算仙桃市最大连续 1 d、2 d、3 d、4 d、5 d、10 d、20 d、30 d 等不同重现期降水量，驱动二维水动力模型，获取不同重现期降水情景下仙桃市淹没水深，结合中稻期减产率与淹没水深、

淹没持续时间曲线，推算不同重现期降水造成的产量损失，结合仙桃市排涝设施，针对不同外河水位，确定可排水量，得出不同水位情况下，不同致灾雨量水稻减产率（表 4.18）。

表 4.18 低水位情景下中稻分蘖期致灾面雨量及其减产率

减产率/%	致灾雨量/mm				
	1 d	2 d	3 d	4 d	5 d及以上
1	35.4	23.8	18.3	16.7	15.3
2	69.2	47.5	36.6	33.5	30.6
3	77.4	71.3	54.9	50.2	45.9
4	88.5	95.0	73.2	67.0	61.2
5	104.4	107.8	91.5	83.7	76.5
6	115.4	116.9	109.8	100.5	91.8
7	124.9	126.3	126.6	117.2	107.1
8	132.3	135.7	136.2	134.0	122.4
9	139.7	145.2	145.8	146.4	137.6
10	145.7	153.3	154.2	155.1	152.9
11	150.8	161.2	162.4	163.7	163.7
12	156.2	169.0	170.7	171.7	171.5
13	163.5	176.8	178.4	179.6	179.2
14	170.8	184.2	186.2	187.6	187.2
15	178.5	191.2	193.6	195.4	195.7
16	186.4	198.5	200.9	203.1	204.1
17	194.3	205.8	208.4	210.7	212.6
18	202.0	213.1	215.8	217.9	220.2
19	209.3	220.3	223.4	225.3	227.9
20	216.6	227.5	230.7	233.2	235.4
21	223.9	234.6	237.8	240.4	242.7
22	231.2	241.8	244.9	247.8	250.0
23	238.5	249.0	252.0	255.4	257.3
24	245.8	256.1	259.1	262.5	264.9
25	253.1	263.3	266.2	269.6	273.0
26	260.4	270.4	273.4	276.7	280.4
27	267.7	277.6	280.5	283.8	287.5
28	275.0	284.7	287.6	290.8	294.5
29	282.2	291.9	294.7	297.9	301.5
30	289.5	299.1	301.8	305.0	308.5
31	296.8	306.2	308.9	312.0	315.5
32	304.1	313.4	316.1	319.1	322.6
33	311.4	320.5	323.2	326.2	329.6
34	318.7	327.7	330.3	333.3	336.6
35	326.0	334.8	337.4	340.3	343.6
…	…	…	…	…	…

(6)暴雨洪涝指数保险产品设计

以乡镇区域气象站面雨量作为暴雨洪涝天气指数的计算依据,结合仙桃市汉江(仙桃站)、长江(纯良岭)、东荆河(杨林尾)等水文控制站外河水位,利用不同重现期降水情景下的模拟损失计算期望产量损失作为保险纯费率的测算依据,综合考虑保险公司运营费等其他附加费用设计中稻暴雨洪涝天气指数保险产品如下:

$$每亩赔偿金额=(降雨量\times系数\ A+系数\ B)\times保险金额$$

$$赔偿金额=每亩赔偿金额\times保险面积$$

其中,在 7 月 1—31 日,赔付根据雨量和水位不同分为三档,具体如表 4.19。

表 4.19 不同雨量和水位条件下赔偿金额参数

低水位				中水位				高水位			
雨量/mm		系数 A	系数 B	雨量/mm		系数 A	系数 B	雨量/mm		系数 A	系数 B
下限值	上限值			下限值	上限值			下限值	上限值		
216	269	0.0019	−0.2078	190	252	0.0016	−0.1105	168	231	0.0015	−0.0374
269	420	0.0013	−0.0517	252	401	0.0013	−0.0147	231	375	0.0013	0.0107
420		0.0013	−0.0510	401		0.0013	−0.0001	375		0.0012	0.0643

在 8 月 1—15 日,赔付根据降雨量和水位分为一档,具体如表 4.20。

表 4.20 不同水位条件下赔偿金额参数

低水位				中水位				高水位			
雨量/mm		系数 A	系数 B	雨量/mm		系数 A	系数 B	雨量/mm		系数 A	系数 B
下限值	上限值			下限值	上限值			下限值	上限值		
216		0.0014	−0.1553	195		0.0014	−0.1214	174		0.0014	−0.0785

4.4.2.2 应用案例

2016 年 6 月 19 日入梅后,湖北省出现大范围强降水过程,为做好暴雨洪涝保险试点工作,武汉区域气候中心自 6 月 19 日起对仙桃市各区域气象站降水量进行实时监测,对监测数据存在异常的台站及时进行了检查,并依据保险合同确定的天气指数和赔偿金额计算公式滚动进行计算演练,以确保保险气象服务的顺利实施。6 月 30 日,仙桃市再次出现较强降水过程,面雨量累计超过 200 mm,根据保险合同规定的天气指数计算,达赔付标准,武汉区域气候中心迅速将雨情通报给保险公司,并赴仙桃开展洪涝保险指数的验证。7 月 7 日降水过程接近尾声,人保湖北分公司赴武汉区域气候中心就仙桃市雨情及保险赔偿金额的计算事宜进行了会商,并就本次投保区域的特殊性及天气指数在本次保险赔付过程中存在的问题和改进办法进行了讨论。

(1)保险指数计算及理赔服务

对仙桃全市 2016 年 6 月 30 日—7 月 6 日暴雨过程保险指数及赔偿金额进行动态计算,以 6 月 30 日—7 月 6 日仙桃市 15 个正常运行的气象站监测资料为依据,获得过程累计面雨量 383.9 mm,该时段中稻处于孕穗初期,江河水位处于高水位,参照保险合同计算,应赔偿金额为 210.0 元/亩(实际投保只有西部 3 个乡镇)。

以仙桃国家气象站雨量为基础，对1961—2016年历年(共56 a)暴雨洪涝过程进行回代计算(表4.21)，有15次过程雨量达到起赔标准，其中有7次不在保险时段内，即1961年以来仅有8次赔付，2016年6月30日—7月6日降雨过程仅次于1991年，居1961年以来历史同期第二位，从赔付额度和概率角度看指数设计基本合理。

表4.21　仙桃市历史暴雨洪涝灾害过程雨量、应赔金额及减产率情况

起始日期(年-月-日)	结束日期(年-月-日)	持续时间/d	总雨量/mm	面雨量/mm	应赔金额/(元/亩)	减产率/%
2016-06-30	2016-07-06	6	479.6	383.68	209.9	−10.6
1991-07-01	1991-07-13	13	540.1	432.08	233.1	−27.4
1969-07-09	1969-07-17	9	409.0	327.20	174.4	−21.9
1999-06-22	1999-07-01	10	395.6	316.48	168.8	0.5
2010-07-08	2010-07-14	7	317.7	254.16	136.4	−0.9
2003-07-08	2003-07-11	4	276.5	221.20	117.8	0.7
1961-06-07	1961-06-09	3	239.6	191.68	100.0	−10.5
2009-06-28	2009-06-30	3	223.9	179.12	92.5	−0.3
1997-07-13	1997-07-14	2	222.3	177.84	91.7	−0.3
2015-07-23	2015-07-23	1	217.9	174.32	89.6	4.2
2004-07-17	2004-07-21	5	217.7	174.16	89.5	0.4
1964-06-24	1964-07-01	8	214.8	171.84	88.1	−0.4
1970-06-05	1970-06-09	5	214.3	171.44	87.9	1.7
2011-06-17	2011-06-20	4	213.8	171.04	87.7	0.7
1979-06-23	1979-06-28	6	210.6	168.48	86.1	6.5

(2)存在问题及不足

指数设计中，中稻脆弱性曲线是根据参考文献分析得出，与试验结果存在一定偏差，需对脆弱性曲线进行必要的修订。仙桃市境内地形和河网存在明显差异，导致暴雨洪涝风险等级存在明显差异，在指数和保险产品设计中应考虑由此造成的基差风险。2016年暴雨洪涝过程强度居历史前列，有必要对历史暴雨洪涝过程概率重新拟合订正。

4.5　本章小结

(1)以热量指标作为水稻品种布局和稻作制度的关键因子，利用湖北省76个国家气象观测站1981—2010年气象观测资料，开展了湖北省水稻种植气候适宜性区划。结果显示，除鄂西高山地区外，湖北省大部分地区热量条件均可满足水稻种植要求。其中，鄂西中低山区热量条件仅能满足种植早中熟一季中稻品种，鄂北岗地、鄂中丘陵北部及鄂东北低山丘陵区可种植迟熟一季中稻或再生稻，三峡河谷、鄂西南东部低山丘陵区、江汉平原及鄂东沿江平原可种植双季稻，但大部双季稻适宜区热量条件仅适合种植两季早熟籼稻品种，仅三峡河谷及鄂东沿江平原部分地区可种植中熟品种，双季稻早稻生育后期存在高温逼熟气象灾害风险，晚稻生育后期存在“寒露风”风险。

(2)遥感对地观测技术具有时效性好、客观性强、监测范围广、信息量丰富等特点,相对于传统监测方法,可以极大地节省人力、物力、财力和时间,是当前水稻种植布局和长势监测的重要手段。采用光学和 SAR 雷达多源卫星遥感影像建立了湖北省水稻种植分布提取业务,光学遥感以 MODIS 和 HJ 卫星多时相影像序列为数据源,结合水稻不同生育期冠层光谱特征,综合利用阈值法、决策树分类和混合像元分解模型等方法开展全省水稻种植面积提取;SAR 雷达遥感以 RadarSat-2 卫星影像为数据源,利用水稻与其他地物后向散射特征差异建立了特定区域高分辨率水稻分布提取流程。利用 MODIS 卫星多时相归一化植被指数(NDVI)和增强型植被指数(EVI),通过 S-G 滤波处理,结合水稻种植分布图,建立了水稻生育期遥感识别方法和长势分类评价标准。

(3)湖北省水稻生长季出现洪涝、干旱、高温和低温灾害的频率较高,加之受地形和农田基础设施不完善等条件制约,气象灾害影响重,是影响水稻生产的重要不稳定因素。针对洪涝灾害,基于分布式水文和水动力模型建立了洪涝淹没水深动态模拟技术,结合水稻洪涝损失脆弱性函数和遥感提取的水稻分布图,实现了湖北省 90 m 格点尺度水稻洪涝损失评估方法;针对干旱灾害,基于多源融合降水和气象干旱指数建立了干旱致灾因子动态监测指标,结合湖北省大中型水库和主要河流水情监测信息,建立了农业灌溉用水动态分配模型,基于 Jensen 水分生产函数建立了农作物干旱胁迫产量损失评估模型;针对水稻抽穗扬花期高温热害,以日平均气温和最高气温为指标建立了高温热害强度指数,基于水稻高温热害控制试验,建立了水稻产量结构要素与高温热害强度的回归方程,综合考虑不同区域水稻发育期进度,建立了高温热害评估方法;针对水稻低温冷害,根据水稻不同发育阶段可耐受的低温临界温度指标,结合遥感反演的近地表气温,建立了早稻五月寒、中稻盛夏低温和晚稻寒露风灾害实时监测与风险评估方法。

(4)天气指数保险针对气象灾害可能造成的损失,是以气象要素及其组合构建的指数为依据,依据事先约定的触发值和相关条款对投保对象进行赔付,无需对实际损失进行勘查的保险产品,具有客观公正、快速理赔等优点,是气象灾害风险管理的有效手段和创新产品。针对水稻高温热害,通过大田分期播种试验,统计抽穗至灌浆期高温胁迫对水稻产量的影响,结合田间调查,确定了高温热害保险时段、高温热害指数和减产率模型,基于 Weibull 分布建立保险时段内水稻高温热害发生概率理论分布模型,采用精算定价法基于产量期望损失测算保险费率,建立了水稻高温热害天气指数保险产品。针对暴雨洪涝灾害,在历史典型暴雨洪涝灾情调查和不同发育期淹涝试验基础上,建立了水稻关键发育期暴雨洪涝淹没水深、历时与减产率的关系模型,利用暴雨洪涝淹没模型反演各级减产率致灾雨量,基于产量期望损失厘定保险费率,结合外河水位设计了中稻暴雨洪涝灾害天气指数保险产品。在典型高温年和洪涝年开展天气指数保险试点应用,取得了较好的社会效益和经济效益。

第5章 森林生态气象

2018 年 8 月，湖北省对外发布了湖北省生态保护红线划定方案，确定了湖北省生态保护红线总体呈现"四屏三江一区"基本格局，其中"四屏"指鄂西南武陵山区、鄂西北秦巴山区、鄂东南幕阜山区、鄂东北大别山区四个生态屏障，是湖北省主要森林资源的所在地。森林在维持生物圈的稳定、改善生态环境、涵养水源、保持水土等方面起着重要作用。

植被生态数据是研究森林生态系统的重要基础数据之一，植被作为全球环境变化的感应器，陆地上的生态环境影响着植被的生长状况，植被的生长状态指示着它所处的陆地生态环境，从时序上对植被生长的动态监测就能反映出与它相关的生态环境信息。

在全球气候变化背景下，气候变化驱动着森林生态系统发生演变，甚至在一定程度上决定了植被生长态势。因此，针对不同生态屏障特点，本章开展植被生态质量时空变化评价、森林生态服务功能评估、森林主要灾害监测及气象等级预报，为湖北省开展森林生态系统的生态保护和生态改善修复提供科学参考。

5.1 四屏山区植被生态质量时空变化评价

5.1.1 植被生态质量评价数据与方法

利用卫星遥感影像资料和气象观测数据，基于植被生态质量指数模型，对 2001—2020 年湖北省四屏——秦巴山、武陵山、幕阜山、大别山区植被生态质量时空变化进行分析研究，力图为四屏植被生产能力评价、生态环境保护和植被生态质量评估提供科学依据。

5.1.1.1 资料与来源

植被生态质量数据为中国气象局国家气象中心下发的数据，空间分辨率为 1 km。

5.1.1.2 研究方法

(1)植被生态质量指数计算方法

①植被覆盖度(FVC)

植被覆盖度(FVC)的估算主要采用遥感数据。常以 NOAA/AVHRR、EOS/MODIS、FY-3/MERSI 等极轨卫星归一化植被指数(NDVI)为基础，基于像元二分模型进行估算。FVC 计算公式为：

$$FVC = \frac{NDVI - NDVI_s}{NDVI_v - NDVI_s} \times 100\% \tag{5.1}$$

式中：FVC 为植被覆盖度(%)；NDVI 为评估时段内最大值合成归一化植被指数；$NDVI_s$ 为像

元为纯土壤时的植被指数，$NDVI_v$ 为像元全植被覆盖下的归一化植被指数，根据中国陆地植被特点，取 $NDVI_s=0.05$，$NDVI_v=0.95$（陈妍 等，2018）。

②植被净初级生产力（NPP）

植被净初级生产力（NPP）是指单位面积植被在某一时段内通过光合作用固定的有机物质减去自养呼吸消耗后剩余的有机物质总量（钱栓 等，2019）。利用太阳光合有效辐射、植被有效光合辐射吸收比例、实际光能利用率等数据，根据光能利用率理论，采用陆地生态系统碳通量 TEC 模型，计算植被 NPP（钱栓 等，2020，2022）。计算公式如下：

$$\mathrm{NPP} = \mathrm{GPP} - R \tag{5.2}$$

$$\mathrm{GPP} = \varepsilon \times \mathrm{FPAR} \times \mathrm{PAR} \tag{5.3}$$

式中：NPP、GPP、R 分别表示植被净初级生产力、总初级生产力和呼吸消耗量（gC/m^2）；ε 为实际光能利用率；FPAR 为植被吸收光合有效辐射的比例；PAR 为入射光合有效辐射（MJ/m^2）。先计算 NPP 月值再进行累加得到 NPP 年值。

③植被生态质量指数（EQI）

植被生态质量指数（EQI）是指基于陆地植被净初级生产力和覆盖度能够反映陆地生态系统植被功能和覆盖状况的定量数值。植被 EQI 值越大，表明植被生态质量越好。计算公式如下：

$$\mathrm{EQI}_i = \left(0.5 \times \mathrm{FVC}_i + 0.5 \times \frac{\mathrm{NPP}_i}{\mathrm{NPP}_m}\right) \times 100 \tag{5.4}$$

式中：EQI_i 为评估时段的植被生态质量指数；FVC_i 为评估时段的植被覆盖度；NPP_m 为评估时段内陆地植被净初级生产力中的最大值，即最好气象条件下的植被净初级生产力；NPP_i 为评估时段植被累计净初级生产力；i 表示第 i 年。

（2）数据分析方法

采用距平偏差分析、趋势分析等方法，分析湖北省四屏植被生态指标时空变化特征。

距平偏差定义为每年的 EQI 值减去多年平均的 EQI 值，正值表示高于多年平均水平，反之则表示低于多年平均水平，偏差大小反映某一时段内 EQI 偏离多年 EQI 均值的程度，基于像元进行计算（王芳 等，2018）。公式如下：

$$\mathrm{JP} = \mathrm{EQI}_i - \mathrm{EQI}_{ave} \tag{5.5}$$

式中：JP 为 EQI 的偏差值；EQI_i 为某一年的 EQI 值；EQI_{ave} 为评估时段内的平均 EQI 值。

一元线性回归分析是基于像元的变化特征来反映研究区时空格局变化趋势的一种常用方法（杨强 等，2015）。一元线性回归方程斜率采用最小二乘法来估算，其值的大小反映植被 EQI 增加或减少的速率。本节利用一元线性回归分析方法分析 2001—2020 年四屏植被 EQI 的变化趋势。计算公式如下（杨强 等，2015）：

$$\theta_{slope} = \frac{n \times \sum_{i=1}^{n}(i \times \mathrm{EQI}_i) - (\sum_{i=1}^{n} i) \times (\sum_{i=1}^{n} \mathrm{EQI}_i)}{n \times \sum_{i=1}^{n} i^2 - (\sum_{i=1}^{n} i)^2} \tag{5.6}$$

式中：n 是评估时间序列的长度，本节 $n=20$（2001—2020 年总共 20 a）；i 代表第 i 年；EQI_i 表示第 i 年的 EQI 值；θ_{slope} 代表各个像元 EQI 随时间的变化速率。若 θ_{slope} 为正值，则表示该像元的 EQI 为增大趋势，且数值越大说明改善效果越明显；反之，则为减小趋势，说明区域植被状况变差。EQI 变化趋势的显著性采用 F 检验，显著性仅代表趋势变化置信程度的高低，与变化快慢无关。根据显著性检验结果将 FVC 的变化趋势分为如下 6 个等级：极显著减少（$\theta_{slope}<0, p<0.01$）；显著减少（$\theta_{slope}<0, 0.01<p<0.05$）；减少不显著（$\theta_{slope}<0, p\geq 0.05$）；增加不显著（$\theta_{slope}>0, p\geq 0.05$）；显著增加（$\theta_{slope}>0, 0.01<p<0.05$）；极显著增加（$\theta_{slope}>0, p<0.01$）。

5.1.2 鄂西北秦巴山区

2001—2020 年鄂西北秦巴山区（下面简称“秦巴山区”）植被生态质量指数（EQI）均值为 62.7，最小值为 54.3（2001 年），比平均值低 8.4；最大值为 68.5（2020 年），比平均值高 5.8（图 5.1a）。2001—2020 年秦巴山区植被 EQI 年平均值呈显著上升趋势（$p<0.01$），年平均增加 0.44。与 2001 年相比，2020 年秦巴山区 EQI 值增大了 26.3%。距平偏差分析法偏离程度结果表明，2001—2020 年秦巴山区植被 EQI 距平值总体呈增大趋势，与植被 EQI 年平均值的分析结果较为一致，说明秦巴山区植被生态一直处于向好态势。20 a 间，可以把秦巴山区植被生长划分为两个阶段，2008 年以前主要以负距平为主（2004 年除外）；2009 年以后除 2011 年（冬、春、夏干旱）和 2019 年（伏、秋连旱）外，其他年份植被 EQI 均高于平均水平，表明 2009 年以后秦巴山区植被整体水平较高。

2001—2020 年秦巴山区植被生态质量指数（EQI）年平均值具有明显的空间异质性（图 5.1b），分布范围 7.7～77.7，整体呈现北低南高的分布。高值区主要位于南部，低值区主要位于西北部。根据《陆地植被气象与生态质量监测评价等级》（QX/T 494—2019）（全国农业气象标准化技术委员会，2019）划分标准，全区没有植被 EQI 达优的区域，72.6%范围植被 EQI 达良，中等偏好的区域面积占 19.0%，中等偏差及以下等级的区域仅占 8.5%。

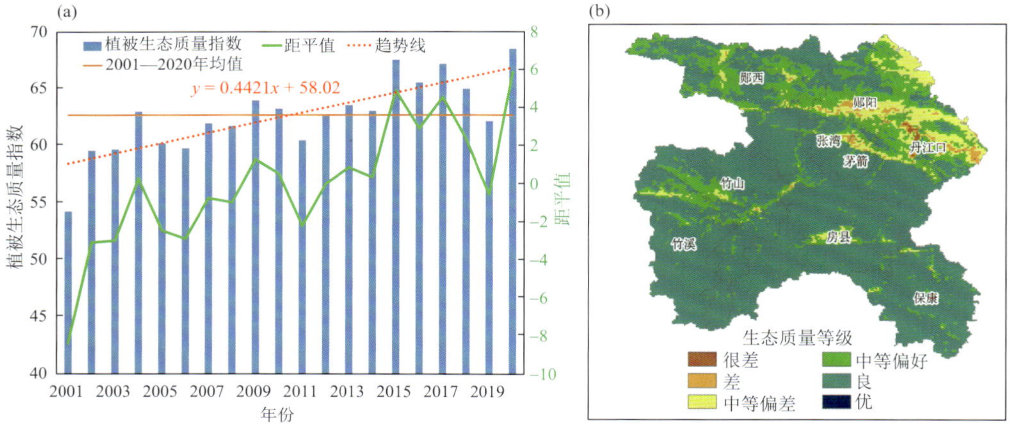

图 5.1　鄂西北秦巴山区植被生态质量指数（EQI）20 a 平均值变化（a）和空间分布（b）

逐像元计算年际变化趋势率发现，2001 年以来，秦巴山区（湖北段）植被生态质量全区有不同程度的改善，全区 98.2%的区域植被生态质量变化趋势率为正值，其中以西北部增大最为明显，减小区域除张湾镇、茅箭、郧阳县相对集中外，其余以零星分布为主。

5.1.3 鄂西南武陵山区

2001—2020 年鄂西南武陵山区（下面简称“武陵山区”）植被生态质量指数（EQI）均值为 67.2，最小值为 61.9（2001 年），比平均值低 5.3；最大值为 71.4（2016 年），比平均值高 4.2（图 5.2a）。2001—2020 年武陵山区植被 EQI 年平均值呈显著上升趋势（sig. <0.01），年平均增加 0.4。与 2001 年相比，2020 年武陵山区 EQI 值增大了 13.5%。距平偏差分析法偏离程度结果表明，2001—2020 年武陵山区植被 EQI 距平值总体呈增大趋势，与植被 EQI 年平均值的分析结果较为一致，说明武陵山区植被生态一直处于向好态势。20 a 间，可以把武陵山区植被生长划分为两个阶段，2012 年以前主要以负距平为主；2013 年开始植被 EQI 均高于平均水平，表明 2013 年以后武陵山区植被整体水平较高。

2001—2020 年武陵山区植被生态质量指数（EQI）年平均值具有明显的空间异质性（图 5.2b），分布范围 6.0～80.1，整体呈现西低东高、北低南高的分布。高值区主要位于五峰南部、鹤峰大部分地区、宣恩东部，低值区主要位于城镇、库区周边。根据《陆地植被气象与生态质量监测评价等级》（QX/T 494—2019）划分标准，全区植被生态质量以良为主，面积占比为 93.0%，中等偏好的区域面积占 6.2%，中等偏差及以下等级的区域仅占 0.8%。

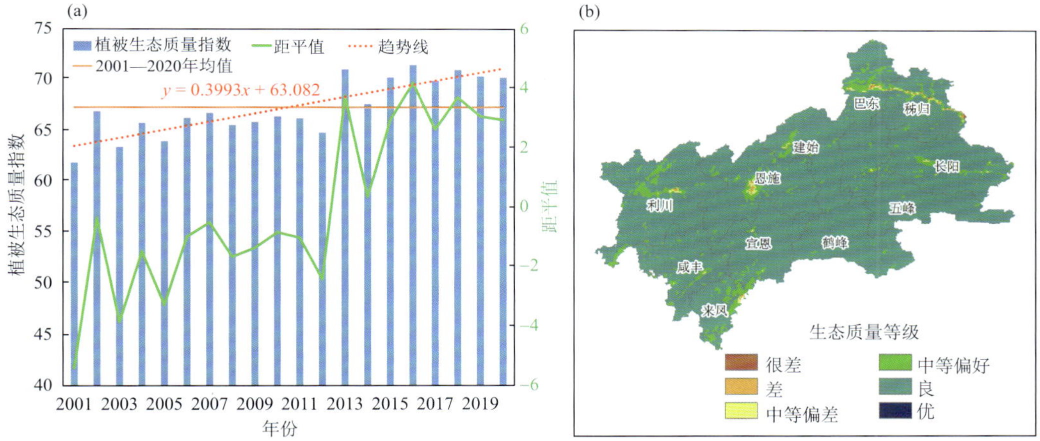

图 5.2 鄂西南武陵山区植被生态质量指数（EQI）20 a 平均值变化（a）和空间分布（b）

逐像元计算年际变化趋势率发现，2001 年以来武陵山区植被生态质量全区有不同程度的改善，全区 98.3%的区域植被生态质量变化趋势率为正值，其中以东北和西部增大最为明显，减小区域除恩施、长阳相对集中外，其余以零星分布为主。

5.1.4 鄂东南幕阜山区

2001—2020 年鄂东南幕阜山区（下面简称“幕阜山区”）植被生态质量指数（EQI）均值为 62.1，最小值为 57.1（2001 年），比平均值低 5.0；最大值为 67.3（2017 年），比平均值高 5.2（图 5.3a）。2001—2020 年幕阜山区植被 EQI 年平均值呈显著上升趋势（sig. <0.01），年平均增加 0.4。与 2001 年相比，2020 年幕阜山区 EQI 值增大了 17.0%。距平偏差分析法偏离程度结果表明，2001—2020 年幕阜山区植被 EQI 距平值总体呈增大趋势，与植被 EQI 年平均值的分析结果较为一致，说明幕阜山区植被生态一直处于向好态势。20 a 间，可以把幕阜山区植

被生长划分为两个阶段，2011 年以前主要以负距平为主（2007 年、2008 年除外）；2012 年开始除 2013 年和 2019 年外，其他年份植被 EQI 均高于平均水平，表明 2012 年开始幕阜山区植被整体水平较高。

2001—2020 年幕阜山区植被生态质量指数（EQI）年平均值具有明显的空间异质性（图 5.3b），分布范围 3.0～80.0，整体呈现北低南高、中间高两边低的分布。高值区主要位于南部，低值区主要位于东部和西部。根据《陆地植被气象与生态质量监测评价等级》（QX/T 494—2019）划分标准，全区没有植被 EQI 达优的区域，61.9%范围植被 EQI 为良，中等偏好的区域面积占 25.3%，中等偏差及以下等级的区域仅占 12.8%。

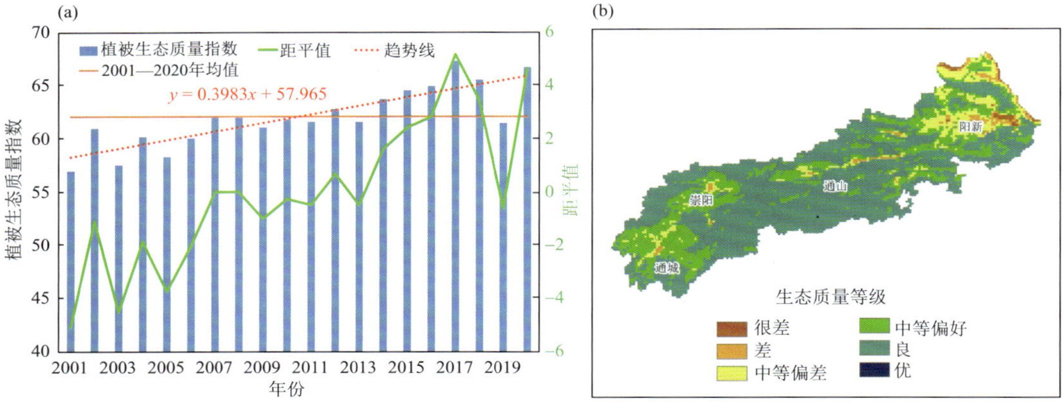

图 5.3 鄂东南幕阜山区植被生态质量指数（EQI）20 a 平均值变化（a）和空间分布（b）

逐像元计算年际变化趋势率发现，2001 年以来幕阜山区植被生态质量全区有不同程度的改善，全区 94.3%的区域植被生态质量变化趋势率为正值，其中以南部地区增大最为明显，减小区域除阳新县相对集中外，其余以零星分布为主。

5.1.5 鄂东北大别山区

2001—2020 年鄂东北大别山区（下面简称“大别山区”）植被生态质量指数（EQI）均值为 56.2，最小值为 49.6（2001 年），比平均值低 6.6；最大值为 61.3（2017 年），比平均值高 5.1（图 5.4a）。2001—2020 年大别山区植被 EQI 年平均值呈显著上升趋势（sig. <0.01），年平均增加 0.32。与 2001 年相比，2020 年大别山区 EQI 值增大了 22.1%。距平偏差分析法偏离程度结果表明，2001—2020 年大别山区植被 EQI 距平值总体呈增大趋势，与植被 EQI 年平均值的分析结果较为一致，说明大别山区植被生态一直处于向好态势。20 a 间，可以把大别山区植被生长划分为两个阶段，2011 年以前主要以负距平为主（2008 年除外）；2012 年开始除 2019 年外，其他年份植被 EQI 均高于平均水平，表明 2012 年以后大别山区植被整体水平较高。

2001—2020 年大别山区植被生态质量指数（EQI）年平均值具有明显的空间异质性（图 5.4b），分布范围 0.7～80.3，整体呈现东高、西低的分布。高值区主要位于罗田大部分地区、英山大部分地区、麻城东部、蕲春东北部、武穴东北部、黄梅北部、红安西北部、孝昌东部等地，低值区主要位于大别山区西部和南部。根据《陆地植被气象与生态质量监测评价等级》（QX/T 494—2019）划分标准，33.9%范围植被 EQI 达良，中等偏好的区域面积占 40.9%，中等偏差及以下等级的区域仅占 25.2%。

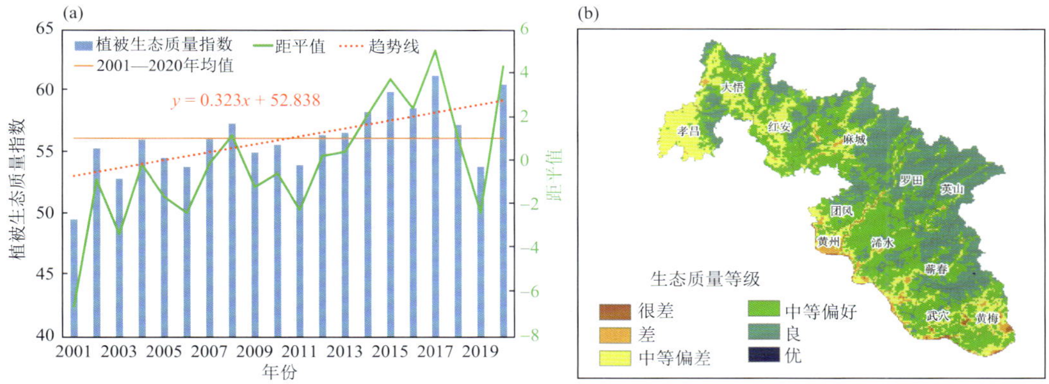

图 5.4　鄂东北大别山区植被生态质量指数(EQI)20 a 平均值变化(a)和空间分布(b)

逐像元计算年际变化趋势率发现,2001 年以来大别山区植被生态质量全区有不同程度的改善,全区 86.8%的区域植被生态质量变化趋势率为正值,其中以西北部地区增大最为明显,减小区域除黄梅南部、武穴南部、蕲春西南部、麻城西南部、团风南部、黄州西部等地相对集中外,其余以零星分布为主。

5.2　森林生态服务功能评估

植被具有水源涵养和土壤保持等服务功能,植被生态质量的提升改善了鄂西南武陵山、鄂西北秦巴山、鄂东北大别山、鄂东南幕阜山和三峡、丹江口库区等重点生态功能区水源涵养和水土保持及固碳释氧量等生态功能。

5.2.1　森林水源涵养

水源涵养功能是指森林、草原等生态系统通过其特有的结构与水相互作用,对降水进行截留、渗透、蓄积等,其大小以水源涵养量表示,由降水量与蒸散量、径流量等主要消耗量的差计算。

5.2.1.1　资料与来源

土地利用分类数据来源于武汉区域气候中心制作的 30 m 分辨率分类数据,在 ArcGIS 软件中,重采样形成空间分辨率为 1000 m×1000 m 的栅格数据。

水源涵养数据来源于中国气象局国家气象中心,空间分辨率为 1000 m。

5.2.1.2　研究方法

生态系统水源涵养功能评估原理主要有水量平衡法、降雨贮存法、蓄水能力法等(刘业轩 等,2021),其中水量平衡法适用于所有时空尺度,数据处理方法简单易于操作,是目前评估水源涵养服务最有效和应用最广泛的方法(Xu et al.,2019)。水量平衡法是将森林生态系统视为一个"黑箱",以水量的输入和输出为着眼点,从水量平衡的角度,降水量与森林蒸散量、地表径流的差即为水源涵养量(龚诗涵 等,2017)。

InVEST(Integrated Valuation of Environmental Services and Tradeoffs)即"生态系统服

务功能与权衡交易综合评价模型”，是由美国斯坦福大学、世界自然基金会和大自然保护协会联合开发的生态系统服务功能评估工具。InVEST 模型的产水模块是基于水量平衡的估算方法，某栅格单元的产水量为降水量减去实际蒸发量后地表及地下的剩余水量，水源涵养能力为产水量减去土壤水分饱和后流失的径流量的剩余部分（刘业轩 等，2021）。本节基于 InVEST 模型，通过计算水源涵养能力，分析了 2000—2021 年湖北省四屏生态系统水源涵养生态功能的时空变化，旨在为四屏生态保护与建设提供科学依据。

5.2.1.3 时空分布变化特征

2021 年鄂西北秦巴山区森林涵养水量均值为 322.9 mm，全区水源涵养量为 0.4～770.4 mm。高水源涵养量的区域集中在竹溪、竹山西北部和南部、郧西西北部等林区，低水源涵养量的区域集中在邻近城镇用地和农田区的林区（图 5.5a）。2000—2021 年鄂西北秦巴山区 90.9%的林区水源涵养量呈现增加趋势，水源涵养生态功能提升，其中 20.4%的林区年均增加 5～10 mm，主要分布在竹溪、竹山、房县中部和西部等林区（图 5.5b）。

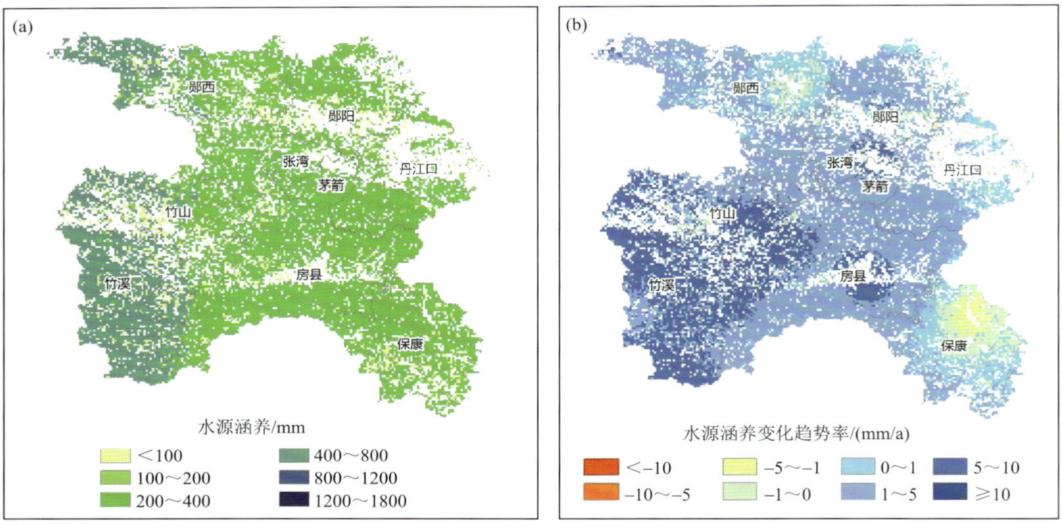

图 5.5 秦巴山区 2021 年森林水源涵养量(a)和 2000—2021 年变化趋势率(b)

2021 年鄂西南武陵山区森林水源涵养量均值为 454.7 mm，全区水源涵养量为 0.1～799.1 mm。高水源涵养量的区域集中在鹤峰、五峰西部、宣恩、咸丰、利川、建始、来凤等林区，低水源涵养量的区域集中在长阳东部、秭归大部分地区、巴东北部及邻近城镇用地和农田区的林区（图 5.6a）。2000—2021 年鄂西南武陵山区 90.3%的林区水源涵养量呈现增加趋势，水源涵养生态功能提升，其中 13.2%的林区年均增加 10 mm 以上，五峰中部、鹤峰西部和北部、建始西部、恩施中部、宣恩东部等林区增速较高（图 5.6b）。

2021 年鄂东南幕阜山区森林水源涵养量均值为 548.7 mm，全区水源涵养量为 1.2～1203.4 mm。高水源涵养量的区域集中在崇阳东北部、通山西北部等林区，低水源涵养量的区域集中在城镇用地和农田区的林区（图 5.7a）。2000—2021 年鄂东南幕阜山区 80.0%的林区水源涵养量呈现增加趋势，水源涵养生态功能提升，其中 74.2%的林区年均增加 10 mm 以上，通山大部分地区、崇阳南部和东部等林区年均增加 15 mm 以上（图 5.7b）。

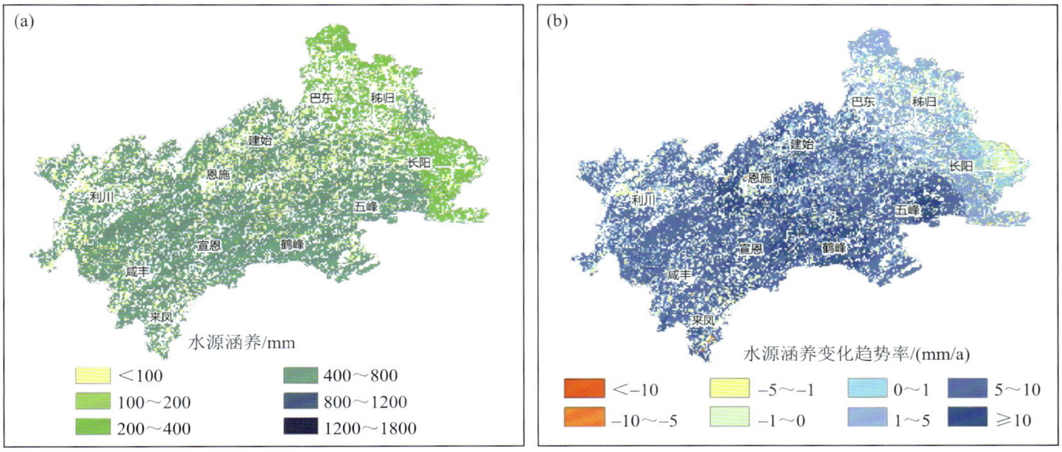

图 5.6　武陵山区 2021 年森林水源涵养量(a)和 2000—2021 年变化趋势率(b)

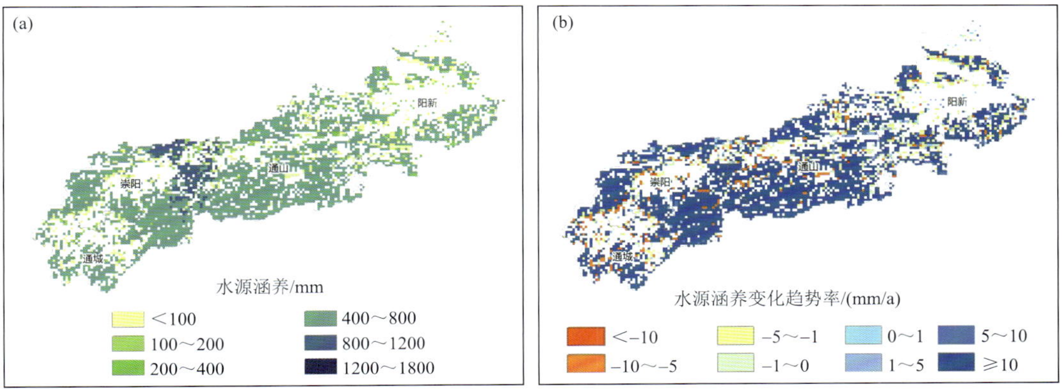

图 5.7　幕阜山区 2021 年森林水源涵养量(a)和 2000—2021 年变化趋势率(b)

2021 年鄂东北大别山区森林水源涵养量均值为 332.4 mm，全区水源涵养量为 0.1~673.8 mm。高水源涵养量的区域集中在罗田大部分地区、英山大部分地区、大悟北部、红安北部、麻城北部、团风北部、蕲春北部、武穴东北部、黄梅西北部等林区，低水源涵养量的区域集中在邻近城镇用地和农田区的林区(图 5.8a)。2000—2021 年鄂东北大别山区 67.4%的林区水源涵养量呈现增加趋势，水源涵养生态功能提升，其中 39.3%的林区年均增加 10 mm 以上，罗田大部分地区、英山大部分地区、蕲春北部和黄梅西北部等林年均增加 15 mm 以上(图 5.8b)。

综合以上分析，湖北省四屏山区以鄂东南幕阜山区森林水源涵养量最高，鄂西北秦巴山区森林水源涵养量最低。2000—2021 年，鄂东南幕阜山区森林水源涵养量增速最快，鄂西北秦巴山区森林水量增速最慢；鄂西北秦巴山区森林水源涵养量呈增加趋势的范围最大，而鄂东北大别山区呈增加趋势的范围最小。

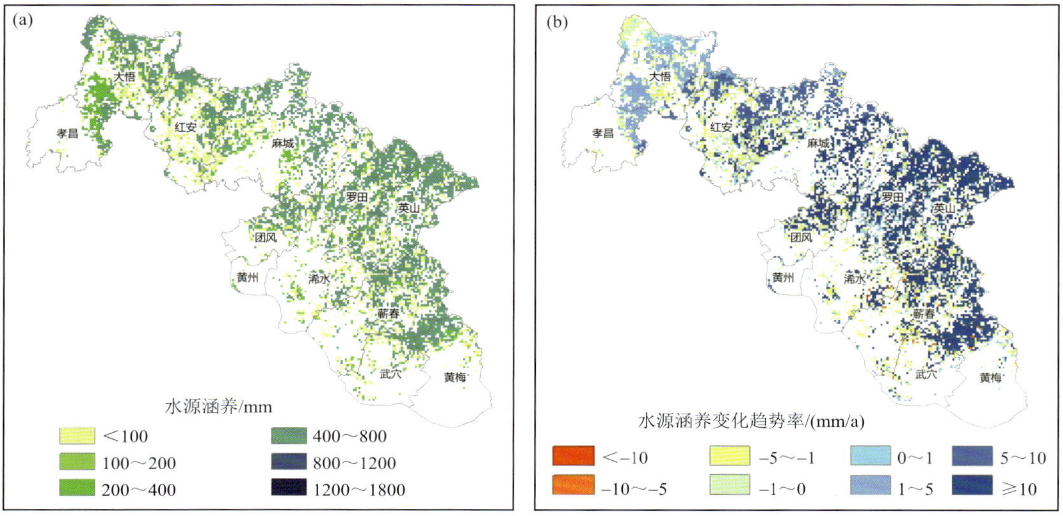

图 5.8　大别山区 2021 年森林水源涵养量(a)和 2000—2021 年变化趋势率(b)

5.2.2　固碳释氧量

在森林生态系统各项服务功能中，森林固碳释氧服务功能对生态系统价值的贡献较大，在调节全球碳平衡、减缓大气中 CO_2 等温室气体浓度上升以及维护全球气候等方面具有不可替代的作用(尤海舟 等，2017)。

植被生态系统可以吸收二氧化碳、释放氧气，在计算植被净初级生产力(NPP)基础上，计算植被固定 CO_2 和释放 O_2 的物质量(张玉琴 等，2022)。

5.2.2.1　资料与来源

土地利用分类数据来源于武汉区域气候中心制作的 30 m 分辨率分类数据，在 ArcGIS 软件中，重采样形成空间分辨率为 1000 m×1000 m 的栅格数据。

净初级生产力数据来源于中国气象局国家气象中心，空间分辨率为 1000 m。

5.2.2.2　研究方法

根据绿色植被光合作用化学方程式($6CO_2+6H_2O \xrightarrow{\text{光合作用}} C_6H_{12}O_6+6O_2$)，可知植被每生产 1.0 g 干物质能固定 1.63 g CO_2 并释放 1.19 gO_2(张岩 等，2016)。

5.2.2.3　时空分布变化特征

2000—2021 年湖北省森林植被平均固碳量为 1506.7 g/m^2，年均固碳量最小值为 1337.3 g/m^2(2001 年)，最大值为 1628.6 g/m^2(2021 年)。2000—2021 年湖北省森林植被固碳量年平均值具有明显的空间异质性(图 5.9a)，整体呈现西高东低的分布。高值区主要位于鄂西北西南部、鄂西南南部和东部等林区，低值区位于鄂西北西北部、江汉平原北部、鄂东北西北部等林区。

2000—2021 年湖北省森林植被固碳量年平均值呈显著上升趋势(sig. $<$0.05)，年平均增加 8.0 g/m^2(图 5.9b)；与 2000 年相比，2021 年湖北省森林植被平均固碳量值增加了 19.3%，

说明湖北省森林植被固碳服务功能不断增强。

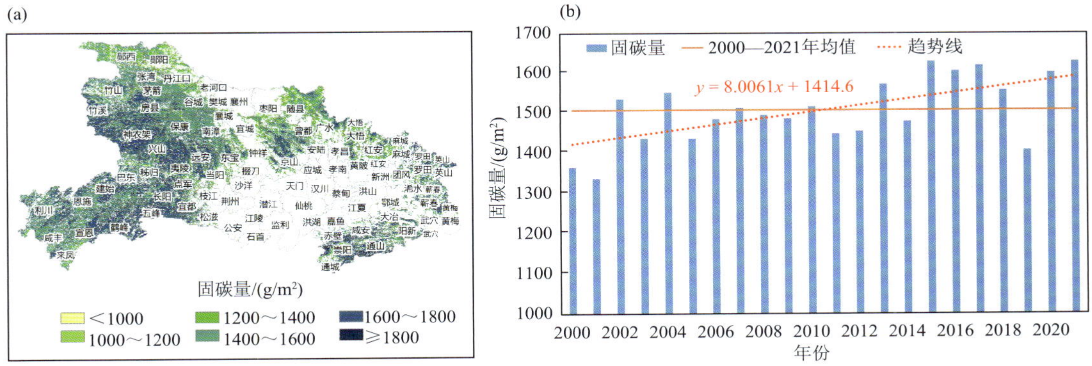

图 5.9　2000—2021 年湖北省森林植被平均固碳量空间分布(a)和历年平均值变化(b)

2000—2021 年湖北省森林植被平均释氧量为 1109.2 g/m²，年均释氧量最小值为 984.5 g/m²(2001 年)，最大值为 1199.0 g/m²(2021 年)。2000—2021 年湖北省森林植被释氧量年平均值具有明显的空间异质性(图 5.10a)，整体呈现西高东低的分布。高值区主要位于鄂西北西南部、鄂西南南部和东部等林区，低值区位于鄂西北西北部、江汉平原北部、鄂东北西北部等林区。

2000—2021 年湖北省森林植被释氧量年平均值呈显著上升趋势(sig. <0.05)，年平均增加 5.9 g/m²(图 5.10b)；与 2000 年相比，2021 年湖北省森林植被平均释氧量值增加了 19.3%，说明湖北省森林植被释氧服务功能不能增强。

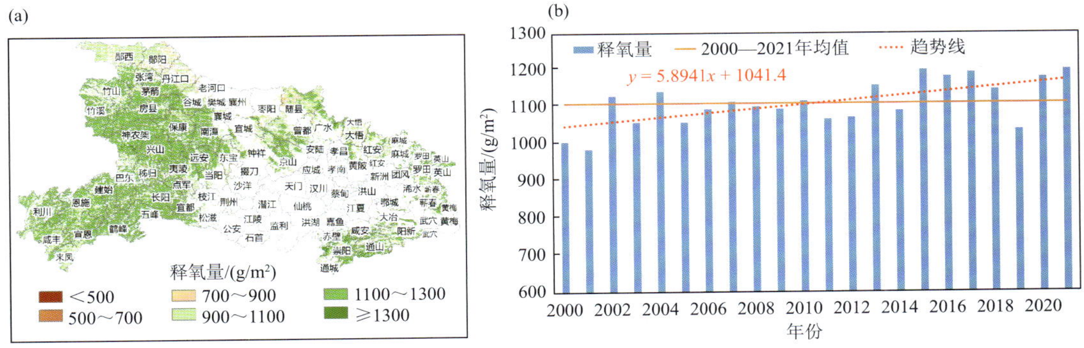

图 5.10　2000—2021 年湖北省森林植被平均释氧量空间分布(a)和历年平均值变化(b)

逐像元计算湖北省森林植被固碳释氧量年际变化趋势率发现，2000—2021 年全省 96.7% 的森林区域植被释氧量变化趋势率为正值，表明 2000 年以来湖北省省森林植被固碳释氧服务功能价值不断提高，以鄂西北西北部、鄂西南西部和东北部、鄂东北中部、鄂东南南部等林区增加最为明显，减小趋势以零星分散分布为主。

5.2.3　神农架国家森林公园森林生态服务功能及价值评估

森林生态系统具有最高的生产力和最大的生物量积累，是自然界最丰富和稳定的有机碳贮库、基因库、资源库、蓄水库和能源库。近年来，随着一些全球性与区域性环境问题的加剧，国际上对森林生态系统服务功能的作用及价值更加关注。森林生态系统服务功能指森林生态系统与生态过程所形成及维持的人类赖以生存的自然环境条件与效应。森林作为陆地上最大的生态系统，其生态系统服务功能主要体现为：维持生命物质的生物地球化学循环与水文循环、维持生物物种多样性与遗传多样性、净化大气环境、维持大气化学的平衡与稳定、提供人类生存所需要的林业产品。

号称“华中屋脊”的神农架位于湖北省西部边陲、大巴山东段，处于渝、鄂交界处，地跨109°56′—110°58′E，31°15′—31°75′N，面积约 3253 km^2。神农架属北亚热带季风气候，垂直气候带明显，从低海拔到高海拔依次呈现出北亚热带、暖温带、温带、寒温带的气候特点。独特的地理位置和优越的立体气候环境使其孕育着丰富的植物资源。神农架森林堪称“绿色宝库”，是植物多样性的理想基地，中国植物资源和种质资源的“贮藏库”，古老孑遗植物的“避难所”，孕育和产生新品种的“摇篮”，华中最大的天然植物园。该地共有 11 个植被型和 50 个群系，素有“动植物宝库”的美誉。

基于林业行业标准《森林生态系统服务功能评估规范》(LY/T 1721—2008)中的森林生态系统服务功能价值量的评估公式，利用定位观测数据和社会公共数据对神农架森林生态系统涵养水源、保育土壤、固碳释氧、积累营养物质、净化大气环境、生物多样性保护六个方面服务功能的价值量进行评估。本研究根据林分特点和研究方法要求，将神农架林区林分归为阔叶林、针阔混交林和针叶林三类。神农架林区森林生态系统服务功能价值量有以下特点。

生态富饶但经济较落后。神农架森林生态系统六大服务功能的年总价值为 672.5 亿元，约为 2017 年神农架全区年生产总值(25.51 亿元)的 26 倍，表明神农架地区具有生态良好但经济较落后的特征。

保育土壤的生态价值最大。神农架森林六大服务功能对森林生态价值都有重要贡献，但保育土壤的贡献最大，为 352.0 亿元/a，占总价值的 60.0%；其次是涵养水源和生物多样性保护的价值，分别占总价值的 15.3%和 12.4%。

阔叶林的生态价值最高。神农架三个林分对森林生态价值都有重要贡献，其中阔叶林的总生态价值最高，为 321.6 亿元/a；针阔混交林为 194.1 亿元/a；针叶林为 70.9 亿元/a。

神农架森林生态系统单位面积的价值量是最大的。作为世界生物多样性较丰富的地区之一，神农架具有重要的生态地位。其巨大的生态价值和生态系统服务价值，在整个长江和汉江中下游地区乃至全国的水源涵养、土壤保持、生物多样性保护、改善生态环境、维持生态平衡和保障区域生态安全等方面发挥着不可替代的作用。因此，要坚持生态优先、绿色发展，推进森林生态服务功能价值评估结果的市场化应用，正确处理好保护与合理利用的关系，防范极端天气气候事件对森林生态的不利影响，巩固生态文明建设成果，维护生态安全。

5.3 植被对气候条件的响应

NDVI 不仅能直观地反映植被动态变化特征，也是反演物候的重要数据之一，通过分析 NDVI 时空动态变化有助于理解植被物候变化规律。本节利用卫星遥感影像资料、气象观测资料，对 2001—2020 年湖北省植被长势时空变化、稳定性开展分析研究；综合气候因子(气温、降水、日照、积温)和遥感反演的植被覆盖因子，采用残差趋势分析法，厘清了气候变化和人类活动对湖北省植被覆盖变化的贡献率，分析了湖北省植被对气候因子的响应程度，为湖北省植被生产能力评价、生态环境保护以及自然资源合理利用提供科学依据。

5.3.1 数据与方法

5.3.1.1 资料与来源

MODIS-NDVI 数据来源于美国国家航空航天局(NASA)官网下载的 2001—2020 年湖北省 MOD13Q1 级植被指数产品。湖北省范围 MOD13Q1 包括 4 景图幅的影像数据，其轨道号分别为 h27v5、h27v6、h28v5 和 h28v6，空间分辨率为 250 m，时间分辨率为 16 d，时序 20 a 的影像一共为 1840 景。利用针对 MODIS 影像的处理软件 MRT(MODIS Reprojection Tool)工具和 ENVI 软件对影像进行批量的镶嵌、投影转换、裁剪等预处理工作。

气象数据来源于湖北省气象局数据与信息保障中心，选取湖北省有完整记录的多个气象站点，基于 2001—2020 年逐月的气温、降水量、日照时数等整编气象资料，在 ArcGIS 软件中利用 IDW 插值方法，形成空间分辨率为 250 m×250 m 的气候要素时间和空间序列栅格数据。

5.3.1.2 研究方法

(1)归一化植被指数(NDVI)

为了更好地表现地表植被生长发育的动态过程，本节选用长时间序列 NDVI 这一指标来反映。

归一化植被指数是目前应用最广泛的植被指数，能够很好地反映植被的典型光谱特征。NDVI 计算公式如下：

$$\mathrm{NDVI}=\frac{\rho_{\mathrm{nir}}-\rho_{\mathrm{red}}}{\rho_{\mathrm{nir}}+\rho_{\mathrm{red}}} \tag{5.7}$$

式中：NDVI 为归一化植被指数；ρ_{nir} 为近红外反射率；ρ_{red} 为红光反射率。

(2)最大合成法及均值法

为了消除传感器和地表之间大气层中的云层、太阳高度角、气溶胶和传感器感测角度的影响，将时间分辨率为 16 d、每月为两期的 NDVI 数据，通过采用统计通用的最大合成法(Maximum Value Composites，MVC)求每个像元的最大值，以获取每月的 NDVI 数据代表地面最为实际的 NDVI 值。其计算公式为：

$$\mathrm{NDVI}_i=\mathrm{Max}(\mathrm{NDVI}_{ij}) \tag{5.8}$$

式中：NDVI_i 是第 i 月的 NDVI 值；NDVI_{ij} 是第 i 月第 j 期的 NDVI 值。

为反映植被变化的年际和年内季节特征，采用年、生长季(5—9 月)、春季(3—5 月)、夏季(6—8 月)、秋季(9—11 月)和冬季(11 月—次年 2 月)6 个 NDVI 合成值来表征植被生长季，年、各季 NDVI 分别为时段内月 NDVI 的平均值。

(3)时间序列遥感数据 HANTS 方法重构

NDVI 长序列可以表现地表植被生长发育的动态过程。遥感数据在收集和处理过程中会面临各种外界因素干扰，比如传感器自身问题、大气扰动、地面状况等，此外数据本身也会存在一定程度的问题。尽管最大值合成(MVC)能消除部分云、噪声、大气及太阳高度角的干扰，但是 MVC 方法不能完全消除像元中残存的云、气溶胶、水汽等其他因素的不良影响，也不能保证选取最小视角内的最佳像元从而导致获得的产品的 NDVI 曲线在时间上出现的无规律性状态和不确定性，也会造成植被长时间尺度（如季、年）曲线的变化趋势有所偏差，所以很有必要对数据进一步做深度的平滑处理（赵伟 等，2007；刘惠敏 等，2011；张莲芝 等，2011），从而得到质量较高的植被变化曲线。

迄今为止，国内外学者已经提出超过 20 种遥感时间序列数据的去噪重建方法。本节选用 NDVI 时间序列谐波分析法（Hants）对时间序列数据进行平滑。Hants 是通过对傅里叶变换算法和最小二乘法进行改进，对离散的 NDVI 时间序列数据进行分解得到几个不同频率且最为显著的正弦、余弦曲线，再利用最小二乘法对提取的多个反映 NDVI 时间序列特征的曲线进行拟合，然后检查数据与拟合曲线的误差消除噪声（王正兴 等，2006；张雪艳 等，2009）。在不断的循环过程中达到平滑优化目的，最终重构高质量遥感图像（冯美臣 等，2009）。

（4）趋势分析法

为了定量研究 NDVI 的变化趋势，采用一元线性回归分析方法，该方法可以模拟每个栅格的变化趋势，以单个像元时间变化特征反映整个空间变化规律，综合反映区域时空格局演变。对时间自变量和 NDVI 因变量数据采用最小二乘法，计算数据集中所有像元的 NDVI 与时间的回归斜率，计算公式同式（5.6）。

（5）稳定性计算

常用变异系数（Coefficient of Variation，CV）来表征一组数据的离散程度，其值的大小反映了数据序列的波动幅度（曹云 等，2020）。本节采用变异系数来反映 2001—2020 年 NDVI 的相对波动程度，CV 越大表明 NDVI 的变化越不稳定，并采用自然断点法将稳定性分为高稳定、较高稳定、中稳定、较低稳定、低稳定 5 类。计算公式如下（李璠 等，2017）：

$$\mathrm{CV}=\frac{1}{\overline{\mathrm{NDVI}}}\times\sqrt{\frac{\sum_{i=1}^{n}(\mathrm{NDVI}_i-\overline{\mathrm{NDVI}})^2}{n-1}} \tag{5.9}$$

式中：CV 为变异系数；n 是评估时间序列的长度，即为 20；i 代表第 i 年；NDVI_i 表示第 i 年的 NDVI 值；$\overline{\mathrm{NDVI}}$为 NDVI 的 n 年平均值。

（6）相关性分析

本节采用偏相关分析法分别探讨 2001—2020 年湖北省 NDVI 与平均气温、累计降水量、累计日照时数、累计≥0 ℃积温的相关程度，采用 t 检验法来检验相关系数的显著性，并根据检验结果，分为极显著正相关（$R>0$ 且 $p<0.01$）、显著正相关（$R>0$ 且 $p<0.05$）、不显著相关（$p\geqslant 0.05$）、极显著负相关（$R<0$ 且 $p<0.01$）、显著负相关（$R<0$ 且 $p<0.05$），分析 NDVI 受这 4 种气候因子的影响程度，以探讨气候条件与植被长势的关系。计算公式如下（神祥金 等，2020）：

$$r=\frac{\sum_{i=1}^{n}(x_i-\bar{x})(\mathrm{NDVI}_i-\overline{\mathrm{NDVI}})}{\sqrt{\sum_{i}^{n}(x_i-\bar{x})^2\sum_{i=1}^{n}(\mathrm{NDVI}_i-\overline{\mathrm{NDVI}})^2}} \tag{5.10}$$

式中：r 为相关系数；n 是评估时间序列的长度，即为 20；i 代表第 i 年；x_i 表示第 i 年的某气象因子生长季的均值；$\bar{x}$ 为 x_i 的 n 年平均值；NDVI_i 表示第 i 年的 NDVI 值；$\overline{\mathrm{NDVI}}$ 为 NDVI 的 n 年平均值。

（7）残差分析法

为了区分气候变化和人类活动对湖北省植被覆盖变化的影响，本节采用 2004 年 Evans 和 Geerken 提出的残差分析法来区分这两种影响因素的贡献。该方法以气候因子（气温、降水、日照、积温）作为自变量，NDVI 作为因变量进行线性回归分析，由回归模型确定的回归系数和气候因子的原始数据计算出 NDVI 的模拟值，公式如下：

$$NDVI_{pre} = a \times T + b \times P + c \times R + d \tag{5.11}$$

式中：$NDVI_{pre}$ 为 NDVI 的模拟值；T、P、R 分别为平均气温、降水量、日照时数；a、b、c 为多元线性回归系数；d 为常数项。

残差分析法通过建立植被 NDVI 与气候因素的回归模型，将长时间序列植被 NDVI 变化中的气候因素和人类活动的影响区分开。在不考虑更多其他因素的情况下，植被 NDVI 真实值与预测值的残差即人类活动对植被 NDVI 的影响，其计算公式如下（金凯 等，2020）：

$$NDVI_{\alpha i} = NDVI_i - NDVI_{\beta i} \tag{5.12}$$

式中：$NDVI_{\alpha i}$ 为第 i 年植被 NDVI 真实值与预测值的差；$NDVI_i$ 为第 i 年植被 NDVI 的真实值；$NDVI_{\beta i}$ 为第 i 年植被 NDVI 的预测值。当 $NDVI_{\alpha i} > 0$ 时，表示人类活动对植被生长有正面影响，$NDVI_{\alpha i} < 0$ 表示人类活动对植被生长有负面影响，$NDVI_{\alpha i} = 0$ 表示人类活动无影响。

5.3.2 近 20 a NDVI 时空变化特征分析

采用趋势分析法、稳定系数分析近 20 a（2001—2020 年）来湖北省植被长势变化。

5.3.2.1 空间变化特征

对 2001—2020 年 20 a 年平均 NDVI 值取平均，得到湖北省 NDVI 空间分布（图 5.11）。整体来看，鄂西、鄂东北、鄂东南等地势较高的山区土地覆盖类型主要为林地，植被类型丰富，且城市发展相对缓慢，为 NDVI 高值区，NDVI 大都在 0.5 以上。而中部、东部地势平坦，河网密集，大小湖泊星罗棋布，土地覆盖类型主要为耕地、建设用地，人类活动频繁，NDVI 值较低，主要在 0.3～0.5。

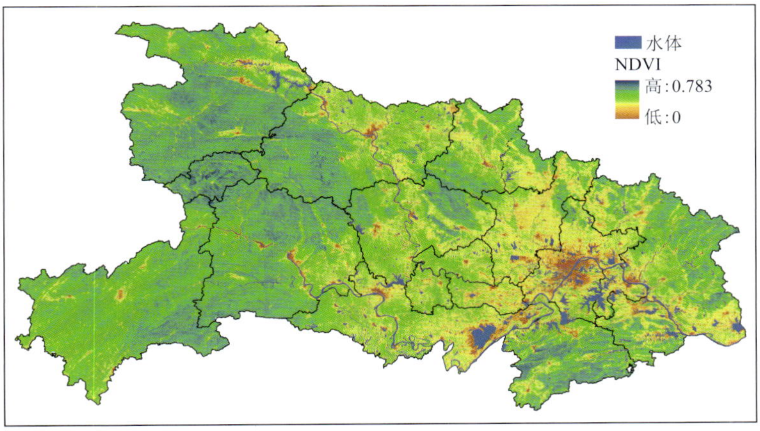

图 5.11 湖北省 2001—2020 年年平均 NDVI 空间分布

按照山区分类来说，2001—2020 年 20 a 年平均 NDVI 值鄂西北秦巴山最高，鄂东北大别山最低，鄂西南武陵山、鄂东南幕阜山分别为第二、第三。从行政区域来说，神农架 NDVI 最高，十堰、宜昌 NDVI 分别为第二、第三；荆州、武汉、鄂州 NDVI 为湖北省 NDVI 最低的 3 个地（市、区）（图 5.12）。

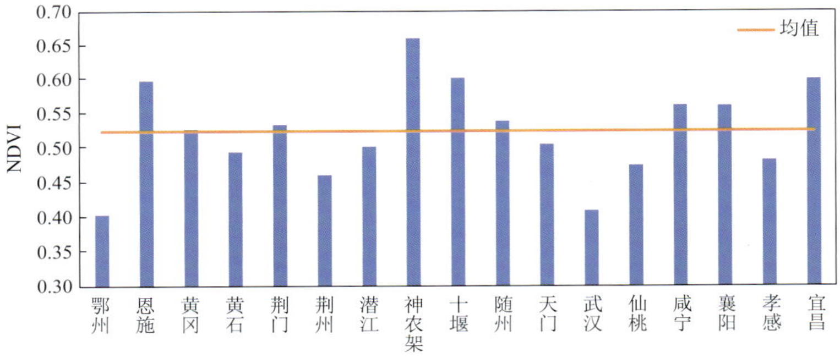

图 5.12 湖北省各地（市、区）2001—2020 年年平均 NDVI

根据 NDVI 值的大小，将湖北省划分为高植被覆盖区（NDVI＞0.65）、较高植被覆盖区（0.50＜NDVI≤0.65）、中植被覆盖区（0.35＜NDVI≤0.50）、较低植被覆盖区（0.20＜NDVI≤0.35）和低植被覆盖区（NDVI≤0.20）。总体来说，湖北省地处亚热带季风区，水热充足，植被覆盖状况总体较好，主要呈从鄂西和鄂东北、鄂东南向中部江汉平原地区递减的趋势。较高植被覆盖区的区域最大，占全省面积的 57.33%；高植被覆盖区占全省面积的 15.82%；22.38%的面积为中植被覆盖区；而低植被覆盖区和较低植被覆盖区不到全省面积的 5%（表 5.1）。

表 5.1 湖北省 2001—2020 年植被覆盖类型统计

变化情况	NDVI 值	面积百分率/%
低植被覆盖区	NDVI≤0.20	1.32
较低植被覆盖区	0.20＜NDVI≤0.35	3.15
中植被覆盖区	0.35＜NDVI≤0.50	22.38
较高植被覆盖区	0.50＜NDVI≤0.65	57.33
高植被覆盖区	NDVI＞0.65	15.82

根据 Slope（一元线性回归方程斜率）趋势分析法，基于 ArcGIS 10.8 和 ENVI 5.3 平台对 2001—2020 年 NDVI 数据进行处理，得到近 20 a 湖北省 NDVI 趋势变化空间分布（图 5.13）和 NDVI 变化趋势统计（表 5.2）。

结果显示，近 20 a 来，湖北省植被覆盖 90%以上的区域呈稳定向好发展态势。植被覆盖明显改善的区域主要分布在鄂西北北部、鄂西南东部和西部、鄂东北的北部和东部、鄂东南西部等部分山区，占湖北省总面积的 13.13%；湖北省大部分地区植被覆盖得到了中度改善和轻微改善，占湖北省总面积的 65.14%；植被覆盖的基本稳定区主要分布在江汉平原和鄂北岗地、鄂东等农田区，占湖北省总面积的 11.84%；植被退化的区域主要分布在鄂东沿江平原一带、少数的市辖区内以及闲置的耕地，占湖北省总面积的 9.89%。

2001—2020 年湖北省 NDVI 变化具有明显的区域差异，其空间分布具有如下特点：①植被显著改善的区域主要位于山区，这些地区海拔高、人口稀少、人类活动少，加上近年来湖北省大力推进鄂西南武陵山区、鄂西北秦巴山区、鄂东南幕阜山区、鄂东北大别山区四个生态屏障建设工作，水源涵养功能不断提高，水土流失得到控制，有利于植被覆盖的改善；②中度和轻微改善的区域分布范围较广，且零散。近年来，湖北省大力开展山水林田湖生态保护修复，加上温、光、水等气候因素较有利，使得湖北省大部分地区植被覆盖情况得到改善；③植被退化的区域主要分布在城市周边，这些区域随着近年来城市化进程加快、城市扩张加速，建筑用地、居民用地等侵占了耕地、林地、草地，导致 NDVI 显著降低。

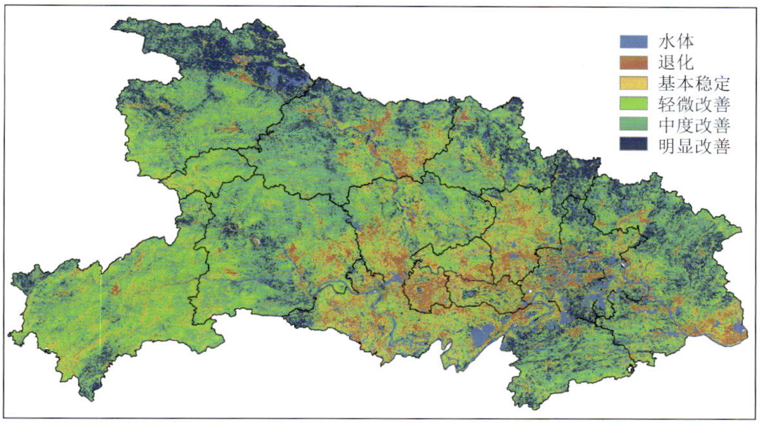

图 5.13　湖北省 2001—2020 年 NDVI 趋势变化空间分布

表 5.2　湖北省 2001—2020 年 NDVI 变化趋势统计

变化情况	NDVI 变化趋势	面积百分率/%
退化	$\theta_{slope}<-0.001$	9.89
基本稳定	$-0.001\leqslant\theta_{slope}<0.001$	11.84
轻微改善	$0.001\leqslant\theta_{slope}<0.003$	27.27
中度改善	$0.003\leqslant\theta_{slope}<0.006$	37.86
明显改善	$\theta_{slope}\geqslant0.006$	13.13

2001—2020 年，湖北省 17 个地(市、州)NDVI 平均变化趋势率柱状图见图 5.14。由图可知，近 20 a 来，湖北省除潜江外，其他 16 个地(市、州)NDVI 值出现了不同程度的增长，其中十堰、随州、咸宁、襄阳、黄冈、宜昌 6 个地(市、州)NDVI 变化趋势率均高于湖北省趋势率均值，鄂州、恩施、黄石 3 个地(市、州)NDVI 变化趋势率接近湖北省趋势率均值，其他 7 个地(市、州)NDVI 变化趋势率低于湖北省趋势率均值。

图 5.15 为湖北省 2001—2020 年 NDVI 多季节趋势变化空间分布，从图中可以明显地看出，湖北省 NDVI 的变化率随季节的变化略有不同。春季 NDVI 的变化率范围为每 10 a −0.035～0.038，湖北省植被退化区域主要分布在鄂北、江汉平原部分农田区以及城市周边零星的区域；植被明显改善区域主要分布在鄂西北北部以及鄂西南、鄂东北大部分地区、鄂东南大部分山区。夏季 NDVI 的变化率范围为每 10 a −0.041～0.042，湖北省植被退化区域主要分布鄂西南大部分地区、鄂西北西南部、江汉平原南部以及鄂东南部分区域；植被明显改善区域主要分布在鄂西北北部、鄂东北西部等局部山区。秋季 NDVI 的变化率范围为每 10 a −0.036～0.036，湖北省植被退化区域主要分布在鄂西南大部分地区、鄂西北南部和江汉平原

大部分地区；植被明显改善区域主要分布在鄂西北北部以及鄂东北大部分山区。冬季 NDVI 的变化率范围为每 10 a −0.031～0.029，湖北省植被退化区域主要分布鄂东北南部和西部、江汉平原大部分地区；植被明显改善区域主要分布在鄂西北北部、鄂西南东部、鄂东南南部大部分山区。

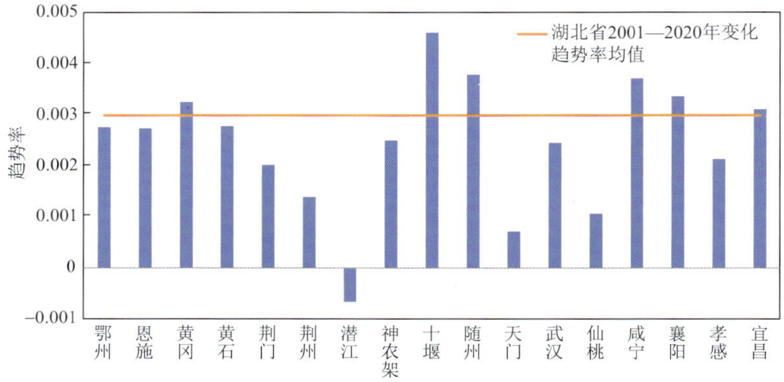

图 5.14 2001—2020 年湖北省各地(市、州)NDVI 平均变化趋势率柱状图

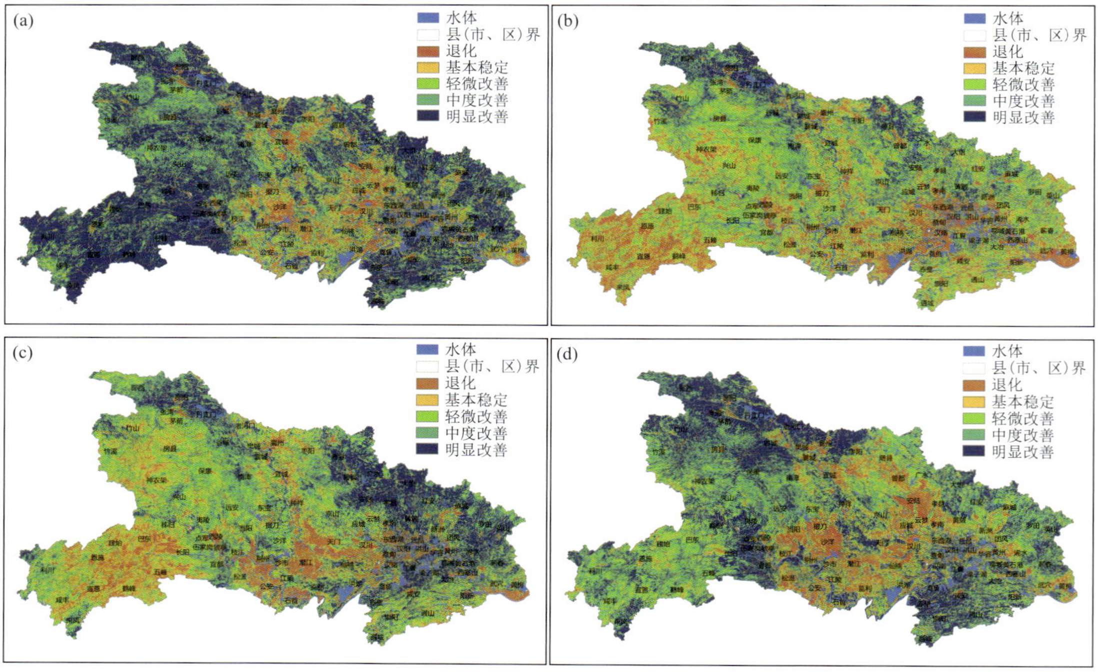

图 5.15 湖北省 2001—2020 年 NDVI 四季趋势变化空间分布

(a)春季；(b)夏季；(c)秋季；(d)冬季

5.3.2.2 时间特征分析

(1)年际变化规律

为了探究近 20 a 来湖北省植被整体的变化趋势，对 2001—2020 年 NDVI 均值数据统计

计算，得到湖北省多年年均 NDVI 变化趋势和多年 NDVI 季节变化趋势曲线图。从图 5.16 可以看出，湖北省 NDVI 均值随时间变化波动幅度较小，其范围为 0.506～0.578，均值为 0.551，变化率为每 10 a 0.03，呈显著增加趋势（通过了 0.001 显著性检验）。

2001—2020 年湖北省 NDVI 变化趋势可以分为 2 个阶段，2001—2011 年除 2009 年以外，NDVI 值相对较小，其中 2001 年 NDVI 为 0.506，是近 20 a 最小值；2012 年以后，湖北省 NDVI 明显较 2001—2011 年大，其中 2015 年 NDVI 为近 20 a 最高。

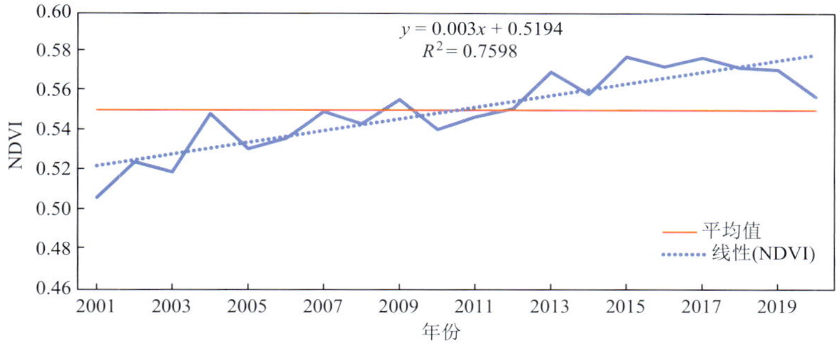

图 5.16　2001—2020 年湖北省 NDVI 多年平均值变化趋势

（2）季节变化规律

湖北省 3—5 月为春季、6—8 月为夏季、9—11 月为秋季、12 月—次年 2 月为冬季。湖北省 NDVI 季节变化明显（图略），NDVI 四季均呈上升趋势，但上升程度差异较大。其中春季、夏季、冬季 NDVI 呈显著增加，均通过了 0.05 的显著性检验。春季 NDVI 增加幅度最大，倾向率为每 10 a 0.05，NDVI 均值为 0.542。冬季增加幅度次之，为每 10 a 0.04，NDVI 均值为 0.390。夏季、秋季增加速率分别为每 10 a 0.02 和每 10 a 0.03，NDVI 均值分别为 0.698 和 0.589。其中，春季、冬季增加幅度均高于全年平均水平，秋季与全年平均水平持平，但夏季低于全年平均水平。总体来说，春季和冬季 NDVI 升高对年均 NDVI 的升高贡献最大。

（3）月际变化规律

图 5.17 为 2001—2020 年湖北省 NDVI 月平均变化。根据近 20 a 月平均 NDVI 数据统计结果，湖北省 NDVI 年内变化曲线呈单峰型，植被覆盖随月份变化 NDVI 值也随之发生改变。月尺度的 NDVI 值最低值在 1 月，为 0.361；最高值出现在 8 月，为 0.733。NDVI 值在 8

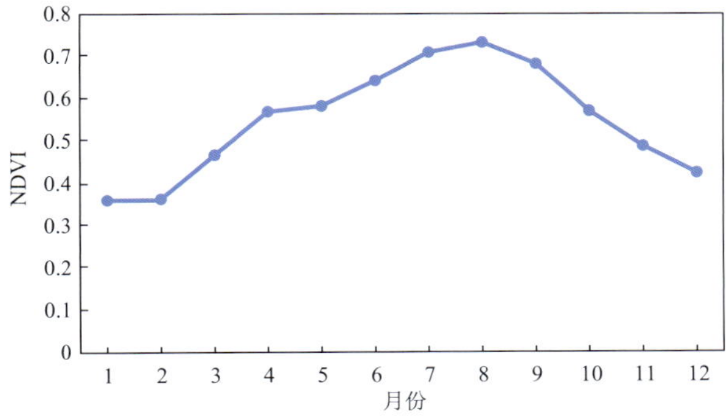

图 5.17　2001—2020 年湖北省 NDVI 月平均值变化

月过后逐渐下降。1—2 月尚属冬季，气温较低，NDVI 增长缓慢；3—8 月全省 NDVI 呈明显上升趋势，3 月以后湖北省气温开始回升，植被在春季进入快速返青阶段，鄂东、鄂西山区的树木开始抽枝发芽，鄂北、江汉平原的冬小麦、油菜、水稻、棉花等在田作物处于生长期；至 8 月，湖北省水热条件充足，植被处在旺盛的生长阶段；9 月以后，湖北省农作物逐渐成熟，随之秋、冬季气温降低、降水量减少，大部分植被开始枯黄、落叶或处在休眠期，植被覆盖减少，NDVI 下降，至次年 1 月降到全年最低值。

5.3.2.3 稳定性分析

(1)植被稳定性特征分析

湖北省 NDVI 时空稳定性分析见图 5.18 和表 5.3。2001—2020 年，湖北省年 NDVI 变异系数为 0.015～1.072，平均值为 0.07，大部分地区其持续变化的状态相对稳定。其中，湖北省中稳定等级的分布面积最大，占总林区面积的 44.63%；高稳定等级的面积也相对较多，达到 24.83%，主要集中分布于鄂西北的中南部、鄂西南的中东部、江汉平原北部、鄂东北的东部、鄂东南的东南部等地，表明 2001 年以来湖北省大部分地区 NDVI 波动相对较小，植被生长稳定。较低稳定和低稳定等级面积仅占湖北省面积的 14.68%，集中分布在鄂西北的北部和东部、鄂西南的南部、江汉平原南部和鄂东沿江平原等地，这些地区可能更多受到人为因素的影响，城镇用地不断扩大，NDVI 波动较大，稳定性偏差。

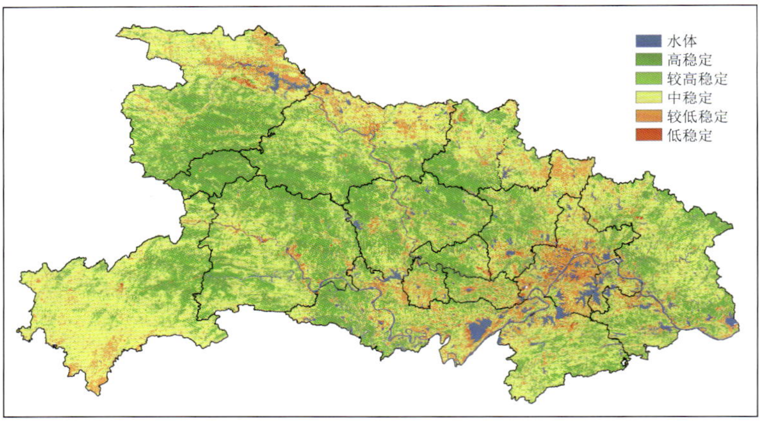

图 5.18 2001—2020 年湖北省年 NDVI 稳定性空间分布

(2)不同土地覆盖类型植被稳定性特征分析

对于湖北省不同土地覆盖类型，变异系数平均值为 0.058～0.126，大小排序为：不透水面＞其他林地＞耕地＞草地＞疏林地＞灌木林＞有林地，其中不透水面变异系数均值较其他地类高出 1 倍左右，草地和耕地均值、有林地和灌木林均值较为接近。从稳定性等级分布面积来看，不同土地覆盖类型除不透水面外(43.12%)，中稳定等级以上的分布面积百分率为 81.83%～96.44%，有林地＞灌木林＞疏林地＞草地＞耕地＞其他林地＞不透水面。低稳定区及较低稳定区面积比例最大的为不透水面，达 56.88%(表 5.3)。综合分析可见，随着城市发展，不透水面的植被稳定性最差；耕地、草地和其他林地受人为活动的影响较大，稳定性也会受到不同程度的影响；而其他自然植被(有林地、灌木林、疏林地)郁闭度高，受人类活动影响小，因此稳定性相对较高。

表 5.3 2001—2020 年湖北省不同土地覆盖类型年 NDVI 稳定性面积变化

CV	稳定性	面积百分率/%						
		耕地	草地	有林地	灌木林	疏林地	其他林地	不透水面
0.015～0.050	高稳定	24.25	17.69	31.54	32.71	25.23	17.65	9.61
0.050～0.057	较高稳定	14.32	16.01	20.42	19.19	16.95	14.89	6.39
0.057～0.092	中稳定	45.93	55.07	44.48	43.42	49.17	49.29	27.12
0.092～0.260	较低稳定	15.23	11.08	3.51	4.64	8.58	17.24	49.95
0.260～1.072	低稳定	0.27	0.16	0.05	0.04	0.07	0.93	6.93

(3)典型生态区植被稳定性特征分析

从四屏典型生态区来看,变异系数平均值为 0.022～0.068,大小排序为:大别山区＞幕阜山区＞秦巴山区＞武陵山区,说明武陵山区植被稳定性最高,同时大别山区、幕阜山区、秦巴山区变异系数均值为 0.065～0.068,较为接近。从稳定性等级分布面积来看,四屏生态区均是中稳定等级的分布面积最大,其面积百分率为 41.04%～60.90%,武陵山区＞大别山区＞幕阜山区＞秦巴山区;高稳定等级的面积百分率为 16.08%～30.24%,秦巴山区＞幕阜山区＞大别山区＞武陵山区;低稳定区及较低稳定区面积比例不超过 15%,大别山区＞秦巴山区＞幕阜山区＞武陵山区(表 5.4)。综合分析可见,武陵山区近 20 a 来植被稳定性最高,大别山区植被稳定性最差。

表 5.4 2001—2020 年湖北省四屏年 NDVI 稳定性面积

CV	稳定性	面积百分率/%			
		大别山区	幕阜山区	秦巴山区	武陵山区
0.015～0.050	高稳定	20.53	21.52	30.24	16.08
0.050～0.057	较高稳定	15.08	20.09	17.02	17.26
0.057～0.092	中稳定	51.77	48.51	41.04	60.90
0.092～0.260	较低稳定	12.17	8.83	11.03	5.56
0.260～1.072	低稳定	0.45	1.05	0.67	0.20

5.3.3 植被覆盖与气象要素空间相关性分析

采用偏相关分析法分别探讨 2001—2020 年湖北省植被 NDVI 与期间平均气温、累计降水量、累计日照时数、累计≥0 ℃积温的相关程度,以探讨气候条件与植被长势的关系。

5.3.3.1 年均 NDVI 与年平均气温

从湖北省年均 NDVI 与年平均气温相关系数(图 5.19)可以看出,湖北省年均 NDVI 与年平均气温正相关区域面积明显多于负相关,总体正相关占到全省面积的 77.7%(表 5.5),主要分布在鄂西大部分地区、鄂东北西部、鄂东南南部;总体负相关占到全省面积的 22.3%,主要分布在鄂西北东部、鄂西南东部、江汉平原大部分地区、鄂东北东部、鄂东南中北部。

NDVI 与平均气温大部分地区呈不显著相关,占全省范围的 88.9%(表 5.6)。呈现正相关的区域中,显著正相关的区域占 8.3%,极显著正相关的区域占 2.2%,它们主要分布在鄂西北中部、鄂西南西部、鄂东北西部、鄂东南的西南部;呈现负相关的区域中,显著负相关的区域占 0.5%，极显著负相关的区域仅占 0.1%，零星分布在鄂北岗地、江汉平原和鄂东北东部等地。

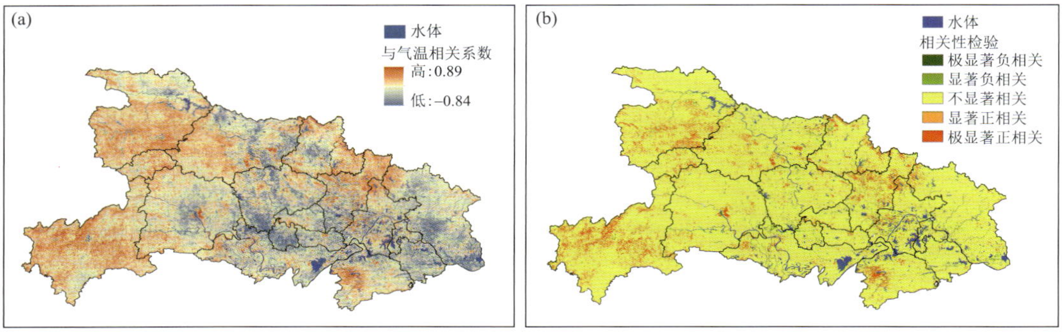

图 5.19　湖北省年均 NDVI 和年平均气温相关系数分布
(a)相关系数;(b)显著性

5.3.3.2　年均 NDVI 与年累计降水量

从湖北省年均 NDVI 与年累计降水量相关系数(图 5.20)可以看出，湖北省年均 NDVI 与年累计降水量正相关区域面积多于负相关区域，总体正相关占到全省面积的 59.2%，主要分布在鄂东北、鄂东南东南部、鄂西北西南和东北部、鄂西南东部；总体负相关占到全省面积的 40.8%，主要分布在鄂西北中部、鄂西南中西部、江汉平原大部分地区。

NDVI 与累计降水量大部分地区呈不显著相关，占全省范围的 94.2%(表 5.6)。呈现正相关的区域中，显著正相关的区域占 3.6%，极显著正相关的区域占 0.8%，它们大部分主要分布在鄂东北、鄂东南中部、鄂西南东部；呈现负相关的区域中，显著负相关的区域占 1.1%，极显著负相关的区域仅占 0.3%，呈分散状态，没有明显的集中分布的地区。

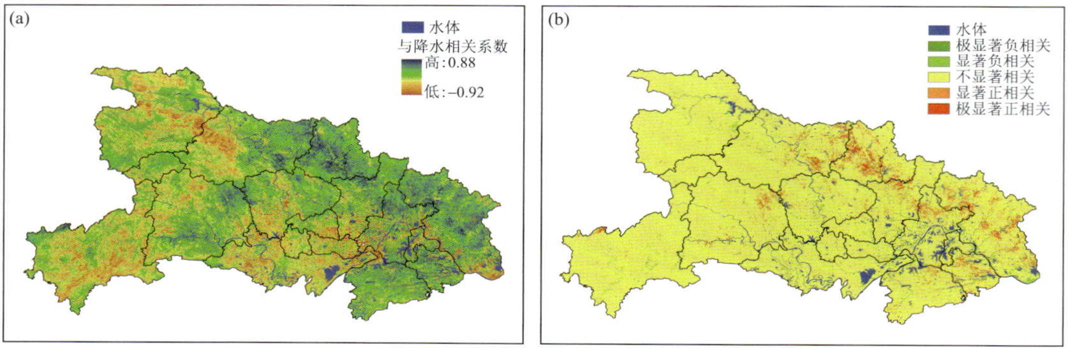

图 5.20　湖北省年均 NDVI 和年累计降水量相关系数分布
(a)相关系数;(b)显著性

5.3.3.3　年均 NDVI 与年累计日照时数

从湖北省年均 NDVI 与年累计日照时数相关系数(图 5.21)可以看出，湖北省年均 NDVI 与年累计日照时数负相关区域面积多于正相关，总体正相关占到全省面积的 27.3%，主要分布在江汉平原大部分地区和鄂西南；总体负相关占到全省面积的 72.7%，主要分布在鄂西北大部分地区、鄂东大部分地区。

NDVI 与累计日照时数大部分地区呈不显著相关，占全省范围的 85.5%（表 5.6）。呈现正相关的区域中，显著正相关的区域占 0.8%，极显著正相关的区域占 0.3%；呈现负相关的区域中，显著负相关的区域占 9.0%，极显著负相关的区域仅占 4.4%，主要分布在鄂东北、鄂西北北部和西部。

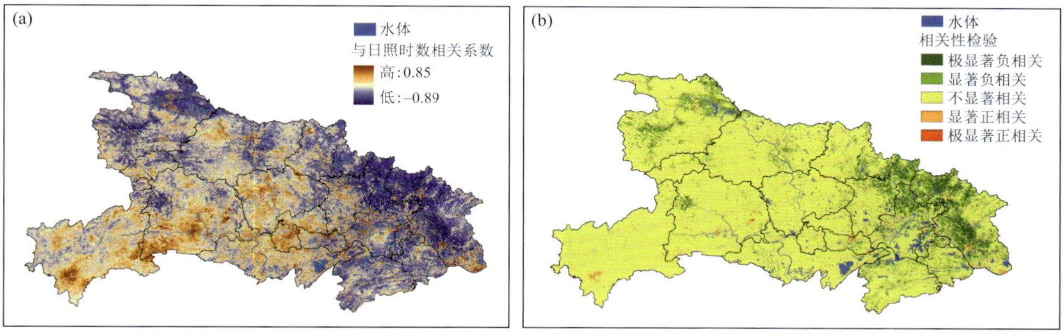

图 5.21　湖北省年均 NDVI 和年累计日照时数相关系数分布

(a)相关系数；(b)显著性

5.3.3.4　年均 NDVI 与年累计≥0 ℃积温

从湖北省年均 NDVI 与年累计≥0 ℃积温相关系数（图 5.22）可以看出，湖北省年均 NDVI 与年累计≥0 ℃积温正相关区域面积多于负相关，总体正相关地区占全省面积的 77.7%，主要分布在鄂西大部分地区、鄂东北西部和东北部、鄂东南南部；总体负相关占到全省面积的 22.3%，主要分布在鄂西北东部、江汉平原大部分地区、鄂东沿江平原。

NDVI 与累计≥0 ℃积温大部分地区呈不显著相关，占全省范围的 88.8%（表 5.6）。呈现正相关的区域中，显著正相关的区域占 8.7%，极显著正相关的区域占 2.1%，它们大部分主要分布在鄂西北中西部、鄂西南西部和南部；呈现负相关的区域中，显著负相关的区域占 0.3%，极显著负相关的区域仅占 0.1%，呈分散状态，没有明显的集中分布的地区。

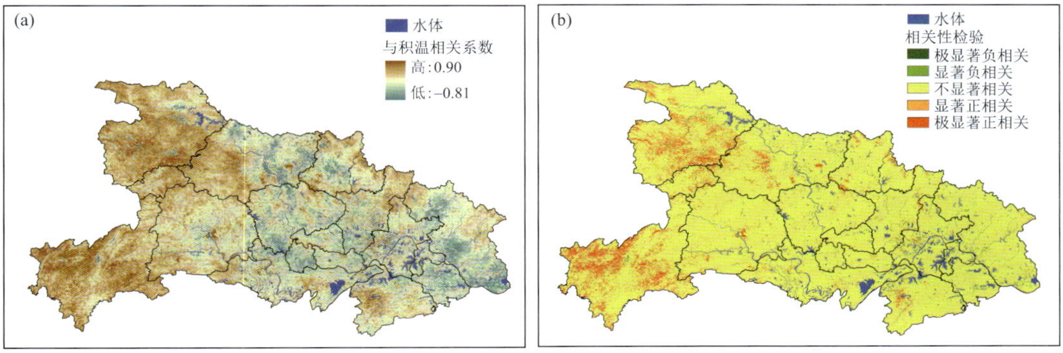

图 5.22　湖北省年 NDVI 和年累计积温相关系数分布

(a)相关系数；(b)显著性

综合以上分析，湖北省年均 NDVI 与各气候因子正、负相关并存。整体上，年均 NDVI 与年平均气温、累计降水量、累计≥0 ℃积温呈正相关关系，与累计日照时数呈负相关关系。年均 NDVI 与各气候因子的相关性大部分地区不显著相关。从显著相关区域面积占比来看，累计日照时数>累计≥0 ℃积温>平均气温>累计降水量。从空间分布来说，平均气温的显著相关影响区较为分散，主要在鄂西及鄂东北；累计降水量和累计日照时数的显著相关区域主要分布在鄂东北大别山区；累计≥0 ℃积温对鄂西山区的显著性影响大于鄂东和江汉平原。

表 5.5　2001—2020 年湖北省年 NDVI 与气候因子相关关系面积 %

气候因子	面积百分率			
	平均气温	累计降水量	累计日照时数	累计≥0 ℃积温
正相关	77.7	59.2	27.3	77.7
负相关	22.3	40.8	72.7	22.3

表 5.6　2001—2020 年湖北省年 NDVI 与气候因子相关关系面积 %

显著性	面积百分率			
	平均气温	累计降水量	累计日照时数	累计≥0 ℃积温
极显著负相关	0.1	0.3	4.4	0.1
显著负相关	0.5	1.1	9.0	0.3
不显著	88.9	94.2	85.5	88.8
显著正相关	8.3	3.6	0.8	8.7
极显著正相关	2.2	0.8	0.3	2.1
显著区域合计	11.1	5.8	14.5	11.2

5.3.4　气候变化和人类活动对植被覆盖变化的贡献率

根据残差趋势分析法，对气候变化和人类活动对湖北省植被生长相对贡献率进行计算。

5.3.4.1　植被 NDVI 变化驱动因素判定及影响

计算湖北省 2001—2020 年的 $NDVI_{\beta i}$ 和 $NDVI_{\alpha i}$ 的线性趋势率，分别代表 NDVI 在气候变化和人类活动影响下的变化趋势。趋势率为正表示气候变化或人类活动可促进植被 NDVI 的增加，对植被恢复具有促进作用；反之，表示会导致植被 NDVI 下降，对植被恢复具有抑制作用。为了更好地评价气候变化和人类活动对植被生长状况的影响，将变化趋势分为 7 个等级(金凯 等，2020)，即明显抑制、中度抑制、轻微抑制、基本无影响、轻微促进、中度促进和明显促进(表 5.7)。

表 5.7　气候变化和人类活动对植被恢复的影响分级 单位：$\times 10^{-3} a^{-1}$

序号	趋势率(Slope)	影响程度
1	<−2.0	明显抑制
2	−2.0～−1.0	中度抑制
3	−1.0～−0.2	轻微抑制
4	−0.2～0.2	基本无影响
5	0.2～1.0	轻微促进
6	1.0～2.0	中度促进
7	≥2.0	明显促进

此外，根据表5.8对湖北省NDVI变化的主要驱动因素进行区分，计算气候变化和人类活动对生长季NDVI变化的相对贡献率。

表5.8 植被NDVI变化的驱动因素判定标准及贡献率计算方法

序号	实测值(Slope)	驱动因素划分标准		驱动因素贡献率/%		驱动因素
		预测值(Slope)	残差值(Slope)	气候变化	人类活动	
1	>0	>0	>0	Slope(预测)/Slope(实测)	Slope(残差)/Slope(实测)	气候变化和人类活动引起植被增加
2		>0	<0	100	0	气候变化引起植被增加
3		<0	>0	0	100	人类活动引起植被增加
4	<0	<0	<0	Slope(预测)/Slope(实测)	Slope(残差)/Slope(实测)	气候变化和人类活动引起植被退化
5		<0	>0	100	0	气候变化引起植被退化
6		>0	<0	0	100	人类活动引起植被退化

5.3.4.2 气候变化和人类活动对湖北省年NDVI的影响

气候变化和人类活动对研究区NDVI变化的影响均存在很大的空间异质性(图5.23、图5.24)。对于同一地区，两种因素对NDVI变化的作用也具有很大差异。

气候变化对年NDVI的增加起促进作用的区域面积约占64.83%，其中起中度和明显促进作用的区域面积约占36.99%，主要分布于鄂西北的西部和北部、鄂东北的北部和西部、鄂西南的西北部、鄂东南的南部。气候变化对年NDVI的增加无影响的区域面积约占26.12%，主要分布于江汉平原大部分地区、鄂西南的中部和南部，还有部分零星分布的区域。气候变化对年NDVI的增加起抑制作用的区域面积约占9.05%，其中轻微抑制、中度抑制、明显抑制的区域面积分别约占5.83%、1.65%和1.57%，主要分布于鄂西北的东部、鄂西南局部、江汉平原中部和沿江平原沿岸(表5.9)。

表5.9 气候变化和人类活动对湖北省植被恢复贡献统计 %

序号	影响程度	气候变化	人类活动
1	明显抑制	1.57	5.68
2	中度抑制	1.65	5.15
3	轻微抑制	5.83	10.03
4	基本无影响	26.12	0
5	轻微促进	27.84	18.65
6	中度促进	0	24.35
7	明显促进	36.99	36.14

人类活动对年NDVI的增加起促进作用的区域面积约占79.15%，其中起中度和明显促进作用的区域面积约占60.50%，主要分布于鄂西北的西部和北部、鄂东北的北部和西部、鄂西南的西北部、鄂东南的南部。人类活动对年NDVI的增加无影响的区域面积约占0。人类活动对年NDVI的增加起抑制作用的区域面积约占20.86%，轻微抑制、中度抑制、明显抑制

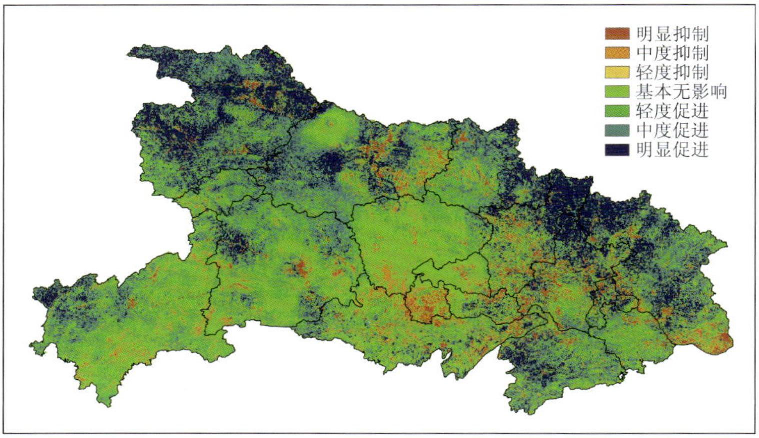

图 5.23　2001—2020 年气候变化对湖北省植被恢复影响的空间分布

的区域面积分别约占 10.03%、5.15%和 5.68%，主要分布于鄂西北的东部、鄂西南局部、江汉平原中部和沿江平原沿岸。

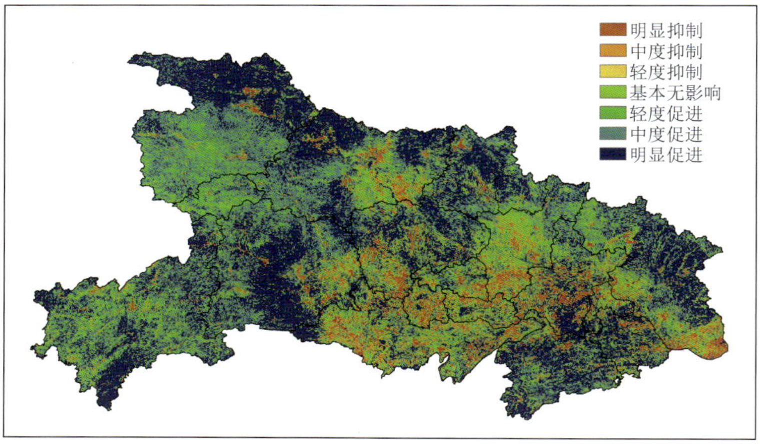

图 5.24　2001—2020 年人类活动对湖北省植被恢复影响的空间分布

根据表 5.10 统计分析发现，总体上，从年生长尺度来说，湖北省约 59.3%的区域显示气候变化和人类活动共同作用下促进了植被的生长，表明气候变化和人类活动的相互作用是湖北省年 NDVI 变化的主要驱动力(图 5.25)。二者的相互作用促使鄂西北大部分地区，鄂西南北部、东部和西部，鄂东北大部分地区、鄂东南南部等地区 NDVI 增加；约 33.2%的区域显示气候变化和人类活动对年 NDVI 的变化无明显影响，主要分布在江汉平原北部、鄂西南部分地区；整体上气候变化和人类活动的相互作用促使 NDVI 减小的区域所占比例较小，约为 5.6%，主要分布在江汉平原和鄂东沿江平原一带；仅由气候变化造成的植被 NDVI 增加、仅由气候变化造成的植被 NDVI 降低、仅由人类活动引起的植被 NDVI 降低的区域均很少，相对分散，分布特征不明显，分别占研究区的 0.3%、0.2%、0.4%；仅由人类活动引起的植被 NDVI 增加约占研究区的 1.0%，主要分布在鄂西南的中部和南部，江汉平原、鄂西北东部也有一些零星分布。

进一步计算表明，2001—2020 年气候变化和人类活动对研究区内年 NDVI 变化的影响分别为 $1.12\times10^{-3}\ a^{-1}$ 和 $1.60\times10^{-3}\ a^{-1}$。

表 5.10　湖北省植被驱动因素面积占比统计　%

序号	驱动因素	面积占比
1	气候变化和人类活动引起植被增加	59.3
2	气候变化引起植被增加	0.3
3	人类活动引起植被增加	1.0
4	气候变化和人类活动引起植被退化	5.6
5	气候变化引起植被退化	0.2
6	人类活动引起植被退化	0.4
7	气候变化和人类活动对植被无影响	33.2

图 5.25　2001—2020 年气候变化和人类活动对湖北省植被贡献的空间分布

5.3.4.3　气候变化对湖北省 NDVI 变化的相对贡献

气候变化对湖北省 NDVI 变化的贡献率为正的区域约占研究区总面积的 59.69%。其中，气候变化的贡献率在 20%～40%和 40%～60%范围的区域面积较大，分别占研究区总面积的约 22.81%、21.32%；贡献率≥80%的区域面积约占 1.93%，主要集中在鄂西北西部和鄂东北西部。气候变化对湖北省 NDVI 变化的贡献率为负的区域面积约占 5.58%，主要集中在江汉平原和鄂东沿江平原（图 5.26 和表 5.11）。

表 5.11　气候变化和人类活动对湖北省植被贡献率统计　%

序号	贡献率	气候变化	人类活动
1	<−20	5.28	5.54
2	−20～0	0.30	0.03
3	0～20	5.13	0.75
4	20～40	22.81	11.51
5	40～60	21.32	22.77
6	60～80	8.50	19.19
7	≥80	1.93	6.13

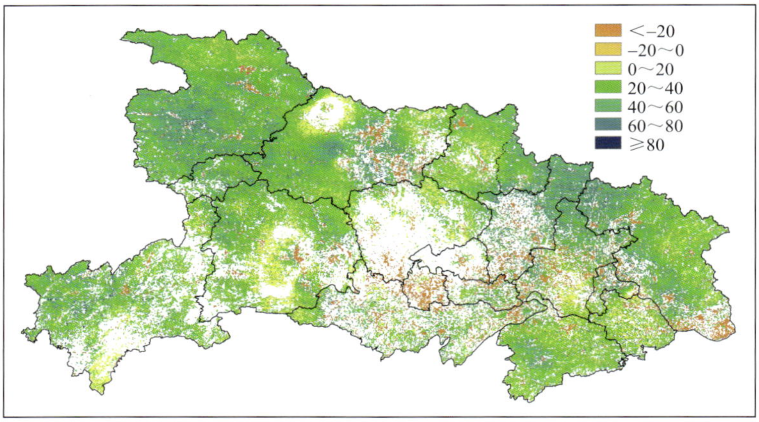

图 5.26　2001—2020 年气候变化对湖北省植被贡献率空间分布(%)

5.3.4.4　人类活动对湖北省 NDVI 变化的相对贡献

人类活动对湖北省 NDVI 变化的贡献率为正的区域约占总面积 60.35%。其中，人类活动的贡献率在 40%～60% 和 60%～80% 范围的区域面积较大，分别占湖北省总面积的约 22.77%、19.19%；贡献率≥80%的区域面积约占 6.13%，主要集中在江汉平原北部、鄂东南北部和鄂西南部分地区。人类活动对研究区 NDVI 变化的贡献率为负的区域面积约占 5.57%，主要集中江汉平原和鄂东沿江平原(图 5.27)。

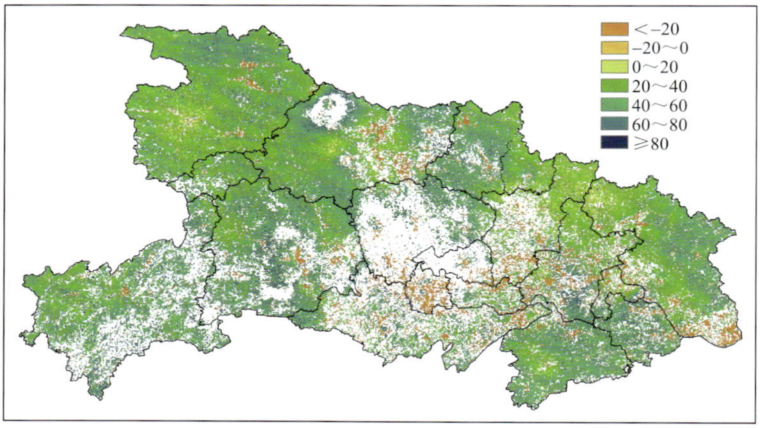

图 5.27　2001—2020 年人类活动对湖北省植被贡献率空间分布(%)

湖北省大多数区域人类活动对植被年 NDVI 增加的贡献总体上比气候变化的贡献更大。根据湖北省年 NDVI 平均变化趋势以及分别受气候变化和人类活动影响的年 NDVI 平均变化趋势，计算可得气候变化和人类活动对湖北省年 NDVI 变化的贡献分别约为 35.9% 和 46.5%。

5.4 森林火灾遥感监测与气象等级预报

湖北省森林覆盖率为41.84%(截至2020年底,数据来源于湖北省人民政府网)。森林火灾是湖北省林业的主要灾害,每年的1—4月、11月、12月为湖北省森林防火期。湖北省气象局于1993年11月开始利用卫星遥感资料对全省范围的森林火灾进行监测及服务,2013年开始湖北省森林火险气象等级预报服务,为及时掌握森林火灾的发生和发展情况提供了可靠而科学的依据。

5.4.1 湖北省森林火灾遥感监测

5.4.1.1 资料

本节使用的主要数据如下。

(1)卫星数据:通过DVB-S数字视频广播接收处理系统接收卫星数据,主要有中国FY系列、美国NOAA系列、EOS/MODIS系列卫星资料;

(2)湖北土地利用分类图:采用30 m TM卫星数据提取的湖北省土地利用分类图,该分类图有助于充分了解湖北省的土地覆盖情况,协助分析着火区土地覆盖类型;

(3)地理信息数据:采用湖北省1∶25万地理信息数据,主要是湖北省边界数据。

5.4.1.2 方法

目前在轨运行的极轨气象卫星有中国FY系列、美国NOAA系列及EOS/MODIS系列等,且每天各卫星过境时段分布相对均匀,有利于林火监测。

NOAA系列卫星(美国国家大气海洋局的第三代实用气象卫星)星下点分辨率为1.1 km,具有5个通道,其中第3、4、5通道分别位于中红外和热红外区,而第3通道(3.55～3.95 μm)对温度反应极敏感(舒立福 等,2005),有利于林火监测。FY系列卫星星下点分辨率也为1.1 km,共有10个通道,第3通道能反映燃烧的高温信息,第4和第5通道对地表在常温下变化敏感,可用于林火监测。EOS/MODIS卫星共有36个通道,对热源敏感,可用于林火监测的通道有7个(7通道和20～25通道),其中第21通道具有较高的光谱辐射率对热的敏感程度最强,因此采用第21通道进行火情监测可以获得最佳的效果(舒立福 等,2005),该通道的星下点分辨率为1 km。

结合卫星通道特点,利用数据增强、多通道彩色合成等图像处理技术,从卫星资料中获取可疑热点信息,结合土地覆盖数据,判别可疑热点,输出卫星遥感林火监测图和信息文件。具体卫星遥感林火监测工作流程见图5.28。

5.4.1.3 2011—2022年卫星遥感林火监测时间分布规律

湖北省森林防火期主要在每年的11月至次年1—4月。在2011—2022年的森林防火期,湖北省卫星遥感共监测到林火1991起,分析发现湖北省森林可疑热点具有较明显的年变化、月变化和日变化规律。

(1)年变化规律

2011—2022年森林防火期卫星遥感监测到的可疑热点总体上呈递减趋势(图5.29),年际之间有波动,年平均监测到116起。监测到发生次数较高的年份是2014年和2017年,全年分

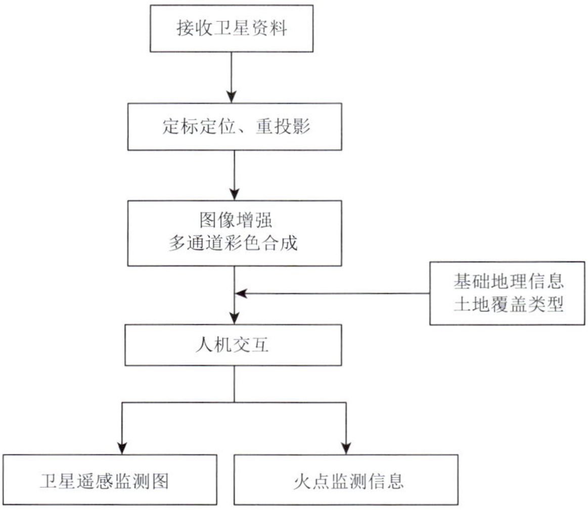

图 5.28　卫星遥感林火监测工作流程

别监测到 323 起和 325 起，共占 12 a 监测总数的 32.5%。监测次数发生较低的年份是 2015 年和 2020 年，分别为 58 起和 39 起，不足 12 a 来监测总数的 5.0%。当森林防火季或其前期降水明显偏少时，易出现旱情，加上森林防火季气温偏高，导致空气干燥，可燃物含水量偏低，较易引燃，森林火险等级高。

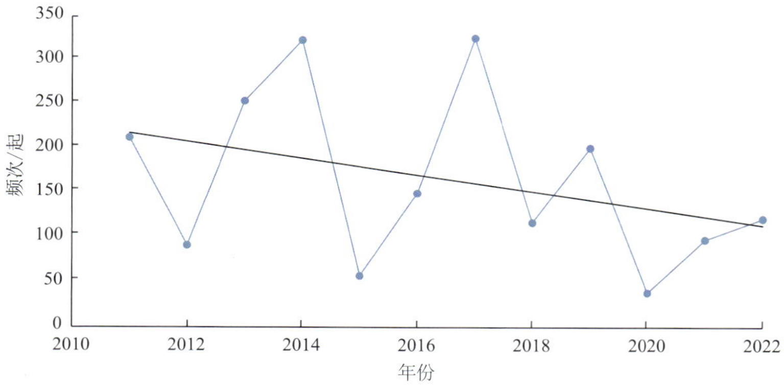

图 5.29　湖北省 2011—2022 年卫星遥感林火监测年度频次统计

（2）月变化规律

湖北省每年森林防火期月可疑热点监测次数差异较大。对 12 a 遥感监测的森林火灾发生次数进行月统计发现，在一年的 6 个月森林防火期内，1—4 月为森林火灾的高发月份，特别是 2 月，为可疑热点监测次数最多的月份，12 a 中 2 月共监测到林火 522 起，平均每年 2 月监测到 43 起。11 月为每年森林防火期内监测次数最低的月份，共监测到 30 起，平均每年 11 月发生仅为 2 起。由此可见，每年的 2 月是湖北省森林火灾的高发期（表 5.12）。湖北省冬季在变性极大的陆地气团控制之下，空气中的水汽含量少，加上湖北省冬季降水是发生在冷空气南下的过程中，其前沿冷锋过境时所造成的短期雨雪天气，降水量不大，受天气情况影响，加上冬末春初森林凋落物较多，所以每年的 2 月森林火灾频发。

表 5.12　2011—2022 年湖北省森林防火期卫星遥感林火监测频次统计

年份	月份					
	1	2	3	4	11	12
2011	22	98	58	30	0	5
2012	5	14	33	40	0	0
2013	19	11	128	26	7	63
2014	197	11	40	54	2	19
2015	33	8	11	6	0	0
2016	2	124	24	0	0	0
2017	60	129	72	24	2	38
2018	1	64	30	6	1	7
2019	25	9	28	60	6	16
2020	0	1	26	5	2	5
2021	22	41	6	1	5	23
2022	12	12	31	5	5	17

5.4.1.4　2011—2022 年卫星遥感林火监测空间分布规律

对 12 a 遥感监测的林火信息进行分区统计(图 5.30)，咸宁、黄冈、黄石、随州、孝感五个地(市)发生火灾次数较多，累计发生次数占总监测火灾次数的 76.5%，远高于其他地(市)。根据 12 a 遥感监测的林火信息发现，湖北省林火发生具有以下几个分布特征：①咸宁、黄冈、黄石、随州、孝感五个地(市)属高火险区；②荆门、襄阳、十堰、武汉四个地(市)属次高火险区；③宜昌、恩施、荆州、鄂州、神农架、天门、仙桃、潜江八个地(市)属低火险区。

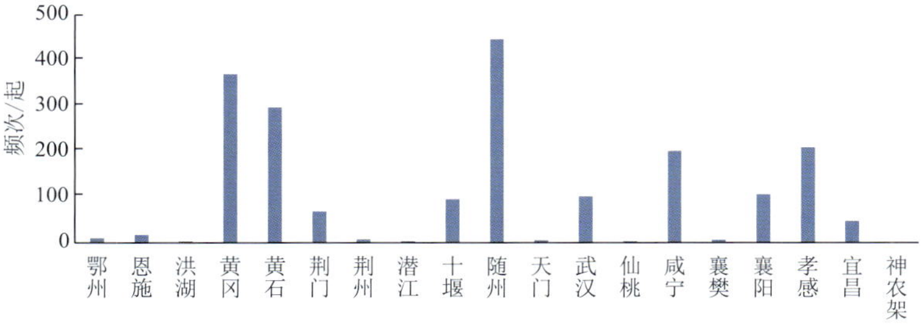

图 5.30　湖北省 2011—2022 年卫星遥感林火监测地区频次

利用 12 a 遥感监测的林火信息，叠加湖北省 DEM 资料，制作了湖北省 2011—2022 年卫星遥感林火监测空间分布图(图 5.31)。从火灾发生的地形来看，卫星遥感监测的火灾大多发生在 200～700 m 的海拔高度之间，高山区和平原区火灾发生相对较少。分析其原因，咸宁、黄石位于湖北省东南部，地处幕阜山脉北麓，以低山丘陵为主；黄冈、随州、孝感位于湖北省东北部，大别山南麓，地势北高南低，由山地依次降为丘陵、平原。由于这五个地(市)多属于丘陵岗地地形，土壤持水能力较差，地形风比较明显(黄靖 等，2008)，气温偏高、降水偏少时更易发生火灾。鄂西属湖北省高海拔地区，地形地貌复杂，立体气候、小气候明显。一般情况下，随着海拔的升高气温降低，降雨量增加，气候湿润，植被含水率高，加上高山上人类活动相对较少，因而火灾发生较少。江汉平原一带地势低平，湖泊星罗棋布，水网交织，土地覆盖多以耕地为主，地表组成物质以近代河流冲积物和湖泊淤积物为主，不易发生火灾。

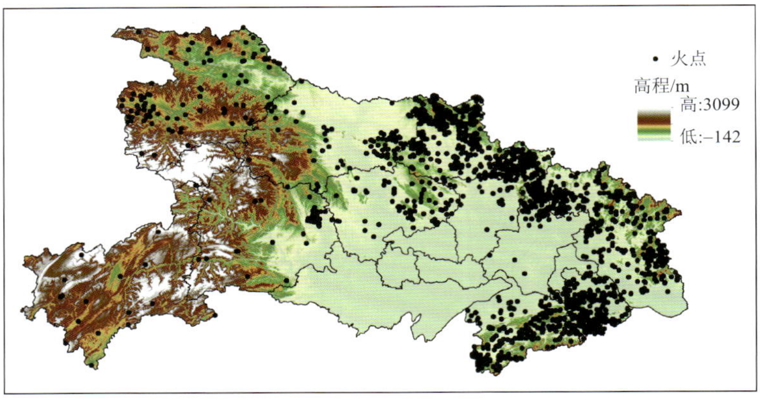

图 5.31　湖北省 2011—2022 年卫星遥感林火监测空间分布

5.4.1.5　火灾监测案例

2022 年 9 月 18—19 日，基于多源遥感数据，利用 SMART3.2 平台连续监测到在湖北省崇阳县境内有一处可疑热点，从 18 日下午至 19 日上午过境卫星均能监测到。结合火灾发生前后 16 m 高分卫星影像、无人机多光谱影像数据以及多期中低分辨率卫星监测产品，对火灾进行实地检验。

(1)多源中分辨率卫星监测实况

基于 FY 系列、NPP/VIIRS、AQUA/MODIS、NOAA 系列等多源卫星数据，对湖北省崇阳县境内的可疑热点进行连续动态监测，初步判定为森林火灾点(表 5.13)。火灾发生时间为 2022 年 9 月 18 日 13:00 左右，火灭时间为 2022 年 9 月 19 日 13:00 前。

表 5.13　不同时次、不同传感器的林火热点监测信息

序号	时间	传感器	像元个数
1	2022 年 9 月 18 日 13:33	NPP/VIIRS	7
2	2022 年 9 月 18 日 13:49	AQUA/MODIS	1
3	2022 年 9 月 18 日 14:40	FY-3D/MERSI-Ⅱ	2
4	2022 年 9 月 18 日 17:31	FY-3C/VIRR	4
5	2022 年 9 月 18 日 17:40	FY-3E/MERSI-LL	3
6	2022 年 9 月 18 日 19:52	NOAA19/AVHRR	3
7	2022 年 9 月 18 日 21:56	TERRA/MODIS	3
8	2022 年 9 月 18 日 23:00	NOAA18/AVHRR	8
9	2022 年 9 月 19 日 01:54	AQUA/MODIS	5
10	2022 年 9 月 19 日 03:00	FY-3D/MERSI-Ⅱ	3
11	2022 年 9 月 19 日 06:05	FY-3E/MERSI-LL	2
12	2022 年 9 月 19 日 07:57	FY-3C/VIRR	5
13	2022 年 9 月 19 日 08:20	NOAA19/AVHRR	4

(2)高分辨率卫星和无人机林火监测

利用火灾前后高分卫星影像(2022 年 9 月 18 日 10:27 的 GF-1 /WFV1 和 19 日 10:51 的 GF-1/WFV3)进行对比分析发现(图 5.32),在林火热点处 2022 年 9 月 19 日影像较 18 日有明显燃烧痕迹(黑色斑块)。

图 5.32　2022 年“9 · 18”火灾前后高分卫星影像对比

无人机航拍影像资料:2022 年 9 月 23 日,利用相机及无人机航拍资料赴林火现场进行实地调查。现场发现(图 5.33)林火焚烧痕迹明显。大疆无人机航拍获取的火灾现场大疆精灵 4(Phantom4)多光谱影像(图 5.34)上也可以明显看到火灾痕迹(褐色斑块)。

5.4.2　湖北省森林火灾风险区划

林火是一种发生原因极其复杂的灾害,涉及自然、人类活动等多个方面。开展火险区划是一项不可替代的防火技术措施,通过解析火险因子,可在可燃物分类基础上结合其他火环境将火险区域划分为不同等级,以便于分级管理(张贵 等,2003;舒立福 等,2003)。本节以湖北省为研究区域,结合历史林火个例资料以及卫星遥感和地理信息数据,综合考虑林火的特性,使用 GIS 和 RS 技术,选取土地覆盖类型、地形、水系、人为影响 4 个因子作为林火火险区划指标,按照各指标火险因子对山火发生或其对山火蔓延影响的程度赋予不同权重,采用因子加权叠置和层次分析相结合的方法,开展湖北省林火火险区划,并绘制相应的区划图,以期为湖北省林火灾害风险评估及防火资源配置提供参考依据。

图 5.33 “9·18”火灾现场(2022 年 9 月 23 日 11:00,柳晶辉拍摄)

图 5.34 “9·18”火灾现场大疆无人机 Phantom4 多光谱影像
(2022 年 9 月 23 日 11:30,柳晶辉、王静、梁益同拍摄)

5.4.2.1 资料

(1)湖北省 1∶25 万省界、水系、数字高程模型数据(DEM)等。该资料来源于中国气象局。基于 DEM 数据,利用 ArcGIS 软件三维空间分析功能提取了湖北省坡度和坡向数据。

(2)湖北省 2005 年 30 m 土地利用分类数据。该资料来源于湖北省气象局。

(3)林火个例发生前期及发生当日气温、降水、湿度、风速等相关气象要素资料。该资料来源于湖北省气象局。

5.4.2.2 风险区划因子

影响火灾发生发展的原因非常复杂,林火成因可归纳为火源、易燃物、气象因子三个方面(李佩萍 等,2000)。基于上述三个方面的条件,又可将其概括为自然环境和人为环境,自然环境包括土地覆盖类型、地形、气象条件等,人为环境包括人类生产生活可能引起火灾的各种行为。一般来说,气温、相对湿度和风是引起火灾的主要气候因子(郑海青 等,2003)。分析监测到的大部分林火个例发生时的气象条件发现,林火发生时气候背景较为相似,大部分发生前 10 d 平均气温偏高,当日相对湿度大多小于 70%,当日最大风力大多为 3～4 级。此外,地形因子、水系因子对火灾的影响也包含了对气候因子的修正,且有较大的重叠。因此,本节不将气象条件单独作为火险参考因子,结合中外相关研究成果(张贵 等,2003;尹海伟 等,2005;谭三清,2008;祝必琴 等,2009;邓鸥,2011;Ghobadi et al.,2012),选取土地覆盖类型、地形、水系、人为影响作为湖北省森林火险区划因子。

(1)土地覆盖类型

不同覆盖类型其可燃性不同,即使是地表同为植被的覆盖类型,植被不同其可燃性也不同。可燃或易燃的土地覆盖类型其可燃或蔓延程度更大,具有燃点低、干燥快、易着火、燃烧快等特点,是引起火灾的危险可燃物。根据研究区域卫星遥感影像,综合考虑植被类型,将其土地覆盖类型分为水体、耕地、草地、未利用地、居民地、密林地、疏林地、灌木林地共 8 类(刘震 等,2013)。其中,密林地、疏林地、灌木林地等植被属可燃物类型(图 5.35)。

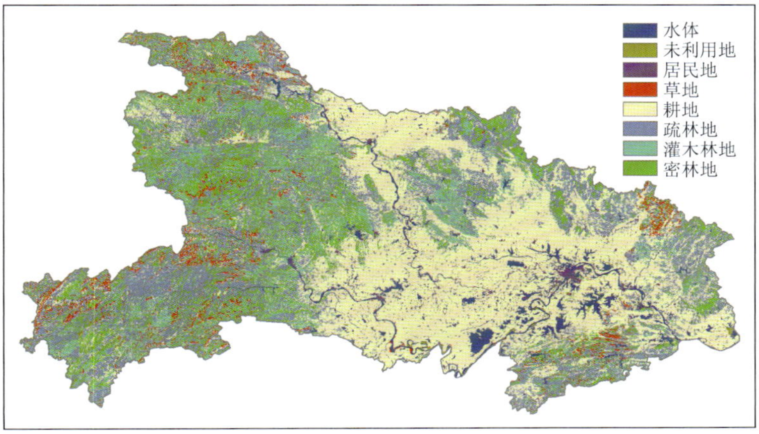

图 5.35 湖北省土地覆盖分类

(2)地形

地形通过气流和局部小气候直接影响林火的发生与蔓延(张贵 等,2003)。不同的地理位置、形态、分布等，既影响光照、热量、水分的分布，也影响植被等可燃物的生长。因此，火灾的分布规律很大程度上受地形因子影响，而地形影响主要与其坡向、坡度和海拔高度有关。

①坡向。坡向通过对气象因子的再分配作用影响植被分布及生长。由于不同坡向接收太阳能辐射大小不同，导致不同坡向上温度不同。通常，阳坡比阴坡温度高、日照长、蒸发快、空气和可燃物更干燥，植被易燃性高，更易发生火灾。本节采用坡向定向分类中的四向分类法（吴运辉，2009），将坡向分为平坡、阳坡（坡向向南，135°～225°）、阴坡（坡向向北，315°～45°）、半阳坡（坡向向东南或西南偏南，90°～135°和 225°～270°）、半阴坡（坡向西北或东北偏北，45°～90°和 270°～315°）五类（图 5.36）。

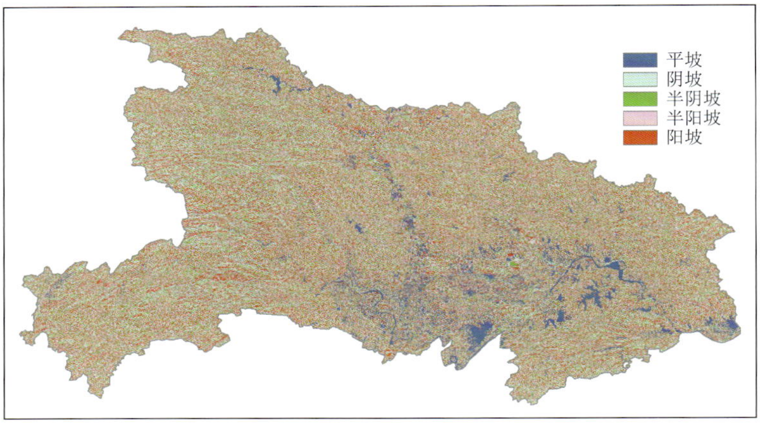

图 5.36　湖北省地形坡向分布

②坡度。坡度影响山火蔓延，坡度越大，火势蔓延越快；但坡度越大的地区，地形起伏变化较大，人类活动相对较少。因此，火险程度并不与坡度（S_L）大小成简单的正相关关系。本研究按照平坡（$0° < S_L \leqslant 5°$）、缓坡（$5° < S_L \leqslant 15°$）、斜坡（$15° < S_L \leqslant 25°$）、陡坡（$25° < S_L \leqslant 35°$）、急坡（$35° < S_L \leqslant 45°$）和险坡（$S_L > 45°$）（刘震 等，2013），将坡度分为六级（图 5.37）。

图 5.37　湖北省地形坡度分布

③海拔高度。海拔高度对山火的影响主要表现在温度、植被类型和人类活动上。一般来说，低海拔区域气温较高，加上多为人工种植林，郁闭度低，人类活动频繁，人为火源多，火灾发生危险性也较高；随着海拔不断升高，气温逐渐降低，蒸发量减小，植被含水量也越大，另外，高海拔地区人类活动干扰减少，火灾发生危险性也降低。因此，综合考虑湖北省历年林火个例发生的海拔高度（H，单位：m），从低到高将其分为六级（图 5.38），即 $0<H\leqslant100$、$100<H\leqslant200$、$200<H\leqslant500$、$500<H\leqslant700$、$700<H\leqslant1200$、$H>1200$。

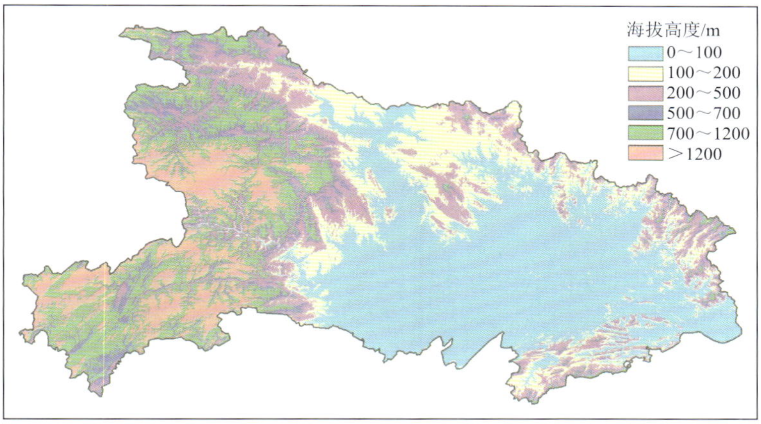

图 5.38　湖北省海拔高度分布

（3）水系

一般而言，河流、湖泊周边相对湿度较大，不易引起火灾，且当附近发生火灾时，不仅能起到阻燃作用，同时便于取水，从空间上对火灾发生起到制约作用。本研究结合湖北省主要河流和湖泊地理信息数据，根据距离水系远近（D，单位：m），即一级缓冲区（$0<D\leqslant500$）、二级缓冲区（$500<D\leqslant1000$）、三级缓冲区（$D>1000$），划分为三级水系缓冲区（刘祖军，2008），其结果见图 5.39。

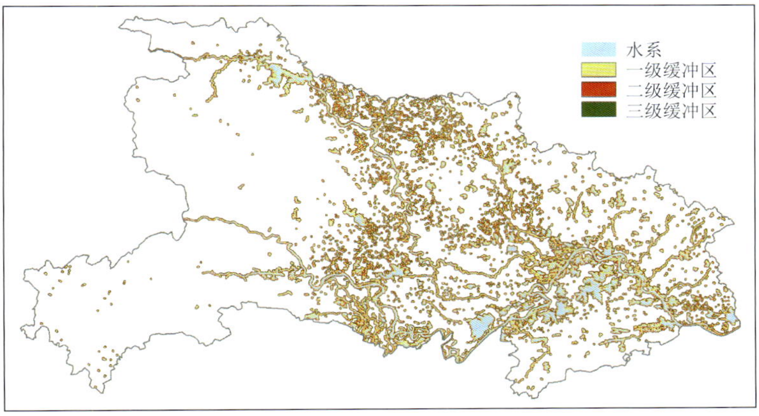

图 5.39　湖北省水系缓冲区分布

(4)人为影响

人为影响在火险评价中也是一个不可忽略的重要因素(唐丽华 等,2007;覃先林 等,2008)。如随意丢弃烟头、上坟烧纸、秸秆焚烧、野炊等人类活动都可能引起山火。若山火发生在人类活动频繁的居住点附近,则较易被发现和扑灭;若发生在远离居民点的地区,则不易被发现,甚至造成严重灾害。因此,本节仅将距离居民点远近(D_R,单位:m)作为人为影响因素。根据距离居民点远近,即一级缓冲区($0<D_R\leqslant250$)、二级缓冲区($250<D_R\leqslant500$)、三级缓冲区($500<D_R\leqslant1000$)、四级缓冲区($D_R>1000$),划分四级居民点周边缓冲区(覃先林 等,2008),其结果见图 5.40。

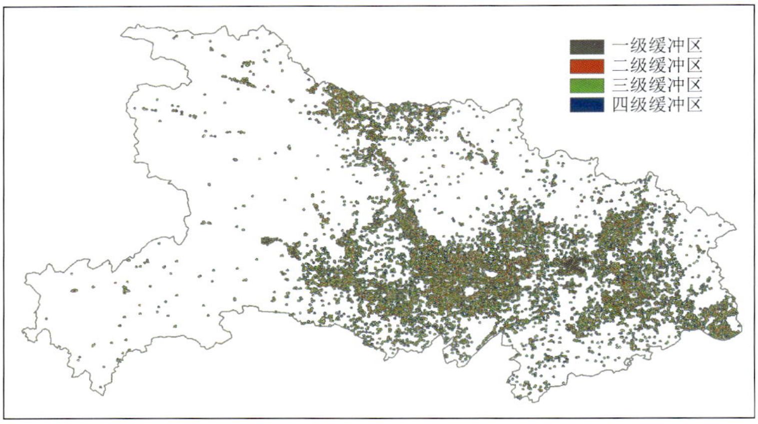

图 5.40 湖北省居民点缓冲区分布

5.4.2.3 林火风险评价及区划结果

本节参考中国火险指标体系的研究成果(张贵 等,2003;尹海伟 等,2005;祝必琴 等,2009;刘震 等,2013),采用层次分析法(AHP)(王莲芬 等,1990)构建湖北省林火火险指标体系,运用 GIS 空间分析功能制作了湖北省火险区划图,并用历史个例检验区划的合理性。

(1)火险因子权重确定

根据层次分析法,先将影响火险的各种因子进行综合评判,并分为目标层、准则层、指标层三个层次。目标层是山火风险等级;准则层是土地覆盖类型、地形、水系、人为影响因素因子;指标层是准则层因子下属的指标,通过查阅资料和专家咨询,对 4 个准则层中的两两指标相对重要性做出评价,再计算出各个因子的权重,并用 10 分制打分法将定性指标定量化(表 5.14),最后根据层次分析法的检验方法确定所计算的权重是否可以使用。

确定了各区划因子的权重后,在 ArcGIS 空间分析功能的支持下,可制作湖北省山火各火险因子风险图(图 5.41)。从图 5.41 中可见,土地覆盖类型区划的高风险区主要位于鄂西、鄂北岗地、鄂东北北部、鄂东南南部;地形区划的高风险区主要位于鄂东大部分地区、鄂西北东部及东北部;而水系区划的高风险区主要位于除鄂西以外的大部分地区,人为影响区划的高风险区主要位于人口密集的江汉平原及鄂东大部分地区、鄂北岗地等地区。

表5.14 湖北省森林火险因子权重

准则层	权重	指标层	划分类别	级分值
土地覆盖类型	0.119	水域	水域	0
		耕地	耕地	6
		草地	草地	4
		未利用地	未利用地	1
		居民地	居民地	2
		密林地	密林地	10
		疏林地	疏林地	7
		灌木林地	灌木林地	8
地形	0.119	坡向	阳坡	10
			半阳坡	9
			半阴坡	8
			阴坡	7
			平坡	3
		坡度	险坡	1
			急坡	2
			陡坡	3
			斜坡	7
			缓坡	10
			平坡	9
		海拔高度/m	0～100	7
			100～200	8
			200～500	10
			500～700	5
			700～1200	2
			>1200	1
水系	0.026	水系距离/m	0～500	2
			500～1000	6
			>1000	9
人为影响	0.066	居民点距离/m	0～250	2
			250～500	4
			500～1000	5
			>1000	9

(2)火险评价方法

根据各指标对火险的贡献率,确定指标权重,采用加权叠置法,运用火险指数计算公式计算火险区划结果。火险指数按下式计算:

$$\mathrm{FFR}=\sum_{i=1}^{n} w_i x_j \tag{5.13}$$

式中，FFR 为火险指数；x_j 为火险影响因子；w_i 为各因子权重；i 为准则层火险影响因子个数；j 为指标层火险影响因子个数。

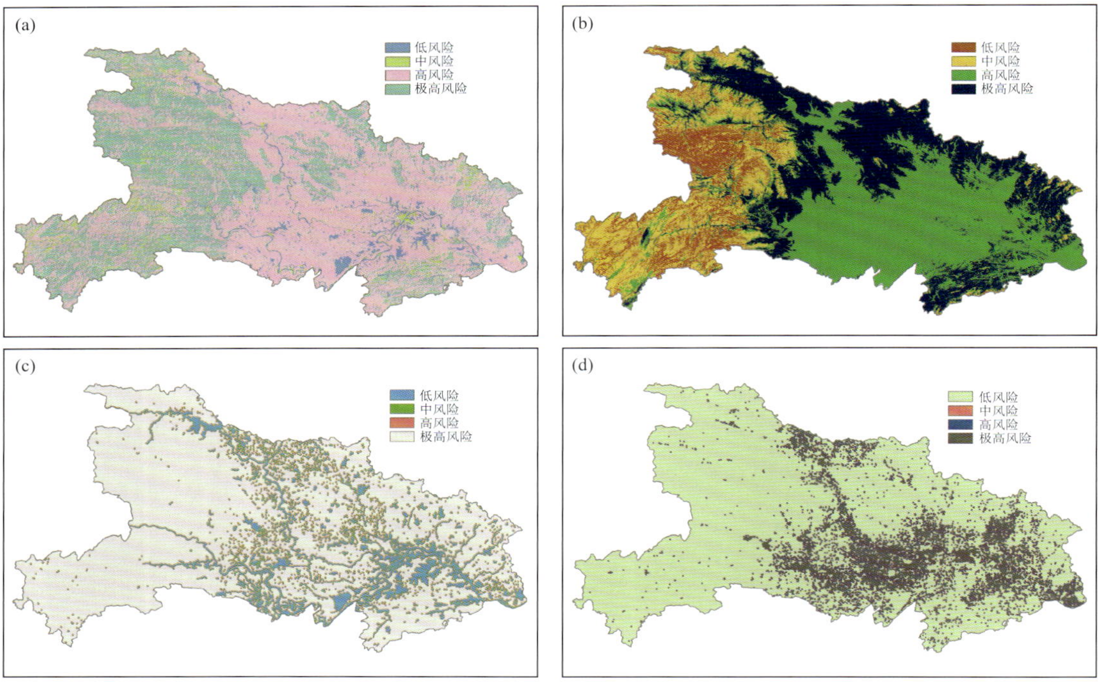

图 5.41　湖北省山火各火险因子风险

(a)土地覆盖类型；(b)地形；(c)水系；(d)人为影响

依据综合评价方法，通过 GIS 空间分析和叠加建模功能，获得湖北省火险等级图，并将结果划分为极低火险、低火险、中火险、高火险和极高火险五类火险区，其结果见图 5.42。

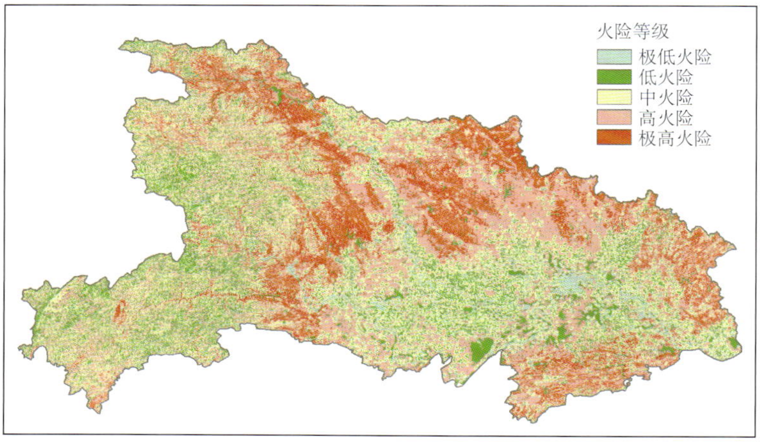

图 5.42　湖北省山火风险区划

(3)结果分析

从图 5.42 可见,鄂西东部及北部、鄂北、江汉平原北部、鄂东的北部和南部等地是高火险及极高火险区;江汉平原大部分地区及鄂东中部地区是低火险区。这主要是因为鄂东南、鄂东北及鄂西东部以丘陵山地为主、土壤持水能力较差,地形风比较明显(黄靖 等,2008),气温偏高,降水偏少时火险等级较高。鄂西大部分地区属高海拔地区,地形地貌复杂,立体气候、小气候明显。一般情况下,随着海拔的升高气温降低,降雨量增加,气候湿润,植被含水率高,因而火险较低。江汉平原一带地势低平,湖泊星罗棋布,水网交织,土地覆盖多以耕地为主,地表组成物质以近代河流冲积物和湖泊淤积物为主,不易发生火灾。

(4)区划结果可靠性检验

由于获取的检验资料有限,将收集到的 2011—2014 年 44 个山火个例发生位置与林火风险区划图进行对比发现(表 5.15),有 35 例在中风险及以上风险区内,其中极高风险区最多,有 13 例之多,说明本节的研究方法和山火风险区划图有较高的可靠性。

表 5.15 基于风险区划结果的湖北省山火历史个例检验(2011—2014 年)

山火	火险区				
	极低	低	中	高	极高
个例数	2	7	11	11	13
所占百分率/%	4.5	15.9	25.0	25.0	29.6

5.4.3 湖北省森林火险气象等级预报

5.4.3.1 当前预报方法

根据《森林火险气象等级》国家标准(GB/T 36743—2018)计算森林火险气象等级。

森林火险气象等级由低至高分为五个等级:低火险(一级)、较低火险(二级)、较高火险(三级)、高火险(四级)、极高火险(五级)。首先根据地势、气候条件和历史火灾分布等因素将全国划分为五个 FFDI(森林火险气象指数)计算区域,再根据 FFDI 值(I_{FFDI})划分等级(表 5.16)。

表 5.16 森林火险气象等级划分、描述和预报服务用语

FFDR	I_{FFDI}/%					名称	预报服务用语
	A 区	B 区	C 区	D 区	E 区		
一级	[4,38)	[4, 46)	[4, 38)	[4, 42)	[4, 35)	低火险	森林火险气象等级低
二级	[38, 47)	[46, 58)	[38, 43)	[42, 50)	[35, 38)	较低火险	森林火险气象等级较低
三级	[47, 66)	[58, 70)	[43, 65)	[50, 69)	[38, 62)	较高火险	森林火险气象等级较高,须加强防范
四级	[66, 73)	[70, 73)	[65, 73)	[69, 73)	[62, 73)	高火险	森林火险气象等级高,林区须加强火源管理
五级	[73, 100)	[73,100)	[73, 100)	[73, 100)	[73, 100)	极高火险	森林火险气象等级极高,严禁一切林内用火

注:FFDR 为森林火险气象等级,A 区为东北地区,含黑龙江省、吉林省、辽宁省、内蒙古自治区东部(120°E 以东);B 区为华北地区、西北地区,含北京市、天津市、河北省、山西省、宁夏回族自治区、新疆维吾尔自治区、青海省、陕西省、甘肃省、内蒙古自治区中西部(120°E 以西);C 区为西南地区,含云南省、贵州省、四川省、重庆市、西藏自治区;D 区为华东地区、华中地区,含山东省、河南省、安徽省、江西省、湖南省、湖北省、江苏省、上海市、浙江省、福建省、台湾省;E 区为华南地区,含广东省、广西壮族自治区、海南省、香港特别行政区、澳门特别行政区。地理跨度和气候差异较大的省区可根据实际情况选择适用区域。

森林火险气象指数的计算公式：

$$I_{FFDI} = U \times C_r \times C_s \tag{5.14}$$

$$U = f(V) + f(T) + f(r_{RH}) + f(M) \tag{5.15}$$

式中：U 为森林火险气象指数的函数表达式；C_r 为降水量修正系数，24 h 降水 $R_r \geqslant 1$ mm 时，$C_r = 0$；$R_r < 1$ mm 时，$C_r = 1$；C_s 为积雪修正系数，24 h 积雪深度 $H_s > 0$ cm 时，$C_s = 0$；$H_s = 0$ cm 时，$C_s = 1$；V 为 14:00（北京时间或当地时间）风速（m/s）；T 为 14:00（北京时间或当地时间）气温（℃）；r_{RH} 为 14:00 相对湿度（%）；M 为连续无降水日数（d）。当综合气象干旱等级达到轻旱及以上时（气象干旱综合指数 MCI≤−0.5，见 GB/T 20481—2017 第 9 章），M 为前 8 d 内的连续无降水日数；当无旱时（MCI>−0.5），M 为前 20 d 内的连续无降水日数。

其中，R_r 和 H_s 的阈值可根据湖北省气候条件和地理地貌自行试验调整。式（5.15）中所有变量的区间范围及其对应取值见表 5.17—表 5.20。

表 5.17　风速及其函数值查对表

风速 V/(m/s)	≤1.5	(1.5,3.5]	(3.5,5.6]	(5.6,8.1]	(8.1,10.9]	(10.9,14.0]	(14.0,17.2]	>17.2
$f(V)$/%	4	8	12	15	19	23	27	31

表 5.18　温度及其函数值查对表

气温 T/℃	≤5	(5,10]	(10,15]	(15,20]	(20,25]	>25
$f(T)$/%	0	5	6	9	13	15

表 5.19　相对湿度及其函数值查对表

相对湿度 r_{RH}/%	≥70	[60,70)	[50,60)	[40,50)	[30,40)	<30
$f(r_{RH})$/%	0	3	6	9	12	15

表 5.20　连续无降水日及其函数值查对表

连续无降水日数 M/d										
	轻旱及以上	0	1	2	3	4	5	6	7	>8
	无旱	0～3	4～6	7～9	10～12	13～14	15～16	17～18	19～20	>20
$f(M)$/%		0	8	12	19	23	27	31	35	38

5.4.3.2　案例

湖北省森林火险气象等级预报是基于森林防火季（11 月—次年 4 月）外推 1 个月，即 10 月—次年 5 月逐日制作未来 3～10 d 的森林火险气象等级预报，通过湖北气象、微信公众号、“湖北天气”微博发布湖北省森林火险气象等级预报服务产品。图 5.43 是 2023 年 10 月 16 日利用精细化网格预报制作发布的未来 3 d 的森林火险气象等级预报。

2019 年清明节期间，湖北全省大部分地区天气晴好，气温快速上升，森林火险气象等级较高，根据预报，湖北垄上频道提醒市民祭扫时注意安全用火，同时“湖北天气”微博也发布提醒信息（图 5.44）。

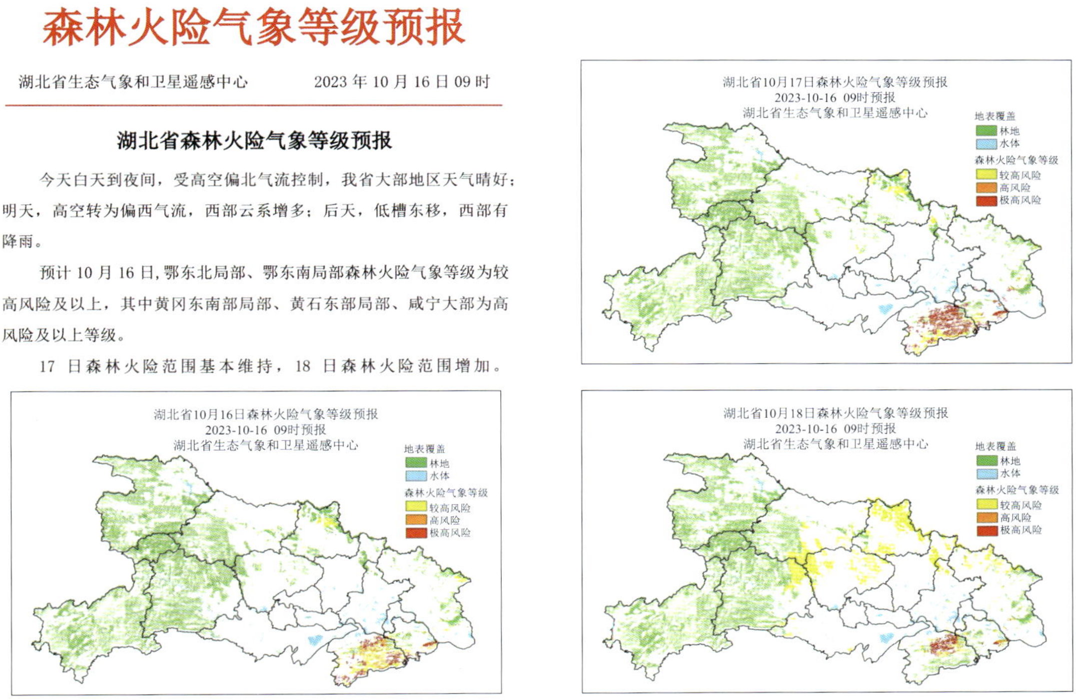
森林火险气象等级预报

湖北省生态气象和卫星遥感中心　　2023 年 10 月 16 日 09 时

湖北省森林火险气象等级预报

今天白天到夜间，受高空偏北气流控制，我省大部地区天气晴好；明天，高空转为偏西气流，西部云系增多；后天，低槽东移，西部有降雨。

预计 10 月 16 日，鄂东北局部、鄂东南局部森林火险气象等级为较高风险及以上，其中黄冈东南部局部、黄石东部局部、咸宁大部为高风险及以上等级。

17 日森林火险范围基本维持，18 日森林火险范围增加。

图 5.43　2023 年 10 月 16 日制作发布的未来 3 d 的森林火险气象等级预报

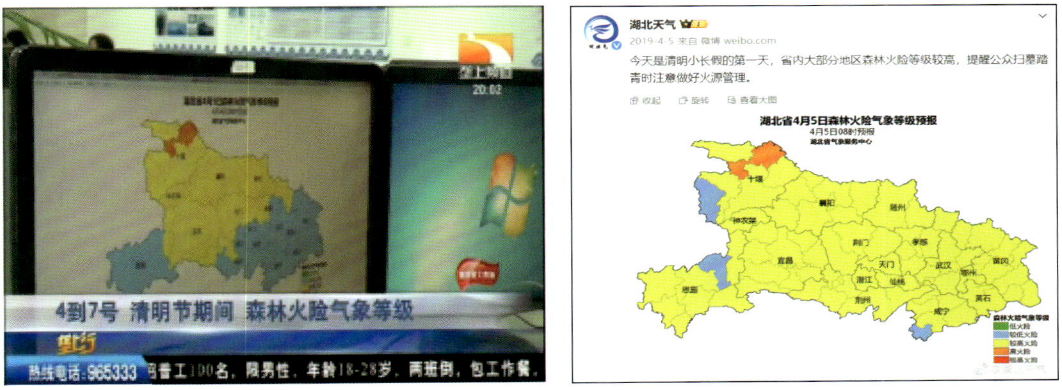

图 5.44　2019 年清明节期间服务案例

5.5　本章小结

本章围绕植被生态质量、森林生态服务功能等内容，分析了湖北省四屏山区时空变化特征；开展了神农架国家森林公园森林生态服务功能及价值评估；综合气候因子和遥感反演的植被覆盖因子，采用残差趋势分析法，厘清了气候变化和人类活动对湖北省植被覆盖变化的贡献率，分析了湖北省植被对气候因子的响应程度；针对湖北省森林火灾频发的特点，开展了 12 a

森林可疑热点时空变化特征分析，采用因子加权叠置和层次分析相结合的方法，绘制了湖北省林火火险区划图，最后介绍了湖北省森林火险气象等级预报业务服务等相关内容。主要结论如下。

(1)2001 年以来，鄂西北秦巴山区(湖北段)、鄂西南武陵山区、鄂东南幕阜山区、鄂东北大别山区植被生态质量指数(EQI)均有不同程度的改善，改善面积占比分别为 98.2%、98.3%、94.3%、86.8%。

(2)根据《陆地植被气象与生态质量监测评价等级》(QX/T 494—2019)划分标准，2001—2020 年湖北省四屏植被生态质量指数(EQI)年平均值显示，四屏山区均无植被 EQI 达优的区域。其中，秦巴山区(湖北段)、武陵山区、幕阜山区、大别山区 EQI 达良的面积占比分别为 72.6%、93.0%、61.9%、33.9%。

(3)湖北省四屏山区以鄂东南幕阜山区森林水源涵养量最高，鄂西北秦巴山区森林水源涵养量最低。2000—2021 年，鄂东南幕阜山区森林水源涵养量增速最高，鄂西北秦巴山区森林水源涵养量增速最低；鄂西北秦巴山区森林水源涵养量呈增加趋势的范围最大，而鄂东北大别山区呈增加趋势的范围最小。

(4)2000—2021 年湖北省森林植被平均固碳量为 1508.7 g/m^2，年均固碳量最小值为 1333.6 g/m^2(2001 年)，最大值为 1624.7 g/m^2(2021 年)，空间上整体呈现西高东低的分布。2000—2021 年湖北省森林植被固碳量年平均值呈显著上升趋势，年平均增加 8.0 g/m^2，说明湖北省森林植被固碳服务功能不断增强。

(5)2000—2021 年湖北省森林植被平均释氧量为 1106.6 g/m^2，年均释氧量最小值为 984.5 g/m^2(2001 年)，最大值为 1199.0 g/m^2(2021 年)，空间上整体呈现西高东低的分布。2000—2021 年湖北省森林植被释氧量年平均值呈显著上升趋势，年平均增加 5.9 g/m^2，说明湖北省森林植被释氧服务功能不断增强。

(6)基于《森林生态系统服务功能评估规范》(LY/T 1721—2008)中的森林生态系统服务功能价值量的评估公式，开展 6 个方面服务功能的价值量评估发现：湖北省生态富饶但经济较落后，2017 年生态系统总价值是全区年价值的 26 倍；保育土壤的生态价值最大，占总价值的 60.0%；阔叶林的生态价值明显高于针阔混交林和针叶林。

(7)2001—2020 年年平均 NDVI 值按照山区分类，鄂西北秦巴山最高，鄂东北大别山最低，鄂西南武陵山、鄂东南幕阜山分别为第二、第三。从行政区域来说，神农架 NDVI 最高，十堰、宜昌 NDVI 分别为第二、第三高；荆州、武汉、鄂州 NDVI 为湖北省最低的三个地(市、区)。

(8)2001—2020 年湖北省除潜江外，16 个地(市、区)NDVI 值出现了不同程度的增长，其中十堰、随州、咸宁、襄阳、黄冈、宜昌 6 个地(市、区)NDVI 变化趋势率均高于湖北省平均，鄂州、恩施、黄石 3 个地(市、区)NDVI 变化趋势率接近湖北省平均，其他 7 个地(市、区)NDVI 变化趋势率低于湖北省平均。

(9)2001—2020 年湖北省 NDVI 变化趋势可以分为 2 个阶段，2001—2011 年，除 2009 年以外，NDVI 值相对较小，其中 2001 年 NDVI 为 0.506，是近 20 a 最小值；2012 年以后，湖北省 NDVI 明显较 2001—2011 年高，其中 2015 年 NDVI 为 20 a 最高。

(10)湖北省四季 NDVI 均呈上升趋势，春季 NDVI 增加幅度最大，倾向率为每 10 a 0.05；冬季增加幅度次之，为每 10 a 0.04；夏季和秋季增加速率分别为每 10 a 0.02 和每 10 a 0.03。其中，春季、冬季增加幅度均高于全年平均水平，秋季与全年平均水平持平，但夏季低于全年平均水平。总体来说，春季和冬季NDVI的升高对年均NDVI升高的贡献最大。

(11)根据2001—2020年月平均NDVI资料统计结果，湖北省NDVI年内变化曲线呈单峰型，月尺度的NDVI最小值在1月，为0.361；最高值出现在8月，为0.733。NDVI值在8月过后逐渐下降至次年的2月。

(12)2001—2020年，湖北省年NDVI变异系数为0.02～1.07，平均值为0.07，大部分地区其持续变化的状态相对稳定。其中，湖北省中稳定等级的分布面积最大，占总林区面积44.63%；高稳定等级的面积也相对较大，达到24.83%，表明2001年以来，湖北省大部分地区NDVI波动相对较小，植被生长稳定。

(13)湖北省四屏山区年NDVI变异系数统计分析结果显示，鄂西南武陵山区近20 a(2001—2020年)来植被稳定性最高，鄂东北大别山区植被稳定性最差。

(14)湖北省年均NDVI与各气候因子正、负相关并存，整体上，年均NDVI与年平均气温、累计降水、累计≥0 ℃积温呈正相关，与累计日照时数呈负相关。年均NDVI与各气候因子的相关性大部分地区不显著。从显著相关区域面积占比来看，日照＞积温＞气温＞降水。从空间分布来说，气温的显著相关影响区较为分散，主要在鄂西及鄂东北；降水和日照的显著相关区域主要分布在鄂东北大别山区；积温对鄂西山区的显著性影响大于鄂东和江汉平原。

(15)2001—2020年湖北省约59.3%的区域显示在气候变化和人类活动共同作用下促进了植被的生长，表明气候变化和人类活动的相互作用是湖北省年NDVI变化的主要驱动力。约33.2%的区域显示气候变化和人类活动对年NDVI的变化无明显影响；气候变化和人类活动的相互作用促使NDVI减小的区域面积所占比例较小，约为5.6%。气候变化和人类活动对研究区内年NDVI变化的影响分别为$1.12\times10^{-3}\ a^{-1}$和$1.60\times10^{-3}\ a^{-1}$。

(16)2011—2022年森林防火期卫星遥感监测到的可疑热点总体上呈递减趋势，年际之间有波动，年平均监测到306起。1—4月为森林火灾的高发月份，特别是2月，为可疑热点监测次数最多的月份，11月最低。监测结果显示，咸宁、黄冈、黄石、随州、孝感5个地(市)属高火险区。

(17)从火灾发生的地形来看，湖北省卫星遥感监测可疑热点大多发生在200～700 m的海拔高度之间，高山区和平原区火灾发生相对较少，分析原因主要是因为湖北省火灾高发区多为丘陵岗地地形，土壤持水能力较差，地形风比较明显，如果气温偏高、降水偏少则易发生火灾。

(18)结合历史林火个例资料，选取土地覆盖类型、地形、水系、人为影响四个林火火险区划指标，采用因子加权叠置和层次分析相结合的方法，开展湖北省林火火险区划。结果显示，鄂西东部及北部、鄂北、江汉平原北部、鄂东的北部和南部等地是高火险及极高火险区；江汉平原大部分地区及鄂东中部地区是低火险区。

(19)湖北省森林火险气象等级预报是基于森林防火季(11月—次年4月)外推一个月，即10月—次年5月逐日制作未来3～10 d的森林火险气象等级预报，通过湖北气象、微信公众号、“湖北天气”微博等多媒体渠道发布湖北省森林火险气象等级预报服务产品。

第6章
滨水城市生态气象

滨水城市拥有较大面积的可连接人工城市与自然生态系统的滨水空间，生态景观组成独具特色。这类湿地生态空间作为保障城市生态平衡的自然开放系统，通过蒸散发影响城市热量和水分平衡，在调节城市温度、湿度及风等单个或复合气候环境和水文条件、改善大气环境质量等方面发挥着重要的作用。气候调节的生态价值是城市湿地生态服务总价值的重要组成部分，利用城市湿地资源改善城市气候环境和大气环境已成为众多滨水城市生态发展的重要思路。

武汉、宜昌和襄阳依长江和汉江而建，是湖北省典型的滨水城市。优越的水资源条件对城市温、湿、风及大气环境都产生了一定的影响。本章结合湖北省典型滨水城市生态气象服务实际需求，重点探讨总结了城市热环境、风环境、大气环境特征、城市不同生态用地气候调节效应等城市生态气象研究进展和业务服务成果，对进一步指导生态城市规划实践具有重要意义，也可为内陆滨水城市人居环境生态建设和可持续发展提供气象智慧。

6.1　滨水城市蓝绿空间气候效应评估

6.1.1　城市蓝绿空间气候效应研究方法

蓝绿基础设施（GBI）作为应对城市地区气候变化的战略，对缓解严重的城市热环境发挥着不可替代的作用（蒋卫国 等，2007）。一般情况下，这类景观设施可以显著降低周围环境的温度，发挥“冷岛效应”。城市蓝绿空间气候效应研究方法的选择取决于研究目的、研究区域范围、气候尺度及城市湿地规模和类型。根据数据获取及分析平台的不同，气候效应研究手段可主要分为现场实地观测、遥感监测评价、计算机模型模拟，其中实地观测又可细分为固定气象台站观测和移动设备观测，遥感监测目前以星载传感器监测数据为主，计算机模型模拟又可根据研究尺度分为中尺度气候模型模拟和微尺度的CFD（计算机流体力学）模拟。遥感监测及中尺度气候模型模拟手段主要应用在城市尺度范围，研究关注宏观性；而实地测量及CFD模拟则在微尺度上探究气候效应更有优势。

6.1.1.1　地面观测

地面观测方法可直接获取湿地及周边气温、相对湿度、太阳辐射、风速、气压等多项大气要素瞬时和连续观测信息（崔丽娟 等，2015；樊晓丹，2009），主要用于微观尺度小气候变化规律分析，是早期研究采用的主要方法。地面实测方法又可细分为定点观测和移动观测两种形式；定点观测采集的数据具有数据时间序列长、分辨率高、质量稳定、精度高等特点，适用于气象要素趋势动态分析；移动观测方法通常将仪器搭载于汽车或探空气球等移动装置上，沿事先设计的路线进行多点测量，适用于观测要素特定时段的空间动态分析。

地面观测方法具有测量参数种类多、测量结果精度高、研究时段可自由选择等优势，但也存在一些应用局限。由于固定气象站数量有限，较难选出适合的可系统反映湿地与周围环境的能量交换过程的对比站（李荫堂 等，2007）。而移动观测方法对观测过程要求较高，需要对某些关键环节进行充分考虑以保证测量数据的可靠性，如需要对多点测量进行不同位置和时间的标准化订正（刘京 等，2010；Sebastian et al.，2013）；搭载在移动平台上的仪器需要隔离装置以防止外界热源辐射和气流的干扰（Park et al.，2019）；尽量选取与湿地边界夹角成 90°的典型道路作为移动测量路线（齐静静 等，2010）。除此以外，多数研究强调应在无风晴朗的天气条件下开展观测以排除风的影响（朱春阳，2015；纪鹏 等，2019；吕鸣杨 2019；Park et al.，2019）。

6.1.1.2 遥感监测

遥感技术能大范围、空间连续地同时获取地表热辐射、地表类型及生态参数信息，主要用于中尺度湿地对城市地表温度（LST）及地表城市热岛等热环境指标的影响评价。遥感定量评估与地面观测相比，遥感评估方法具有在多种时空尺度上对地表开展综合分析的技术优势，已成为量化城市热环境生态调控研究必不可少的手段。目前国内外基于遥感资料开展湿地气候效应及其影响因素研究，逐步从湿地气候效应特征规律的分析发展到以气候效应影响机理的定量解析为重点，且量化指标和定量模型不断提出。研究较多使用的是具有城市尺度热红外波段的 Landsat、Aster 等卫星遥感资料，受限于这类卫星（Sun et al.，2012）的过境时间，研究时段多集中在上午，分析单时段、同年多季节或多年同一季节湿地降温效应差异；少数研究采用 MODIS、FY、NOAA 多源卫星数据对白天和夜间同时进行评估（刘勇洪 等，2013；Cheng et al.，2019），以反映城市湿地气候效应的昼夜差异。得益于遥感数据在全球范围内具有制作规范性和便捷获取性，基于遥感的城市湿地气候效应及其影响研究方法和结果更易在全球范围内进行推广和对比。然而该方法也存在一些应用局限，如无法进行时空连续特征分析、无法直接与大气气象要素建立联系、无法捕捉短波辐射转化为潜热的蒸发过程（Sun et al.，2012；Cai et al.，2018）及无法克服云覆盖等不利天气影响等。

6.1.1.3 数值模拟

数值模拟是近年来城市气候研究备受关注的方法，该方法强调在特定的情景假设下构建模型、设置参数，从而对城市各气候要素作用过程进行模拟，是辅助城市规划和决策的重要方法。该方法可以摆脱现场测定的局限，方便给定边界条件，从水平和垂直尺度模拟空气和水汽的流动混合、传热传质过程并得到各种大气物理参数（李荫堂 等，2007）。

针对不同尺度，数值模拟可分为以天气研究和预报（Weather Research and Forecast，WRF）为主的中尺度气象模式模拟和以计算机流体力学（Computational Fluid Dynamics，CFD）技术及其软件应用为主的微尺度气候模拟。WRF 模式包含较详细的边界层和陆面过程方案，很适合用于水平分辨率为 1～10 km、时效 60 h 以内的有限区域气象要素的模拟，对城市内复杂的热环境、降水、风环境等小气候的时空变化规律及发展趋势有良好的模拟能力（尹晓梅 等，2013；陈欢，2019；邱阳阳 等，2013），被用作探讨杭州、武汉等地湿地生态斑块对城市微气候的调节作用（陈欢，2019；邱阳阳 等，2013）。随着计算机性能和数值模拟技术的不断发展，城市气候模拟研究逐步细化到街区尺度微气候环境上。CFD技术及其商用软件（如FLUENT、ENVI-met、PHOENICS等）是街区尺度温度场、湿度场、速度场、浓度场等各种流场进行数值模拟和预测的重要工具，已被广泛应用在湿地公园（朱浩楠 等，2019）、自然水塘、居住区亲水河流等城市小微湿地的微气候效应研究当中，侧重探讨街区内部建筑布局、建筑高度、绿化带及水体分布等对湿热环境及风环境的影响。李荫堂等（2007）采用FLUENT模拟了湿地附近区域空气温度、相对湿度的空间分布，用实测数据证实了数值模拟预测湿地降温增湿效应的可行性。宋晓程（2011）采用CFD-Fluent模拟和现场实测相结合的方法，综合研究了哈尔滨市河流降温效应与河流形态、城市主导风向及建筑区密集程度的关系。陆婉明等（2015）采用CFD技术探讨了水体对居住小区局地气候的调节机制：水体在白天升温阶段有降温作用、在傍晚降温阶段起保温作用，并有增湿和调节风速的作用。祝善友等（2017）采用ENVI-met研究证明了南京玄武湖水体在夏季晚上有一定的保温效应。赵荻（2018）结合实地监测与CFD技术进行数值模拟解析，研究城市湖泊周围湿度的变化规律及其影响因子。朱浩楠等（2019）利用WRF数值模式探索了待建湿地公园对局地气候舒适性的影响。

总体来说，数值模拟方法的研究内容更广泛。实地观测和遥感监测方法只适合对湿地气候效应历史及现状规律进行评估，而数值模拟方法还被证明可在不同时间、水平及垂直情景下进行湿地气候效应的预测，且更适合评估干预措施对湿地气候效应的潜在影响（Koc et al.，2018；Sebastian et al.，2013）。但数值模拟方法多数需要结合大量实地观测为模拟提供参数初始化及交叉验证，从而保证模型的使用精度（程锐辉，2019）。

6.1.1.4 实地观测、遥感监测和数值模拟综合研究

少数研究将实地观测、遥感监测和数值模拟三种技术进行联合应用，实地观量数据为遥感监测及计算机模拟提供交叉验证和参数初始化，或采用多种方法交叉验证结论合理性。马妮莎（2016）以遥感反演地表温度和PHOENICS模拟空气温度的冷溢出（降温）范围和程度结果进行对比，结果显示，遥感及模拟结果在冬、夏季水体影响范围和程度的趋势上均有较好的吻合性。齐静静（2010）将现场实测数据与遥感数据相结合进行研究，通过遥感分析找出具有代表性的测试点，再采用实测方法测得松花江流域不同下垫面处的气温及风向、风速状况，借以研究水体对热环境的缓解作用及程度。蒋志祥（2012）利用CFD模拟，建立了水体、植被与大气热、湿交换的简易动态模型并引入了新标准有效温度SET*来评价室外热舒适程度，随后将实测与模型进行对照，用以验证其正确性，并采用该模型对水体和绿地对城市热环境的改善进行研究。Shi等（2020）通过野外实测和数值模拟，对中国典型湿热城市重庆的蓝绿空间对局地热环境的协同降温效应进行了研究。

6.1.1.5 城市湿地气候效应及其影响因子定量评估方法

近年来，结合湿地形态、景观指数与气候效应的定量关系研究逐步受到更多的重视。量化指标及定量分析方法的选择和完善对提升定量研究质量至关重要。湿地气候效应定量研究的一般步骤包括，一是气候要素、生态要素及影响因子等数据获取和量化指标计算；二是缓冲、叠加、领域、网格化、方位分区等空间分析，建立分析样本集；三是建立湿地特征量化指标、影响因子定量化指标与气候参数或气候效应量化指标的相关性分析，并通过回归统计模型分析多影响因子贡献率的大小。主要的城市湿地气候效应定量研究指标见图6.1。

量化蓝绿空间气候效应是不同地区相同研究内容进行比较的先决条件。变量的选择主要

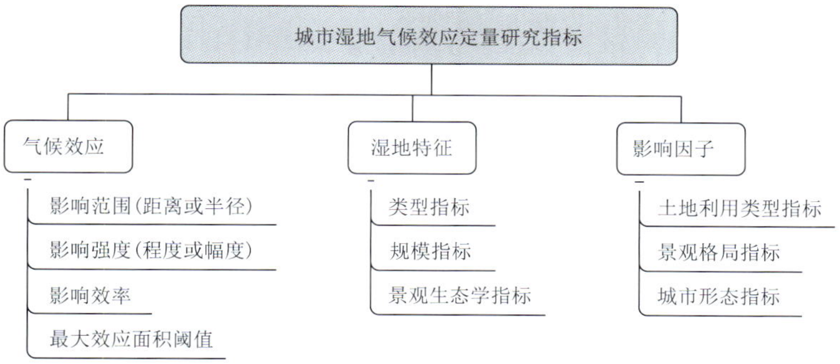

图 6.1　城市湿地气候效应研究量化指标

取决于研究的重点、规模和研究对象类型。气候参数一般指实测气温、相对湿度、风速、潜热、显热、地表温度及其计算的城市热岛强度等。气候效应的量化指标一般是指温度、湿度效应的影响范围(或称影响距离、影响半径)、程度(或称强度、幅度)、效率(或称梯度)、最大效应面积阈值,这些指标定义在不同研究中略有不同,但多数参考 Sun 等(2012)的定义。常见的温度调节影响效应有四种量化方式:温度调节影响强度、温度调节影响范围、温度调节影响梯度和温度调节影响效率。如图 6.2 所示,地表温度的第一个拐点和绿地边缘温度之间的差值就是温度调节影响强度,而这个拐点出现的位置距离该绿地的最短路径就是温度调节影响范围,温度调节影响梯度指的是强度和范围的比值,而温度调节影响效率则是强度和湿地面积的比值。

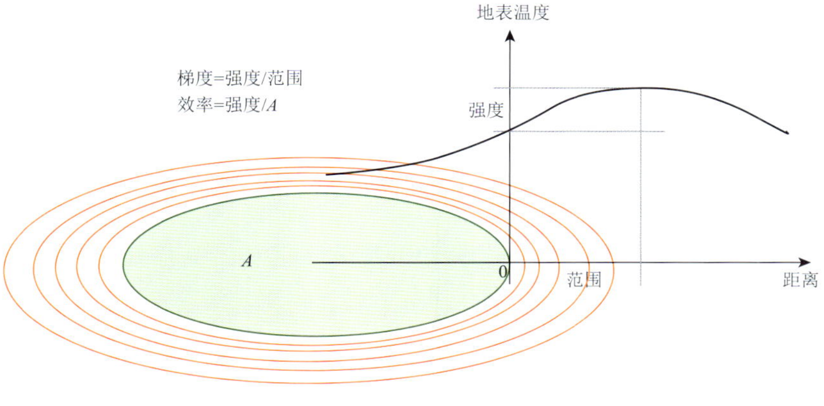

图 6.2　城市冷岛效应量化示意图
(引用于范慧颖等(2021),A 代表面积)

缓冲区分析以蓝绿空间边界开始,在一定距离内设置一定数据的缓冲环,统计缓冲环内气候参数及影响因子的均值,形成相关分析数据样本。缓冲区间隔的设置直接影响蓝绿空间气候效应调节距离的判识精度。皮尔逊相关分析(协方差)可以得出蓝绿空间气候效应指标与影响因子指标间的正向或负向相关性以及各影响因子间的相关关系,常用于蓝绿空间气候效应的影响因子分析。对于多因素的共同影响效果及各种贡献率则需要多元线性回归模型加以定量化分析,用标准化回归系数解释和比较各影响因素的重要程度或贡献率。

6.1.2 城市湿地气候效应及其影响因素

6.1.2.1 城市湿地气候效应的时空差异

湿地温湿效应的日均变化规律主要受到太阳辐射的影响。多数研究得出，湿地降温效应日变化呈单峰型，即早晚弱、中午强，不同季节的峰值对应时间有所不同（彭小芳 等，2008；胡颖炫，2018），而湿地湿度效应的日变化和气温的日变化相反，一般是清晨傍晚大于正午（赵荻，2018）。朱春阳（2015）在夏季的7:00—20:00对武汉市三环内14块湖泊湿地的温湿效应进行小尺度实地测量，结果显示湖泊湿地降温效应在12:00—15:00幅度达到最大，增湿效应在11:00—15:00比较明显。湿地气候效应存在昼夜差异，不少研究发现，温和气候城市开放水体在夜间具有增温效应，且这一特征尤其出现在夏季（张伟 等，2016；Steeneveld et al.，2014；Albers et al.，2015；Solcerova et al.，2019）。

城市湿地温湿度效应类型、温湿度效应的影响范围、幅度具有明显的季节差异。从温度效应看，研究都普遍发现，城市湿地在四季的白天都具有降温效应，且无论是影响范围和影响程度上都呈现出夏季最优、春、秋季其次、冬季最弱的季节特征（纪鹏 等，2013；马妮莎，2016；张伟 等，2016；Yang et al.，2020；Wu et al.，2020）；从湿度调节效应来看，湖泊湿度效应在秋、冬强于春、夏（赵荻，2018）。从湿地位置特征来看，实地测量及遥感监测方法研究得出，城市内湖湿地具有在降温强度和降温影响距离上均优于远郊湖泊的特点，且随着距城市中心距离的增加，湿地降温效应呈非线性降低（纪鹏 等，2019）。但利用CFD模拟方法却得出武汉市湖泊湿地对主城区温度的调节作用没有市郊明显的结论（李鹍 等，2006）。因此，不同位置城市湿地的气候效应差异仍需在多种尺度研究区、运用多种方法加以深入探讨。

6.1.2.2 城市湿地气候效应影响因素

（1）湿地自身属性

大多数研究表明，湿地类型、规模及景观格局等湿地自身属性决定了城市湿地气候效应的强弱和表现形式，通常从湿地类型、面积、形状、水深、水体流性及连通性等方面加以探究（候鹏 等，2010；纪鹏 等，2017）。多数研究表明，湿地降温影响距离、降温强度等指标均与湿地面积呈显著正相关（朱春阳，2015）。但湿地的降温效应并不完全随湿地面积的增大而持续增强。当湿地面积超出一定阈值后，其降温增湿作用趋于稳定。湿地类型对湿地气候效应强弱及形式的影响，本质上由湿地水体几何形状、水温及水体流动性差异共同决定，具有一定的复杂性，难以一概而论。一般情况下，河流湿地多为线状且水体具有流动性、水温恒定，而湖泊湿地多呈规则或不规则面状且水体多为静态、水温变幅相对较大（Du et al.，2016）。除此以外，湿地水文连通性也被证实对城市湿地降温效应有显著影响，城市水体聚集布局和水网连通后，缓解城市热环境的效果会更好（李鹍 等，2006；韩筱婕，2010；赵璐璐 等，2018；王可睿，2016）。Xue 等（2019）发现湿地水文连通性与降温强度和降温效率都显著正相关，水文连通的城市湿地降温调节能力是水文隔断湿地的6倍。

（2）气象条件

受气温和气压、相对湿度、风速和风向等天气气候条件影响，不同区域或相同区域不同时期的湿地降温效应会有所不同。一些学者进行了跨气候区多城市湿地气候效应差异比较研究，发现各地太阳辐射和地形差异导致的气温和相对湿度不同是导致不同气候区河流向周围环境释放显热量和潜热量不同的主要原因(蒋志祥，2012)。Wu 等(2021)对比了同纬度成都和武汉城市湿地降温强度差异，并将差异解释为受到城市风速差异的影响。Gao 等(2020)在半湿润气候区城市(西安)和潮湿气候区城市(武汉)对比了相同策略的城市热岛缓解效果，结果显示所有城市热岛缓解策略在西安比武汉更有效，但在相对凉爽时期两者差异不大。研究发现，主导风、降水量和平均气温等城市气候背景也对湿地降温阈值、湿地气候调节产生显著影响，部分学者也借鉴了“局地气候分区(LCZ)”理论(Stewart et al.，2012)用于识别具有相似城市气候环境的水体降温效应(Wang et al.，2019；Liu et al.，2022)，说明城市湿地及其调节服务功能与城市气候相互影响，值得进一步探究相互作用机理。

(3)湿地植被

湿地内部及沿岸植被通过高度和覆盖度改变地表粗糙度，进而改变河流或湖泊湍流、风速、湿环境及降温效率。湿地植被对湿地气候效应的影响因植被类型(方晓 等，2018；张芸 等，2004)、水植占比、植被覆盖度(吴芳芳 等，2013)及生物量差异(Přibáň，1978；Kelvin et al.，2016)而不同。多数研究证实了湿地水体外有植被覆盖对增强湿地降温效应起到积极作用(杨凯 等，2004；轩春怡，2011；余兆武 等，2015；范潇潇 等，2019)，尤其是进一步提升降温强度和降温梯度；而高的大气湿度和低的土壤含水量会限制植被促进湿地发挥更大降温效应。

(4)城市形态

城市形态是指城市要素的空间结构和形态，城市形态通过土地利用/覆盖类型、建筑密度、高度及布局方式等形态、地表粗糙度、水体周围的地形高度等形式，对湿地气候效应产生影响。例如，开放街区或空间有利于空气流动和加速热量的交换，湿地降温效果更好(Hathway et al.，2012；Cai et al.，2018)。湿地降温效应在不同土地利用/覆盖类型上表现不同，有研究表明不透水面(马妮莎，2016；Cheng et al.，2019)或绿地(Wu et al.，2019)更易受到湿地降温效应影响。Murakawa 等(1991)研究发现，河流降温效应随着建筑密度的降低或街道变窄而有所加强。开放街区或空间有利于空气流动和加速热量的交换，湿地降温效果更好(Hathway et al.，2012；Cai et al.，2018)。建筑与河流呈 45°夹角时更有利于形成冷湿廊道改善周边热环境，越接近平行越不利(杨召 等，2015)。

6.1.3 武汉市城市湿地降温效应研究案例

6.1.3.1 研究区概况

武汉市位于长江和汉水交汇处，素称“百湖之市”，湿地资源丰富，包含河流、湖泊、沼泽、库塘及水稻田等多种自然与人工湿地类型，在 2022 年成功获得了“国际湿地城市”认证。武汉市气候属亚热带湿润季风气候，四季分明，冬季湿冷、夏季闷热。根据武汉市内 5 个国家气象站监测数据统计显示，近 30 a(1991—2020 年)武汉市平均年降水量 1299.3 mm，其中初夏梅雨季节雨量集中；年平均气温 17.3 ℃、夏季平均气温 27.8 ℃，夏季最高气温高于 35 ℃日数多年平均 21.1 d；日照充足，年日照时数 1818.4 h。

本研究中城市湿地包含适度围堤的天然河流和湖泊、开发建设后含有水体及湿地水生植被的城市湿地公园和城市水景公园，其中若毗邻水体由绿地联通，则合并成一个湿地斑块。在综合考虑湿地类型、规模及景观构成差异基础上，选取了 18 个典型湿地斑块样地，根据河宽、河流流向及水体占比的不同，将湿地样地进一步细分为主要河流(平均河宽＞1000 m)、细小河流(河宽＜300 m)、湖泊湿地(水体占比≥20%)及水景公园(水体占比＜20%)四类，其中主要河流：东北—西南向长江（长江 NE-SW）、西北—东南向长江（长江 NE-SW）；细小河流：东北—西南向汉江（汉江 NE-SW）、西北—东南向汉江（汉江 NE-SW）、东西向汉江（汉江 EW）、滠水河、罗家巷；湖泊湿地：沙湖公园、东湖风景区、汤湖公园和西北湖、墨水湖公园和武汉动物园、南湖和幸福湾公园、紫阳公园、杨春湖公园、月湖公园；水景公园：青山公园、解放公园、后襄河公园。图 6.3 展示了湿地斑块样地的空间位置、边界范围及周边环境。

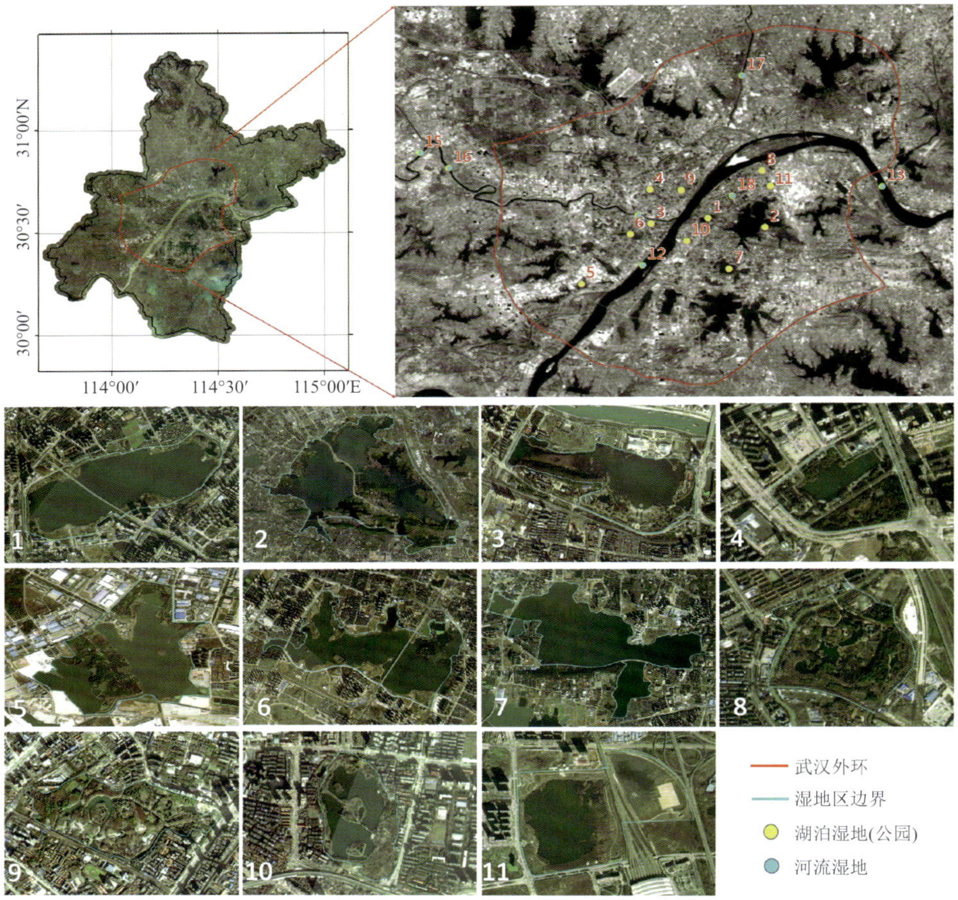

注：1.沙湖公园；2.东湖风景区；3.月湖公园；4.后襄河公园；5.汤湖公园和西北湖；6.墨水湖公园和武汉动物园；7.南湖和幸福湾公园；8.青山公园；9.解放公园；10.紫阳公园；11.杨春湖公园；12.东北—西南向长江；13.西北—东南向长江；14.东西向汉江；15.东北—西南向；16.西北—东南向汉江；17.滠水河；18.罗家巷

图 6.3 湿地斑块边界及周边环境遥感示意图

6.1.3.2 数据源与方法

利用 2013—2020 年盛夏期高质量无云 Landsat8 OLI/TIRS 卫星影像作为反演地表温度、环境影响因子的基础数据，其中 2014 年、2015 年同期缺乏无云资料而排除；影像从空间地理云网站下载（http://www.gscloud.cn/），成像时间分别为 2013 年 7 月 31 日、2016 年 7 月 23 日、2017 年 8 月 27 日、2018 年 7 月 29 日、2019 年 8 月 1 日和 2020 年 8 月 3 日。参考公开规划图等信息，利用国家卫星气象中心提供的 2 m 国产高分卫星多光谱底图目视解译提取城市湿地及水景公园斑块边界。利用湖北高分中心提供的同时期 GF-1/WFV 数据，在易康(eCognition Developer)平台中使用面向对象分割法和最邻近分类法将每年土地覆盖划分为绿地植被、建设用地、水体和未利用地四种类型，采用随机取样方法(各类型取样 50 个)评价每年分类准确率，检验值均大于 78.2%。气象数据来源于湖北省气象局，包含武汉市内 5 个国家气象站(武汉、蔡甸、江夏、黄陂、新洲)降水量、平均气温、最高气温、相对湿度、日照时数日观测数据，用于筛选不同气象条件对比年份。30 m AW3D30 DSM(数字地表模型)数据从 JAXA ALOS 网站免费下载(http://www.eorc.jaxa.jp/ALOS/en/aw3d30/data/index.htm)，用于解析天空开阔度，利用地形可视化工具箱(Relief Visualization Toolbox，RVT)工具实现计算。所有遥感影像预处理都在 ENVI 5.3 平台上进行。

(1)地表温度反演

常用的地表温度反演方法主要有辐射传输方程法(也称大气校正法，Radiative Transfer Equation，RTE)、单窗算法、普适性单通道算法及分裂窗算法。考虑到 Landsat8 热红外第 11 波段绝对辐射定标存在较大的校准误差，本研究采用 RTE 进行地表温度反演，其原理是基于热红外辐射传输方程，从传感器观测到的热辐射总量中除去大气对地表热辐射的影响，从而得到地表热辐射强度，转化为相应地表温度。

(2)湿地降温效应指数计算

在 ArcGIS 10.6 平台中，以 30 m 等距间隔向湿地斑块边界外建立 1 km 的多环缓冲区，并提取 33 个缓冲区环内 LST 均值。利用 Matlab 编程绘制湿地斑块边界外随距离变化的 LST 变化曲线图，进而计算降温效应定量评价指标。湿地降温效应有四种常见量化指标：将 LST 温度曲线首次出现拐点(即随距离变化的缓冲区环内 LST 均值变化曲线一阶导数为 0)时的缓冲区距离定义为降温影响范围(L_{max})，将拐点对应缓冲环 LST 均值与湿地斑块内部 LST 均值之差定义为降温强度(ΔT_{max})，将降温强度与影响范围之比定义为降温梯度(G_{temp})，将降温强度与湿地斑块面积之比定义为降温强度面积效率(E_{area})。

(3)影响因素分析

①湿地属性及周边环境

湿地属性及周边环境影响因子从湿地斑块形态属性、湿地斑块内外景观构成及湿地周边城市形态等方面选取(表 6.1)，包含湿地斑块面积(A)、周长(P)、景观形状指数(LSI)、平均地温(T_b)、湿地斑块植被、水体及建设用地景观构成及天空开阔度指数。植被、建设用地及水体景观构成特征可表示为面积占比及遥感指数均值两种形式。面积占比即单个景观类型覆盖面积占湿地斑块或湿地斑块外降温影响范围内总土地面积的比例；遥感指数则选择增强型植被指数(EVI)、新型建筑用地指数(IBI)及缨帽变换中的湿度分量(WET)分别指示湿地斑块内外植被覆盖、人造表面建设开发及下垫面植被土壤等透水面湿度水平。EVI 比归一化植被指数(NDVI)更具有抗大气干扰能力，提高了植被生物量的敏感度且更少地达到饱和；IBI 在城市热环境驱动因子分析应用上得到肯定；湿地分量(WET)指标对水分、土壤和植被中的湿度信息较为敏感，且被证实以此指征的城市地表湿度显著区对城市热岛效应起到了有效的调控作用。利用皮尔逊分析湿地降温效应指标与影响因子指标间的正、负相关关系，在剔除相关性不显著的因子后，构建多元线性逐步回归方程以定量分析多影响因子贡献率，从而检验主要影响因素对湿地降温效应的影响机制。

表 6.1　湿地属性及周边环境影响因子指标

影响因子	含义
斑块内 LST 均值(T_b)	河湖湿地及水景公园斑块内地表温度平均值
面积(A)	河湖湿地及水景公园表面面积
周长(P)	河湖湿地及水景公园斑块边界周长
形状指数(LSI)	衡量斑块边界形状复杂度。值越大,湿地斑块边界形状越复杂
宽度(W)	河流斑块平均河流宽度
长度(L)	河流斑块长度
斑块内植被面积占比(Pv_i)	描述植被用地景观配比水平。值越大,湿地斑块内绿植景观面积占湿地斑块总面积比例越大
斑块内建设用地面积占比(Pb_i)	描述建设用地景观配比水平。值越大,湿地斑块内建设用地面积占湿地斑块总面积比例越大
斑块内水体面积占比(Pw_i)	描述水体景观配比水平。值越大,湿地斑块水体面积占湿地斑块总面积比例越大
斑块内植被指数均值(EVI_i)	表征植被覆盖度或生物量。值越大,湿地斑块内绿植景观覆盖水平越高
斑块内建筑指数均值(IBI_i)	表征建成区或建筑密度。值越大,湿地内人造表面开发建设程度越高
斑块内湿度指数均值(WET_i)	缨帽变换湿度分量。值越大,湿地斑块内植被、土壤及水体等含水量越高
斑块外植被面积占比(Pv_o)	描述植被用地景观配比水平。值越大,绿植面积占湿地降温影响距离范围总面积比例越大
斑块外建筑面积占比(Pb_o)	描述建设用地景观配比水平。值越大,建筑面积占湿地降温影响距离范围总面积比例越大
斑块外植被指数均值(EVI_o)	表征植被覆盖度或生物量。值越大,湿地斑块内绿植景观覆盖水平越高
斑块外建筑指数均值(IBI_o)	表征建成区或建筑密度。值越大,湿地降温影响距离范围内的硬化程度越高
斑块外湿度指数均值(WET_o)	表征植被、土壤含水量信息。值越大,湿地降温影响距离范围内的湿度信息越高
斑块外天空开阔度(SVF)	描述城市街谷可见天空或开放峡谷空间的比例。值越大,环境开阔度越好

②气象条件

气象条件包含夏季气候背景和卫星过境日的天气条件。武汉夏季可分为梅雨期和盛夏期两个主要阶段,呈现先雨水充沛后炎热高温的气候特点。根据武汉市 5 个国家气象站观测数据统计资料(表 6.2),以梅雨期累计降水量为参考,在相近的气温背景和卫星过境天气条件年份中,选择 2016 年和 2020 年作为丰水年,2018 年作为枯水年;在排除丰水年的基础上,综合考虑盛夏期平均气温、最高气温和高温日数等气候背景特点及卫星过境日天气条件,筛选出 2013 年和 2019 年作为高温年,2017 年作为常温基准年;具体标准见表 6.2 下注释。同时结合相关研究中的武汉市夏季主导风分布统计,探究夏季主导风向与河流流向不同空间关系对河流降温效应的影响。

表 6.2 气象条件统计

气候背景						卫星过境天气条件				
年份	梅雨期累计降水量 /mm	盛夏期平均气温 /℃	盛夏期平均最高气温 /℃	盛夏期累计高温日数 /d	盛夏期累计炎热日数 /d	卫星过境日期（年-月-日）	平均气温 /℃	最高气温 /℃	2 min风速 /(m/s)	前 5 日累计降水量 /mm
2013	521	30.9	35.8	29.0	15.6	2013-07-31	32.9	37.6	2.4	0
2016	978	30.0	34.6	25.0	11.8	2016-07-23	31.8	35.6	3.0	69.1
2017	222	29.4	33.9	18.2	7.6	2017-08-27	28.8	33.2	2.2	24.9
2018	180	30.0	35.0	24.6	9.4	2018-07-29	30.4	36.3	1.6	5.1
2019	365	30.9	36.1	35.0	13.2	2019-08-01	32.5	37.6	1.9	0.8
2020	897	29.3	33.8	15.4	1.6	2020-08-03	32.0	36.4	1.7	3.0
均值	385	28.5	32.8	11.5	2.8					

注：梅雨期：6 月 1 日—7 月 19 日；盛夏期：7 月 20 日—8 月 31 日；高温日：日最高气温≥35 ℃；炎热日：日最高气温≥37 ℃；均值：1981—2010 年 30 a 同期均值；当年累计降水量大于历史同期均值 100%时定义为丰水年，当年累计降水量小于历史同期均值 30%时定义为枯水年。平均气温和平均最高气温均大于 30 a 均值+2 倍标准差时定义为高温年，平均气温和最高气温均在 30 a 均值±1 倍标准差范围内时定义为常温年。

6.1.3.3 不同城市湿地类型降温效应特征分析

图 6.4 举例展示了面状湿地样地（湖泊湿地及城市水景公园）2013 年、2016—2020 年 6 a

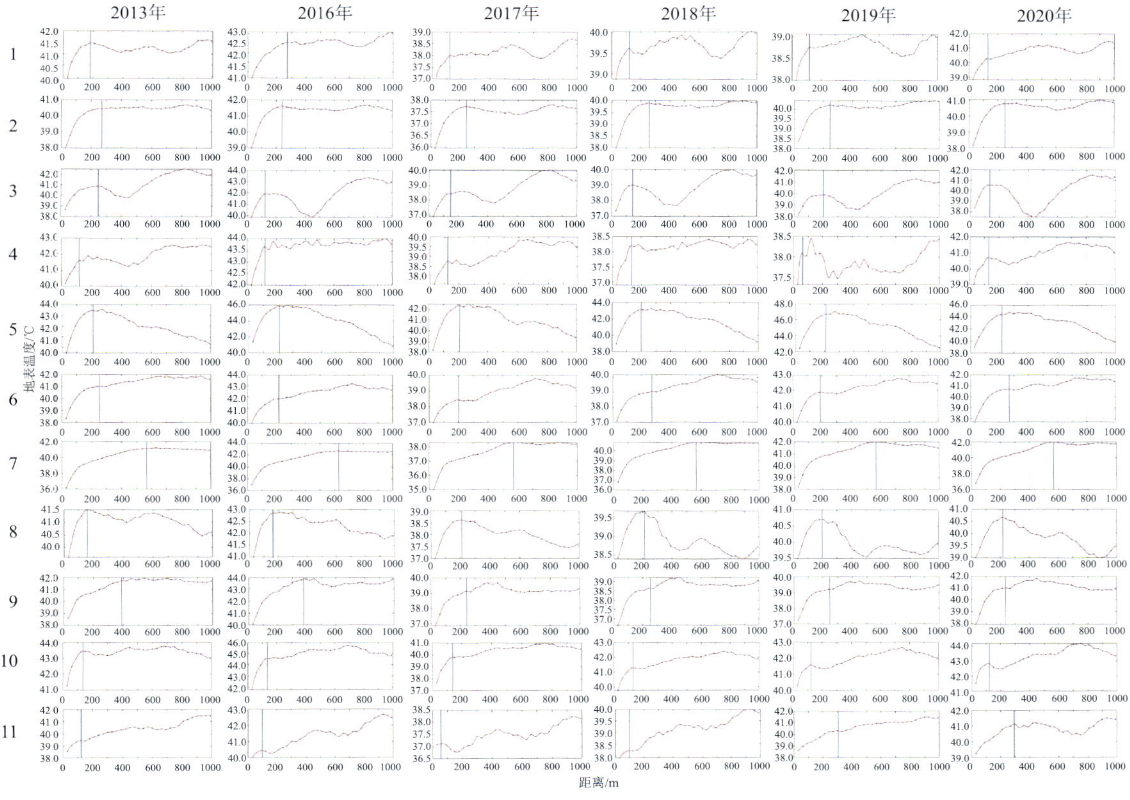

图 6.4 不同年份、不同面状湿地样地边界外地表温度随距离变化曲线
（竖线代表首次出现拐点位置，图中左侧 1—11 的编号注解同图 6.3 编号注解）

LST 随湿地边界距离增加的变化曲线，图中蓝色竖线与横轴交叉处即为降温影响距离，与曲线交叉处对应的纵轴即为降温拐点温度，可见城市湿地对周边地表温度的影响存在一定的年际变化差异。

（1）降温影响范围

降温影响范围整体表现出主要河流最大、水景公园最小、细小河流和湖泊湿地相近的特征（图 6.5a、b）。主要河流降温影响距离范围多年均值为 365.3 m，其中东北—西南向长江段降温影响范围（512 m）远大于西北—东南向长江段（219 m）；细小河流包含汉江、滠水河和罗家巷，其降温影响距离范围多年均值 166～296 m，平均 238.6 m；湖泊湿地降温影响距离范围多年均值 161～580 m，平均 236.3 m，其中南湖及幸福湾公园降温影响范围最大，沙湖公园影响范围最小；而水景公园降温影响距离范围多年均值 115～290 m，平均 198.9 m，其中解放公园降温辐射距离最远，后襄河公园影响范围最小。

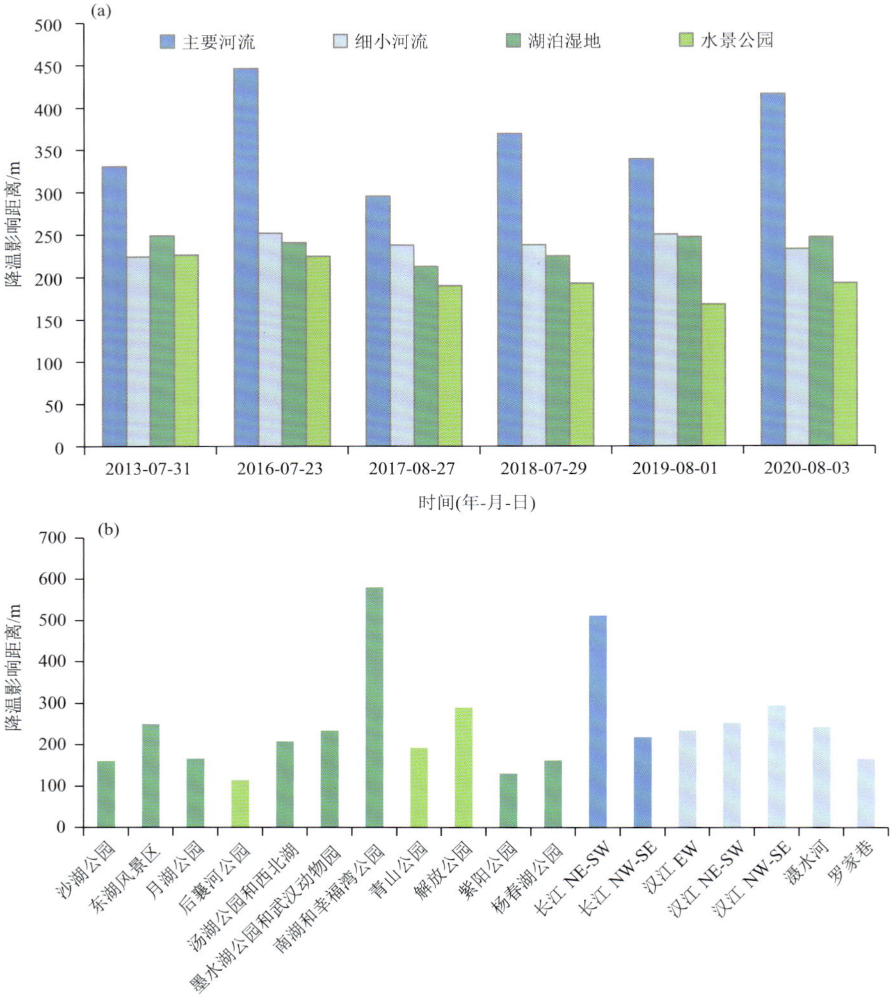

图 6.5　城市湿地降温影响范围

（a）年际变化及分类统计；（b）18 个湿地样地多年均值

(2)降温强度

降温强度同样表现出主要河流＞湖泊湿地＞细小河流＞水景公园的特征(图 6.6a、b)。主要河流的降温强度多年均值 5.2～10.3 ℃,平均 7.7 ℃;其中东北—西南向长江的降温强度明显高于西北—东南向长江。湖泊湿地降温强度多年均值 4.1～9.5 ℃,平均 6.4 ℃,其中汤湖公园和西北湖最强、杨春湖公园最弱,整体表现出降温强度随公园规模的增大而提升,而汤湖公园和西北湖、墨水湖公园和武汉动物园及南湖和幸福湾公园等由相邻水体组成的湿地斑块在降温强度表现上好于东湖等独立水体的湿地斑块。细小河流降温强度多年均值 2.2～7.8 ℃,平均 5.2 ℃;其中东西向汉江最强、罗家巷最弱。水景公园降温强度多年均值 3.8～4.7 ℃,平均 4.3 ℃;其中解放公园最强、后襄河公园最弱,但差距较小,整体表现出随公园规模增大而提升的特征。

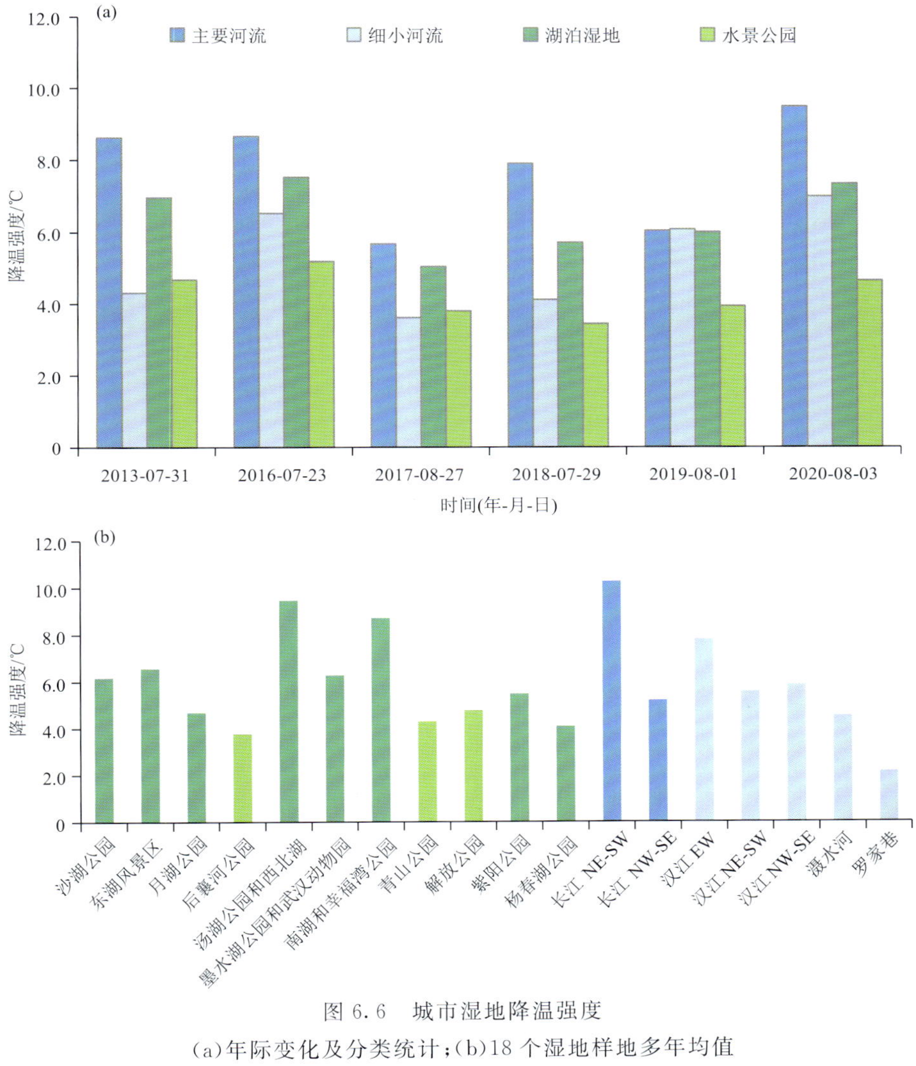

图 6.6 城市湿地降温强度

(a)年际变化及分类统计;(b)18 个湿地样地多年均值

(3)降温梯度

降温梯度则表现出湖泊湿地＞水景公园＞主要河流＞细小河流的特征(图 6.7a、b)。湖泊湿地降温梯度多年均值 0.017～0.054 ℃/m，平均 0.036 ℃/m，除南湖幸福湾公园外，湖泊湿地整体表现出单位距离内相对较大的降温幅度。水景公园降温梯度多年均值 0.017～0.036 ℃/m，平均 0.025 ℃/m；在相近降温强度中降温影响距离较小的后襄河公园却具有最大的降温梯度。主要河流和细小河流的降温梯度多年均值接近，为 0.021～0.022 ℃/m，显示出对周边环境相对平缓的降温效果。汤湖西北湖公园、紫阳公园、沙湖公园、后襄河公园及东西向汉江等湿地斑块有较高的降温梯度值（$G_{temp}>0.030$ ℃/m），因为它们都整体上被城市商业区和工业区包围。

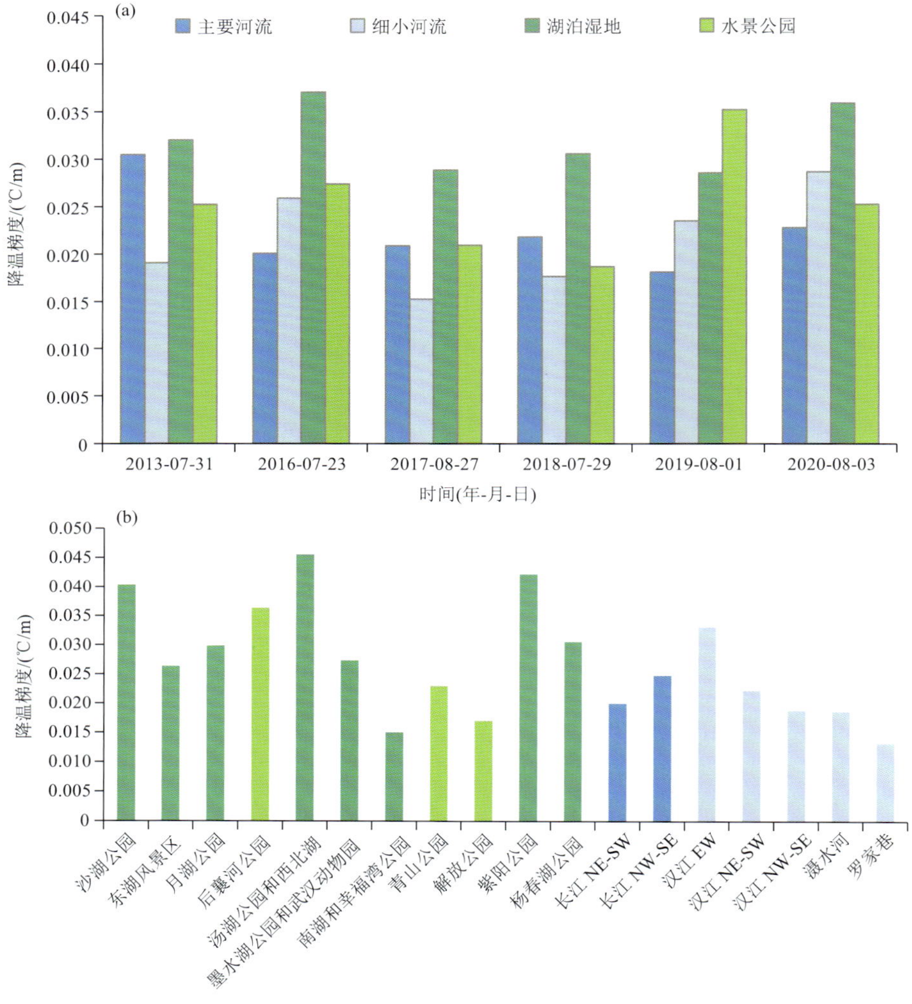

图 6.7　城市湿地降温梯度

(a)年际变化及分类统计；(b)18 个湿地样地多年均值

（4）面积效率

水景公园和细小河流在降温面积效率上表现出显著优势（图 6.8a、b）。水景公园降温面积效率多年均值 9.1～19.7 ℃/km²，平均 13.1 ℃/km²；细小河流降温面积效率多年均值 1.0～26.3 ℃/km²，平均 8.0 ℃/km²；其中细短的罗家巷最大，而长宽较大的滠水河则效率最低。湖泊湿地降温面积效率多年均值 0.1～18.5 ℃/km²，不同斑块间差距也较大。后襄河公园、青山公园、解放公园、紫阳公园面积较小的湖泊和水景公园表现出较高的降温效率（>9.0 ℃/km²），而水域面积较大的主要河流（长江）、东湖风景区则降温面积效率不足 0.5 ℃/km²。

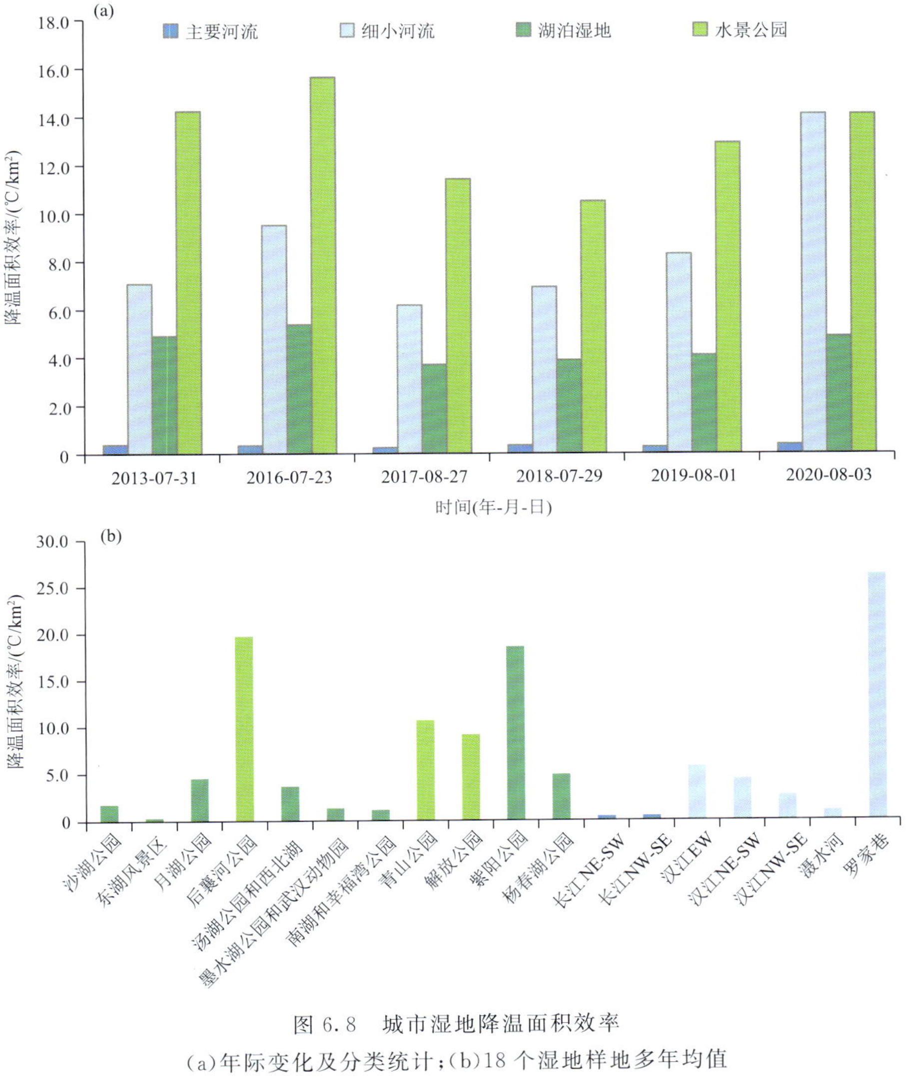

图 6.8　城市湿地降温面积效率

(a)年际变化及分类统计；(b)18 个湿地样地多年均值

6.1.3.4　城市湿地降温效应影响因素分析

(1)河流属性及周边环境的影响

河流属性影响包括其长度、宽度和水体表层温度，周边环境影响因子包括河岸外围植被和建设用地覆盖水平。以主要河流和细小河流多年数据为整体，分析河流降温效应指标与影响因子的相关关系。从相关分析系数表（表 6.3）可知，河流降温影响范围和降温强度均与河流长度、宽度呈极显著正相关，与河流水体表层温度呈极显著负相关。通常宽度越宽、流量越大的河流其水温也越低、稳定性越好，说明随着规模的增大，河流对周边降温作用也发挥得越好。河流降温梯度仅与河流水体温度呈显著负相关，说明水温越低，河流对周边环境的降温强度在单位距离上越大。降温面积效率则与河流长、宽及降温影响范围内植被指数均值呈负相关，与表层水温和降温影响范围内建筑指数呈极显著正相关，说明单位面积的河流降温强度除了受到河流自身属性影响外，也由周边植被及建设用地覆盖状况来决定，周围植被水平越低、建设用地越多，细小河流的降温效率越高。

表 6.3　河流降温效应与影响因子皮尔逊(Pearson)相关分析

参数	T	L	W	EVI_o	IBI_o
L_{max}	−0.515**	0.875**	0.584**	−0.012	−0.102
ΔT_{max}	−0.585**	0.632**	0.466**	−0.260	0.019
G_{temp}	−0.352*	−0.032	−0.096	−0.304	0.052
E_{area}	0.855**	−0.512**	−0.548*	−0.464**	0.696**
n	40	40	40	40	40

注：① * 代表 $p<0.05$，** 代表 $p<0.01$。

②2020 年汉江 NE-SW 和汉江 NW-SE 区域受到云覆盖遮而数据缺失，故 $n=7\times6-2=40$。

以降温效应指标作为因变量，以 Pearson 相关分析中呈显著相关的因子作为因变量，得到逐步回归方程标准化的 beta 系数(表 6.4)，用于解释变量因子对降温效应指数的相对贡献率。河流长度是决定河流降温影响范围的主导影响因素，占河流降温影响范围变化的 75.7%。降温强度一半的变化由河流长度及水温来解释，且长度影响略大于水温。水温是降温梯度相对重要的影响因素，但对降温梯度变化的贡献率不足，仅为 12.4%。河流降温面积效率主要受到水温影响，其次是降温影响范围内植被覆盖水平，两者的综合影响可占降温面积效率变化的 79.1%。整体而言，河流的长度和水温分别对河流降温影响距离及降温面积效率有主导影响，而河流降温强度及梯度主导因素相对不突出。

表 6.4　河流湿地逐步回归分析标准化系数

参数	L	T	EVI_o	R^2
L_{max}	0.875**			0.757
ΔT_{max}	0.452**	−0.358*		0.495
G_{temp}		−0.352*		0.124
E_{area}		0.792**	−0.215*	0.791

注：* 代表 $p<0.05$，** 代表 $p<0.01$。

(2)湖泊湿地和水景公园属性及周边环境影响

湖泊湿地和水景公园有固定的斑块边界和相似的景观配置，可将两者多年数据作为整体，分析块状城市湿地降温效应指标与影响因子的相关关系；其中湿地属性影响因子包含斑块面积、周长、形状指数、地表均温和水体(湿度)、植被及建筑覆盖水平，周边环境影响因子包含湿地斑块外降温影响范围内水体(湿度)、植被及建筑覆盖水平及天空开阔度。

对湖泊湿地和水景公园降温效应与影响因子进行 Pearson 相关分析(表 6.5)可知，降温影响距离与湿地斑块周长、形状指数、湿地斑块内水体面积占比、建筑指数均值(IBI)呈显著正相关，相关系数分别为 0.409、0.759、0.535、0.246；与湿地斑块内地表均温、植被、建设用地面积占比、植被指数均值和影响范围内建设用地面积占比呈显著负相关，相关系数分别为 −0.499、−0.398、−0.323、−0.588 和 −0.246。湿地斑块内水体面积占比与降温强度的正显

表 6.5　湖泊湿地和水景公园降温效应与影响因子 Pearson 相关分析

参数	A	P	LSI	T	SVF	Pv_i	Pb_i	Pw_i	EVI_i	IBI_i	WET_i	Pv_o	Pb_o	EVI_o	IBI_o	WET_o
L_{max}	0.165	0.409**	0.759**	−0.499**	−0.442	−0.398**	−0.323**	0.535**	−0.588**	0.246*	0.065	0.088	−0.246*	0.205	−0.137	−0.067
ΔT_{max}	0.204	0.390**	0.553**	−0.424**	0.183	−0.586**	−0.141	0.611**	−0.476**	0.245*	0.022	−0.330**	0.022	−0.108	0.376**	−0.594**
G_{temp}	−0.137	−0.226	−0.395**	0.175	0.609*	−0.106	0.233	−0.022	0.113	0.006	−0.117	−0.373**	0.347**	−0.337**	0.383**	−0.259*
E_{area}	−0.403**	−0.578**	−0.649**	0.705**	−0.197	0.435**	0.598**	−0.579**	0.081	−0.551**	0.274*	−0.372**	0.547**	−0.271*	0.361**	−0.037
n	66	66	66	66	11	66	66	66	66	66	66	66	66	66	66	66

注：* 代表 $p<0.05$，** 代表 $p<0.01$。

著相关性最高(0.611),其次是斑块形状指数(0.553)、周长(0.390)和湿地外建筑指数均值(0.376),而斑块内平均地温、植被覆盖水平、湿地外植被面积占比和湿度指数均值表现出对降温强度有显著消极影响。降温梯度与天空开阔度($p<0.05$)、湿地外建筑用地参数($p<0.01$)呈显著正相关;与形状指数($p<0.01$)、湿地外植被参数($p<0.01$)和湿度指数均值($p<0.05$)呈显著负相关。周边环境的开阔程度、湿地形状不规则程度以及湿地外建设用地覆盖程度对加速单位距离内的降温变化起到积极作用。天空开阔度反映太阳辐射和散热,是影响城市地表热平衡、微尺度空气循环的关键因素(岳亚飞 等,2018)。虽然天空开阔度分析样本较少,但仍得出与降温梯度呈显著正相关,湿地外天空越开阔、遮挡物越少,单位距离的降温幅度越大。降温面积效率(E_{area})与湿地斑块内平均地温、植被、建筑面积占比、湿度指数均值($p<0.05$)、湿地外建设用地参数成极显著或显著正相关;与湿地斑块面积、周长、形状指数、斑块内水体面积占比、建筑指数均值($p<0.01$)及湿地外植被面积占比、湿地外植被指数均值($p<0.05$)呈极显著或显著负相关。可见湖泊湿地和水景公园的降温强度面积效率受自身属性和周围环境共同影响。

选择表6.6中呈显著相关的因子参与逐步回归分析,其中不同土地覆盖类型指标从面积占比和遥感指数之间选择相关性更高的一项参与,以减少多重共线性对回归系数产生的影响。根据表6.6统计可知,形状指数、水体面积占比和湿地斑块内EVI均值是决定湿地降温影响范围的主要影响因子,其影响占据了湿地降温影响范围变化的69.6%。形状指数、水体面积占比和湿地外建筑指数均值是影响降温强度的主要因子,可解释降温强度变化的67.4%。降温梯度主要受到天空开阔度、湿地外植被指数均值及湿地形状指数影响,它们解释了降温梯度差异的86.2%。湿地斑块平均地表温度、水体、建设用地面积占比、湿地外植被和建设用地面积占比是降温面积效率的主要影响因子,占降温面积效率变化的69.8%。

表6.6 湖泊湿地和水景公园逐步回归分析标准化系数

系数	LSI	T	EVI_i	Pb_i	Pw_i	Pv_o	Pb_o	EVI_o	IBI_o	SVF	R^2
L_{max}	0.795**		−0.435**		−0.306**						0.696
ΔT_{max}	0.437**				0.355**				0.499**		0.674
G_{temp}	−0.382*							−0.471*		0.643**	0.862
E_{area}		0.294*		0.225*	−0.231*	0.410*	0.685**				0.698

注:*代表$p<0.05$,**代表$p<0.01$。

(3)气象条件影响

①降水条件影响

与枯水年相比,丰水年里四类城市湿地在四种降温效应指标值上均表现为正变幅(表6.7),表明丰水年城市湿地夏季降温效应更突出。四种降温效应指标中,降温影响距离以主要河流增幅最大(16.8%)、细小河流最小(1.9%),而湖泊湿地和水景公园增幅相近(8.3%~8.4%);降温强度则以细小河流增幅最大(64.1%)、主要河流增幅最小(14.9%);小幅度的降温距离提升和大幅度的降温强度提升导致细小河流(54.7%)和水景公园(40.9%)降温梯度增加明显;细小河流和水景公园在降温面积效率上的优势进一步凸显。

城市湿地样地主体由水体、植被及土壤等透水下垫面组成,能对雨水进行截留等水文再分配。一方面透水面将蓄水在雨后借助蒸腾和蒸发等形式返回到大气,另一方面降雨影响下垫面温、湿度变化和热物理性质，改变城市冠层能量组成和迁移，两者对调节城市微气候均起到重要作用(冯旭明，2020)。城市湖泊及水景公园一般有固定岸线，水体面积变化不大，但梅雨期充沛的降雨可使城市透水面较长时间保持水储量，本研究中湖泊湿地和水景公园样地内地表湿度(WET)也满足丰水年＞平水年＞枯水年的特征。

表6.7　丰水年与枯水年城市湿地及水景公园降温效应差异对比

类型	影响距离 L_{max}/m			降温强度 ΔT_{max}/℃			降温梯度 G_{temp}/(℃/m)			面积效率 E_{area}/(℃/km²)		
	丰水	枯水	变幅/%	丰水	枯水	变幅/%	丰水	枯水	变幅/%	丰水	枯水	变幅/%
主要河流	430.3	368.4	16.8	9.1	7.9	15.2	0.022	0.022	0	0.351	0.332	5.7
细小河流	241.8	237.4	1.9	6.8	4.1	65.9	0.027	0.018	50.0	11.817	6.930	70.5
湖泊湿地	243.2	224.4	8.4	7.4	5.7	29.8	0.036	0.031	16.1	5.129	3.877	32.3
水景公园	208.5	192.5	8.3	4.9	3.5	40.0	0.026	0.019	36.8	14.881	10.498	41.8

②高温条件影响

高温年太阳辐射及大气温度改变时，由于物质热力学性质、波谱特征等方面存在差异，湿地斑块内外地表与大气之间的辐射、蒸散发等热量交换和能量平衡因此受到影响而发生改变(蒋志祥，2012)。由高温年与常温年湿地样地降温效应差异(表6.8)可知，水景公园、主要河流湿地和湖泊湿地在高温年的降温影响距离均比常温年有不同程度增大(3.7%～13.3%)，而细小河流湿地几乎无变化；降温强度上，四类湿地样地在高温年比常温年均有提升，提升效果细小河流最大(43.7%)、主要河流和湖泊湿地次之(28.8%～29.2%)、水景公园最小(13.3%)；在降温梯度上，四类湿地样地在高温年均高于常温年，其中主要河流、细小河流及水景公园增幅达16.5%～44.4%，而湖泊湿地增幅仅5.0%。在面积效率上，四种湿地类型高温年与常温年的提升效果接近，仍表现出主要河流＞细小河流＞湖泊湿地＞水景公园的特征。以上分析表明，高温年的城市湿地降温效应较常温年更为明显。

以2017年为常温年、2019年为高温年，计算不同湿地覆盖类型的高温年与常温年地表温度差，得到不透水面(8.1 ℃)＞临水域森林(7.0 ℃)＞临水域绿地(6.8 ℃)＞农田(5.2 ℃)＞湖泊水温(3.1 ℃)＞细小河流水温(1.9 ℃)＞主要河流水温(1.6 ℃)的特征。这表明，在相同气温提升条件下，不透水面升温幅度大，而水体、湿润土壤及植被覆盖区的升温幅度明显小，不同湿地覆盖类型的升温差异导致高温年的城市湿地降温效应明显强于常温年。

表6.8　高温年与常温年湿地样地降温效应差异

类型	影响距离 L_{max}/m			降温强度 ΔT_{max}/℃			降温梯度 G_{temp}/(℃/m)			面积效率 E_{area}/(℃/km²)		
	高温	常温	变幅/%	高温	常温	变幅/%	高温	常温	变幅/%	高温	常温	变幅/%
主要河流	334.0	294.9	13.3	7.3	5.7	28.1	0.024	0.021	14.3	0.321	0.238	34.9
细小河流	236.7	237.3	−0.3	5.2	3.6	44.4	0.021	0.015	40.0	7.681	6.181	24.3
湖泊湿地	247.5	212.2	16.6	6.5	5.0	30.0	0.030	0.029	3.4	4.496	3.690	21.8
水景公园	196.9	189.9	3.7	4.3	3.8	13.2	0.030	0.021	42.9	13.586	11.419	19.0

③夏季主导风影响

湿地位置及其与城市主导风向的走向关系对城市水体发挥降温效应有重要影响(徐洪等，2018)。缓冲区分析法获取的降温效应不存在方位的区分，鉴于本研究尚未对湖泊湿地和水景公园效应进行多方位细分采样，因此城市背景主导风的影响仅针对不同流向河流湿地开展。武汉市夏季的主导风向整体表现为东南风，局地受到水陆风的影响，并在青山区形成辐合区。北部的黄陂区、江夏区南部东南风风速较大；中部的东西湖区盛行东南风和东风，风速较黄陂与新洲区小，而江夏区东北部东南风风速最小。中部因长江和东湖南湖等大型河湖存在，水陆风风速较大、风向复杂多变（余玲，2015）。夏季主导风向对武汉河流湿地降温效应影响分析（表 6.9）显示，同一河流不同流向的水域存在降温效应差异，长江 NE-SW 降温影响范围和强度（512.0 m，10.3 ℃）明显高于长江 NW-SE（218.6 m，5.2 ℃），除受河段自身长度影响外，还受到主导风向（平行和倾斜相交）影响；汉江 NW-SE 由于与主导风向平行，其降温影响距离（311.9 m）也大于汉江 EW 和汉江 NE-SW。与主导风向平行时，河流利用风道顺风优势能促进大气的显热交换量和水面的蒸发量，进而表现出更大的气候调节影响范围。

表 6.9　不同流向河流湿地降温效应及其影响因子多年平均统计

河流流向	L_{max} /m	ΔT_{max} /℃	G_{temp} /(℃/m)	E_{area} /(℃/km^2)	L /km	W /km	T /℃	EVI_o	IBI_o	与主导风向关系
长江 NE-SW	512.0	10.3	0.020	0.201	35.10	1.31	28.452	0.286	−0.152	平行、倾斜相交
长江 NW-SE	218.6	5.2	0.025	0.437	10.01	1.23	27.884	0.327	−0.226	倾斜相交
汉江 EW	234.7	7.8	0.033	5.678	7.37	0.22	32.182	0.234	−0.104	倾斜相交
汉江 NE-SW	251.7	5.6	0.022	4.350	5.04	0.24	30.411	0.374	—	垂直
汉江 NW-SE	311.9	5.9	0.019	2.605	8.74	0.27	30.224	0.423	−0.187	平行

6.1.4　城市蓝绿空间气候效应研究展望

（1）加强城市湿地气候调节效应评估基础数据集的构建和采集

湿地气候调节效应评估依赖于地表温度的反演精度及空间精度。后期可加强基于 MODIS、FY 系列、国产高分和 Landsat 系列等中等分辨率卫星遥感影像的数据融合技术发展，采用分裂窗多端元混合像元分解和面向对象分类方法，实现地表温度空间降尺度，形成高时空城市尺度地表温度数据基础。

（2）完善城市湿地气候效应监测评估技术体系

目前城市湿地气候调节效应评估技术方案主要涉及城市湿地对地表温度及城市热岛影响的遥感评估，后期可加强湿地大气、气候调节生态服务功能及价值评估技术研发；中尺度气候模型模拟和微尺度的 CFD 模拟等计算机数值模拟技术在大气温度、湿度、风环境中的模拟和预测应用，以完善城市湿地气候效应监测评估技术体系，为城市湿地保护修复工程效益气象评价的开展提供技术支撑。

（3）加强气候变化对城市蓝绿空间气候效应的影响研究

进一步挖掘气象条件及气候变化对城市湿地气候效应的影响机制，对城市根据自身气候背景开展湿地生态规划完善具有指导意义。气候变化趋势下，极端高温、热浪天气增多，日照时数、蒸发量、相对湿度等城市气候条件也随着城市化和全球气候变化发生着变化。气候、水文极端事件发生时，湿地水深、水温及流速等均会受到影响而发生变化，这些变化对湿地气候调节功能的发挥有无影响？在极端高温高湿天气条件下，湿地气候效应是正面还是负面？这些问题都值得进一步深入探讨。

6.2 滨水城市热岛时空格局及其影响分析

6.2.1 城市热岛遥感监测方法

城市热岛效应(Urban Heat Island Effect,UHI)是一种由于城市建筑及人们活动导致热量在城区空间范围内聚集的现象,是城市气候最显著的特征之一。近年来,随着城市经济社会的发展,人口、规模的急剧膨胀,土地利用覆盖类型逐渐从农用地转变为城镇用地,原本自然植被、土壤表面逐步被不透水、不透气的水泥、沥青、高楼等所取代,使得城市的热岛效应更加明显。开展城市陆表温度及城市热岛监测对于评估城市规划中的城市热环境问题具有重要意义。

遥感技术具有时间同步性好、覆盖宽、可长时间连续监测等优点。随着卫星数量的增多及地球空间信息技术的发展,热红外遥感已经成为城市气候和环境监测广泛采用的一种方法。虽然基于热红外遥感反演的地表冠层温度(Land Surface Temperature, LST)并不等同于近地表气温(气象台站观测 1.5 m 百叶箱气温),但两者却是密切相关的。通常将基于 LST 分析的称之为地表城市热岛(SUHI)。

常用的热红外数据源中 NOAA 系列/AVHRR、Terra/MODIS、Aqua/MODIS 每天过境 4 次以上,并可获取典型时刻的 LST 格局;拥有较长的存档数据,适合宏观监测单个、区域及全球多个城市的 SUHI 的时空变化,主要用于分析超大及大型城市的热岛问题。中等分辨率热红外卫星数据 HJ-1B/IRS、FY-3/MERSI 一定程度上克服 AVHRR 和 MODIS 数据空间分辨率略低以及 Landsat/TM、ETM+、TIRS 数据和 Terra/ASTER 数据返回周期较长的缺点。Landsat/TM、ETM+、TIRS、CBERS/IRMSS、IRS 空间分辨率较高、存档时间长、数据可获取性好,适用于局地城市群地表热场时空变化,广泛应用于城市尺度热环境研究。但同时也存在重返周期较长、不同年份相近日期影像难得、过境时间热岛强度较弱等不足(李元征 等,2016)。除此以外,还有研究会利用机载热红外传感器开展街区尺度热环境研究。湖北省城市生态气象服务中常用 MODIS/FY-3 和 Landsat 卫星资料分别开展全省、城市圈及重要城市主城区陆表温度及城市热岛强度监测。

6.2.1.1 基于 MODIS/FY-3 的地表温度反演

地表温度的反演主要是基于热红外辐射传输方程。由于传感器所接收到的热辐射主要由三部分组成:地表发射经大气衰减后的热辐射、大气向上发射的热辐射以及大气向下热辐射经地表反射后又被传感器所接收的热辐射,主要影响因子有大气效应、地表比辐射率、比辐射率的方向性。因此,根据大气和地表对传感器所接收的热辐射强度的影响,可推导出各种地表温度的反演算法。常用的算法有基于一个热红外通道得到辐射能量计算地表温度的单通道算法、两个热红外通道得到辐射能量计算地表温度的分裂窗算法和多通道联合反演算法。其中,分裂窗算法是目前中低分辨率热红外遥感数据地表温度反演较为常用和成熟的方法。

在大气透过率和地表发射率等参数已知的情况下,可以使用两个热红外通道的亮温计算地表温度,通常使用 10.8 μm 和 12.0 μm 两个通道,如中国的 FY-3 系列和 MODIS 传感器的 31 和 32 通道等。

6.2.1.2 基于 Landsat 的地表温度反演

基于 Landsat 热红外影像的地表温度反演方法一般包括单通道算法、分裂窗算法、大气校正法(也称为辐射传输方程 RTE)。考虑到 Landsat8 热红外第 11 波段绝对辐射定标存在较大的校准误差(USGS,2018),湖北省业务服务及科研中常采用 RTE 进行地表温度反演,其原理是基于热红外辐射传输方程,从传感器观测到的热辐射总量中除去大气对地表热辐射的影响,从而得到地表热辐射强度,转化为相应的地表温度。热红外辐射传输方程表示为:

$$L_{sen} = B(T_{sen}) = [\varepsilon B(T_s) + (1-\varepsilon)L_d]\tau + L_u \tag{6.1}$$

式中:L_{sen} 为星上辐亮度($W/(m^2 \cdot sr \cdot \mu m)$);$B$ 为普朗克函数;T_{sen} 为星上亮温(K);ε 为地表比辐射率;τ 为大气透过率;T_s 为地表温度(K);L_d 和 L_u 分别是大气下行辐射和大气上行辐射($W/(m^2 \cdot sr \cdot \mu m)$)。

$$T_s = K_2 / \ln\left[\frac{K_1}{B(T_s)} + 1\right] \tag{6.2}$$

式中:K_1($W/(m^2 \cdot sr \cdot \mu m)$)和 K_2(K)为辐射常量。对于 Landsat8 TIRS Band10,$K_1 = 774.89\ W/(m^2 \cdot sr \cdot \mu m)$;$K_2 = 1321.08$ K。

该方法中核心的大气上、下行辐射以及大气透过率参数值,可通过 NASA 网站获取(http://atmcorr.gsfc.nasa.gov/)。RTE 算法适用面广且被 Yu 等(2014)研究验证具有较高的反演精度(RMSE 低于 1 K),在城市生态空间气候效应相关研究中被广泛应用。

6.2.1.3 城市热岛强度监测

城市热岛强度是研究热岛效应重要的指标,是城市人类活动对温度影响的一种量度,一般而言,城市热岛强度往往随着城市发展而增强。城区气温与郊区同期气温差形成了城市热岛效应,其差值的大小反映城市热岛效应的强弱。在应用遥感监测城市热岛强度时,可选择研究区内郊区农田部分地表温度的平均值为比较基准,用城区不同地点的地表温度与郊区做对比,来计算城市热岛强度即根据城郊地表温度差的大小,分成不同等级来反映城市热岛效应的强弱。其中郊区农田参考最新的土地利用数据为基准通过目视修订更新而得,对于城市热岛年际变化分析,所选的参考农田样地需满足多年来保持用地稳定不变的原则。对于高时间分辨率的 EOS/MODIS、FY-3/MERSI 来说,城市热岛评估分两种,基于单日陆表高温数据和多日陆表高温合成数据的分析评估,两者流程基本相似。利用中国气象局下发的卫星应用业务平台——SMART,城市热岛单日交互式监测流程包括云检测、陆表高温反演、城市热岛强度计算、热岛比例指数计算及产品输出。基于多日陆表高温数据,利用最大值法得到评估周期内多日陆表高温合成值,以弥补单日陆表高温数据因受大气条件影响而数据缺失的不足。

参考中华人民共和国气象行业标准《气候可行性论证规范 城市通风廊道》(QX/T 437—2018)(全国气候与气候变化标准化技术委员会,2018)、国家卫星气象中心下发的《气象卫星城市热环境监测与评价技术规范》中城市热岛强度等级划分标准(表 6.10),将城市热岛强度划分为 7 个等级:强冷岛、较强冷岛、弱冷岛、无热岛、弱热岛、较强热岛和强热岛,并分别赋予不同颜色表示城市热岛效应的强弱。

表 6.10 热岛强度等级划分

分类	日热岛强度范围/℃	月、季、年热岛强度范围/℃	热岛强度等级	色标颜色
1	≤−7.0	≤−5.0	强冷岛	深蓝色
2	−7.0～−5.0	−5.0～−3.0	较强冷岛	浅蓝色
3	−5.0～−3.0	−3.0～−1.0	弱冷岛	淡蓝绿色
4	−3.0～3.0	−1.0～1.0	无热岛	绿色
5	3.0～5.0	1.0～3.0	弱热岛	黄色
6	5.0～7.0	3.0～5.0	较强热岛	橙色
7	>7.0	>5.0	强热岛	红色

6.2.1.4 城市热岛年际变化动态监测订正方法

为了比较城市热岛的年代演变，必须对不同时期的热岛强度数据进行标准化处理，以减小不同年代卫星传感器和影像形成时的天气背景不同带来的影响。

不难想象，原来热岛强度大的地方，现在也应该大，原来小的地方，现在也应该小，即二者的空间分布应该是相似的。基于这个思路，以基准年热岛强度数据作为标准，对需订正年热岛强度数据进行标准化。为此，将多年多期热岛强度数据多波段组合，选取包含不同土地利用类型的多个像元（注意：被选中像元的土地利用类型在多年多期影像中应保持不变），提取像元不同时期的热岛强度。

将待订正年的热岛强度数据与基准年的数据进行相关性分析，得到以订正到基准年的热岛强度为因变量，以待订正年热岛强度为自变量的线性回归模拟，获得该年份的热岛强度分布标准化数据。

6.2.2 城市热岛影响因子分析方法

6.2.2.1 城市热环境影响因子遥感监测

由于城市内的人口、建筑物分布、人为热源的强弱、城市生态用地规模及景观格局存在差异，因此城市热岛强度的空间分布也存在差异。研究表明，人类活动用地及城市蓝绿设施是显著影响城市热环境的因子，通过遥感手段可以实现不同时空尺度下人类活动及生态用地指标的数值及分布监测。

（1）城市绿地

城市绿地是城市中重要绿色基础设施，是改善和提升城市环境质量的基本功能单位（潘剑彬 等，2015），主要由乔木林、灌木林和草地等组成。在城市绿地的定量化研究中，常利用归一化植被指数（NDVI）、增强植被指数（EVI）等指标来表达城市绿地的空间分布情况。

（2）城市水体

城市水体组成了城市的蓝色基础设施。相对于其他地物，水体几乎在所有的波长范围内都表现出较低的反射率，尤其是在近红外和短波红外波段反射率极低；水体与其他地物光谱特征的差异形成了水体遥感提取的理论基础（周岩 等，2019）。高空间分辨率传感器为对地观测研究提供米甚至厘米级别分辨率的遥感影像，可以以较高的精度成功探测到细小的地表水体，适用于城市尺度水体的遥感提取。比较常见的中高空间分辨率传感器包括 Landsat 系列、

SPOT 系列、HJ-1A/B、Sentinel-2 MSI、RapidEye、IKONOS、Quickbird、Worldview、资源 3 号、高分 1/2/6 号等。光学水体提取算法参见 3.3.2.1 节湖泊湿地水域遥感监测。

(3)城市不透水面

城市不透水地表(Urban Impervious Surface, UIS)是反映人类活动强度和评价城市人工建设用地增长的重要指标，对于评价城市生态系统健康与人居环境质量具有重要的理论与现实意义。城市不透水地表是城市发展建设产生的一种地表水不能直接渗透到土壤的人工地貌特征，包括城市中的道路、广场、停车场、建筑屋顶等。不透水地表的增长通过改变地表辐射能量平衡，从而增强局地气温及产生热岛效应(樊智宇 等，2019)，进而影响居民的舒适度和健康状况以及污染物排放等。

不透水面遥感提取包含多种方法，其中指数法简单易行(徐函秋，2016)。Carlson 等(2000)基于像元二分法的思想创建了不透水面 ISA(Impervious Surface Area)指数，将城市建成区每个像元视为仅由不透水面和植被组成，并指出不透水面与植被覆盖度呈负相关。ISA 指数计算简单，是不透水面指数中应用最多的指数；Xu(2010)提出了一种快速提取不透水面的新型遥感指数 NDISI(Normalized Difference Impervious Surface Index)，采用热红外与近红外波段的比值可以有效地增强不透水面地类信息。同时一些专家学者采用光谱混合分析法(Spectral Mixture Analysis，SMA)、线性光谱混合分析法(Linear SMA，LSMA)提取不透水面。利用遥感商用软件可实现线性光谱分解。该方法同时也存在计算复杂、难以获取纯净像元的端元光谱特征等不足之处。

目前不透水面数据集亦可以从不同渠道下载使用，例如美国地质调查局(USGS)与美国国家海洋和大气管理局(NOAA)基于夜间灯光指数(DMSP/OLS)发展了第一个全球 1 km 建设用地不透水地表(Constructed Impervious Surface)数据集；清华大学宫鹏研究组发布全球高分辨率(30 m)不透水面逐年动态数据产品 GAIA(1985—2018 年)，数据在城市面积的量级和时序特征上较全球其他数据产品更为合理，可从 http://data.ess.tsinghua.edu.cn 免费下载。

6.2.2.2 城市用地与城市热岛的关系研究

从研究内容来说，大量研究集中于城市绿地、水体规模与布局对城市热岛的影响。更深入的研究还会分析城市绿地类型(张彪 等，2021)、群落结构(郭伟 等，2009)和绿地空间景观格局(程好好 等，2009)对城市热岛的影响。从研究方法来说，通常应用遥感技术获取大范围多时相的温度数据和绿地信息，结合数学模型确定相关性。基于遥感数据，众多学者将植被覆盖度，各种表征植被、水域及建设用地状态的指数作为定量指标，与城市地表温度建立相关联系。

早期的研究多以剖面的方法提取地表的温度和植被信息，剖面方法具有很大的随机性，剖面的位置直接影响温度和植被的关系。为了使提取的温度和植被信息更加客观，一些学者利用网格法提取温度和植被信息。通过确定边长设置覆盖研究区的网格，利用这些栅格的平均值来表达每个网格内的亮度温度和归一化植被指数信息，并以每个网格为统计单位，对亮度温度与植被指数的关系进行研究(邱海玲，2014)。

6.2.3 湖北省城市热岛监测及影响评估案例

6.2.3.1 武汉城市圈城市热岛评估

武汉城市圈是指以中国中部最大城市武汉为圆心，覆盖黄石、鄂州、黄冈、孝感、咸宁、仙桃、天门和潜江周边 8 个大中型城市所组成的城市群，武汉为中心城市，黄石为副中心城市。近些年，随着城市建设的高速发展，热岛效应也愈发明显。

利用 2020 年夏季 EOS/MODIS 卫星多天合成的遥感数据，对武汉城市圈的热岛效应进行监测，分析时空变化情况。从夏季城市圈热岛强度监测图（图 6.9）可以看出，以武汉主城区为中心，在武汉市周边以各县（市）点状分布着大小不等的热岛，围绕着武汉市呈卫星状分布。其中武汉市热岛效应范围最大，其次是黄石。

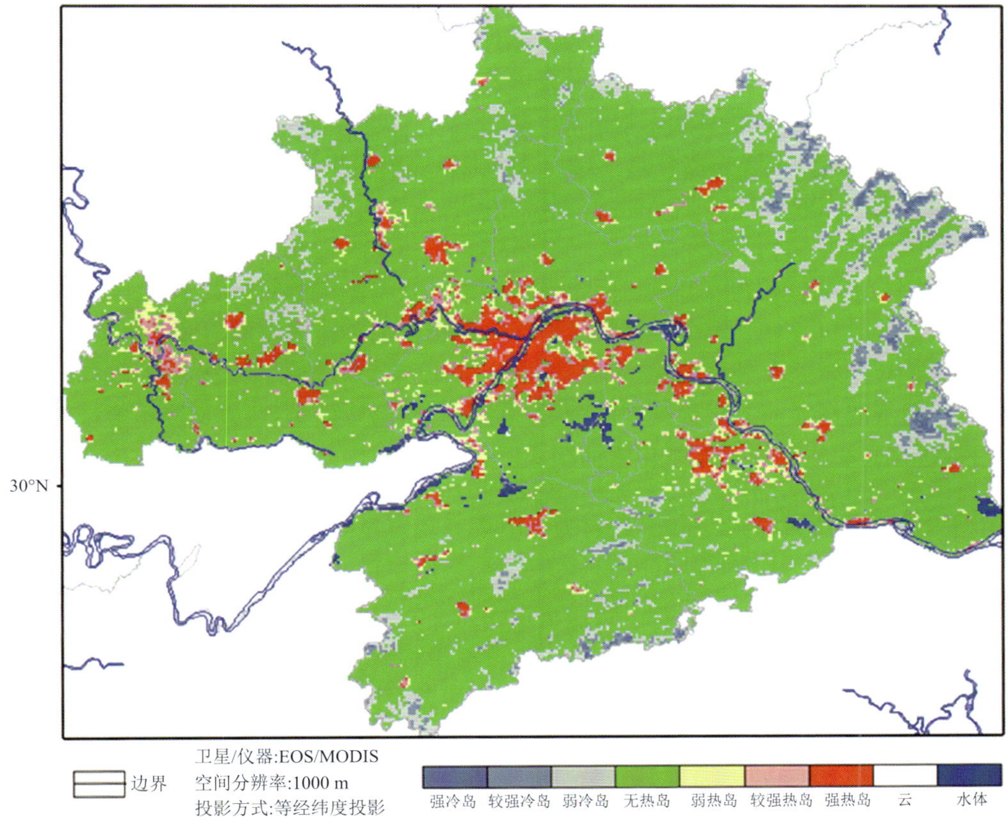

图 6.9　2020 年夏季武汉城市圈热岛强度卫星遥感监测

从 2006—2020 年夏季武汉城市圈热岛面积变化卫星遥感监测图（图 6.10）可知，近 15 a 武汉城市圈总热岛及强热岛面积呈上升趋势。2020 年夏季武汉城市圈热岛面积 6463.53 km^2，其中强热岛面积 2354.17 km^2，占全部热岛面积的 36.42%。在武汉城市圈中，武汉市热岛面积最大，为 2350.54 km^2，占全部城市圈热岛面积的 36.37%。空间分布特征是武汉市中心城区及其周边出现较强热岛，其中，汉口和武昌主城区热岛非常明显，汉阳次之，各城区的热岛分布形态与其建成区分布是一致的。与 2019 年相比，武汉城市圈的热岛面积减小了 9.5%，强热岛面积减小了 6.45%，低于近 5 a（2015—2019 年）的均值（6647.21 km^2）和多年（2006—2019 年）的均值（6052.51 km^2）。

随着武汉城市圈经济的高速发展和城市化进程的加剧，特别是大中型城市的规模迅速膨胀、人口急剧增长、建筑物越来越密集、机动交通工具越来越多，加上工业生产等，已经造成了

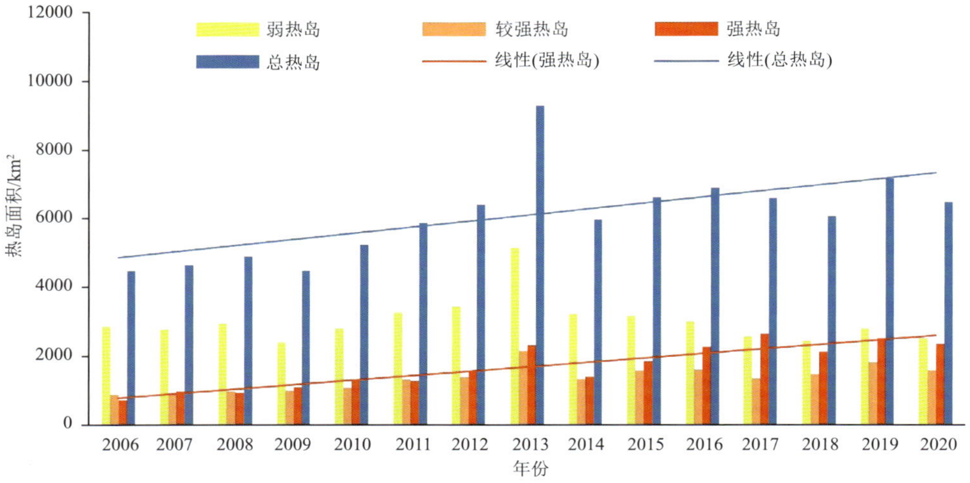

图 6.10　2006—2020 年夏季武汉城市圈热岛面积变化分布

严重的城市热岛效应，特别是夏季，高热酷暑已经影响人们的正常生活和工作，成为人民生活质量进一步提高和城市进一步发展的制约因素。因此，采取各种措施缓解热岛效应的影响，对于提高人民的生活质量，维持城市可持续发展具有重要的意义。

6.2.3.2　武汉市城市热岛动态变化评估

2020 年 6—9 月武汉市平均气温、平均最高气温、高温日数及炎热日数均为近 5 a(2016—2020 年)历史同期最低，平均相对湿度 83.9%，为近 5 a 历史同期最高、1961 年以来历史排位第 4(表 6.11)。2020 年武汉市梅雨期长度为 54 d，5—9 月累计降雨量达 1228.8 mm，居历史同期第 1 位。

表 6.11　2016—2020 年武汉市 6—9 月气象条件对比

年份	平均气温/℃	平均最高气温/℃	高温日/d(≥35 ℃)	炎热日/d(≥37 ℃)	平均相对湿度/%	10 min 风速/(m/s)	累计降雨量/mm
2016	27.1	31.7	29.0	11.8	77.7	2.1	1125.8
2017	27.0	31.1	22.2	8.6	82.2	2.0	527.2
2018	27.8	32.6	37.6	10.8	76.2	2.1	344.4
2019	27.9	33.1	41.6	15.2	70.7	1.9	416.2
2020	26.5	30.6	15.4	1.6	83.9	1.9	1228.8

注：数值为武汉市国家站均值。

利用 Landsat8 卫星资料对武汉城区(外环内)开展精细热岛监测。结果显示，武汉城市城区热岛强度在近 5 a 逐渐得到缓解，2020 年夏季武汉中心城区城市热岛强度等级及面积整体上进一步降低，强热岛面积占比下降及冷岛面积占比上升均变化显著(图 6.11)。2020 年较强及强热岛面积占比从 19.9%下降到 15.4%，分布形态整体由集中片状演变为相对零散碎片的块状，仅在江夏区梁子湖周边有一定范围的增加(表 6.12)；汛期强降水导致地表江河湖泊水域面积及土壤墒值增大，水域周边较强及强冷岛面积从往年长期保持的 16%增大到 19.2%。区域气温略低、降水偏多、城区小型绿地与湿地公园的修复扩增，一定程度促进了城市湿地及绿地增湿降温的气候调节生态功能的发挥，是影响 2020 年武汉城区城市热岛效应进一步缓解的主要因素。

表 6.12　武汉市中心城区城市热岛等级面积占比　%

年份	强冷岛	较强冷岛	弱冷岛	非热岛	弱热岛	较强热岛	强热岛
2005	11.9	4.4	6.7	56.3	7.2	5.9	7.6
2009	10.2	5.8	7.4	42.8	11.2	9.4	13.2
2015	11.0	5.1	6.9	37.9	13.7	11.5	13.9
2018	10.2	5.7	8.1	42.9	13.2	9.6	10.3
2020	6.7	12.5	14.1	38.3	13.0	8.4	7.0

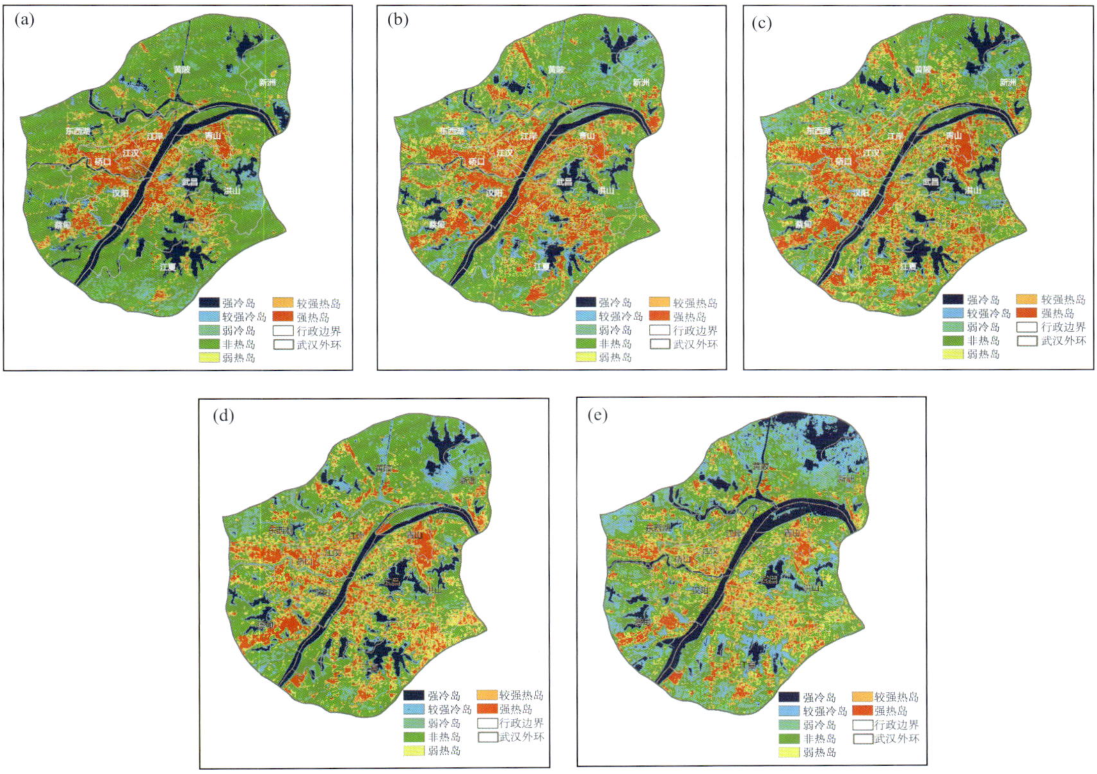

图 6.11　武汉市(外环内)城市热岛分布

(a)2005 年；(b)2009 年；(c)2015 年；(d)2018 年；(e)2020 年

6.2.3.3　宜昌城区城市热岛动态变化评估

(1)城市热岛强度时空变化特征

2013—2020 年宜昌城市热岛等级变化统计如表 6.13 所示，2013 年、2015 年、2018 年及 2020 年宜昌城市冷岛面积占比分别为 51.6%、46.1%、36.6%和 44.3%；城市热岛面积占比分别为 9.4%、18.3%、31.6%及 25.2%。其中，弱冷岛及无热岛面积占比呈轻微下降趋势，较强冷岛面积有所下降但近 6 a(2015—2020 年)内保持相对稳定，强冷岛面积占比在多年统计中有所波动。热岛面积占比呈先持续增大后下降的趋势，其中弱热岛面积占比最大、较强热岛占比增加速率最快，2015 年和 2020 年较强热岛面积占比分别是 2013 年的 1.7 和 3.8 倍。从空间分布与土地利用类型特点来看(图 6.12)，城市冷岛主要分布在森林、高海拔山地及水体，而城市热岛分布主要集中在道路、建筑物与人口居住密集的建设用地和一些待开发的裸地区。

表 6.13　宜昌市区城市热岛强度等级面积占比统计

热岛等级		冷岛	较强冷岛	弱冷岛	无热岛	弱热岛	较强热岛	强热岛
地表热岛强度 SUHI/℃		≤−5.0	−5.0～−3.0	−3.0～−1.0	−1.0～1.0	1.0～3.0	3.0～5.0	>5.0
面积占比/%	2013 年	5.4	17.2	29.0	39.0	7.0	1.8	0.6
	2015 年	6.1	12.8	27.2	35.6	14.5	3.0	0.8
	2018 年	3.5	12.6	20.5	31.8	25.5	4.5	1.6
	2020 年	9.1	12.0	23.2	30.5	16.7	6.9	1.6

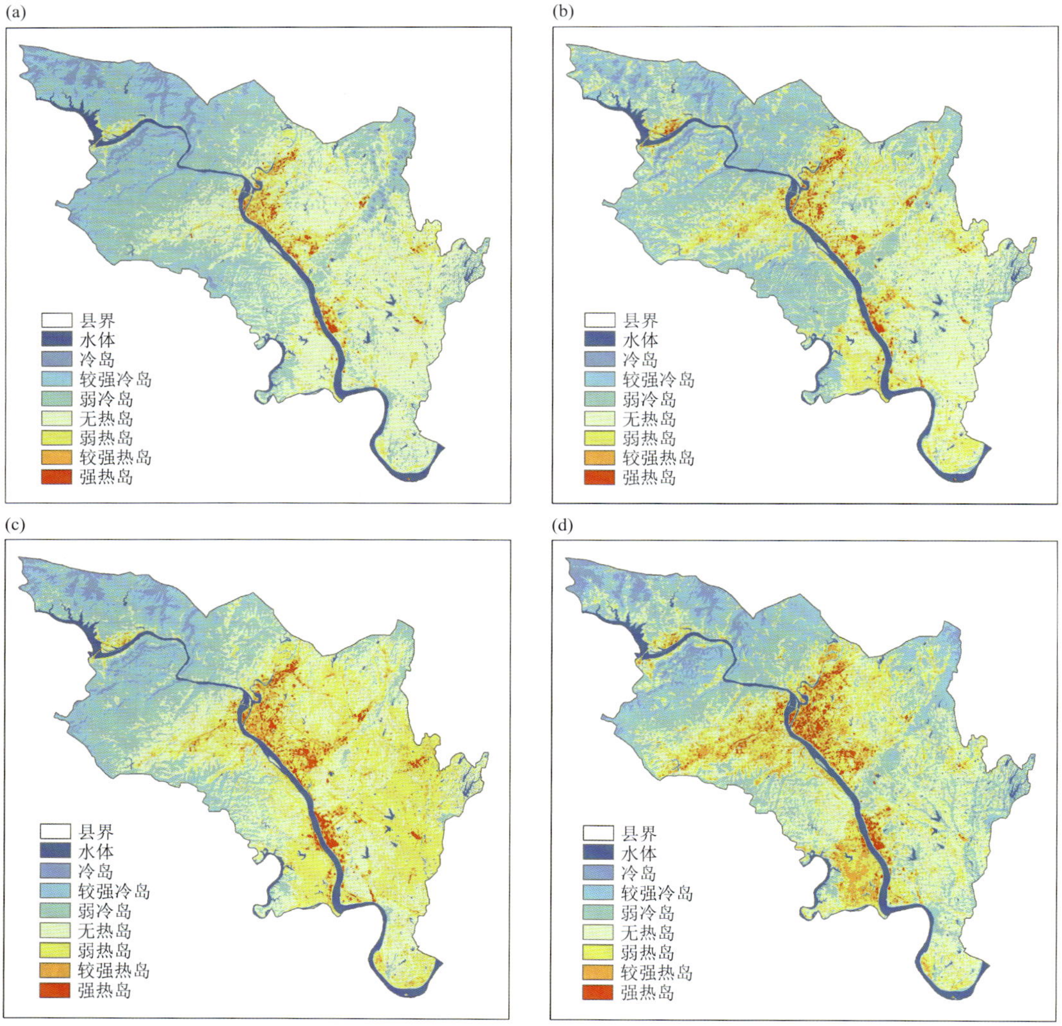

图 6.12　宜昌市城区城市热岛强度等级动态监测

(a)2013 年；(b)2015 年；(c)2018 年；(d)2020 年

从热岛空间分布上看，2018 年城市热岛中的弱热岛范围异常偏大。查询历史气象数据可知，2018 年 9 月 29 日当天最高气温明显偏高，全省 76 个国家气象站共有 61 个站最高气温居历史同期前 10 位。宜昌各地最高气温较历史同期偏高 2.4～5.6 ℃，宜昌城区偏高 2.9 ℃，宜昌东部地区偏高程度显著高于西部地区，东部 6 地（市）最高气温居历史排位前 10 位（图 6.13）。受大气热环境明显偏高影响，城市地表热环境和城郊农田地表温度也会随之不同程度地改变，因此导致城市热岛强度及热岛范围较气温平均态时有所增大，具体表现在平原地区弱热岛及以上等级热岛面积显著增大。

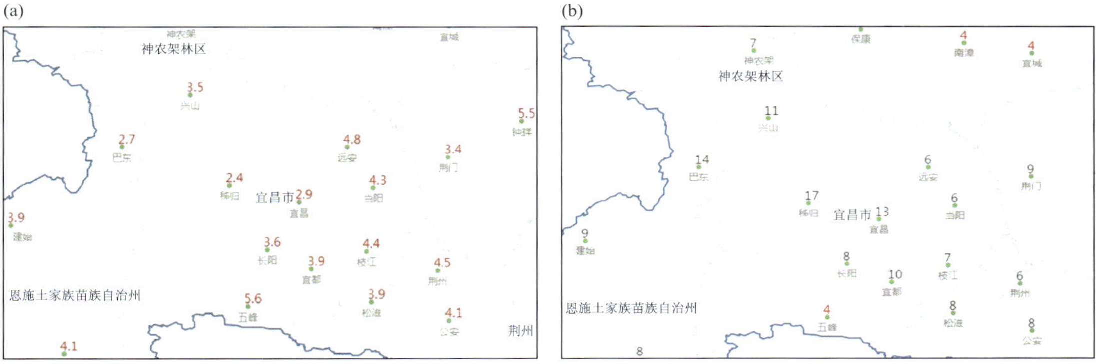

图 6.13　2018 年 9 月 28 日 21 时—29 日 20 时湖北省最高气温距平（a）和 1961 年以来历史排位（b）

为排除高温天气对城市热岛的影响，仅针对 2013 年、2015 年及 2020 年 3 a 数据开展城市热岛动态变化分析。从空间分布变化来看，2013—2015 年夷陵区城市热岛范围总体扩张最为显著、其次是点军区，分别增长了 95.0 和 71.5 km^2；2015—2020 年，点军区城市热岛范围扩张面积最大，新增面积 100.5 km^2，占整个宜昌城区范围城市热岛扩张面积的 52%（表 6.14）。

表 6.14　宜昌市区城市热岛面积分区统计　　单位：km^2

年份	西陵区	伍家岗区	点军区	猇亭区	夷陵区（局部）	枝城市（局部）	枝江市（局部）
2013	40.6	33.6	18.5	28.8	92.1	18.9	29.4
2015	41.4	33.9	90.0	38.0	187.1	55.2	67.7
2020	60.8	45.0	190.5	38.0	199.2	102.4	70.9

注：表格中的热岛面积包含弱热岛、较强热岛及强热岛所有范围。

利用卫星遥感资料对不同年份宜昌城区绿地和不透水面用地进行提取，统计可知，2013—2020 年，宜昌城市绿地总面积持续下降，不透水面总面积在逐年增加（表 6.15）。图 6.14 给出了 2013—2020 年绿地及不透水面空间分布，从空间上可知，绿地与不透水面用地呈互补式分布；2013—2020 年，伍家岗区、点军区、猇亭区、龙泉镇有相对多的绿地被开发成建设用地，主城区绿地总体上有减少的趋势，而其他地区则保持相对稳定。

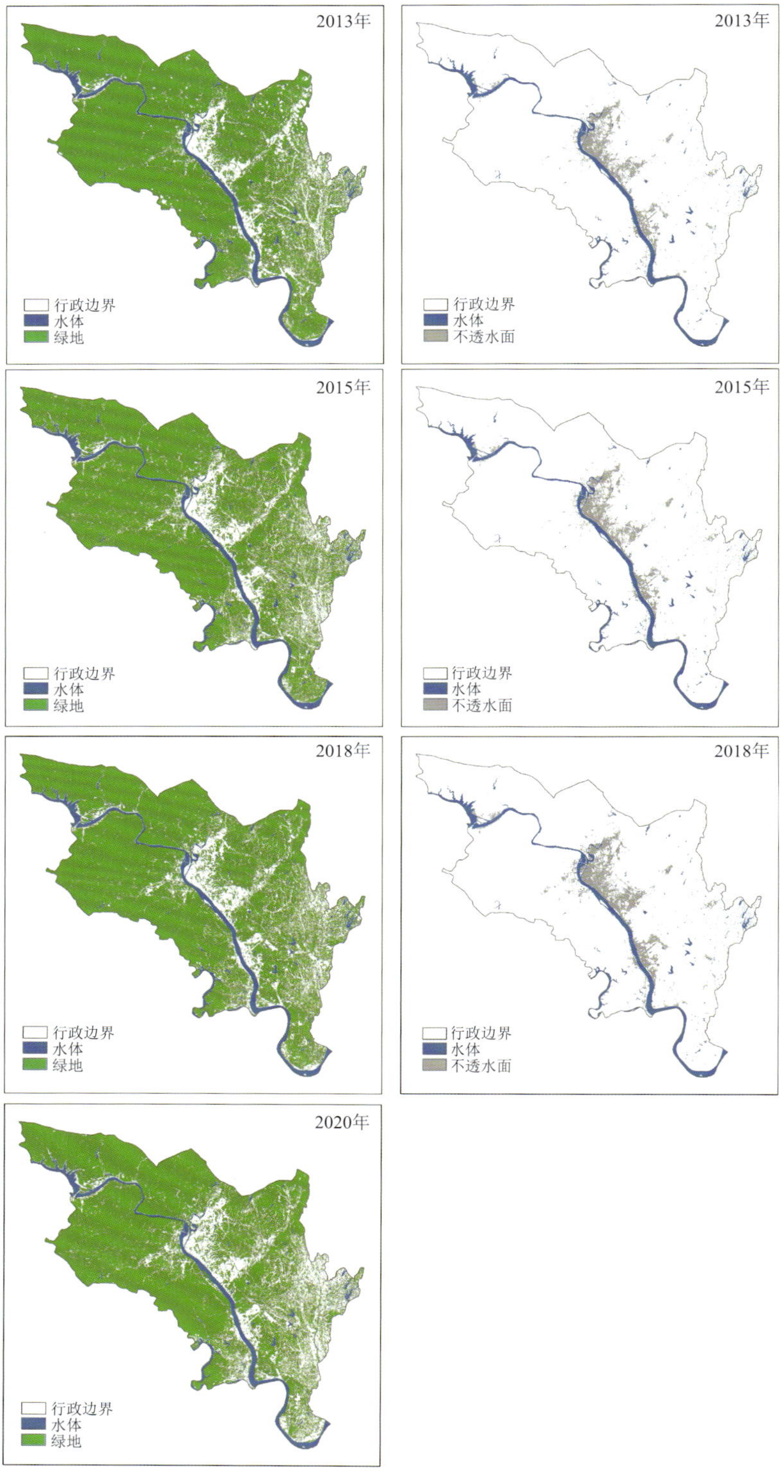

图 6.14　2013—2020 年宜昌市城区绿地(左)、不透水面(右)覆盖动态监测

表 6.15　宜昌市区不同地表类型用地面积　　单位：km^2

年份	不透水面	绿地
2013	94.3344	2077.6760
2015	124.2369	2035.3240
2018	156.8070	2007.5600
2020	—	1940.4450

(2)城市热岛与地表类型的定量关系

①城市热岛与植被覆盖度关系定量分析

城镇用地的地表温度与植被覆盖指数存在负的线性关系，即在地表属性同为城镇用地的情况下，随着植被覆盖度的增加，地表温度会降低，且表现出越接近高植被指数地表温度降低越显著的特征。2020 年 4 月 27 日宜昌市城市地表温度、城市热岛强度与植被指数关系模拟显示(图 6.15)，当宜昌市城市植被指数增加 10%时，城市地表温度(热岛强度)下降 0.72 ℃；当城市地表温度(热岛强度)下降 1 ℃时，归一化植被指数需要增加 13.89%。由此可见，在进行宜昌市城市规划时，要合理保护、增加绿地建设，增加不同城市功能区绿地的比例，减小城市硬化地表比例，可以有效地控制和消减城市热岛的规模和强度。

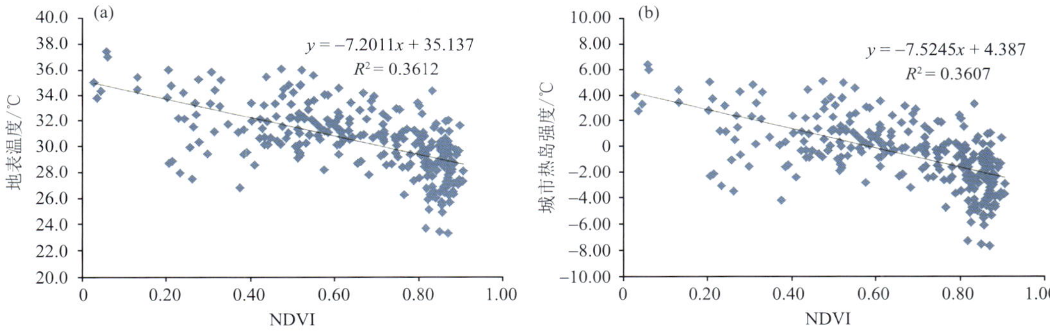

图 6.15　2020 年 4 月 27 日宜昌市城市地表温度(a)、城市热岛强度(b)与归一化植被指数散点图

②城市热岛与建筑密度关系定量分析

归一化建筑指数(NDBI)是用遥感影像反映建筑用地信息的一种参数，其数值越大表明建筑用地比例越高，建筑密度越高。宜昌市的 NDBI 主要分布在−0.53～0.16。NDBI 最高值区分布在西陵区、伍家岗区长江沿岸、夷陵区南部、点军区东部及三峡坝区附近，这些地区下垫面以建筑物和硬化路面为主，建筑密度高；结合宜昌市土地覆盖分布图分析发现，归一化建筑指数能较好地反映宜昌市各种土地利用类型的分布状况。城镇用地的地表温度与建筑密度存在正相关关系，即在地表属性同为城镇用地的情况下，随着建筑密度的增大，地表温度会升高。2020 年 4 月 27 日宜昌市城市地表温度、城市热岛强度与建筑指数关系模拟显示(图 6.16)，当归一化建筑指数增加 0.1 时，城市热岛强度上升 1.3 ℃；当城市热岛强度下降 1.0 ℃时，归一化建筑指数需要减小 0.078。由此可见，在进行城市规划时，严格控制建筑密度，减小城市硬化地表比例，可以有效地控制和消减城市热岛的规模和强度。

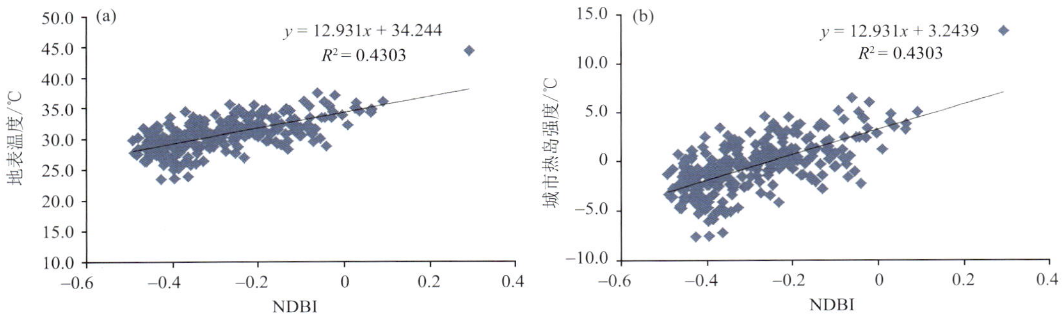

图 6.16　2020 年 4 月 27 日宜昌市城市地表温度(a)、城市热岛强度(b)与归一化建筑指数散点图

(3)减缓城市热岛效应的对策与建议

①减少城市净辐射量。以城市气候学理论为指导,选择合理的城市结构模式。在进行城市规划、改造过程中合理安排建筑间距、建筑物的高度和密度,避免市区内建筑成团块状分布;扩大天空视度,增大地面长波辐射等,这些都是削减城市净辐射量的方法。

②减少人为热释放量。加强环保意识,促进节能减排,倡导低碳生活,减少能耗,降低污染。

③提高植被覆盖率和扩大水域面积,增加蒸发蒸腾热交换量和植物光合作用耗热量。充分利用城市绿地及水体形成的冷源和风道,缓解城市热岛效应。

6.2.3.4　襄阳城区城市热岛监测与预估分析

(1)襄阳主城区城市热岛监测

夏季是襄阳城市热岛效应最显著的季节,因此单独选择更高分辨率的 Landsat8 OLI 影像来开展研究区热岛效应研究。采用 2014—2016 年 6—8 月四期晴朗无云高质量四幅反演结果平均值代表研究区夏季平均地表温度(表 6.16)。

表 6.16　反演地表温度的卫星影像基本情况

影像时间(年-月-日)	卫星及传感器	分辨率	影像质量
2014-07-09 2015-07-28 2015-08-29 2016-06-28	Landsat8 OLI	30 m	晴朗无云覆盖

通过分析研究区夏季不同地类地表温度与其郊区典型农田平均地表温度(31.71 ℃)的差值,计算夏季研究区热岛强度分布,并根据热岛强度等级划分表,绘制研究区热岛强度等级分布图(图 6.17)。夏季襄阳市强热岛、较强热岛区域主要分布在米庄镇、张湾镇、团山镇、樊城区、襄城区的中北部、东津镇东南沿江地区及尹集乡中部,其中大面积成片强热岛区域位于米庄镇的中南部、团山镇南部及樊城区的西部,热岛空间分布基本与襄阳城市建成区的轮廓相一致。强冷岛、较强冷岛区域主要分布在汉江沿线及东津镇东北东南部、襄城区南部。结合襄阳市土地利用分布图来看,夏季热岛区主要是城市建筑密集区,而夏季冷岛区主要由水体、大面积林地覆盖的地区组成。

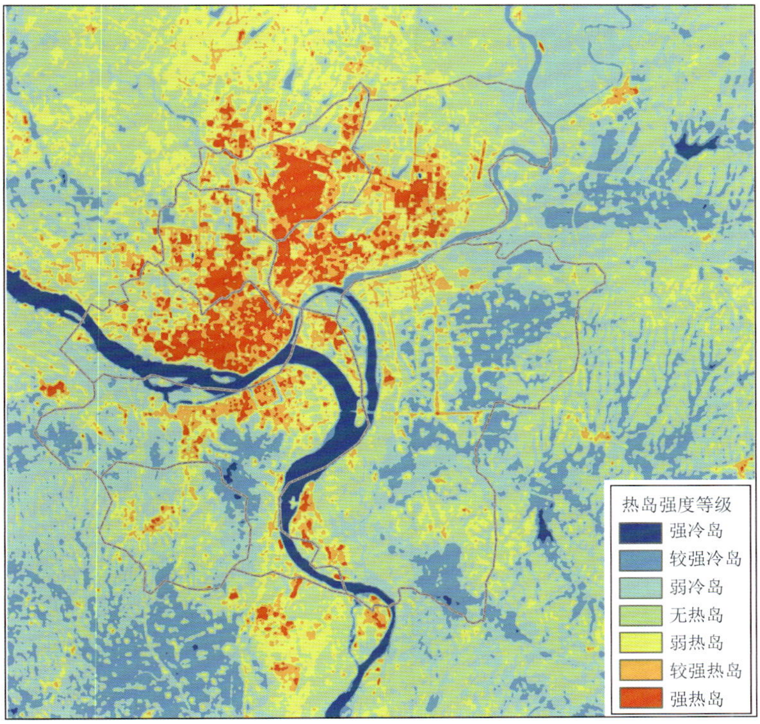

图 6.17 襄阳市及周边地区夏季热岛强度等级分布情况

(2)襄阳东津新区城市热岛效应预估

东津新区位于襄阳东南的汉江东岸,西起汉江,东至东外环,北起唐白河,南至南外环,规划远期人口约相当于现在襄阳市区人口的 8 成。建设东津新区,是襄阳市委、市政府建设“两个中心”“四个襄阳”,推进现代化区域中心城市建设的战略举措;是拓展城市发展空间,构建布局合理、功能完善的中心城区发展格局,实现襄阳科学发展、跨越发展的必然要求。东津新区建成以后,由于下垫面、人口、能耗等因素发生了很大的变化,预计东津新区的热岛效应会明显增强。为了更好地分析东津新区建成后的热岛效应,对当前主城区和东津镇的热岛强度进行对比分析,在此基础上开展了东津新区的热岛强度预估。

由于夏季襄阳城市热岛强度是最大的,因此,基于近几年夏季的襄阳城市热岛强度监测图,分析襄阳主城区与东津新区的热岛强度差异。对比分析结果表明,樊城区大部分地区的地表温度比东津镇高 8~10 ℃,襄城区北部的城市区域比东津镇高 6~8 ℃。襄城区由于中部有岘山、虎头山、尖山等山体,热岛强度和东津镇大致持平。预计东津新区建成后,其中心区域夏季热岛强度将升高 8~10 ℃,达到樊城区现有水平;东津镇非中心区域将升高 6~8 ℃,与襄城区城市区域持平。

东津镇大部分地区地势较平坦,海拔范围为 55~371 m,地势高的地区主要集中在东津镇东南角和东北角。土地覆盖类型大部分地区以耕地为主,城镇用地分布分散,西边有汉水流过,中部地区水域均匀分布,东南地区以林地为主(图 6.18a)。

根据不同水体缓解城市热岛效应的能力最强时的距离,提取缓冲区生成东津镇水体降温范围(图 6.18b 中灰色区域)分布图,由于东津镇水域范围较大,镇内大部分地区在水域的最佳降温范围内，但西北部和西南部不在有效的降温范围内（图 6.18b 中黑圈范围），为有效控制城市热岛效应，需加大绿化力度，保证绿化覆盖率，适当地建造人工河、湖等，降低该区域下垫面中的透水、半透水比例。

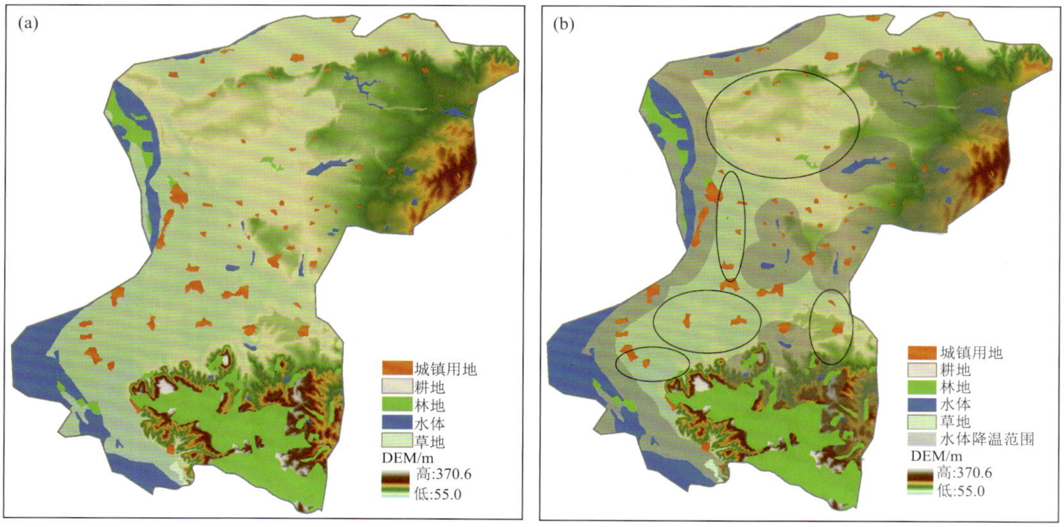

图 6.18　东津镇土地覆盖分类(a)和东津镇水体降温范围分布(b)

6.3　滨水城市通风廊道规划设计

城市风道建设的作用在于促进城市空气循环，降低空气污染物浓度，从而改善城市通风环境，特别是舒缓夏季的热岛效应，降低冬季采暖期雾、霾事件发生频率，使市民拥有舒适健康的城市生活环境，现已成为国内外关注的热点议题。

城市大规模的开发与快速发展，导致下垫面特征不断变化，建筑密度逐年增大，使得城市下垫面变得更加粗糙，致使处于城区之中的气象站观测到的城市风速普遍呈现减小的趋势，引起空气污染和城市热岛加剧。因此，从气候学与生态学的角度出发，考虑风环境对城市的影响，在城市规划设计过程中为城市留出必要的风道及风道口就显得尤为重要。尤其是在炎热季节，城市风道的规划不仅能够降低城市温度、缓解热岛效应，增强城市的自然调节能力，还有利于建筑节能、小气候的改善以及舒适空间的营造。规划中考虑不同层次城市风环境体系的营造，基于风环境分析合理地规划城市整体结构、控制城市容积率与建设强度对于缓解城市热岛效应及形成舒适、节能的城市空间环境有重要的意义。本节先介绍城区通风廊道规划设计方法，再以滨水城市——湖北省襄阳市为例，具体介绍通风廊道的规划设计实例。

6.3.1　城市通风廊道规划设计方法

城市通风廊道规划的气候可行性论证工作主要包含需求分析、实地调研与资料收集、论证内容计算分析、城市通风廊道规划及方案完善四部分（图 6.19）。

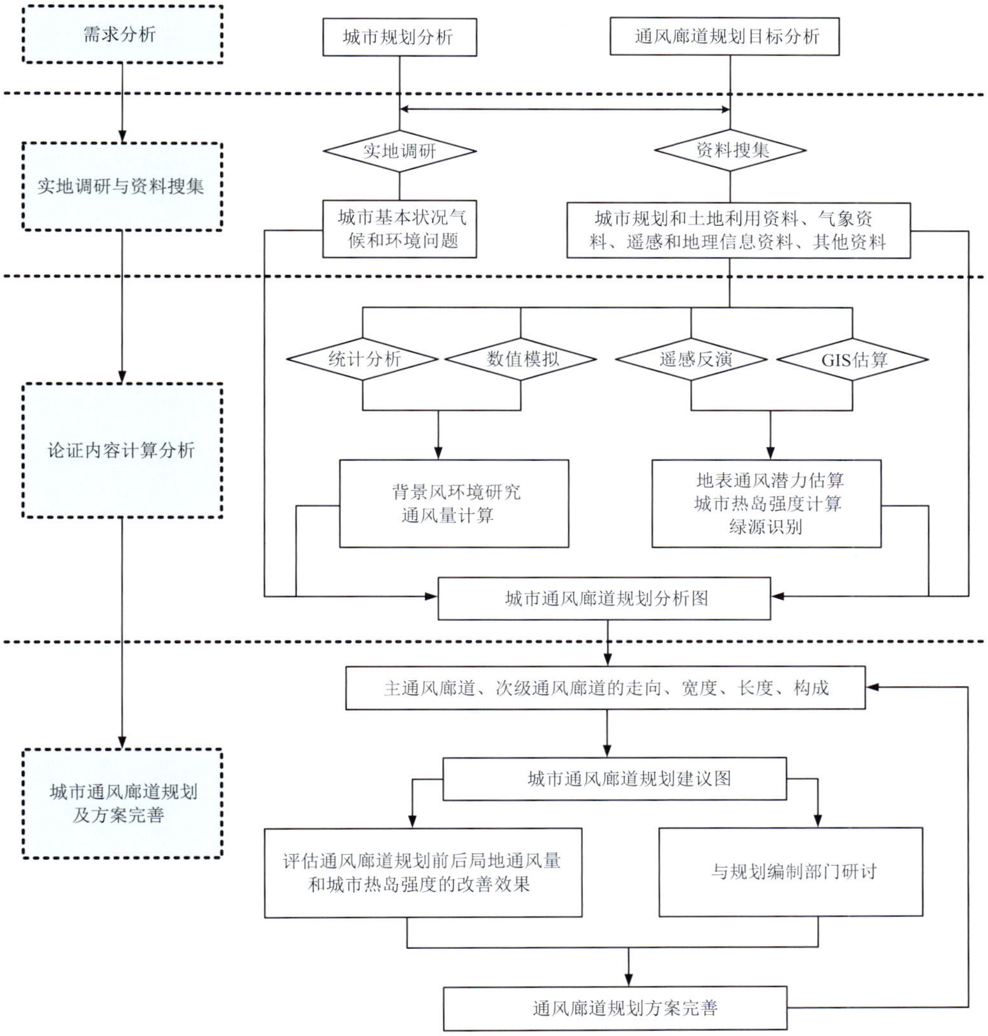

图 6.19　城市通风廊道规划的气候可行性论证工作流程

6.3.1.1　需求分析

在论证工作初期，应与规划编制及管理部门做好沟通，掌握城市规划编制的背景、目标和内容，了解通风廊道规划需关注的重点气象和大气环境问题，诸如城市热岛效应较强、局地小气候舒适性较差、大气污染较重等，以保证通风廊道的规划具有较强的针对性。

6.3.1.2　实地调研及资料搜集

(1)实地考察市域内的大型水体、绿地、林地、主要城市道路、河流、工业区、重点污染企业等，了解基本状况，并与城市规划、气象、环保以及相关管理部门座谈，收集有关资料，深入了解当地气候和环境问题，确定城市通风廊道规划的范围和重点。

(2)资料搜集

论证工作启动时，应与城市规划、气象、环保以及相关管理部门座谈，搜集有关资料，深入了解当地气候和环境问题，确定城市通风廊道规划的范围和重点。有条件的实地考察市域内的大型水体、绿地、林地、主要城市道路、河流、工业区、重点污染企业等，了解城市基本状况。根据城市所在区域，论证选用的数值模式，并进行资料搜集。

①城乡规划和土地利用资料

搜集城市、乡镇行政规划边界矢量图层、用地类型现状矢量图层和规划用地类型矢量图层，将其作为绘制城市通风廊道的基础底图，同时将其处理成气象数值模式所需的用地类型数据。

②气象资料

历史数据：规划城市范围内所有国家级地面气象观测站逐时风速、风向资料，以不少于10 a数据为宜；规划城市范围内区域自动气象站建站以来至少一整年的逐时或逐分钟风向、风速、气温、相对湿度、地温等资料；规划城市典型年和典型天气条件下的全球再分析气象资料。

观测数据：农业气象观测数据，用于城市郊区植被粗糙度长度计算；气象高空探测数据，用于边界层模式模拟；实地观测数据：针对廊道周围无气象站点分布或下垫面较为复杂、局地风环境与背景风可能存在明显差异的情况，必要时可选择典型区域开展观测实验，增加实地观测数据的对比分析。

③遥感和地理信息资料

中高分辨率的卫星遥感数据：包括多光谱和全色影像（PMS、WFV、OLI 等）、土地覆盖类型产品、叶面积指数等数据。城市区域的空间分辨率应不大于100 m；主要用于土地利用分类、通风潜力评估、城市热岛分析及绿源识别。

建筑物信息数据：覆盖规划城市的中高分辨率的建筑物信息数据，包括建筑物高度、建筑物密度，空间分辨率应不大于100 m。主要用于模式模拟、城市用地粗糙度长度计算。

DEM 数据：30 m 高分辨率的数字高程模型数据，主要用于地形特征分析及通风潜力评估。

④其他资料

与城市通风廊道规划气候可行性论证有关的其他资料，如环境质量报告书、统计年鉴以及从网络或相关数据库中查找已发表的关于规划城市的通风廊道、气候、生态环境、产业发展、规划等方面的资料。

6.3.1.3 论证计算

城市通风廊道规划论证计算主要分析四个方面的内容：背景风环境研究、地表通风潜力估算、城市热岛强度计算、绿源识别。其中背景风环境研究利用研究区域内气象观测数据并结合气象数值模拟结果，分析研究区域不同尺度下的风环境，提炼不同情境下城市与外部环境、城市内部风的可能走向；地表通风潜力估算基于 RS 和 GIS 手段分析城市与外部环境、城市内部风可利用通道；城市热岛强度计算利用卫星反演结果及气象站观测数据，研究城市热环境现状和演变特征，提取城市内部需要改善小气候环境的区域；绿源识别基于遥感数据识别城市内、外可用于改善小气候环境的区域。通过背景风环境研究、地表通风潜力估算、城市热岛强度计算、绿源识别，综合城市尺度和重点区域尺度下的观测、模拟和评估结果，进行城市通风廊道规划分析。

（1）背景风环境研究

风速和风向统计分析。统计分析全年及不同季节气象观测站风向、风速。将风速分级，分析各台站月、季、年全风向和各风向下的风速的时空分布特征；统计各风向频率，绘制风频率玫瑰图，分析全年及不同季节的主导风向和次主导风向。

软轻风情景下的风速和风向统计分析。根据《风力等级》（GB/T 28591—2012）规定，选取城市通风廊道通风效果明显的风段，扣除无风和大风后，取 0.3～3.0 m/s 的风速为软轻风。挑选软轻风情景下气象观测站的风向、风速观测数据，开展风速和风向统计分析。

背景风场数值模拟。使用中尺度气象模式，通过多重嵌套或中尺度气象模式耦合小尺度气象模式进行降尺度，模拟得到规划城市典型月份和典型天气条件下水平分辨率不大于 1 km 的风场，模拟结果应科学地体现地形和城市下垫面对背景风场的影响。针对规划城市气候特点，选择不同季节下的平均风速为软轻风且主导风向为软轻风主导或次主导风向的天气条件作为典型天气条件进行数值模拟。分析软轻风情景下城市风场分布特征。

局地环流风场分析。基于规划城市范围内区域自动气象站建站以来至少一整年观测的逐时或逐分钟风向、风速资料，对全年及不同季节山谷风、海陆风及河陆风/湖陆风等局地环流风场的主导风向和起止时间进行统计分析。参考山体、水体走向以及数值模拟结果，综合确定属于山（谷）风、海（陆）风、河（陆）风、湖（陆）风的风向范围；将某一时段内站点频率最高的风向作为该时段该站点局地环流风场的主导风向；并确定山（谷）风、海（陆）风及河（陆）风/湖（陆）风的影响范围。

（2）地表通风潜力估算

地表通风潜力由天空开阔度和粗糙度长度获得，受建筑物、植被覆盖影响。其中建筑物密集是降低空气流速的主要因素，而自然植被和接近周边开敞区域则是增加空气流动的因素。城市区域地表通风潜力主要受建筑物影响，需要在 DEM 数据上叠加中高分辨率的建筑物信息数据。建筑物信息数据可采用规划部门建筑规划矢量图层，也可采用遥感影像反演获得。

根据粗糙度长度和天空开阔度的计算结果，进行地表通风潜力等级划分，将等级划分结果进行绘图分析，得到规划城市地表通风潜力等级空间分布图，根据分布图可进行规划城市通风潜力高低的辨识。

（3）城市热岛强度计算

城市热岛强度一般采用卫星影像反演得到的地表温度来计算。将研究区内地表温度与郊区温度（郊区农田平均地表温度）的差定义为热岛强度。对热岛强度进行等级划分和绘图分析，得到热岛强度空间分布图，根据分布图可进行规划城市热岛强弱的辨识。

（4）绿源识别

城市陆地表面温度具有水体＜林地＜农田＜草地＜裸地＜城镇的规律，且相比硬化下垫面，水体、林地、农田、草地等植被地区人为排放少，是相对清洁空气源地，即绿源。其对城市局地小气候具有一定的改善功能，可以起到降温、增湿、降尘作用。

可利用卫星遥感资料估算水体、林地、农田、草地等地类的面积，以此确定绿源的强弱。也可以结合城市热岛强度空间分布图中的冷岛分布确定。

6.3.1.4 通风廊道规划

根据上面的研究，在城市用地类型现状或规划分布图上叠加背景风环境、地表通风潜力、通风量、城市热岛、绿源空间分布图，依据此结果展开进一步分析，构建出通风廊道。在城市总体/区域规划层面，可构建城市主通风廊道和次级通风廊道，具体如下。

(1)主通风廊道

城市主通风廊道应与软轻风下的主导风向基本平行，在现有用地覆盖无法完全满足的情况下，两者夹角应小于 30°。城市主通风廊道的宽度一般应不小于 200 m、长度大于 5000 m 为宜，如能形成贯穿整个城市的廊道为最优。

在规划时，主通风廊道应沿着通风潜力较大的狭长地区构建。在构建过程中，要连通绿源与城市中心热岛区域，打通重点弱通风量分布区，达到阻隔城市热岛连片、集中发展的目的。

此外，在用地上，除增加可行的通风廊道用地外，可依托天然河道、绿化带、已有高压线走廊、相连的休憩用地、城市现有主要交通干道、非建筑用地等空旷地作为廊道的载体。

(2)次级通风廊道

城市次级通风廊道应与软轻风下的次主导风向平行，在现有用地覆盖无法完全满足的情况下，两者的夹角应小于 30°。城市次级通风廊道的宽度一般应不小于 50 m。同时，廊道内障碍物垂直于气流方向的宽度应尽量小于廊道宽度的 10%，其长度 1000 m 以上为宜。

在规划时，次级通风廊道应沿着通风潜力较大的地区构建。在构建过程中，要使其连通绿源与建成密集区，达到降低城市热岛强度的目的。除此之外，尽量弥补城市主通风廊道在现有用地覆盖下无法保证的"断头"廊道区域，特别是局地弱通风量区域，且次级通风廊道方向应利于与城市主通风廊道相连成网络，辅助和延展主通风廊道通风效能以及沟通、连接局地绿源和风环境较差区域的功能。

此外，在用地上，除增加可行的通风廊道用地外，可依托公园、河渠、城市现有街道，建筑线后移地带及低矮楼宇群等作为廊道的载体。

通风廊道规划构建完成后，由于用地布局、建筑布局/高度等发生了改变，还可以对比评估通风廊道规划前后的环境改善效果。常用具体分析指标是廊道规划前后局地通风量大小的改变、热岛强度的变化。

将分析结果和规划编制部门进行研讨，以便进一步完善廊道规划。此评估可借助数值模拟、现场观测或风洞试验等技术完成。

除此之外，廊道规划过程中，在通风潜力差、强热岛的区域出现用地无法满足通风廊道构建时，应提出改善该区域通风环境的其他规划建议，如旧城改造时改变用地性质、新建建筑物控高、楼宇绿化等。

6.3.2 襄阳通风廊道规划设计案例分析

襄阳市位于湖北省西北部，居汉水中游，是一座滨水城市。

城市通风廊道规划论证含以下四个方面的工作：背景风环境研究、地表通风潜力估算、城市热岛强度计算、绿源识别等，其中背景风环境研究是利用研究区域内气象观测数据并结合气象数值模拟资料，确定不同情境下风的实际流向。基于风的来源、实际流向、可以利用的潜在风通道、风的目的地，确定城市区域风的实际、未来规划流向和路径，即可能的城市通风廊道。地表通风潜力估算提供研究区域内风可以利用的潜在通道。城市热岛强度计算的热岛用于辨识城市内部需要改善小气候环境的区域，即城市通风廊道的补偿区(风的目的地)；同时，冷岛的分析结果可以为凉爽、新鲜的空气来源提供参考。绿源识别结合冷岛可以确定城市通风廊道的作用区，即产生新鲜空气的区域(风的来源)。

6.3.2.1　软轻风下区域内风的时空特征分析

根据《风力等级》(GB/T 28591—2012)规定，本节将 0.3～3.0 m/s 的风速定义为软轻风，即扣除了无风和大风后，城市通风廊道通风效果明显的风段。选择襄阳城市内 9 个气象观测站 3 a(2015—2017 年)的观测资料进行分析。结果表明，襄阳城市区域风道受季风气候和地形的共同影响四季变化明显。全年基本呈现以鱼梁洲为中心，沿汉江河道有东西向(偏西风为主)和南北向(东南风)交叉的两条主风道以及以襄城区西南低山岗地(卧龙大道和二广高速)为中心的南北向两条次风道。春季与全年基本一致。夏季受季风影响，东西向以偏东风为主。秋季北风增强，南北向以北偏西风为主，分两支穿城而过；东西向仍以偏东风为主。冬季仍在西北风的控制之下，东西向转为以偏西风为主。

6.3.2.2　背景风场数值模拟

区域边界层模式(Regional Boundary Layer Model，RBLM)是一个三维非静力区域气象和大气扩散数值模式，模式采用雷诺(Reynolds)平均的大气运动控制方程组，包括动量方程、热流量方程、水物质(水汽、云水、雨水)的守恒方程。利用区域边界层模式，以襄阳城市为研究区，中心点为(32.03°N，112.15°E)，面积为 30 km×30 km，网格数为 30×30，分辨率为1 km×1 km。在模拟时，均加入从最新建筑物信息中提取的建筑物平均高度和密度信息，充分考虑了城市建筑物对气象要素场的影响。挑选 2016 年多个天气状况个例(不同风向、风速)进行模拟。本节以夏季城市热岛为重点，夏季襄阳城市主导风向以南风为主，风速大；轻软风时以北风、西风为主(表 6.17)。

表 6.17　襄阳城市通风廊道背景风场模拟研究个例基本信息

个例类型	时间(年-月-日)	说明
极端热岛	2013-08-17	襄阳站出现极端最高温度
夏季主导风向 (全风速:南风)	2016-06-17	平均风速 8.8 m/s 最大小时平均风速 13.6 m/s
	2016-07-23	平均风速 6.6 m/s 最大小时平均风速 10.2 m/s
	2016-09-23	平均风速 4.9 m/s 最大小时平均风速 7.8 m/s
夏季主导风向 (轻软风:西风、北风)	2016-07-18	全天以南风为主
	2016-08-23	全天以西风、北风为主

(1)极端热岛个例

根据气象观测资料，以 2013 年 8 月 17 日(历年极端最高气温出现日，热岛效应明显，大环流背景风速小)作为典型个例进行风场模拟，重点对 09:00—22:00 的数据进行分析。结果表明，受市区建筑物的阻挡，市区风速明显小于郊区。10:00—16:00 受城市热岛和山体影响，市区没有统一的风向，而是呈现多个大小不一的局地环流，环流辐合区的位置和山体位置、同一时次温度场的高值区对应。

(2)夏季主导风向(全风速)

襄阳市夏季全风速条件下主要风向为南东南(SSE)，季出现频率 18.0%，正南风(S)的频率也在10%以上，仅次于SSE。全年不同风速段风向频率统计表明，风速≥2.6 m/s的情况下南东南风(SSE)出现频率最高，风速越大频率越高，风速≥5.0 m/s时频率高达33.7%。2.5 m/s以下的风速最大风向频率为西(W)和西北(NW)。因此，在进行风场模拟时考虑南风风速较大的实际特点。选取了不同风速大小的偏南风个例进行分析。同时，在轻软风条件下风向以西、北为主，南风也有一定的出现概率，需选取不同风向的个例进行模拟。

夏季全风速的主导风向为南风时，较大风速的模拟个例表明，城市内部风场风向和主导风向较为一致，说明风速较大时城市建筑物对风的影响较小。

(3)夏季主导风向(软轻风)

由于南风的平均风速较大，轻软风条件下夏季主导风不再是南风，而是西风、北风，但南风的出现频率仍较高。因此，选取了全天以西风、北风为主的2016年8月23日、全天以南风为主的2016年7月18日作为轻软风条件下的个例进行模拟。结果显示，轻软风条件下，城市建筑对风向的影响较大，城市内风向受局地地形及建筑物影响较大，出现多个局地环流。其中南部砚山的山(谷)风局地环流最为明显。白天砚山受热，出现明显的谷风，是风的辐合中心；晚上砚山附近出现明显的山风，为明显的辐散中心。

6.3.2.3 地表通风潜力估算

地表通风潜力由天空开阔度和粗糙度长度获得，受建筑物密度、植被覆盖度影响。其中建筑物密集是降低空气流速的主要因素，而自然植被和接近周边开敞区域则有利于空气流通。天空开阔度估算、地表粗糙度计算、通风潜力计算和等级划分参考气象行业标准《气候可行性论证规范　城市通风廊道》。

6.3.2.4 城市热岛强度计算

采用2014—2016年6—8月夏季晴朗无云4幅高质量反演结果平均值代表襄阳城市夏季平均地表温度，计算夏季襄阳城市热岛强度分布。热岛强度计算和等级划分参考气象行业标准《气候可行性论证规范　城市通风廊道》。

6.3.2.5 绿源识别

利用2016年6月28日Landsat8 OLI卫星遥感资料和决策树分类法得到襄阳城市最新土地利用覆盖类型，提取其中的水体、林地、农田分布并统计面积，根据绿源等级划分标准(《气候可行性论证规范　城市通风廊道》)提取结果。

6.3.2.6 通风廊道

根据前面背景风环境、地表通风潜力、通风量、城市热岛、绿源等因素的分析，得到以下结论。

襄阳国家基本气象站30 a气候基准期(1981—2010年)数据表明，年平均风速为2.48 m/s，全年基本无东风、西南风，最多风向为南东南(SSE)，占15%，其次依次为静风(11%)、南风(10%)、西北风(10%)、北风(9%)。从各月来看，3—8月南东南(SSE)为主导风向，南东南(SSE)和南(S)合计风向频率除8月外达28%～39%；9月西北(NW)为主导风向；10月—次年2月静风频率最大，占12%～15%，南东南(SSE)、南(S)、西北(NW)、北西北(NNW)和北(N)风向频率也较大，均在10%左右。不同季节主导风向差异明显。不同风向下的风速差异较大，南向的风速明显大于其他风向的风速。软轻风条件的主导风向与全风速的主导风向存在明显差异。

基于 2015—2017 年襄阳城市范围内的区域自动气象站风向、风速资料分析表明，城市内部同一季节不同区域主导风向明显不同。

软轻风条件的主导风向与全风速的主导风向存在明显差异。

精细化风场模拟发现：当城市处于风速较大、大范围背景风向一致的环流形势下，城市建筑对风向的影响较小，近地层风向比较一致；当城市处于风速较小的环流形势下，城市建筑对风向的影响较大，城市内风向受大型水体、局地地形及建筑影响较大，出现多个局地环流。

城市通风潜力计算结果表明，樊城区、团山镇、米庄镇及张湾镇局部地区建筑密度超 80%；建筑密度超 50%的建筑群相对集中地聚集在樊城区东部及襄城区东北；东津新区大部分建筑密度为 5%～30%，相对较低；受高层建筑物的阻挡影响，大部分城区建设用地天空开阔度值小于 0.7；樊城区、襄城区和张湾镇西部城市用地地表粗糙度长度大多大于 0.5 m，其他地区地表粗糙度普遍低于 0.3 m；襄阳城区西南部森林年平均粗糙度长度大于 1.0 m，其余林区年平均粗糙度长度为 0.5～0.8 m，平原农田地区年平均粗糙度长度基本小于 0.1 m。襄阳城市内部通风潜力等级以无(1 级)为主，城市主要交通干道的通风潜力等级以一般(2 级)为主，略好于建筑密集区域。汉江、唐白河等河流通风潜力良好。

城市热岛强度：热岛空间分布基本与襄阳城市建成区的轮廓一致。夏季襄阳城市强热岛、较强热岛区域主要分布在米庄镇、张湾镇、团山镇、樊城区、襄城区的中北部、东津镇东南沿江地区及尹集乡中部，其中大面积成片强热岛区域位于米庄镇的中南部、团山镇南部及樊城区的西部。结合襄阳城市土地利用分布图来看，夏季热岛区主要是城市建筑密集区，而夏季冷岛区主要以水体、大面积林木覆盖的地区组成。统计分析结果表明，在相同的气象条件下，同一范围内，水体的降温效应总体大于植被的降温效应。汉江流域 1.2 km 范围内的水体缓解城市热岛效应的能力最强；唐河、白河、唐白河等水系 1.0 km 范围内的水体缓解城市热岛效应的能力最强；清河、滚河 0.8 km 范围内的水体缓解城市热岛效应的能力最强；永丰水库、白龙堰水库等较大水库 0.6 km 范围内水体缓解城市热岛效应的能力最强。

城市绿源识别：襄阳市区强绿源主要由汉江及其支流、米庄镇和张湾镇零星湖泊组成；较强绿源主要分布在襄城区南部和尹集乡北部交汇处及东津镇南部的山地林区、樊城区西北城郊和东津镇东部城郊的局部林区及汉江沿岸林区。

综合考虑城市用地类型现状、未来规划、城市背景风环境、地表通风潜力、城市热岛、绿源空间分布发现，襄阳市中心城区存在 4 条可以利用的风道(图 6.20)。

(1)汉江—铁路线风道。从汉江下游沿汉江、铁路线穿越中心城区。建议后期规划时调整襄州一中附近建筑物密度，打通汉江与铁路线之间的风道，形成贯穿襄阳城区的通风廊道。

(2)襄荆高速风道。沿襄荆高速公路及两侧防护绿带穿越中心城区。

(3)卧龙大道风道。沿卧龙大道及两侧防护绿化带穿越中心城区。

(4)内环东线风道。从汉江下游沿汉江、东环东线至唐白河。

另外，鱼梁洲以上的汉江干流为东西走向，城市上游的河道为近似的喇叭口地形，可以作为通风廊道加以利用，引入河流上游的新鲜空气到城市内部。同时，汉江在城市内部的部分，考虑城市内部风向因素，应该充分利用其作为强绿源的优势，规划从江面到两岸城市内部的次级通风廊道。

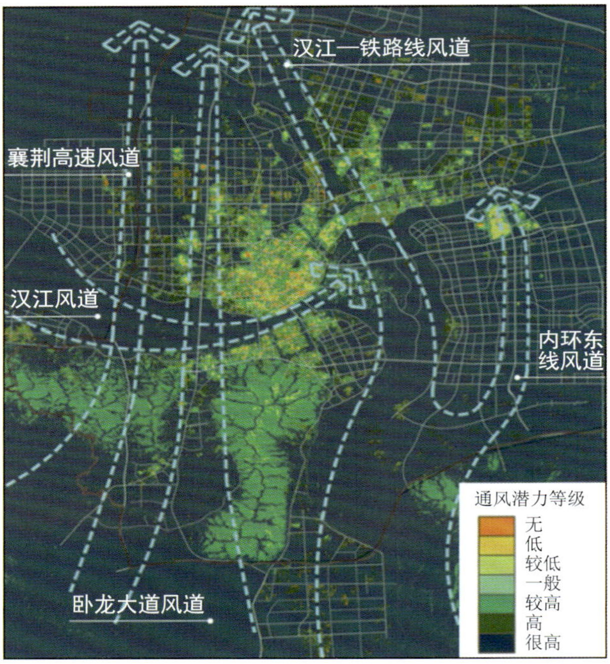

图 6.20　襄阳城市主通风廊道规划建议示意图

6.4　湿润区城市大气环境及气象影响特征分析

6.4.1　武汉城市圈颗粒物及反应性气体演变特征

近几年随着武汉城市圈大气综合治理力度的加大，气溶胶及反应性气体的排放得到一定程度的控制。污染天气下气溶胶主要集中在边界层内，而大气边界层受到不同尺度天气系统和近地面气象要素的共同影响，导致污染物的扩散稀释能力不同。武汉城市圈位于中国中部城市群的中心，以武汉为核心，包括黄石、鄂州、黄冈、孝感、咸宁、仙桃、潜江、天门周边 8 个大中型城市。武汉市作为国家中心城市，其在“一带一路”“长江经济带”“长江大保护”等国家重大发展战略中发挥着重要作用。武汉城市圈复合型污染问题日益突出，秋、冬季 $PM_{2.5}$ 出现阶段性浓度超标，夏季城市圈出现 O_3 超标，湖北省臭氧浓度呈东高西低分布特征，城市圈为浓度高值区，因此需要针对复合型污染开展分布特征分析。

2015—2020 年，武汉城市圈大气颗粒物（$PM_{2.5}$、PM_{10}）和反应性气体 SO_2、NO_2 及 CO 浓度呈下降趋势。其中，大气颗粒物降幅明显，主要是由于 2013 年实施“大气十条”以来，以颗粒物为首要污染物的大气污染得到控制，空气质量总体改善。但与此同时，O_3 浓度有所上升（尤其是 2018—2019 年），由颗粒物污染逐渐向臭氧污染转变的复合型污染开始凸显（图 6.21）。

2020 年，武汉城市圈 $PM_{2.5}$ 浓度平均值为 35 $\mu g/m^3$，较 2019 年（41 $\mu g/m^3$）下降 14.6%，较过去 5 a 均值（51 $\mu g/m^3$）下降 31.4%。PM_{10} 浓度平均值为 59 $\mu g/m^3$，较 2019 年（72 $\mu g/m^3$）下降 18.1%，较过去 5 a（83 $\mu g/m^3$）下降 28.9%。SO_2 浓度平均值为 10 $\mu g/m^3$，与 2019 年

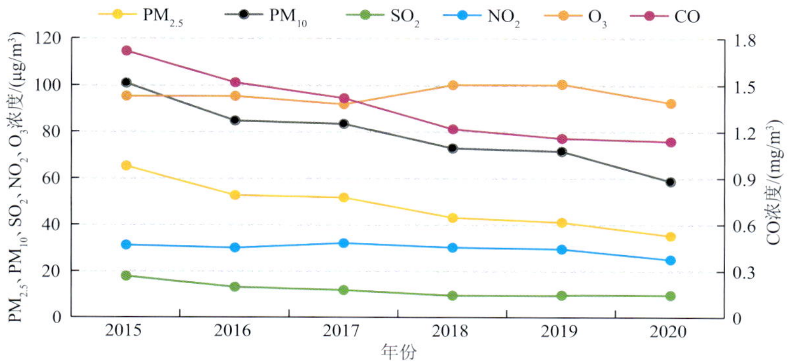

图 6.21　2015—2020 年武汉城市圈大气污染物浓度逐年变化

（统计的地(市)包括鄂州、黄冈、黄石、武汉、咸宁、孝感）

(10 μg/m³)持平，较过去 5 a(13 μg/m³)下降 23.1%。NO_2 浓度平均值为 25 μg/m³，较 2019 年(30 μg/m³)下降 16.7%，较过去 5 a(31 μg/m³)下降 19.3%。O_3 浓度平均值为 93 μg/m³，较 2019 年(101 μg/m³)下降 7.9%，较过去 5 a(97 μg/m³)下降 4.1%。CO 浓度平均值为 1.0 mg/m³，与 2019 年(1.0 mg/m³)持平，较过去 5 a(1.2 mg/m³)下降 16.7%。

2020 年武汉城市圈 $PM_{2.5}$ 浓度高值主要出现在 1—2 月和 10—12 月，平均值超过 35 μg/m³；PM_{10} 浓度高值主要出现在 1 月和 11 月、12 月，平均值超过 70 μg/m³。与 2019 年同期以及与过去 5 a 同期相比，各月基本皆有下降(图 6.22)。

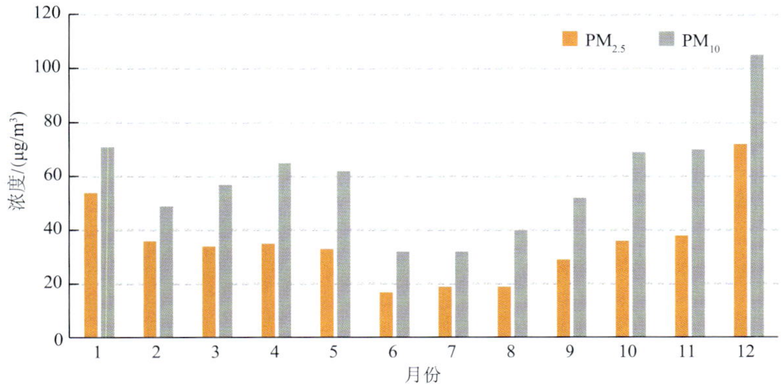

图 6.22　2020 年武汉城市圈大气污染物平均浓度逐月变化

2020 年，武汉城市圈 SO_2 浓度高值主要出现在 3—5 月和 10—12 月，平均值超过 10 μg/m³。与 2019 同期相比，除 2—5 月以外其他月份皆为下降趋势；与过去 5 a 同期相比，除 5 月以外皆有下降趋势。

2020 年，武汉城市圈 NO_2 浓度高值主要出现在 10—12 月，平均值超过 30 μg/m³。与 2019 同期以及与过去 5 a 同期相比，基本皆呈下降趋势(图 6.23)。

2020 年，武汉城市圈 O_3 浓度高值主要出现在 4 月、5 月、8 月、9 月，平均值超过 100 μg/m³。与 2019 同期相比，3 月和 6—11 月有下降趋势；与过去 5 a 同期相比，1 月和 6—10 月皆有下降。

换而言之，夏、秋季主要呈降低趋势而冬、春季为上升趋势（图 6.23）。

2020 年，武汉城市圈 CO 浓度高值主要出现在 1—3 月，平均值超过 1.0 mg/m^3。与 2019 同期相比，除 3 月和 5—7 月以外其他月份均呈现下降趋势；与过去 5 a 同期相比，皆有下降（图 6.23）。

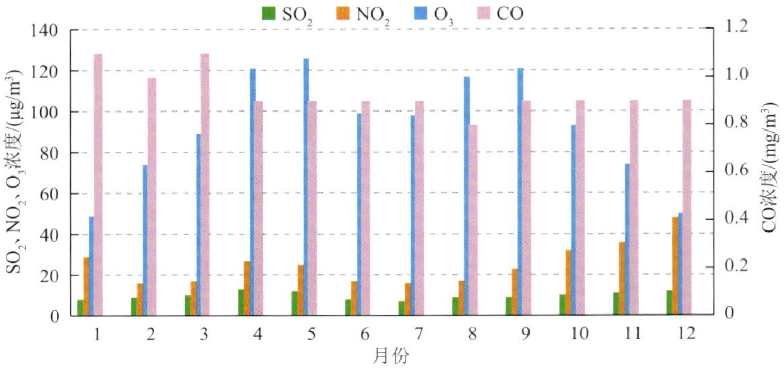

图 6.23　2020 年武汉城市圈大气污染物平均浓度逐月变化

2020 年武汉城市圈各地（市）$PM_{2.5}$平均浓度为 30 μg/m^3（咸宁）～37 μg/m^3（武汉），其中咸宁和黄石达到环境空气质量二级标准（35 μg/m^3）。与 2019 年相比，$PM_{2.5}$浓度下降了 9.5%（鄂州）～17.8%（武汉），较过去 5 a（2015—2019 年）下降了 25.3%（黄冈）～33.5%（黄石）（表 6.18）。

2020 年武汉城市圈各地市 PM_{10}平均浓度为 48 μg/m^3（咸宁）～66 μg/m^3（鄂州），所有城市皆达到环境空气质量二级标准（70 μg/m^3）。与 2019 年相比，PM_{10}浓度下降了 13.2%（鄂州）～24.0%（孝感），较过去 5 a 下降了 23.0%（黄冈）～35.3%（武汉）（表 6.18）。

表 6.18　2015—2020 年武汉城市圈主要地（市）大气颗粒物浓度对比

要素	时期	鄂州	黄冈	黄石	武汉	咸宁	孝感
$PM_{2.5}$	2020 年平均浓度/(μg/m^3)	38	36	35	37	30	36
	较 2019 年	−9.5%	−12.2%	−12.5%	−17.8%	−16.7%	−16.3%
	较 2015—2019 年平均	−29.9%	−25.3%	−33.5%	−32.2%	−33.0%	−29.1%
PM_{10}	2020 年平均浓度/(μg/m^3)	66	61	63	58	48	57
	较 2019 年	−13.2%	−17.6%	−13.7%	−20.5%	−18.6%	−24.0%
	较 2015—2019 年平均	−24.0%	−23.0%	−25.5%	−35.3%	−33.3%	−32.6%

2020 年武汉城市圈各地（市）SO_2平均浓度为 6 μg/m^3（孝感）～15 μg/m^3（黄石），所有城市皆达到环境空气质量一级标准（20 μg/m^3）。与 2019 年相比，SO_2浓度变化较大，变化范围为下降了 14.3%（孝感）～上升了 28.6%（咸宁），较过去 5 a 下降了 43.4%（孝感）～上升了 7.1%（咸宁）（表 6.19）。

2020 年武汉城市圈各地（市）NO_2平均浓度为 17 μg/m^3（咸宁、孝感）～36 μg/m^3（武汉），所有城市皆达到环境空气质量一级标准（40 μg/m^3）。与 2019 年相比，NO_2浓度下降了 9.1%（黄石）～19.0%（咸宁、孝感），较过去 5 a 下降了 10.7%（黄石）～26.7%（孝感）（表 6.19）。

表 6.19　2015—2020 年武汉城市圈主要地市反应性气体浓度对比

要素	时段	鄂州	黄冈	黄石	武汉	咸宁	孝感
SO_2	2020 年平均浓度/(μg/m³)	11	10	15	8	9	6
	较 2019 年	−8.3%	0	7.1%	−11.1%	28.6%	−14.3%
	较 2015—2019 年平均	−32.1%	−10.7%	−11.8%	−33.3%	7.1%	−43.4%
NO_2	2020 年平均浓度/(μg/m³)	29	22	30	36	17	17
	较 2019 年	−14.7%	−12.0%	−9.1%	−18.2%	−19.0%	−19.0%
	较 2015—2019 年平均	−14.2%	−14.1%	−10.7%	−24.4%	−17.5%	−26.7%
O_3	2020 年平均浓度/(μg/m³)	92	96	93	92	89	94
	较 2019 年	−6.1%	−6.8%	−6.1%	−8.0%	−11.9%	−8.7%
	较 2015—2019 年平均	−4.8%	−7.3%	3.8%	−1.1%	−10.5%	−4.7%
CO	2020 年平均浓度/(mg/m³)	1.0	0.9	1.1	0.9	0.8	1.0
	较 2019 年	0	0	0	−10.0%	−11.1%	11.1%
	较 2015—2019 年平均	−16.7%	−21.1%	−15.4%	−13.5%	−24.5%	−23.1%

2020 年武汉城市圈各地(市)O_3 平均浓度为 89 μg/m³(咸宁)～96 μg/m³(黄冈),所有城市皆达到环境空气质量一级标准(100 μg/m³)。与 2019 年相比,O_3 浓度下降了 6.1%(鄂州、黄石)～11.9%(咸宁),较过去 5 a 下降了 1.1%(武汉)～10.5%(咸宁)(表 6.19)。

2020 年武汉城市圈各地(市)CO 平均浓度为 0.8 mg/m³(咸宁)～1.1 mg/m³(黄石)。与 2019 年相比,鄂州、黄冈和黄石 CO 浓度持平,武汉和咸宁分别下降了 10.0%和 11.1%,而孝感上升了 11.1%;与过去 5 a 相比,下降了 13.5%(武汉)～24.5%(咸宁)(表 6.19)。

2015—2020 年武汉城市圈各地(市)$PM_{2.5}$ 平均浓度咸宁(42 μg/m³)最低而武汉最高(52 μg/m³);$PM_{2.5}$ 平均浓度与之类似,咸宁(68 μg/m³)最低而武汉最高(84 μg/m³)。

2015—2020 年武汉城市圈各地(市)SO_2 平均浓度咸宁(9 μg/m³)最低而黄石(17 μg/m³)最高;NO_2 平均浓度咸宁(20 μg/m³)最低而武汉(46 μg/m³)最高;O_3 平均浓度黄石(90 μg/m³)最低而黄冈(102 μg/m³)最高;CO 平均浓度咸宁和武汉(1.0 mg/m³)最低而黄石(1.3 mg/m³)最高。

6.4.2　武汉和宜昌酸雨变化特征

6.4.2.1　酸雨强度变化

武汉站年均 pH 值为 4.90,属弱酸雨等级,年际变化特征明显,整体呈每 10 a pH 值下降 0.2 的变化趋势(图 6.24)。1990—2000 年酸雨等级维持在弱酸雨,其中 1996 年为 31 a 来酸雨强度最弱年份(pH=5.87),其次是 1990 年(pH=5.68),均为非酸雨;2001—2007 年酸雨强度持续增强,pH 值逐年下降,其中 2007 年(pH=4.22)为有记录以来武汉酸雨最强的年份;2008 年开始酸雨趋于改善,pH 值呈波动增大,酸雨强度明显减弱。2020 年武汉站 pH 值为 5.22,酸雨强度为 2000 年以来第 4 低值,高于 2018、2000 和 2016 年。

宜昌站年均 pH 值为 4.50,为弱酸雨等级,总体上 pH 值为增大趋势,酸雨强度呈减弱趋势,2013 年以来明显减弱。宜昌站酸雨强度以强酸雨为主,31 a 有效数据中,有 16 a 为强酸雨,2012 年开始转为弱酸雨。2020 年宜昌站 pH 值为 5.68,酸雨强度为有记录以来最低值。

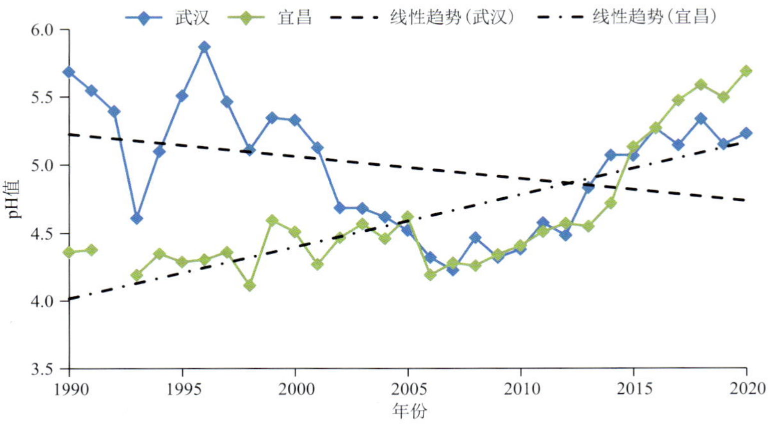

图 6.24　武汉站和宜昌站 1990—2020 年酸雨强度年际变化

6.4.2.2　降水 *K* 值(电导率)变化

武汉站年均 *K* 值为 39.6 μs/cm,31 a 来整体呈增大趋势(图 6.25)。2009 年以前 *K* 值呈增大趋势,且最高值出现在 2009 年,为 72.4 μs/cm;2009 年之后 *K* 值则呈明显减小趋势。2020 年 *K* 值为 34.1 μs/cm,较 2019 年减小 7.8 μs/cm,为 1999 年以来第二低值。

宜昌站年均 *K* 值为 55.4 μs/cm,总体呈减小趋势,最高值出现在 2005 年,为 83.2 μs/cm。2020 年降水 *K* 值为 30.1 μs/cm,较 2019 年减小 18.5 μs/cm,为有记录以来次低值,仅高于 2018 年。

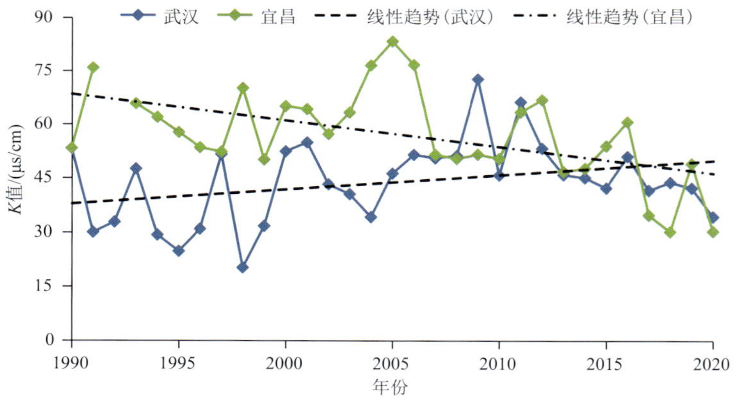

图 6.25　武汉站和宜昌站 1990—2020 年降水 *K* 值年际变化

6.4.3　$PM_{2.5}$气象条件影响评估

采用 $PM_{2.5}$气象条件评估指数[①](EMI)定量分析了气象条件对 $PM_{2.5}$浓度增减的影响。4

①$PM_{2.5}$气象条件评估指数:在排放不变条件下,因传输、扩散和沉降的气象条件变化所导致 $PM_{2.5}$浓度变化的指数,可用于定量表征气象条件的贡献。正值表示气象条件偏差,即气象条件不利于颗粒物浓度的降低,负值表示气象条件偏好,即气象条件有利于颗粒物浓度的降低。

个滨水城市 2020 年 $PM_{2.5}$浓度与过去 5 a 相比均出现下降，襄阳市 1—3 月和 8 月浓度下降最多，宜昌 1—3 月和 6—9 月下降最多，武汉市 1—3 月、6 月和 11 月下降最多，黄石市 1—3 月、5—8 月下降最多(表 6.20)。从气象条件来看，2020 年与过去 5 a 相比，气象条件有利于 4 个城市 $PM_{2.5}$浓度的下降，襄阳、宜昌、武汉和黄石 EMI 值变率分别为 −7.5%、−9.4%、−8.5% 和 −6.3%，对 $PM_{2.5}$浓度下降有正贡献。从各季来看，秋、冬季节为 $PM_{2.5}$浓度高值时期，该阶段 EMI 变率均以负值为主，气象条件有利于浓度下降。

总体来看，2020 年湖北省全年平均累计降水量 1707.5 mm，较历史同期偏多 4 成，4 个滨水城市也均呈现降水偏多，充沛的降水、大气通风条件较好、大气自净能力强，有助于污染物的沉降和扩散，气象条件总体利于 $PM_{2.5}$浓度下降。在气象条件和减排措施的共同影响下，2020 年湖北省 $PM_{2.5}$浓度较过去 5 a 明显下降，空气质量得到明显改善。

表 6.20　湖北滨水城市 2020 年 $PM_{2.5}$浓度、$PM_{2.5}$浓度及 EMI 指数与过去 5 a 相比变率

时间	襄阳			宜昌			武汉			黄石		
	$PM_{2.5}$浓度/(μg/m³)	$PM_{2.5}$浓度变率/%	EMI 变率/%	$PM_{2.5}$浓度/(μg/m³)	$PM_{2.5}$浓度变率/%	EMI 变率/%	$PM_{2.5}$浓度/(μg/m³)	$PM_{2.5}$浓度变率/%	EMI 变率/%	$PM_{2.5}$浓度/(μg/m³)	$PM_{2.5}$浓度变率/%	EMI 变率/%
1 月	92.9	−34.9	−12.5	80.7	−41.3	−17.9	59.6	−41.2	−17.2	49.3	−41.5	−14.8
2 月	58.4	−39.9	−8.1	55.1	−42	−8.5	38.0	−52.1	−9.9	33.3	−52.7	−7.3
3 月	49.6	−32.2	−0.7	44.6	−35.5	−12.4	34.5	−45.6	−12.2	32.9	−42.8	−15.4
4 月	44.6	−8.4	−7.5	32.9	−30.1	−17.9	34.1	−28.1	0.3	36.2	−25.9	−1.1
5 月	40.3	−7.8	−27.1	29.3	−26.3	−14.6	34.6	−24.7	−12.9	33.5	−37.4	−10.3
6 月	26.7	−26.3	−2.4	17.7	−47.7	1.5	19.6	−40.7	−8.7	18.1	−53.2	−13.1
7 月	24.4	−19.5	14.8	17.3	−33.8	12.9	21.6	−18.9	4.6	20.6	−37.2	17.2
8 月	22.9	−32.6	−17.2	16.2	−43.2	−14.2	20.6	−33.6	−16.7	19.8	−44.3	−21.3
9 月	37.3	−11.5	0.3	23.6	−36.4	−12.8	37.9	−19.1	−4.9	31.4	−24.8	17.2
10 月	59.2	17.6	2.0	34.6	−15.4	−4.4	36.3	−15.3	−10.4	36.5	−17.7	−7.9
11 月	67.1	−16.3	−13.8	50.2	−14.4	−6.9	39.8	−34.8	−18.6	36.7	−31.2	−19.9
12 月	103.8	−8.7	−11.4	86.4	−9.8	−12.1	80.2	−8.5	−5.8	71.5	−0.9	9.3
全年	52.3	−20.3	−7.5	40.7	−30.9	−9.4	37.5	−31.4	−8.5	35.0	−33.5	−6.3

6.4.4　地形和气象条件对湖北省环境空气质量的影响分析

6.4.4.1　湖北省 $PM_{2.5}$和臭氧复合污染现状及特点

$PM_{2.5}$仍是湖北省重污染天气发生的主要影响因子。2015—2021 年，全省 $PM_{2.5}$浓度年均降幅 7.4%，尽管 $PM_{2.5}$浓度持续下降，但 $PM_{2.5}$仍是湖北省重污染天气发生的主要影响因子。湖北省重污染天气主要集中在秋、冬季，其中中部地区污染较为严重，其次为东部地区。

臭氧污染对湖北省优良率影响日益凸显。自 2017 年起，臭氧浓度呈波动上升趋势，臭氧污染对湖北省优良率影响日益加重。由臭氧超标造成的污染天气多集中于夏、秋两季，污染较为严重的地区为东部地区，其次为中部地区，污染程度多为轻度到中度污染。

6.4.4.2　地形影响分析

两湖(湖北省和湖南省)盆地的"次盆地"地形对大气污染物区域传输有独特重要性。两湖地区为北低南高的"簸箕型"地形。有研究指出,地形作用使得大气污染物在两湖盆地传输和汇聚,抬升了区域 $PM_{2.5}$ 浓度。两湖盆地 $PM_{2.5}$ 区域传输贡献率呈现由北向南下降的趋势,且在重污染阶段区域传输影响占比较大(Hu et al.,2022)。对流层臭氧的生命周期可长达几周甚至数月,跨区域传输对湖北省臭氧污染具有重要影响。有研究发现,两湖盆地是臭氧的一个汇区。对两湖盆地近地层臭氧全年平均贡献率较高的地区为京津冀和长三角,且春季贡献率较高的地区为京津冀,夏季贡献率较高的地区为长三角和京津冀;两湖盆地对其他地区的传输贡献均处于较低水平,其中主要对珠三角地区近地层臭氧产生较高贡献(Shen et al.,2022)。

湖北省的地貌特征形成了湖北省境内大气污染物输送和迁移通道。湖北省处于中国地势第二级阶梯向第三级阶梯过渡地带,全省地势大致为东、西、北三面环山,中间低平,略呈向南敞开的不完整盆地,这种地貌特征形成了湖北省境内大气污染物输送和迁移通道。冬、春季来自河西走廊或南阳盆地夹道的北风或偏北风大气环流将污染物带入湖北境内,一般路径为"省境外→十堰/襄阳→随州→孝感→武汉→黄石",即桐柏山和大洪山之间的丘陵以及平原地貌形成的通道;或"省境外→十堰/襄阳→荆门→荆州",即鄂西山地和大洪山之间丘陵以及平原地貌形成的通道。夏、秋季来自东南方或南方的季风则按另外的路径或近似相反的路径在传输通道中运移。

6.4.4.3　气象特征影响分析

冷、暖气团对峙和盆地地形的阻碍作用抑制了空气污染物的水平扩散。两湖盆地位于中国冷、暖气团交汇的主要区域。污染物从高值源区向中部区域输送,受冷、暖气团对峙和次盆地地形阻碍作用,抑制了污染物跨过两湖平原后继续输送。因而,两湖盆地成为区域输送的水平辐合区。大部分冷空气南下到湖南、江西时势力已有明显减弱,经过长距离传输后污染物总量均有不同程度下降,因此,湖北地区较江西和湖南受传输影响更明显。

对流层中部的"暖盖"抑制了污染物的垂直扩散。冷空气的南进抬升了迎面的暖气团,暖气团先向北再向下翻转,在下沉气流中形成的对流层中部"暖盖"抑制了污染物的垂直扩散,促进污染物的积累。北方冷空气南下以及南方暖湿气流北进至湖北一带时,气团强度均有些许减弱,因而"暖盖"易在湖北省一带停滞,对污染物的垂直扩散存在长期不利影响。

2000 年以来,除 2008 年、2014 年、2015 年、2020 年外,其他年份平均高温日数均较常年偏多。温度的升高将使得湖北省臭氧污染风险和气候风险有所增加。

6.5　本章小结

本章结合湖北省典型滨水城市生态气象服务实际需求,重点探讨总结了城市热环境、风环境、大气环境特征、城市不同生态用地气候调节效应等城市生态气象研究进展和业务服务成果。

(1)城市蓝绿空间在缓解严重的城市热环境、应对城市地区气候变化的战略提出中发挥着不可替代的作用。利用现场实测研究、遥感监测评价、计算机模型模拟等技术可实现对城市湿地等蓝绿空间的气候调节效应特征及其影响分析。以武汉城市湿地降温效应评估为例,不同类型城市湿地的最优降温效应指标不同；河流湿地降温效应主要由河流长度和表层水温等自身属性决定，而湖泊湿地和水景公园降温效应则主要受到形状指数、湿地斑块地表温度、水体和植被覆盖水平、湿地周边建设用地等属性及周边环境因子的共同影响；梅雨期降雨量或盛夏期气温的差异可能是影响城市湿地降温效应年际变化的重要原因之一。

(2)卫星遥感监测和 GIS 空间分析是分析城市地表热岛时空格局变化及其影响的重要技术手段。湖北省滨水城市热岛强度受城市区域绿地、水体等生态用地影响显著。2016—2020 年武汉城市热岛效应逐渐得到缓解，城市热岛分布形态整体由集中片状演变为相对零散碎片的块状。区域气温略低、江河湖泊水域面积及土壤墒值增大、城区小型绿地与湿地公园的修复扩增，一定程度促进了城市湿地及绿地增湿降温的气候调节生态功能的发挥，是影响武汉城区城市热岛效应缓解的主要条件。武汉青山区海绵城市建设中的绿地和湿地面积的增加对缓解城市热岛起到较明显的作用。

(3)襄阳城市区域风道受季风气候和地形的共同影响四季变化明显。全年基本呈现以鱼梁洲为中心，沿汉江河道有东西向和南北向交叉的两条主风道以及以襄城区西南低山岗地为中心的南北向两条次风道。根据对背景风环境、地表通风潜力、通风量、城市热岛、绿源等因素的分析，发现襄阳市中心城区存在 4 条可以利用的风道。

(4)武汉城市圈复合型大气污染问题日益突出。武汉城市圈 $PM_{2.5}$浓度高值主要出现在 1 月、2 月、5 月和 10—12 月，平均值超过 35 $\mu g/m^3$；PM_{10}浓度高值主要出现在 1 月、11 月和 12 月，平均值超过 70 $\mu g/m^3$。2016—2020 年，武汉城市圈大气颗粒物($PM_{2.5}$、PM_{10})和反应性气体(SO_2、NO_2及 CO)浓度呈下降趋势。采用 $PM_{2.5}$气象条件评估指数(EMI)定量分析了气象条件对 $PM_{2.5}$浓度增减的影响，2020 年湖北省降水量偏多，大气通风条件较好、大气自净能力强，有助于污染物的沉降和扩散，气象条件总体利于 $PM_{2.5}$浓度下降。在气象条件和减排措施的共同影响下，2020 年湖北省 $PM_{2.5}$浓度较过去 5 a 明显下降，空气质量得到明显改善。武汉市 2001—2007 年酸雨强度持续增强，其中 2007 年为有记录以来武汉酸雨最强年份；2008 年开始酸雨趋于改善。宜昌站总体上 pH 值为增加趋势，酸雨强度呈减弱趋势，2013 年以来明显减弱。2020 年，四个滨水城市 $PM_{2.5}$浓度与过去 5 a 相比均出现下降。

第7章 生态气候资源开发与利用

气候资源是气候要素中可以被人类生产和生活利用的自然物质和能量，包括太阳能资源、热量资源、云水资源、风能资源和大气成分资源等。气候资源与人类生活息息相关，是一种基础性的自然资源、战略性的经济资源和公共性的社会资源，具有突出的生态、经济和社会三重效益，对人类的生活、生产发挥着重要的作用。湖北省是南、北气候过渡带，属亚热带季风气候区，除鄂西南河谷为中亚热带气候外，大部分地区属于北亚热带气候。气候湿润，光、热、水资源丰富，雨热同季，具有发展粮食、棉花、油料和多种经济作物的综合优势；丰富的水资源是发展水电、水产、水运的良好条件；山区气候类型多样，生物资源丰富，立体开发潜力巨大；合理开发利用风、光、水等清洁能源，将大幅度降低湖北省碳排放量，促进“碳达峰、碳中和”目标的早日实现。

7.1 生态气候资源分布特征

7.1.1 农业气候资源

7.1.1.1 无霜期

湖北省常年平均初霜日在11月下旬，终霜日在3月中旬，常年平均无霜期长度约260 d，其中鄂东南和江汉平原大部分地区为260～280 d，鄂西神农架等中高山地区为220～250 d，其他大部分地区为250～270 d(图7.1)。1961年以来无霜期长度呈增加趋势，初霜日推迟、终霜日提前。1961—2020年，湖北省年平均无霜期长度增加速率为4.3 d/(10 a)；湖北省常年平均初霜日期为11月26日，终霜日期为3月11日，初霜日推迟速率为1.4 d/(10 a)，终霜日有明显提前趋势，提前速率为2.9 d/(10 a)。

7.1.1.2 活动积温

湖北省热量资源丰富，全年约360 d日平均气温在0 ℃以上，≥0 ℃活动积温4600～6500 ℃·d。日均温平均在2月下旬稳定上升至10 ℃以上，11月下旬—12月上旬降至10 ℃以下，日平均气温≥10 ℃持续日数鄂东南、江汉平原南部、鄂西南东部270～290 d，鄂北大部分地区240～260 d，其他地区260～270 d。日平均气温≥10 ℃积温以鄂东南和江汉平原南部最多，达5500～5800 ℃·d，鄂西北大部分地区、鄂北岗地、鄂西南低山地区5000～5400 ℃·d，鄂西中高山地区4000～5000 ℃·d(图7.2a、b)。

1961—2020年，湖北省日平均气温≥10 ℃年活动积温呈显著的增加趋势，增加速率为

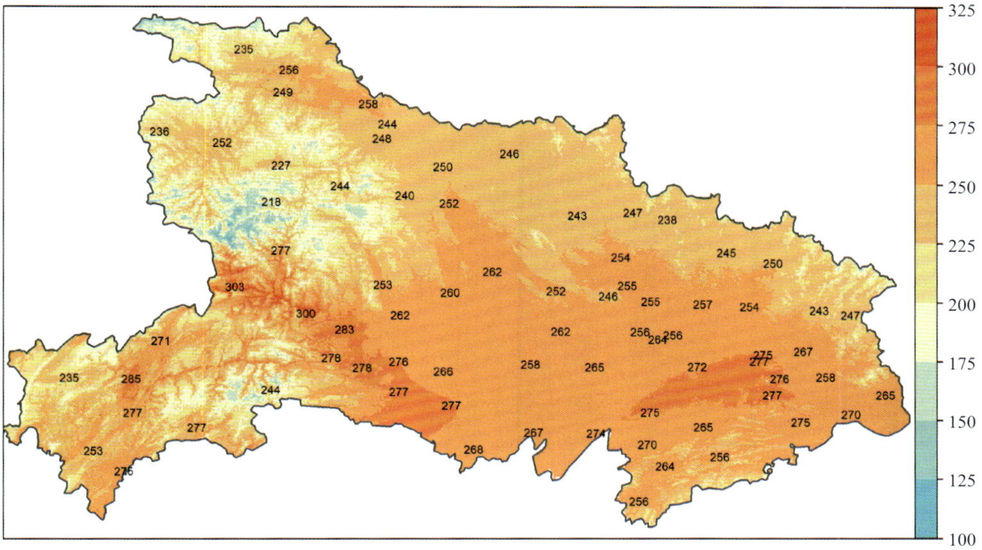

图 7.1　湖北省年平均无霜期长度空间分布(单位:d)

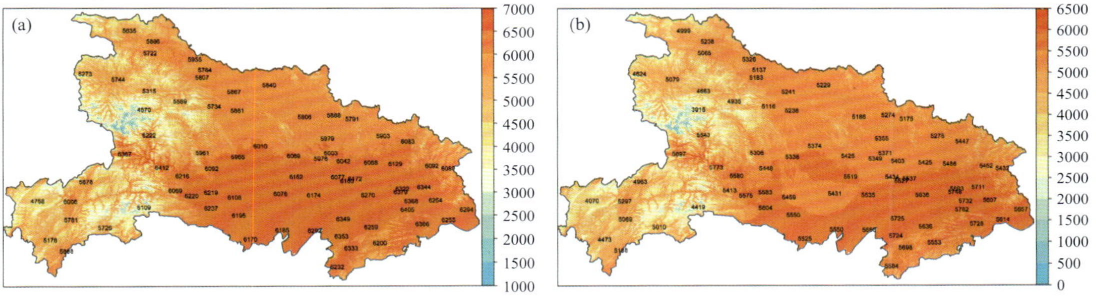

图 7.2　湖北省日平均气温≥0 ℃(a)和日平均气温≥10 ℃(b)积温空间分布(单位:℃·d)

70.0 ℃·d/(10 a)。20 世纪 90 年代后增加速率达 134.0 ℃·d/(10 a)。日平均气温≥10 ℃持续日数呈增加趋势,约每 10 a 增加 3.0 d。

7.1.1.3　光照资源

湖北省光照资源较丰富,北多南少,多年平均年日照时数约 1670 h,年平均总辐射量 3500～4600 MJ/m^2,其中鄂西北至鄂中丘陵地区、鄂东北大部分地区 4000～4600 MJ/m^2,江汉平原及鄂东南大部分地区 3800～4000 MJ/m^2,鄂西南地区 3500～4000 MJ/m^2(图 7.3)。

7.1.1.4　水分条件

湖北省降水资源丰富且雨热同步,但时空分布不均。年平均干燥度指数(潜在蒸散发和降水量的比值)除鄂西北北部略大于 1,气候偏干外,其他大部分区域年均降水量大于蒸散发量,气候较为湿润(图 7.4),且境内江河纵横,湖泊、水库众多,地表水资源丰富,为水稻种植提供了充足的水分条件。但受降水年际变异影响,部分年份仍可出现季节性旱涝,并对农作物生长发育造成一定不利影响。

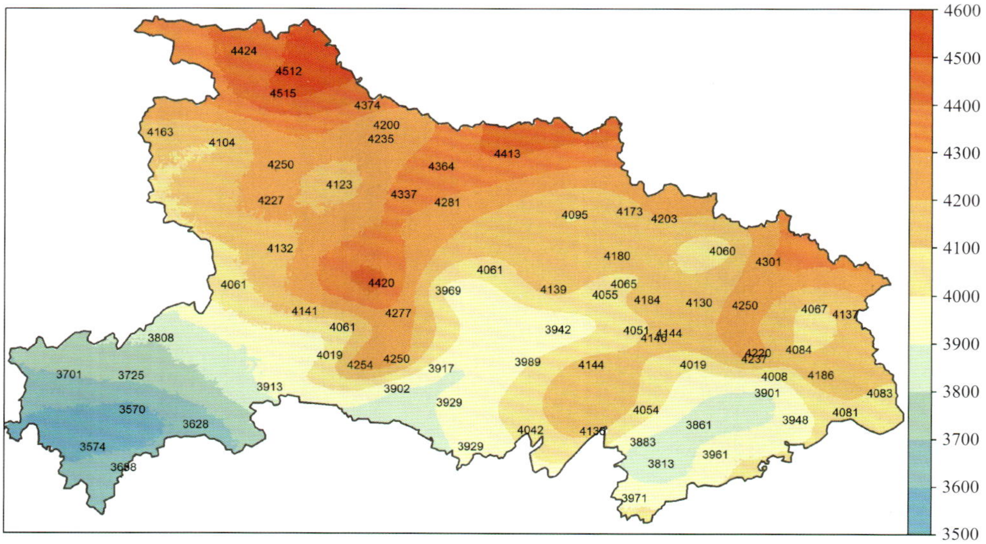

图 7.3　湖北省年平均总辐射量空间分布(单位:MJ/m²)

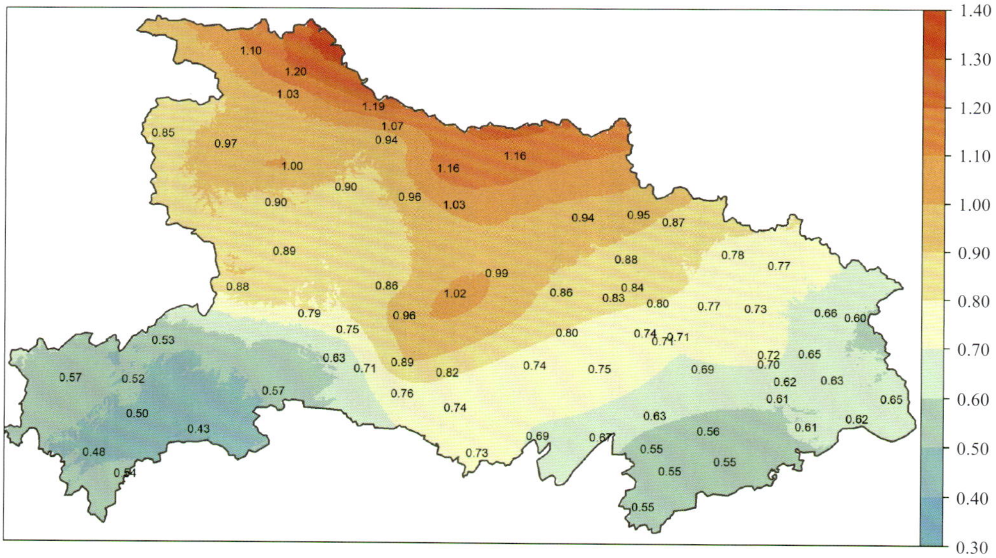

图 7.4　湖北省年平均干燥度指数空间分布

7.1.2　风能资源

7.1.2.1　风能资源空间分布

从 70 m 高度年平均风速情况来看(图 7.5a),齐岳山风速最大,可达 7.0～7.5 m/s;鄂北岗地枣阳至英山一带和江汉平原西部平均风速较大,为 5.0～6.0 m/s;鄂北部分海拔较高地区达到 6.0～6.5 m/s。神农架和巴东部分山区,宜城、钟祥东部,江汉平原南部等地风速也较大，为5.0～5.5 m/s；巴东部分高海拔地区风速达到6.0～6.5 m/s。

从70 m高度年平均风功率密度来看（图7.5b），齐岳山风功率密度最大，可达300～400 W/m^2。鄂北岗地随州—英山一带，江汉平原东部荆门—荆州一带，巴东及神农架部分山区风功率密度较大，达到250～300 W/m^2。孝感、京山以及江汉平原南部风功率密度为200～250 W/m^2。

湖北省风能资源丰富区主要位于"三带一区"，即湖北省中部的襄阳—荆门的南北向风带、鄂北的枣阳—英山的东西向风带、部分湖岛及沿湖风带、鄂西南和鄂东南的部分高山地区。目前湖北省已建和在建的风电场大多位于"三带一区"中。

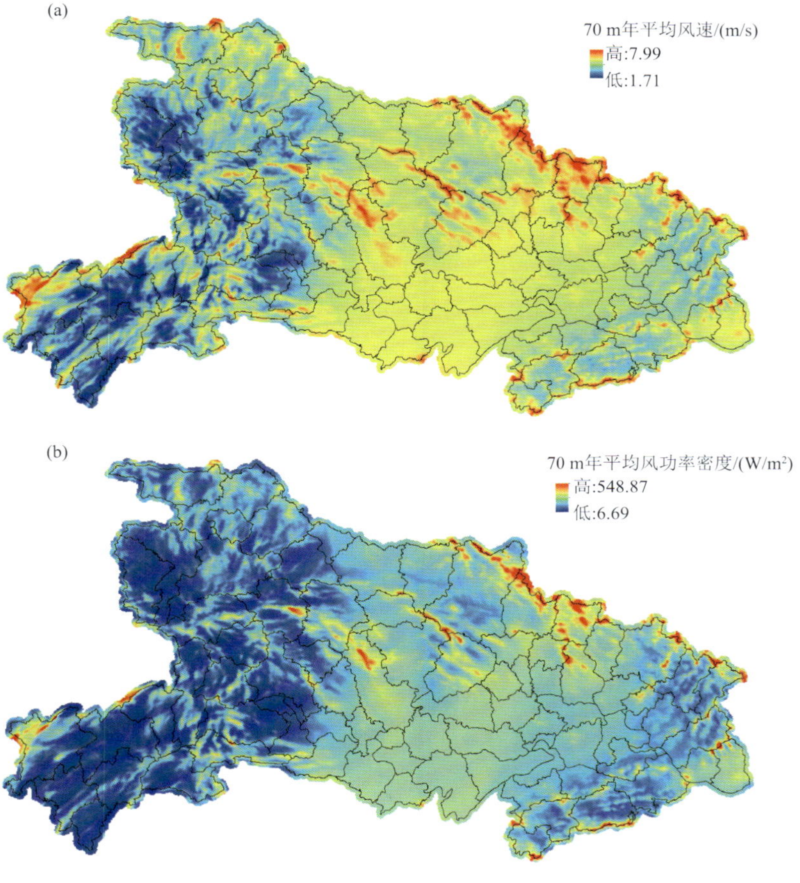

图7.5 湖北省70 m高度年平均风速(a)和风功率密度(b)分布

7.1.2.2 风能资源时间分布

湖北省各详查区域测风塔70 m高度月平均风速为5.4～6.8 m/s，春季平均风速最大，秋季最小，月平均风速最大值与最小值一般相差1.0～2.0 m/s。研究（曾琦 等，2019）表明，湖北省风能资源以春季最丰富，冬季和夏季次之，秋季最少。湖北省各地风速日变化均呈单谷型特征，傍晚至夜间风速大于白天，全年平均的小时平均风速最大值与最小值一般相差1.0～1.5 m/s。

7.1.2.3 风能资源技术可开发量

根据全国第三轮(2009—2012年)风能资源详查的成果,按70 m高度年平均风功率密度≥250 W/m^2的地区为实际开发利用区的标准,利用数值模式方法计算湖北省实际可开发区域面积为1664.16 km^2,可装机容量为332.8万kW。若按70 m高度年平均风功率密度达到200 W/m^2的可开发标准,湖北省风能资源技术可开发量为1446万kW。

近年来随着低风速高塔筒风机技术、分布式风电技术等新技术的发展,大幅度拓展了风力发电的应用范围与前景,未来一段时期,湖北省将以开发利用低风速区和分布式风电为主。为此对湖北省风能资源相对丰富区和低风速可开发区风能资源储量进行了重新核算,其标准如下所示。

风能资源相对丰富区标准:离地80～90 m高度,风速5.5 m/s以上且可利用小时数1800 h以上的地区。

低风速可开发区标准:离地100～120 m高度,风速5.0 m/s以上且可利用小时数1800 h以上的地区。

其中可利用小时数计算采用了大叶轮直径的2 MW机型;水体、城市等不可利用区部分进行了折算和排除。

湖北省风能资源相对丰富区风能资源770万kW,可利用面积0.74万km^2,这部分风能资源大部分已开发或已规划。风能资源低风速可开发区和资源相对丰富区分布如图7.5所示,低风速可开发区域主要位于江汉平原、襄阳—荆门通道、大别山与桐柏山之间等地。从行政区上看,分布在荆州、荆门、孝感、黄冈、天门、潜江、仙桃等地区。全省低风速风能资源约3850万kW,可利用面积3.75万km^2;这部分风能资源适合高塔筒大叶片风机或分布式利用方式,二者合计湖北省风能资源可开发总量为4622万kW。

7.1.3 太阳能资源

7.1.3.1 太阳能资源空间分布

湖北省各地年太阳总辐射大部分为4380～4800 MJ/(m^2·a)。其中鄂东北最多,广水、孝感、安陆、新洲、黄冈、麻城均在4700 MJ/(m^2·a)以上;其次为鄂西北、鄂北岗地,总辐射在4400～4700 MJ/(m^2·a);再次为鄂东南、江汉平原,为4000～4400 MJ/(m^2·a);鄂西南山区最小,为3000～4000 MJ/(m^2·a),除三峡河谷外,大部分在3780 MJ/(m^2·a)以下。

太阳能资源空间分布特征呈现出三大特点:整体上从鄂西南向鄂东北逐渐增多;同纬度相比,东多西少;从不同地形区域来看,平原多、山区少;随纬度变化来看,北多南少,其中以西部山区最显著,中东部变化相对较小。

湖北省太阳直接辐射年总量从西部至东部呈现逐渐增加趋势,鄂东北地区最高可达2500 MJ/(m^2·a),鄂西南地区最低为970 MJ/(m^2·a)。湖北省鄂西南地区散射辐射年总量最低,最低不足2200 MJ/(m^2·a),中部地区散射辐射量适中,鄂东南地区相对较高,可达2380 MJ/(m^2·a)。

采用1 km分辨率湖北省实际地形总辐射年总量为指标,按照一级区划,将湖北省太阳能资源分为三个等级。

一级利用区:太阳能利用条件最优,≥4300 MJ/(m^2·a);

二级利用区：太阳能利用条件中等，3700～4300 MJ/(m^2·a)；

三级利用区：太阳能利用条件一般，≤3700 MJ/(m^2·a)。

湖北省太阳辐射气候分区如图 7.6 所示。

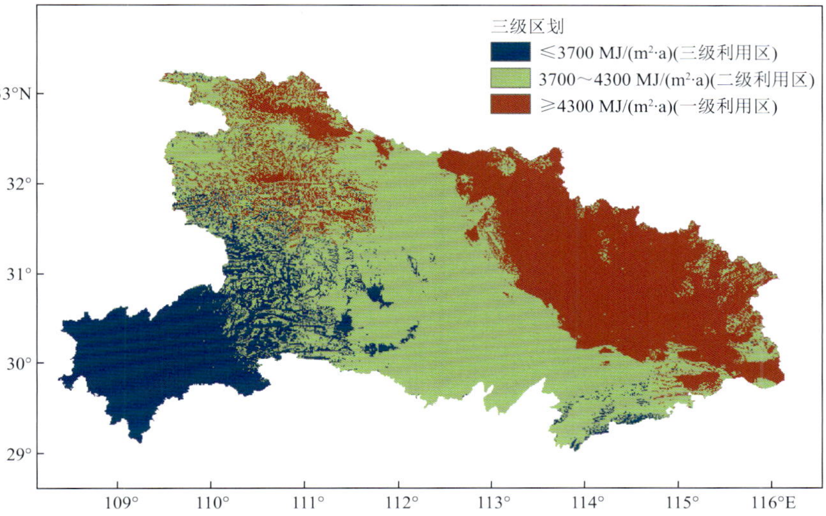

图 7.6　湖北省太阳辐射气候分区

7.1.3.2　太阳能资源季节分布

湖北省太阳能资源存在明显的季节变化。湖北省各地太阳总辐射以夏季 7 月、8 月最丰富，其次是春季和秋季，冬季 12 月、1 月最少，武汉、宜昌 7 月、8 月的实测总辐射均在 500 MJ/(m^2·a)以上，超过 12 月、1 月的两倍。

7.1.3.3　太阳能资源技术可开发量

太阳能资源技术可开发量是指剔除不可利用面积后，在考虑不同地形和经济人口状况条件所决定的面积利用率情况下的开发潜力。

$$E' = S' \cdot P \tag{7.1}$$

$$S' = S \cdot \xi \tag{7.2}$$

式中：E'为太阳能资源技术可开发量(kW)；S'为太阳能资源技术可利用面积(m^2)；ξ 为剔除不可利用面积后的面积利用率，取值范围为 3%～10%；S 为计算区域的面积(m^2)；P 为单位面积的太阳能资源可开发量(kW/m^2)。

考虑湖北省地形，将其分为鄂西山地茂密林区(简称鄂西山区)，主要为丹江口、谷城、南漳、东宝、远安、夷陵、宜都一线以西地区；中东部丘陵山地林区(简称中东部丘陵)，主要为幕阜山、大别山、桐柏山、大洪山等连片丘陵山区；中东部平原湖区(包括江汉平原及鄂北、鄂东地区，简称平原湖区)。同时考虑到森林生态的限制因素，考虑将可安装面积进行折减，其中鄂西山区、中东部丘陵可用面积比例分别为 20%、40%，平原湖区可用面积比例为 60%。

分别计算了面积利用率为 3%～10%(共分为 4 种情景，分别为保守、平衡、积极、激进)区间内的技术可开发量。折减系数取 0.55，不同面积利用率下，湖北省太阳能资源技术可开发量分别为 167.7 GW(保守)、279.4 GW(平衡)、447.0 GW(积极)、559.0 GW(激进)(表 7.1)。

表 7.1 不同面积可利用率的太阳能资源技术可开发量

面积可利用率/%	地区	可利用面积/km^2	技术可开发量/GW	合计/GW
3(保守)	鄂西山区	479.9	33.5	167.7
	中东部丘陵	487.7	38.3	
	平原湖区	1204.2	95.9	
5(平衡)	鄂西山区	799.8	55.8	279.4
	中东部丘陵	812.8	63.8	
	平原湖区	2007.0	159.8	
8(积极)	鄂西山区	1279.6	89.2	447.0
	中东部丘陵	1300.4	102.1	
	平原湖区	3211.3	255.7	
10(激进)	鄂西山区	1599.6	111.6	559.0
	中东部丘陵	1625.5	127.7	
	平原湖区	4014.1	319.7	

7.2 湖北省风能、太阳能资源开发利用

7.2.1 风能资源监测评估

7.2.1.1 风能资源监测

依托全国第三轮(2009—2012 年)风能资源详查项目的开展和省财政关于风能资源普查项目的进行，湖北省气象部门选定大悟仙居顶、钟祥华山观、随州大风口、利川齐岳山、崇阳大湖山和黄冈龙感湖 6 个区域建设风能资源专业观测网，进行风能资源观测和详查。此外，风电企业在投资开发前，均在拟建风电场场址建设了 70～150 m 不等高度的测风塔，开展了为期不少于 1 a 的现场观测，风能资源观测资料大部分依照规定向气象部门进行了资料汇交。

在风能资源详查阶段，依托风能资源普查和详查观测资料，利用高分辨率数值模式对湖北省风能资源分布情况进行了 1 km×1 km 高分辨率模拟分析，估算了湖北省风能资源总储量和技术开发量，以及风能资源可开发利用区分布。

7.2.1.2 风能资源评估

(1)风电场风能资源评估

利用湖北省现有测风塔实际测风资料以及加密点自动气象站观测资料，按照《风电场风能资源评估方法》(GB/T 18710—2002)的要求，计算各详查点平均风速、风向频率、有效小时数、风能方向频率、风速和风能频率、切变指数以及湍流强度等各项风能参数，并利用耿布尔法等模型推算各详查点或场址不同高度上 50 a 一遇最大风速，在此基础上，对湖北省现有各详查点或拟建风电场场址的风能资源进行评价。

(2)区域风能资源评估

风能资源的开发利用受自然地理、土地资源、交通、电网以及国家或地方发展规划等诸多因素的制约，因此计算风能资源的可开发量必须综合考虑各种制约因素。应用 ArcGIS 软件系统，结合地形、土地利用等各种地理信息数据，在数值模拟给出的风能资源分布图上，划定不能开发和限制开发风能资源的区域，最终得到风能资源可开发区域的位置、面积和潜在开发量。

7.2.2 太阳能资源监测评估

7.2.2.1 太阳能资源监测

湖北省仅有武汉、宜昌 2 个太阳辐射国家站。其中武汉站为一级辐射站，观测要素为总辐射、直接辐射、散射辐射、反射辐射和净全辐射。宜昌站为三级辐射站，观测要素为太阳总辐射。此外，其他国家气象台站均进行日照时数的观测。

2009 年，湖北省气象局新建了建始、五峰、房县、南漳、随州、京山、荆州、红安、武穴和咸宁 10 个太阳辐射观测站，进一步完善了太阳能资源普查监测网。由于缺乏维护经费支持，目前这批省级辐射站部分已撤销辐射观测项目。

2010 年，湖北省气象局获得省财政项目“太阳辐射能量转换效率气象观测示范工程”支持，该项目包含不同材料，多个固定倾角、单跟踪、多跟踪等安装方式的太阳能光伏组件的对比观测，同时设辐射观测，旨在为太阳能资源开发、太阳能发电预报获取第一手资料，为科学揭示太阳能资源与气象要素的关系提供数据支持。

7.2.2.2 太阳能资源评估

(1)利用地面气象观测资料进行气候学推算评估

利用地面辐射观测资料直接分析一个地区太阳能资源的多寡，直至进行光伏电站资源评价，是最简单、最直接也较准确的方法。由于目前国家级的业务地面辐射观测站仅 98 个，其中一级站 17 个，也就是说只有这 17 个一级站附近的光伏电站才能够直接计算斜面总辐射量和并网光伏发电量。因此，其他无辐射观测站地区需要根据其他地面观测要素进行太阳能资源的气候学统计推算，目前常用的是日照百分率观测资料。也就是利用一个地方日照百分率与太阳总辐射/直接辐射的相关性，建立统计学推算方程，而日照百分率是所有气象站均有观测的气象要素，利用以上推算方程就可以计算气象站所在地的太阳总辐射/直接辐射量值。

(2)利用卫星遥感资料进行资源评估

利用卫星资料开展太阳能资源参数评估计算又可以分为原理法计算和统计法计算。原理法计算是指以辐射传输理论为基础，考虑影响太阳辐射的多种因子，对每一因子进行理论(或参数化)计算，最后得到地面太阳辐射，应纳入计算的因子包括云量、水汽、臭氧、气溶胶等。本方法计算精确，物理意义清晰，但对数据源质量要求较高，计算结果仍需要地面观测资料校正。

统计法计算通常是指利用遥感得到的与辐射相关的其他参数，建立与太阳辐射量的统计关系，来间接反演地面辐射分布状况。例如，可采用遥感云量数据建立地面日照、辐射推算模型，开展区域范围各辐射量和实际地形太阳辐射分布式计算。该方法计算精度也较高，计算所用数据易取得，计算结果较为可信。

7.2.3 湖北省风能资源开发利用现状

湖北省风能资源开发利用从20世纪90年代末期对利川齐岳山、通山九宫山等地的测风工作开始起步，经过20多年的发展，特别是经过“十二五”“十三五”的快速发展，风能资源开发利用对经济社会发展的支撑保障能力不断提高。

截至2019年，湖北省风电累计并网装机容量为405.28万kW，2020年风电装机又增长约24%，到2020年底风电装机容量达到501.91万kW。

从发电量上看，湖北省2019年风电发电量为73.83亿kWh，发电设备利用小时数为1960 h，2020年风电发电量为81.81亿kWh，发电设备利用小时数为1881 h。

2020年底全省风电注册企业为43家，比2019年增长3家。

7.2.4 湖北省太阳能资源开发利用现状

截至2019年，湖北省太阳能光伏发电累计并网装机容量为621.43万kW，2020年光伏装机又增长约12%，到2020年底光伏发电装机容量达到697.56万kW。

从发电量上看，湖北省2019年光伏发电量为56.76亿kWh，发电设备利用小时数为1026 h，2020年光伏发电量为64.57亿kWh，发电设备利用小时数为980 h。

2020年底，全省光伏发电注册企业为99家，比2019年增长8家。

7.2.5 湖北省山区风电场建设生态修复

7.2.5.1 山区风电场建设生态修复影响因子

风电场生态修复是指有目的地把风电场建设区域改建成定义明确的、固有的、历史上的生态系统的过程，这一过程的目的是竭力仿效当地特定生态系统的结构、功能、生物多样性及其变迁过程。

湖北省全省95%的风电场建在山区，风电场在开发过程中必然引起一定程度的水土流失和植被破坏等生态问题。在建设风电场过程中，将进行道路修建、基础开挖、输电线路架设等活动，这些活动会在一定程度上破坏原地表和植被。土地原有的紧密结构遭到破坏，山区土壤抗蚀性低，且植被破坏后恢复难度大，再塑地貌为水土流失的发生与发展创造了条件，在强降雨、大风等作用下，水土流失急剧增加。此外，湖北省高山地区平均气温偏低、夏季降水量大，这些因素叠加会造成生态恢复难度大、期限长。

风电场生态修复除涉及当地海拔、地形地貌特征外，还涉及气象、土壤、植被等多个因子，气象要素方面，年平均降水、夏季极端降水及极端低温、大风等都会影响风电场生态修复后的植被生长。土壤及植被要素方面，不同的土壤覆盖类型、土壤降雨侵蚀力及不同的植被覆盖率亦会造成破坏后的生态修复能力不同。风能资源要素方面，湖北省风能资源好的山地丘陵地区，风电场开发规模增大，造成的生态修复难度亦会增加。

结合行业专家以及一线业务人员调研，筛选出气象、土壤、植被、地理信息、风能资源5大类12个要素对湖北省山区风电场生态修复影响较大的影响因子（表7.2）。

表 7.2　湖北省风电场生态修复影响因子

准则层	指标层
气象	年平均降水量/mm
	夏季(4—10 月)降水量/mm
	极端低温/℃
	最大风速/(m/s)
土壤	土壤类型
	降雨侵蚀力/(MJ・mm/(hm²・h))
植被	NDVI
地理信息	海拔高度/m
	坡度/°
	坡向/°
风能资源	70 m 高度风速/(m/s)
	70 m 高度风功率密度/(W/m²)

7.2.5.2　风电场生态修复综合区划

利用全省 89 个国家级气象观测站及 2005 个自动观测站 2016—2018 年观测资料，分区域建立气象要素模型，得到了年降水量、夏季降水量、年平均最低气温等指标的分布。土壤因子指标方面，利用月降水量，建立了简化的土壤降雨侵蚀力模型，得到土壤降雨侵蚀力指标，利用土地覆盖分类数据，得到土地利用类型指标。植被因子方面，利用卫星遥感数据，得到归一化植被指数(NDVI)指标。风能资源数据方面，利用湖北省陆地风能资源高分辨率(1 km)评估(30 a 平均)数据集 70 m 高度风速、70 m 高度风功率密度两个指标。在此基础上，基于气象影响在风电场生态修复过程中占主导的思想，对各指标因子赋予不同的权重影响系数，通过加权综合评分的方法得到了湖北省风电场生态修复综合区划等级。

风电场生态修复综合区划等级分为四级，即易恢复区、较易恢复区、较难恢复区、难恢复区。易恢复区主要分布在江汉平原大部分地区，襄阳中部的岗地平原，鄂东的浠水、蕲春、团风等地；较易恢复区主要分布在鄂东南、鄂西北部分丘陵地区；较难恢复区主要分布在鄂东北的大别山区，鄂东南幕府山区，鄂北桐柏山区、大洪山，鄂西南恩施大部区域等中低山区；难恢复区分布在湖北省部分中高山地区。

对于较难恢复区和难恢复区，从风能资源方面看，上述区域风资源条件较好，是风电企业重点关注和开发的区域，虽然植被覆盖较高，但地处高山、中高山，生态系统较为脆弱，一旦风电场开发建设破坏了当地的植被，恢复难度较大。因此，需要特别重视提出相应的生态环境影响减缓措施和生态恢复措施。

7.3　山区生态气候资源评估

山区气候类型多样，垂直气候带差异明显，多样的气候资源造就了丰富的动植物资源、众多的河流溪流、千差万别的山川景物、风光独特的气象景观，为生态康养旅游产业发展提供了得天独厚的气候条件。采用人体舒适度指数计算了全省各县(市)逐日、月舒适度指数,结果表明,湖北省年舒适时长为5～8个月,山区高于平原,西部高于东部,四季舒适日数分布呈明显的季节变化特征。全年舒适时长最长的区域为恩施州鹤峰县、宣恩县及宜昌市兴山县,达8个月;舒适日数较多的区域位于西部山区,超过200 d,最大值为恩施州鹤峰县217 d;最佳舒适日数最多的地区为恩施州利川市,为120 d;咸宁市是鄂东地区舒适度最高的区域(谭静 等,2022)。

7.3.1 山地旅游生态气候资源综合评估方法

生态旅游是区别于传统旅游的一种新型旅游模式,旨在既能满足人们对于自然、人文文化的求知和探索以及对于美好事物的享受,又能保护环境,维持生态资源的可持续发展,达到旅游与生态环境的和谐。

围绕评价山地气候、生态及旅游等优势资源,利用地面观测、卫星遥感等气象大数据,在对气温、降水、日照、湿度、气压、风等基本气候要素特征和气象灾害全面分析的基础上,基于生态气候与休闲养生活动的关联性及评价指标数据获取的可行性和有效性,构建气候资源指数(含立体气候)、气象灾害危险性、生态环境(含遥感生态指数)、旅游环境(山水景观、民俗文化、地方特产、美丽乡村)等综合指标开展生态旅游气候资源综合评估,生态旅游气候资源评价主要遵循标准化、实事求是、动态发展、全面系统以及综合效益等原则。

(1)指数评价标准

①温湿指数(THI)分级标准(表7.3)

表7.3 THI分级标准

指数数值范围	等级	人体感觉程度	舒适期
0～40	1	极冷,极不舒服	4～6级 (5级为最佳舒适期)
40～45	2	寒冷,不舒服	
45～55	3	偏冷,较不舒服	
55～60	4	清凉,舒适	
60～65	5	凉,非常舒适	
65～70	6	暖,舒适	
70～75	7	偏热,较舒适	
75～80	8	闷热,不舒适	
≥80	9	极其闷热,极不舒适	

②风寒指数(WCI)分级标准(表7.4)

表7.4 WCI分级标准

指数数值范围	等级	人体感觉程度	舒适期
0～400	1	舒适	1级
400～650	2	凉	
650～800	3	很凉	
800～1000	4	冷	
1000～1200	5	很冷	
1200～1400	6	极度寒冷	
1400～2000	7	有冻伤危险	

③度假气候指数(HCI)分级标准(表7.5、表7.6)

表7.5 HCI分级标准

分值	人体有效温度/℃	日降水量/mm	云覆盖率/%	风速/(km/h)
10	23～25	0	11～20	1～9
9	20～22 26	<3	1～10 21～30	10～19
8	27～28	3～5	0 31～40	0 20～29
7	18～19 29～30		41～50	
6	15～17 31～32		51～60	30～39
5	11～14 33～34	6～8	61～70	
4	7～10 35～36		71～80	
3	0～6		81～90	40～49
2	−5～−1 37～39	9～12	>90	
1	<−5			
0	>39	>12		50～70
−1		>25		
−10				>70

表7.6 HCI分级标准

指数数值范围	等级	舒适程度	舒适期
90～100	1	理想状况	1～3级 (1～2级为最佳舒适期)
80～89	2	特别适宜	
70～79	3	很适宜	
60～69	4	适宜	
50～59	5	可以接受	
40～49	6	一般	
30～39	7	不适宜	
20～29	8	很不适宜	
10～19	9	特别不适宜	

④综合分级标准(表7.7)

表 7.7 综合分级标准

THI		WCI		HCI		旅游舒适性评价	
等级	赋值	等级	赋值	等级	赋值	指数总和(S)	舒适程度
1	−1	1	−3	1	−4	$S\geqslant 3$	舒适
2	−0	2	−2	2	−3		
3	−1	3	−1	3	−2		
4	−2	4	0	4	−1	$-1\leqslant S<3$	一般
5	−3	5	−1	5	0		
6	−2	6	−2	6	−1		
7	−1	7	−3	7	−2	$S<-1$	不舒适
8	0			8	−3		
9	−1			9	−4		

(2)遥感生态质量评价

选取 Landsat8 OLI 遥感图像分别提取绿度、湿度、热度和干度 4 个生态因子作为评估指标，通过主成分分析方法计算遥感生态指数(RSEI)，定量、客观地评估利川地区生态环境质量及其变化。

研究指出，在反映生态质量的诸多自然因素中，绿度、湿度、热度及干度是人类直观感觉生态条件优劣的重要因素，因此常被用于评价生态系统。

①绿度

绿度指标由归一化植被指数(NDVI)表征，因为 NDVI 作为典型植被指数，与植物生物量、叶面积植物及植被覆盖率都有密切相关。

$$\mathrm{NDVI}=\frac{\rho_{\mathrm{nir}}-\rho_{\mathrm{R}}}{\rho_{\mathrm{nir}}+\rho_{\mathrm{R}}} \tag{7.3}$$

②湿度

湿度指标由缨帽变换得到的湿度分量(Wet)来表征，该湿度分量与植被和土壤的湿度水平紧密相关。

$$\mathrm{Wet}=C_1\rho_{\mathrm{B}}+C_2\rho_{\mathrm{G}}+C_3\rho_{\mathrm{R}}+C_4\rho_{\mathrm{nir}}+C_5\rho_{\mathrm{SWIR1}}+C_6\rho_{\mathrm{SWIR2}} \tag{7.4}$$

③热度

热度指标直接由分裂窗算法遥感反演的地表温度(LST)表征。

④干度

干度指标通常由裸地指数(SI)和建筑指数(IBI)共同表征，综合表示为干度指数(NDBSI)，计算公式如下：

$$\mathrm{NDBSI}=\frac{\mathrm{IBI}+\mathrm{SI}}{2} \tag{7.5}$$

$$\mathrm{IBI}=\frac{\dfrac{2\rho_{\mathrm{SWIR1}}}{\rho_{\mathrm{SWIR1}}+\rho_{\mathrm{nir}}}-\rho_{\mathrm{nir}}(\rho_{\mathrm{nir}}+\rho_{\mathrm{R}})-\dfrac{\rho_{\mathrm{G}}}{\rho_{\mathrm{G}}+\rho_{\mathrm{SWIR1}}}}{\dfrac{2\rho_{\mathrm{SWIR1}}}{\rho_{\mathrm{SWIR1}}+\rho_{\mathrm{nir}}}+\rho_{\mathrm{nir}}(\rho_{\mathrm{nir}}+\rho_{\mathrm{R}})+\dfrac{\rho_{\mathrm{G}}}{\rho_{\mathrm{G}}+\rho_{\mathrm{SWIR1}}}} \tag{7.6}$$

$$\mathrm{SI}=\frac{(\rho_{\mathrm{SWIR1}}+\rho_{\mathrm{R}})-(\rho_{\mathrm{nir}}+\rho_{\mathrm{B}})}{(\rho_{\mathrm{SWIR1}}+\rho_{\mathrm{R}})+(\rho_{\mathrm{nir}}+\rho_{\mathrm{B}})} \tag{7.7}$$

式(7.3)—式(7.7)中,ρ_B 为 Landsat8 OLI 遥感图像中蓝光波段的反射率;ρ_G 为 Landsat8 OLI 遥感图像中绿光波段的反射率;ρ_R 为 Landsat8 OLI 遥感图像中红光波段的反射率;ρ_{nir} 为 Landsat8 OLI 遥感图像中近红外波段的反射率;ρ_{SWIR1} 为 Landsat8 OLI 遥感图像中 SWIR1(短波红外 1)波段的反射率;ρ_{SWIR2} 为 Landsat8 OLI 遥感图像中 SWIR2(短波红外 2)波段的反射率。

根据各指标对主分量的贡献度自动客观地确定权重,从而实现以单一变量耦合多个指标的目的。为使 PC1 大的数值代表好的生态条件,可进一步用 1 减去计算出的 PC1,获得初始的生态指数($RSEI_0$)。

$$RSEI_0 = 1 - \{PC1[f(Wet, NDVI, NDBSI, LST)]\} \tag{7.8}$$

为便于指标的度量和比较,同样对初始遥感生态指数进行标准化,计算结果即为最终的遥感生态指数(RSEI),其值介于[0,1]。RSEI 值越接近 1,表示生态越好,反之则越差。

$$RSEI = (RSEI_0 - RSEI_{min})/(RSEI_{max} - RSEI_{min}) \tag{7.9}$$

式中:$RSEI_{min}$ 为生态指数($RSEI_0$)中的最小值;$RSEI_{max}$ 为生态指数($RSEI_0$)中的最大值。

7.3.2 利川旅游生态气候评估案例

7.3.2.1 各指数比较

在自然环境中,气象(气候)条件是休闲旅游康养活动的基本条件之一,它影响着上述活动的进行。气象因素是影响人体舒适度的主要因子,温度、湿度、风、太阳辐射、气压等气象要素及其变化过程会影响人体的生理适应程度和感觉。环境对人体的影响有一个舒适或适宜的范围或区域,超出该范围则感觉不舒适,偏离舒适范围越远则舒适感越差。

综合国内外大量研究成果,选取温湿指数(THI)、风寒指数(WCI)和度假气候指数(HCI)3 个指数,对利川常年平均的旅游气候舒适度进行综合评价并与全国一些热门旅游城市进行比较(表 7.8—表 7.12)。以上指标在表征区域的旅游舒适度时,主要根据主、客观感觉结合环境气象因素制定,但有所差异。THI 主要反映人体与周围环境的热量交换;WCI 反映人体对低温和风的感觉程度;HCI 是目前较全面、客观的旅游适宜评价指标。

THI 计算结果表明,利川舒适期在 4—10 月,共计 7 个月,其中最佳舒适期主要在 5 月、9 月。

表 7.8 各旅游城市 THI 舒适期分布

城市	月份											
	1	2	3	4	5	6	7	8	9	10	11	12
利川	38	41	47	56	62	68	72	71	65	57	49	41
重庆	42	45	52	60	67	72	76	76	69	61	53	45
丽江	48	50	53	57	61	64	64	63	61	56	51	47
桂林	48	51	56	65	72	77	80	79	75	68	60	52
三亚	68	70	73	77	80	81	80	80	79	76	73	69
杭州	42	45	51	60	68	74	80	80	73	65	55	46
九寨沟	42	45	51	57	62	66	70	69	63	57	49	43
拉萨	41	45	48	51	55	60	60	59	56	51	45	41
张家界	44	47	53	62	69	75	79	79	72	64	55	47

续表

城市	月份											
	1	2	3	4	5	6	7	8	9	10	11	12
西安	37	42	50	59	66	73	76	75	67	57	47	39
黄山	34	35	40	48	54	59	64	63	57	51	44	38
上海	43	45	50	59	67	73	80	80	74	65	56	47
洛阳	39	42	49	59	66	73	76	75	67	59	49	41
成都	43	46	53	61	68	73	76	75	69	62	54	46
六盘水	39	43	50	57	61	64	67	66	62	56	49	42

注：红色数字为最佳舒适期，绿底为舒适期，下同。

与邻近地区重庆（刘幸运 等，2018）相比，利川舒适期偏长 3 个月，最佳舒适期在春季、秋季，均为 2 个月；与各旅游城市相比，利川舒适期更集中，连续 7 个月的城市仅 4 个，分别是丽江、九寨沟、六盘水和利川。

WCI 计算结果表明，利川舒适期在 5—10 月，共计 6 个月。

与邻近地区重庆相比，利川舒适期偏短 2 个月；与各旅游城市相比，利川舒适期适中，连续 6 个月的城市有 7 个，分别是三亚、重庆、成都、张家界、桂林、杭州和西安。

表 7.9　各旅游城市 WCI 舒适期分布

城市	月份											
	1	2	3	4	5	6	7	8	9	10	11	12
利川	643	630	550	432	339	263	208	214	300	397	502	596
重庆	507	496	427	323	241	177	129	136	202	287	372	459
丽江	694	669	600	513	403	345	335	344	380	457	571	654
桂林	603	563	457	315	214	140	98	104	172	286	414	537
三亚	293	266	216	158	116	106	112	119	136	171	218	274
杭州	644	614	529	388	271	189	93	109	208	320	449	581
九寨沟	668	654	557	430	335	265	215	220	304	411	537	619
拉萨	743	704	634	557	464	378	365	378	414	506	623	705
张家界	517	501	423	306	215	145	93	103	184	279	379	473
西安	654	617	520	386	274	164	130	160	263	371	515	623
黄山	1008	962	862	712	580	493	436	426	516	641	792	948
上海	657	634	557	424	302	210	108	115	201	314	446	586
洛阳	792	738	614	446	299	180	158	185	288	421	603	751
成都	520	497	430	333	247	191	155	163	231	306	393	478
六盘水	666	631	541	441	366	319	288	292	347	428	529	623

HCI 计算结果表明，利川舒适期在 4—10 月，共计 7 个月；最佳舒适期主要在 6 月、8 月、9 月，共计 3 个月。

利川舒适期与邻近地区重庆相当，但最佳舒适期偏长 2 个月；与各旅游城市相比，利川舒适期偏少 2～3 个月，大部分城市在 9 个月以上，其中三亚、丽江和拉萨达到全年均舒适。

表 7.10 各旅游城市 HCI 舒适期分布

城市	月份											
	1	2	3	4	5	6	7	8	9	10	11	12
利川	59	60	65	73	78	80	79	80	80	73	66	62
重庆	61	62	68	76	79	78	75	76	80	77	69	63
丽江	76	75	76	79	82	81	79	80	79	80	78	77
桂林	65	65	69	76	77	73	72	74	80	83	78	71
三亚	85	84	81	77	73	70	72	71	72	77	82	84
杭州	65	65	70	77	81	77	72	74	81	84	75	69
九寨沟	67	67	70	77	80	81	80	81	80	74	72	70
拉萨	73	73	72	73	78	82	80	78	78	79	76	74
张家界	64	65	70	77	79	75	72	74	79	80	74	67
西安	66	67	71	80	83	80	77	79	82	78	71	67
黄山	60	59	60	64	68	69	75	77	72	68	65	63
上海	66	66	69	77	82	80	74	76	83	85	76	69
洛阳	67	67	71	79	84	81	76	79	84	80	72	68
成都	63	64	70	78	81	79	75	76	79	76	69	64
六盘水	61	65	72	76	78	78	82	83	78	71	68	63

7.3.2.2 指数综合分析

综合各评价指数，利川综合舒适期在 4—10 月，其中 5—9 月月均综合舒适天数为 20～26 d，占当月总天数的 64%～87%，平均为 76%。利川多年年均综合舒适期为 153 d，占全年总天数的 42%，在丽江、六盘水、九寨沟、西安之后，排名第五。利川连续 5 个月月均综合舒适期超过 20 d，仅次于丽江，与九寨沟、六盘水相当。

各旅游城市多年月均综合舒适期大多为 0～29 d。月均综合舒适期占当月总天数半数以上的月份集中出现在 4—10 月。各旅游城市多年年均综合舒适期为 100～226 d，其中 200 d 及以上 1 个、150 d 及以上 6 个。多年年均综合舒适期随纬度升高呈减少趋势，特别是在 30°N 附近，基本保持在 150 d 左右；以海拔高度 2500 m 为界，2500 m 以下舒适期整体随海拔高度的上升而增大，其中 1000～2500 m 高度增加趋势尤为显著；2500 m 高度以上明显减少。

表 7.11 各旅游城市综合舒适期

单位：d

城市	月份												全年合计
	1	2	3	4	5	6	7	8	9	10	11	12	
利川	0	1	4	13	24	26	20	22	25	14	4	0	153
重庆	1	1	6	15	20	16	10	12	19	17	6	1	124
丽江	5	9	15	21	25	26	28	27	23	22	16	9	226
桂林	5	6	11	19	17	6	4	7	17	26	20	10	148

续表

城市	月份												全年合计
	1	2	3	4	5	6	7	8	9	10	11	12	
三亚	28	23	18	7	2	1	1	1	2	9	18	27	137
杭州	2	3	8	19	24	14	4	6	19	27	15	4	145
九寨沟	0	2	7	17	25	26	23	24	25	14	8	1	172
拉萨	1	2	5	8	18	25	25	22	19	17	6	1	149
张家界	2	3	9	19	22	14	5	8	20	25	13	5	145
西安	0	2	9	19	26	21	14	17	25	19	6	1	159
黄山	0	0	0	2	9	16	26	26	15	5	1	0	100
上海	1	2	6	17	25	17	5	6	19	27	16	3	144
洛阳	0	2	6	17	23	18	9	14	22	18	7	1	137
成都	0	2	8	20	26	18	10	12	23	24	8	1	152
六盘水	3	6	11	16	21	25	29	29	21	12	7	3	183

利川综合不适期在冬季，即 12 月—次年 2 月，月均综合不适期为 8～15 d，占当月总天数的 26%～54%，平均为 37%。利川多年年均综合不适期为 38 d，占全年总天数的 10%，在黄山和六盘水之后，位列第三。

各旅游城市多年月均综合不适期少于 17 d，大多少于 5 d。月均综合不适期大于 1 d 的月份集中出现在 11 月—次年 3 月。各旅游城市多年年均综合不适期为 0～55 d，其中 10 d 及以上 7 个、20 d 及以上 5 个。

表 7.12 各旅游城市综合不适期

单位：d

城市	月份												全年合计
	1	2	3	4	5	6	7	8	9	10	11	12	
利川	15	11	3	0	0	0	0	0	0	0	1	8	38
重庆	5	3	0	0	0	0	0	0	0	0	0	1	9
丽江	0	0	0	0	0	0	0	0	0	0	0	0	0
桂林	2	2	0	0	0	0	0	0	0	0	0	1	5
三亚	0	0	0	0	0	0	0	0	0	0	0	0	0
杭州	5	4	1	0	0	0	0	0	0	0	0	1	11
九寨沟	4	2	0	0	0	0	0	0	0	0	0	1	7
拉萨	1	1	0	0	0	0	0	0	0	0	0	0	2
张家界	5	3	0	0	0	0	0	0	0	0	0	2	10
西安	7	5	2	0	0	0	0	0	0	0	1	6	21
黄山	14	13	10	3	0	0	0	0	0	1	5	9	55
上海	3	2	0	0	0	0	0	0	0	0	0	1	6
洛阳	6	5	2	0	0	0	0	0	0	0	2	5	20
成都	4	2	0	0	0	0	0	0	0	0	0	1	7
六盘水	16	12	4	0	0	0	0	0	0	0	2	10	44

1960—2016 年利川综合舒适期呈显著增长趋势(通过 0.01 显著性检验),增加速率为 4.9 d/(10 a),最多年 188 d(2015 年),最少年 117 d(1981 年);利川综合不适期呈减少趋势,减少速率为 2.3 d/(10 a),最少年 16 d(1999 年),最多年 66 d(2012 年)。

7.3.2.3 舒适休闲周期长

1960—2016 年,利川城区夏季平均最高气温为 26.9 ℃,最高年(2013 年)为 29.1 ℃,最低年(1983 年)为 24.9 ℃;极端最高气温为 35.6 ℃,出现在 2016 年 8 月 25 日。在周边 300 km 范围内,利川是夏季平均气温最低的地区,也是高温天气出现最少的地区。利川夏季平均气温为 22.1 ℃,较周边地区偏低 4～5 ℃。近 60 a 利川 35 ℃以上高温日数共计 3 d,未出现过 37 ℃以上高温天气。利川夏季舒适,气候温和清爽,少有高温天气,引发游客中暑现象极低,非常适合开展避暑、观光、度假等休闲旅游活动。

利川最低气温≤0 ℃的年均日数为 46.4 d,最多年(1984 年)为 70 d,最少年(2007 年)为 20 d;最低气温≤0 ℃的年均最长持续日数为 13 d,最长年(2008 年)为 36 d,最短年(2001 年)为 4 d;年均雪日 34 d,最多年(2012 年)为 55 d,最少年(2015 年)为 11 d;年均连续积雪日数 4.0 d,最大连续积雪日数为 17 d(2008 年 1 月 22 日—2 月 7 日);年均最大积雪深度为 7 cm,最大年(1972 年)为 28 cm,最小年(1960 年、1987 年、2014 年)为 1 cm。利川冬季雨雪天气持续时间不短,且雪量丰厚,非常适合开展观光、冰雪项目等旅游活动。

7.3.2.4 气候独特景观多

利川独特的山地立体气候地理条件使得其气象景观丰富多样,不同的季节、不同的高度、不同的视角、不同的位置,可以看到不同的天空颜色及云海、霞光、曙光、暮光、云雾、彩虹、烟雨、积雪、冰凌、雾凇、雨凇等气象美景。

7.3.2.5 安全宜居风险低

根据湖北省气象灾情直报数据统计,1984—2016 年利川发生的气象灾害包括暴雨洪涝、连阴雨、冰雹、雪灾、低温冷害、冰冻、干旱、大风、雷电、飑线和暴雨引发的地质灾害,其中暴雨洪涝、冰雹、干旱、暴雨引发的地质灾害出现频率较高,占比分别为 40.7%、17.7%、8.8%和 13.3%。灾害天气发生频率低,对旅游活动的影响不大。

7.3.2.6 小结

(1)气候舒适宜人。人体舒适期长达 7 个月,其中 5—9 月月均综合舒适期为 20～26 d,气温适宜,夏无酷暑,冬少严寒。夏季最高气温只有 26.9 ℃,湿度适宜、气压平稳、凉风轻软、日照温和,气象灾害少。

(2)降水丰沛,生机无限。年降水量 800～1800 mm,且雨热同期,为峡谷溶洞、水域风光、生物景观类旅游资源开发提供了良好的气候条件。丰沛的降水增大了地表、地下水流量,岩溶地貌发育良好,其中有腾龙洞、玉龙洞、朝阳洞等,同时也形成了众多的溪流、飞瀑、湖泊、高山流水画廊等自然景观。

(3)奇妙多样的气象景观。年均总云量在 8 成左右,既可阻挡强烈的紫外线,又有利于欣赏云雾美景。随着海拔高度的增高,降水和湿度增大,云雾增多,夏季云海多出现在 1300～1600 m 层积云凝结高度处。因此,不同的季节、不同的高度、不同的视角、不同的位置,可以看到不同的天空颜色及云海、霞光、曙光、暮光、云雾、彩虹、烟雨、积雪、冰凌、雾凇、雨凇等气象美景。

(4)生态环境质量优良。森林覆盖率62.14%,是全国的3倍、长江流域地区的2倍;集中式饮用水源地水质稳定,达标率100%;城区道路交通噪声达标率为100%;空气年优良率98%,4—10月空气质量均为优,空气清新;遥感生态指数优良等级稳中有升,生态环境质量保持较好。

(5)旅游资源丰富。源远流长的厚重历史,凉爽舒适的宜居气候,清新怡人的生态环境,使得其旅游资源多样多彩。从古到今一脉世代相传;从春到冬,四季美景不断;从天到地,万物变化多端。

总之,利川生态旅游气候资源得天独厚,各项气候生态指标居于全国前列,旅游休闲康养条件优越,全年四季均适宜旅游。

7.4 宜居城市气候资源评估

气候"宜居"之地即具有适宜的温度、适量的降水、适度的风、平稳的天气之地,且其气候具有适于常年居住的优势。评价气候是否宜居,除考虑气候的有利一面(即气候禀赋)外,需考虑气候的风险,同时还要考虑与气候相关的、对宜居性有影响的其他非气候的环境因素,包括空气、植被、水以及气候景观等,以使评价结果更加客观且符合实际。

7.4.1 宜居城市气候资源评估方法

7.4.1.1 评价指标

根据中国气象行业标准《气候资源评价 气候宜居城镇》(QX/T 570—2020),评价指标由5项一级指标、19项二级指标、42项三级指标构成,见表7.13。

7.4.1.2 时段划分

日历年为1—12月。固定时段的季节,冬季为上年12月至当年2月、春季为3—5月、夏季为6—8月、秋季为9—11月划分。

7.4.1.3 等级划分

气候宜居禀赋、气候生态环境和气候舒适性的三级指标划分为A(优)、B(良)、C(一般)三个等级。气候不利条件的三级指标划分为A(低影响)、B(中影响)、C(高影响)三个等级。气候景观的三级指标划分为A(优)、B(良)两个等级。

7.4.1.4 指标统计

优良率:三级指标为A和B的总计项数除以参与统计的总项数。

优率:三级指标为A的总计项数除以A、B的合计项数。

7.4.1.5 综合评价

若表7.13中所有三级指标的合计优良率大于或等于70%且优率大于或等于50%,即符合气候宜居城镇评价条件。

表 7.13 气候宜居评价指标、阈值和评价等级

一级指标	二级指标	序号	三级指标	单位名称(符号)	阈值	评价等级
气候宜居禀赋	气温	1	年适宜温度(15 ℃≤T≤25 ℃)日数	天(d)	≥150	优
					[120,150)	良
					<120	一般
		2	7 月平均最低气温	摄氏度(℃)	[10,20]	优
					(20,24]	良
					<10 或>24	一般
		3	1 月平均最高气温	摄氏度(℃)	≥10	优
					[5,10)	良
					<5	一般
		4	年平均气温日较差	摄氏度(℃)	[8,10]	优
					[6,8)或(10,14]	良
					<6 或>14	一般
		5	夏季平均气温日较差	摄氏度(℃)	≥10	优
					[8,10)	良
					<8	一般
		6	冬季平均气温日较差	摄氏度(℃)	≤8	优
					(8,12]	良
					>12	一般
	降水	7	年降水量	毫米(mm)	[800,1200]	优
					[400,800)或(1200,1600]	良
					<400 或>1600	一般
		8	年降水变差系数	/	≤0.18	优
					(0.18,0.22]	良
					>0.22	一般
		9	降水季节均匀度(冬季降水量与夏季降水量之比)	/	≥0.15	优
					[0.05,0.15)	良
					<0.05	一般
		10	年适宜降水(0.1 mm≤R<10.0 mm)日数	天(d)	[90,120]	优
					[60,90)或(120,150]	良
					<60 或>150	一般
	湿度	11	年平均相对湿度	百分率(%)	[65,75]	优
					[50,65)或(75,80]	良
					<50 或>80	一般
		12	夏季平均相对湿度	百分率(%)	≤70	优
					(70,80]	良
					>80	一般

续表

一级指标	二级指标	序号	三级指标	单位名称(符号)	阈值	评价等级
气候宜居禀赋	湿度	13	年适宜湿度(50%≤H≤80%)日数	天(d)	≥210	优
					[180,210)	良
					<180	一般
	风	14	年平均风速	米/秒(m/s)	[1.5,2.5]	优
					[1,1.5)或(2.5,3.3]	良
					<1 或>3.3	一般
		15	年适宜风(0.3 m/s≤V≤3.3 m/s)日数	天(d)	≥300	优
					[240,300)	良
					<240	一般
	日照	16	夏季日照时数	小时(h)	[500,700]	优
					[400,500)或(700,800]	良
					<400 或>800	一般
		17	冬季日照时数	小时(h)	≥450	优
					[250,450)	良
					<250	一般
	气压	18	大气含氧量(本站年平均大气压与标准大气压之比)	百分率(%)	≥85	优
					[75,85)	良
					<75	一般
	气候季节	19	春、秋季总长(一年中春季日数与秋季日数之和)	天(d)	≥150	优
					[120,150)	良
					<120	一般
气候不利条件	气温	20	年高温(T_{max}≥35 ℃)日数	天(d)	≤3	低
					(3,15]	中
					>15	高
		21	年寒冷(T_{min}≤−10 ℃)日数	天(d)	≤5	低
					(5,60]	中
					>60	高
	降水	22	年大雨(R≥25.0 mm)以上日数	天(d)	≤3	低
					(3,15]	中
					>15	高
		23	年无雨(R<0.1 mm)日数	天(d)	≤210	低
					(210,270]	中
					>270	高
	风	24	年强风(V_{max}≥10.8 m/s)日数	天(d)	≤3	低
					(3,15]	中
					>15	高

续表

一级指标	二级指标	序号	三级指标	单位名称(符号)	阈值	评价等级
气候不利条件	风	25	年静风($V \leqslant 0.2$ m/s)日数	天(d)	≤3	低
					(3,15]	中
					>15	高
	天气现象	26	年沙尘(扬沙及以上等级)日数	天(d)	≤2	低
					(2,5]	中
					>5	高
		27	年霾日数	天(d)	≤3	低
					(3,15]	中
					>15	高
		28	年强对流(冰雹、雷暴、龙卷、飑线合计)日数	天(d)	≤15	低
					(15,30]	中
					>30	高
气候生态环境	大气环境	29	大气自净能力	吨/(平方千米·天)($t/(km^2 \cdot d)$)	≥4.1	优
					[2.5,4.1)	良
					<2.5	一般
		30	年优良以上空气质量达标率	百分率(%)	≥90	优
					[80,90)	良
					<80	一般
		31	负氧离子平均浓度	个/立方厘米(个/cm^3)	≥1000	优
					[500,1000)	良
					<500	一般
	植被	32	森林覆盖率	百分率(%)	≥50	优
					[30,50)	良
					<30	一般
	水环境	33	人均占有水资源量	立方米(m^3)	≥2000	优
					[1000,2000)	良
					<1000	一般
		34	主要河流湖泊水质	/	Ⅱ类(含)以上	优
					Ⅲ类(含)以上	良
					Ⅲ类以下	一般
		35	主要水库水质	/	Ⅱ类(含)以上	优
					Ⅲ类(含)以上	良
					Ⅲ类以下	一般
气候舒适性	人体舒适度指数	36	最舒适月数	月	≥4	优
					[3,4)	良
					<3	一般

续表

一级指标	二级指标	序号	三级指标	单位名称(符号)	阈值	评价等级
气候舒适性	人体舒适度指数	37	舒适以上月数	月	≥8	优
					[6,8)	良
					<6	一般
	气候度假指数	38	适宜以上月数	月	≥10	优
					[8,10)	良
					<8	一般
	气候旅游指数	39	舒适以上月数	月	≥8	优
					[6,8)	良
					<6	一般
气候景观	气象景观	40	种类数量(雾凇、雪凇、雨凇、云雾、云海等)	项	≥3	优
					<3	良
		41	出现频率	/	全年性	优
					季节性	良
	地形地貌景观	42	种类数量(海洋、草原、森林、湖泊、山地等)	项	≥2	优
					<2	良

注:T 表示日平均气温;R 表示日降水量;H 表示日平均相对湿度;V 表示日平均风速;T_{max} 表示日最高气温;T_{min} 表示日最低气温;V_{max} 表示日最大风速;[]表示包含;()表示不包含;/表示无单位。

7.4.1.6 湖北省气候宜居气候条件评价

根据行业标准《气候资源评价 气候宜居城镇》(QX/T 570—2020)中 28 项气象指标计算湖北省气候条件优良率(优良总计项数/参与统计的总项数)、优率(优总计项数/优良总计项数)和综合率(0.5×优良率+0.5×优率,图 7.7),从图 7.7 可以看到,鄂西北、鄂西南中北部、江

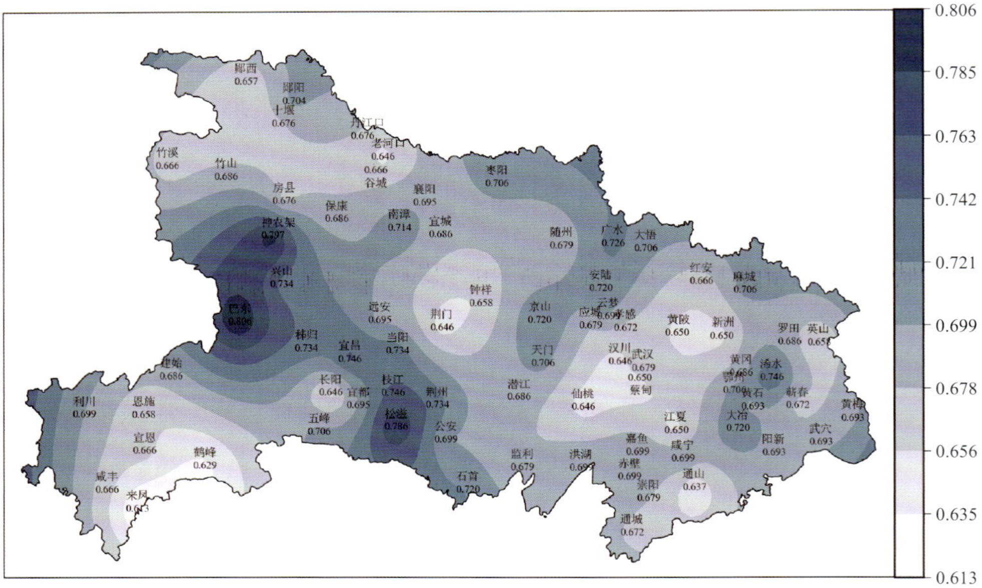

图 7.7 湖北省气候宜居性综合率空间分布

汉平原西部气候宜居优良率较高，鄂西南南部优良率较低；鄂西南和江汉平原南部优率较高，鄂西北和江汉平原北部优率较低；从综合优良率和优率来看，神农架、巴东和松滋气候宜居性最好。

7.4.1.7 气候养生评价

根据气候、养生和养生活动的特点，中国气象局气象服务协会团标《气候养生评价》指标将养生气候类型划分为季节养生气候、疗养养生气候、游赏养生气候 3 大主类 11 分类（表 7.14、表 7.15）。

表 7.14 养生气候类型及评价指标

主类	分类	划分指标	划分标准
季节养生气候	四季分明	气候季节	按照 QX/T 152—2012 的季节划分标准，四个季节的时长均超过 60 d
	四季温和	年平均气温、人居环境气候舒适度	年平均气温 15 ℃左右；按照 GB/T 27963—2011 的划分标准，全年体感“舒适”天数超过 240 d
	夏令避暑	人居环境气候舒适度、气候季节	按照 GB/T 27963—2011 和 QX/T 152—2012 的划分标准，夏令体感“闷热”天数少于 5 d
	冬令避寒	人居环境气候舒适度、气候季节	按照 GB/T 27963—2011 和 QX/T 152—2012 的划分标准，冬令体感“寒冷”天数少于 5 d

表 7.15 养生气候类型及评价指标

主类	分类	划分指标	划分标准
疗养养生气候	富氧康养	空气负氧离子浓度、环境空气质量指数、霾	年平均负氧离子浓度≥1500 个/cm^3；按照 GB 3095—2012 和 HJ 633—2012 定量计算空气质量，全年 AQI>100 的天数少于 30 d（AQI 为空气质量指数），无重度以上污染；全年霾天数少于 30 d，无重度霾
	日光疗养	年平均日照时数、年平均相对湿度人居环境气候舒适度	年平均日照时数 1500 h 以上；年平均相对湿度 70%以上；按照 GB/T 27963—2011 的划分标准，全年体感“舒适”天数超过 180 d
	湿润滋养	年降水量、年平均气温	年降水量 800 mm 以上；年平均气温 10 ℃左右
	干燥调养	年降水量、年蒸发量、月平均温度	年降水量小于 400 mm；年蒸发量大于年降水量；最暖月平均气温不低于 10 ℃
游赏养生气候	度假休养	度假气候指数、气象灾害	全年度假气候指数为“适宜”的天数超过 240 d；按照 GB/T 27962—2011，全年达到《气象灾害预警信号发布与传播办法》标准的气象灾害天数少于 20 d
	体验怡养	气候类型、气象旅游资源	立体体验：按照 GB/T 17297—1998，某一区域同时分布着不少于 3 种气候类型 极端体验：按照 T/CMSA 0001—2016，气候环境资源具备气候体验亚类中极端气候子类 人文体验：按照 T/CMSA 0001—2016，人文气象资源具备 1 种亚类，3 种子类及以上
	游赏乐养	气象旅游资源	按照 T/CMSA 0001—2016，包含气象旅游资源 2 种大类，50 种亚类及以上

7.4.2 宜昌气候宜居资源评估案例

7.4.2.1 综合评价

根据气候宜居城市评价指标，宜昌41项指标中，优等级27项，占比66.0%；良等级8项，占比19.5%；一般等级6项，占比14.5%，各单项评价指标累计优良率达85.5%。

综合评价结果表明，宜昌具有良好的气候生态优势，符合国家气候宜居城镇评定标准。

7.4.2.2 评估结论

(1)气候舒适，春秋最宜

宜昌属亚热带季风性湿润气候，多年平均气温为17.1 ℃，气温适宜；具有春早、夏温、秋迟、冬暖、秋温高于春温的气候特征。气温适宜日数为湖北省较多的地区，年均气温适宜日数达到139.4 d，接近5个月。受山地气候影响，夏季山地凉爽，冬季河谷温润。

宜昌湿度适宜，湿润不潮湿。年平均相对湿度为75%，年适宜湿度日数为229.1 d，占全年总天数的六成以上，在全省范围属于较多地区，且四季分布较为均匀。

宜昌和风轻轻，适宜风速多。多年平均静风和大风日数均较少，而且大风基本发生在夏季，能够给人带来凉爽的感觉，冬季风力小可以在一定程度上减轻寒冷感。年适宜风日数为357.5 d，占全年总天数的97.9%，位列全省第一。

宜昌年均人体舒适日数为267.5 d，超过全年天数的70%，属一类适宜旅游地区；舒适期主要集中在3—11月，近9个月；最佳舒适期主要集中在5—9月，有5个月，且全月舒适。气候度假指数适宜月份基本覆盖全年；气候度假指数特适宜月份在7个月以上，主要集中在4—11月。宜昌全年气候旅游指数舒适月份近8个月，主要集中在4—11月。

(2)雨水丰润，生境受益

宜昌降水充沛，降水的季节分配有差异，春雨多于秋雨、夏季降雨集中、雨热同季，其中夏季降水量占全年的近1/2，春季占1/4，秋、冬季各占1/4；四季降水日数差别不大，除1月、12月外，各月降水日数均在10 d以上。季节和地区间均匀丰沛的降水使得四季润泽，成就了宜昌良好的生态环境。

宜昌夏、秋季夜雨多、昼雨少，日降水呈双峰型。夜雨频繁，利于净化空气，特别是秋天时，秋意渐起，天气渐凉，此时白天雨水少，加上没有了夏季的炎热，更加显得天高云淡，秋高气爽，空气清新，心情舒畅。近年来，宜昌傍晚前后降水显著增多，在夏季高温时节，炎炎午后，傍晚时分出现的降水将有助于消除白天的暑气，送来阵阵清凉。

(3)气候多样，各具优势

宜昌受地形地势因素影响，各地气候有较大差异，立体气候特色明显，气候类型多样。山区立体气候特征使气温随高度降低，夏季山地凉爽避暑，占比35.2%的北部山区温度适宜；冬季河谷温润避寒，占比19.5%的西部河谷温度适宜，具有避寒暑、游山水的天然优势。降水春、秋季垂直变化明显，空气湿度增大，利于植被生长。夜间山风带来清凉，白天谷风送去温暖和水汽，促进山坡上植物生长，并形成山间云雾缭绕的优美景色。

(4)气候景观，绚丽多姿

宜昌山地立体气候特色明显，光热资源丰富。温暖湿润的气候条件、多样的气候资源和复杂多样的生态环境，造就了宜昌的绿水青山奇观美景等气候景观。丰沛的降水形成了以长江三峡为代表的自然风光和以三峡水利枢纽工程为代表的人文景观;山地立体气候涵盖从亚热带到温带 6 种气候类型,孕育了丰富多样的森林植被类型;温暖湿润和山地立体气候条件形成了晨雾、朝霞、云海、云雾、霞光、彩虹、积雪、雾凇等丰富壮丽的气象景观;春早、夏温、秋迟、冬暖和立体光热气候资源造就了多彩物候和丰富物产。

(5)资源丰富,环境优良

宜昌森林资源丰富,森林覆盖率达 78.6%;生长季(5—9 月)植被指数为 0.65,明显高于全国平均水平,并保持增长趋势。

宜昌大气自净能力较强,优越的地理条件为空气优质提供了自然保障。全市平均空气质量优良率超过 70%,平均 $PM_{2.5}$ 浓度为 60.8 $\mu g/m^3$。负氧离子浓度总体较高,有利于康养。

宜昌河流众多,水资源丰富,人均占有水资源量高于全国平均水平,境内主要湖泊、水库水质均达到国家Ⅱ类标准。

(6)气象灾害,风险中等

湖北省气象灾害风险区划评估结果显示,宜昌城区暴雨洪涝、高温、雷电风险总体中等略高;风雹风险相对较低。

1952—2018 年来,年平均气温升温幅度低于全国及湖北省平均水平,高温和低温日数呈减少趋势,特别是低温日数减少明显。降水呈现年代际间变化特征,降水日数呈减少趋势;适宜风日数呈增加趋势,静风日数减少;适宜湿度日数增加;日照时数呈减少趋势;春、夏提前,秋、冬推迟,春长冬短。

根据气候预估结果,未来气温呈现上升趋势,降水将有弱增加趋势。

(7)气候优良,城市宜居

宜昌气候宜居各单项评价指标累计优良率达 85.5%,其中优等级占比 66.0%,符合"气候宜居城镇"评定标准,综合评价结果表明,宜昌具有良好的气候生态优势。

7.5 湖北省天然氧吧资源评价

7.5.1 湖北省氧环境评价

7.5.1.1 负氧离子来源及作用

大气中的离子根据其所带电荷属性的不同分为正离子和负离子。空气中的氧气和二氧化碳对游离电子的亲和力比较强,容易成为负离子,产生的游离电子与大气的氧分子相结合生成负氧离子,由于氧气在低层大气中含量丰富,因此大气负离子又可以称为大气负氧离子或负离子。负离子浓度含量与空气的清洁度密切相关。

一些医学领域的科学家在实验时发现,负氧离子浓度的变化会引起人体感觉上的明显变化,从而又进一步肯定了负氧离子存在的健康保健价值。空气负氧离子有利于抑制空气中真菌和细菌的滋生,对细菌气溶胶的增长有一定的抑制作用,并间接表明了空气负氧离子可以起到净化空气的作用。

7.5.1.2 湖北省负氧离子资源空间分布情况

湖北省的大气负氧离子资源十分丰富,对旅游景区大气负氧离子的监测数据进行深入分析，可全面系统地研究湖北省旅游景区环境中的负氧离子分布规律，为各个旅游景区更好地开发利用负氧离子这一自然资源，创造更优质的旅游环境提供理论参考。

2014 年 1 月起，湖北省气象局陆续在全省 AAAAA 和部分 AAAA 共 27 个旅游景区内建设了大气负氧离子自动监测站 30 个。2018 年起，随着全省“中国天然氧吧”申报工作的开展，各县(市)陆续在本地区的代表性景区和生活区布设大气负氧离子监测站 60 多个。截至 2022 年底，全省大气负氧离子监测站点总数已经超过 90 个，全省旅游景区大气负氧离子监测网已初步形成，对省内不同环境特征下的负氧离子资源开展观测，为游客提供景区负氧离子浓度实时监测数据。

根据气象地理区划，将湖北省划分为鄂东北、鄂东南、江汉平原、鄂西北和鄂西南 5 个区域。按照气候资料统计上的规定，以 3—5 月为春季，6—8 月为夏季，9—11 月为秋季，12 月—次年 2 月为冬季。

湖北省大气负氧离子浓度年均值的空间分布大体呈现从东向西、从平原向山区逐渐增加的趋势(图 7.8)，西部和东部山区高于中部平原地区，鄂西南地区和鄂西北的神农架林区为全省大气负氧离子最为丰富的区域。其中神农架林区神农顶的金猴岭站全年负氧离子均值超过 9000 个/cm^3，为全省最高；恩施州咸丰县坪坝营站、鹤峰县木耳山站和宜昌市秭归县的磨坪监测站全年均值超过 5000 个/cm^3，负氧离子资源也十分丰富；省内还有多个站点的年均负氧离子值超过 4000 个/cm^3，分别为恩施州宣恩县长潭河站、巴东县大面山站、建始县地心谷站和十堰市竹山县的太和梅花谷站。

总体来看，全省负氧离子资源都十分丰富，特别是西部山区，负氧离子浓度远超保健浓度临界值，是大自然恩赐的“天然大氧吧”，十分适宜开展康养旅游。

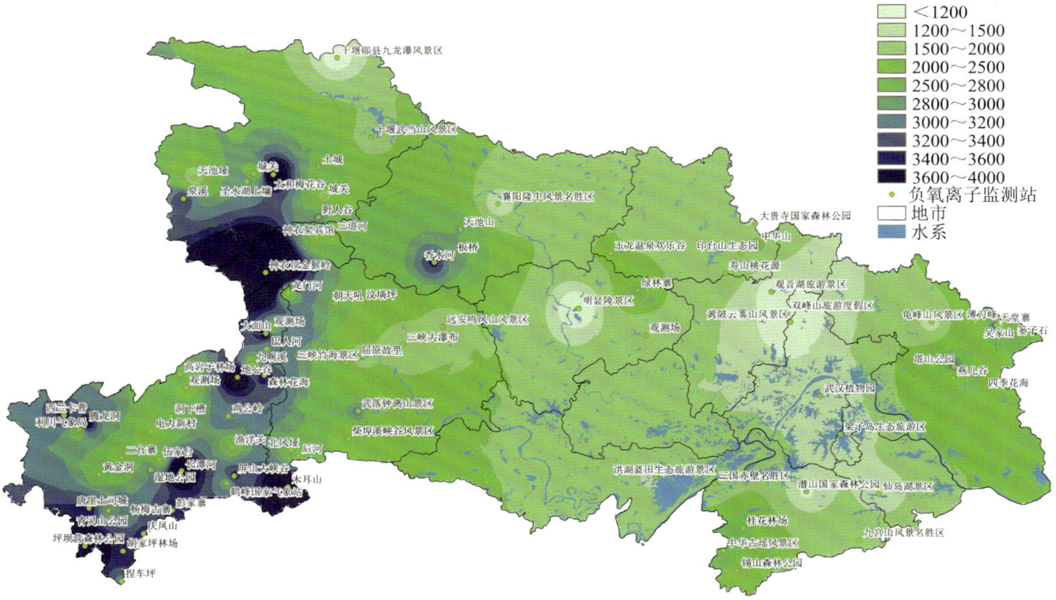

图 7.8　湖北省旅游景区大气负氧离子浓度年均值分布(单位：个/cm^3)

7.5.1.3 湖北省大气负氧离子浓度的季节变化特征

图 7.9 为湖北省大气负氧离子浓度逐月变化曲线，在不同时刻和不同季节，由于地面接收太阳辐射能量不同，导致负氧离子浓度随时间发生变化。

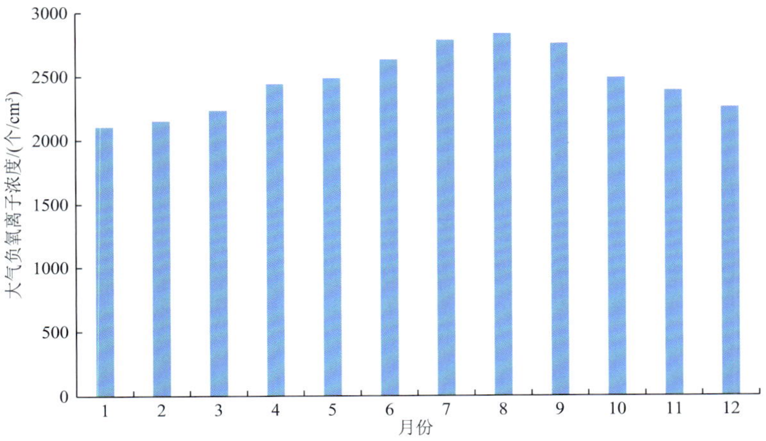

图 7.9 湖北省大气负氧离子浓度逐月变化曲线

负氧离子时间分布上，整体呈单峰型分布，峰值出现在 8 月。3 月起，进入春季以后，气温逐渐升高，逆温现象逐渐消失，上升气流显著，易形成局部的对流，污染物被扩散到高空大气，从而使近地面大气得到净化。因此，负氧离子浓度从春季开始逐月升高，至 8 月达到最大值。同时随着温度升高和降水量的增加，植物光合作用加强，吸收、净化污染物的能力也不断加强，这也是负氧离子浓度升高的另一个重要原因。而 4 月、5 月是湖北省雷暴活动的高峰月，闪电和强降水会使负氧离子浓度迅速升高，因此在这两个月负氧离子浓度值也较大。

10 月以后进入秋、冬季节，气温开始逐渐下降，月均相对湿度减小，静风频率较高，大气层结稳定，容易出现逆温现象，不利于污染物的扩散；而且冬季植物处于落叶和休眠的状态，光合作用微弱，净化空气的能力也相对减弱，使得负氧离子浓度逐月下降。

统计了各个季节不同地区负氧离子浓度值及年变幅，结果如表 7.16 所示。

表 7.16 湖北省大气负氧离子浓度季节均值及年变幅 单位：个/cm^3

地区	负氧离子浓度				
	春	夏	秋	冬	年变幅
湖北全省	2391	2754	2550	2175	579
鄂东北	2182	2746	2262	1779	966
鄂东南	1787	1814	1931	1687	243
江汉平原	1424	1577	1334	1370	243
鄂西北	2865	2745	2677	2210	535
鄂西南	2716	3164	2856	2553	612

由表 7.16 可知，湖北省大气负氧离子浓度夏季最高，全省平均达 2754 个/cm^3，冬季最低，平均为 2175 个/cm^3，春、秋季次之，但秋季略高于春季。这与大多数学者的研究结果是一

致的。全省负氧离子年均变幅 579 个/cm^3，鄂东北地区年变幅最大，达到 966 个/cm^3，其次为鄂西南地区，负氧离子年均变幅 612 个/cm^3。湖北省负氧离子浓度呈现出明显的季节变化。

湖北省各季节大气负氧离子浓度，不同地区在不同季节变化情况并不完全一致，存在较大差异。这主要与测站所处位置、各地区植被分布和各季节天气特征不同有很大关系。

夏季负氧离子浓度最高，是由于夏季植被生长旺盛、代谢活动旺盛、光合作用强，植被覆盖率高；大气紫外线照射强，且强降水、雷雨天气出现频繁，空气相对洁净，湿度大等多种有利因素造成的。

而冬季植物光合作用弱，多雾，空气污染相对严重，空气中的悬浮颗粒物较多，加上气候干燥，空气湿度小，使得负氧离子浓度处于一年中的最低值。

7.5.1.4 大气负氧离子浓度的日变化特征

以黄陂云雾山景区、襄阳隆中风景名胜区、恩施咸丰坪坝营生态旅游区、京山绿林景区、十堰武当山风景区和宜昌柴埠溪峡谷风景区 6 个景区为例，分析计算了 6 个站点 2016 年 1 月、2 月的逐小时平均值变化情况(图 7.10)。

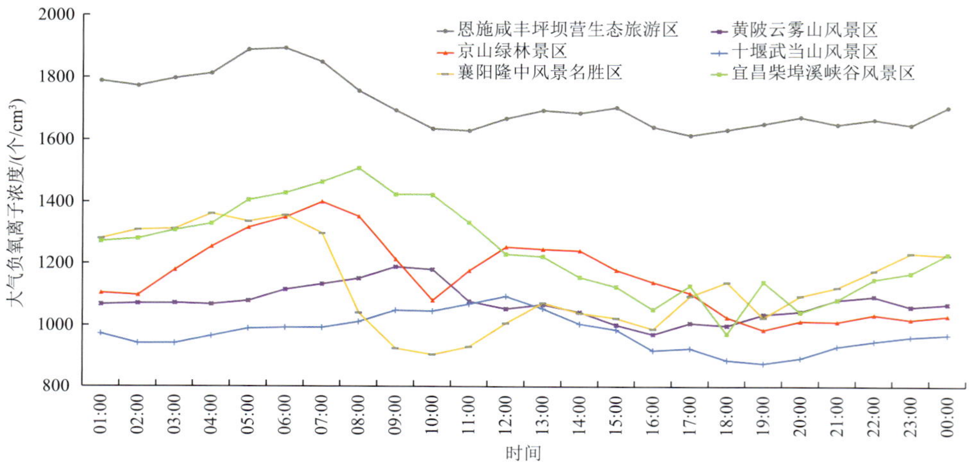

图 7.10 2016 年 1 月、2 月大气负氧离子浓度日均变化曲线

6 个站大气负氧离子浓度变化趋势较为一致，大体上均呈现一个峰值和一个谷值，即凌晨和上午的负氧离子浓度要高于下午和晚上，夜间呈逐渐上升的趋势，这与金琪等(2015)对湖北省春季大气负氧离子浓度分布特征的研究结果基本一致。但不同地区负氧离子浓度的峰、谷值出现时间略有区别，大致集中在 07:00—09:00；襄阳隆中景区负氧离子浓度最大值出现在 06:00 左右；而十堰武当山景区的负氧离子浓度最大值则在 11:00—12:00 出现。襄阳隆中景区的负氧离子浓度最小值出现在 10:00 左右；黄陂云雾山的最小值出现在16:00左右；其余各站的负氧离子浓度最小值都出现在 18:00—19:00。

总的来说，负氧离子浓度在一天内呈现出明显的日变化，12:00 以后负氧离子浓度整体呈下降趋势，而过了凌晨又开始逐渐上升。

7.5.1.5 气象条件对大气负氧离子浓度的影响

气温、气压、相对湿度、风速风向和降水量等气象要素对大气负氧离子的浓度有较大的影响。由于大气负氧离子浓度在短时间内受周围环境影响会有很大变化，不适合进行长时间序列的分析，因此以月为单位进行研究。以质量较高的武汉植物园、襄阳隆中风景名胜区和鄂州梁子岛生态旅游区三个景区为例，结果如表7.17所示。

表7.17 气象要素与大气负氧离子浓度的相关系数

测点	时间(年-月)	样本数/个	与大气负氧离子浓度的相关系数					
			气温	相对湿度	风速	风向	降水量	气压
武汉植物园	2016-01	4458	−0.594*	0.007	0.066*	0.002	0.014	0.056*
	2016-04	4318	−0.112*	0.204*	0.119*	0.107*	0.236*	0.095*
	2015-07	4893	−0.055*	0.062*	0.225*	0.201*	0.527*	−0.025
	2015-10	2358	−0.273*	0.197*	0.075*	0.088*	0.113*	0.007
襄阳隆中景区	2016-01	4461	−0.399*	0.28*	−0.107*	0.034*	0.057*	0.153*
	2015-05	4463	−0.259*	0.103*	0.388*	−0.059*	0.542*	0.036**
	2015-08	4462	−0.162*	0.12*	0.055*	−0.026	0.338*	0.028
	2015-10	3069	−0.183*	0.082*	−0.031	0.019	0.457*	0.009
鄂州梁子岛	2016-01	4463	−0.16*	−0.101*	0.103*	0.015		−0.084*
	2015-05	4352	−0.194*	0.186*	0.209*	0.042*	0.063*	−0.033**
	2015-08	2504	−0.323*	0.287*	−0.192*	−0.153*	−0.009	0.008
	2015-10	3231	−0.285*	0.246*	0.173*	−0.095*	0.159*	0.006

注：* 表示通过0.01显著性检验，** 表示通过0.05显著性检验，未标注表示未通过显著性检验。

气温与大气负氧离子浓度呈负相关，相对湿度和降水量与负氧离子浓度呈正相关，气压、风向、风速与负氧离子浓度相关性不明显。但总体而言，6个基本气象要素在以月为单位进行相关性分析时，所表现出的相关性均不明显，主要是因为大气负氧离子受到气象要素的影响十分复杂，且在不同天气状况下会有短时的跳变发生，以较长时间序列进行整体相关性分析时，相关性表现不明显。

7.5.1.6 不同天气状况对大气负氧离子浓度的影响

大气负氧离子浓度与天气现象密切相关，在不同天气状况下，大气负氧离子浓度有很大的不同。以襄阳隆中风景名胜区2月逐日负氧离子浓度均值为例，分析不同天气状况对测站大气负氧离子浓度的影响(图7.11)。

2016年2月，襄阳市共有3 d出现了降水，分别是9日、10日和12日，其中9日、10日降水量较小，仅小雨量级；12日的24 h降水量为25.6 mm，达中雨量级；13日开始襄阳地区天气转晴，特别是15—16日和20日，襄阳为晴天，天空云量较少；而23—25日，襄阳出现了霾。

雨天大气负氧离子浓度要明显小于晴天，主要是由于晴天紫外线到达量大于雨天，而紫外线是空气中负氧离子产生的主要影响因子。2月13—29日，襄阳地区无降水发生，大气负氧离子浓度在13—16日和20日出现了两个峰值，这两个时段襄阳均为晴天，说明晴天负氧离子浓度比阴天高，这是由于晴天阳光照射更为充足，丰富的紫外线有助于负氧离子的产生，同时，晴天太阳辐射要明显强于阴天，植物的光合作用也更强烈。而23—25日，襄阳出现了霾，对应时段负氧离子浓度也处于低值，雾/霾天或空气污染严重时不利于负氧离子产生。

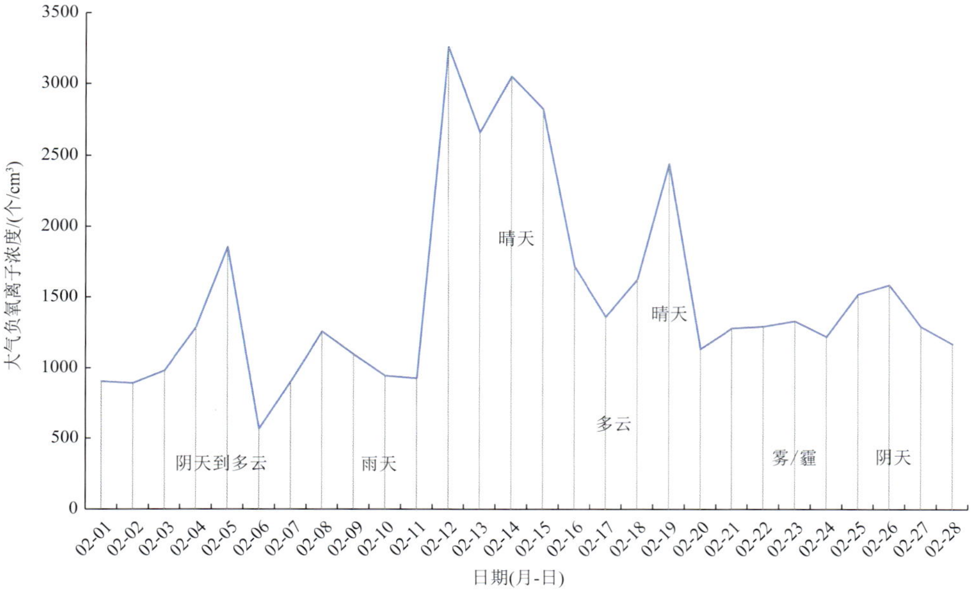

图 7.11　2016 年 2 月襄阳隆中风景名胜区大气负氧离子浓度逐日曲线

7.5.2　湖北省“中国天然氧吧”申创现状和展望

7.5.2.1　“中国天然氧吧”品牌介绍

“中国天然氧吧”评价对象为中国境内气候舒适，生态环境质量优良，配套完善，适宜旅游、休闲、度假、养生的区域，包括县(县级市、区)行政区或规模以上旅游区(旅游区面积不小于 200 km^2)。评选过程中严格按照发展规划、生态环境、旅游配套、地区特色和所获荣誉共五个一级指标，负氧离子浓度、气候舒适期、年均 AQI 指数、森林覆盖率、区域内水质、交通可到达性、旅游接待能力、特色旅游产品产业等共 16 个二级指标对申报地区的各项条件进行打分排名。符合“年人居环境气候舒适度达‘舒适’的月份不少于 3 个月，年负氧离子平均浓度每立方厘米不低于 1000 个，空气质量好、空气优良天数年占比不低于 70%，水质优良、出境水水质均在Ⅲ类及以上，旅游配套齐全，生态保护措施有力”等基本条件的区域，可申报“中国天然氧吧”。

7.5.2.2　湖北省“中国天然氧吧”申创情况

为推动“绿水青山”转变成实实在在的“金山银山”，对推进全域旅游、发展康养产业、实现乡村振兴提供有力支撑，湖北省气象部门积极推动全省“中国天然氧吧”申创工作，2018 年神农架和英山成为湖北首批荣获该称号的地区，2020 年、2021 年、2022 年先后又有兴山、五峰、竹溪、崇阳、京山、秭归、恩施、建始、咸丰、通城、鹤峰、利川、巴东、宣恩、来凤、南漳 16 个县(县级市)成功荣获该称号，恩施州所辖 8 个县(市)均被授予“中国天然氧吧”称号，实现区域全覆盖(图 7.12)。

高位谋划，部门协同，推动创建工作顺利开展。湖北省气象部门把“中国天然氧吧”创建工作作为气象部门助力生态文明建设、赋能经济、绿色发展的重要举措。各申报地县委县政府高度重视，成立了由书记(县长)担任组长，多家相关单位主要负责人为成员的领导小组，制定了

图 7.12　湖北省"中国天然氧吧"地图

"中国天然氧吧"创建实施方案，明确目标任务，细化职责分工，形成了"政府牵头、部门协同、群众参与"的共创格局，有力推进了创建工作顺利开展。

前瞻思考，科学布网，确保创建工作扎实推进。为保证申创工作的顺利开展，湖北省气象部门前瞻思考，科学布网。各申报地区根据"中国天然氧吧"申报要求，积极落实负氧离子监测站、空气质量监测站网的布局及建设，2019 年共布设负氧离子监测设备 15 台，2020—2021 年又在全省布设了 38 套负氧离子监测设备，目前全省监测设备总数已超过 50 台。后期湖北省气象部门还将以此项工作为契机，继续推进负氧离子监测站网布设，以提供全面、准确的负氧离子监测数据。

上下联动，紧密协作，形成创建工作筹办合力。为确保创建工作圆满完成，省、市、县三级气象部门积极配合，同向发力，确保各项工作按时按质按量完成。各市、县气象局协调配合有关部门、单位按照创建条件和要求，筛选收集材料并整理建册。省气象服务中心成立专班，组织专业技术人员完成了申报书、技术评估报告等各项资料的编制。

用好"国字号"金字招牌，化生态优势为经济效益。湖北省气象部门将继续为"中国天然氧吧""中国气候好产品"等国家气候标志子品牌的申创提供技术支撑，充分发掘省内优质气候资源，推动生态效益向社会效益和经济效益转化。各申报地区也将以"中国天然氧吧"创建为契机，坚定不移地走生态优先、绿色发展之路，充分用好这块国字号"金字招牌"，发挥品牌优势，让天然氧吧为当地旅游经济转型发展提供新动能。

7.5.2.3　技术评估和应用

为充分发掘各申报地区高质量的旅游气象资源，成立了专班，组织专业技术人员按照申报要求，对各地生态气候环境质量、生态旅游发展潜力等进行了系统评估。利用区域气象站点观测数据，对各申报地区立体气候特征进行评估；充分利用卫星遥感资料，对植被覆盖情况、生态释氧量资源等客观指标进行评价，形成评估报告。

7.5.2.4　展望

湖北省生态旅游资源丰富，天然氧吧创建活动通过挖掘气象旅游资源、打造气象旅游品牌，实现了旅游价值提升，带动了地方旅游经济发展，推动将“绿水青山”转变成了实实在在的“金山银山”，是湖北气象部门赋能地方经济社会发展，助力生态文明建设、绿色发展的重要举措。

7.6　山地避暑资源开发

7.6.1　避暑气候资源指标

避暑旅游气候资源是夏季具有凉爽宜人气候条件可供避暑的资源，凉爽、舒适的夏季气候是避暑旅游的基本条件。国内外有关避暑旅游气候资源评价的研究较多，陈慧等(2015)用夏季人体感知温度月平均值分布状况来研究中国避暑型气候的地域类型，并给出了人体感知温度的舒适度等级描述，将体感温度(T_f)在 0～32 ℃的地区划分为 5 种不同的避暑气候类型，可见表征人体冷热舒适条件的体感温度指标是分析避暑旅游气候资源的一个重要指标。杨舒琳等(2015)将高温引起的不舒适日数在当地平均状况的占比作为评价是否适宜避暑旅游的重要指标，一般适宜避暑旅游的区域其高温引起的不舒适日数占比为 0～18%。$T_f \geqslant 34.5$ ℃的体感温度不出现或少出现，也是衡量避暑地夏季避暑旅游气候资源优劣的重要条件。国家气候中心制定了《“避暑旅游目的地”评价技术指南(试行)》，旨在充分挖掘并发挥地方气候资源优势，打造国家级“避暑旅游目的地”品牌。本节主要从避暑旅游气候条件方面分析鄂东南山地避暑气候资源。

7.6.1.1　体感舒适度指标

体感温度受多种气象因子综合影响，计算方法如下：

$$T_f = \begin{cases} T + \dfrac{9}{T_M - T_m} + \dfrac{U-50}{15} - \dfrac{v-2.5}{3}, & T > 33.6\ ℃ \\ T + \dfrac{U-50}{15} - \dfrac{v-2.5}{3}, & 12.1\ ℃ \leqslant T \leqslant 33.6\ ℃ \\ T - \dfrac{U-50}{15} - \dfrac{v-2.5}{3}, & T < 12.1\ ℃ \end{cases} \tag{7.10}$$

式中：T_f为体感温度(℃)；T 为气温(℃)；T_M为日最高气温(℃)；T_m为日最低气温(℃)；U 为相对湿度(%)；v 为日平均风速(m/s)。

凉爽舒适气候条件是设计避暑旅游气候资源评价指标的首要原则，根据体感温度分级标准(表 7.18)，将 13.0 ℃$\leqslant T_f <$27.0 ℃的体感温度取值标准作为山区避暑旅游气候资源的基本条件指标。

表 7.18 体感温度级别

T_f/℃	级别	人体感受	建议预防措施
≥41.5	五级	极端热，难以忍受	尽量避免室外活动
[37.5,41.5)	四级	酷热，非常难受	尽量减少室外活动
[34.5,37.5)	三级	炎热，感觉难受	需要开空调
[30.0,34.5)	二级	热，感觉不太舒适	需要开电扇
[27.0,30.0)	一级	温和，感觉舒适	放心工作，积极参加活动
[21.0,27.0)	零级	凉爽，感觉很好	心情舒畅地工作和生活
[13.0,21.0)	负一级	凉，感觉有点冷	需要穿夹衣
[5.0,13.0)	负二级	冷，感觉不太舒适	需要穿毛衣
[1.1,5.0)	负三级	很冷	需要穿棉衣，并加强运动
[−5.0,1.1)	负四级	酷冷	建议尽量采取保暖措施
<−5.0	负五级	严寒	注意预防冻疮

7.6.1.2 气候凉爽指标

从人体舒适度的体感温度公式得知，体感温度和气温是同比上升的，即在日最高气温时，日体感温度值也最大，直接分析日最高气温超过界限值（如 30 ℃、35 ℃）的天数来进行比较分析。假定体感温度 T_f=34.5 ℃时，计算得到不同海拔高度的最高气温为 32.5～32.7 ℃，而 32.5 ℃温度值是人体皮肤表层温度正常值，故将 32.5 ℃作为影响避暑旅游的高温值，将夏季日最高气温 T≥32.5 ℃的天数≤7 d，作为评价避暑旅游气候资源优劣的重要指标。

7.6.2 鄂东南山地避暑气候资源分析

7.6.2.1 山地夏季气温特征分析

鄂东南夏季的 6 月、7 月、8 月和 6—8 月月平气温随海拔高度升高而降低，月平均气温递减率为 0.6 ℃/100 m，最大递减率出现在 7 月。

7.6.2.2 山地夏季相对湿度特征分析

统计得到夏季各月月平均相对湿度，得到鄂东南山地夏季月平均相对湿度与海拔高度的关系。鄂东南山地夏季各月平均相对湿度随海拔高度升高而升高，平均递增率为 1%/(100 m)。

7.6.2.3 山地夏季风速特征分析

鄂东南山地夏季各月平均风速随海拔高度升高而增加，最大月平均风速出现在 7 月。

7.6.3 鄂东南避暑气候资源分布

利用 13.0 ℃≤T_f<27.0 ℃的体感温度和夏季日最高气温 T≥32.5 ℃的天数≤7 d 两项指标，对鄂东南避暑旅游气候资源进行了分析（表 7.19）。由表 7.19 可知，鄂东南夏季各月平均体感温度在 19 ℃以上，6 月不同海拔山地体感温度均在舒适范围，7 月、8 月不同海拔的体感温度变化较大，而小于 27 ℃的体感温度出现在海拔高度大于 700 m 以上的山地，因此，700 m 海拔高度是鄂东南山地具备夏季避暑旅游气候条件的最低高度线。

表 7.19 鄂东南夏季山地不同海拔高度各月平均体感温度 单位:℃

海拔高度/m	平均体感温度			
	6 月	7 月	8 月	6—8 月
300	26.5	29.5	29.1	28.4
400	25.8	28.8	28.5	27.7
500	25.2	28.2	27.9	27.1
600	24.6	27.5	27.3	26.5
700	24.0	26.8	26.7	25.8
800	23.5	26.1	26.1	25.2
900	22.9	25.5	25.5	24.6
1000	22.4	24.8	24.9	24.0
1100	21.8	24.2	24.4	23.5
1200	21.2	23.6	23.8	22.9
1300	20.7	22.9	23.2	22.3
1400	20.1	22.3	22.6	21.7
1500	19.6	21.7	22.0	21.1

根据日最高气温 $T \geqslant 32.5$ ℃的界限值,统计了 15 个不同海拔区域气象站和金沙观测站夏季 6—8 月多年日最高气温≥32.5 ℃的平均日数,鄂东南夏季日最高气温 $T \geqslant 32.5$ ℃的日数≤7 d 的区域在海拔 800 m 以上的山地,海拔 1000 m 以上的山地出现日最高气温≥32.5 ℃的天数极少(0~2 d),其夏季避暑气候旅游资源更优。

7.7 冰雪、云海资源开发

7.7.1 鄂东南雨凇、雾凇气候资源分析

雨凇和雾凇使树木银装素裹,如"美玉王国"琉璃世界,形成美丽的自然气象景观。而雨凇和雾凇的形成和气象条件密切相关,山区往往多于平原和丘陵区。鄂东南境内地形差异大,山体资源较多,蕴含形成雨凇和雾凇气象景观的资源条件。

7.7.1.1 雨凇、雾凇形成的气象条件

以雨日、气温、风速和相对湿度 4 个要素为基础,确定雨凇、雾凇的适宜气象条件,适宜气象条件分别如下。

雨凇适宜气象条件:日平均气温为−2.3~−0.3 ℃,日最低温度为−3.4~−1.2 ℃,相对湿度大于 87%,风速小于 2.2 m/s。

雾凇适宜气象条件:日平均气温为−1.0~1.0 ℃,日最低气温为−4.9~−2.9 ℃,相对湿度大于 93%,风速小于 1.3 m/s。

7.7.1.2 雾凇、雨凇的气候特征

1989—2019 年鄂东南雨凇共发生了 111 次,发生的年份为 1989—1992 年、1996 年、2005

年、2008年、2010年、2012年、2014年、2015年和2018年。其中2008年共发生47次,占总次数的42.3%。1989—2019年5个观测站共发生雾凇14次,分布在1989年、1990年、1998年、2008年、2009年、2011年、2012年和2018年。

7.7.1.3　雾凇、雨凇易出现的区域分布

对国家气象观测站逐时的气象资料分析,日平均气温、日最低气温、相对湿度和风速条件适宜雨凇和雾凇形成的概率分别是:2%、5%、93%、40%和5%、2%、68%、24%,冬季低温条件是制约鄂东南雨凇、雾凇形成的关键条件。

气温随海拔升高而降低,冬季高海拔区域的低温条件更易促成雨凇、雾凇的形成。雨凇冬季易出现在日平均气温为−2.3～−0.3 ℃的海拔高度在1000～1500 m的地区,也易出现在日最低气温为−3.4～−1.2 ℃的海拔在600～1300 m的地区;雾凇易出现在日平均气温为−1.0～1.0 ℃的海拔高度在800～1200 m的地区,也易出现在日最低温度为−4.9～−2.9 ℃的海拔在1100～1700 m的地区。因此,冬季鄂东南海拔高度在1000～1200 m的山区容易出现雨凇,海拔1100～1300 m的山区容易出现雾凇,海拔1000～1300 m是冬季雨凇、雾凇造景和观赏的富集区域。

7.7.2　神农架冰雪气候资源分析

神农架林区是由大巴山脉东延的余脉组成的中高山地貌,北依汉水,南濒长江,是中国西部高山向东部低山的过渡地带,全区平均海拔1700 m,海拔3000 m以上的山峰有6座,被誉为"华中屋脊"。神农架林区地处中纬度北亚热带与暖温带的过渡地区,立体气候特征明显,冬季中高山冰雪资源丰富,天然降雪丰沛,雪期长,雪质干爽蓬松,昼夜温差大,利于存雪,温湿条件好,适宜滑雪日数多,丰富的自然景观与冰雪相映成趣,适合发展冰雪旅游产业。

7.7.2.1　神农架林区冰雪气候资源特点

(1)降雪量丰沛,积雪期长。神农架中高山地区(海拔1700～2500 m,下同)是中国降雪资源非常丰沛的地区之一,冬季降雪量68.9 mm。降雪主要集中在11月下旬至次年3月中旬,冰雪期长达4个多月。据2006年7月—2012年6月海拔2480 m的牛场坪观测资料显示,神农架中高山平均积雪初日为11月7日,最早的积雪初日为10月25日(2010年);平均积雪终日为4月14日,最晚积雪终日为4月26日(2010年)。从气温来看,日平均气温≤0 ℃的平均积雪初日为11月2日,最早为10月26日(2010年);平均积雪终日为4月5日,最晚为5月22日(2011年)。

(2)积雪日数多,雪质较好。据2006—2012年牛场坪人工观测资料统计,神农架中高山地区最大积雪深度34 cm(2011年3月22日),历史最深的年份超过50 cm(1989年2月23日松柏国家气象站实测积雪深度为40 cm)。由于11月—次年3月气温基本在0 ℃以下,积雪不易融化,保存期长。据区域自动气象站资料统计,神农架中高山地区(海拔1700～2500 m)冬季平均气温−5～−2 ℃,极端最低气温−20～−10 ℃,平均相对湿度69%,各月平均相对湿度47%～83%,湿润而不潮湿,平均风速1.5～2.8 m/s,大部分时段属软轻风,不会感觉寒风刺骨,11月—次年3月适宜户外冰雪运动和观景游乐的日数有100 d左右。

(3)景观多样,可与冰雪相映成趣。林区植被的垂直地带性差异显著,分布着森林、灌丛、亚高山草甸及高山沼泽湿地,复杂多样的生态类型与冰雪相互结合可形成雪松、林海雪原等独

特的气象景观。另外，冰雪期雾日较多、湿度适宜，平均有 50 多天可观赏雾凇、雨凇等气象奇景，森林、雾凇、雨凇、冰凌、冰瀑、云海相互映衬、相映成趣，丰富了冰雪旅游的内涵。

7.7.2.2 滑雪气象条件分析

根据《滑雪气象指数》(QX/T 386—2017)标准，并参考谢勇等(2015)和尚媛媛等(2019)的研究，结合本地实际情况，将神农架中高山滑雪气象指数等级划分为四级，详见表 7.20。

表 7.20 神农架中高山滑雪气象指数级别

级别	平均气温/℃	降雪量/mm	平均风速/(m/s)
一级：非常适宜	$-5<T\leqslant 0$	$R\leqslant 0$	$f\leqslant 3.3$
二级：适宜	$-10<T\leqslant -5$	$0.1<R\leqslant 2.5$	$3.3<f\leqslant 5.4$
三级：较适宜	$-15<T\leqslant -10$ 或 $0<T\leqslant 3$	$2.5<R\leqslant 5.0$	$5.4<f\leqslant 7.9$
四级：不适宜	$T\leqslant -15$ 或 $T>3$	$R>5.0$	$f>7.9$

滑雪运动气象指数的计算公式采用《吉林省滑雪运动指数的探讨》文中的公式：

$$H = 0.5R + 0.5F + 0.3T_g \tag{7.11}$$

式中：H 为滑雪运动指数，R 为降雪量；T 为气温；F 为风速；T_g 为日最高气温。

结合本地实际，修改相关气象要素的阈值，得出：$H<2.0$ 时为适宜，H 在 2.0～3.2 时为较适宜，当 H 在 3.2～4.5 时为较不适宜，当 $H>4.5$ 时为不适宜。

7.7.2.3 滑雪适宜时间及日数分布

神农架中高山地区滑雪气象指数 12 月—次年 2 月以适宜和非常适宜为主；11 月中下旬、3 月上中旬以适宜和较适宜为主；10 月下旬—11 月上旬、3 月下旬—4 月上旬也有较适宜滑雪的天气条件，其他时段均以不适宜为主。

以海拔 2500 m 区域自动气象站资料为代表，对 2006 年 10 月—2012 年 4 月神农架中高山滑雪气象条件进行分析，得出各月滑雪气象指数级别日数，见表 7.21。

表 7.21 神农架中高山各月不同滑雪气象指数级别出现日数 单位：d

月份	不适宜	较适宜	适宜	非常适宜
10	68	106	12	0
11	41	43	62	34
12	5	15	81	85
1	3	17	94	72
2	20	27	76	47
3	51	51	57	27
4	107	46	24	3

7.7.3 咸宁云海气候资源分析

云海因为变化奇丽、景色壮观，还能与自然风景协同造景，具有很高的观赏价值，成为山岳型风景区的重要旅游资源，咸宁作为新兴旅游城市，山体资源较多，最高峰的海拔为 643～1656 m，有较丰富的云海观测资源。

7.7.3.1　云海形成的气象条件

(1)降水条件分析

降水是云海观测的必要条件，但是连续性的降水又会造成山顶均在云雾里，所以云海的观测一般在降水停止后的当天或第二天。统计发现，咸宁市金沙站平均各月降水日数为 8～17 d，上半年(1—6 月)降水日数略多于下半年(7—12 月)，全年降水条件满足云海生成条件的概率超过 45%。

(2)逆温条件分析

大部分云海的观测伴随着逆温，从金沙站观测到的云海状况，70%出现在 10:00 以前，当气温开始升高，水汽抬升形成云海，当遇到逆温层，云海维持时间一般在 2 h 以上，10:00 以后气温进一步抬升，逆温也渐渐减弱或消失，云开始消散或抬升超过本站。

利用气温垂直递减率将路口站气温推算到金沙同海拔高度处的温度值，其逆温判别的计算公式为：

$$T = [t_1 - (h_2 - h_1)e] - t_2 \tag{7.12}$$

式中：t_1 为路口站的气温；t_2 为金沙站的气温；h_1、h_2 分别为路口站和金沙站的海拔高度；e 为气温垂直递减率(夏季为 0.7 ℃/(100 m)，春季和秋季为 0.6 ℃/(100 m)，冬季为 0.5 ℃/(100 m))。当 T 为负值时，说明金沙站的山体间有逆温存在。

7.7.3.2　云海的时间分布特征

云海在白天上、下午均可出现，一般在 07:00—12:00 出现的情况较多，这段时间正好是地面升温时段，水汽抬升，并且 1 km 以下存在逆温的可能性比较大，能较好地维持云的高度。云海存在季节性分布特点，春季和夏季云海出现次数明显多于秋季和冬季。

7.7.3.3　云海最佳观测位置及分布

观测云海的位置需在海拔 600 m 以上的山顶。金沙站观测的云海大部分为东至西 0°～180°的范围，在这个方位上，山顶与山脚的落差在 600 m 以上并与对面山峰的距离在 10 km 以上，而 180°～360°的范围较少有云海的出现，其山顶与山脚的落差在 300 m 以下。所以从观测方位的选择一般选择在山顶观测，方向为高度落差较大的悬崖或山谷方位。

根据上述分析，云海观赏位置应该在海拔 600 m 以上，海拔 1500 m 以下云海出现的概率高。

7.7.4　神农架高山云海资源和景观预报

7.7.4.1　高山云海资源和预报技术方法

利用区域自动气象站观测资料及 NCEP/NCAR 再分析资料，对神农架高山云海典型个例进行诊断分析，找出对云海形成的有利气象条件，并建立神农架高山云海预报指标和方法。

7.7.4.2　神农架高山云海的分类

根据云海持续时间的长短可将神农架高山云海分为两大类：一类为典型云海，另一类为非典型云海。典型云海指在较稳定天气下出现的持续时间 2 h 以上的云海天气现象；非典型云海指不稳定天气下出现的持续时间较短的云海现象。

通常非典型云海均与降水或雾相关联，降水间歇期间，云系结构不断变化，有时可出现小范围的短暂云海现象，并且这种云海是极不稳定的，随时可能演变成高山大雾或者再次出现降水，持续时间较短，我们把这种云海定义为非典型云海。

典型云海通常在降水刚刚结束之后出现，或者是降水发生前或结束后的1～2 d出现。根据其与降水的关系，可将典型云海分为两种：一种是游客们常常看到的雨过天晴或雪过天晴时峡谷云海波涛汹涌的壮观景象，另一种是无明显降水天气下出现的持续时间较长的云海现象。前者与降水天气有直接联系；而后者一般无明显降水发生，通常为多云到晴天，偶尔为阴天，有时与大雾交替出现。

7.7.4.3 神农架高山云海的时空分布特征及规律

(1)时间分布。据不完全统计和本地观测经验，神农架高山云海主要以秋季最多，冬、春季次之，夏季最少。将收集到的近百个高山云海个例按出现月份统计绘图，也基本反映了神农架高山云海主要集中分布在9—12月及次年1月，又以11月为最多。

(2)空间分布。神农架大部分地区都有机会观测到高山云海，尤以神农顶景区(自然保护区)与燕天景区最为常见，也最为壮观多变。神农顶景区云雾经常生成的地方有神农谷、凉风垭、风景垭、瞭望塔、太子垭等，特点是变幻多端；燕天景区的云海则以气势宏大而著称。

此外，每年的4—6月为神农顶景区高山杜鹃开花期，此时段内有机会观测到杜鹃花与云海交相辉映的美景。2011年5月3日更是出现了雨凇、杜鹃花与云海齐现的罕见奇观。

7.7.4.4 神农架高山云海预报

(1)神农架云海出现时的气象要素特征

首先是持续时间较长的云海多出现在较为稳定的天气背景条件下，其次是强降水结束后的6～12 h是高山云海最常出现的时间；再次是神农顶高山云海出现当天有以下特征。

①平均气温日较差为7.9 ℃；

②平均相对湿度为78%；

③日平均风速为3.4 m/s，最大日平均风速为7.7 m/s；

④80%的云海当日有降水或在降水的次日出现。

(2)天气环流背景特征

经统计分析，神农架高山云海主要有以下三种中高纬环流背景条件：一是西高东低形势，乌拉尔山以西为强大高压或高压脊，贝加尔湖及其以东地区为冷涡或低槽；二是两槽一脊形势，其中乌拉尔山为高压脊，中国东北地区常有低涡存在；三是宽广低槽型，中高纬度为一个或多个低槽低涡形成的宽广槽区。

无论是以上哪种环流背景形势，湖北省(30°—33°N，110°—115°E)大都以平直西风环流为主，且前两种环流形势最为普遍。

(3)层结条件特征

根据云海形成的物理原理分析，逆温层的存在是大范围云海景观形成的必要因素。由于神农架无探空观测资料，选取了不同海拔自动气象站的日平均气温为判断因子。通过分析发现如下特征。

①在神农架山区逆温层较为常见，一年四季均有；但以冬季(12月—次年2月)最多，且较为深厚，春、秋季次之，而夏季(6—8月)较少，且逆温层厚度偏薄。

②逆温层日数明显多于高山云海日数，有逆温不一定就有云海，而99%的云海日均有逆

温层出现。

③高度在2000～2500 m的逆温层结与高山云海关系最为紧密，而高度在3000 m以上的逆温层结则常常与大雾、降水等天气相伴。

(4)高山云海预报

根据高山云海的定义，神农架高山云海奇观主要是由低云环绕群山形成的，且低云的云顶高度低于山顶高度，低云云量足够，才能形成具有观赏性的高山云海景观。因此，低云的存在及其云顶高度是高山云海形成的关键条件。阴雨和大雾条件下低云也较多，但并不适宜观赏高山云海，因此，较为适宜的天气条件，也是高山云海景观形成的必备条件。

云是由于低层水汽抬升凝结而成，因此，较为充沛的水汽条件和一定的上升运动才能形成明显的云系。而低云的云顶高度则由大气垂直条件所控制，适宜的逆温层结是高山云海形成的关键。

综合以上分析可知，神农架高山云海形成的有利条件如下。

①2～3 km高度处有逆温层存在；

②无明显降水，无大雾存在；

③逆温层下水汽条件充沛，有一定的上升运动，足够形成云海。

7.8 农产品气候品质论证

7.8.1 莲藕气象品质论证技术与方法

7.8.1.1 评价区域和产品概况

蔡甸区位于武汉市西部，长江、汉江交汇的三角地带，京港澳高速和沪渝高速在此交汇，形成“金十字”经济地理中心。全区莲藕种植面积10万亩，是全国最大的县(市)级莲藕生产和销售基地。据统计，目前湖北省的莲藕种植面积在210万亩，其中蔡甸区莲藕种植面积约60万亩，占总种植面积的1/3。然而，随着近几年人民生活水平的不断提高，对莲藕品质的要求也越来越高，急需对莲藕品质进行评价。农产品原产地的气候条件如温度、光照以及湿度等气候因素对于农产品产量和品质的影响非常大，开展莲藕气候品质认证工作，可以提高气象服务的覆盖面，提高产品的品质和声誉，增强市场竞争力。

7.8.1.2 评价资料和方法

(1)技术思路

选取武汉市种植面积较大的鄂莲6号莲藕品种，采用地理播种法，在全国不同纬度地区，选取山东、河南、湖北、安徽、广西、云南为代表点，完成莲藕样本采样，并委托湖北省农业科学研究院质量标准与检测技术研究所对莲藕淀粉、蛋白质、脂肪、可溶性糖、干物质的品质开展检测。采用定性分析法、定量分析法对年度莲藕品质进行评价。

(2)技术方法

采用定性分析与定量评价相结合的方法，对蔡甸莲藕气候品质进行综合评价，依据划分的等级阈值，将其等级评定为特优、优、良3个等级。

方法一:定性分析法

通过对比分析当年与常年(1981—2010 年)蔡甸莲藕生育期间的光、温气象条件,定性分析评价当年气象条件对蔡甸莲藕品质形成的优劣等级。

方法二:气候品质综合指数逐步回归模型法

首先,将莲藕品质综合指数与各气象因子做相关分析,选取相关性较好的气象因子作为模型备选因子,采用逐步回归的方法,构建莲藕品质气候评价模型,实现通过气象因子定量确定当年莲藕的气候品质优劣等级。其中:蔡甸莲藕气候品质综合指数分级标准见表 7.22。

表 7.22　莲藕气候品质综合指数(V)等级阈值

等级	特优	优	良
阈值	$V>0.60$	$0.20\leqslant V\leqslant 0.60$	$V<0.20$

注:由计算得到的品质综合指数值,采用有序样本最优分割法和专家指数综合确定各等级阈值。

蔡甸莲藕气候品质综合指数计算方法和步骤如下。

①蔡甸莲藕气候品质综合指数

选取与气温、日照时数有密切关系的淀粉、干物质、蛋白质、可溶性糖表征莲藕品质,结合专家建议,确定莲藕气候品质综合指数模型为:

$$V=(\lambda_1+\lambda_2+\lambda_3+\lambda_4)/4 \tag{7.13}$$

式中:λ_1、λ_2、λ_3、λ_4 分别是各莲藕品质要素归一化值。

②蔡甸莲藕气候品质综合指数与气象要素相关分析

通过分析莲藕气候品质综合指数(V)与结藕期各气象因子(平均气温、平均最高气温、平均最低气温、累计日照时数、平均日照时数、平均气温日较差、0 ℃以上积温)的相关关系(表 7.23),选取对莲藕气候品质影响显著的气象因子构建模型。

表 7.23　影响蔡甸莲藕气候品质综合指数的气象因子

序号	气象因子	相关系数	p
1	x_1:平均气温/℃	+0.532	<0.05
2	x_2:平均气温日较差/℃	+0.373	<0.05
3	x_3:平均日照时数/h	+0.443	<0.05

③蔡甸莲藕气候品质综合指数评价模型

用逐步回归法得到莲藕气候品质综合指数评价模型:

$$V=-3.762+0.069x_1+0.272x_2+0.012x_3 \tag{7.14}$$

7.8.1.3　评价结论

(1)2020 年蔡甸莲藕生育期间气象条件评价

2020 年蔡甸莲藕结藕期间,平均气温 28.3 ℃比常年(27.2 ℃)偏高 1.1 ℃,日照时数 415.4 h 与比常年(428.4 h)偏少 13.0 h。总体来看,2020 年蔡甸莲藕平均气温偏高、日照时数略偏少,总体气候条件好于常年,天气气候条件总体适宜莲藕品质形成。

①气温

2020 年结藕期气温偏高,特别是 8 月上旬—9 月上旬气温偏高明显,这对莲藕果实品质提升有利。

②日照

结藕期(7 月下旬—9 月中旬)总体日照偏少,尤其是 7 月下旬和 9 月中旬,均偏少 30 h 以上,日照偏少,对 2020 年莲藕品质的形成有一定的不利影响。

(2)2020 年蔡甸莲藕品质定量评价

利用 2020 年各气象要素实测值,由评价模型计算得到气候品质综合指数,即由蔡甸莲藕气候品质综合指数评价模型,经计算得到 $V=0.20$,对比蔡甸莲藕气候品质综合指数等级阈值(表 7.22),判定 2020 年蔡甸莲藕气候品质,综合评定为优级。

7.8.2 水稻气候品质论证技术方法与服务

7.8.2.1 评价区域和产品概况

(1)地理概况

京山大树粮油有限公司"京六福"牌京山大米生产基地位于京山市罗店镇的大树村。罗店镇东邻应城,北倚安陆,发源于大洪山南麓的富水河、石板河、漳河三条水系自西向东流经全境。大树村位于罗店镇南部,现有优质稻种植面积近 6000 亩。

(2)地形地貌

大树村属丘陵向平原过渡地带,地势平坦,土地肥沃,光照适宜,雨量充沛。村内海拔均在 50~100 m,海拔差异较小。

(3)评价产品

"京六福"牌主要为隆两优 534 水稻品种,该品种为籼型两系杂交水稻品种。在长江上游作一季中稻种植,全生育期 158.5 d,株高 107.7 cm,穗长 23.4 cm,每亩有效穗数 16.2 万穗,每穗总粒数 192.5 粒,结实率 80.7%,千粒重 25.3 g;整精米率 66.5%,长宽比 3.0,垩白粒率 5.0%,垩白度 0.7%,胶稠度 81 mm,直链淀粉含量 17.2%,达到国家《优质稻谷》(GB/T 17891—2017)标准 1 级。在长江中下游作一季中稻种植,全生育期 142.5 d,株高 121.3 cm,穗长23.9 cm,每亩有效穗数 17.2 万穗,每穗总粒数 195.1 粒,结实率 83.0%,千粒重 24.2 g。整精米率 68.4%,长宽比 3.1,垩白粒率 9.0%,垩白度 1.3%,胶稠度 77 mm,直链淀粉含量 15.0%,达到国家《优质稻谷》标准 3 级。

隆两优 534 在大树村作一季中稻种植,一般 8 月上旬抽穗,8 月上旬末进入齐穗期,8 月底—9 月上旬初进入乳熟期,9 月中旬成熟。

7.8.2.2 评价资料与方法

(1)评价资料

本次气候品质评价根据"气象站应离项目区域距离近,经纬度、海拔高度、地形地貌等特征值相似度较高"的原则,选取京山市国家气象观测站和罗店站观测资料作为气候品质评价气象数据来源,罗店气象站距离评价基地 5.0 km,海拔高度 58 m,与评价区域相差 5 m 以内;京山气象站距离评价区域 23.6 km,海拔高度 84.6 m,与评价区域相差 30 m 左右。

评价所需的日平均气温、日最高气温、日降水量采用附近的罗店自动观测站,日照时数、日平均相对湿度等罗店站未观测的要素采用京山气象站观测值进行评价。

(2)评价指标

稻米品质形成主要取决于灌浆结实期的温光条件(邓爱娟 等,2017),其中灌浆结实期间的温度被普遍认为是对稻米品质影响最为显著的因子(李林 等,1996)。其中温度是影响品质最重要的因子,抽穗至成熟期高温会加速灌浆速率,缩短灌浆持续期,使籽粒的充实度受到影响,稻米的糙米率、精米率和整精米率下降,其中整精米率下降幅度最大(谢华英 等,2016);低温常不能安全齐穗或导致不能正常灌浆充实,影响同化产物的积累和运转,使稻米"青米率"增加,从而影响碾米品质。

光照是仅次于温度的第二个对稻米品质有较大影响的气候因子。有关研究表明(周德翼 等,1994),生育后期光照不足,光合作用受阻,导致垩白米发生多;但光照太强,温度亦相应提高,使成熟过程缩短,造成高温逼熟,也使垩白面积提高。

相对湿度或降雨量对稻米品质也有一定的影响。分期播种及不同地点栽培试验证实(杨继民 等,1998),相对湿度与糊化温度、胶稠度和垩白面积一般呈正相关关系,而与直链淀粉含量呈负相关关系。

根据以上研究结论,影响水稻品质的主要气候因子为灌浆期温度适宜度因子、相对湿度适宜度因子、光照适宜度因子,并引入平均最高气温、最低气温、日较差、日最高气温 35 ℃以上高温日数、日平均气温 30 ℃以上高温日数等。

(3)评价方法

采用模糊数学方法,构建灌浆期温度适宜度因子($u(T)$)、湿度适宜度因子($u(U)$)、光照适宜度因子($u(Q)$),计算公式如下:

$$u(T)=\begin{cases}1, & 22\ ℃ \leqslant T \leqslant 24\ ℃ \\ \dfrac{30-T}{6}, & 24\ ℃ < T < 30\ ℃ \\ \dfrac{T-18}{4}, & 18\ ℃ < T < 22\ ℃ \\ 0, & T \leqslant 18\ ℃ \text{ 或 } T \geqslant 30\ ℃\end{cases} \tag{7.15}$$

$$u(U)=\begin{cases}1, & 75\% \leqslant U \leqslant 80\% \\ \dfrac{93-U}{13}, & 80\% < U < 93\% \\ \dfrac{U-44}{31}, & 44\% < U < 75\% \\ 0, & U \geqslant 93\% \text{ 或 } U \leqslant 44\%\end{cases} \tag{7.16}$$

$$u(Q)=\begin{cases}1, & Q \geqslant 14.6\ \mathrm{MJ/(m^2 \cdot d)} \\ \dfrac{Q-6.8}{7.8}, & 6.8\ \mathrm{MJ/(m^2 \cdot d)} < Q < 14.6\ \mathrm{MJ/(m^2 \cdot d)} \\ 0, & Q \leqslant 6.8\ \mathrm{MJ/(m^2 \cdot d)}\end{cases} \tag{7.17}$$

由于以上适宜度未考虑高温、低温等因子的不利影响,在以上基础上引入灌浆期最高气温、最低气温、日较差、日平均气温 30 ℃以上高温日数等因子,采用线性判别法分别建立垩白度、糙米率、整精米率、碱消值、胶稠度、直链淀粉、透明度判别方程。统计评价区域评价年份水稻灌浆期各气候因子值,利用建立判别方程,计算各水稻品质性状的等级,根据 NY-593 标准确定水稻气候品质等级(见表 7.24),当等级达到二级及以上确定气候品质为特优,模型计算水稻品质为三级时气候品质确定为优,三级以下气候品质为良或差。

表 7.24 水稻气候品质等级

品质性状	等级		
	一级	二级	三级
糙米率/%	≥81	≥79	≥77
整精米率/%	≥58	≥55	≥52
垩白度/%	≤1	≤3	≤5
透明度/级	≤1	≤2	
碱消值/级	≥6		≥5
胶稠度/mm	≥60		≥50
直链淀粉/%	13～18	13～20	13～22

7.8.2.3 评价结论

隆两优534在大树村作一季中稻种植灌浆期一般在8月中旬初—9月中旬末。2009—2019年灌浆期平均气温23.8～28.1 ℃，平均最低气温21.2～23.7 ℃，平均最高气温27.5～33.6 ℃，气温基本在品质形成最佳或适宜范围。

2020年隆两优534于8月15日左右齐穗，9月26日左右成熟收割。灌浆期初期出现了5 d日平均气温≥30.0 ℃高温天气，灌浆末期出现3 d日平均气温18.0 ℃低温天气，其他时段日平均气温均在适宜范围内，日平均气温≥30 ℃高温日数较同期偏少1 d，平均气温25.4 ℃，较同期偏低0.6 ℃，平均日较差8.6 ℃，较同期偏高0.6 ℃。

2020年灌浆期日平均相对湿度60%～99%，平均为80.2%，较同期偏高3.4%；灌浆期于9月13—17日、19—23日出现了两段连阴雨天气，光照偏少，日辐射量不足5 MJ/(m^2·d)，不利于千粒重形成，对品质形成有一定不利影响。但灌浆前中期日照充足，灌浆期平均日辐射量仍达13.1 MJ/(m^2·d)，较同期仅偏少1 MJ/(m^2·d)，总体影响小。

灌浆期平均气温适宜度0.48，较同期偏低0.2；平均相对湿度适宜度0.56，较同期偏低0.1；平均辐射适宜度0.57，较同期偏低0.08。

根据评价区域本年度气候特征值和水稻品质性状气候判别模型，计算各品质性状的等级，综合评定2020年水稻气候品质为优。

7.8.3 血桃气候品质论证技术方法与服务

7.8.3.1 评价区域和产品概况

(1)血桃种植区概况

孝昌县位于湖北省东北部，地理坐标为(31°02′—31°46′N，113°45′—114°15′E)，境内地形北高南低，地貌以丘陵山地为主，土壤多为砂质壤土。孝昌县属亚热带季风气候，四季分明，热量丰富，雨量充沛，无霜期长，具有光、热、水同季的特点。孝昌年平均气温17 ℃，1月最低，7月最高，极端最高气温39.9 ℃，极端最低气温−8.2 ℃；年降水量1074.7 mm，夏季降水占全年的48%以上；每年日照时数超过1720 h，夏长冬短。优越的生态气候条件为“孝昌血桃”提供了良好的生长环境，“孝昌血桃”最早的产区集中于孝昌县丰山镇，2020年扩种到孝昌县各个乡镇。

（2）评价产品

“孝昌血桃”以早、红、甜的优良品质和10倍于普通桃的高花青苷（天然花青素）含量的优势，深受市场欢迎。孝昌县“孝昌血桃”种植规模达4万多亩，年产量超6万t，2013年注册的“七仙红”品牌被湖北省农业厅授予“湖北名桃”称号，成为首个血桃品种的“全国名优果品区域公用品牌”。2020年成功申报为七仙红“孝昌血桃”国家地理标志证明商标。

7.8.3.2 评价资料与方法

（1）评价资料

2011—2022年孝昌国家气象观测站（以下简称孝昌站）及孝昌县13个乡镇区域气象站（以下简称区域站）的气象观测资料，资料来源于湖北省气象信息中心。果实品质资料为2015—2022年孝昌县丰山镇主产区的“孝昌血桃”品质数据，数据由孝昌县农业局提供。物候资料来自于主产区“孝昌血桃”中熟品种的调查数据，主要物候期为：2月底—3月上旬进入花芽萌动期，3月上旬—下旬为开花期，4月上旬为幼果期，5月中旬、下旬为果实膨大期，6月上旬、中旬为果实成熟期。

（2）评价指标

果实品质指标：果实品质是由多因素构成的复合体，包括外观品质、营养品质、风味品质等。“孝昌血桃”属红肉桃，依据湖北省红肉桃标准，本次评估选取了风味、果肉色、单果重、可溶性固形物含量等9项品质指标，参考桃种质资源数据规范，对各品质指标进行了分级，利用加权求和法构建了“孝昌血桃”的果实综合品质指数（表7.25），其公式为：

$$V = \sum_{i=1}^{n} W_i \times M_i \tag{7.18}$$

式中：V为果实综合品质指标；M_i为各品质指标等级；W_i为第i个品质指标的权重，用层次分析法（AHP法）计算。

表7.25 “孝昌血桃”果实品质指标分级及权重

品质指标	1级	2级	3级	4级	5级	重要度	权重
单果重/g	<50	50～100	100～150	150～200	≥200	5	0.052
纵径/cm	<5	5～6	6～7	7～8	≥8	7	0.020
横径/cm	<5	5～6	6～7	7～8	≥8	7	0.020
可溶性固形物含量/%	<8	8～10	10～12	12～14	≥14	4	0.080
可滴定酸含量/%	≥0.75	0.60～0.75	0.45～0.60	0.30～0.45	<0.30	4	0.080
风味	酸	酸甜	淡甜	甜	浓甜	1	0.357
果皮色（着色面积）	0	0～1/4	1/4～3/4	3/4～1	—	6	0.034
果肉色（红色占比）	0	0～1/4	1/4～3/4	3/4～1	—	2	0.208
果肉硬度	极软	软	中	硬	—	3	0.150

气候品质指标：温度高而干旱的气候条件有利于桃果实品质的提高，特别是在果实膨大期至成熟期，在气温高、日照时数多、降水偏少时，有利于果实最终形成良好品质。可见气象因子并不是孤立地影响果实的某个品质指标；而且气象条件的优劣并不能造成果实品质为0或∞，说明气象因子是在一定基础上对果实品质产生影响。分析果实膨大期前3候的平均气温、累

计日较差、日照时数以及果实成熟期前 3 候的日照时数、降水量、平均相对湿度 6 个气象因子对果实综合品质的贡献。

较高的平均气温、累计日较差、日照时数对果实综合品质指数是正贡献，而较大的降水量、平均相对湿度对果实综合品质指数是负贡献。果实膨大期至成熟期的这 6 个气象因子选为“孝昌血桃”的气候品质指标，并给出了不同气候品质指标的气候适宜度标准(表 7.26)。

表 7.26 “孝昌血桃”气候品质指标适宜度标准及权重

适宜度(M_i)	果实膨大期			果实成熟期		
	平均气温/℃	累计日较差/℃	日照/h	日照/h	降水量/mm	相对湿度/%
4	≥20	≥150	≥75	≥90	<50	<74
3	18～20	100～150	45～75	50～90	50～90	74～77
2	<18	<100	<45	<50	90～150	77～80
−1	—	—	—	—	≥150	≥80
权重(Ts_i)	0.162	0.128	0.116	0.151	0.265	0.177

注：M_i 为 4、3、2、−1 时，分别表示评估指标的最适宜、适宜、较适宜、不适宜。

(3)评价方法

气候品质指数：采用集合方式构建气候品质指数，其公式为：

$$I_{CQ} = \sum_{i}^{n}(Ts_i \times M_i) \tag{7.19}$$

式中：I_{CQ} 为气候品质指数；M_i 为第 i 个气候品质指标适宜度；Ts_i 为各气候品质指标权重，参考 TS 评分分析法(杨栋 等，2018)，用 $Ts_i = (1/MAE_i)/\sum_{i=1}^{n}(1/MAE_i)$ 公式计算。其中，MAE 为气候品质指标对果实综合品质指数的绝对拟合误差。

气候品质等级标准：分析 2015—2021 年“孝昌血桃”的果实综合品质指数和气候品质指数，其相关系数高达 0.944。气候品质指数与果实综合品质指数的拟合关系式为：

$$V = 0.63I_{CQ} + 1.73 \text{ 或 } I_{CQ} = (V - 1.73)/0.63 \tag{7.20}$$

根据 2015—2021 年的果实品质综合指数序列，基于百分比方法，将 $V \geq 90\%V_{max}$ 划分为特优，$85\%V_{max} \leq V < 90\%V_{max}$ 划分为优，其余划分为良及以下。其中，V_{max} 是果实综合品质指数分布的期望值，为 4.20。

计算得到气候品质等级评价标准(表 7.27)。

表 7.27 “孝昌血桃”气候品质等级评价标准

气候品质等级	气候品质指数
特优	≥3.3
优	3.0～3.3
良及以下	<3.0

7.8.3.3 评价结论

(1)模型评价结果及验证

利用主产区丰山区域站 2011—2022 年的气温资料和孝昌站的日照和相对湿度资料，对丰山镇主产区的年“孝昌血桃”气候品质进行了评价，12 a 中有 5 a 为特优，5 a 为优，2 a 为良及以下。评价结果与主产区 2011—2022 年“孝昌血桃”的品质调查结果对比发现，12 a 中有 11 a 评价等级基本相符，其准确率达 91.7%（表 7.28）。

表 7.28　主产区“孝昌血桃”气候品质评价等级及检验结果

年份	气候指标适宜度						气候品质指数	气候品质评价等级	调查品质等级	检验结果
	果实膨大期			果实成熟期						
	平均气温	累计日较差	日照	日照	降水量	相对湿度				
2011	4	3	4	2	2	2	2.682	良及以下	良	√
2012	4	3	4	3	4	2	3.363	优	优	√
2013	4	3	3	4	3	2	3.133	优	优	√
2014	4	3	4	3	4	3	3.540	特优	优	√
2015	4	3	4	3	2	3	3.010	优	良	×
2016	4	3	4	3	4	2	3.363	特优	优	√
2017	4	4	4	3	3	2	3.226	优	优	√
2018	4	3	4	4	4	4	3.868	特优	优	√
2019	4	3	3	4	3	4	3.487	特优	优	√
2020	4	4	4	3	−1	−1	1.635	良及以下	一般	√
2021	4	3	2	3	4	2	3.131	优	优	√
2022	3	3	3	3	4	4	3.439	特优	优	√

（2）模型区划应用

利用 13 个区域气象站的气象资料，基于气候品质评价模型计算了各站 2018—2022 年的气候品质指数。根据气候品质分级标准，借助 ArcGIS 软件功能，通过对气候品质指数进行内插和分类，得到孝昌县近 5 a 的“孝昌血桃”气候品质等级区划。近 5 a 中孝昌县产出的“孝昌血桃”，有 2018 年、2019 年、2021 年和 2022 年的气候品质为优或特优的面积占比超过 85%，2020 年与主产区的气候品质一样为良及以下。其中 2018 年、2019 年和 2022 年大部分地区为特优，仅在北部和东部中高山地区气候品质等级有所降低；更明显的表现特征出现在 2021 年，特优区域面积占 1/3，集中于孝昌县西南部，东部中高山少量区域的气候品质为良及以下，其他大部分区域为优。

（3）评价结论

“孝昌血桃”是湖北省少有的地方特色桃品种，独具的“早、红、甜”优势与孝昌县特有的气候生态环境密切相关。总体上看，孝昌县种植的“孝昌血桃”气候品质等级为优以上，受气候变化的影响年际之间气候品质等级存在差异，东部和北部区域的气候品质等级变化更明显。

7.9　本章小结

本章围绕如何充分发掘生态气候资源优势，介绍了湖北省在生态气候资源开发与利用方面的工作进展和具体案例。在详细了解全省光、温、水、风能、太阳能等气候资源分布的基础上，科学评估了鄂西山区旅游、山地避暑、高山冰雪、雨凇、雾凇、云海等生态气候资源；挖掘气候资源特色优势，成功申报了气候宜居城市、“中国天然氧吧”，开展了莲藕、水稻、血桃等农产品气候可行性论证。

(1)利用湖北省国家气象站的气温、降水、日照、风速等历史气象资料，结合高精度地理信息，揭示了湖北省活动积温、光热条件、水分条件、风能、太阳能等气候资源的空间分布特征；风能资源丰富区主要位于湖北省中部的襄阳—荆门的南北向风带、鄂北的枣阳—英山的东西向风带、部分湖岛及沿湖地带、鄂西南和鄂东南的部分高山地区的“三带一区”；设置了保守、平衡、积极、激进4种情景太阳能开发面积利用率，分别计算了湖北省太阳能资源技术可开发量分别为167.7 GW、279.4 GW、447.0 GW、559.0 GW。截至2019年，湖北省风电累计并网装机容量为405.28万kW，2020年风电装机又增长约24%，到2020年底风电装机容量达到501.91万kW；太阳能光伏发电累计并网装机容量为621.43万kW，2020年光伏装机又增长约12%，到2020年底光伏发电装机容量达到697.56万kW。

(2)计算鄂西南利川温湿指数(THI)、风寒指数(WCI)和度假气候指数(HCI)3个指数，结合Landsat遥感图像分别提取绿度、湿度、热度和干度4个生态因子计算遥感生态指数(RSEI)，并根据综合评价标准对生态旅游资源进行综合的评价和区划。利川多年年均综合舒适期为153 d，占全年总天数的42%，且连续5个月月均综合舒适期超过20 d，与国内主要旅游城市相比，仅次于丽江，与九寨沟、六盘水相当。

(3)评估鄂西南宜昌宜居的5项一级指标、19项二级指标、42项三级指标，宜昌气候宜居各单项评价指标累计优良率达85.5%，其中优等级占比66.0%，符合“气候宜居城镇”评定标准，综合评价结果表明，宜昌具有良好的气候生态优势。

(4)全省旅游景区大气负氧离子监测网显示，大气负氧离子年均浓度呈现从东往西、从北往南逐渐升高的趋势，西部山区高于东部平原地区，鄂西南地区为全省大气负氧离子最为丰富的区域。大气负氧离子浓度夏季最高，冬季最低，春、秋季次之。湖北省气象部门积极推动全省“中国天然氧吧”申创工作，2018年以来神农架、英山、兴山、五峰、竹溪、崇阳、京山等18个县(市)成功荣获该称号。

(5)避暑旅游气候资源是夏季具有凉爽宜人气候条件可供避暑的资源，凉爽、舒适的夏季气候是避暑旅游的基本条件。利用13.0 ℃$\leqslant T_f<$27.0 ℃的体感温度和夏季日最高气温$T\geqslant$32.5 ℃的天数$\leqslant$7 d两项指标，对鄂东南避暑旅游气候资源进行了分析。鄂东南夏季各月平均体感温度在19 ℃以上，6月不同海拔山地体感温度均在舒适范围，7月、8月不同海拔的体感温度变化较大，而小于27 ℃的体感温度出现在海拔高度大于700 m的山地，因此，700 m海拔高度是鄂东南山地具备夏季避暑旅游气候条件的最低高度线。

(6)鄂东南适宜雨凇和雾凇形成的日平均气温、日最低气温、相对湿度和风速条件出现概率分别为2%、5%、93%、40%和5%、2%、68%、24%，冬季鄂东南海拔高度1000～1300m是冬季雨凇、雾凇造景和观赏的富集区域。云海变化奇丽、景色壮观，咸宁山体资源较多，600～1500 m以下云海出现的概率高，一般在07:00—12:00出现。神农架高山云海主要集中分布在9—12月及次年1月，又以11月为最多。

(7)神农架林区冬季中高山冰雪资源丰富，天然降雪丰沛，雪期长，雪质干爽蓬松，昼夜温差大，利于存雪，温湿条件好，适宜滑雪日数多。神农架中高山地区滑雪气象指数12月—次年2月以适宜和非常适宜为主；11月中下旬、3月上中旬以适宜和较适宜为主；10月下旬—11月上旬、3 月下旬—4 月上旬也有较适宜滑雪的天气条件，其他时段均以不适宜为主。

(8)建立莲藕、水稻、血桃等气候品质评估论证评价模型，利用气候品质综合指数对蔡甸莲藕、京山稻米和孝昌血桃进行了评估。

第 8 章
重大水利工程局地生态气候效应评估

三峡库区和丹江口水库是湖北省最重要的两大水利工程。本章采用气象站多要素数据、再分析资料和卫星遥感相关数据等，较为全面地揭示了三峡库区气候和气候变化特点，评估了蓄水前后库区气候的时空变化，分析了不同剖面、不同铁塔、不同气候要素的垂直梯度变化特征；在分析丹江口水库不同库区距离、不同大坝高度下主要气候要素变化特征的基础上，评估了丹江口水库流域水源涵养功能。

8.1 三峡库区生态气候效应评估

8.1.1 三峡库区气候和气候变化特点

8.1.1.1 三峡库区气候特点

三峡库区属于亚热带湿润季风气候，地处长江上游东部，由于长江以北有大巴山山脉、延伸部分的神农架山地和长江以南的巫山山脉作为屏障，西伯利亚冷空气不易侵入，形成了四季分明、冬季温和、夏季炎热、雨量适中、雨热同季、温暖湿润的气候特点（杨荆安 等，2002；廖要明 等，2007）。由于冬、夏季风的交替，气温与降水季节变化明显。

三峡库区年平均气温 13.2～18.5 ℃（图 8.1），年平均最高气温 17.7～23.5 ℃，年平均最低气温 10.0～16.0 ℃，气温的年较差和日较差都较小。月平均气温的时间分布表现为单峰单谷型，最冷月为 1 月，最热月为 7 月。三峡库区冬季是中国著名的冬暖中心之一，夏季又是中国的酷暑中心之一（邓先瑞 等，1996；徐之华 等，2002）。

三峡库区降水丰富，年平均降水量 960～1700 mm，空间分布不均，其中西北部 1000～1300 mm，中部武隆—石柱、奉节—兴山 960～1000 mm，东南部 1300～1700 mm，宣恩、鹤峰等高值中心超 1500 mm（图 8.2）。沿江河谷少雨，外围山地逐渐增多（陈鲜艳 等，2009）。冬干夏雨，秋雨连绵，初夏和仲夏雨水集中，盛夏又常有伏旱。夏季降水量占全年降水量的 40%～50%。月平均降水量的时间分布表现为单峰型，峰值出现在 6 月，其次是 7 月，4—10 月是三峡库区降水的主要时段，其中 5—9 月常有暴雨出现。

三峡库区年降水日数较多，各地平均降水日数 125～175 d，平均每 2～3 d 一场雨。降水日数整体呈南多北少分布，三峡库区东南部和西南部 155～175 d，东北部 125～140 d，其他地区 140～155 d（图 8.3）。年平均暴雨日数三峡库区西南部、东北部仅 2～3 d，东南部及西北部

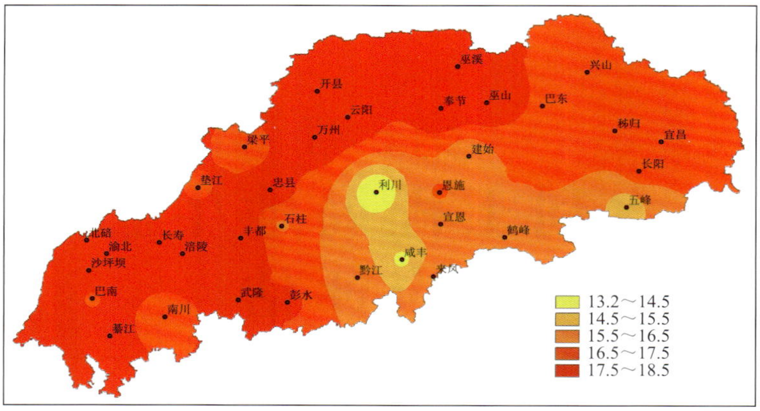

图 8.1　1991—2020 年三峡库区年平均气温空间分布(单位:℃)

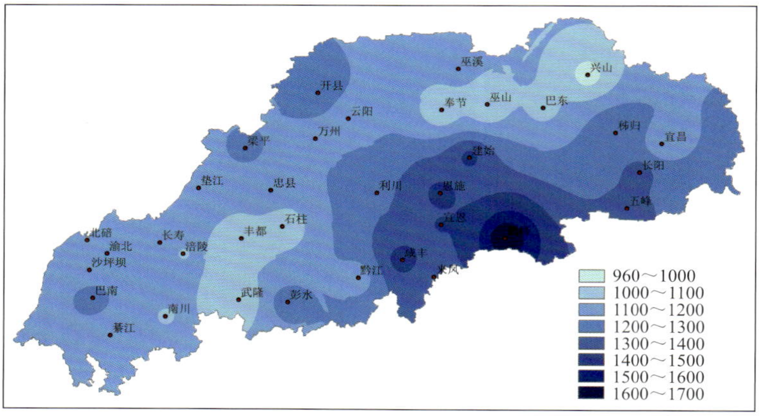

图 8.2　1991—2020 年三峡库区年平均降水量空间分布(单位:mm)

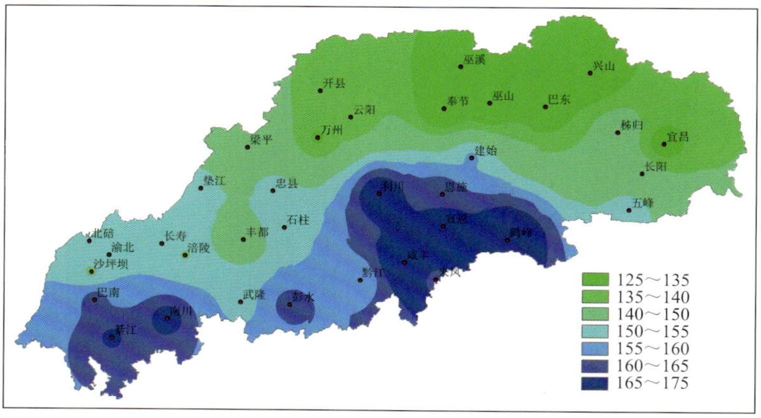

图 8.3　1991—2020 年三峡库区年平均降水日数(单位:d)

开县 4～6 d,其他地区 3～4 d(图 8.4)。

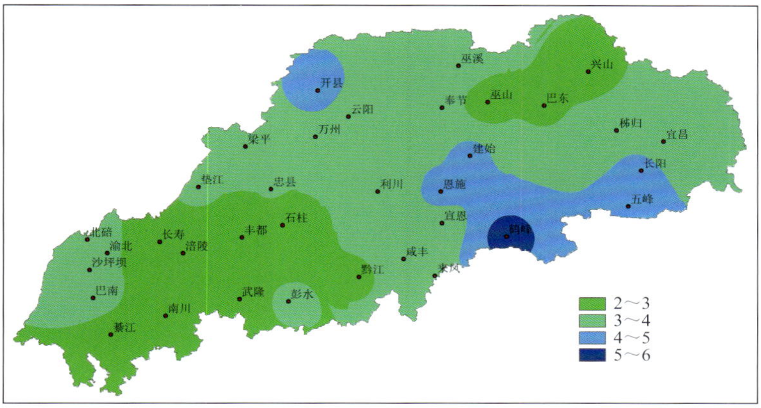

图 8.4　1991—2020 年三峡库区年平均暴雨日数空间分布(单位:d)

三峡库区云雾多,相对湿度较高,日照少,风速普遍较小,是小风区。各地年平均相对湿度 68%～85%,整体呈西南向东北减小,其中西南部 78%～85%,东北部 68%～75%。各地年平均日照时数 870～1500 h,整体呈西南向东北不断增加的分布型态,其中西南部870～1100 h,东北部 1400～1500 h,其他大部分地区 1100～1400 h。各地年平均风速 0.5～3.0 m/s,高值中心位于西南部,年平均风速超过 1.5 m/s,其中綦江达 2.9 m/s,居各站之首;南部和北部部分地区 0.5～1.0 m/s;其他大部分地区 1.0～1.5 m/s(图 8.5)。

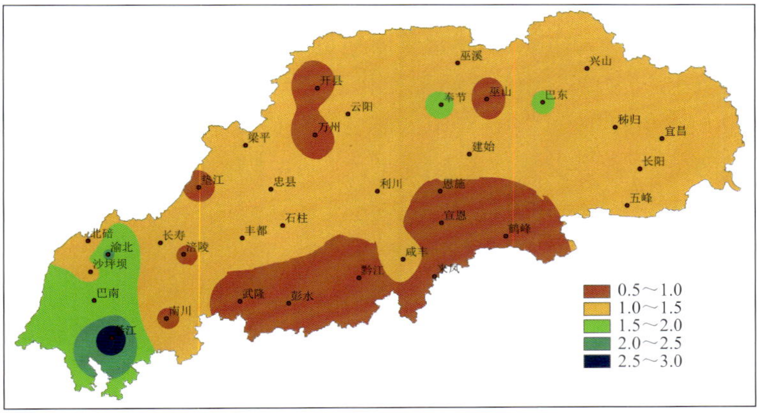

图 8.5　1991—2020 年三峡库区年平均风速空间分布(单位:m/s)

特殊的地形和地貌条件形成了富有特色的峡谷气候。一是冬季温暖,河谷地区高山夹峙,下有水垫,易形成逆温层,比同纬度其他地区气温高,1 月平均气温比同纬度长江中下游一带高 3 ℃以上。二是区域差异明显,山区气候垂直差异显著,年平均气温垂直梯度变化率为 −0.63 ℃/(100 m),海拔 1500 m 以下属于亚热带气候,海拔 1500 m 以上的山地气候类似暖温带;谷地一般夏热冬暖,山地夏凉冬寒,雾多湿重,且阴、阳坡气候不同,小气候特征十分明显(周毅 等,2005;叶殿秀 等,2008)。三是温暖湿润,三峡库区中低山地在垂直分层上的水资源、热量资源配置明显优于中国东部相应纬度水平地带,无霜期 300～340 d,大于 10 ℃积温 5000～6000 ℃·d。除此之外,三峡库区水资源也相当丰富(曹诗图,2007)。

8.1.1.2　三峡库区气候变化特点

(1)平均气温

三峡库区年平均气温 17.3 ℃，近 60 a(1961—2020 年)平均每 10 a 升高 0.08 ℃(图 8.6)。20 世纪 60 年代初期偏高，随后至 90 年代中期以偏低为主，之后又转为以偏高为主。2006 年为最暖年，年平均气温 18.2 ℃，较常年同期偏高 0.9 ℃；1989 年为最冷年，年平均气温 16.4 ℃，较常年同期偏低 0.9 ℃。分季节来看，冬、春季平均气温升高趋势较明显，高于年升温率；秋季接近年升温率；夏季无明显变化趋势(图 8.7)。

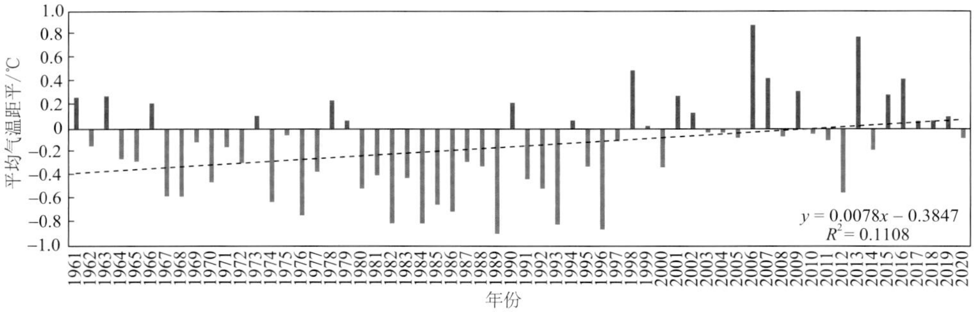

图 8.6　1961—2020 年三峡库区年平均气温距平逐年变化(单位：℃)

春季三峡库区平均气温 17.2 ℃，近 60 a 平均每 10 a 升高 0.11 ℃。20 世纪 90 年代中期之前以偏低为主，之后以偏高为主。2013 年和 2018 年为历年最高(18.4 ℃)，较常年同期偏高 1.2 ℃；1996 年为历年最低(15.3 ℃)，较常年同期偏低 1.9 ℃。

夏季三峡库区平均气温 26.4 ℃，无明显变化趋势。1961 年为历年最高(28.3 ℃)，较常年同期偏高 1.9 ℃；1982 年和 1993 年为历年最低(25.1 ℃)，较常年同期偏低 1.3 ℃。

秋季三峡库区平均气温 18.0 ℃，近 60 a 平均每 10 a 升高 0.07 ℃。20 世纪 90 年代中期之前以偏低为主，之后以偏高为主。2006 年为历年最高(19.2 ℃)，较常年同期偏高 1.2 ℃；1981 年为历年最低(16.3 ℃)，较常年同期偏低 1.7 ℃。

冬季三峡库区平均气温 7.6 ℃，近 60 a 平均每 10 a 升高 0.13 ℃。20 世纪 90 年代中期之前以偏低为主，之后以偏高为主。1979 年为历年最高(8.7 ℃)，较常年同期偏高 1.1 ℃；1977 年为历年最低(5.6 ℃)，较常年同期偏低 2.0 ℃。

(2)平均最高气温

三峡库区年平均最高气温 22.0 ℃，近 60 a 平均每 10 a 升高 0.13 ℃。20 世纪 60 年代初期偏高，随后至 90 年代中期主要以偏低为主，之后转为偏高为主。2013 年年平均最高气温 23.4 ℃，较常年同期偏高 1.4 ℃，为最高值；1989 年年平均最高气温为最低(20.5 ℃)，较常年同期偏低 1.5 ℃。分季节来看，春季平均最高气温升高趋势明显，冬季接近年变化，秋季低于年变化，夏季无明显变化趋势。

春季三峡库区平均最高气温 22.4 ℃，近 60 a 平均每 10 a 升高 0.25 ℃。20 世纪 90 年代中期之前以偏低为主，之后以偏高为主。2013 年为历年最高(24.5 ℃)，较常年同期偏高 2.1 ℃；1996 年为历年最低(19.8 ℃)，较常年同期偏低 2.6 ℃。

夏季三峡库区平均最高气温 31.8 ℃，近 60 a 无明显变化趋势。2013 年为历年最高

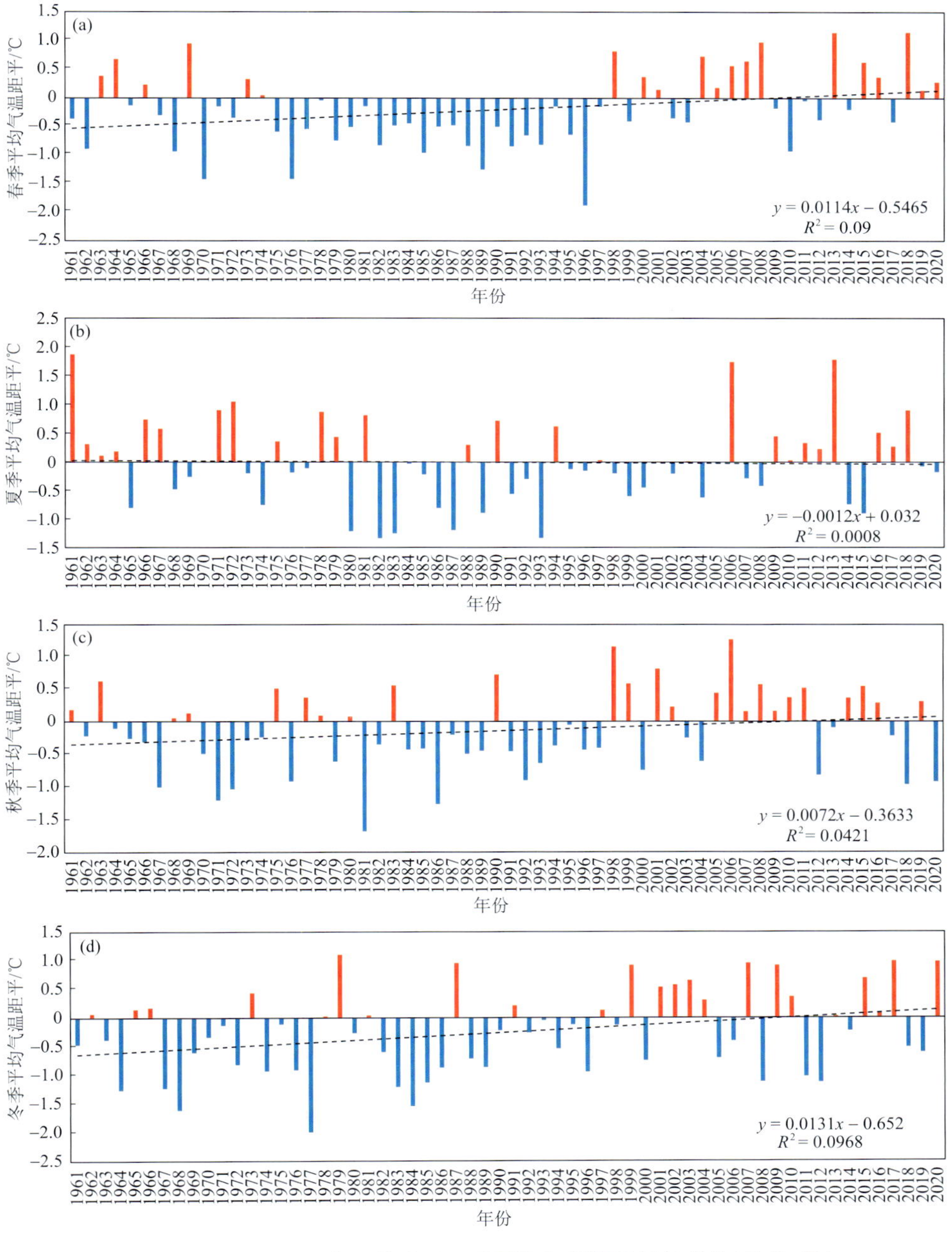

图 8.7 1961—2020 年三峡库区四季平均气温距平逐年变化(单位:℃)
(a)春季;(b)夏季;(c)秋季;(d)冬季

(34.3 ℃),较常年同期偏高 2.5 ℃;1980 年为历年最低(29.6 ℃),较常年同期偏低 2.2 ℃。

秋季三峡库区平均最高气温 22.4 ℃,近 60 a 平均每 10 a 升高 0.09 ℃。20 世纪 90 年代中期之前以偏低为主,之后以偏高为主。1998 年为历年最高(24.6 ℃),较常年同期偏高 2.2 ℃;1981 年为历年最低(19.9 ℃),较常年同期偏低 2.5 ℃。

冬季三峡库区平均最高气温 11.1 ℃,近 60 a 平均每 10 a 升高 0.12 ℃。20 世纪 60 年代初期以偏高为主，随后持续偏低，90 年代中期之后偏高年多于偏低年。1979 年为历年最高(13.1 ℃)，较常年同期偏高 2.0 ℃；2012 年为历年最低(9.0 ℃)，较常年同期偏低 2.1 ℃。

(3)平均最低气温

三峡库区年平均最低气温 14.2 ℃，近 60 a 平均每 10 a 升高 0.12 ℃。20 世纪 90 年代末期之前持续偏低，之后主要以偏高为主。2006 年年平均最低气温 14.8 ℃，较常年同期偏高 0.6 ℃，为最高值；1996 年年平均最低气温 13.4 ℃，较常年同期偏低 0.8 ℃，为最低值。分季节来看，冬季升高趋势明显，春、秋季接近年变化，夏季无明显变化趋势。

春季三峡库区平均最低气温 13.6 ℃，近 60 a 平均每 10 a 升高 0.10 ℃。20 世纪 70 年代后期—90 年代末期持续偏低，之后以偏高为主。2018 年为历年最高(14.6 ℃)，较常年同期偏高 1.0 ℃；1996 年为历年最低(12.1 ℃)，较常年同期偏低 1.5 ℃。

夏季三峡库区平均最低气温 22.7 ℃，无明显变化趋势。2006 年为历年最高(24.0 ℃)，较常年同期偏高 1.3 ℃；1981 年为历年最低(21.7 ℃)，较常年同期偏低 1.0 ℃。

秋季三峡库区平均最低气温 15.1 ℃，近 60 a 平均每 10 a 升高 0.13 ℃。20 世纪 90 年代中期之前以偏低为主，之后以偏高为主。2006 年为历年最高(16.3 ℃)，较常年同期偏高 1.2 ℃；1981 年为历年最低(13.7 ℃)，较常年同期偏低 1.4 ℃。

冬季三峡库区平均最低气温 5.2 ℃，近 60 a 平均每 10 a 升高 0.20 ℃。20 世纪 90 年代中期之前以偏低为主，之后以偏高为主。2020 年为历年最高(6.4 ℃)，较常年同期偏高 1.2 ℃；1977 年为历年最低(3.1 ℃)，较常年同期偏低 2.1 ℃。

(4)高温日数

三峡库区 35 ℃以上高温日数年均 27.7 d，近 60 a 平均每 10 a 增加 1.1 d。21 世纪 10 年代前偏少年多于偏多年，之后以偏多为主。2006 年和 2013 年高温日最多(49 d)，较常年同期偏多 21.3 d；1987 年高温日最少(8.5 d)，较常年同期偏少 19.5 d。

三峡库区 37 ℃以上酷热日数年均 11.8 d，近 60 a 平均每 10 a 增加 0.7 d，21 世纪 10 年代初期前偏少年多于偏多年，之后以偏多为主。2006 年酷热日最多(28.1 d)，较常年同期偏多 16.3 d；1987 年酷热日仅 0.8 d，较常年同期偏少 11 d，为最少年。

(5)降水量

三峡库区年平均降水量 1193.3 mm，近 60 a 整体呈弱减少趋势(图 8.8)。1998 年为最多年(1541.1 mm)，较常年同期偏多 347.8 mm；其次为 2020 年(1537.0 mm)，较常年同期偏多 343.7 mm；2001 年为最少年(901.9 mm)，较常年同期偏少 291.4 mm。分季节来看，春、秋季呈弱减少趋势，冬季呈弱增加趋势，夏季无明显变化趋势。

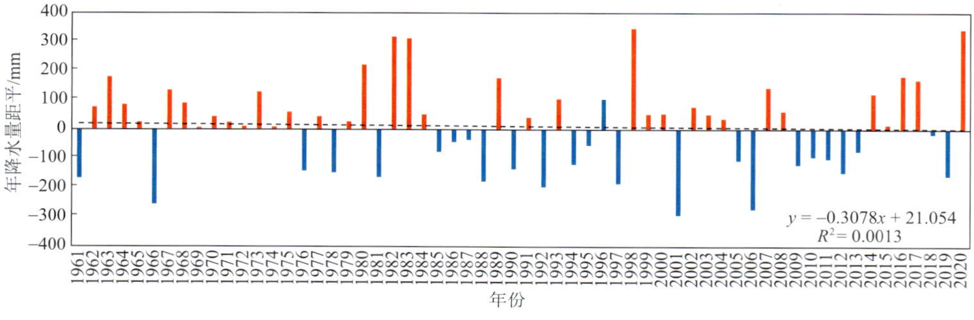

图 8.8 1961—2020 年三峡库区年平均降水量距平逐年变化(单位：mm)

春季三峡库区平均降水量 323.1 mm，近 60 a 整体呈弱减少趋势。20 世纪 70 年代中期前降水普遍偏多，20 世纪 70—90 年代中期降水偏少，之后又以偏多为主。2001 年为最多年，达 461.9 mm，较常年同期偏多 138.8 mm；1965 年为最少年，仅 212.2 mm，较常年同期偏少 110.9 mm。

夏季三峡库区平均降水量 519.1 mm，近 60 a 无明显变化趋势。20 世纪 80 年代前以偏少为主，之后至 90 年代末期以偏多为主，再后偏少年多于偏多年。1998 年为最多年(907.3 mm)，较常年同期偏多 388.2 mm；2006 年为最少年，仅 275.1 mm，较常年同期偏少 244.0 mm。

秋季三峡库区平均降水量 279.7 mm，近 60 a 整体呈弱减少趋势。20 世纪 80 年代中期前以偏多为主，20 世纪 90 年代—21 世纪 10 年代以偏少为主，近 10 a(2011—2020 年)降水持续偏多。2017 年为最多年(453.2 mm)，较常年同期偏多 173.5 mm；1998 年为最少年，仅 190.8 mm，较常年同期偏少 88.9 mm。

冬季三峡库区平均降水量 70.9 mm，近 60 a 整体呈弱增加趋势。20 世纪 80 年代中期前持续偏少，20 世纪 90 年代—21 世纪 10 年代中期以偏多为主，之后偏少年多于偏多年。1993 年为最多年(139.3 mm)，较常年同期偏多 68.4 mm；1979 年和 1984 年为最少年(40.1 mm)，较常年同期偏少 30.8 mm。

(6)降水日数

三峡库区年平均降水日数 149.3 d，其中 1964 年最多达 186.1 d，2006 年最少为 129.0 d。近 60 a 三峡库区年平均降水日数整体呈减少趋势，平均每 10 a 减少 3.9 d，20 世纪 80 年代中期前降水日数持续偏多，90 年代中后期以来以偏少为主，近 5 a(2016—2020 年)又呈持续偏多趋势。

(7)暴雨日数

三峡库区年平均暴雨日数 3.3 d，其中 1998 年最多达 6.4 d，2001 年最少为 1.3 d。近 60 a 三峡库区年平均暴雨日数无明显变化趋势，年际波动比较明显(图 8.9)。

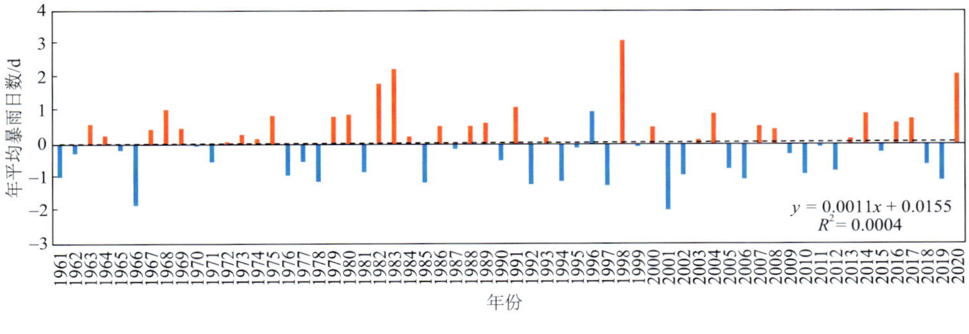

图 8.9 1961—2020 年三峡库区年平均暴雨日数距平逐年变化(单位：d)

(8)小时强降水

采用《全国短时临近预报业务规定》中对短时强降水的定义，即小时降水量≥20 mm。

1981—2020 年，三峡库区 4—10 月小时强降水发生频次呈东南部和西北部多、东北部少的分布特征，其中东南部和西北部年均频次普遍在 4 次以上，东北部一般 2～3 次。4—10 月小时强降水累计量呈东南部和西北部多、东北部和西南部少的分布态势，其中东南部和西北部年均强降水累计量普遍在 120 mm 以上，东北部和西南部普遍在 100 mm 以下。最大小时雨强高值区主要分布在东部和中南部地区，一般在 70～90 mm，最大值出现在宜昌，为 105.0 mm；其他大部分地区在 60～70 mm，长寿最小，仅 48.6 mm。

4—10 月三峡库区平均月小时强降水频数和强降水量均为单峰型分布，也都主要出现在夏季，6—8 月强降水累计频数和强降水累计量均占 4—10 月强降水总频数的 75%，峰值也均出现在 7 月，10 月很少出现小时强降水；破纪录小时强降水 5—9 月均会出现，主要出现在 6—9 月，其中 7—8 月较为集中，出现站数占总站数的 2/3。

4—10 月三峡库区强降水发生频次和累计量几乎呈完全一致的日变化，为双峰型分布，主峰出现在 01:00—08:00，次峰出现在 17:00—20:00，13:00 较少发生强降水；最大小时降水主要出现在 15:00—次日 02:00，出现站点占总站数的 64%，其中 18:00 和 22:00 出现站数最多，占总站数的 24%。可见，三峡库区小时强降水主要发生在后半夜至凌晨，中午前后较少发生，但极端小时降水却主要出现在下午至前半夜。

三峡库区 4—10 月小时强降水频次年均为 3.8 次，没有明显变化趋势；空间上差异明显，总体呈东增西减的分布特征，增加、减少趋势的站数分别占总站数的 42% 和 58%。平均年强降水累计量 108.2 mm，也没有明显变化趋势；空间上东部和南部呈增多趋势，其余大部分地区呈减少趋势。平均年最大小时雨强为 35.9 mm，有增大趋势，但没有通过显著性检验；空间上，北部和西部偏西地区年最大小时雨强以增加趋势为主，中南部和西部偏东地区以减少为主，但绝大多数没有通过显著性检验。三峡库区 33 站最大小时雨强中，有 8 站出现在 20 世纪 80 年代，7 站出现在 90 年代，6 站出现在 21 世纪初前 10 a，21 世纪第二个 10 a 中有 9 站出现最大小时雨强。由此可见，最近 10 a 三峡库区小时降水的极端性显著增强。

(9)500 多年三峡库区旱涝等级变化

选取三峡库区(重庆、万县、宜昌)历史资料，利用《中国近五百年旱涝分布图集》(中央气象局气象科学院，1981)中的等级，得到上述 3 个代表站 1470—1979 年的旱涝等级，其中缺少的资料用邻近站内插。1980—2021 年旱涝等级用各站历年降水观测记录中 5—9 月降水量，按旱涝图集的标准进行划分，得到三峡库区 3 站 1470—2021 年共 552 a 的旱涝等级资料。三峡库区旱涝序列为流域内各站旱涝等级的算术平均值(叶愈源 等，1995)。

从 1470—2021 年三峡库区旱涝次数世纪分布来看(表 8.1)，三峡库区偏旱以上、偏涝以下发生次数呈上升趋势，18 世纪之前偏旱以上次数多于偏涝以下次数，以偏旱以上为主，20 世纪

表 8.1 1470—2021 年三峡库区旱涝等级次数世纪分布 单位：次

年份	三峡库区旱涝等级次数						
	1 级	2 级	3 级	4 级	5 级	1～2 级合计	4～5 级合计
1470—1500 年*	0	4	17	9	0	4	9
1501—1600 年	1	12	70	15	2	13	17
1601—1700 年	2	17	57	22	2	19	24
1701—1800 年	1	23	63	11	2	24	13
1801—1900 年	6	20	61	10	3	26	13
1901—2000 年	6	26	38	20	10	32	30
2001—2021 年*	0	2	11	6	2	2	8

注：* 表示由于资料所限，表中 1470—1500 年、2001—2021 年不足 100 a。

偏旱、偏涝频次均有明显上升。库区涝年次数由 16—18 世纪的 1～2 次增加到 19—20 世纪的 6 次，19 世纪以来变化趋势不明显；而旱年次数由 19 世纪的 3 次增加到 20 世纪的 10 次，且 20 世纪大幅增加。近 552 a(1470—2021 年)库区涝年次数为 16 次，达 34 a 一遇；旱年次数为 21 次，达 26 a 一遇。就年代际变化而言，涝年由 18 世纪前的 100 a 一遇升至 19—20 世纪的 20 a 一遇；旱年由 19 世纪前的近 50 a 一遇上升至 20 世纪的 10 a 一遇。对比 2004—2015 年与 1990—2003 年旱涝次数，发现蓄水后库区偏旱、偏涝次数有所下降(马德栗 等，2016)。

(10)日照时数

三峡库区年平均日照时数 1220.4 h，1978 年最多，为 1581.0 h，较常年偏多 360.6 h；2012 年最少，为 1001.4 h，较常年偏少 219.0 h。近 60 a 三峡库区年日照时数呈显著减少趋势，平均每 10 a 减少 37.5 h。

三峡库区春、夏、秋、冬季平均日照时数分别为 316.5 h、469.2 h、267.1 h、139.1 h。近 60 a 四季日照时数整体都呈减少趋势，其中夏季最为明显，平均每 10 a 减少 26.2 h；秋季和冬季次之，每 10 a 分别减少 10.8 h 和 9.3 h；春季呈弱减少趋势。2016 年为春、夏和秋季日照时数最少年，分别仅为 108.6 h、179.3 h 和 88.7 h；2019 年为冬季最少年(68.6 h)；1963 年为冬季最多年(331.4 h)。

(11)相对湿度

三峡库区相对湿度总体较大，年平均相对湿度 77.8%。近 60 a 三峡库区年平均相对湿度整体上呈弱下降趋势(图 8.10)。1989 年最大，为 80.7%；2013 年最小，为 73.3%。四季相对湿度常年值分别为 75.7%、76.9%、80.4%和 78.4%，从变化趋势来看，仅春季有弱下降趋势，平均每 10 a 下降 0.36%；夏、秋和冬季无明显变化趋势。

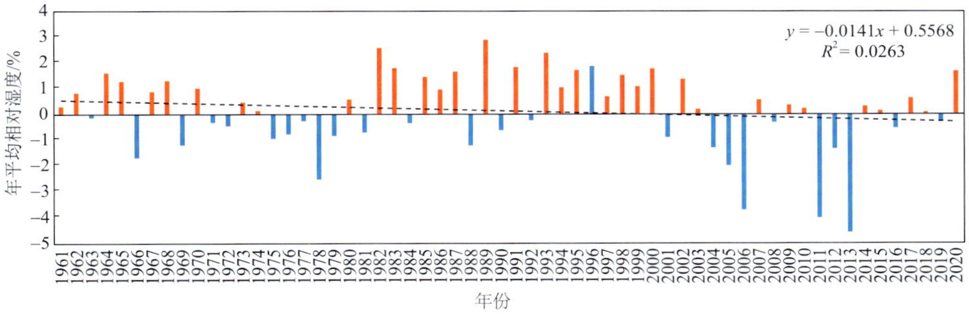

图 8.10　1961—2020 年三峡库区平均相对湿度距平逐年变化(%)

(12)平均风速

三峡库区年平均风速 1.10 m/s。2018 年最大，为 1.50 m/s；1999 年最小，为 0.93 m/s。近60 a 库区年平均风速整体呈弱增加趋势，有明显的年代际变化，1982 年之前几乎都偏大；1982—2010 年均偏小，2011 年以来以偏大为主。分季节来看，春、夏、秋、冬四季平均风速分别为 1.20 m/s、1.19 m/s、1.03 m/s 和 1.03 m/s，均无明显变化趋势，但与年平均风速一样有明显年代际变化，且在 21 世纪 10 年代后显著偏大。

8.1.2　三峡库区蓄水前后基本气候要素时空变化规律

利用三峡库区库首(恩施及以东地区)、库中(涪陵以东恩施以西地区)、库尾(涪陵及以西地区)、邻近水域区(以巫山和巴东为代表站)、江北远离水域区(以巫溪和兴山为代表站)、江南远离水域区(以建始和恩施为代表站)各站的气温、降水量、风速、相对湿度、雾等气候要素资料,分析比较蓄水前后不同分区各气候要素的时空变化特征。其中,蓄水前选用时段为1994—2003年,蓄水后选用时段为2004—2012年。

8.1.2.1 库首、库中、库尾各分区基本气候要素的时间变化特征

(1)平均气温

蓄水前后年平均气温差异不明显,春、秋和冬季库首平均气温的升幅大于库中和库尾,夏季库尾平均气温的升幅大于库中和库首。

(2)降水量

三峡库区年降水量呈弱减少趋势,库首年降水量在蓄水后减少了99 mm,库中减少了39 mm,库尾减少了98 mm;夏季和冬季库区各区降水量都呈减少趋势,春季和秋季库首降水量呈减少趋势,而库中和库尾呈增加趋势(表8.2)。

表8.2 三峡库区及各分区的四季降水量蓄水前、后的变幅

季节	分区	逐年变化速率 /(mm/(10 a))	蓄水前降水量 /mm	蓄水后降水量 /mm	降水量变幅 /mm
春季	三峡库区	−6.0	318	312	−6
	库首	−6.0	336	310	−26
	库中	−5.0	316	321	+5
	库尾	−9.0	293	306	+13
夏季	三峡库区	−6.0	546	479	−67
	库首	−3.0	583	546	−37
	库中	−15.0	502	436	−66
	库尾	+0.3	538	423	−115
秋季	三峡库区	−16.0	263	271	+8
	库首	−20.0	276	261	−15
	库中	−14.0	258	297	+39
	库尾	−13.0	246	257	+11
冬季	三峡库区	+3.0	74	64	−10
	库首	+3.0	84	69	−15
	库中	+3.0	64	52	−12
	库尾	+2.0	69	68	−1

(3)平均风速

三峡库区年平均风速的增速为0.06 m/s,其中库尾年平均风速在蓄水后略增0.04 m/s,库中增加了0.16 m/s,库首减小了0.04 m/s;春、夏和秋季库首平均风速均呈减小趋势,库中和库尾呈增大趋势,而冬季各区平均风速都呈增大趋势。

(4)平均相对湿度

三峡库区年相对湿度呈弱减小趋势,库尾(4%)在蓄水后年相对湿度的减小幅度高于库中

(3%)和库首(1%)。从四季来看,仅秋季库首的相对湿度为弱增大,其他各季节各区均为减小趋势。

(5)雾

三峡库区年雾日 35 d,有较为明显的减少趋势,平均每 10 a 减少 3.5 d;库中在蓄水后年雾日的减少幅度(13 d)高于库尾(12 d)和库首(8 d)。春季雾日减幅库首>库中>库尾,夏季雾日减幅库尾>库首>库中,秋、冬季雾日减幅库中>库尾>库首。

8.1.2.2 邻近水域区、江北和江南远离水域区各分区基本气候要素的时间变化特征

(1)平均气温

三峡库区邻近水域区蓄水后夏季为弱降温、而远离水域区为升温;不管是邻近水域区还是远离水域区蓄水后冬季都为降温(表 8.3)。

表 8.3 三峡库区及各分区的四季平均气温蓄水前后的变幅 单位:℃

时间	分区	蓄水前平均气温	蓄水后平均气温	平均气温变幅
年	邻近水域区	17.69	17.64	−0.05
	江北远离水域区	17.02	17.03	+0.01
	江南远离水域区	15.73	15.71	−0.02
春季	邻近水域区	17.50	17.82	+0.32
	江北远离水域区	16.85	17.54	+0.69
	江南远离水域区	15.36	15.86	+0.50
夏季	邻近水域区	27.03	26.99	−0.04
	江北远离水域区	26.45	26.59	+0.14
	江南远离水域区	25.03	25.22	+0.19
秋季	邻近水域区	18.29	18.51	+0.22
	江北远离水域区	17.44	17.56	+0.12
	江南远离水域区	16.45	16.58	+0.13
冬季	邻近水域区	7.95	7.84	−0.11
	江北远离水域区	7.36	6.94	−0.42
	江南远离水域区	6.07	5.57	−0.50

(2)降水量

江南远离水域区蓄水后年降水量的下降幅度高于邻近水域区和江北远离水域区。分析比较四季降水量在蓄水前后的差异得出,水库蓄水对夏季降水量的波动影响最大;而其他三个季节降水量在蓄水后呈一致减少趋势,仅江南远离水域区秋季降水量略增 0.8 mm(表 8.4)。

表 8.4 三峡库区及各分区的四季降水量蓄水前后的变幅 单位:mm

时间	分区	蓄水前降水量	蓄水后降水量	降水量变幅
年	邻近水域区	1050.0	1016.0	−34.0
	江北远离水域区	1016.0	990.0	−26.0
	江南远离水域区	1419.0	1329.0	−90.0

续表

时间	分区	蓄水前降水量	蓄水后降水量	降水量变幅
春季	邻近水域区	286.6	278.6	−8.0
	江北远离水域区	259.0	245.8	−13.2
	江南远离水域区	371.7	351.9	−19.8
夏季	邻近水域区	442.6	454.1	+11.5
	江北远离水域区	453.5	485.7	+32.2
	江南远离水域区	642.1	593.6	−48.5
秋季	邻近水域区	255.0	243.4	−11.6
	江北远离水域区	252.6	225.9	−26.7
	江南远离水域区	304.0	304.8	+0.8
冬季	邻近水域区	62.2	42.6	−19.6
	江北远离水域区	51.2	34.3	−16.9
	江南远离水域区	100.7	85.5	−15.2

(3)平均风速

年平均风速和四季平均风速的变化特征一致，均为邻近水域区在蓄水后年平均风速呈减小趋势，而江南远离水域区和江北远离水域区呈增大趋势，且江南远离水域区年平均风速的增幅大于江北远离水域区。

(4)平均相对湿度

年相对湿度的下降幅度为邻近水域区>江北远离水域区>江南远离水域区。对于四季相对湿度来说，邻近水域区在蓄水后均呈下降趋势；江北远离水域区在春、夏和冬季呈下降趋势；江南远离水域区在春季和夏季呈下降趋势。

(5)雾

春、夏和秋季，以邻近水域区雾日的降幅最大；冬季，江南远离水域区和邻近水域区雾日的降幅要大于江北远离水域区。整体来看，水库蓄水对邻近水域区的影响最明显，其次是江南远离水域区。

8.1.2.3 蓄水前后坝区大风、大雾特征分析

(1)蓄水前后大风、大雾日数变化分析

三峡水库——葛洲坝坝区蓄水后年平均大风日数大部分站点减少，乐天溪站变化较小；蓄水后雾日数大部分站点减少，宜昌无明显变化。三峡、葛洲坝坝区雾日数在蓄水前已呈减少趋势，与相对湿度降低有关，而相对湿度的变化是受到了气候变暖大背景的影响，同时城市化的影响对雾日的减少也有一定关系。

(2)蓄水前后大风日数变化分析

结合三峡工程建设运行实际，根据蓄水后乐天溪、坛子岭和三斗坪站大风观测资料，极大风速>17.0 m/s 的大风过程统计共 58 次。

雷雨大风：在 58 次中占 31 次。多发生在夏季的午后到夜间，其中以 6—8 月的 14:00—20:00 的发生频率为最高。常与强对流云系、雷暴、阵雨相联系，最大可达 29.8 m/s(11 级)。

晴空大风：在 58 次中占 27 次。一般发生在冷空气过后天气转晴，地面迅速升温，高空动量下传，造成局地大风天气。一般出现在中午前后，极大风速可达 30.1 m/s。

寒潮大风：蓄水后还未出现，蓄水前曾出现 17.7 m/s 的寒潮大风（1995 年 5 月 9 日）。三峡坝区受山脉的屏障作用，寒潮大风比同纬度的江汉平原小 2 级左右，春、秋季节强冷锋过境时，可能会出现大风。

（3）蓄水前后大雾日数变化分析

蓄水后三峡库区——葛洲坝坝区各站（图 8.11）大雾日数差异较大。宜昌大雾日数较多，为 22.6 d；乐天溪最少，仅 2.3 d，通过通航管理部门监测站点监测到的近江面的局地江雾明显偏多，年雾日数 21 d 以上。

图 8.11　三峡库区——葛州坝坝区气象观测站分布

将 2008 年各站大雾与航道停航情况进行对比发现，气象站点的大雾观测虽然对三峡库区——葛洲坝航道的监测密度有所欠缺，但对大部分影响通航的大雾尤其是持续的大范围的大雾监测仍有较强的指示作用。

①气象站点中 9 月蓄水后至 2 月大雾多，其中冬季大雾日数最多，1—12 月大雾日数大致呈对称式分布，1—6 月大致呈递减趋势，7—12 月大致呈递增趋势（图 8.12）。

②近江面局地江雾春季最多。

③大雾出现时间主要集中在下半夜至凌晨日出前后。午后至子夜时分基本无雾。12 月在 03:00 至 08:00 前后出现雾最多。

气象站点一般建立在相对远离水域的地区，水汽条件变化较大；近江面的通航管理局站点一般建立在长江沿岸靠近水域的地区，其水汽条件变化相对较小。对气象站点来说，气温升高、相对湿度减小的气候趋势对大雾日数减少有一定作用，但对靠近江面的站点，气温对相对湿度变化的作用有限，大雾日数变化的趋势不明显。

8.1.2.4　再分析资料在三峡库区气候效应研究中的应用

利用三峡库区 33 个气象站 1991—2016 年经质量控制后的日平均气温/降水资料以及英国国家大气科学中心（CRU）、欧洲中期天气预报中心（ERA-Interim）和日本气象厅（JRA-55）

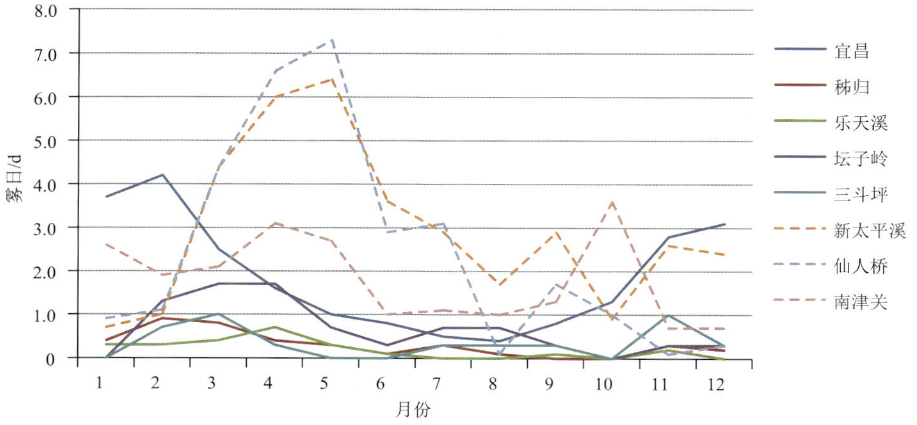

图 8.12　蓄水后各站雾日的月分布

这 3 种再分析资料，分析了三峡库区气候效应(孙晨 等，2018)。

(1)时间序列变化分析

整体来看，三峡库区年平均气温在 1991—2015 年呈波动上升趋势，而年降水量虽然年际波动较大，但整体变化趋势不明显。蓄水前 1991—2003 年年平均气温明显上升，蓄水后年平均气温转为下降趋势，其下降趋势要明显区别于整体 25 a 和蓄水前的上升趋势；年累计降水量在蓄水前后均为不明显增多趋势，近年来有从降水偏少转变为偏多的趋势(图 8.13)。

冬季蓄水前后气温变化趋势不明显，春、夏、秋季平均气温变化趋势在蓄水前、后也较为一致，蓄水前均升高，蓄水后均降低，尤以春季最为明显；这表明三峡水库蓄水对三峡库区的气温变化可能存在一定的调节作用。

与气温变化在春、夏、秋季比较一致不同，春、夏季降水无论是整体还是蓄水前、后的线性趋势变化均不明显，秋、冬两季则在蓄水后的线性变化趋势较为明显：秋季降水量在蓄水前变化较为平缓，蓄水后明显上升，而冬季降水量在蓄水后明显下降。

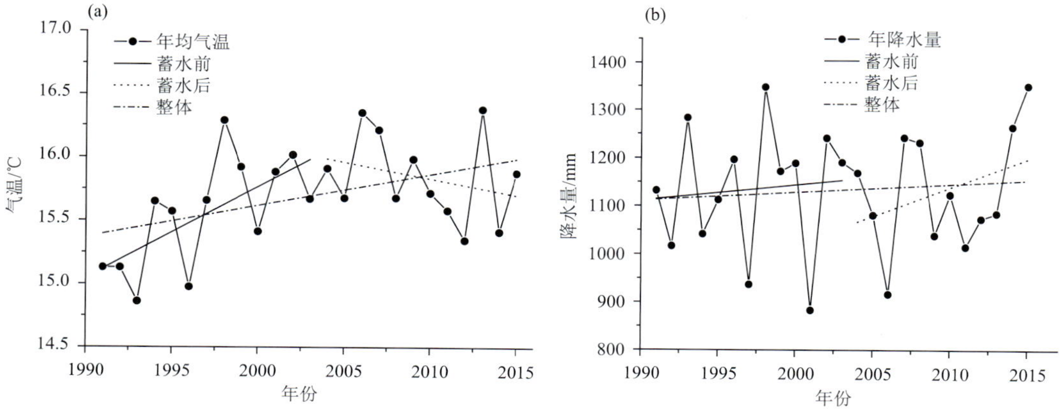

图 8.13　三峡库区蓄水前、后年均气温(a)和年降水量(b)时间序列及变化趋势

(2)空间分布变化分析

通过 CRU 再分析资料对三峡库区蓄水前、后气温和降水的空间分布变化特征进行分析。

气温差值的空间分布均为负值，表明蓄水后的平均气温要高于蓄水前，且库首的升温幅度要高于库尾，库首北部升温幅度又高于南部；除库中北部开县、云阳气温明显升高外，库尾长江以北的重庆、北碚等地升温幅度相较于邻近地区也较明显，这不仅受三峡水库蓄水与全球气候变化的影响，还可能与重庆城区面积扩大、城市化加速发展相关。库区年降水量在蓄水前后的变化南北相差较大，库区西北部降水增多，而东南地区则表现为减少，自西北—东南表现为明显的分层现象，但整体来看降水仍以增多为主(图 8.14)。

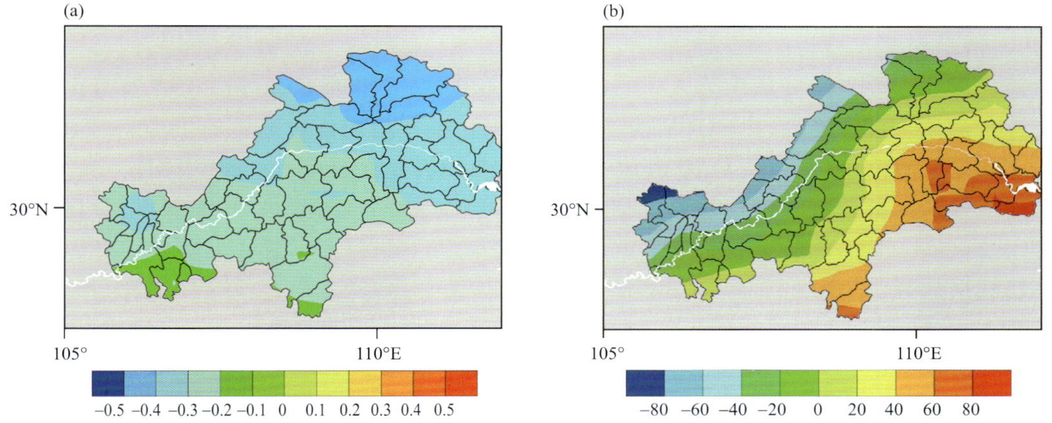

图 8.14　三峡库区蓄水前后年平均气温(a，单位：℃)和降水量(b，单位：mm)变化的空间分布(蓄水后－蓄水前)

三峡库区只有冬季在蓄水后气温降低，其余各季蓄水后气温高于蓄水前，尤其春季库首地区最为明显；库区降水变化的空间分布在各个季节差异较大：春季长江以北地区蓄水后要多于蓄水前，而长江以南则相反；夏季和冬季蓄水后以减少为主，秋季降水在蓄水后则以增多为主，且主要增多的区域位于西部长寿、涪陵等地。

8.1.2.5　蓄水前后三峡库区湖北段地表温度变化差异

(1)研究数据和方法

①数据资料获取及地表温度(T_s)算法原理

本研究选用中分辨率成像光谱仪 TERRA 系列的 MOD11 C3LST 合成影像来分析三峡库区蓄水前后的地表温度分布变化。

NASA 提供的 MOD11C3 标准地表温度产品是使用标准分裂窗 T_s 算法，MODIS 共有 8 个热红外通道，选取 31 和 32 两个波段来反演地表温度，计算公式如下：

$$T_s = A_0 + A_1 T_{31} - A_2 T_{31} \tag{8.1}$$

式中：T_s 是地表温度(K)；T_{31} 和 T_{32} 分别是 MODIS 第 31 和 32 通道的亮度温度；A_0、A_1、A_2 是分裂窗算法的参数，其定义如下：

$$\begin{cases} A_0 = E_1 a_{31} - E_2 a_{32} \\ A_1 = 1 + A + E_1 b_{31} \\ A_2 = A + E_2 b_{32} \end{cases} \tag{8.2}$$

式中：a_{31}、a_{32}、b_{31}、b_{32} 是常数，当地表温度为 0～50 ℃时，可取固定值。其他中间参数计算公式分别为：

$$\begin{cases} A=D_{31}/E_0 \\ E_1=D_{32}(1-C_{31}-D_{31})/E_0 \\ E_2=D_{31}(1-C_{32}-D_{32})/E_0 \\ E_0=D_{32}C_{31}+D_{31}C_{32} \\ C_i=\varepsilon_i\times\gamma_i(\theta) \\ D_i=[1-\gamma_i(\theta)][1+(1-\varepsilon_i\times\gamma_i(\theta)] \end{cases} \tag{8.3}$$

式中：i 是 MODIS 的第 31 和 32 波段；$\gamma_i(\theta)$是视角为 θ 的大气透光率；ε_i 是波段 i 的地表比辐射率，这两个参数是反演的核心参数。

通过反演生成空间分辨率为 0.05°×0.05°格点日值产品，最后基于一个日历月内的 30 d 左右日值产品合成和平均，得到月值的 MOD11C3 三级产品。该数据集提供的是每个像素点的温度和发射率值，温度单位为 K，精度为 1 K，包含白天地表温度、夜间地表温度、31 和 32 波段的通道发射率等。对于已知比辐射率特性的均匀地表，利用推广的分裂窗 T_s 算法反演的 T_s 的误差<0.5 K。

②数据处理

MODIS 地表温度产品处理步骤如下：

进行数据定标、投影转换、图层选取、范围裁剪等。原图像采用等角投影，经过处理转换为经纬度投影，WGS84 坐标系。

在 ENVI 软件中，运用 IDL 语言编写功能模块，合成季平均和年平均地表温度影像。

裁剪出地理范围，完整包含研究区域。影像输出为 TIFF 格式。

在 ArcGIS 中将三峡库区湖北段准确地截取出来，再对图像的分阶特征进行设置，以便得到良好的地表温度分布视觉效果，以便进行后续分析与处理。

(2)三峡库区地表温度的空间分布特征

把三峡首次蓄水 156 m 前后作为 2 个时间段，按月计算得到蓄水前(2003—2009 年)和蓄水后(2010—2020 年)日间月尺度地表空间统计特征表。

总体来看，蓄水前、后三峡库区地表温度的地域分布呈现一致性，温度分布范围基本无明显突变，西部重庆市区和三峡库区东部宜昌地区有一个明显高值区，而北部神农架地区是明显低值区，呈三峡库首库尾高、库中低的分段式分布特征。高温中心位于重庆、宜昌市区周边，而低温中心位于神农架林区，可见人类社会经济活动对地表温度的分布改变有显著影响。

蓄水前、后日间温差范围在−2～6 ℃，沿长江水系两岸地区特别是重庆武隆、彭水、黔江等地区在蓄水前后温度降幅最大，而重庆市区、宜昌市区周边温度升幅最大，表现出热岛效应(图 8.15)。

(3)三峡库区地表温度的季节变化特征

对三峡库区地表温度的季节变化进行分析。把蓄水前四季地表温度图作为变化前的图像，蓄水后三峡库区四季地表温度图作为变化后的图像，通过数据融合得到研究区蓄水前后地表温度的季节变化空间分布(图 8.16)。

蓄水前后，三峡库区除夏季外，其他三个季节平均地表温度都呈下降趋势，其中冬季降幅最大，达−0.52 ℃，夏季升温 0.17 ℃，呈夏热冬冷趋势(表 8.5)。从空间分布来看，夏季升温明显的地方主要位于重庆市辖区和宜昌市区及周边，冬季降温明显的地方主要分布在三峡库首；在春、秋两季，秋季降温较春季更为明显，地区呈集中趋势，主要分布在三峡库区重庆段，而春季降温分布较分散。

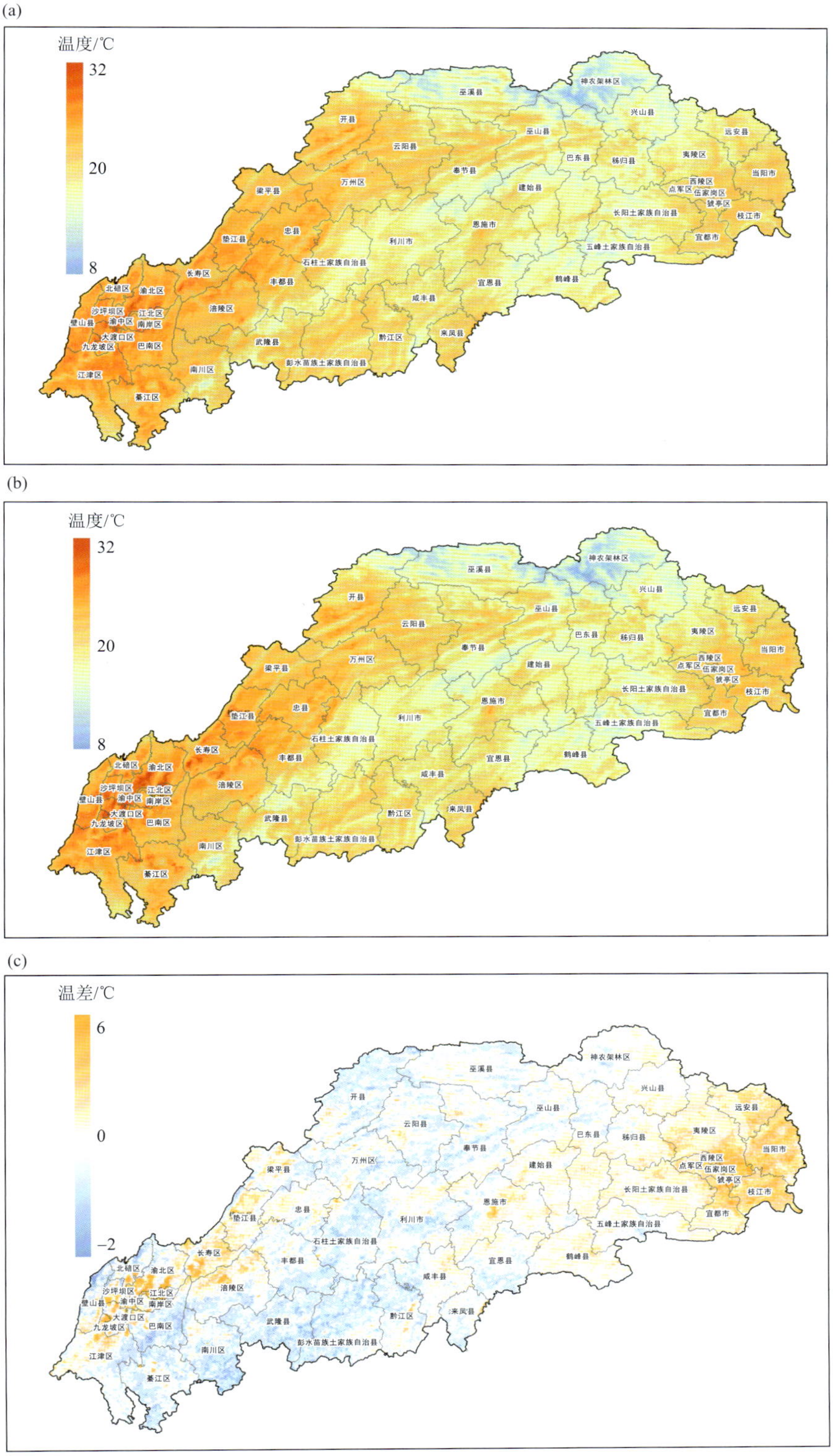

图 8.15　三峡库区蓄水前、后年平均日间地表温度及蓄水前、后温差分布

(a)蓄水前(2003—2009 年);(b)蓄水后(2010—2020 年);(c)蓄水前后日间温差(蓄水后－蓄水前)

(a)

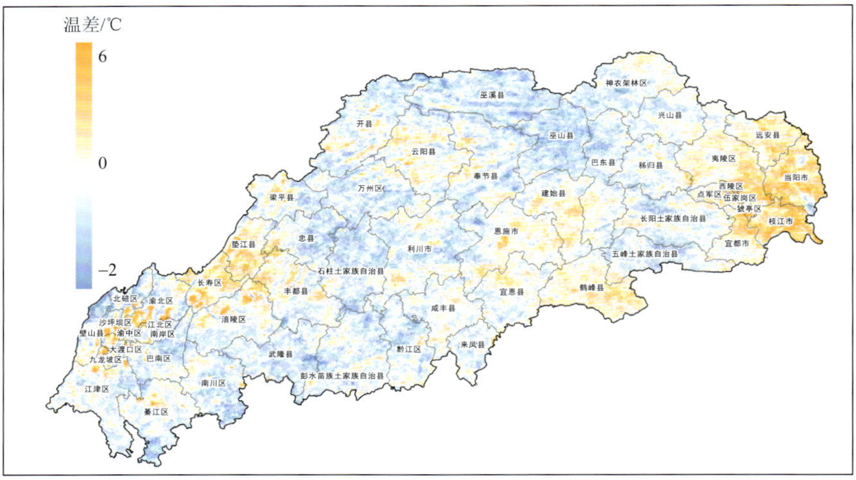
温差/℃
6
0
−2
巫溪县
神农架林区
兴山县
开县
巫山县
远安县
云阳县
巴东县
秭归县
夷陵区
奉节县
当阳市
西陵区
点军区
伍家岗区
梁平县
万州区
建始县
猇亭区
长阳土家族自治县
枝江市
忠县
恩施市
宜都市
垫江县
利川市
五峰土家族自治县
石柱土家族自治县
长寿区
丰都县
宣恩县
鹤峰县
北碚区
渝北区
咸丰县
涪陵区
沙坪坝区
江北区
璧山县
渝中区
南岸区
来凤县
大渡口区
黔江区
九龙坡区
巴南区
武隆县
彭水苗族土家族自治县
南川区
江津区
綦江区

(b)

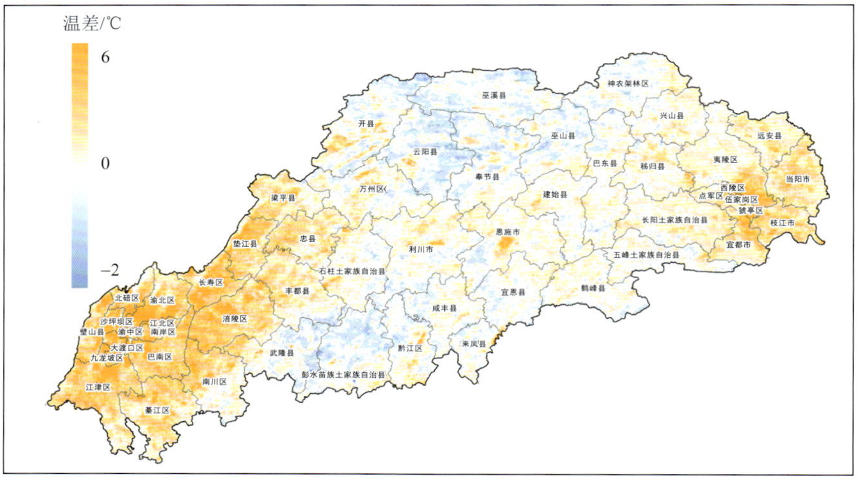
温差/℃
6
0
−2
巫溪县
神农架林区
兴山县
开县
巫山县
远安县
云阳县
巴东县
秭归县
夷陵区
奉节县
当阳市
西陵区
点军区
伍家岗区
梁平县
万州区
建始县
猇亭区
长阳土家族自治县
枝江市
忠县
恩施市
宜都市
垫江县
利川市
五峰土家族自治县
石柱土家族自治县
长寿区
丰都县
宣恩县
鹤峰县
北碚区
渝北区
咸丰县
涪陵区
沙坪坝区
江北区
璧山县
渝中区
南岸区
来凤县
大渡口区
黔江区
九龙坡区
巴南区
武隆县
彭水苗族土家族自治县
南川区
江津区
綦江区

(c)

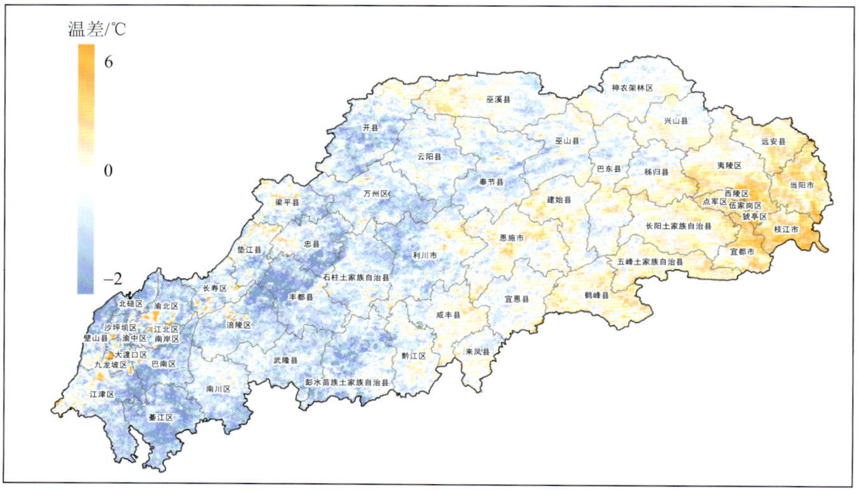
温差/℃
6
0
−2
巫溪县
神农架林区
兴山县
开县
巫山县
远安县
云阳县
巴东县
秭归县
夷陵区
奉节县
当阳市
西陵区
点军区
伍家岗区
梁平县
万州区
建始县
猇亭区
长阳土家族自治县
枝江市
忠县
恩施市
宜都市
垫江县
利川市
五峰土家族自治县
石柱土家族自治县
长寿区
丰都县
宣恩县
鹤峰县
北碚区
渝北区
咸丰县
涪陵区
沙坪坝区
江北区
璧山县
渝中区
南岸区
来凤县
大渡口区
黔江区
九龙坡区
巴南区
武隆县
彭水苗族土家族自治县
南川区
江津区
綦江区

(d)

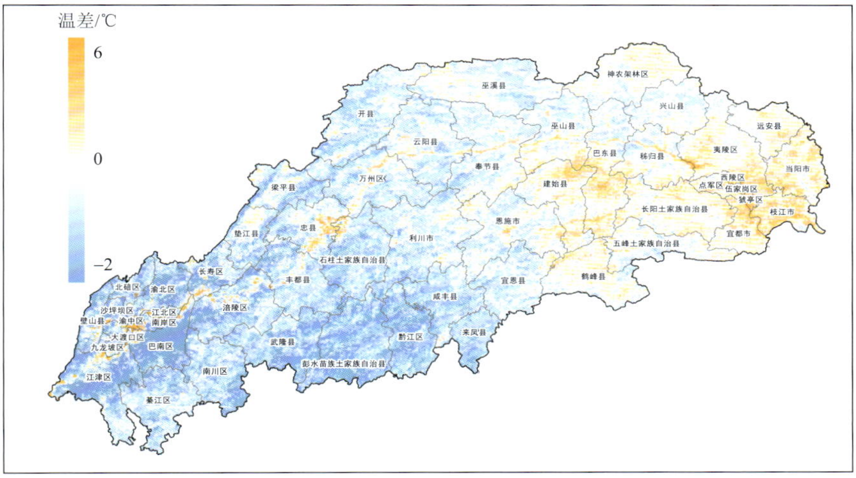

图 8.16　三峡库区蓄水前后不同季节的日间地表温度差变化(蓄水后－蓄水前)
(a)春季白天;(b)夏季白天;(c)秋季白天;(d)冬季白天

表 8.5　三峡库区蓄水前、后 MODIS 日间四季平均地表温度统计　　单位:℃

季节	蓄水前				蓄水后				蓄水后与蓄水前的差			
	平均	最高	最低	方差	平均	最高	最低	方差	平均	最高	最低	方差
春季	22.45	31.58	11.81	2.34	22.20	31.90	11.22	2.48	−0.25	5.12	−4.04	0.56
夏季	27.90	37.68	17.54	2.55	28.07	39.44	17.36	2.92	0.17	6.91	−2.05	0.66
秋季	20.75	30.51	10.02	2.99	20.40	31.34	9.86	2.84	−0.35	4.97	−3.43	0.64
冬季	10.09	17.58	−1.25	2.65	9.57	17.23	−1.33	2.47	−0.52	4.83	−4.58	0.68

8.1.2.6　三峡水库建库蓄水前后库区旱涝演变特征

1997 年 11 月三峡工程成功实现截流,2003 年 6 月三峡水库首次蓄水至 135 m。本节以三峡工程 2003 年蓄水为界,分析对比蓄水前后三峡库区旱涝变化。通过对各台站 1981—2014 年年降水资料进行经验正交函数分解(EOF)可以看出,近 34 a 来三峡库区降水特征一致。与第一特征向量对应的时间系数序列表明,三峡库区 20 世纪 90 年代后期降水较多,21 世纪以来降水减少趋旱。

1950—2014 年,三峡库区年平均降水量 1167.51 mm,年降水量呈显著下降趋势,特别是 2009—2013 年连续 5 a 降水偏少。1990—2003 年三峡库区年平均降水量 1164.61 mm,2004—2014 年三峡库区年平均降水量 1135.36 mm,利用 M-K 突变检验库区年降水量发现,20 世纪 90 年代以后,三峡库区降水量没有发生显著突变,蓄水前后三峡库区降水量并无明显区别。

8.1.3　三峡库区湖北段立体剖面南北岸主要气象要素特征分析

三峡局地气候监测项目在三峡库区湖北段建立了立体剖面,利用南岸的芝兰、金缸城、曾家店、青林口以及北岸的太平溪、韩家湾、古村坪、王家垭 8 个气象站观测资料,分析了三峡库区湖北段立体剖面主要气象要素的年、季垂直变化特征，并比较了长江上游来水丰、平、枯年以及主汛期和蓄水期垂直变化特征的差异。

8.1.3.1 立体剖面南北岸主要要素年、季变化特征

(1)平均气温

三峡库区湖北段立体剖面平均气温随海拔高度升高而下降，北岸气温直减率为0.79 ℃/(100 m)，南岸为0.39 ℃/(100 m)。四季平均气温直减率均为北岸大于南岸(表8.6)。

表8.6 剖面南、北岸四季气温随海拔高度升高的变化率 单位：℃/(100 m)

测点	冬季	春季	夏季	秋季
北岸(太平溪—王家垭)	0.51	0.49	0.50	0.55
南岸(杨林桥—青林口)	0.33	0.36	0.41	0.46

(2)降水量

三峡库区湖北段南、北岸年降水量随海拔高度升高整体上都呈抛物线式的增加趋势。北岸夏、秋季降水量呈一定增加趋势；南岸春、夏两季呈一定增加趋势(表8.7)。

表8.7 剖面南、北岸四季降水量随海拔高度升高的变化率 单位：mm/(100 m)

测点	冬季	春季	夏季	秋季
北岸(太平溪—王家垭)	—	1.45	39.00	18.70
南岸(杨林桥—青林口)	—	11.70	9.00	4.60

(3)平均相对湿度

三峡库区湖北段南、北岸平均相对湿度随海拔高度升高整体呈增大趋势，变化速率分别为0.75%/(100 m)和0.49%/(100 m)。仅北岸冬季平均相对湿度随海拔高度的升高呈减小趋势，其余均为增大趋势。

(4)平均风速

三峡库区湖北段北岸平均风速随海拔高度呈抛物线形变化，先增加后减小，在500～700 m间出现转折；南岸平均风速先减小后增加，在400～600 m间出现转折。风速春季最高，夏季次之，冬季最小。

8.1.3.2 水库高水位(蓄水期)与低水位(主汛期)剖面气象要素分析

(1)平均气温

①三峡水库同一天气状况下、同一蓄水时段内，北岸气温垂直递减率大于南岸(表8.8)。

②晴天时，汛期气温垂直递减率大于蓄水期；阴天时，蓄水期气温垂直递减率大于汛期。

③汛期，晴天气温垂直递减率大于阴天；蓄水期，阴天气温垂直递减率大于晴天。

表8.8 不同天气状况与水位条件下剖面南、北岸平均气温垂直递减率的比较 单位：℃/(100 m)

测点	枯水期(6月18日)		蓄水期(11月18日)	
	晴天—枯水期	阴天—枯水期	晴天—蓄水期	阴天—蓄水期
北岸	−0.684	−0.413	−0.568	−0.697
南岸	−0.358	−0.371	−0.185	−0.623

(2)降水量

①北岸汛期过程降水量随海拔高度升高呈减少趋势,蓄水期过程降水量随海拔高度升高呈一致增加趋势。

②南岸蓄水期前后过程降水量随海拔高度升高呈增加趋势,且汛期雨量增加幅度更大。

(3)能见度

①同一剖面,蓄水期时段所在月份的能见度大于汛期时段所在月份的能见度。

②同一蓄水时段内,南岸海拔高度 265 m 处的能见度高于北岸海拔高度 215 m 处的能见度。

③汛期时段雨日能见度降幅要大于蓄水期时段雨日能见度降幅。

8.1.3.3 立体剖面南、北岸不同来水年气温要素分析

分别选取 2020 年、2011 年和 2016 年作为三峡水库来水量丰年、枯年和平年,分析了气温垂直变化特征。

在 2020 年(来水量丰年),剖面南、北岸平均气温、最高气温、最低气温均随海拔高度升高而下降,北岸直减率均明显小于南岸,且北岸气温直减率小于多年平均值,南岸直减率则大于多年平均值(图 8.17)。

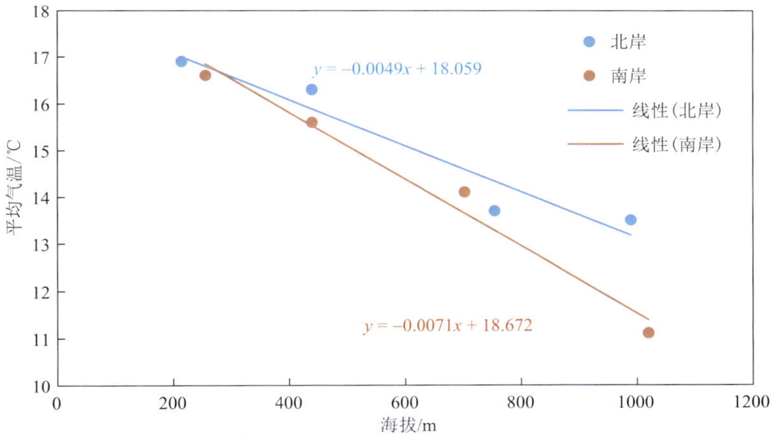

图 8.17 丰水年剖面南、北岸平均气温随海拔高度变化

在 2011 年(来水量枯年),剖面南、北岸平均气温、最高气温、最低气温均随海拔高度升高而下降,北岸直减率均明显大于南岸,且北岸气温直减率大于多年平均值,南岸直减率则小于多年平均值(图 8.18)。

在 2016 年(来水量平年),剖面南、北岸平均气温、最高气温、最低气温均随海拔高度升高而下降,北岸直减率均大于南岸,但相对枯年来说,北岸与南岸直减率相差较小,接近多年平均值。

8.1.4 三峡库区铁塔各气象要素特征分析

三峡局地气候监测项目在库区的库首、库中、库尾的宜昌、溪口、睦和建立了 100 m 高塔,利用三座铁塔 2013—2014 年观测资料分析了主要气象要素月、日及主汛期、蓄水期变化特征。

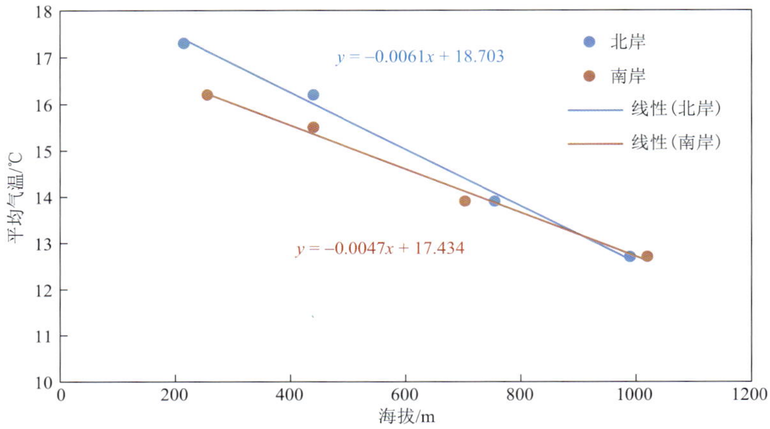

图 8.18　枯水年剖面南、北岸平均气温随海拔高度变化

8.1.4.1　主要气象要素月变化特征

（1）平均风速

①宜昌、溪口、睦和三座铁塔平均风速均随高度升高而增大，各层风速相差不大，但溪口铁塔风速大于宜昌铁塔和睦和铁塔。

②平均风速最大、最小值出现时间不同，宜昌铁塔 12 月最大，10 月最小；溪口铁塔 4 月最大，7 月最小；睦和铁塔 8 月最大，1 月最小。

（2）最大风速

①宜昌、溪口、睦和三座铁塔最大风速随高度变化规律不明显，但溪口铁塔最大风速大于宜昌铁塔和睦和铁塔。

②最大风速最大、最小值出现时间不同，宜昌铁塔 7 月最大，11 月最小；溪口铁塔 8 月最大，12 月最小；睦和铁塔 8 月最大，1 月最小（图 8.19）。

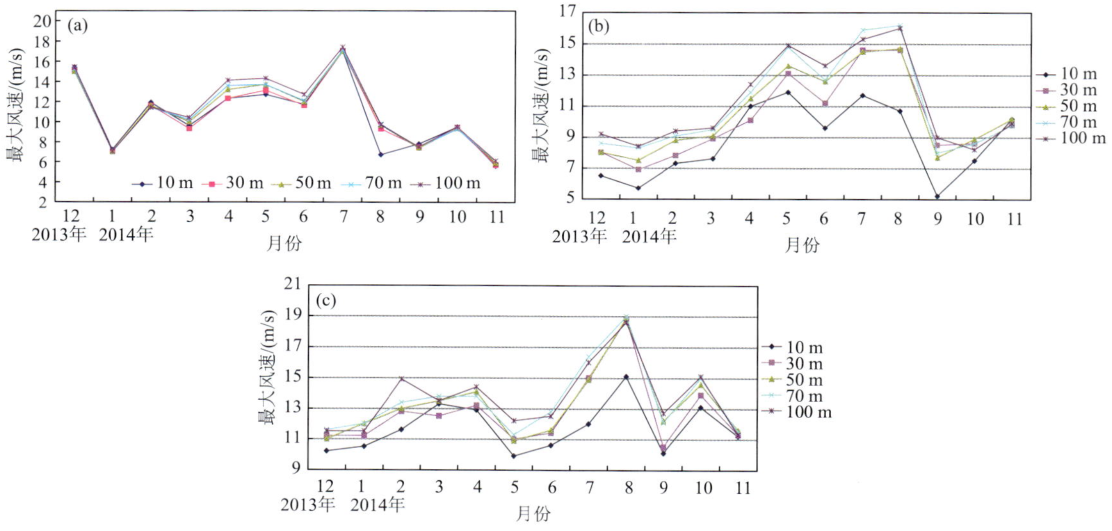

图 8.19　宜昌(a)、睦和(b)、溪口(c)三座铁塔最大风速的逐月变化

(3)平均气温

①宜昌、溪口、睦和三座铁塔月平均气温呈单峰型,7 月最大,1 月最小。

②层间相差 0.1～0.2 ℃,50 m 以下气温随高度升高而降低,50～70 m 气温随高度升高而上升。

③7 月睦和铁塔和溪口铁塔平均气温在 30 ℃以上,宜昌铁塔 7 月平均气温低于溪口铁塔和睦和铁塔;宜昌铁塔 1 月最低气温低于溪口铁塔和睦和铁塔。

(4)相对湿度

①宜昌、溪口、睦和三座铁塔月相对湿度呈单峰型,7 月最大,1 月最小;宜昌、溪口、睦和三座铁塔相对湿度变化不相同,溪口铁塔、睦和铁塔蓄水期相对湿度增大,而宜昌铁塔则减小。

②宜昌铁塔相对湿度最大值出现在 7 月,最小值出现在 11 月;溪口铁塔和睦和铁塔则相反,最大值出现在 11 月,最小值出现在 7 月。

③50 m 以下相对湿度随高度升高而增大,50 m 以上则随高度升高而减小。

(5)气压

①宜昌、溪口、睦和三座铁塔只有一层气压观测。

②气压月变化趋势一致,呈“V”形分布,与中国季风气候相关联。

③由气压逐月变化曲线来看,1 月气压最高,7 月最低。

④睦和铁塔 1 月气压最高值、7 月气压最低值比溪口铁塔和宜昌铁塔低。

8.1.4.2 主要气象要素年、季变化特征

(1)平均风速和最大风速

①溪口铁塔各层次年及四季平均风速、最大风速大于宜昌铁塔和睦和铁塔,70～100 m 层次风速最大(表 8.9)。

②宜昌铁塔和溪口铁塔冬季平均风速最大,而睦和铁塔夏季平均风速相对较大。

③就最大风速而言,宜昌铁塔冬季最大,而溪口铁塔和睦和铁塔是夏季风速最大。

表 8.9 宜昌、睦和、溪口三座铁塔不同高度最大风速的年、季变化 单位:m/s

测点	时间	高度				
		10 m	30 m	50 m	70 m	100 m
宜昌	冬季	11.5	11.2	11.2	11.2	11.3
	春季	11.5	11.6	12.3	12.5	12.9
	夏季	11.8	12.6	12.9	13.0	13.3
	秋季	7.6	7.5	7.6	7.6	7.7
	年	10.6	10.7	11.0	11.1	11.3
溪口	冬季	10.8	11.7	12.0	12.3	12.6
	春季	12.0	12.2	12.8	13.0	13.4
	夏季	12.6	15.1	15.1	16.1	15.7
	秋季	11.5	11.9	12.8	12.9	13.0
	年	11.7	12.7	13.2	13.6	13.7
睦和	冬季	6.5	7.6	8.1	8.7	9.0
	春季	10.2	10.7	11.4	12.1	12.3
	夏季	10.7	13.5	13.9	14.9	15.0
	秋季	7.6	9.0	8.9	8.8	9.0
	年	8.7	10.2	10.6	11.1	11.3

(2)平均气温

①睦和铁塔各层年平均气温高于宜昌铁塔。

②就季节而言，睦和铁塔各个季节的气温均高于宜昌铁塔。

③宜昌铁塔年平均气温随高度升高而降低，睦和铁塔则不同，年及四季 50 m 以下气温随高度升高而降低，50～70 m 则随高度升高而升高。

(3)相对湿度

①睦和铁塔年、四季平均相对湿度大于溪口铁塔和宜昌铁塔。

②宜昌铁塔 10 m 以上年及四季相对湿度随高度升高而增大，但 70～100 m 则有所减小。

③溪口铁塔和睦和铁塔 10～50 m 相对湿度随高度升高而增大，50～70 m 则有所减小。

(4)气压

宜昌铁塔年及四季平均气压高于溪口铁塔和睦和铁塔，冬季高，夏季低；溪口铁塔年及四季气压高于睦和铁塔。

8.1.4.3 主要气象要素日变化特征

(1)风速

1 月溪口铁塔和睦和铁塔各层风速变化日变化基本一致，夜间大于白天；4 月、10 月溪口铁塔和睦和铁塔各层风速下午大于上午；7 月溪口铁塔风速最大值出现在凌晨，而睦和铁塔出现在中午(图 8.20)。

(2)气温

溪口铁塔和睦和铁塔各层气温日变化基本呈正弦变化且呈单峰型，气温最高值基本出现在 15:00 左右，最低值出现在 07:00 左右。

(3)相对湿度

溪口铁塔和睦和铁塔 1 月、4 月、10 月相对湿度日变化呈上升—下降—上升，凌晨开始上升，09:00 左右上升至最高值，之后下降基本在 15:00 左右下降至最低值，之后上升；7 月相对湿度变化较其他月份剧烈，先上升后振荡下降。

8.1.4.4 水库高水位与低水位铁塔气象要素特征分析

30 m 以下蓄水期层间气温变化比汛期小，30 m 以上则相反。10～50 m 蓄水期相对湿度变化比汛期大，其他各层则相反，其中 30～50 m 层间相对湿度变化均最大。

8.1.4.5 铁塔与宜昌三峡站 10 m 气象要素对比分析

铁塔与宜昌三峡站气象要素对比，两者气温变化趋势相同，但以 8 月为分界点，8 月至次年 1 月铁塔气温高于宜昌三峡站；铁塔与三峡站平均风速变化趋势基本一致，但蓄水期铁塔比三峡站风速大；相对湿度、气压铁塔低于宜昌三峡站，但铁塔相对湿度的月变化没有三峡站变化剧烈。

8.2 丹江口水库生态气候效应评估

8.2.1 丹江口水库水域变化监测及气象影响评估

8.2.1.1 基于 MODIS 数据的水域面积监测方法

EOS-MODIS 资料是目前大范围、高频次监测水域变化较理想的卫星遥感资料。

由地物的光谱特性可知，水体、植被、土壤等在可见光和近红外波段的反射光谱特性存在

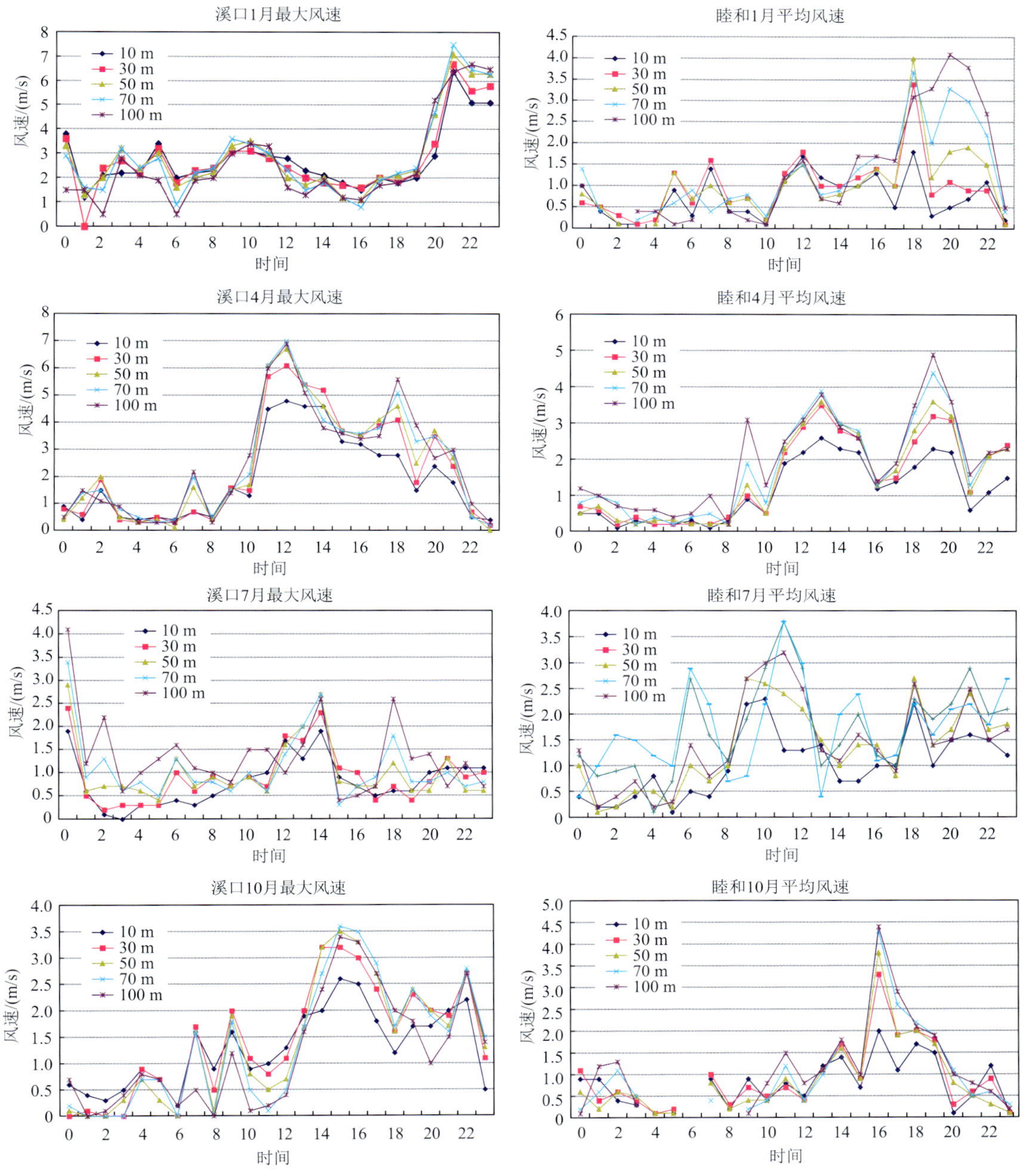

图 8.20　溪口、睦和两座铁塔不同月份、不同高度风速的日变化

较大的差异。水体在近红外通道有很强的吸收，反射率很低，在可见光通道的反射率较近红外通道的高；植被在可见光通道的反射率较近红外的低，在近红外通道波长范围内，植被的反射率明显高于水体，而在可见光通道波长范围内，水体的反射率高于植被；土壤的反射率在可见光通道波长范围要高于植被和水体，在近红外通道则高于水体而低于植被。利用典型地物的这些光谱特征，在可见光和近红外波段设定阈值，一般就可识别水体信息。在暴雨洪涝发生期

间，水体的反射率由于其杂物及泥沙含量增多而增强，同时土壤的反射率由于其含水量增加而减弱，这使水体和土壤的区分变得复杂。这时，如果采用可见光和近红外比值增强模式，就可达到突出水体信息、抑制陆地（包括植被和土壤）信息的目的，将水体从陆地中识别出来。其比值增强模式如下：

$$R = k \times (CH_1 / CH_2) \tag{8.4}$$

式中：R 为比值植被指数；CH_1 和 CH_2 分别为 MODIS 可见光和近红外波段的反射率；$k=100$，为放大倍数。

为了说明比值模式识别水体的优势，在 MODIS 图像中选取一个包含水体和陆地两种目标的 100×100 像元区域，分析其不同通道的直方图。比值模式能够增大水体和陆地的差异，更有利于识别水体。在比值直方图上选取适当的阈值 R_0 即可区分水体和陆地，这里，R_0 为比值植被指数水陆区分阈值，一般应位于水体和陆地之间的波谷的最低处，但具体可以通过目视解译，根据经验进行人机交互来确定。

比值增强方案不仅能有效地识别晴空条件下的水体，而且对薄云覆盖下的水体和陆地也有较好的区分效果。需要说明的是，比值增强方案无法区分厚云和水体，因为厚云和水体的比值都位于直方图的低值区。但厚云有较高的反射率，明显高于陆地和水体的反射率，利用这些特点就可区分厚云和水体。

8.2.1.2　水体面积计算

在遥感图像上，某一像元对应着地球表面上某一梯形。有研究表明（盛永伟 等，1994），该梯形面积计算公式为：

$$S = \frac{2b^2 \cdot \Delta L}{\rho}[A\sin(\Delta B/2)\cos(B_m) - B\sin(3\Delta B/2)\cos(3B_m) + C\sin(5\Delta B/2)\cos(5B_m) - D\sin(7\Delta B/2)\cos(7B_m) + \cdots] \tag{8.5}$$

式中：$\Delta B = B_2 - B_1$，为像元纬向差，B_1 为上一个像元纬度，B_2 为该像元纬度；$B_m=(B_2-B_1)/2$；$\Delta L = L_2 - L_1$，为像元经向差，L_1 为左边像元经度，L_2 为该像元经度；b 为地球短半轴（6356.863 km）；$\rho=180/\pi$；A、B、C、D 均为系数，$A=1.0033636057$，$B=0.0011240270$，$C=0.0000016989$，$D=0.0000002700$。在计算像元面积的基础上，可以统计水体面积（梁益同等，2008）。

8.2.1.3　丹江口水库水体面积年际变化

2020 年丹江口水库平均水体面积为 802.1 km²，为历年最大，较常年偏多 66.80%。2004—2021 年丹江口水库水体面积呈上升趋势，其中 2013 年最小，2021 年最大（图 8.21）。自然环境变化和人为调控是水库水体面积变化的两个主要因素。丹江口水库是南水北调中线工程水源地，2014 年水库大坝加高后蓄水能力增强，从 2015 年起水体面积有较大增长。此外，2000 年以来丹江口水库上游流域降水量和气温均呈增长趋势，增长速率（以陕西安康站为例）分别为 13.2 mm/(10 a) 和 0.37 ℃/(10 a)，水热条件的改善有利于促进植被生长，2020 年水库上游流域植被覆盖率平均达 66.10%，较 2000 年的 55.01% 增加 11.09%。降水和植被条件的变化增强了库区水源涵养能力，更有利于丹江口水库蓄水保水。

8.2.2　丹江口水库对局地小气候的影响

利用丹江口库区共 42 个气象站 1971—2020 年的气温、降水量、相对湿度等气候要素资

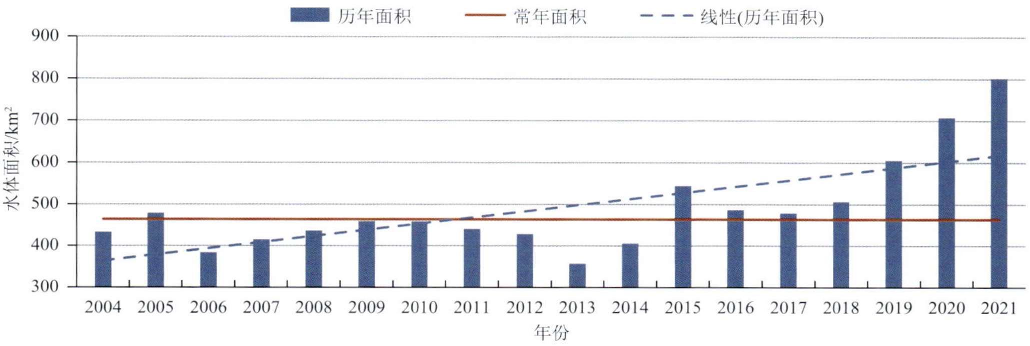

图 8.21　2007—2020 年丹江口水库水体面积逐年变化

料，将丹江口、老河口、邓州、淅川、内乡和西峡 6 站作为近库区站点，其余站点作为远库区站点。时段划分：2008—2013 年作为大坝加高前的时段，2015—2020 年作为大坝加高后的时段。

8.2.2.1　远、近库区气候变化差异

丹江口库区、近库区及远库区 1971—2020 年平均气温均呈 0.21 ℃/(10 a)的升高趋势，但季节变化不一。库区春季升温速率为 0.33 ℃/(10 a)，明显高于其他季节，秋、冬季分别为 0.17 ℃/(10 a)、0.22 ℃/(10 a)，夏季升温速率最小，为 0.12 ℃/(10 a)。近库区夏季平均气温升高速率为 0.08 ℃/(10 a)，远低于远库区的 0.13 ℃/(10 a)，而其他季节远库区和近库区升温速率差别不大，表明近库区水体有抑制夏季气温过快升高的作用(表 8.10)。

表 8.10　丹江口水库不同库区年和四季主要气象要素变化趋势

时间	分区	气温变化速率/(℃/(10 a))	降水变化速率/(mm/(10 a))	相对湿度变化速率/(%/(10 a))
年	丹江口库区	0.21	3.12	0.11
	近库区	0.21	−2.67	−0.38
	远库区	0.21	3.88	0.17
春季	丹江口库区	0.33	−0.33	−0.49
	近库区	0.39	−0.98	−1.29
	远库区	0.32	−0.24	−0.38
夏季	丹江口库区	0.12	0.09	0.22
	近库区	0.08	−8.97	−0.03
	远库区	0.13	1.32	0.25
秋季	丹江口库区	0.17	0.24	0.57
	近库区	0.16	2.59	0.07
	远库区	0.17	−0.10	0.64
冬季	丹江口库区	0.22	3.03	0.11
	近库区	0.23	4.68	−0.33
	远库区	0.22	2.80	0.17

丹江口库区、远库区1971—2020年降水量均呈弱增加趋势，增加速率分别为3.12 mm/(10 a)、3.88 mm/(10 a)，近库区呈2.67 mm/(10 a)的减少趋势。分季节来看，春季库区、近库区及远库区降水量均表现为减少趋势，冬季均表现为增加趋势，且两个季节近库区变化速率均高于远库区；夏、秋季无明显变化趋势，但夏季近库区降水量呈8.97 mm/(10 a)的减少趋势，远库区降水量呈1.32 mm/(10 a)的增加趋势，秋季近库区降水量呈2.59 mm/(10 a)的增加趋势，远库区则无明显变化。

丹江口水库库区、近库区及远库区1971—2020年相对湿度均无明显变化趋势。

8.2.2.2 大坝加高后库区气候要素变化特征

(1)各季节气温升高，但夏、秋季增幅小

大坝加高后，各个季节气温均有不同程度上升，其中春季和冬季增幅分别为0.48 ℃和0.46 ℃，增幅明显；夏季和秋季增幅较小，分别为0.26 ℃和0.11 ℃(表8.11)。

大坝加高后，近库区气温增幅在各季节均高于远库区，其中冬季、春季和秋季的增幅分别为0.88 ℃、0.79 ℃和0.40 ℃，远高于远库区的0.41 ℃、0.43 ℃和0.07 ℃；而夏季远近库区增幅差异相对不明显。大坝加高后近库区在冬季、春季和秋季增温效应较远库区明显，而夏季增幅效应较小。

表8.11 大坝加高后丹江口水库不同库区平均气温变化 单位：℃

时间	分区	大坝加高前平均气温	大坝加高后平均气温	气温变幅
年	丹江口库区	14.47	14.85	0.38
	近库区	15.68	16.35	0.67
	远库区	14.31	14.64	0.33
春季	丹江口库区	15.02	15.50	0.48
	近库区	16.13	16.92	0.79
	远库区	14.87	15.30	0.43
夏季	丹江口库区	24.66	24.92	0.26
	近库区	26.69	27.05	0.36
	远库区	24.39	24.63	0.24
秋季	丹江口库区	14.71	14.82	0.11
	近库区	16.23	16.63	0.40
	远库区	14.50	14.57	0.07
冬季	丹江口库区	3.53	3.99	0.46
	近库区	3.71	4.59	0.88
	远库区	3.50	3.91	0.41

(2)秋、冬季降水增加，其中冬季增幅明显

丹江口水库大坝加高后，库区降水量较大坝加高前总体有所减少，其中近库区略增加、远库区略减少，幅度均不大。大坝加高前后，季节上降水量的变化各不相同，其中夏季为减少，库区、近库区及远库区减幅均超过1成；秋季、冬季增加，且增幅较大，库区、近库区及远库区增幅秋季均在1成以上，冬季均在7成以上；春季变化最不明显，库区总体减少，其中近库区增加、

远库区减少，但幅度均极小（表 8.12）。

表 8.12　大坝加高后丹江口水库不同库区降水量变化

时间	分区	大坝加高前降水量/mm	大坝加高后降水量/mm	降水量变幅/(mm/%)
年	丹江口库区	892.01	878.59	−13.42/−1.50①
	近库区	762.77	765.74	2.97/0.39
	远库区	909.47	893.84	−15.63/−1.72
春季	丹江口库区	198.78	198.16	−0.62/−0.31
	近库区	179.19	180.95	1.76/0.99
	远库区	201.43	200.48	−0.95/−0.47
夏季	丹江口库区	440.47	383.56	−56.91/−12.92
	近库区	372.85	323.71	−49.14/−13.18
	远库区	449.61	391.64	−57.97/−12.89
秋季	丹江口库区	231.29	261.08	29.79/12.88
	近库区	182.98	208.24	25.26/13.80
	远库区	237.82	268.22	30.40/12.78
冬季	丹江口库区	21.27	37.37	16.10/75.69
	近库区	27.62	57.07	29.45/106.63
	远库区	20.41	34.71	14.30/70.06

注：①−13.42/−1.5 中，−13.42 为降水量变化值，−1.5 为大坝加高后降水量较大坝加高前降水量变化的百分率。

（3）近库区相对湿度增大，其中冬季增幅较明显

近库区各个季节大坝加高后较大坝加高前相对湿度均增大，其中冬季增幅最明显达 5.21%，远库区大坝加高后与大坝加高前相比，除冬季略增外，其他季节均减小，其中夏季减幅相对较大达 2.67%。

（4）夏季地表温度下降

利用卫星遥感资料反演丹江口水库上游流域大坝加高前、后的地表温度。对比分析显示，大坝加高后，流域内地表温度总体升高，平均升温 0.27 ℃，空间上超过 7 成以上区域升温；分季节来看，春、秋和冬季上升，其中秋季升幅明显，达 0.91 ℃，夏季降幅 0.24 ℃。

8.2.2.3　水库水体冬季增温效应明显

选取湖北省区域气象站逐时气温资料，资料起止时间为 2007 年 1 月—2020 年 12 月。研究发现，丹江口水库附近各个站点海拔效应显著，故所选站点海拔接近，最后确定蔡家渡、安乐河和青山三个站点，其中蔡家渡距离主要水体最近，其次是安乐河，青山距离水体最远。

从蔡家渡和安乐河两地冬季气温三要素差值图可以看出（图 8.22），冬季各月气温蔡家渡均高于安乐河，且最低气温差值大于最高气温。蔡家渡和青山两地冬季气温三要素差值图同样表现出（图 8.23），除 2014 年 2 月、2020 年 2 月蔡家渡气温略低于青山外，其他各月蔡家渡气温均高于青山，且多数月份最低气温差值大于最高气温差值。这表明，冬季丹江口水库水体有明显的增温作用，尤其对最低气温有明显抬升作用。

此外，2014 年 12 月水体增温效应特别突出，而 2014 年 2 月、2020 年 1 月、2020 年 2 月效

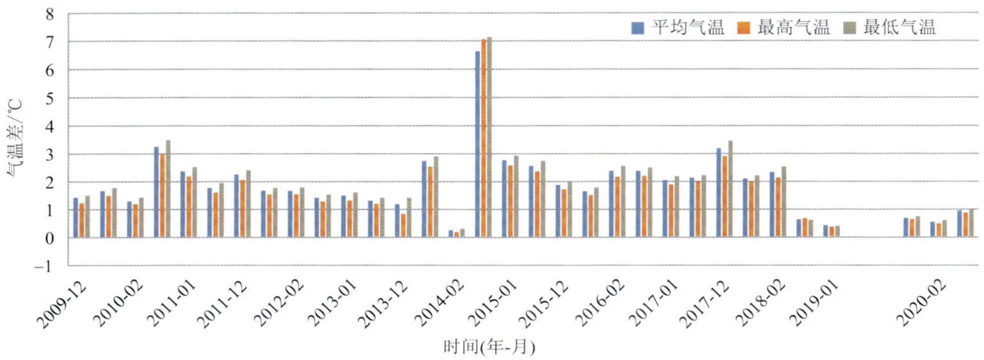

图 8.22　2009—2020 年冬季各月蔡家渡与安乐河气温差变化
（2019 年 2 月和 12 月数据缺测）

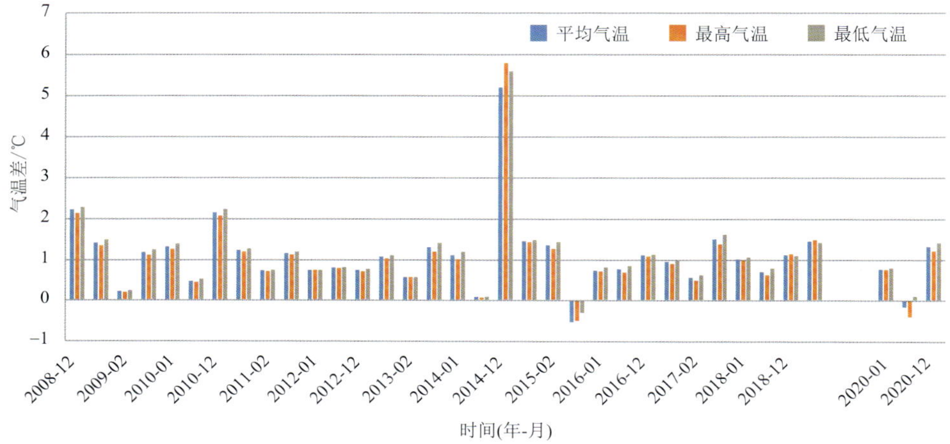

图 8.23　2009—2020 年冬季各月蔡家渡与青山气温差变化
（2019 年 2 月和 12 月数据缺测）

应微弱。对比时段内库区附近郧阳、十堰、丹江口三站的平均气温距平可以看出，2014 年 12 月库区附近气温略偏高 0.3～0.7 ℃，2014 年 2 月库区附近平均气温偏低 1.8～1.9 ℃，2014 年 1 月库区附近平均气温偏高 1.8～2.4 ℃，2020 年 2 月库区附近平均气温偏高 1.7～2.3 ℃。初步推断，丹江口水库冬季具有增温效应，当水库周边气温变化幅度较小时，增温效应突出，水库周边变化幅度明显较大时，局地水体效应较弱。

从蔡家渡和安乐河、蔡家渡和青山气温三要素夏季差值可以看出，虽然多数月份近库区气温仍高于远库区，但是偏高幅度多较冬季弱，且蔡家渡和青山气温差明显偏小。此外，对比气温明显正偏差的 2013 年 7 月和 2017 年 7 月，发现 2013 年 7 月库区附近平均气温偏高 1.7～2.4 ℃，2017 年 7 月库区附近气温偏高 2.1～2.5 ℃。而出现气温明显负偏差的 2014 年 6 月、2015 年 6 月和 2020 年 7 月，近库区气温明显低于远库区，表现出夏季水库有降温效应，该三个月内库区附近平均气温较历史同期偏低，2014 年 6 月略偏低，2015 年 6 月和 2020 年 7 月分别偏低 1.3～1.6 ℃和 1.8～2 ℃。

结合分析可以看出，丹江口水库在冬季有明显的水体增温效应，且气温越接近正常，增温效应越明显；而夏季仅在气温偏低的情况下易表现出水体降温效应。

8.2.3 丹江口水库流域水源涵养功能评估

8.2.3.1 方法

水源涵养是指植被层、凋落物层和土壤层对降雨进行再分配的复杂过程，从生态系统水量平衡的角度，降水量作为输入量，与蒸散量、地表径流量等作为输出量的差即为水源涵养量。基于水量平衡方程的生态系统水源涵养功能（Ecosystem Water Conservation，EWC）评估，采用下式计算：

$$\mathrm{EWC}=\mathrm{PRE}-\mathrm{QF}-\mathrm{AET} \tag{8.6}$$

式中：EWC 为水源涵养量（mm）；PRE 为降水量（mm）；QF 为地表径流量（mm）；AET 为实际蒸散量（mm）。

（1）地表径流量的计算

可采用地表径流系数法来计算地表径流量。地表系数法计算简单，参数少，实用性较强。地表径流量由降水量乘以地表径流系数获得，计算公式如下：

$$\mathrm{QF}=\mathrm{PRE}\times\alpha \tag{8.7}$$

式中：QF 为地表径流量（mm）；PRE 为降水量（mm）；α 为地表径流系数。

地表径流系数（α）是地表径流量与降水量的比值，可由径流小区观测的降水与地表径流数据计算获得，在一定程度上反映生态系统水源涵养的能力；各类生态系统地表径流系数可参考相关文献（龚诗涵 等，2016，2017）。

（2）实际蒸散量计算方法

实际蒸散量 AET 计算公式（Zhang et al.，2001）如下：

$$\mathrm{AET}=\frac{1+\dfrac{w\times E_0}{\mathrm{PRE}}}{1+\dfrac{w\times E_0}{\mathrm{PRE}}+\dfrac{\mathrm{PRE}}{E_0}}\times\mathrm{PRE} \tag{8.8}$$

式中：AET 为实际蒸散量（mm）；w 为土地利用类型的用水系数（参考值：森林 2，灌丛 1.5，草地 0.5，农田 0.5，人工表面、裸地和荒漠为 0）；PRE 为降水量（mm）；E_0 为潜在蒸散量（mm，GB/T 34815—2017），可按照 FAO Penman-Monteith 方法，由式（8.9）—式（8.13）计算：

$$E_0=\frac{0.408\times\Delta\times(R_n-G)+\gamma\times\dfrac{900}{T+273}\times\mu\times(e_s-e_a)}{\Delta+\gamma\times(1+0.34\times\mu)} \tag{8.9}$$

$$\Delta=\frac{4098\times\left[0.6108\times\exp\left(\dfrac{17.27T}{T+237.3}\right)\right]}{(T+237.3)^2} \tag{8.10}$$

$$G=0.07\times(T_{i+1}-T_{i-1}) \tag{8.11}$$

$$\gamma=0.665\times10^{-3}\times p \tag{8.12}$$

$$\mu=\frac{4.78\times\mu_h}{\ln(67.8\times h-5.42)} \tag{8.13}$$

式中：Δ 为饱和水汽压—温度曲线斜率（kPa/℃）；R_n 为表面净辐射（MJ/m^2），计算方法见 GB/

T 20481—2017；G 为当月土壤热通量（MJ/m^2）；T_{i+1} 为后一个月平均气温（℃）；T_{i-1} 为前一个月平均气温（℃）；γ 为干湿表常数（kPa/℃）；p 为气压（kPa）；T 为月平均气温（℃）；μ 为 2 m 高处的风速（m/s）；h 为高度（m）；μ_h 为 h 处的风速（m/s）；E_s 为饱和水汽压（kPa）；E_a 为实际水汽压（kPa）。

8.2.3.2　结果分析

（1）植被生态持续向好

2021 年丹江口库区水源地大部分区域植被长势相对较好，植被生产力从东北向西南逐步提高，其中南部地区植被生产力最高，达到 1000～1300 gC/m^2；大部分区域植被覆盖度较高，年平均覆盖度达 50%～70%，西部地区植被覆盖度相对较高，达到 70%～80%。总体上，丹江口库区水源地大部分区域植被生态质量较好，生态质量指数达到 60～70，尤其西南部地区植被生态质量指数平均达到 80。

2000—2021 年丹江口库区水源地植被覆盖度、净初级生产力和植被生态质量呈明显提升趋势（图 8.24），大部分地区植被覆盖度、净初级生产力、植被生态质量指数平均每 10 a 分别增加 5%～8%、5～20 gC/m^2、7～9。2000—2021 年丹江口库区水源地水热条件有利于植被恢复和生长，年平均气温呈上升趋势，每 10 a 上升 0.17 ℃；年降水量也呈增加趋势，平均每 10 a 增加 82 mm。

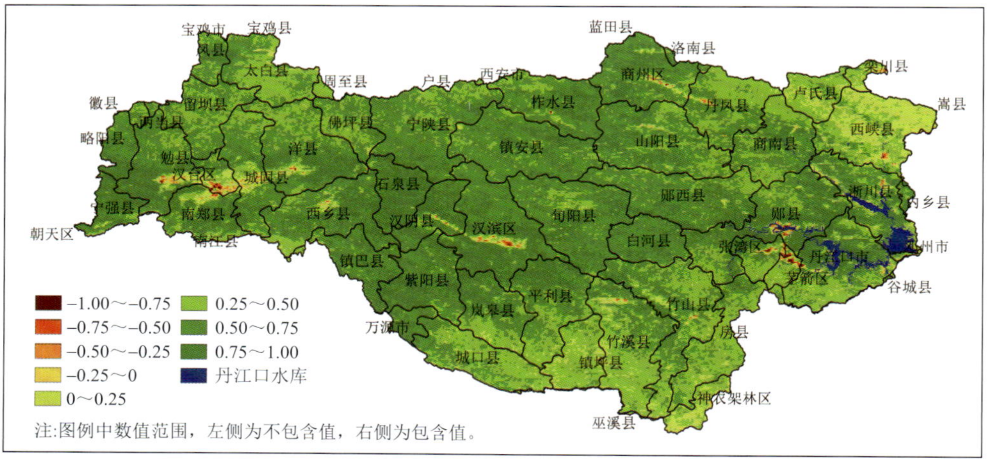

图 8.24　2000 年以来丹江口水库植被生态质量变化趋势空间分布

（2）水源涵养功能总体向好

由于植被生态改善和降水呈现增加趋势，丹江口库区水源地水源涵养功能总体向好。2021 年库区水源地平均水源涵养量 443.9 mm，为历年最高，大部分地区生态系统水源涵养量超过 400 mm，尤其是植被覆盖和长势较好的西北部和南部，水源涵养量相对较高。2000—2021 年丹江口水库上游流域水源涵养量呈增加趋势，每 10 a 约增加 37.9 mm（图 8.25）。从空间分布图上看，库区及上游大部分地区生态系统水源涵养量呈增加趋势，尤其是植被覆盖和长势较好的西部和南部区域，水源涵养量增加较明显（图 8.26）。

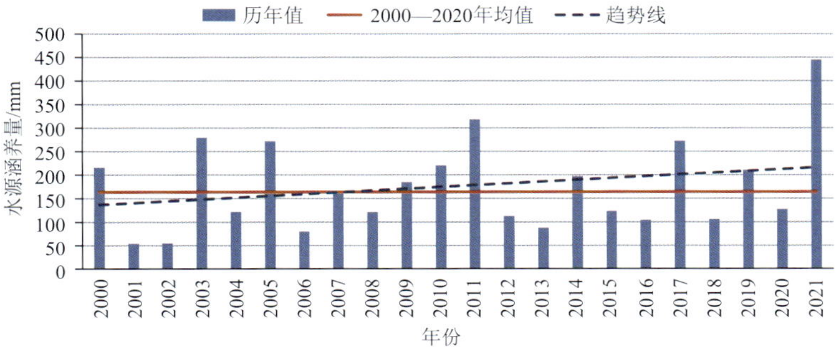

图 8.25　2000—2021 年丹江口库区及上游水源涵养量逐年变化

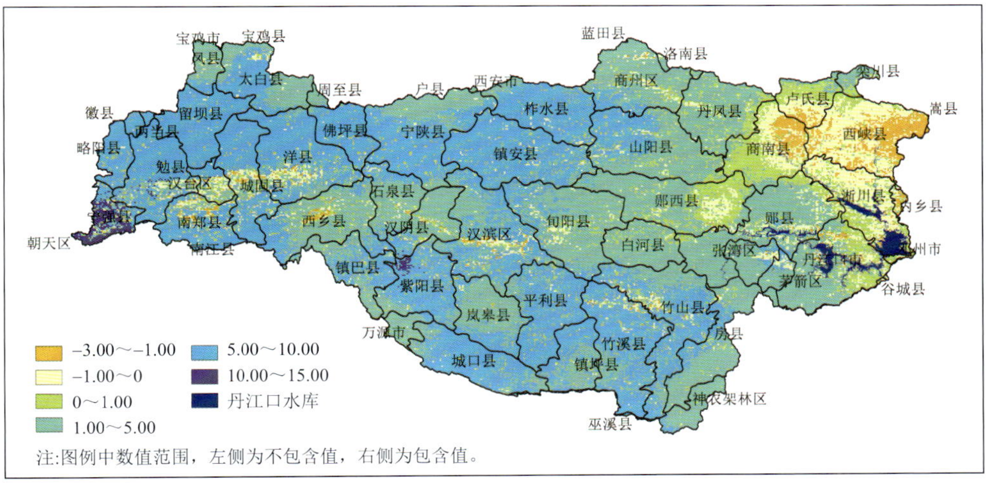

图 8.26　2000—2021 年丹江口库区及上游水源涵养量年变化趋势空间分布(单位：mm/a)

8.3　本章小结

本章采用气象站多要素数据、再分析资料和卫星遥感相关数据等，较为全面地揭示了三峡库区和丹江口库区气候变化和生态气候效应特征。

(1)三峡库区常年平均气温 13.2～18.5 ℃，气温年较差和日较差都较小；常年平均降水量 960～1700 mm，沿江河谷少雨，外围山地逐渐增多，夏季降水量占全年降水量的 40%～50%，常年平均暴雨日南多北少；云雾多，相对湿度较大；风速普遍较小，是全国的小风区。

(2)三峡库区近 60 a(1961—2020 年)年平均气温每 10 a 升高 0.08 ℃，冬、春季升温率高于年；2006 年和 2013 年高温日最多为 49 d；年平均降水量整体呈弱减少趋势，但冬季呈弱增加趋势；20 世纪偏旱、偏涝频次均有明显上升；日照时数呈显著减小趋势；平均相对湿度呈弱减小趋势；平均风速年代际变化明显，2011 年以来以偏大为主。

(3)三峡库区蓄水后春、秋和冬季库首平均气温升幅最大，夏季库尾最大；夏、冬季各区降水量均减少；库中和库尾年平均风速增加而库首减小；库尾年相对湿度减幅高于库中和库首；

库中年雾日的减幅度高于库尾和库首。从距离水体远近来看，大多表现出冬季降温、夏季升温的特征；江南远离水域区年降水量的降幅最大；邻近水域区年平均风速减小但年相对湿度减幅最大；春、夏和秋季邻近水域区雾日降幅最大，而冬季江南远离水域区和邻近水域区雾日降幅更大。

(4)利用再分析资料分析三峡库区气候效应的结果表明，库区仅冬季蓄水后气温下降；春季降水量长江以北地区蓄水后会增加，长江以南则相反，夏、冬季以减少为主，秋季则以增多为主。库区气温在21世纪前表现为不甚显著的上升趋势，之后这种升高趋于停滞甚至转变为略有下降；降水在2009年以前一直保持稳定，在2009年后则表现为较为明显的增多趋势。

(5)三峡库区湖北段立体剖面北岸气温直减率大于南岸；年降水量随海拔高度升高整体上都呈抛物线式增加，南岸蓄水期前后过程降水量随海拔高度呈增加趋势且汛期雨量幅度更大；平均风速随海拔高度呈抛物线形变化，先增加后减小；同一剖面，蓄水期时段所在月份的能见度高于汛期时段。

(6)对三峡库区三座百米铁塔气候要素的分析表明，平均风速均随高度上升而增大，各层风速相差不大，但溪口铁塔的风速大于宜昌铁塔和睦和铁塔，宜昌铁塔和溪口铁塔冬季平均风速最大，而睦和铁塔夏季平均风速相对较大；宜昌铁塔年平均气温随高度升高而降低，睦和铁塔年及四季50 m以下气温随高度升高而降低，50～70 m则上升；睦和铁塔年、四季平均相对湿度大于溪口铁塔和宜昌铁塔，溪口铁塔、睦和铁塔蓄水期相对湿度增大，宜昌铁塔则减小。

(7)基于MODIS数据的水域面积监测方法对丹江口水库水体面积监测的结果表明，2020年丹江口水库平均水体面积为历年最大；2007—2021年水库水体面积呈增加趋势。自然环境变化和人为调控是水库水体面积变化的两个主要因素。2000年以来，水库上游水热条件的改善有利于促进植被生长，2020年水库上游流域植被覆盖率较2000年增加11.09%。库区水源涵养能力得到增强，更有利于水库蓄水保水。

(8)丹江口库区年平均气温增速0.21 ℃/(10 a)，其中春季增速最大为0.33 ℃/(10 a)；近库区水体有抑制夏季气温过快增长作用；丹江口库区、远库区年降水量呈弱增加趋势，近库区为减少趋势，且有春季减少、冬季增加的趋势。大坝加高后，各季气温升高，春、冬季增幅明显，且近库区增幅在各季节均高于远库区；库区降水量总体有所减少，但秋、冬季降水增幅较大；近库区平均相对湿度均增大，远库区除冬季略增外，其他各季节均减小；超7成以上区域地表温度升高。

(9)丹江口库区水源地大部分区域植被生态质量较好；2000—2021年库区水源地植被覆盖度、净初级生产力和植被生态质量呈明显提升趋势；丹江口库区水源地水源涵养功能总体向好，水库上游流域水源涵养量平均每10 a增加37.9 mm；库区及上游大部分地区生态系统水源涵养量呈增加趋势，尤其是植被覆盖和长势较好的西部和南部区域，水源涵养量增加比较明显。

第 9 章
生态修复和人工影响天气

湖北作为长江流经最长省份之一，对长江中下游生态有重要影响，三峡大坝事关全局水利和生态安全；作为南水北调中线源头，肩负着一库清水送北方的重任；作为全国重要的粮、棉、油、鱼生产基地，事关全国人民“舌尖上的安全”。同时湖北也是易受气候变化不利影响的省份之一，气候变化和经济社会的快速发展对自然生态系统和大气环境造成了巨大压力。通过人工影响天气，运用科技手段触发降水，开发利用空中云水资源，成本低、效益好、潜力大，是增加水资源供给的有效途径。特别是在增加重要生态保护区域降水，补充江河湖库、雪山湿地以及地下水超采区水资源，治理土地荒漠化，增加降水净化空气等方面，其作用更是不可替代的。中共中央关于加快推进生态文明建设的意见提出，要积极开发利用空中云水等非常规水资源，提高水资源安全保障水平。要围绕生态文明建设，根据山水林田湖草等生态保护和修复需求、云水资源特点，建立生态修复型人工影响天气服务业务，加强常态化人工增雨（雪）作业，提高降水对生态系统修复的效用，降低生态保护、修复和灾害防治成本。

9.1 湖北省空中云水资源量分布

1961—2021 年湖北省空中云水资源量一般为 1100～1200 cm，其中低于 1100 cm 的有 3 a，分别为 1976 年、1986 年和 2011 年；最大值在 2021 年，为 1231.0 cm。2021 年湖北省空中云水资源为 1231.0 cm，排历史第一位。1961—2021 年，湖北省空中云水资源量呈增加趋势，其中 20 世纪 90 年代中期开始空中云水资源量增加趋势较明显（图 9.1）。

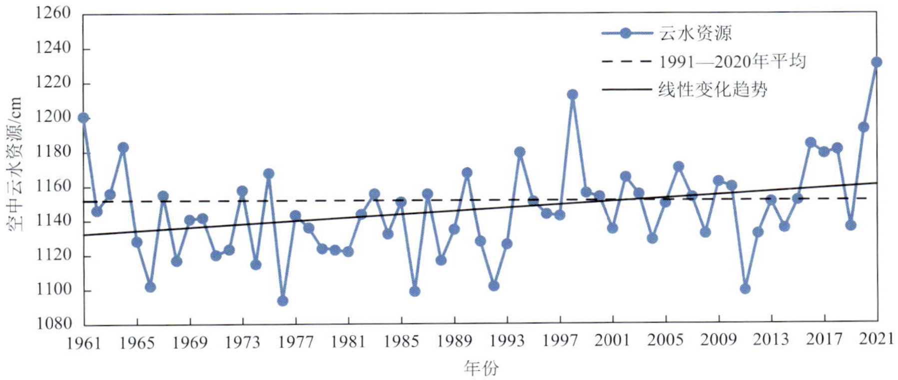

图 9.1 1961—2021 年湖北省云水资源量逐年变化

湖北省 2021 年空中云水资源量主要集中在 5—9 月，占全年的 64%，夏季的 7 月、8 月最多，均在 180 cm 左右。冬季 12 月、1 月最少，不足 45 cm（图 9.2）。

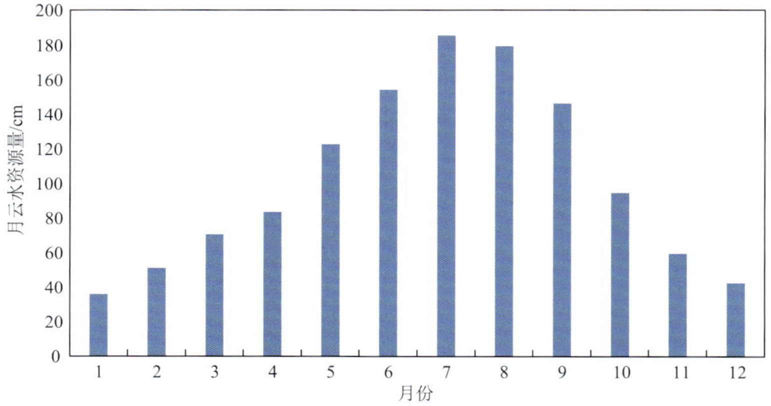

图 9.2　2021 年湖北省空中云水资源量逐月变化

2021 年湖北省空中云水资源空间分布特征为：整体上从鄂西北向鄂东南逐步增多；南部多于北部，东部多于西部。湖北省各地年空中云水资源量为 880～1480 cm，江汉平原、鄂东南南部和鄂东北南部为高值区，大部分地区在 1280 cm 以上，鄂西南西部、鄂西北和鄂北岗地较低，大部分地区在 1200 cm 以下，其他地区为 1200～1280 cm（图 9.3）。

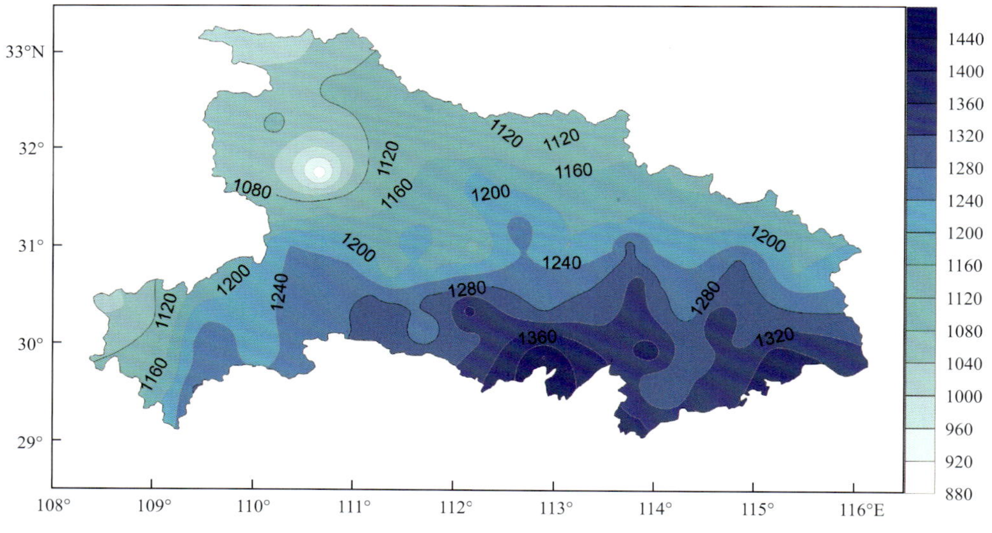

图 9.3　2021 年湖北省空中云水资源空间分布（单位：cm）

2021 年湖北省空中云水资源的季节性差异明显，冬季最小，空间分布为 85～165 cm；春季空间分布为 195～325 cm；秋季空间分布为 215～365 cm；夏季最大，空间分布为 380～640 cm。四季空间分布和年平均分布趋势一致，均为南多北少。形成季节差异的主要原因是由于湖北所处的地理位置和主要影响天气系统所致。在隆冬季节，湖北省在强大的冬季风控制下，高空、地面的天气系统稳定少变，水汽含量明显减少；春季是冬、夏季风交替的过渡季节，这时夏季风开始活跃加强,南方洋面上的暖湿气流向北移动,空中水汽含量随之而增多;夏季,夏季风达到鼎盛,因而空气中水汽含量最大;秋季,夏季风逐渐减弱,空气中水汽含量减少,与春季相比,最低值与最高值差异较小,即东西差异缩小,这主要是由于湖北省秋季的鄂西山地仍受青藏高原东侧强劲的西南季风影响,西南暖湿气流仍较活跃(图 9.4)。

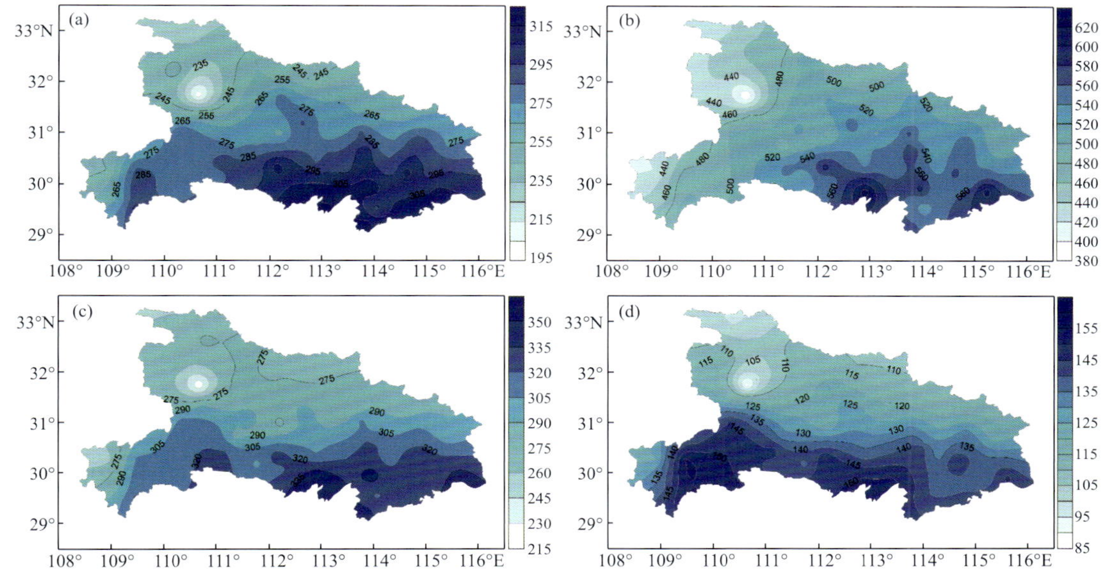

图 9.4　2021 年湖北省空中云水资源各季节空间分布(单位:cm)
(a)春季;(b)夏季;(c)秋季;(d)冬季

9.2　湖北生态修复型人工影响天气服务现状

9.2.1　基础保障

全省有 82 个人工影响天气作业单位,拥有作业人员 800 余人、地面作业装备 400 余套,租用作业飞机 2 架,建成标准化作业站点 166 个,已初步形成空地立体作业体系。在常规气象观测网的基础上,建设 2 部 X 波段双偏振多普勒雷达、1 部云雷达、1 部微雨雷达、1 部微波辐射计、1 部激光云高仪、5 套激光雨滴谱仪等人工影响天气新型特种探测装备并投入业务运行,结合作业飞机云降水探测,初步建立空地立体观测体系。

9.2.2　业务科技

按照国家人工影响天气业务现代化建设总体要求,积极推进与基本气象业务相融合,建立了"横向到边、纵向到底"的新型人工影响天气业务体系。建立湖北省三种典型云系的人工增雨概念模型,初步形成了湖北省人工增雨作业指标体系。自主研发飞机增雨作业指挥、对流云跟踪监测及催化效果分析系统,引进人工影响天气综合处理分析与决策指挥、作业空域申报、飞机作业北斗空地通讯、作业指挥视频对讲和云精细化分析等业务系统。与科研院所、大专院校开展科技交流和项目合作，加强生态修复型人工影响天气关键技术的科技攻关，参与国家重点研发项目“云水资源评估研究与利用示范”，以南水北调中线水源区为固定目标区，开展云水资源监测评估以及积云、混合云人工增雨技术优化检验与耦合利用技术研究。

9.2.3 服务效益

全省人工影响天气工作坚持需求引领，将生态系统保护和修复作为重要内容纳入人工影响天气工作计划，围绕湖北省“三江四屏千湖一平原”、南水北调中线水源区等重点生态保护区，不断拓展服务领域，优化作业布局，完善服务手段，努力提高综合服务保障能力，逐步实现了人工影响天气季节性、应急型服务向全年常态化服务转变。“十三五”期间，围绕水源涵养、水土保持、生态修复等需求，开展生态服务型空中云水资源开发，累计组织实施飞机作业 155 架次，累计飞行约 435 h，开展地面人工增雨作业 2556 次，空地联合累计影响面积约 311.25 万 km^2，增加降水约 34.17 亿 t。为缓解季节性干旱，增加水库、流域水位，降低森林火险等级，保护和修复森林资源，改善生态环境做出了积极贡献。

9.3 人工影响天气技术原理

9.3.1 冷云催化原理

冷云是指温度低于 0 ℃的云。在这类云中过冷水滴、冰晶和水汽三者共存，产生降水的关键是云中冰水转化。早在 1935 年贝吉龙(Bergeron)就提出如下的理论假说：由于同温度下冰面饱和水汽压小于水面饱和水汽压，当实际水汽压介于两者之间时，过冷云中的冰晶将不断夺取空气中多余的水汽，水滴则不断蒸发，冰晶则通过凝华迅速增长，此即冰晶效应。这种水滴不断蒸发、冰晶不断长大的过程，即冷云中冰水转化过程，称为贝吉龙过程，也称作蒸凝过程，它是冷云降水的核心，是近代人工影响冷云降水的物理基础(边洪俊，2009；唐作佳 等，2018)。

9.3.1.1 静力催化

根据贝吉龙学说，冷云之所以没有降水，主要是云内缺乏冰晶，云滴得不到增长。影响冷云降水的基本原理是设法破坏云的物态结构，在温度－30～0 ℃的过冷却云中播撒催化剂，也就是在云内制造适量的冰晶，使其产生冰晶效应，让水滴蒸发，冰晶增长。当冰晶长大到一定尺度后，发生沉降，沿途由于凝华和碰并增长而变成大的降水质点下降，这就是冷云的“静力催化”原理。

在云内人工产生冰晶的方法有二种，一种是在云中投入冷冻剂，如干冰(即固体二氧化碳)，在气压 1013 hPa 下，其升华温度为－79 ℃。将干冰投入过冷却云中后，在它的周围薄层内便形成一个冷区，在此冷区内，过饱和度很大，因此水汽分子结合物能够存在和长大。试验表明，当温度低于－40 ℃时，即有自生冰晶。因此，在干冰周围形成了大量的冰晶胚胎，其中较大的冰晶经过湍流扩散到四周空间，以后继续成长为更大的降水质点而下落。在不同温度下，干冰所产生的冰晶数是不同的。理论计算指出，1 g 干冰所产生的冰晶数是随气温的降低而增加的。温度从－1 ℃降至－20 ℃时，所产生的冰晶数从 5.55×10^{11} 增到 1.22×10^{14} 个，它比实验值要大些。按实验室测定，当云温为－15～－2 ℃时每克干冰可产生 8×10^{11} 个冰晶。

另一种方法是引入人工冰核(凝华核或冻结核)，目前人们认为碘化银是一种非常有效的冷云催化剂。碘化银具有三种结晶形状，其中六方晶形与冰晶的结构相似，能起冰核作用，适

用于 $-15\sim-4$ ℃的冷云催化。每克碘化银所能产生的冰晶数视温度而定，温度低，有效冰核数目多，产生的冰晶数也多。例如当温度为 -10 ℃时，1 g 碘化银能产生 $1\times10^{10}\sim1\times10^{12}$ 个冰核；当为 -20 ℃时，则能产生 1×10^{16} 个冰核。

9.3.1.2　动力催化

20 世纪 60 年代又提出了“动力催化”原理，其依据是：在云体的过冷却（-10 ℃）部分，大量而迅速地引入人工冰核，当冰核转化成冰晶时，要释放大量潜热，使云内温度升高，形成或增大上升气流，促使云体在垂直和水平方向迅速发展，相应延长云的生命期，加速云内降水形成过程，从而增加降水量。这就是“动力催化”原理。“静力催化”与“动力催化”都是从影响云的微物理结构着手，所不同的是“静力催化”着眼于云内水的相态不稳定性，“动力催化”立足于影响或加强云内的热力不稳定。

9.3.2　暖云催化原理

暖云是整个云体温度在 0 ℃以上的云，通常也把云顶温度虽在 0 ℃以下，但云顶还是由过冷却云滴组成的云称作暖云。中国南方夏季的浓积云、层积云多属于这种云。在暖云中，胶性稳定状态的维持往往是由于云中缺乏大水滴，滴谱较窄，碰并作用不易进行之故。暖云内不可能有冰晶效应，促使降水形成起决定性作用的是水滴大小不均匀和碰并过程。在这类云中，自然降水的形成过程是：上升气流携带水汽入云，以凝结核为核心，通过凝结过程生成云滴，并通过凝结和碰并过程增长为雨滴，然后下落至地面形成降水。由于暖云降水的形成过程是先由凝结和湍流碰并等过程在云内产生一批较大的水滴，然后这批大水滴靠重力碰并过程而迅速长大为雨滴。因此，在因为缺乏大水滴而不能降水或降水强度不大的云内，引入吸湿性核（如食盐）。由于其能在低饱和度下凝结增长，故可在短时间内形成直径数十微米以上的大滴；也可直接引入直径为 30～40 μm 的大水滴，从而拓宽滴谱，加速碰并增长的过程，达到降水的目的；或引入表面活性物质（能显著减小水滴表面张力又可抑制蒸发的物质），改变水滴的表面张力状态，以利于形成大水滴并促使其破碎，加速连锁反应，从而形成降水。1 g 水仅能形成数百万个雨滴胚胎，而 1 g 食盐就可以形成几千万个雨滴胚胎，中国南方大量的野外试验中，发现在暖性对流云顶播撒大颗粒（直径大于 100 μm）、大剂量（每千米几十千克）的盐粉，效果很显著。

9.3.3　技术路线与业务流程

经过多年的发展、试验和实践，人工影响天气业务不断加快融入观测、预报、服务、信息等气象大业务集约发展，业务技术向国家级和省级集约，产品应用、检验和作业服务向市（县）级下沉。形成了依托气候、天气预测预报掌握降水天气过程；以地面常规观测网、卫星、雷达和云物理特种观测技术和设备观测云和降水的发展演变过程，利用云数值模式、雷达与卫星反演产品对作业区的作业条件和潜力进行识别预测为基础；以天气雷达实时观测指挥系统为核心，以通信网络系统为保障；以飞机、地面作业装备等为作业播撒平台，以碘化银（AgI）、制冷剂（液氮、干冰）和吸湿性焰剂为催化剂对不同降水云系进行催化作业；以物理检验和统计检验方法等进行作业分析与效果评估；并将作业飞机保障、地面作业装备等安全管理贯穿始终。针对新型人工影响天气业务技术体系和发展要求，规范作业指挥实时业务，建立了由作业过程预报和作业展望制定（1 周）、作业潜力预报和作业计划制定（72～0 h）、作业条件预报和作业预案制定（48～0 h）、作业条件监测预警和作业方案设计（3～0 h）、跟踪调度指挥和作业实施（0～3 h）、作业分析和效果评估(作业后)与安全管理构成的七段业务流程。

9.3.3.1　作业过程预报和作业展望制定(1 周)

省级人工影响天气业务部门根据全省生态修复、抗旱减灾、水库增蓄、降低森林(草原)火险等级等实际需求,开展作业需求综合分析,并依据国家级指导产品和中心气象台、气候中心制作的预报预测服务产品等,提出适宜开展人工增雨(雪)作业时段和区域建议,每周定期发布《作业展望》。市(县)级订正上报本地作业需求,并根据作业展望开展作业前准备。

9.3.3.2　作业潜力预报和作业计划制定(72～0 h)

当未来 72 h 内有天气系统影响本省(区)时,省级基于中尺度天气数值预报系统(CMA-MESO)等国家级下发的模式数据,参考中心气象台短期预报和本省作业概念模型、作业指标制作未来 72 h 作业潜力预报,潜力预报包括云系性质和结构、潜力区分布、作业时段、作业方式等;同时,结合作业需求,分析制作飞机和地面 72 h 作业计划,向飞机指挥及外场作业人员、拟开展地面作业的市(县)定时发布《作业计划》产品,主要包括作业目标、时间、区域、作业部位、作业方式等参数,空间精度到市(县)。市(县)级应用省级指导产品,结合本地需求和预报数据,制定作业计划,部署作业装备、作业时段和作业区域,开展作业前准备等。

9.3.3.3　作业条件预报和作业预案制定(48～0 h)

当未来 48 h 内有降水(冰雹)等天气系统影响本省区时,省级人工影响天气业务部门参考中心气象台短期预报、短时预报和灾害性天气预报,结合模式预报产品检验、作业力量布局等要素,运用云条件预报和作业效果预估模式 CMA-CPEFS(云条件预报和作业效果预估模式),分析云系宏微观特性、垂直结构、降水机制、单体云移向移速、作业层风向风速等关键要素,开展云系宏微观特性检验,制作发布 48 h 作业预案和 24 h 作业预案。作业预案包括作业目标、云系类型、区域、时段、作业部位、作业方式、催化剂量等参数,产品时间精度为 6 h 间隔,空间精确到作业站点。市(县)级应用省级发布的指导产品,结合本地需求和预报数据,分析本地作业条件,制定作业预案,细化部署,开展作业前准备。

9.3.3.4　作业条件监测预警和作业方案设计(3～0 h)

当临近作业时,省级人工影响天气业务部门基于风云卫星云监测反演产品、云结构及大气环境探空分析产品、雷达人工影响天气监测预警、飞机实时监测等云降水监测客观产品,结合国家级指导产品、省气象台短时临近预报和灾害性天气预警产品,滚动制作飞机和地面作业方案,并向实施作业的部门及时发布。市(县)级应用省级指导产品和本地监测数据,滚动制作地面作业方案产品。并下达地面增雨(雪)、防雹作业指令,包括作业目的、作业站点、装备类型、作业方式和作业参数等(袁正腾 等,2012a)。

9.3.3.5　跟踪调度指挥和作业实施(0～3 h)

(1)飞机作业

指挥中心:强化对飞机作业的跟踪指挥,实时下传飞机作业和探测信息,动态监测云降水实况,加强机载探测等多源监测数据和产品在作业指挥中的应用,及时开展作业指令滚动修订,跟踪指挥飞机作业。包括:实时接收飞机传下的飞行信息、作业信息、记录的云宏观信息和云粒子探测信息,结合地面雷达实况及其他云降水实时监测数据,实时跟踪作业目标云的演变,根据播云催化条件和影响飞行安全的因素,实时修正飞行作业航线,协调解决飞行作业中的突发情况，准确发布飞机作业各项指令，实时指挥飞机飞行作业。

飞机作业外场：根据飞机作业方案和实时作业指令，按照飞机作业和机载探测有关规程、规范，外场作业人员完成催化剂装配、播撒实施、机载云物理探测、登机观测记录等工作。根据飞机实时观测，选择合适催化方案（剂量），实施精准催化作业。具有数据传输能力的飞机，实时将飞行航迹、作业播撒情况、云宏观观测记录和云粒子探测记录回传本省指挥中心，为研判作业区云水场变化情况及调度指挥提供依据，同时接收地面指挥中心上传的作业指令。

（2）地面作业

指挥中心：通过建立地面作业参数计算方法，依据作业条件监测预警产品，利用实时雷达观测数据，结合作业条件判据、作业目标、作业力量布局等要素，测算不同作业站点开展地面作业的时间、方位角、仰角等参数，实时、准确地发布地面作业指令。市（县）级制作地面作业指令并滚动修订，利用空域申报系统及时申请作业空域，根据实际情况对作业指令进行调整；并按照国家级关于地面作业信息的相关要求，实施地面作业全过程跟踪、作业实景监视及作业信息实时上报。

地面作业外场：根据作业指令和空域批复结果，安全、迅速开展作业，及时收集上报作业信息、灾情信息等。

9.3.3.6 作业分析和效果评估（作业后）

在每次作业过程结束后，及时收集汇总上报本省范围内飞机与地面作业信息，同时开展作业效果检验评估。对飞机和地面作业开展合理性分析和常态化评估；针对典型作业过程，利用卫星、雷达、飞机、地面和人工影响天气特种观测设备等多源数据，采用直观对比、统计检验、物理检验和数值模拟等方法开展精细化评估，进行复盘总结，建立个例库；每年定期发布人工影响天气效果评估年度报告。

9.3.3.7 安全管理

将人工影响天气安全管理概念贯彻始终，建立"政府领导、部门联动、军地协同、齐抓共管"的人工影响天气安全监管工作机制。制定省、市、县三级人工影响天气安全责任清单，明确各级人工影响天气安全职责，建立人工影响天气安全检查员和业务安全检查制度，每年组织开展全省人工影响天气安全检查和安全风险隐患大排查。基于物联网、电子芯片、5G等技术，对作业装备弹药从出厂、运输、存储、出库、使用、入库回收等全流程进行监管，基于电子围栏和高清视频等技术，对作业站点和作业实况进行实时动态安全监控（图9.5）。

9.4 湖北生态修复型人工影响天气服务案例

9.4.1 抗旱人工增雨服务

2013年6月下旬以来，湖北省出现了历史罕见的持续高温少雨天气，持续时间长，范围特别广，温度异常高，从7月23日开始全省启动高温Ⅱ级响应。截至8月13日湖北全省受旱农田面积已超过2000万亩，150万人出现饮水困难，900多座水库低于死水位，水利部门还发出湖北历史上首个枯水红色预警。全省各地采用多种方式，开展了人工影响天气抗旱服务工作，实施飞机人工增雨作业17架次，在襄阳、随州、孝感、荆门、武汉等地累计飞行催化作业约

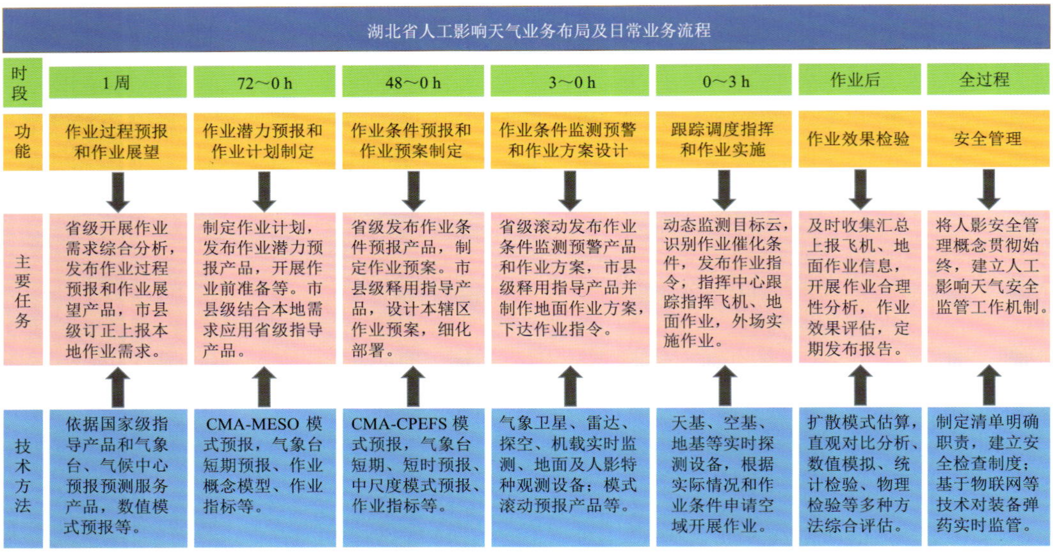

图 9.5　人工影响天气业务流程

25 h，燃烧碘化银烟条 170 根；全省地面人工增雨作业 530 余次。人工影响天气空地协同作业累计影响保护面积约 46.75 万 km^2，增加降水量约 12.96 亿 t，作业过后取得很好成效，得到政府和社会各界好评。

2013 年 8 月 23—24 日受台风外围云系影响，湖北省自东向西又有一次明显的降水过程，湖北省江汉平原、鄂东北和鄂东南有较好的增雨作业条件，增雨飞机重点针对随州、襄阳、荆门、荆州、宜昌等高温干旱地区实施了增雨作业。

9.4.1.1　作业天气过程

8 月 23—24 日，台风“潭美”低压中心位于江西省境内，湖北省大部分地区处在台风倒槽北部的偏东气流中，高、低层系统配置十分有利，500 hPa、700 hPa 以及 850 hPa 台风低压中心位置一致，同时低层偏东风急流显著，为降水提供充足的水汽，地面不断有弱冷空气渗透到深厚的台风倒槽中，为降水提供良好的动力和水汽条件。

9.4.1.2　作业条件潜势预报

从图 9.6 可以看出，8 月 24 日 08:00(北京时，下同)GRAPES 模式预报湖北 550 hPa 冰晶数浓度很低(几乎没有)，25 日 08:00 GRAPES 模式预报湖北 550 hPa 冰晶数浓度除鄂西北北部有 0.1～1.0 L^{-1}外，其他地区几乎没有。预报降水量为湖北省中西部中到大雨，其他地区小雨，在红色框区域内有比较好的增雨作业条件，可以通过播撒适量催化剂来增加降水。

9.4.1.3　作业条件监测与作业方案设计

(1)LAPS 模式资料分析

从图 9.7 可以看出，受台风倒槽影响，水汽由东向西输送，云中液水也呈现东边大西边小，逐渐向西移动，在 112.5°—114.5°E 呈现垂直速度整层上升，且在 700～200 hPa 出现上升大值区，为−1.2 Pa/s(向玉春 等，2009)。

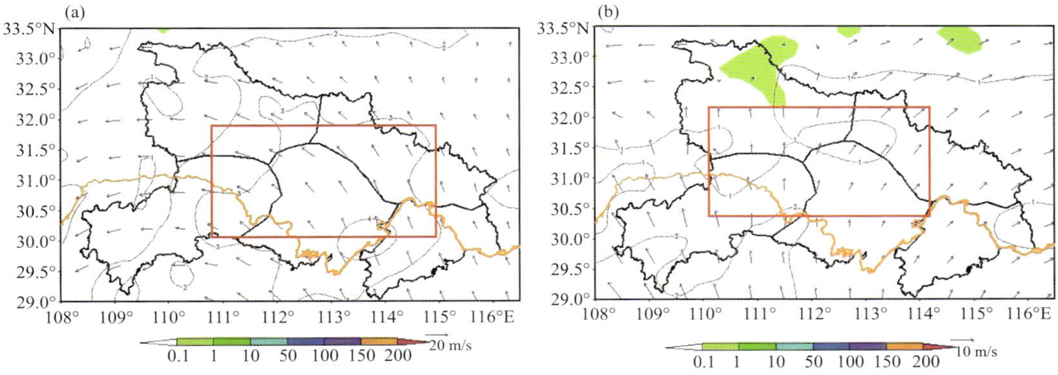

图 9.6 8 月 24 日(a)和 25 日(b)08:00 GRAPES 模式 550 hPa 冰晶数浓度预报

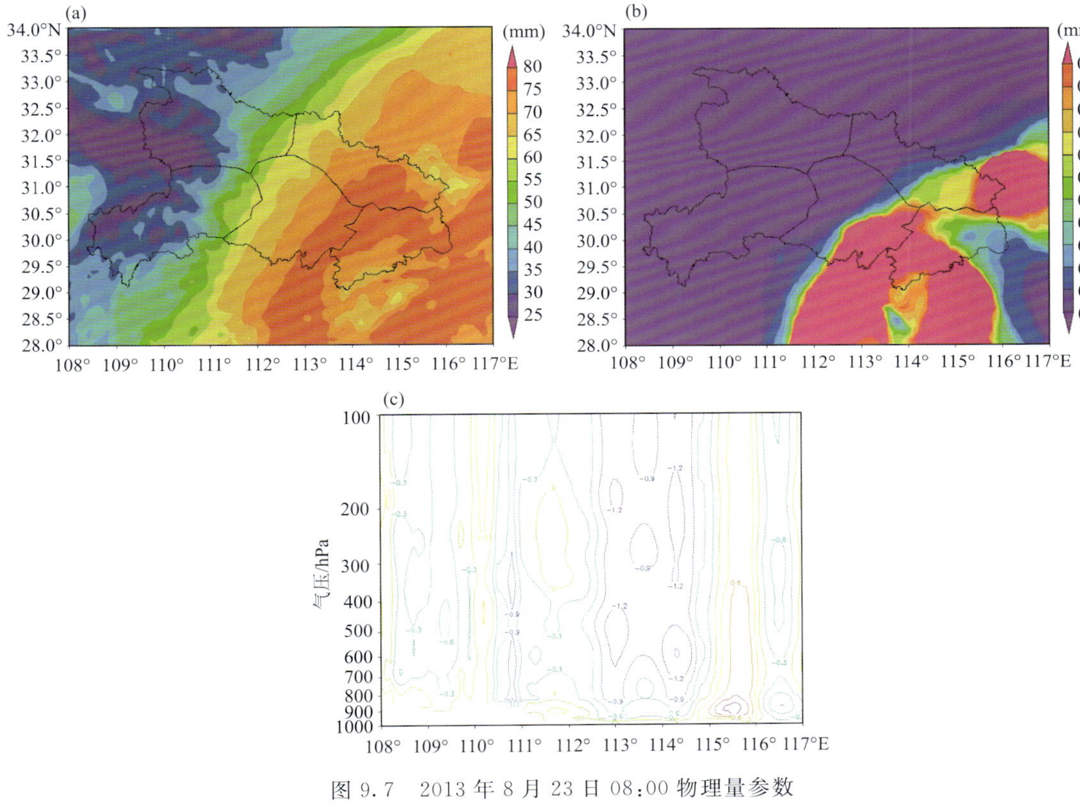

图 9.7 2013 年 8 月 23 日 08:00 物理量参数

(a)整层水汽;(b)云中液水;(c)沿 30°N 的垂直速度(单位:Pa/s)

(2)探空资料监测分析

从图 9.8 可以看出,武汉由 8 月 22 日 20:00 起云体已由地面上升至垂直高度 8 km 处,一直维持至 23 日 20:00;宜昌从 22 日 08:00 开始 3 km 处有一薄层云存在,然后分别向上、向下伸展,至 20:00 伸展至垂直高度 2~4 km 处,至 23 日 08:00 伸展至垂直高度 1~10 km 处,但在 7~8 km 处有一个夹层,至 23 日 20:00 云体厚度从地面一直延伸至垂直高度 10 km 处。

23 日 08:00 从赣县至恩施空间分布来看，赣县、武汉、宜昌三地云体厚度较厚，从地面延伸至高空 8～10 km 处。

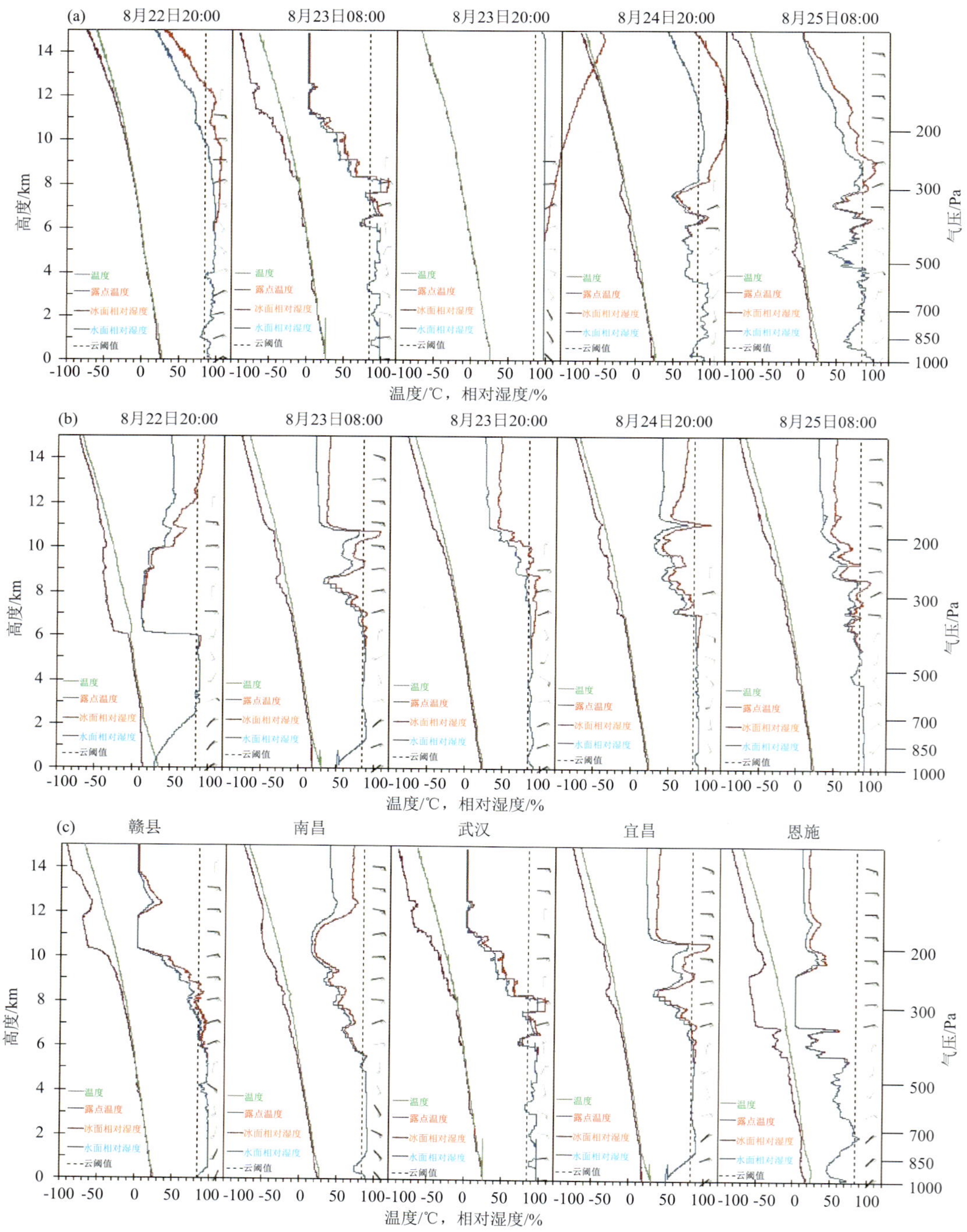

图 9.8　2013 年 8 月 21 日 08:00—23 日 20:00 武汉(a)、宜昌(b)探空云垂直结构随时间演变及 23 日 08:00 赣县—恩施空间分析(c)

（3）SWAN 雷达拼图监测分析

从 2013 年 8 月 23 日 08:00 SWAN 雷达 CR、ET 和 VIL 拼图可以看出，作业前武汉西部为絮带状回波，强中心强度为 30～40 dBZ，回波顶高为 8～9 km，西北部及西南部部分回波达到 10～12 km，VIL 一般为 5～10 kg/m^2（图 9.9）。

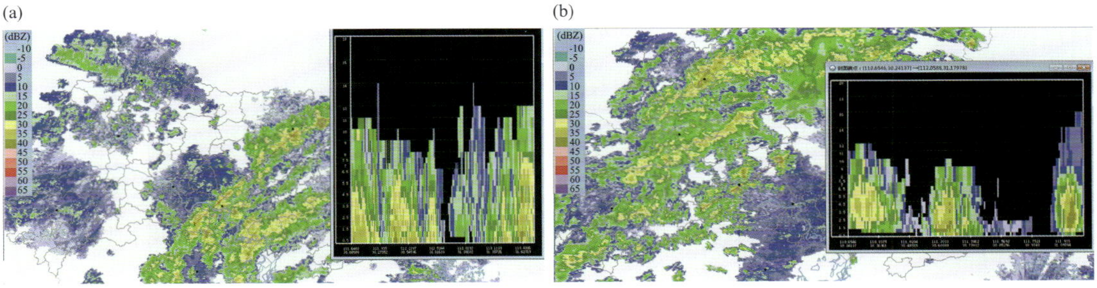

图 9.9　2013 年 8 月 23 日（a）、24 日（b）08:00 组合反射率及垂直剖面

（4）风廓线雷达监测分析

从 2013 年 8 月 23 日咸宁、荆门风廓线雷达资料可以看到，受台风倒槽影响，低层至高空 8 km 是一致的偏东风，中低层风速为 6～10 m/s，中高层风速为 12～16 m/s，将中国南海水汽输送到长江以南区域（图 9.10）。

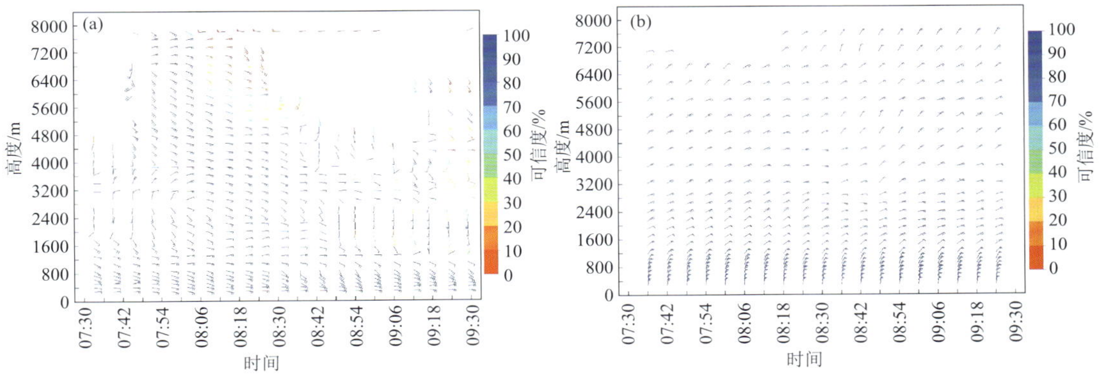

图 9.10　8 月 23 日咸宁站（a）和荆门站（b）风廓线监测

（5）GPS/MET 水汽

从图 9.11 可以看出，8 月 23 日 08:00 鄂东至江汉平原东部有一条水汽大值区，且有自东向西移动趋势，最大值位于江汉平原东部的仙桃，其值为 73.3 mm。

（6）作业方案设计

根据作业条件潜势预报、作业条件监测分析来看，系统是自东向西移动的，催化方式采用运 7 飞机进行作业，飞行高度 4500～5000 m，沿圆弧飞行催化作业，如果时间和条件允许，可以作业 2 次（图 9.12，叶建元 等，2011；袁正腾 等；2012b）。

9.4.1.4　作业实施

8 月 23—24 日开展了人工影响天气抗旱服务工作，实施飞机人工增雨作业 4 架次，在襄阳、随州、孝感、荆门、武汉等地累计飞行催化约 6 h，燃烧碘化银烟条 40 根（图 9.13）。

8 月 23 日第 1 架次飞机增雨作业时段为 08:35—10:20，飞行航线为：阳逻、天门、荆门、宜城、京山、阳逻。沿飞行航线，在武汉、天门、荆门、襄阳、孝感一带实施催化作业，燃烧烟条催化剂 10 根，累计影响面积约 2.31 万 km^2；第 2 架次飞机增雨作业时段为 11:02—12:00，飞行航线为：阳逻、罗田、麻城、红安、大悟、广水、安陆、汉川、阳逻。沿飞行航线在武汉、黄冈、孝感、随州一带实施催化作业，燃烧烟条催化剂 10 根，累计影响面积约 2.33 万 km^2。

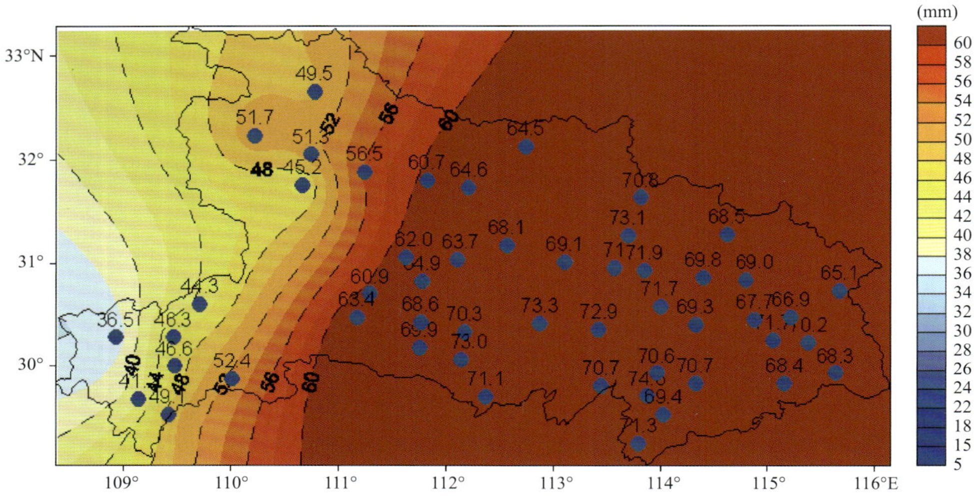

图 9.11　8 月 23 日 08:00 GPS/MET 水汽监测

(a)

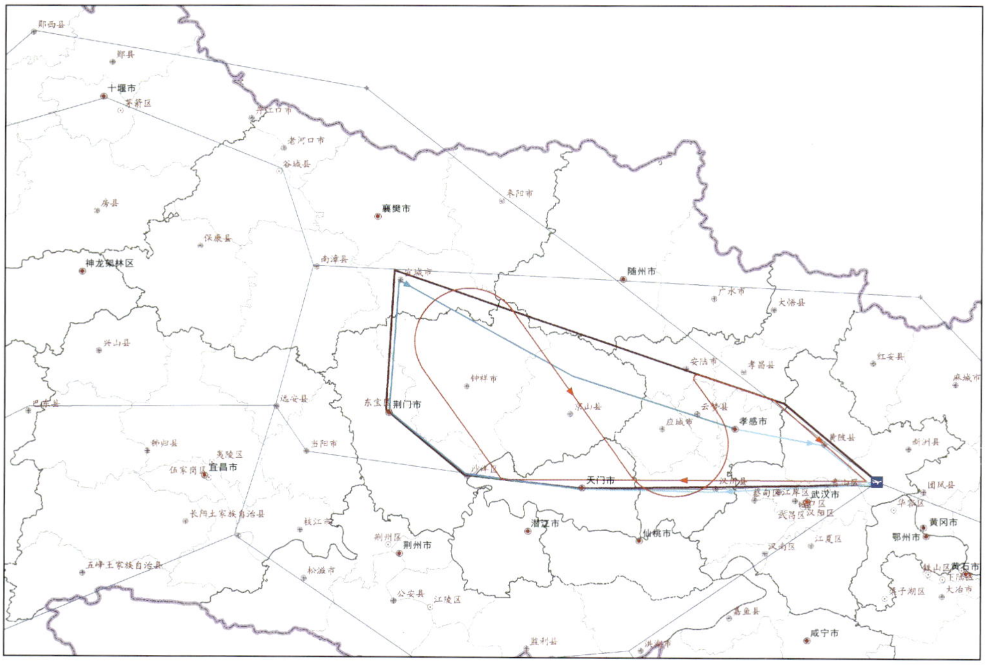

(b)

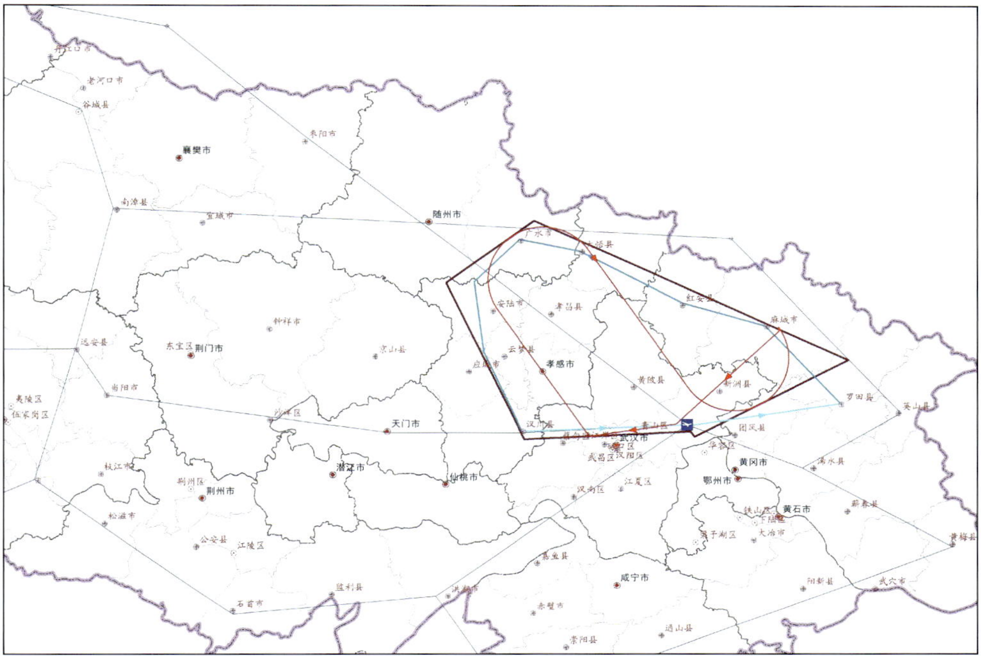

图 9.12　第 1(a)、第 2(b)架次飞机催化作业设计方案

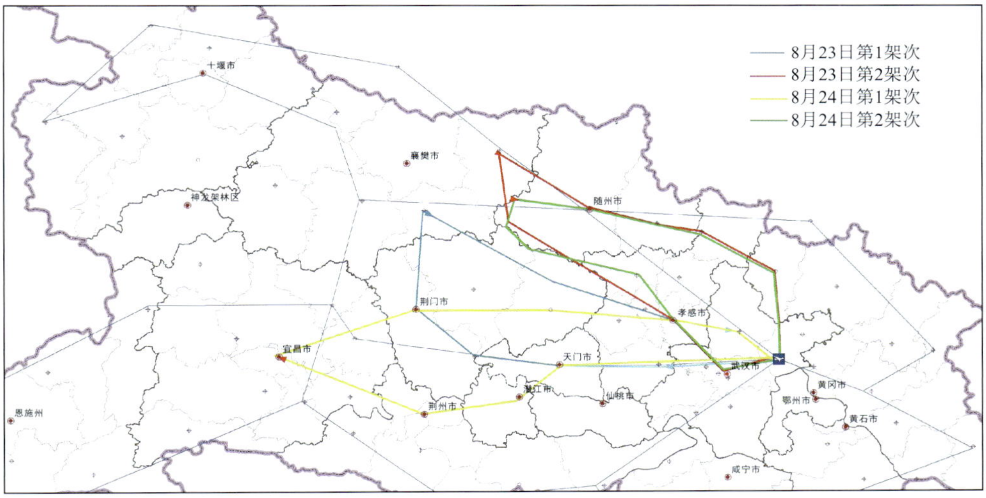

图 9.13　8 月 23—24 日实际作业航线

8 月 24 日第 1 架次飞机增雨作业时段为 08:06—09:58，飞行航线为：阳逻、天门、潜江、荆州、宜昌、荆门、孝感、阳逻。沿飞行航线在武汉、天门、潜江、荆州、宜昌、荆门、孝感一带实施崔化作业，燃烧烟条催化剂 10 根，累计影响面积约 2.98 万 km^2；第 2 架次飞机增雨作业时段为 10:23—11:52，飞行航线为：阳逻、红安、大悟、随州、安陆、阳逻。沿飞行航线，在武汉、黄冈、孝感、随州等地实施催化作业，燃烧烟条催化剂 10 根，累计影响面积约 1.35 万 km^2。

9.4.1.5 作业效果分析与评估

(1)SWAN 雷达拼图分析

8 月 23 日、24 日经过飞机两次催化作业 60 min 以后，作业前分散性絮状回波变为结构密实的块带状回波，40 dBZ 强回波面积扩大明显、回波顶高、垂直液态水含量均有所增加(图 9.14)。

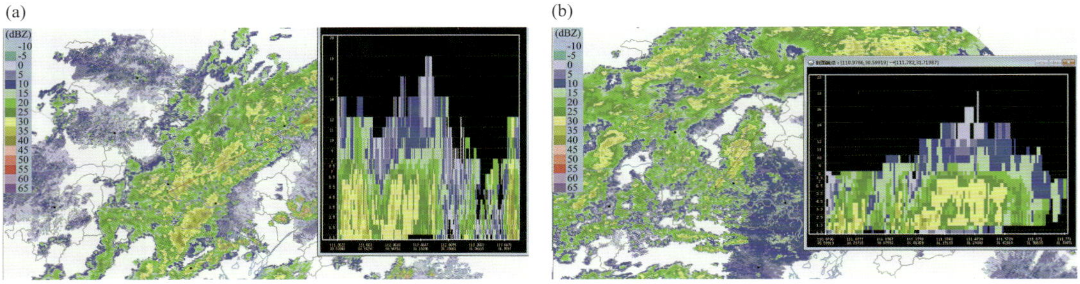

图 9.14 8 月 23 日(a)、24 日(b)13:00 组合反射率及垂直剖面

(2)微波辐射计观测对比分析

从武汉、荆州微波辐射计观测随时间演变可以看出，催化作业以后荆州中高层相对湿度迅速增大，水汽含量和液水含量也呈明显增加趋势(图 9.15)。

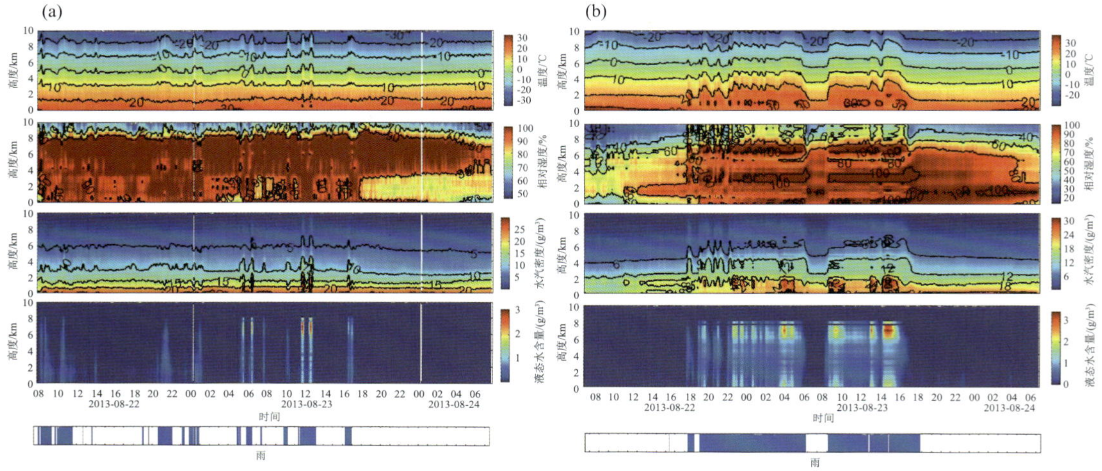

图 9.15 武汉(a)、荆州(b)微波辐射计观测随时间演变(UTC)

(3)地面自动站雨量分析

从图 9.16 地面自动雨量站监测发现，8 月 23 日第 1 架次飞机增雨作业影响区降水分布不均，以中到大雨为主，个别站点暴雨，影响区最大雨量 115.00 mm，影响区面雨量 41.73 mm，总降水量 9.631 亿 t，增加降水约 1.926 亿 t；第 2 架次飞机增雨作业影响区降水分布不均，以中到大雨为主，个别站点暴雨，影响区最大雨量 114.90 mm，影响区面雨量 37.85 mm，总降水量 8.803 亿 t，增加降水约 1.761 亿 t。飞机作业效果具体评估如图所示。

从图 9.17 地面自动雨量站监测发现，8 月 24 日第 1 架飞机增雨作业影响区降水分布不均，以中到大雨为主，个别站点暴雨，影响区最大雨量 289.50 mm，影响区面雨量 26.44 mm，

(a)

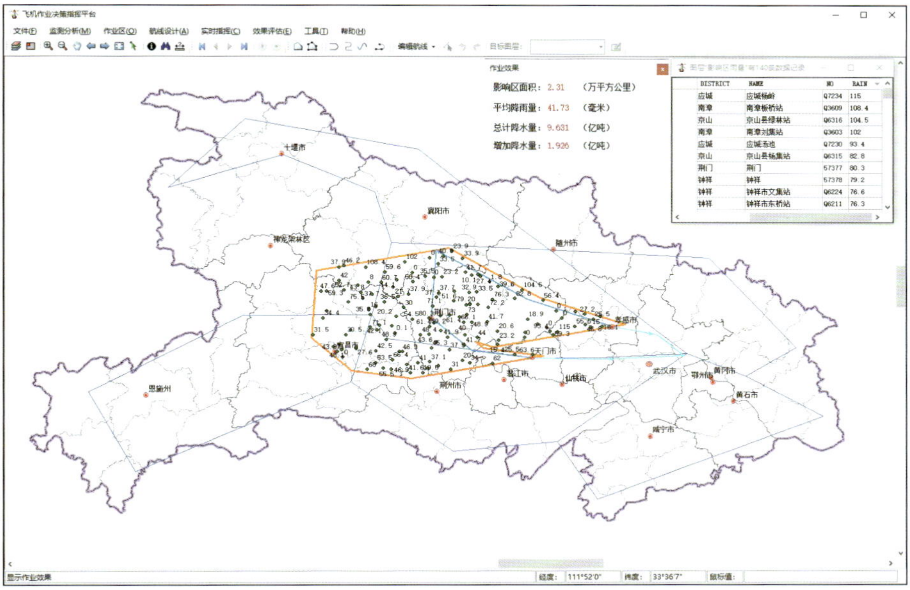

(b)

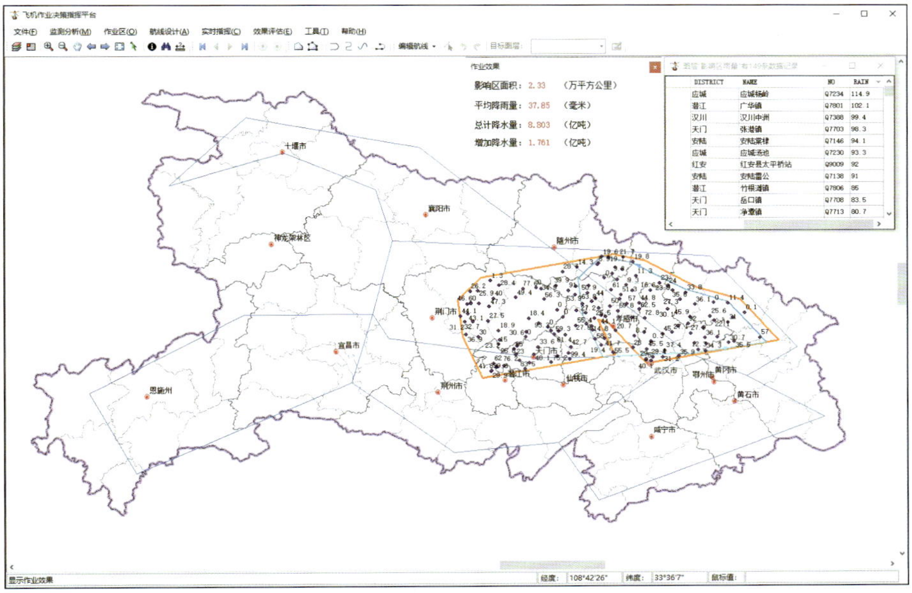

图 9.16　2013 年 8 月 23 日第 1(a)和第 2(b)架次飞机增雨作业航线及作业效果

总降水量 7.89 亿 t,增加降水约 1.578 亿 t;第 2 架飞机增雨作业影响区降水分布不均,以小到中雨为主,个别站点暴雨,影响区最大雨量 106.55 mm,影响区面雨量 9.13 mm,总降水量 1.229 亿 t,增加降水约 0.246 亿 t。飞机作业效果具体评估如图所示。

9.4.2　水库蓄水和水源涵养增雨服务

丹江口水库承担一库清水向北输送重任,堵河流域又是南水北调中线水源区的最大一条

(a)

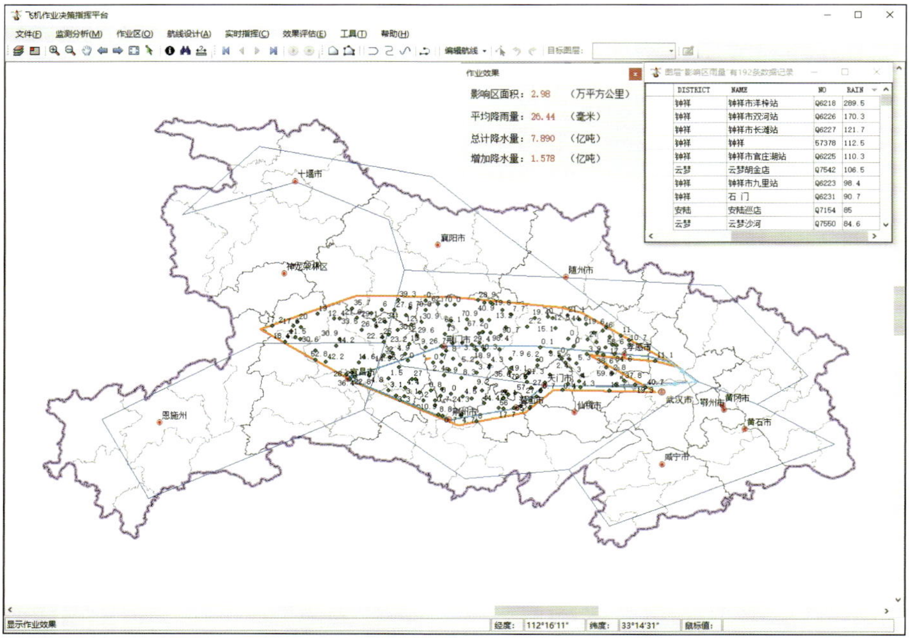

(b)

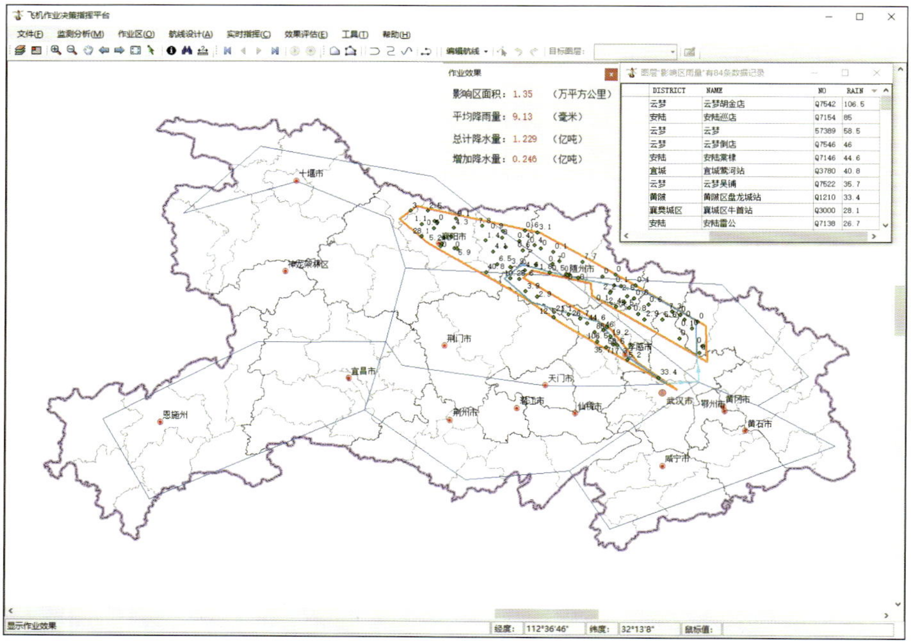

图 9.17　2013 年 8 月 24 日第 1(a)和第 2(b)架次飞机增雨作业航线及作业效果

支流，夏季堵河流域积层混合云和对流云十分丰富。2017 年 7 月 28 日抓住有利时机，在堵河流域中上游开展了 4 次人工增雨作业，黄龙滩水文站在作业后水位上升了 0.02 m，达到了增蓄效果。

9.4.2.1　作业天气过程

7 月 28 日 08:00,500 hPa 副热带高压控制长江中下游地区,在青藏高原也有一个高压中心,两高之间为一个低值系统,中国南海至西太平洋有台风活动。28 日白天青藏高原上的高压逐渐东移,两高间的低值系统也随之东移。地面上,28 日中国西南地区受暖低压控制,中国南海至西太平洋有台风活动,中国北方地区有弱冷高压,形成了北高南低的气压形势,28 日 08:00 弱冷锋位于湖北以北地区,并缓慢南移。28 日上午随着地面气温的升高,不稳定能量逐渐增强,湖北中西部地区受高空两高之间低值系统及地面冷空气的共同影响,出现了对流性降水。28 日白天湖北东部处于副热带高压控制中,低层台风外围东风气流携带水汽进入鄂东南山区,午后出现对流天气。

9.4.2.2　作业条件潜势预报

从 2017 年 7 月 28 日 08:00 恩施、宜昌、武汉、南阳和安康探空秒数据可以看出,鄂西南、鄂西北及鄂东南上干下湿,非常有利于对流天气出现,0 ℃、−20 ℃温度层在鄂西南分别为 5.6 km 和 8.9 km,鄂东北分别为 5.5 km 和 8.7 km、鄂东南分别为 5.7 km 和 8.7 km(图 9.18)。

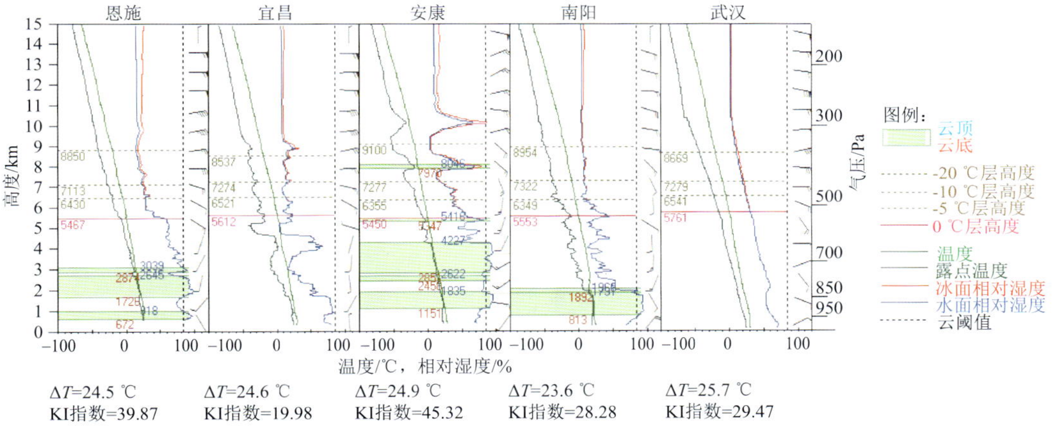

图 9.18　2017 年 7 月 28 日 08:00 5 站探空分析(KI 指数即 K 指数)

根据目前已有的研究和认识,增雨作业条件应具备:①云降水处于发展或持续阶段,云中有比较深厚的上升气流,云下蒸发较弱,云较厚,过冷云层较厚,云底较低。②云中有过冷水,在较厚的层次里有较大的冰面过饱和水汽值,同时冰晶浓度较低则更有利。人工催化的数值试验也表明,在有过冷水并且冰晶数浓度较低的区域加入适量的人工冰晶,可以增加地面降水。云降水处于发展或持续阶段、云底较低、出现“催化—供给”云结构时,一般地面出现降水或微弱的降水,此时当云中有上升运动、有过冷水并且冰晶浓度较低时,具有增雨条件。同时满足雨强>0.1 mm/h、上升运动区垂直速度 w>0.01 m/s、过冷水>0.01 g/kg、温度为−20～0 ℃、回波强度≥40 dBZ、回波顶高≥6 km、垂直积分液态水含量≥5 kg/m^2,回波中心位于云体中上部,回波顶部反射率梯度大且向上增长等条件时,冰晶数浓度>20 L^{-1}云层具有可播性;若冰晶数浓度<20 L^{-1}时,云层具有强可播性。

9.4.2.3 作业条件监测

为了直接识别增雨作业条件，FY-2G 反演的云顶温度约为−35 ℃，云顶高度约为 11 km，云底高度约为 1.5 km，均满足作业条件。分析 7 月 28 日 09:52、14:05 和 14:17 雷达回波：4 个作业点在作业时回波强度为 45～50 dBZ，回波顶高最高为 19 km 左右，垂直液态水含量为 10～15 kg/m²，且满足回波中心位于云体中上部，回波顶部反射率梯度大且向上增长特点。分析过 0 ℃层高度约为 5.4 km，冷层厚度超过 14 km，可播区高度为 4.7～7.5 km。从云微物理特征可见，冰晶数浓度不高，又有较丰富的过冷水，为强可播。利用综合实况探测资料和数值模式模拟结果分析，6 h 增雨潜力区 28 日 08:00—14:00 集中在鄂西北和鄂东南，14:00—20:00 已扩展至鄂西山区和鄂东地区（图 9.19、图 9.20）。

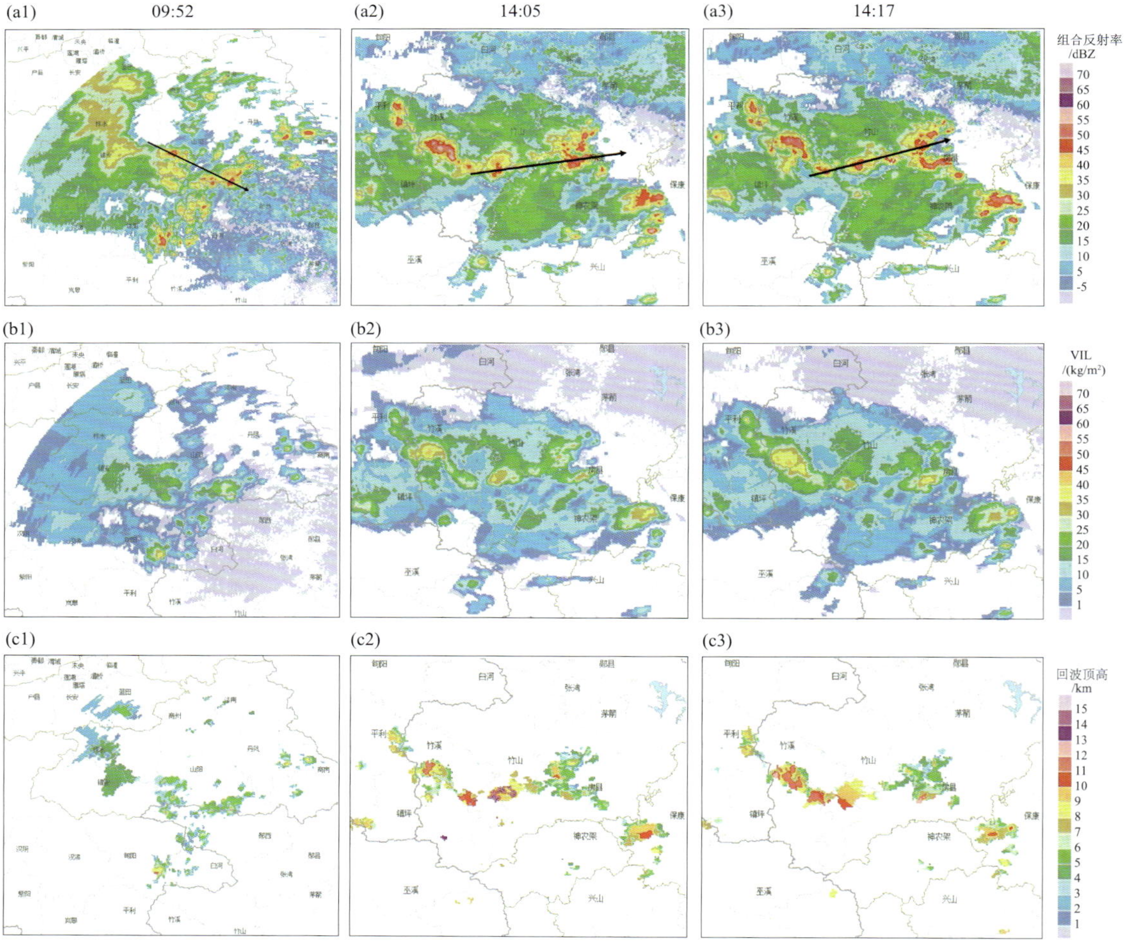

图 9.19　2017 年 7 月 28 日 09:52（第一列）、14:05（第二列）和 14:17（第三列）组合反射率（第一行）、垂直液态水含量（第二行）和回波顶高（第三行）（黑线代表垂直剖面的位置）

9.4.2.4 作业实施

对流回波不停在堵河流域汇水区生成发展，影响堵河流域，指挥竹溪县和房县 4 个作业点抓住有利条件，在 14:06、14:21、14:22 和 16:30 开展了 4 次地面对流云增雨作业（表 9.1）。

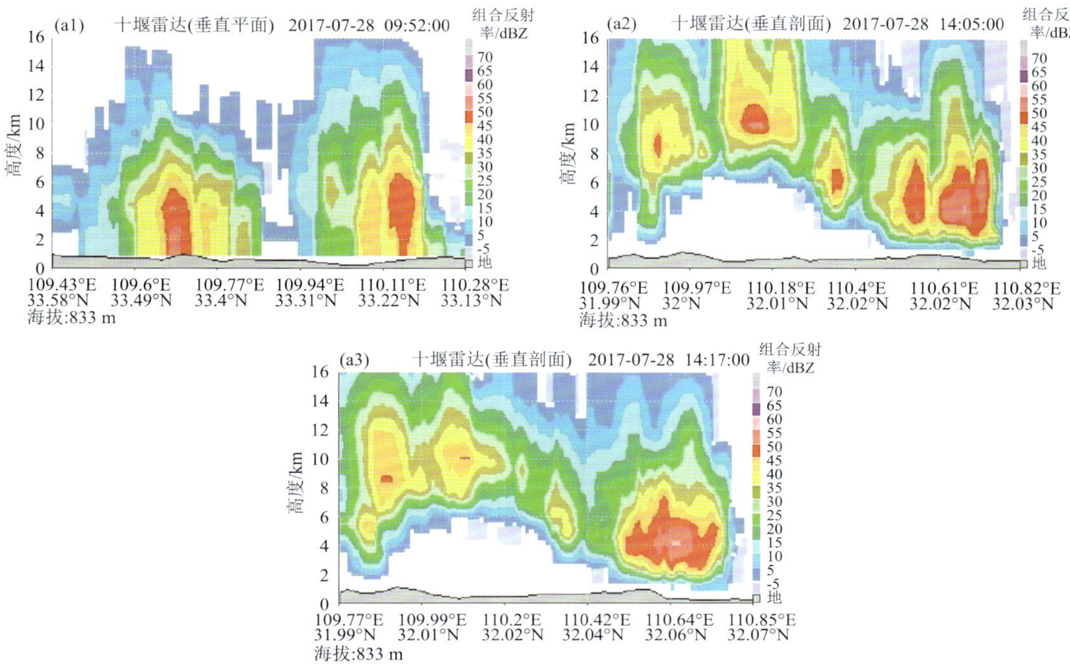

图 9.20 沿图 9.19 的 a1、a2 和 a3 垂直剖面

表 9.1 2017 年 7 月 28 日湖北省人工增雨地面作业情况

序号	站名	作业日期（年-月-日）	作业开始时间	作业结束时间	作业前天气状况	作业后天气状况	填报单位
1	桃源	2017-07-28	14:06:40	14:11:50	云厚、风大	中雨	竹溪县
2	中坝乡	2017-07-28	14:21:00	14:24:00	雷雨	中到大雨	房县
3	向坝	2017-07-28	14:22:30	14:27:50	云厚、风大	中雨	竹溪县
4	万峪乡	2017-07-28	16:30:00	16:36:00	阴有小雨	中阵雨	房县

9.4.2.5 作业效果分析

首先对比分析了作业区域(2 区)与非作业区域(1 区和 3 区)14:00—16:00 雷达垂直廓线时序图，然后分析了作业后 0～6 h 三个区域的面雨量，最后统计了 24 h 堵河流域下游黄龙滩水文站数据变化，初步分析耦合利用情况。

从图 9.21 的 14:00—16:00 雷达垂直廓线时序图可以看出，非作业区域 1 区在从低层到高层回波平均状态比较均一，在 15～30 dBZ 变化，回波质心位于 3.5～5.5 km，强中心回波仅为 30 dBZ，3 区回波有较明显变化，变化范围为 10～35 dBZ，14:00—14:20 回波质心位于 2.0～4.0 km，平均最强回波为 25 dBZ，15:10—16:00 时段回波质心在 3.0～7.5 km 变化，强中心回波为 35 dBZ，而 2 区作业区域回波作业前回波垂直高度较低，为 4.5 km，强度变化范围为 10～50 dBZ，经过几次作业后，回波高度达到 12.0 km，回波质心范围为 3.0～7.0 km，强中心回波为45 dBZ，低层回波也达到了 35 dBZ。

从图 9.22 可以看出，作业后作业区域(2 区)与非作业区域(1 区和 3 区)雨量站累计面雨

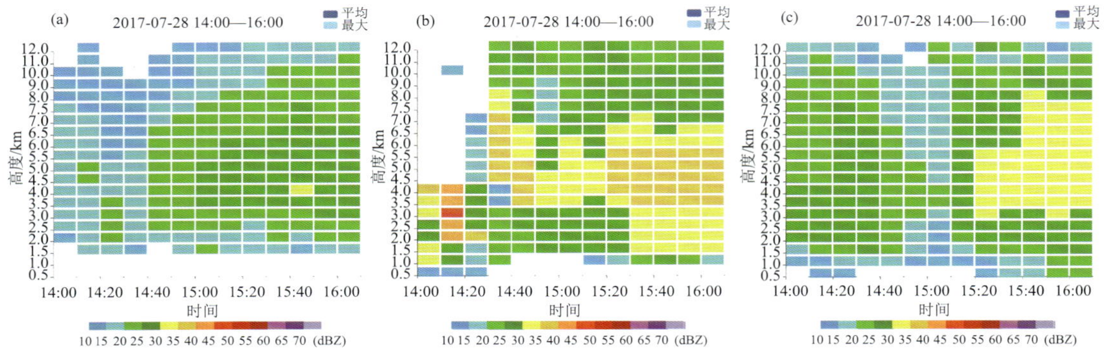

图 9.21　2017 年 7 月 28 日 14:00—16:00 雷达垂直廓线时序

(a)1 区;(b)2 区;(c)3 区

量变化非常明显,2 区面雨量先增加后减小,6 h 面雨量累计为 12.6 mm,而附近 1 区持续减小,6 h 面雨量累计为 9.6 mm,鄂东南受台风倒槽系统影响,6 h 面雨量仅为 1.8 mm。后来发现堵河流域黄龙滩水文站在作业后水位上升了 0.02 m,达到了耦合利用效果。

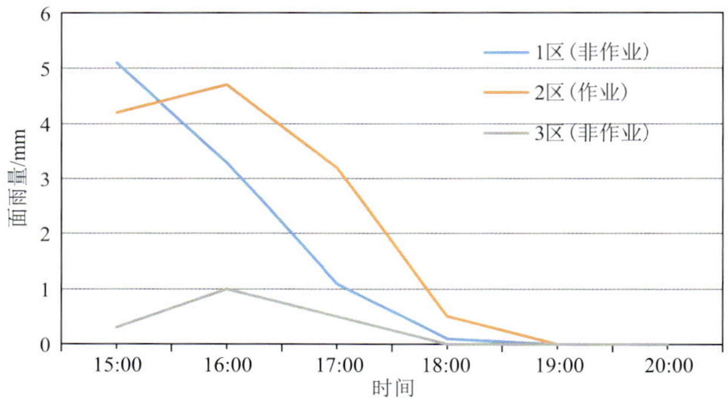

图 9.22　2017 年 7 月 28 日 1 区～3 区 15:00—19:00 逐小时面雨量

9.4.3　改善空气质量增雨服务

2014 年 9 月 28—29 日,受高空槽、中低层切变和地面冷空气共同影响,据当天预报 24 h 内武汉地区有小雨。为改善武汉市城市空气质量,抓住对流云团过境时机,在武汉地区多个地面作业装备作业点对对流单体实施催化作业。从实测雨量分布资料来看,武汉市南部的咸宁、仙桃为小雨,北部的红安、麻城为中雨,而市区普降中到大雨,部分地区暴雨。此次武汉市区人工增雨效果明显,空气质量指数由轻度污染转为良(李德俊 等,2016;2017)。

9.4.3.1　作业天气过程

2014 年 9 月 28 日 20:00,500 hPa 高空槽位于中国云南西北部至山西北部,且自西向东移动,槽前风速为 15～20 m/s;中低层 700 hPa 和 850 hPa 分别在四川南部至山东西部、贵州西北部至山东西南部有切变线,且湖南南部至胶东半岛有 12～15 m/s 的急流区,受其影响,湖北自西向东有一次明显的降水过程发生。根据武汉站探空,600 hPa(温度 0 ℃)以上较干,低层较湿,上干下湿热力结构有利于对流发生;除低层 925 hPa 偏北风外,850 hPa 以上为一致的西南风；AgI（碘化银）最佳催化窗口温度为－10～－4 ℃，高度位于 550～450 hPa，垂直高度为 5.5～6.5 km，风速为 12～20 m/s。

9.4.3.2 作业条件潜势预报

从 GPS/MET 水汽场发现，增雨作业前 2 h（9 月 28 日 23:00），江汉平原东部至鄂东一带为水汽富集区，整层水汽含量达到 50.2～59.7 mm，且在仙桃—潜江、大悟、麻城分别存在 3 个大值中心；29 日 00:00，仙桃—潜江大值中心向东移至武汉及周边地区，并与其他 2 个大值中心逐渐靠拢，使得水汽更加集中，在适当条件下可以促进丰富的水汽向云水迅速转化，再由云水形成降水，可见武汉及周边地区有较好的作业条件。29 日 00:00—01:00 作业后，武汉及周边地区水汽持续下降，下降至 3.5 mm 以下（图 9.23）。

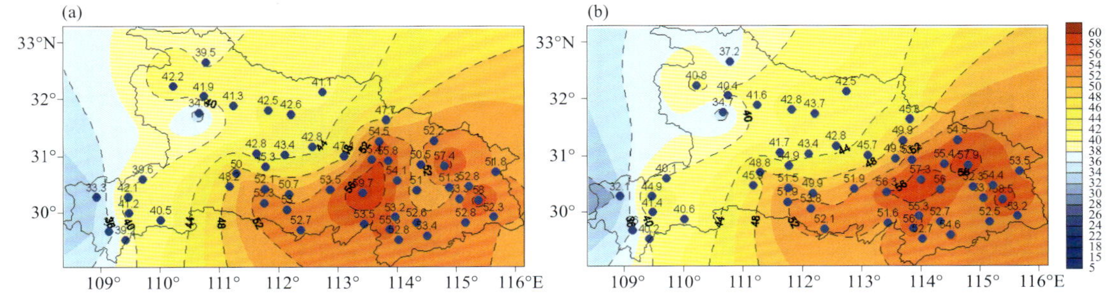

图 9.23 2014 年 9 月 28 日 23:00(a)和 29 日 00:00(b)GPS/MET 水汽分布（单位：mm）

当气温在 0 ℃以下，液面饱和水汽压（e_s）＞冰面饱和水汽压（e_i）。从微波辐射计反演水汽压分类演变图可以看出，0 ℃层以上，绿色填色区（$e>e_s>e_i$，e 为饱和水汽压）主要发生的混合相态云中的演变方式为过冷水滴与冰粒增长过程，在这种情况下，随着水汽的扩散，水滴与冰粒同时增长，水滴和冰粒双方都在争取水汽，这种情况可以发生在混合相态云的上升气流区域，即过冷水主要集中在其所对应的 4.3～6.0 km 范围内（图 9.24）。

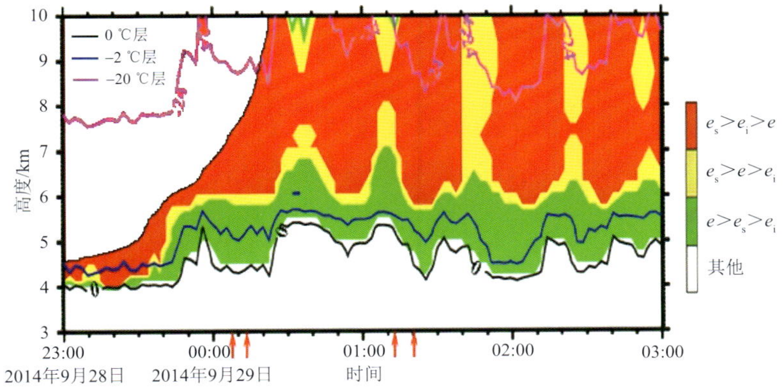

图 9.24 微波辐射计反演水汽压分类演变（红色箭头为催化时刻）

9.4.3.3 作业条件监测

从雷达组合反射率因子看出，29 日 00:03，武汉及周边对流单体有 29 个，其中新生单体占 40%左右；作业后 00:12（图 9.25a），许多对流云单体组成了西南—东北向带状回波，回波带位于洪湖—黄陂—红安一带，强回波中心强度达 45～55 dBZ，回波顶高达 10 km 左右，且对流单体处于发展阶段活跃期；01:17(图 9.25b)对流单体集中在武汉地区境内，达 16 个。多普勒雷达 VWP 风廓线显示，29 日 00:00—01:00，0.6～1.2 km 高度层主要为偏北风，1.5 km 转为西北风，1.8～2.4 km 转为西南风，低层风向随高度逆转有冷平流，冷空气侵入非常明显，2.1 km 以上逐渐转为偏西风，中低层有暖平流，且 2.1 km 以上有明显的西南急流，风速为 14～16 m/s。可见，作业对象处于新生或发展阶段，且各作业点离对流单体均较近，有较好的作业条件。

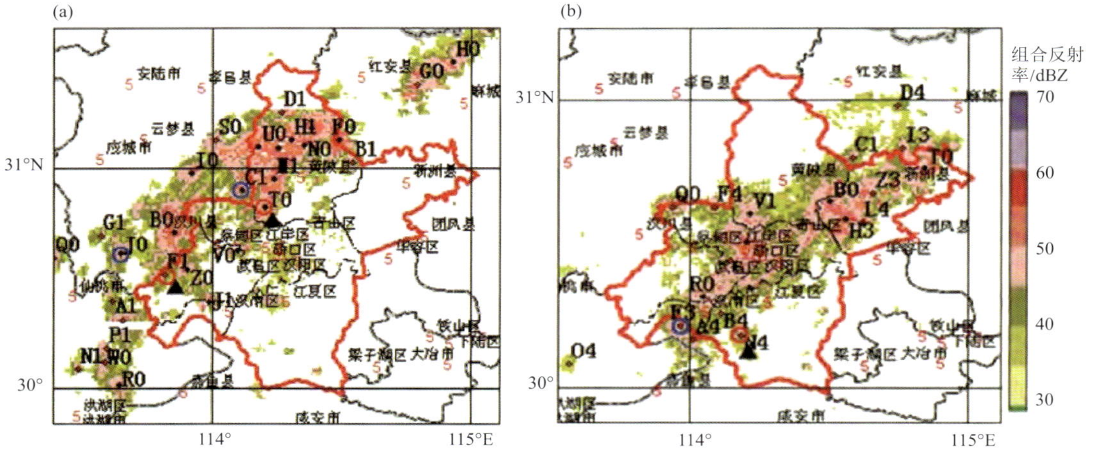

图 9.25　2014 年 9 月 28 日 00:12(a)和 01:17(b)催化时对流单体和作业点分布
(▲ 为作业点，○为目标云，○为对比云)

9.4.3.4　作业实施

抓住对流云过境时机分别于 00:06—00:08、00:11—00:15 和 01:20—01:23 三个时段在武汉蔡甸侏儒、东西湖区府河围堤、江夏区安山街茅岭村三个作业点，使用地面作业装备对对流单体 F1、T0 和 N4 各作业一次。根据相似离度原理选择了目标云上游对流单体 J0、C1 和 F3 分别作为对比云(唐仁茂 等，2010；2012)。

9.4.3.5　作业效果分析

从图 9.26 可见，1 号作业点目标云为 F1 对流单体，2014 年 9 月 29 日 00:32，F1 与 B0 单体合并，仍记为 F1 单体；00:33—00:51，催化单体 F1 经过武汉地面观测站雨滴谱仪所在位置，根据对比云自动选取方法，可选择 J0 作为对比云。同样，2 号作业点目标云 T0 单体，可选择 C1 作为对比云，3 号作业点目标云 N4 单体，可选择 F3 作为对比云。对比云均位于目标云上游区域，且移动路径均自西南向东北方向移动，横跨整个武汉市区，因此从以下两个方面进行催化效果分析：①目标云作业前后回波参量(最大反射率因子(Z_{max})、回波顶高(ET)、垂直液态水含量(VIL)、强回波面积(A))的变化；②目标云与对比云回波参量的比较。

(1)各回波参量的对比

图 9.27 给出了催化目标云 F1、T0、N4 与相应对比云 J0、C1 和 F3 的最大反射率因子(Z_{max})、回波顶高(ET)、垂直液态水含量(VIL)、强回波面积(A)4 个物理参量演变。可以看出，对于目标云 F1 单体的催化作用明显，主要表现在催化后 F1 单体 4 个物理参量均出现不同程度增长，在东移过程中易与其他单体合并且快速增强，生命期对比云长 30 min 左右。催

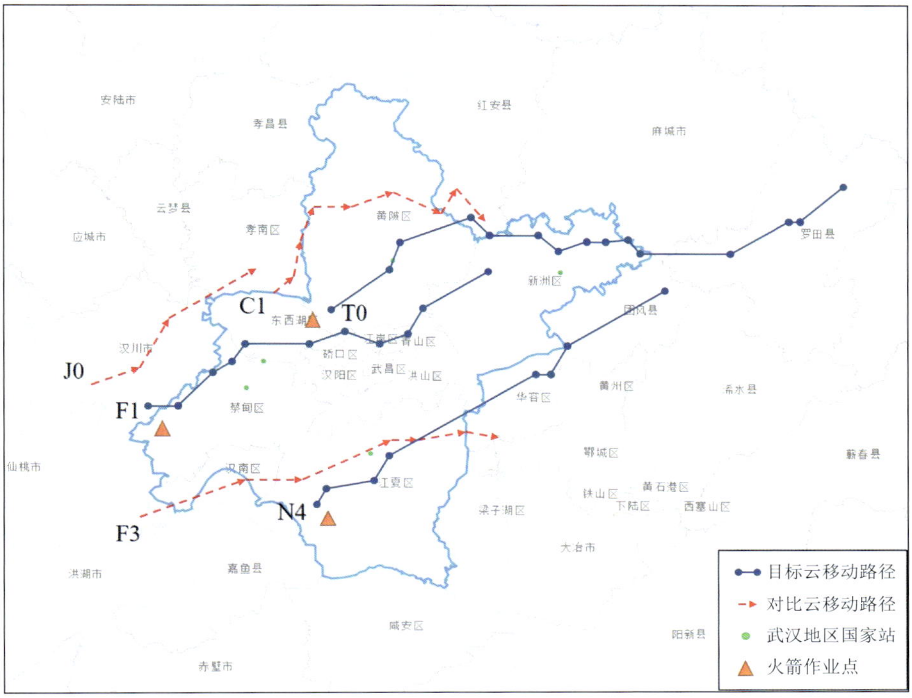

图 9.26 各作业点目标云与对比云路径跟踪监测及作业站点、综合观测站位置

化目标云 T0 较对比单体 C1 晚出现 1 个体扫时间间隔，两者 Z_{max} 变化趋势较一致，均在 40～55 dBZ 波动，但作业以后 ET、VIL 和 A 均明显快速增长至峰值，而后在移动过程中呈波动变化，且对比云 C1 生命期明显比催化目标云 T0 短，C1 在 29 日 01:09 消亡，而 T0 持续到 29 日 02:41。可见，这次催化作用效果明显，主要表现在催化后 ET、VIL 和 A 快速增长，且生命期大大延长，长于对比云 70 多分钟。N4 在 29 日 01:17—02:35 时段内平缓发展，而后至 03:30 时段内 Z_{max}、ET、VIL 和 A 呈明显增加趋势，而对比云 F3 在 01:09—01:21 时段内 ET 表现为先增加、随后快速减少的特征，其他 3 个物理参量变化较平缓。对比来看，目标云 N4 单体的催化作用很明显，主要体现在催化后各物理量呈持续增加趋势，后劲很足，催化后生命期延长了 40 多分钟。

(2)雨滴谱的对比

LNM 激光雨滴谱仪安装在武汉综合观测站，距离 F1 单体生成时中心位置 28.3 km，2014 年 9 月 29 日 00:06 开始对 F1 单体催化作业，F1 单体以 18 m/s 速度向测站方向移动，26.2 min 即可到达雨滴谱仪所在位置，因此将开始降水的 28 日 23:33—29 日 00:33 时段作为作业前时段。通过 SCIT 技术跟踪催化对流单体 F1 发现，00:33—00:51 时间段为催化作业后影响的降水时段，00:51—01:21、01:21—02:21、02:21—03:30 为影响结束后的 3 个时段。从图 9.28 可以看出，催化前降水粒径最大为 3.10 mm，催化以后粒径扩展至 5.25 mm，且形成的地面降水粒子在 1.85 mm 粒径处出现峰值，影响结束后 30 min 粒径有所下降，降至 4.55 mm，1 h 后、2 h 后粒径进一步下降至 3.5 mm 左右，且平均数浓度高于催化前 2～3 个数量级，可见，人工增雨后，云中粒子可以在很短的时间里完成从小云滴或冰晶向大云滴或雨滴的转化，粒径和

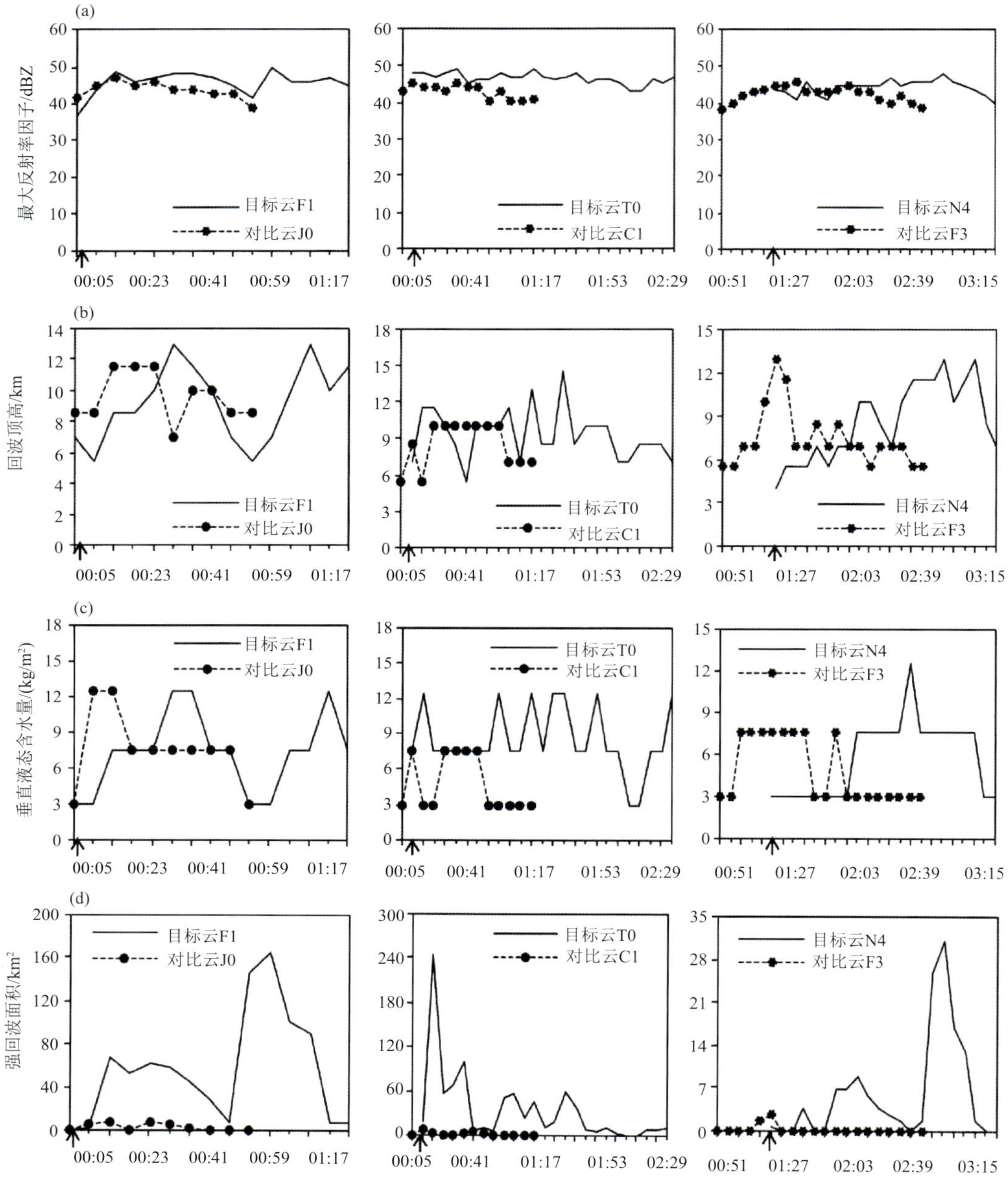

图 9.27 催化目标云(从左至右 F1、T0、N4)与相应对比云(从左至右 J0、C1 和 F3)4 个物理参量演变对比(黑色箭头为催化时刻)

(a)最大反射率因子;(b)回波顶高;(c)垂直液态含水量;(d)强回波面积

数浓度快速增长至最大,催化目标云过境以后粒径由 5.25 mm 下降至 3.5 mm 左右。

(3)影响雨量的对比

武汉及周边地区自动雨量站较密集,每个雨量站之间平均间隔 7~10 km。从前面分析得知,催化目标云与对比云间隔 6~10 min 左右就可经过一自动雨量站。为了更好地评价这次

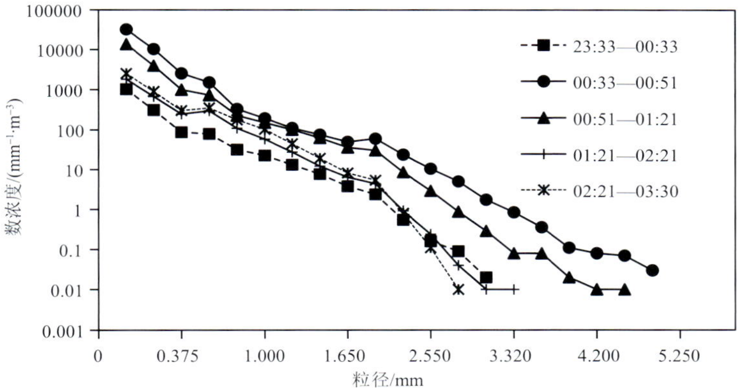

图 9.28　F1 单体催化作业前后武汉站 LNM 雨滴谱的变化趋势

增雨效果，取分钟雨量，即每过 1 个雨量站，按过境影响时间进行相应雨量累加，直至单体消亡为止。按照公式分别计算目标云 F1、T0 和 N4 及对比云 J0、C1 和 F3 降雨量。从表 9.2 可以看出，催化后目标云比对比云生存时间长 31～72 min。累计雨量大，目标云 F1、T0 和 N4 的增雨率分别为 43.6%、48.2%和 36.1%。对流云降水具有局地性强、有较高的水汽凝结率、含水量大、降水效率低等规律，结合上述研究发现对流云通过人工催化有助于加快降水形成，有很大的增雨潜力。

表 9.2　目标云催化后与对比云累计降雨量

作业点	1 号		2 号		3 号	
单体	目标云 F1	对比云 J0	目标云 T0	对比云 C1	目标云 N4	对比云 F3
催化后生存时间/min	82	51	141	69	128	85
催化后经过雨量站个数/个	9	6	15	7	13	9
累计雨量/mm	23.7	16.5	29.9	20.2	15.5	11.4
增雨率/%	43.6		48.2		36.1	

(4)空气质量指数变化

武汉市空气质量 9 月 25 日开始转为轻度污染，25—28 日 4 d 空气质量指数维持在 114、113、118 和 110，29 日凌晨作业后空气质量指数降为 52，下降率达到 52.7%(表 9.3)。

表 9.3　2014 年 9 月 25 日—9 月 30 日武汉市空气污染物浓度及空气质量变化

日期(年-月-日)	$PM_{2.5}$ /(μg/m³)	PM_{10} /(μg/m³)	SO_2 /(μg/m³)	NO_2 /(μg/m³)	CO /(mg/m³)	O_3 /(μg/m³)	AQI 指数	质量等级
2014-09-25	85	139	34	50	1.25	86	114	轻度污染
2014-09-26	84	133	25	49	1.14	74	113	轻度污染
2014-09-27	87	142	33	48	1.26	79	118	轻度污染
2014-09-28	82	119	27	31	1.02	89	110	轻度污染
2014-09-29	29	38	18	20	0.89	70	52	良
2014-09-30	32	49	17	22	0.81	78	55	良

9.5 本章小结

本章首先介绍了湖北省空中云水资源特征，然后介绍了湖北生态修复型人工影响天气的基础保障、业务科技和服务效益等发展现状以及人工影响天气技术原理、技术路线与业务流程，最后从抗旱人工增雨、水库蓄水和水源涵养增雨、改善空气质量增雨等三个方面介绍了生态修复型人工影响天气服务案例。

(1)湖北省空中云水资源量年际差异不是很大，一般为 1100～1200 cm；月、季分布主要集中在 5—9 月，夏季 7 月、8 月最多，冬季 1 月、2 月最少；空间分布整体上呈现出南部多于北部、东部多于西部的特征，各地年空中云水资源量为 880～1480 cm。

(2)湖北省具备开展空地立体生态修复型人工影响天气作业的规模与实力。经过多年的试验和实践，形成了依托气候、天气预测预报掌握降水天气过程；以地面常规观测网、卫星、雷达和云物理特种观测技术及设备观测云与降水的发展演变过程，利用云数值模式、雷达与卫星反演产品对作业区的作业条件和潜力进行识别预测为基础；以天气雷达实时观测指挥系统为核心，以通信网络系统为保障；以飞机、地面作业装备等为作业播撒平台，以碘化银(AgI)、制冷剂(液氮、干冰)和吸湿性焰剂为催化剂对不同降水云系进行催化作业；以物理检验和统计检验方法评估作业效果的人工影响天气作业技术路线。建立了由作业过程预报和作业展望、作业潜力预报和作业计划制订、作业条件预报和作业预案制订、作业条件监测预警和作业方案设计、跟踪调度指挥和作业实施、作业分析和效果评估与安全管理构成的人工影响天气业务流程。“十三五”期间，实施生态服务型飞机作业 155 架次，开展地面人工增雨作业 2556 次，空地联合累计影响面积约 311.25 万 km^2，增加降水约 34.17 亿 t。

(3)湖北省将生态系统保护和修复纳入常态化人工影响天气服务业务，作为开发利用空中云水资源的有效手段，在抗旱增雨、水库增蓄、水源涵养等方面发挥着重要作用。从作业天气过程、作业条件潜势预报、作业条件监测、作业实施、效果分析与评估这五个环节分别介绍了抗旱人工增雨、水库蓄水、水源涵养增雨和改善空气质量增雨的生态修复型人工影响天气服务案例：①抗旱人工增雨服务案例介绍了 2013 年 8 月 23—24 日一次大规模空地联合增雨作业过程，在襄阳、荆门、随州、孝感、武汉、黄冈、天门等地实施飞机人工增雨作业 4 架次，开展地面人工增雨作业 530 余次。飞机催化作业后分散性絮状回波变为结构密实的块带状回波，40 dBZ 强回波面积扩大明显，回波顶高、垂直液态水含量均有所增加；中高层相对湿度迅速增大，水汽含量和液水含量也呈明显增加趋势；影响区降水以中到大雨为主，个别站点暴雨；空地协同作业累计影响面积约 46.75 万 km^2，增加降水量约 12.96 亿 t。②水库蓄水和水源涵养增雨服务案例介绍了 2017 年 7 月 28 日围绕丹江口水库汇水区的一次地面增雨作业过程，竹溪县和房县开展了 4 次地面对流云增雨作业。作业后回波高度、回波质心范围、强中心回波均有所增加，堵河流域黄龙滩水文站水位上升了 0.02 m，达到了增蓄效果。③改善空气质量增雨服务案例介绍了 2014 年 8 月 28—29 日一次地面增雨作业过程，在武汉地区多个地面作业装备作业点对对流单体实施催化作业 4 次。催化作业后目标云各回波参量 Z_{max}、ET、VIL 和 A 快速增长，且生命期较对比云大幅度延长；云中粒子在短时间里完成从小云滴或冰晶向大云滴或雨滴的转化，粒径和数浓度快速增长至最大；武汉市区普降中到大雨，空气质量等级由轻度污染转为良，空气质量指数下降率达到 52.7%。

参考文献

边洪俊,2009.人工增雨的原理和方法[J].气象水文海洋仪器,26(4):176-178.

曹诗图,2007.长江三峡学概论[M].武汉:长江出版社.

曹引,2016.草型湖泊水质遥感监测技术及应用研究[D].上海:东华大学.

曹云,钱永兰,孙应龙,等,2020.基于 MODIS NDVI 的西南森林植被时空变化特征及其气候响应分析[J].生态环境学报,29(5):857-865.

晁明灿,赵强,杨铁利,等,2021.基于 Landsat8 影像的蓝藻水华提取方法对比研究[J].大气与环境光学学报,16(6):520-528.

陈欢,2019.生态斑块对城市微气候调节作用的影响研究[D].武汉:湖北工业大学.

陈慧,闫业超,岳书平,等,2015.中国避暑型气候的地域类型及其时空分布特征[J].地理科学进展,34(2):175-184.

陈建军,2012.基于 EOS/MODIS 的江西省水稻长势遥感监测研究[D].南京:南京信息工程大学.

陈鲜艳,张强,叶殿秀,等,2009.三峡库区局地气候变化[J].长江流域资源与环境,18(1):47-51.

陈妍,宋豫秦,王伟,2018.基于随机森林回归的草场植被盖度反演模型研究——以新疆阿勒泰地区布尔津县为例[J].生态学报,38(7):2384-2394.

程好好,曾辉,汪自书,等,2009.城市绿地类型及格局特征与地表温度的关系——以深圳特区为例[J].北京大学学报(自然科学版),45(3):495-501.DOI:10.13209/j.0479-8023.2009.074.

程锐辉,2019.上海地区河网水系脆弱性及热环境效应研究[D].上海:华东师范大学.

崔保山,杨志峰,2006.湿地学[M].北京:北京师范大学出版社:12.

崔丽娟,康晓明,赵欣胜,等,2015.北京典型城市湿地小气候效应时空变化特征[J].生态学杂志,34(1):212-218.

邓爱娟,刘可群,刘敏,等,2017.2016 年湖北省中稻高温热害影响调查分析[J].湖北农业科学,56(17):3260-3264,3291.

邓鸥,2011.黑龙江省森林火灾时空模型与火险区划[D].北京:北京林业大学.

邓先瑞,罗宏,1996.长江三峡峡谷冬暖特征及其形成原因[J].华中师范大学学报,30(1):195-198.

樊晓丹,2009.大庆市龙凤湿地对城区温、湿度影响半径及时空变化研究[D].长春:东北师范大学.

樊智宇,詹庆明,刘慧民,等,2019.武汉市夏季城市热岛与不透水面增温强度时空分布[J].地球信息科学学报,21(2):226-235.

范慧颖,余兆武,2021.建筑碳中和⑦ | 城市空调:解锁绿化降温的最有效公式[EB/OL].(2021-04-14)[2023-02-09].https://www.sohu.com/a/460692173_260595.

范潇潇,张鑫,张金勇,2019.海绵城市热岛效应生成机制与植物配置缓解方法[J].江西建材(1):108-109.

方晓,桑凯新,黄超,等,2018.郑州黄河湿地不同植被类型的小气候效应研究[J].江西农业学报,30(9):81-85.

冯美臣,杨武德,张东彦,等,2009.基于TM和MODIS数据的水旱地冬小麦面积提取和长势监测[J].农业工程学报,25(3):103-109.

冯旭明,2020.降雨对湿热地区城市微气候影响的基础研究[D].广州:华南理工大学.

付晓晨,刘义,2021.基于农业遥感技术的垦区水稻长势动态监测研究[J].现代化农业(1):61-62.

淦峰,唐琳,郭怀成,等,2015.湖泊生态水位计算新方法与应用[J].湖泊科学,27(5):783-790.

龚诗涵,肖洋,方瑜,等,2016.中国森林生态系统地表径流调节特征[J].生态学报,36(22):7472-7478.

龚诗涵,肖洋,郑华,等,2017.中国生态系统水源涵养空间特征及其影响因素[J].生态学报,37(7):2455-2462.

郭伟,申屠雅瑾,赵丽丽,等,2009.秋季北方城市植物群落对温湿度的影响[J].生态环境学报,18(4):1422-1426.DOI:10.16258/j.cnki.1674-5906.2009.04.041.

国家林草局,2021.白皮书:中国国际重要湿地生态状况[R].长沙:第26个世界湿地日.

韩筱婕,2010.基于城市热岛减缓的湖泊湿地景观功能连通性研究[D].武汉:华中农业大学.

何报寅,丁超,杨小琴,等,2011. Landsat7 ETM+ SLC-OFF数据的修复及其在武汉东湖水质反演中的应用[J].长江流域资源与环境,20(1):90-95.

贺瑶,2008.湖北省主体功能区建设与区域协调发展研究[D].武汉:华中师范大学.

侯鹏,蒋卫国,曹广真,2010.城市湿地热环境调节功能的定量研究[J].北京林业大学学报,32(3):191-196.

胡洁明,2022.湖北县域湿地保护中的问题与对策建议[J].长江海事法治,2022年夏季刊:3.

胡颖炫,2018.基于CFD模型的城市湖泊温度效应变化规律研究[D].长沙:中南林业科技大学.

《湖北省湖泊志》编纂委员会,2015.湖北省湖泊志[M].武汉:湖北科学技术出版社.

湖北省气象局,2022.湖泊湿地干旱与洪涝气象灾害影响调查规范:DB 42/T 1925—2022[S/OL].(2022-09-28)[2022-10-17]. https://www.doc88.com/p-98439602058393.html.

黄彬彬,严登华,王浩,2019.干旱对河流水生态系统影响研究与展望[J].水资源与水工程学报,30(2):12-18.

黄靖,夏智宏,2008.暴雨灾害EOS/MODIS资料在湖北省林火监测中的应用[J].暴雨灾害,27(2):182-185.

纪鹏,朱春阳,王洪义,等,2013.城市中不同宽度河流对滨河绿地四季温湿度的影响[J].湿地科学,11(2):240-245.

纪鹏,朱春阳,盛云燕,2017.不同形状城市湿地对周边环境温湿度的影响[J].应用生态学报,28(10):3385-3392.

纪鹏,何晓蕾,张涛,等,2019.城市化进程中不同位置城市湿地对周边环境温湿度的影响[J].黑龙江八一农垦大学学报,31(3):1-8.

蒋卫国,李京,陈云浩,2007.城市湿地与城市热岛效应关系探讨[J].上海环境科学,26(4):151-155.

蒋志祥,2012.水体与周边植被对城市区域热湿气候影响的动态模拟研究[D].哈尔滨:哈尔滨工业大学.

金凯,王飞,韩剑桥,等,2020.1982—2015年中国气候变化和人类活动对植被NDVI变化的影响[J].地理学报,75(5):961-974.

金琪,严婧,杨志彪,等,2015.湖北春季大气负氧离子浓度分布特征及与环境因子的关系[J].气象科技,43(4):728-733.DOI:10.19517/j.1671-6345.2015.04.027.

李德俊,唐仁茂,江鸿,等,2016.武汉一次对流云火箭人工增雨作业的综合观测分析[J].干旱气象,34(2):362-369.

李德俊,熊守权,柳草,等,2017.降水对武汉2次空气污染过程的湿清除特征[J].中国农学通报,33(29):95-102.

李德俊,熊守权,柳草,等,2018.基于地基微波辐射计反演云中水汽相变过程的方法和装置:201711325154.8[P].2017-12-13.

李璠,徐维新,2017.2000—2015年青海省不同功能区NDVI时空变化分析[J].草地学报,25(4):701-710.

李根,2017. 基于 landsat8 图像的叶绿素 a 反演模型构建及其在武汉东湖应用研究[D]. 武汉:华中科技大学.
李建,尹炜,贾海燕,等,2022. 汉江中下游水华防控生态调度研究[J]. 湖泊科学,34(3):740-751.
李昆,王玲,李兆华,等,2015. 丰水期洪湖水质空间变异特征及驱动力分析[J]. 环境科学,36(4):1285-1292.
李鹍,余庄,2006. 武汉地区风环境影响下湿地调温作用的模拟分析[J]. 资源科学(6):51-59.
李林,沙国栋,陆景淮,等,1996. 灌浆结实期温光因子对稻米品质的影响[J]. 中国农业气象,5(2):33-38.
李佩萍,武建林,2000. 太行山区森林火灾成因及预防对策[J]. 山西林业(5):19-20.
李想,刘睿,甘露,2020. 丹江口水库湿地近 20 年景观格局时空变化研究[J]. 中国资源综合利用,38(1):45-50.
李旭文,牛志春,姜晟,等,2011. 基于卫星影像的太湖蓝藻水华遥感强度指数和等级划分算法设计[J]. 环境监测管理与技术,23(5):23-30.
李荫堂,李志勇,方飞,等,2007. 湿地降温增湿效应的数值模拟研究[J]. 西安交通大学学报(7):825-828.
李玉凤,刘红玉,2014. 湿地分类和湿地景观分类研究进展[J]. 湿地科学,12(1):102-108.
李昱燃,李欣悦,林莉,2020. 2018 年汉江中下游水华现象的思考与建议[J]. 人民长江,51(8):62-66. DOI:10.16232/j. cnki. 1001-4179. 2020. 08. 011.
李元征,尹科,周宏轩,等,2016. 基于遥感监测的城市热岛研究进展[J]. 地理科学进展,35(9):1062-1074.
李兆亮,杨子生,2012. 长江流域蓄调型湖区湿地生态环境保护与恢复中的土地利用对策探讨——以湖北省洪湖流域为例[C]//杨子生. 中国水治理与可持续发展研究. 北京:社会科学文献出版社:109-122.
梁益同,刘可群,周守华,等,2008. EOS-MODIS 数据监测暴雨洪涝灾害的技术方法[J]. 暴雨灾害,27(1):64-67.
廖要明,张强,陈德亮,2007. 1951—2006 年三峡库区夏季气候特征[J]. 气候变化研究进展,3(6):368-372.
刘惠敏,何彬方,张宏群,2011. 安徽省冬小麦长势遥感监测与评估方法研究[J]. 中国农学通报,27(33):5.
刘京,朱岳梅,郭亮,等,2010. 城市河流对城市热气候影响的研究进展[J]. 水利水电科技进展,30(6):90-94.
刘凯文,刘可群,邓爱娟,等,2017. 基于开花期地域差异的中稻高温热害天气指数保险设计[J]. 中国农业气象,38(10):679-688.
刘蒙,2012. 水旱扰动对湿地生态系统生态服务价值的影响研究[D]. 武汉:华中师范大学.
刘幸运,张天宇,武哲宇,等,2018. 重庆巫山旅游气候资源评估[J]. 西南师范大学学报(自然科学版),43(5):86-94.
刘业轩,石晓丽,史文娇,2021. 福建省森林生态系统水源涵养服务评估:InVEST 模型与 meta 分析对比[J]. 生态学报,41(4):1349-1361.
刘勇洪,轩春怡,权维俊,2013. 基于卫星资料的北京陆表水体的热环境效应分析[J]. 湖泊科学,25(1):73-81.
刘震,杨武年,卢其栋,2013. 基于 RS 和 GIS 的攀枝花仁和区森林火险区划研究[J]. 四川林业科技,34(3):34-39.
刘祖军,刘健,余坤勇,等,2008. 基 RS 和 GIS 的森林火险区划[J]. 福建农林大学学报,37(6):606-609.
柳晶辉,万君,2018. 利用 HJ-1 卫星多光谱数据监测城市湖泊蓝藻研究[J]. 气象科技进展,8(5):91-95,100.
陆婉明,汪新,周浩超,2015. 数值模拟水体对居住小区局地气候调节作用[J]. 建筑科学,31(8):101-107.
吕鸣杨,2019. 城市公园小型水体小气候效应实测分析[D]. 杭州:浙江农林大学.
吕宪国,2018. 气候变化影响与风险:气候变化对湿地影响与风险研究[M]. 北京:科学出版社.
马德栗,刘敏,鞠英芹,1995. 长江流域及三峡库区近 542 年旱涝演变特征[J]. 气象科技,44(4):623-631.
马妮莎,2016. 水体对城市热环境影响的遥感和模拟分析[D]. 广州:华南理工大学.
梅安新,彭望琭,秦其明,等,2001. 遥感导论[M]. 北京:高等教育出版社:240.
潘剑彬,李树华,2015. 北京城市公园绿地负氧离子效益空间格局特征研究[J]. 中国园林,31(6):100-104.
潘胜东,2010. 龙感湖国家级湿地自然保护区建设管理现状及保护对策[J]. 湿地科学与管理,6(4):42-45.

彭乐文，张亚，2020. 基于多时相遥感数据的水稻种植面积信息提取[J]. 湖北农业科学，59(2)：157-160，165.

彭小芳，孙逊，袁少雄，等，2008. 广州城市湿地的景观特点及小气候效应[J]. 生态环境，17(6)：2289-2296.

齐静静，2010. 松花江及其周边区域热气候的现场实测研究[D]. 哈尔滨：哈尔滨工业大学.

钱拴，延昊，吴门新，等，2020. 植被综合生态质量时空变化动态监测评价模型[J]. 生态学报，40(18)：6573-6583.

钱拴，崔晓军，姜月清，2022. QX/T 494—2019《陆地植被气象与生态质量监测评价等级》解读[J]. 标准科学(7)：91-97.

秦鹏程，万素琴，邓环，等，2016. 湖北省水稻种植布局精细化气候区划[J]. 湖北农业科学，55(16)：4150-4153.

秦鹏程，闫彩霞，周月华，等，2023. 农作物洪涝灾害致灾机理与评估方法研究进展与展望[J]. 暴雨灾害，42(1)：1-12.

覃先林，张子辉，李增元，等，2008. 国家级森林火险等级预报方法研究[J]. 遥感技术与应用，23(5)：500-505.

邱海玲，2014. 北京城市热岛效应及绿地降温作用研究[D]. 北京：北京林业大学.

邱阳阳，刘寿东，王咏薇，等，2013. 湖体对风、湿环境影响的数值模拟[J]. 科学技术与工程，13(14)：3839-3845.

全国农业气象标准化技术委员会，2019. 陆地植被气象与生态质量监测评价等级：QX/T 494—2019[S]. 北京：中国标准出版社.

全国气候与气候变化标准化技术委员会，2018. 气候可行性论证规范城市通风廊道：QX/T 437—2018[S]. 北京：气象出版社.

全国卫星气象与空间天气标准化技术委员会，2020. 高分辨率对地观测卫星陆地水体面积变化监测技术导则：QX/T 540[S]. 北京：气象出版社.

尚媛媛，杜正静，裴兴云，等，2019. 贵州玉舍冬季滑雪气象指数等级制订[J]. 高原山地气象研究，39(1)：67-73.

神祥金，张佳琦，吕宪国，2020. 青藏高原沼泽湿地植被 NDVI 时空变化及其对气候变化的响应[J]. 生态学报，40(18)：6259-6268.

盛永伟，肖乾广，陈维英，1994. 应用 FY-1B 气象卫星监测 1991 年江淮洪水的研究[J]. 环境遥感，9(3)：228-233.

舒立福，张小罗，戴兴安，等，2003. 林火研究综述(Ⅱ)——林火预测预报[J]. 世界林业研究，16(4)：34-37.

舒立福，王明，赵凤君，等，2005. 几种卫星系统监测林火技术的比较与应用[J]. 世界林业研究，18(6)：49-53.

帅细强，蔡荣辉，刘敏，等，2010. 近 50 年湘鄂双季稻低温冷害变化特征研究[J]. 安徽农业科学，15：8065-8068.

宋晓程，2011. 城市河流对局地热湿气候影响的数值模拟和现场实测研究[D]. 哈尔滨：哈尔滨工业大学.

苏荣瑞，熊勤学，耿一风，等，2013. 利用多时相 HJ-CCD 影像监测江汉平原南部地区棉花和中稻种植面积[J]. 长江流域资源与环境，22(11)：1441-1448.

孙晨，刘敏，2018. 再分析资料在三峡库区气候效应研究中的应用[J]. 长江流域资源与环境，27(9)：1998-2012.

孙华生，2009. 利用多时相 MODIS 数据提取中国水稻种植面积和长势信息[D]. 杭州：浙江大学.

孙丽，钱永兰，吴尚荣，等，2020. 2020 年我国冬小麦长势动态监测[J]. 安徽农业科学，48(21)：230-233，273.

谭静，陈正洪，陈英英，等，2022. 湖北省生态旅游气候资源分析及区划[J]. 湖北农业科学，61(15)：67-74.

谭三清，2008. 聚类分析法在森林火险区划中的应用[J]. 中南林业科技大学学报，28(1)：127-133.

汤斌，王福民，周柳萍，等，2017. 时间序列 MODIS 数据水稻面积提取精度研究[J]. 科技通报，33(1)：56-61.

唐丽华，方陆明，夏凯，等，2007. 基于 GIS 空间分析技术的人为干扰强度火险评价研究[J]. 浙江林业科技，27(4)：42-45.

唐仁茂，袁正腾，向玉春，等，2010. 依据雷达回波自动选取对比云进行人工增雨效果检验的方法[J]. 气象，36(4)：96-100.

唐仁茂，李德俊，袁正腾，等，2012. 对流云人工增雨雷达效果分析软件的应用[J]. 气候与环境研究，17(6)：871-883.

唐作佳，邓树荣，唐小琴，等，2018. 人工影响天气技术原理及应用[J]. 农业灾害研究，8(3)：26-27.

田蓉，曹春香，马广仁，等，2014. 2011年洪湖和梁子湖受旱程度差异和成因分析[J]. 地球信息科学学报，16(4)：653-663.

万君，梁益同，2014. 基于环境卫星数据和实测地物光谱数据估算中稻面积[J]. 中国农学通报，30(29)：294-300.

汪朝辉，王克林，许联芳，2003. 湿地生态系统健康评估指标体系研究[J]. 国土与自然资源研究(4)：63-64.

王芳，汪左，张运，2018. 2000—2015年安徽省植被净初级生产力时空分布特征及其驱动因素[J]. 生态学报，38(8)：2754-2767.

王可睿，2016. 景观水体对居住小区室外热环境影响研究[D]. 广州：华南理工大学.

王莲芬，许树柏，1990. 层次方法引论[M]. 北京：中国人民大学出版社.

王苏民，窦鸿身，1998. 中国湖泊志[M]. 北京：科学出版社.

王学雷，蔡晓斌，杨超，等，2022. 长江中游河湖湿地系统演变与生态修复[J]. 中国科学基金，36(3)：398-405. DOI：10.16262/j.cnki.1000-8217.2022.03.006.

王正兴，刘闯，陈文波，等，2006. MODIS增强型植被指数EVI与NDVI初步比较[J]. 武汉大学学报(信息科学版)(5)：407-410.

吴炳方，2004. 农作物长势综合遥感监测方法[J]. 遥感学报，8(6)：498-512.

吴芳芳，张娜，陈晓燕，2013. 北京北护城河河岸带的温湿度调节效应[J]. 生态学报，33(7)：2292-2303.

吴运辉，2009. 山地丘陵地区森林火险区划分[C]//第八届ESRI中国用户大会论文集. 北京：测绘出版社：701-708.

夏瑞，张远，王璐，等，2020. 汉江下游河流型水华暴发的多影响要素特征识别[J]. 环境科学研究，33(4)：911-920. DOI：10.13198/j.issn.1001-6929.2019.07.17.

夏石头，彭克勤，曾可，2000. 水稻涝害生理及其与水稻生产的关系[J]. 植物生理学通讯，36(6)：581-588.

向玉春，杨军，李红莉，等，2009. LAPS资料在人工影响天气中的应用初探[J]. 暴雨灾害，28(3)：271-276.

谢华英，马均，代邹，等，2016. 抽穗期高温干旱胁迫对杂交水稻产量及生理特性的影响[J]. 杂交水稻，31(1)：9.

谢娅，李俊生，李景宜，等，2019. 湖库水生植被光学遥感监测研究进展和展望[J]. 环境监控与预警，11(5)：52-58.

谢勇，高锋，朴美花，2015. 吉林省滑雪运动气象指数的探讨[C]//中国气象学会. 第32届中国气象学会年会S14第五届气象服务发展论坛——气象服务与信息化：2015-10-14.

熊晶，黄丹，沈帆，等，2015. 湖北省水华预警监测体系的探讨[J]. 环境科学与技术，38(S1)：312-315.

徐涵秋，2005. 利用改进的归一化差异水体指数(MNDWI)提取水体信息的研究[J]. 遥感学报，9(5)：589-595.

徐涵秋，王美雅，2016. 地表不透水面信息遥感的主要方法分析[J]. 遥感学报，20(5)：1270-1289.

徐洪，杨世莉，2018. 城市热岛效应与生态系统的关系及减缓措施[J]. 北京师范大学学报(自然科学版)，54(6)：790-798.

徐轩，2017. 梁子湖水质遥感影像反演模型和时空变化格局研究[D]. 武汉：武汉大学.

徐岩岩，张佳华，2012. 基于MODIS-EVI数据和Symlet11小波识别东北地区水稻主要物候期[J]. 生态学报，32(7)：8. DOI：10.5846/stxb201108131186.

徐之华，黄健民，2002. 长江三峡库区气候特征与生态环境[J]. 四川气象，22(3)：22-25.

轩春怡,2011.城市水体布局变化对局地大气环境的影响效应研究[D].兰州:兰州大学.
杨爱萍,2009.湖北水稻盛夏低温冷害变化特征及其影响[D].武汉:华中农业大学.
杨栋,金志凤,丁烨毅,等,2018.水蜜桃气候品质评价方法与应用[J].生态学杂志,37(8):2532-2540.
杨继民,刘国庆,1998.稻米直链淀粉含量与结实期齐穗后20天温度间的关系[J].陕西农业科学(1):4-6.
杨荆安,陈正洪,2002.三峡坝区区域性气候特征[J].气象科技,30(5):292-299.
杨凯,唐敏,刘源,等,2004.上海中心城区河流及水体周边小气候效应分析[J].华东师范大学学报(自然科学版)(3):105-114.
杨强,王婷婷,陈昊,等,2015.基于MODIS EVI数据的锡林郭勒盟植被覆盖度变化特征[J].农业工程学报,31(22):191-198.
杨舒琳,林中鹏,韩赓,2015.泉州市盛夏避暑旅游气候资源及区划分析[J].农业灾害研究,5(12):27-29.
杨召,余磊,刘京,等,2015.基于热环境模拟分析的滨河住区建筑布局研究[J].南方建筑(6):74-79.
杨志峰,2012.湿地生态需水机理、模型和配置[M].北京:科学出版社.
叶殿秀,邹旭恺,张强,等,2008.长江三峡库区高温天气的气候特征分析[J].热带气象学报,24(2):200-204.
叶建元,李德俊,袁正腾,等,2011.基于多种探测资料的飞机人工增雨航线设计方法及应用[J].暴雨灾害,30(1):1-6.
叶愈源,赵文兰,1995.近百年长江中游旱涝的变化[J].热带气象学报,11(2):181-186.
殷剑敏,辜晓青,林春,2006.寒露风灾害评估的空间分析模型研究[J].气象与减灾研究,29(3):30-33.
尹海伟,孔繁花,李秀珍,2005.基于GIS的大兴安岭森林火险区划[J].应用生态学报,16(5):833-837.
尹晓梅,王毅勇,陈卫卫,等,2013.WRF模式在城市生态系统的应用进展[J].上海环境科学,32(2):79-85.
尤海舟,王超,毕君,2017.河北省森林生态系统固碳释氧服务功能价值评估[J].西部林业科学,46(4):121-127.
于堃,王志明,孙玲,等,2013.MODIS时序数据在县级尺度作物长势监测分析中的应用[J].江苏农业学报,29(6):1278-1290.
余玲,2015.武汉市水陆风场与大气灰霾的关联性研究[D].武汉:华中科技大学.
余兆武,郭青海,孙然好,2015.基于景观尺度的城市冷岛效应研究综述[J].应用生态学报,26(2):636-642.
袁莉蓉,齐婷,喻光明,2014.内陆湿地土地利用变化的生态效应——以斧头湖为例[J].海洋湖沼通报(1):129-136.
袁正腾,唐仁茂,李德俊,等,2012a.基于SWAN和LAPS产品的人影作业参数自动估算方法研究[J].暴雨灾害,31(1):78-82.
袁正腾,叶建元,李德俊,等,2012b.基于ArcGIS Engine的飞机人工增雨航线自动化设计算法研究[J].测绘与空间地理信息,35(1):111-115.
岳亚飞,詹庆明,王炯,2018.城市热环境的规划改善策略研究——以武汉市为例[J].长江流域资源与环境,27(2):286-295.
曾琦,陈正洪,2019.近年来气象灾害对风电场影响的研究进展[J].气象科技进展,9(2):7.
张彪,谢紫霞,高吉喜,等,2021.上海市绿地植被的吸热降温效益评估[J].自然资源学报,36(5):1334-1345.
张贵,刘峰,杨志高,2003.基于RS和GIS的广州市森林火险区划研究[J].中南林学院学报,23(4):62-65.
张莲芝,李明,吴正方,等,2011.基于SPOT NDVI的中国东北地表植被覆盖动态变化及其机理研究[J].干旱区资源与环境,25(1):171-175.
张清慧,2014.近200年来梁子湖水生植被演化及其机制研究[D].聊城:聊城大学.
张伟,朱玉碧,陈锋,2016.城市湿地局地小气候调节效应研究——以杭州西湖为例[J].西南大学学报(自然科学版),38(4):116-123.
张辛阳,杨陈虎,张诗意,等,2020.沉湖湿地自然保护区种子植物区系及群落多样性分析[J].昆明理工大学学报(自然科学版),45(5):10.

张雪艳,胡云锋,庄大方,等,2009.蒙古高原NDVI的空间格局及空间分异[J].地理研究,28(1):10-19.

张岩,韦振锋,黄毅,2016.1999—2012年三江源区植被净初级生产力及固碳释氧量测评[J].水土保持通报,36(1):100-105.

张莹莹,蔡晓斌,宋辛辛,等,2018.基于决策树的洪湖水生植物遥感信息提取[J].湿地科学,16(2):213-222.

张莹莹,蔡晓斌,杨超,等,2019.1974—2017年洪湖湿地自然保护区景观格局演变及驱动力分析[J].湖泊科学,31(1):171-182.

张玉琴,吴作航,李丽纯,2022.福建省生长季森林植被生态质量及功能时空变化特征[J].福建热作科技,47(2):42-46.

张芸,吕宪国,倪健,2004.三江平原典型湿地冷湿效应的初步研究[J].生态环境(1):37-39.

赵获,2018.基于CFD模型的城市湖泊湿度效应变化规律研究[D].长沙:中南林业科技大学.

赵璐璐,冯莉,郭松,等,2018.景观格局影响下的南京市热舒适度动态变化[J].长江流域资源与环境,27(8):1712-1724.

赵伟,李召良,2007.利用MODIS/EVI时间序列数据分析干旱对植被的影响[J].地理科学进展(6):40-47.

郑海青,张春桂,陈家金,等,2003.利用NOAA卫星遥感监测福建省森林火险[J].福建林学院学报,23(2):114-118.

郑晓燕,张万顺,徐高洪,等,2016.暴雨对梁子湖水动力和水质的影响研究[J].人民长江,47(9):21-25.

郑治斌,邓艳君,黄永平,2021.极端天气气候事件对江汉湖群湿地生态的影响研究[J].人民长江,52(S2):45-51. DOI:10.16232/j.cnki.1001-4179.2021.S2.011.

中国气象局,2006.生态气象监测指标体系(试行):湿地生态系统[Z].

中国气象局,2008.寒露风等级:QX/T 94—2008[S].北京:气象出版社:3.

中央气象局气象科学院,1981.中国近五百年旱涝分布图集[M].北京:地图出版社.

周德翼,张崇午,高如崇,等,1994.稻米综合品质与结实期气象因子的关系研究[J].西北农业大学学报,22(2):6-10.

周守华,黄永平,熊勤学,2008.江汉平原盛夏冷害的发生趋势和气候背景[J].中国农业气象,2:234-236.

周文昌,史玉虎,付甜,等,2020.湖北省湿地保护现状、问题及保护对策[J].湿地科学与管理,16(1):31-34.

周文昌,张维,胡兴宜,等,2021.湖北省湿地生态系统的服务价值评估[J].水土保持通报,41(3):305-311,364. DOI:10.13961/j.cnki.stbctb.2021.03.040.

周亚东,何报寅,寇杰锋,等,2018.基于GF-1号遥感影像的武汉市及周边湖泊综合营养状态指数反演[J].长江流域资源与环境,27(6):1307-1314.

周岩,董金玮,2019.陆表水体遥感监测研究进展[J].地球信息科学学报,21(11):1768-1778.

周毅,高阳华,段相洪,2005.三峡库区夏季降水基本气候特征[J].西南农业大学学报(自然科学版),27(2):269-272.

周志立,田文俊,梅新,2017.基于Landsat8影像反演洪湖叶绿素a浓度[J].湖北大学学报(自然科学版),39(2):212-216.

朱春阳,2015.城市湖泊湿地温湿效应——以武汉市为例[J].生态学报,35(16):5518-5527.

朱浩楠,刘晓冉,孙佳,等,2019.湿地公园对局地气候舒适性影响的数值试验[J].自然资源学报,34(2):412-423.

祝必琴,张丽霞,2009.基于RS和GIS的庐山森林火险区划研究[J].江西农业大学学报,31(3):441-448.

祝必琴,黄淑娥,陈兴鹃,等,2014.基于FY3B/MERSI水稻长势监测及其与AQUA/MODIS数据对比分析[J].江西农业大学学报,36(5):1009-1015.

祝善友,高牧原,陈亭,等,2017.基于ENVI-met模式的城市近地表气温模拟与分析——以南京市部分区域为例[J]. 气候与环境研究，22(4)：499-507.

ALBERS R A W, BOSCH P R, BLOCKEN B, et al, 2015. Overview of challenges and achievements in the climate adaptation of cities and in the Climate Proof Cities program[J]. Building and Environment, 83: 1-10.

BARTOLUCCI L A, 1977. Field measurements of the spectral response of nature waters[J]. Photogrammetric Engineering and Remote Sensing, X1L(5): 595-598.

CAI Z, HAN G, CHEN M, 2018. Do water bodies play an important role in the relationship between urban form and land surface temperature? [J]. Sustainable Cities and Society, 39: 487-498.

CHEN N, WANG S, ZHANG X, et al, 2020. A risk assessment method for remote sensing of cyanobacterial blooms in inland waters[J]. Science of the Total Environment, 740: 140012.

CHENG L, GUAN D, ZHOU L, et al, 2019. Urban cooling island effect of main river on a landscape scale in Chongqing, China[J]. Sustainable Cities and Society, 47: 101501.

DU H, SONG X, JIANG H, et al, 2016. Research on the cooling island effects of water body: A case study of Shanghai, China[J]. Ecological Indicators, 67: 31-38.

FEYISA G L, MEILBY H, FENSHOLT R, et al, 2014. Automated water extraction index: A new technique for surface water mapping using Landsat imagery[J]. Remote Sensing Environment, 140: 23-35.

GAO M, CHEN F, SHEN H, et al, 2020. A tale of two cities: Different urban heat mitigation efficacy with the same strategies[J]. Theoretical and Applied Climatology, 142(3-4): 1625-1640.

GHOBADI G J, GHOLIZADEH B, DASHLIBURUN O M, 2012. Forest fire risk zone mapping from geographic information system in northern forests of Iran (Case study, Golestan province)[J]. International Journal of Agriculture and Crop Sciences, 4(12): 818-824.

HATHWAY E A, SHARPLES S, 2012. The interaction of rivers and urban form in mitigating the Urban Heat Island effect: A UK case study[J]. Building and Environment, 58: 14-22.

HU W, ZHAO T, BAI Y, et al, 2022. Regulation of synoptic circulation in regional $PM_{2.5}$ transport for heavy air pollution: Study of 5-year observation over Central China[J]. Journal of Geophysical Research: Atmospheres, 127(13): e2021JD035937. DOI: 10.1029/2021JD035937.

JENSEN J R, 2004. Introductory Digital Image Processing a Remote Sensing Perspective[M]. New Jersey: Prentice Hall.

KELVIN J, ACREMAN M C, HARDING R J, et al, 2016. Micro-climate influence on reference evapotranspiration estimates in wetlands[J]. Hydrological Sciences Journal, 62(3): 378-388.

KOC C B, OSMOND P, PETERS A, 2018. Evaluating the cooling effects of green infrastructure: A systematic review of methods, indicators and data sources[J]. Solar Energy, 166: 486-508.

LIU S, LI X, CHEN L, et al, 2022. A new approach to investigate the spatially heterogeneous in the cooling effects of landscape pattern[J]. Land, 2(11): 239.

MAO D, WANG Z, WU J, et al, 2018. China's wetlands loss to urban expansion[J]. Land Degradation & Development, 29(8): 2644-2657.

MCFEETERS S K, 1996. The use of the Normalized Difference Water Index (NDWI) in the delineation of open water features[J]. International Journal of Remote Sensing, 17(7): 1425-1432.

MENARGUEZ M A, 2015. Global water body mapping from 1984 to 2015 using global high resolution multispectral satellite imagery[D]. Norman: University of Oklahoma.

MURAKAWA S, SEKINE T, NARITA K I, et al, 1991. Study of the effects of a river on the thermal environment in an urban area[J]. Energy & Buildings, 16(3-4): 993-1001.

OTSU N, 1979. A threshold selection method from Gray-Level histogram[J]. IEEE Transactions on Systems,Man, and Cybernetics,9(1):62-66.

PŘIBÁŇ K A J P, 1978. Microclimate and evapotranspiration in two wet grassland communities[J]. Folia geobotanica & phytotaxonomica, 2(13): 113-128.

PARK C Y, LEE D K, ASAWA T, et al, 2019. Influence of urban form on the cooling effect of a small urban river[J]. Landscape and Urban Planning, 18:326-335.

SEBASTIAN V, BAUMEISTER H, THOMAS C, et al, 2013. Evidence for the temperature-mitigating capacity of urban blue space—A health geographic perspective[J]. Erdkunde, 67(4): 355-371.

SHEN L, LIU J, ZHAO T, et al, 2022. Atmospheric transport drives regional interactions of ozone pollution in China[J]. Science of the Total Environment, 830:154634.

SHI D, SONG J, HUANG J, et al, 2020. Synergistic cooling effects (SCEs) of urban green-blue spaces on local thermal environment: A case study in Chongqing, China [J]. Sustainable Cities and Society, 55: 102065.

SOLCEROVA A, VAN DE VEN F, VAN DE GIESEN N, 2019. Nighttime cooling of an urban pond[J]. Frontiers in Earth Science(7): 156.

STEENEVELD G J, KOOPMANS S, HEUSINKVELD B G, et al, 2014. Refreshing the role of open water surfaces on mitigating the maximum urban heat island effect[J]. Landscape and Urban Planning, 121: 92-96.

STEWART I D, OKE T R, 2012. Local climate zones for urban temperature studies[J]. Bulletin of the American Meteorological Society, 93(12): 1879-1900.

SUN R, CHEN A, CHEN L, et al, 2012. Cooling effects of wetlands in an urban region: The case of Beijing [J]. Ecological Indicators, 20:57-64.

USGS, 2018. Landsat8 calibration parameter file data format control book[EB/OL]. (2018-09-26)[2022-08-01]. https://www. usgs. gov/media/files/landsat-8-calibration-parameter-file-data-format-control-book.

WANG Y, ZHAN Q, OUYANG W,2019. How to quantify the relationship between spatial distribution of urban waterbodies and land surface temperature? [J]. Science of the Total Environment, 671: 1-9.

WU J, LI C, ZHANG X, et al, 2020. Seasonal variations and main influencing factors of the water cooling islands effect in Shenzhen[J]. Ecological Indicators, 117:106699.

WU S, YANG H, LUO P, et al, 2021. The effects of the cooling efficiency of urban wetlands in an inland megacity: A case study of Chengdu, southwest China[J]. Building and Environment, 204(1): 108-128.

WU Z J, ZHANG Y X, 2019. Water bodies' cooling effects on urban land daytime surface temperature: Ecosystem service reducing heat island effect[J]. Sustainability, 11(3):787.

XIAO X, BOLES S, FROLKING S, et al, 2006. Mapping paddy rice agriculture in South and Southeast Asia using multi-temporal MODIS images[J]. Elsevier, 100(1): 95-113. DOI:10. 1016/J. RSE. 2005. 10. 004.

XU J,XIAO Y,XIE G D,2019. Analysis on the spatio-temporal patterns of water conservation services in Beijing[J]. Journal of Resources and Ecology,10(4):362-372.

XUE Z, HOU G, ZHANG Z, et al,2019. Quantifying the cooling-effects of urban and peri-urban wetlands using remote sensing data: Case study of cities of northeast China[J]. Landscape and Urban Planning, 182: 92-100.

YANG G, YU Z, JØRGENSEN G, et al, 2020. How can urban blue-green space be planned for climate adaption in high-latitude cities? A seasonal perspective[J]. Sustainable Cities and Society, 53: 101932.

YU X L, GUO X L, WU Z C, 2014. Land surface temperature retrieval from Landsat8 TIRS-comparison between radiative transfer equation-based method, split window algorithm and single channel method[J]. Remote Sensing, 6(10): 9829-9852.

ZHANG L, DAWES W R, WALKER G R, 2001. Response of mean annual evapotranspiration to vegetation changes at catchment scale[J]. Water Resources Research, 37(3): 701-708.

ZHANG L, HUANG J, GUO R, et al, 2013. Spatio-temporal reconstruction of air temperature maps and their application to estimate rice growing season heat accumulation using multi-temporal MODIS data. [J]. Journal of Zhejiang University-SCIENCE B, 14(2): 144-161.